Meccanica, Macchine ed Energia

Giuseppe Anzalone
Paolo Bassignana
Giuseppe Brafa Musicoro

Meccanica, Macchine ed Energia

EDIZIONE BLU

Articolazione **MECCANICA E MECCATRONICA**

Volume 2

EDITORE ULRICO HOEPLI MILANO

UN TESTO PIÙ RICCO E SEMPRE AGGIORNATO

Nel sito **www.hoepliscuola.it** sono disponibili:

- **materiali didattici** integrativi;
- eventuali **aggiornamenti** del testo;
- un **estratto esemplificativo del volume** in formato PDF che può essere consultato, scaricato e stampato.

---

via Hoepli 5, 20121 Milano (Italy)
tel. +39 02 864871 – fax +39 02 8052886
e-mail hoepli@hoepli.it

www.hoepli.it

ISBN 978-88-203-4964-6

Ristampa:

4 3 2015 2016

Copertina: mncg S.r.l., Milano

Soggetto di copertina: girante di un turbocompressore centrifugo in lavorazione su una macchina utensile a controllo numerico GILDEMEISTER di produzione DMG Mori Seiki Italia S.r.l, Brembate di Sopra (BG).

Redazione e coordinamento: Luigi Caligaris, Stefano Fava, Carlo Tomasello

Fotocomposizione: Rubber Band, Torino

Revisione a cura di: Katia Cicuto

Stampa: L.E.G.O. S.p.A. – Stabilimento di Lavis (TN)

Printed in Italy

INDICE

A4

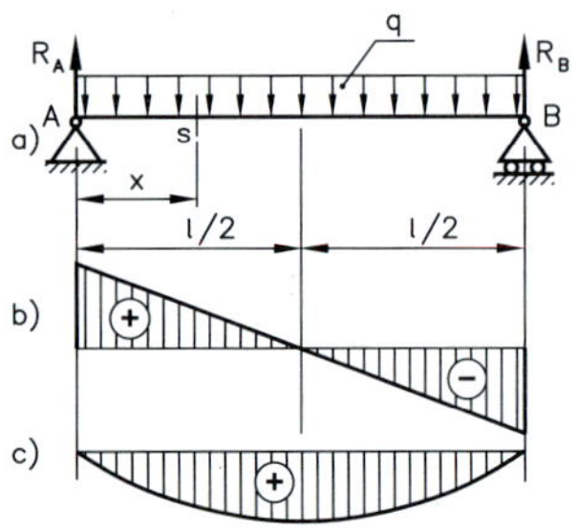

LE TRAVI INFLESSE E LA LINEA ELASTICA 135

MODULO B

Meccanismi e trasmissioni con organi rigidi e flessibili 175

B1

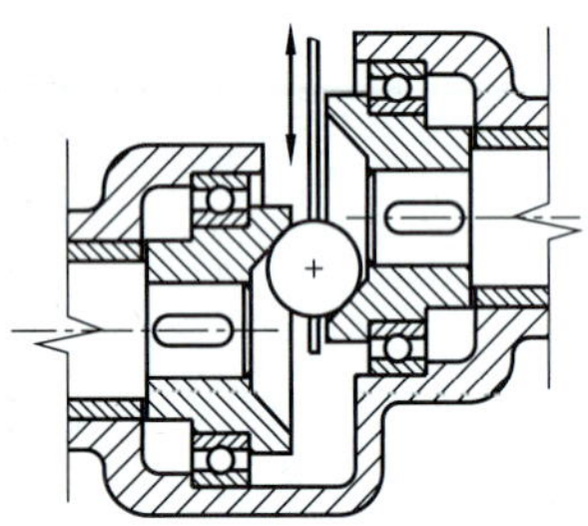

CINEMATICA E DINAMICA APPLICATE ALLE MACCHINE E LE RUOTE DI FRIZIONE 176

B2

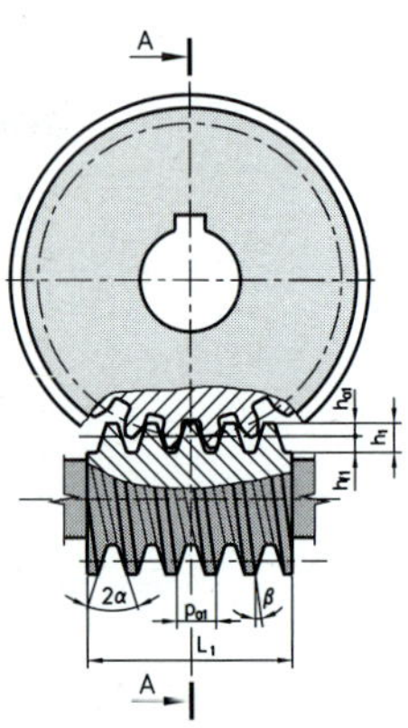

LE RUOTE CILINDRICHE E CONICHE 203

C2

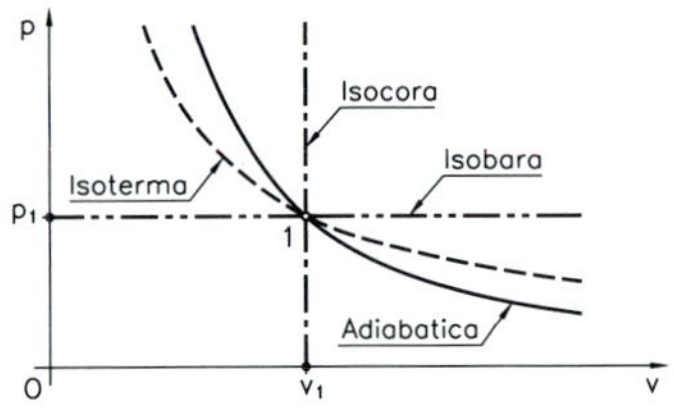

LE TRASFORMAZIONI DEI GAS PERFETTI E IL PRIMO PRINCIPIO DELLA TERMODINAMICA 402

C3

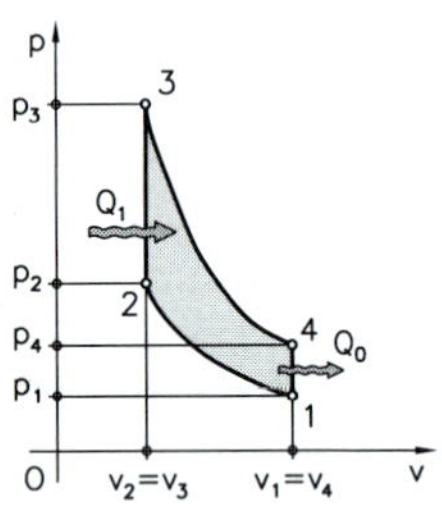

INTRODUZIONE AL SECONDO PRINCIPIO DELLA TERMODINAMICA 455

MODULO D

Termodinamica applicata agli impianti termici 503

D1

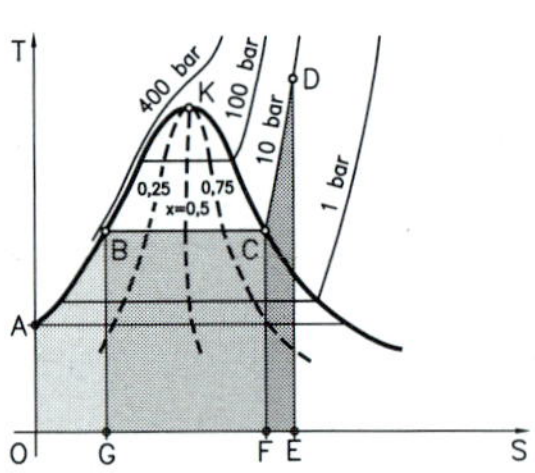

IL VAPORE ACQUEO 504

D2

TERMOCINETICA E IMPIANTI TERMICI 539

MECCANICA, MACCHINE ED ENERGIA

VOLUME 2

Sollecitazioni dei materiali e progetto di travi

Meccanismi e trasmissioni con organi rigidi e flessibili

Termodinamica

Termodinamica applicata agli impianti termici

PREFAZIONE

Il presente corso di ***Meccanica, Macchine ed Energia*** si propone di fornire a docenti e allievi un percorso didattico completo e articolato, finalizzato all'apprendimento progressivo della materia in vista di una formazione tecnica nel settore meccanico, secondo l'articolazione **Meccanica** e **Meccatronica** dei nuovi **Istituti Tecnici** settore **Tecnologico**.

L'opera è composta da **tre volumi**: i primi due per ciascun anno scolastico del secondo biennio e il terzo destinato all'ultimo anno di corso. Il **sito internet** riferito a tutta l'opera presenta temi considerati sussidiari nella strategia formativa della articolazione, più alcune rubriche come "L'unità didattica in breve" e i "Problemi di riepilogo"; nel sito sono inoltre presentati approfondimenti, problemi risolti e commentati, esercizi e immagini supplementari a colori, brochures illustrative fornite dalle Aziende che hanno collaborato per la stesura della presente riedizione e che in questa sede i tre autori ringraziano sentitamente; appare evidente come il primo passo per giungere a una reale integrazione tra Scuola e Lavoro debba passare attraverso la divulgazione dei contenuti specialistici che solo il mondo del Lavoro può detenere e, soprattutto, aggiornare: sempre più la Scuola si rivolge al Lavoro affinché metta le sue competenze a disposizione del sistema formativo.

Ciascun volume è suddiviso in *moduli* indipendenti, articolati in *unità didattiche*, che rendono possibile l'adozione di percorsi didattici differenziati e adattabili alle necessità delle singole classi e delle specifiche realtà scolastiche e territoriali.

Ogni modulo si apre con le indicazioni degli obiettivi didattici e delle unità che lo compongono; seguono lo sviluppo delle unità didattiche e, in chiusura, la verifica di modulo.

Le unità didattiche iniziano con la presentazione dei prerequisiti necessari, degli obiettivi da conseguire e dei contenuti trattati; seguono la verifica dei prerequisiti, il problema iniziale, lo sviluppo dei contenuti, il formulario essenziale, la sintesi dell'unità didattica "in breve" (sul sito) e i problemi di riepilogo (sul sito). Con l'autoverifica dell'apprendimento si conclude l'unità didattica.

Il testo consente l'utilizzo sia di metodologie didattiche tradizionali sia del metodo del *problem solving*. In ottemperanza a quest'ultima metodologia didattica, il punto di partenza di ogni unità è un problema che, oltre a introdurre le tematiche affrontate nell'unità, ha la funzione di stimolo per l'allievo affinché, basandosi sulle conoscenze precedentemente maturate, sia indotto a elaborare il percorso risolutivo e possa esercitarsi all'uso delle capacità operative piuttosto che alla semplice acquisizione delle conoscenze.

La parte preponderante delle unità è dedicata ai contenuti, rispetto ai quali ci si è prefissati lo scopo di coniugare il rigore logico e scientifico con un linguaggio essenziale e diretto, così da presentare anche gli argomenti più impegnativi in modo chiaro e lineare.

I contenuti sono aggiornati con le più moderne realizzazioni tecniche italiane ed europee e prestano particolare attenzione alle problematiche ecologiche di risparmio energetico e di salvaguardia dell'ambiente. Lo sviluppo degli argomenti è accompagnato da numerosi esempi di complessità crescente, risolti e commentati in dettaglio.

Il progetto grafico ha previsto la presenza di un colonnino, destinato a ospitare supporti didattici quali le didascalie delle figure, i richiami di concetti che si relazionano con i contenuti trattati e la traduzione delle parole chiave. In questo modo le didascalie acquisiscono maggiore visibilità e possono diventare uno strumento di ripasso veloce. I richiami consentono, inoltre, di collegarsi con altre parti della materia e con nozioni relative ad altre discipline curricolari.

Le parole chiave della letteratura tecnica di settore, presenti nei contenuti, sono evidenziate e tradotte in inglese, francese e tedesco.

Il volume secondo tratta dell'Analisi strutturale, delle Trasmissioni, della Termodinamica e degli Impianti termici.

I primi due moduli sono di Meccanica: il *Modulo A, sulle Sollecitazioni dei materiali e progetto di travi,* è suddiviso in quattro Unità didattiche; il *Modulo B* (di *Meccanismi e trasmissioni con organi rigidi e flessibili*) è articolato in quattro Unità didattiche. Seguono il *Modulo C* (di *Termodinamica*), costituito da tre Unità didattiche e il *Modulo D* (di *Termodinamica Applicata*), che prevede due Unità didattiche.

Gli autori ringraziano anticipatamente quanti vorranno fare loro pervenire, attraverso l'Editore, osservazioni, critiche e suggerimenti atti a migliorare il testo.

G. ANZALONE P. BASSIGNANA G. BRAFA MUSICORO

MODULO A

Sollecitazioni dei materiali e progetto di travi

Il **Modulo A** è dedicato al **calcolo delle strutture** ed è costituito da 4 unità didattiche. La prima unità studia le condizioni di **resistenza dei materiali**, mentre la seconda e la terza affrontano le varie **tipologie di sollecitazione**, agenti in modalità singola o composta, e il problema dell'**instabilità elastica**. Il modulo si conclude con lo studio delle **travi inflesse** e della **linea elastica**.

Obiettivi

- Acquisire le conoscenze relative alle caratteristiche geometriche delle sezioni resistenti e alle proprietà meccaniche dei materiali impiegati nelle costruzioni.
- Sapere eseguire i calcoli di progetto e di verifica, relativi a elementi strutturali e organi meccanici, soggetti a sollecitazioni esterne.
- Sapere calcolare e tracciare i diagrammi relativi alle sollecitazioni agenti su strutture caricate perpendicolarmente al proprio asse.
- Sapere calcolare l'entità delle deformazioni nelle travi.

UNITÀ DIDATTICHE

RESISTENZA DEI MATERIALI E CONDIZIONI DI SICUREZZA

La presente unità affronta la meccanica dei materiali, introducendo alcuni concetti che sono alla base del calcolo strutturale. Si studiano, infatti, le relazioni fra le **sollecitazioni** esterne, le **deformazioni** e le conseguenti **tensioni** indotte nei materiali. È presentato, inoltre, il metodo delle **tensioni ammissibili** per la verifica della resistenza dei materiali. L'unità si chiude con l'analisi delle **sollecitazioni di fatica**.

Prerequisiti

- Riconoscere le unità di misura delle principali grandezze fisiche del Sistema Internazionale SI e i rispettivi multipli e sottomultipli.
- Sapere determinare la risultante e il momento risultante di un sistema di forze.
- Sapere applicare le equazioni di equilibrio della Statica.
- Sapere distinguere le caratteristiche meccaniche dei materiali.

Obiettivi

- Sapere identificare e descrivere l'azione delle forze esterne agenti su un corpo.
- Sapere definire le relazioni esistenti fra sollecitazioni, deformazioni e tensioni interne.
- Sapere valutare la tensione ammissibile dei materiali nel caso di corpi sottoposti a carichi statici, al fine di valutarne la resistenza in condizioni di sicurezza.
- Sapere determinare i fattori che influenzano la resistenza a fatica dei materiali e la conseguente tensione ammissibile.

Contenuti

- Sollecitazioni, deformazioni e tensioni interne.
- Criteri di resistenza dei materiali.
- Sollecitazioni di fatica.

Verifica prerequisiti

1. Elencare i fattori di moltiplicazione e i rispettivi simboli, per ottenere i multipli e i sottomultipli delle unità SI che hanno i seguenti prefissi:

a) giga: ___________ b) mega: ___________ c) chilo: ___________

d) deca: ___________ e) centi: ___________ f) milli: ___________

2. In generale un sistema di forze è sempre riducibile a un sistema equivalente, costituito dalla sua risultante $\bar{R}$ e dal momento risultante $\bar{M}_R$ delle sue forze, calcolato rispetto a un punto qualsiasi.

Vero ☐ Falso ☐

3. Un corpo libero si dice in equilibrio se è in equilibrio il sistema di forze a esso applicato.

Vero ☐ Falso ☐

4. In seguito all'applicazione su un corpo libero di un sistema di forze complanari, di risultante $\bar{R}$ e momento risultante $\bar{M}_R$, si possono verificare i seguenti casi:

a) $\bar{R} \neq 0$; $\bar{M}_R = 0$: il corpo è sollecitato a ____________________

b) $\bar{R} = 0$; $\bar{M}_R \neq 0$: il corpo è sollecitato a ____________________

c) $\bar{R} = 0$; $\bar{M}_R = 0$: il corpo è ____________________

d) $\bar{R} \neq 0$; $\bar{M}_R \neq 0$: il corpo è ____________________

5. Lo studio dell'equilibrio di un corpo vincolato si esegue considerandolo come se fosse un corpo libero, sollecitato da un sistema costituito dalle ________________ e dalle ________________

6. Con riferimento alla prova di trazione statica, definire la tensione di snervamento e il coefficiente di strizione (max 40 parole).

____

____

____

____

7. Descrivere il comportamento dei materiali, in campo elastico e in quello plastico (max 40 parole).

____

____

____

____

Problema

Due tiranti uguali di lunghezza l = 2000 mm, sostengono una traversa sulla quale è applicato un carico Q = 12 000 daN (▸ *Fig. 1.1*). Supponendo che il tirante AC subisca un allungamento Δl = 0,31 mm, il tirante BD un allungamento Δl = 0,62 mm e che il materiale di cui sono costituiti sia acciaio con tensione ammissibile statica σ_{ams} = 95 N/mm^2, determinare l'intensità delle sollecitazioni cui sono soggetti i tiranti e il valore dell'allungamento relativo ε subito da ciascun tirante. Stabilire, inoltre, la tensione indotta in ciascun tirante ed eseguire la verifica di resistenza dei tiranti. Indicare, infine, per il tratto di traversa compresa fra i tiranti, il tipo di sollecitazione agente e la deformazione subita.

Fig. 1.1

Struttura costituita da due tiranti uguali che sostengono una traversa, sulla quale è applicato un carico Q.

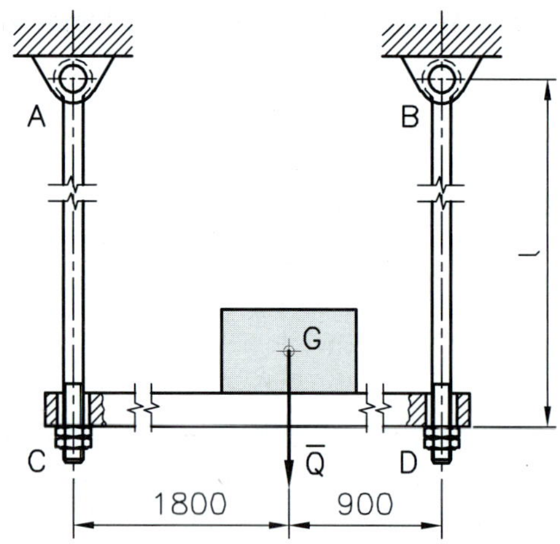

Analisi

Il problema consiste nell'identificare i tipi di sollecitazione agenti sui tiranti e sulla traversa. Osservando i singoli elementi si nota, anche a livello intuitivo, che i due tiranti hanno la medesima funzione e, quindi, lo stesso comportamento sia riguardo alle tensioni sia riguardo alle deformazioni subite. Diversi sono invece la funzione e il comportamento della traversa. I quesiti del problema relativi ai tiranti richiedono anche l'uso di formule specifiche per ottenere risposte di tipo numerico.

Procedura consigliata

Per risolvere il problema occorre:

- esaminare il disegno della struttura e calcolare le reazioni vincolari sui tiranti nelle loro connessioni A e B, necessarie per calcolare le intensità delle sollecitazioni cui sono sottoposti;
- riferirsi al ***paragrafo A1.1***, per formulare le relazioni che consentono di determinare i valori delle deformazioni e delle tensioni;
- riferirsi al ***paragrafo A1.2***, per eseguire la verifica di resistenza, come richiesto dal problema.

A1.1 SOLLECITAZIONI, DEFORMAZIONI E TENSIONI INTERNE

Forze esterne

Ogni elemento di una struttura è soggetto a forze e coppie di forze applicate direttamente, dette **carichi**, e alle reazioni dei vincoli. Carichi e reazioni vincolari costituiscono il sistema equilibrato delle **forze esterne**.
Le forze esterne, che agiscono su una struttura o su un organo meccanico, si possono distinguere in:
— **forze costanti**, applicate gradualmente dal valore nullo fino a un valore massimo, per poi rimanere costante nel tempo (**carichi statici**);
— **forze dinamiche**, applicate istantaneamente e per tempi brevi (**urti**);
— **forze variabili periodicamente** e gradualmente dal valore minimo al valore massimo, per esempio con legge sinusoidale, dette **sollecitazioni a fatica**.

Le forze si possono inoltre classificare come:
— **forze concentrate**, agenti su un'area ristretta di un corpo;
— **forze distribuite**, applicate su enti geometrici estesi, che assumono il nome di forze di linea, forze di superficie e forze di volume.

POLIGLOTTA
Forza costante
GB: Constant force
F: Force constante
D: Konstante Kraft

POLIGLOTTA
Forza dinamica
GB: Dynamic force
F: Force dynamique
D: Dynamische Kraft

POLIGLOTTA
Sollecitazione a fatica
GB: Fatigue stress
F: Sollicitation à fatigue
D: Dauerbeanspruchung

Caratteristiche di sollecitazione

Si consideri una **trave** generica, le cui dimensioni trasversali sono minori rispetto a quella longitudinale, posta in equilibrio sotto l'azione di un sistema di forze esterne (carichi e reazioni vincolari), come indicato nella *figura 1.2a*, e si supponga di dividerla in due parti in corrispondenza di una sezione S qualsiasi.

Affinché la parte sinistra sia in equilibrio, dev'essere in equilibrio il sistema formato dalle forze $\bar{F}_1$ e $\bar{F}_2$ e dalle forze che, attraverso la sezione S, la parte di destra trasmette a quella di sinistra. Riducendo al baricentro G della sezione S le forze $\bar{F}_3$, $\bar{F}_4$ e $\bar{F}_5$ e applicandole alla parte destra della trave, le forze trasmesse attraverso la sezione S si possono rappresentare mediante una forza risultante $\bar{R}$ e un momento risultante $\bar{M}_R$ (▸ *Fig. 1.2b*).

RICHIAMO
Forze distribuite:
— $q = \frac{F}{l}$, forza di linea;
— $p = \frac{F}{S}$, forza di superficie;
— $\gamma = \frac{F}{V}$, forza di volume.

F = forza; l = lunghezza di una linea; S = area di una superficie; V = volume.

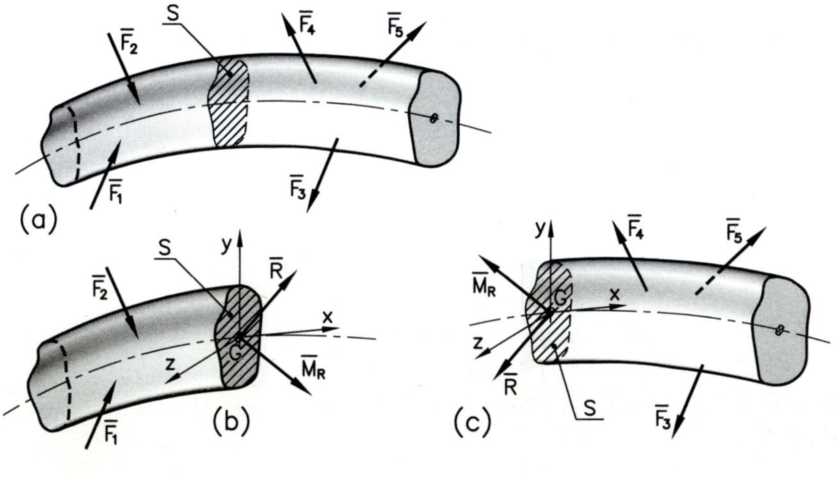

Fig. 1.2
a) Corpo solido a forma di trave, caricato da un sistema di forze esterne.
b) Rappresentazione della parte sinistra della trave.
c) Rappresentazione della parte destra della trave.

Analogamente per l'equilibrio della parte destra della trave, ridotte le forze $\bar{F}_1$ e $\bar{F}_2$ al baricentro G della sezione S, la risultante e il momento risultante conseguenti corrispondono all'azione delle forze trasmesse dalla parte sinistra alla parte destra attraverso la sezione S (▸ **Fig. 1.2c**).

I due sistemi di forze $\bar{F}_1$, $\bar{F}_2$, applicato alla parte sinistra della trave e $\bar{F}_3$, $\bar{F}_4$, $\bar{F}_5$, applicato alla parte destra, costituiscono complessivamente il sistema equilibrato di forze esterne applicato all'intera trave; ne consegue che le riduzioni al baricentro dei due sistemi portano a ottenere risultanti e momenti risultanti di uguale intensità ma verso opposto. Si può quindi esaminare indifferentemente l'equilibrio della parte sinistra o quello della parte destra e scegliere, in fase di applicazione, il più semplice fra i due sistemi di forze.

Osservazione: la risultante $\bar{R}$ e il momento risultante $\bar{M}_R$, ottenuti dalla riduzione delle forze esterne al baricentro G *della sezione generica S della trave, non sono applicate al baricentro, ma distribuite su tutta la sezione S.*

Per meglio esaminare l'azione di $\bar{R}$ e $\bar{M}_R$, si ricavano le loro componenti secondo le direzioni di un sistema di assi cartesiani ortogonali x, y, z, con l'origine nel baricentro G della sezione S; in tal modo si ottengono rispettivamente tre forze e tre momenti, denominati **caratteristiche di sollecitazione**. Esse caratterizzano quindi l'azione delle forze esterne a cui è soggetta una generica sezione di un corpo e, in genere, variano da sezione a sezione. A ciascuna caratteristica di sollecitazione corrispondono specifiche sollecitazioni della trave.

Considerando, per esempio, la parte sinistra della trave (▸ **Fig. 1.3**) si ha:

— **forza normale** o **assiale** $\bar{N}$, che può essere di trazione o di compressione, perpendicolare al piano yz della sezione S e diretta secondo l'asse x (asse longitudinale della trave);
— **forza di taglio** $\bar{T}_y$, giacente nel piano yz della sezione S e diretta secondo l'asse y, perpendicolarmente all'asse longitudinale della trave;
— **forza di taglio** $\bar{T}_z$, giacente nel piano yz della sezione S e diretta secondo l'asse z, perpendicolarmente all'asse longitudinale della trave;
— **momento torcente** $\bar{M}_t$, rappresentato dal vettore momento perpendicolare al piano yz della sezione S e diretto secondo l'asse x;
— **momento flettente** $\bar{M}_{fy}$, rappresentato dal vettore momento perpendicolare al piano xz e diretto secondo l'asse y;
— **momento flettente** $\bar{M}_{fz}$, rappresentato dal vettore momento perpendicolare al piano xy e diretto secondo l'asse z.

POLIGLOTTA
Caratteristica di sollecitazione
GB: Stress characteristic
F: Caractéristique de sollicitation
D: Belastungseigenschaft

POLIGLOTTA
Forza normale
GB: Normal force
F: Force normale
D: Normalkraft

POLIGLOTTA
Forza di taglio
GB: Shear
F: Cisaillement
D: Schneiden

POLIGLOTTA
Momento torcente
GB: Torque
F: Moment de torsion
D: Drehmoment

POLIGLOTTA
Momento flettente
GB: Bending moment
F: Moment fléchissant
D: Biegemoment

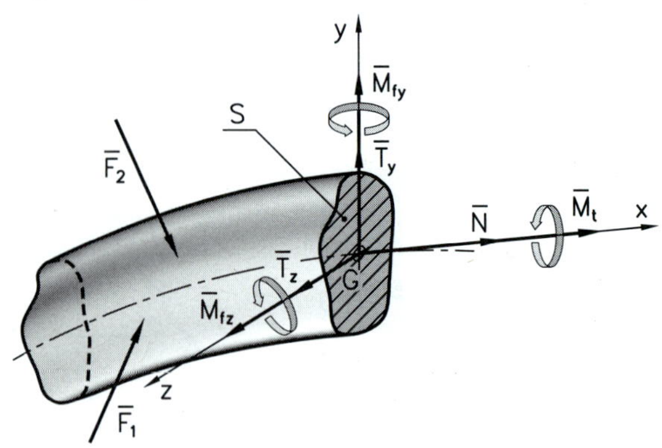

Fig. 1.3
Rappresentazione delle caratteristiche di sollecitazione agenti su una generica sezione *S* di una trave.

Esempio

Considerando la struttura rappresentata nella ***figura 1.4a***, determinare le sollecitazioni agenti nelle sezioni individuate dai piani di traccia x-x e y-y.

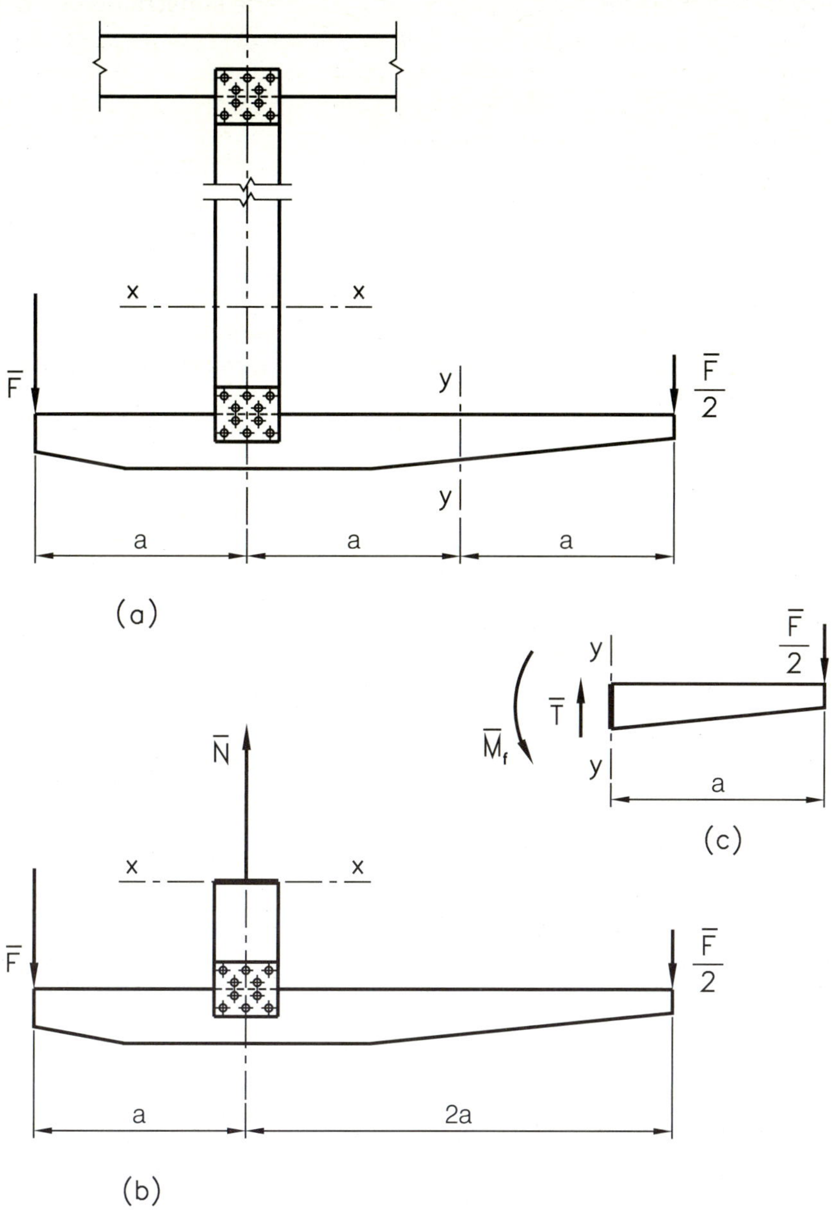

Fig. 1.4

a) Struttura metallica formata da due barre perpendicolari fra loro e soggetta all'azione di due carichi *F* e *F*/2, applicati sulla barra orizzontale.
b) Sollecitazione agente nella sezione della trave verticale, indicata con *x*-*x*.
c) Sollecitazioni agenti nella sezione della trave orizzontale, indicata con *y*-*y*.

Soluzione

Dalle condizioni di equilibrio della sezione indicata con x-x si ricava il valore della forza normale $\overline{N}$ (▸ ***Fig. 1.4b***):

$$N - F - \frac{F}{2} = 0$$

$$N = \frac{3}{2} F$$

In tale sezione, quindi, si ha solo una forza di trazione.

POLIGLOTTA
Deformazione elastica
GB: Elastic deformation
F: Deformation élastique
D: Elastische Verformung

POLIGLOTTA
Deformazione plastica
GB: Permanent deformation
F: Deformation plastique
D: Plastische Verformung

POLIGLOTTA
Limite di elasticità
GB: Elasticity limit
F: Limite d'elasticitè
D: Elastizitätsgrenze

Nella sezione indicata con y-y (▸ ***Fig. 1.4c***) agiscono la forza di taglio $\bar{T}$:

$$T = \frac{F}{2}$$

e il momento flettente $\bar{M}_f$:

$$M_f = \frac{F}{2}a$$

Si può così concludere che la barra verticale è sollecitata a trazione, mentre la barra orizzontale è sollecitata a taglio e a flessione.

Deformazioni

L'esperienza insegna che, poiché nessun corpo può ritenersi perfettamente rigido, l'azione di un sistema di forze esterne su un corpo vincolato genera in esso deformazioni dipendenti dalla natura del materiale di cui è costituito, dall'entità delle forze esterne, dalla sue dimensioni e dalla forma.

Tutti i corpi, in diversa misura, hanno la tendenza a riprendere la forma primitiva al cessare dell'azione delle forze esterne; tale proprietà prende il nome di **elasticità** e le deformazioni si dicono elastiche o temporanee.

Tuttavia, non esistendo corpi perfettamente elastici né perfettamente anelastici, la deformazione totale di un corpo si può pensare formata da una parte di **deformazione elastica**, che sparisce al cessare dell'azione che l'ha generata, e da una parte di **deformazione plastica** o **permanente**, che rimane anche quando cessa l'azione delle forze esterne.

In ogni modo, se la sollecitazione non supera un determinato limite, detto **limite di elasticità**, la deformazione permanente è trascurabile e il corpo si può considerare elastico.

Ciascuna caratteristica di sollecitazione induce, sul corpo cui è applicata, deformazioni diverse, ma riconducibili a due tipi:

- una **variazione della lunghezza** Δl (allungamento o accorciamento) delle fibre longitudinali (▸ ***Fig. 1.5***);
- uno **scorrimento** s di una sezione rispetto a quella contigua (▸ ***Fig. 1.6***).

RICHIAMO
La ***trave*** si può pensare costituita da tanti elementi prismatici longitudinali, dette ***fibre***, rappresentate da linee parallele all'asse della trave.

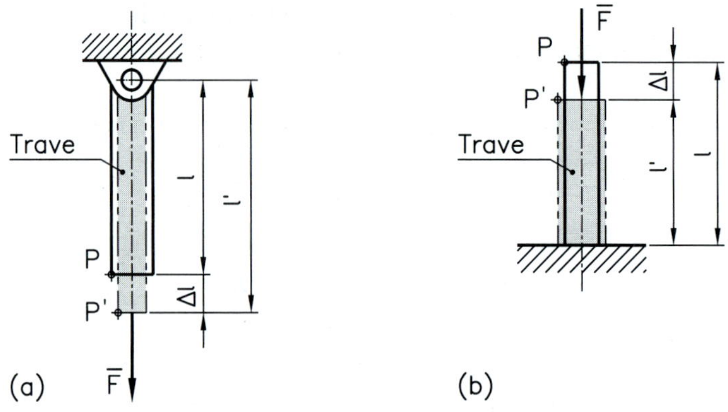

Fig. 1.5
Deformazioni di una trave, di lunghezza l, soggetta a forze assiali:
a) allungamento dovuto a una forza di trazione;
b) accorciamento dovuto a una forza di compressione.

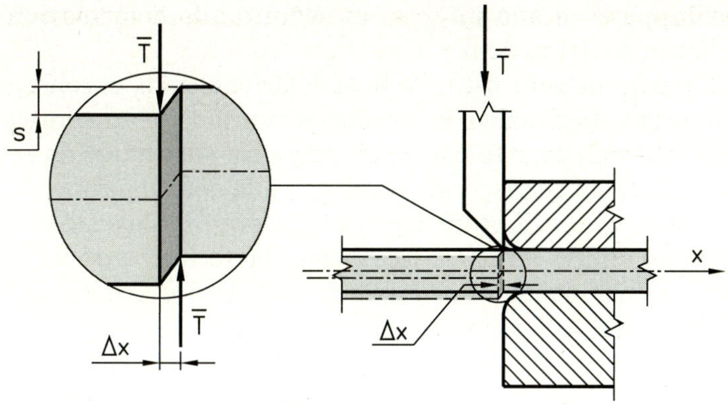

Fig. 1.6
Trave soggetta a uno forza di taglio $\bar{T}$ in una sezione generica, che provoca lo scorrimento *s* di tale sezione rispetto a quella contigua.

Pertanto si hanno le seguenti definizioni.

Si definisce ***allungamento relativo*** *o* ***unitario*** *ε(épsilon) il rapporto fra l'allungamento totale Δl e la lunghezza l originaria del corpo* (▸ **Fig. 1.5**):

$$\varepsilon = \frac{\Delta l}{l} \quad \textbf{[1.1]}$$

POLIGLOTTA
Allungamento relativo
GB: Percentage elongation
F: longation relative
D: Relative Dehnung

Si definisce ***scorrimento relativo*** *o* ***unitario*** *γ(gamma) il rapporto fra lo scorrimento totale s di una sezione rispetto a quella contigua e la distanza Δx fra le due sezioni* (▸ **Fig. 1.6**):

$$\gamma = \frac{s}{\Delta x} \quad \textbf{[1.2]}$$

POLIGLOTTA
Scorrimento relativo
GB: Creep
F: Fluage relatif
D: Relative Abgleitung

Sia l'allungamento relativo ε sia lo scorrimento relativo γ sono grandezze adimensionali.

Da quanto esposto si deduce che ogni sollecitazione produce un determinato tipo di deformazione:
— la forza assiale $\bar{N}$ genera l'**allungamento** delle fibre longitudinali del corpo, se è di trazione, o l'**accorciamento** delle stesse, se è di compressione;
— le forze di taglio $\bar{T}_z$ e $\bar{T}_y$ tendono a tagliare le fibre in corrispondenza della sezione S considerata, provocando lo scorrimento (detto **scorrimento assiale**) di tale sezione, rispetto a quella contigua, rispettivamente nella direzione z o y;
— il momento torcente $\bar{M}_t$ produce la rotazione (detta **scorrimento angolare**) di ciascuna sezione rispetto alla contigua, deformando le fibre in modo da assumere la forma di eliche;
— i momenti flettenti $\bar{M}_{fz}$ e $\bar{M}_{fy}$ provocano, rispettivamente, nei piani xy, e xz, contenenti l'asse longitudinale della trave, la **curvatura** delle fibre secondo un arco di circonferenza.

Tensioni interne

POLIGLOTTA
Forza di coesione molecolare
GB: Molecular cohesion force
F: Force de cohésion moléculaire
D: Kohäsionwiderstand

Un materiale è in grado di resistere a sollecitazioni di forze esterne, tanto più intense quanto maggiori sono le **forze di coesione molecolare** che si sviluppano al suo interno, in seguito alle deformazioni indotte dall'applicazione dei carichi.

Tali forze di coesione ostacolano le deformazioni e, di conseguenza, si oppongono alle sollecitazioni esterne; la loro intensità aumenta al progredire della deformazione, fino a raggiungere un valore tale da equilibrare le forze esterne, cui corrisponde l'arresto della deformazione.

Il valore di equilibrio statico fra forze interne di coesione e forze esterne è un valore limite, caratteristico di ogni materiale, oltre il quale le forze di coesione non sono più in grado di contrastare le deformazioni, che progrediscono fino alla rottura del materiale.

Si noti che le forze di coesione non sono concentrate, bensì distribuite su ciascuna sezione del corpo in esame; perciò, considerando una sezione S del corpo rappresentato nella ***figura 1.7a*** e isolando un'area elementare ΔA, sulla quale agisce la forza elementare $\Delta \bar{F}$, il rapporto $\Delta \bar{F}/\Delta A$ rappresenta la **tensione interna**, o **sforzo**, agente su ogni area elementare ΔA.

Le tensioni interne sono dimensionalmente uguali a una pressione e quindi, di solito, si esprimono in N/m^2, corrispondente a 1 Pa, o in $N/mm^2 = MPa = 10^6$ Pa.

Fig. 1.7

a) Rappresentazione della forza elementare $\Delta \bar{F}$ agente su un'area elementare ΔA della sezione S generica di un corpo.
b) Componenti della tensione totale agente sull'area elementare ΔA della sezione S.

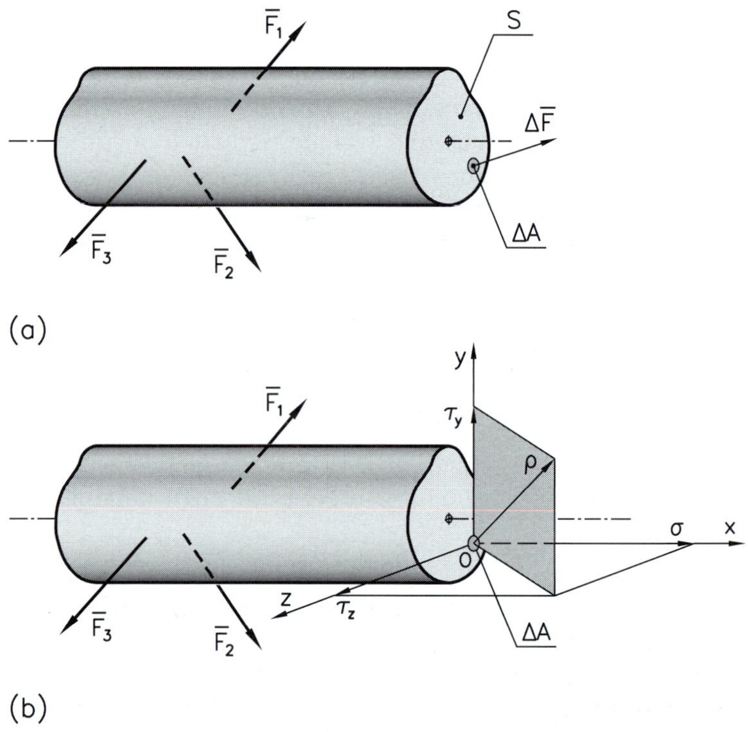

POLIGLOTTA
Tensione normale
GB: Normal stress
F: Tension normale
D: Normalspannung

POLIGLOTTA
Tensione tangenziale
GB: Tangential stress
F: Tension tangentielle
D: Schubspannung

Attribuendo una direzione qualsiasi alla tensione interna, indicata con ρ, agente su un'area elementare ΔA della sezione S, si può scomporla in tre componenti, secondo le direzioni di una terna di assi cartesiani, disposti come rappresentato nella ***figura 1.7b***:

— la proiezione del vettore ρ sulla normale (asse x) al piano della sezione S si definisce **tensione normale** e si indica con σ;
— le due componenti giacenti sul piano della sezione, indicati con τ, sono denominati **tensioni tangenziali**; precisamente τ_y è la tensione tangenziale diretta lungo l'asse y, mentre τ_z è quella diretta lungo l'asse z.

Richiami sulle caratteristiche meccaniche dei materiali

Prima di passare alla fase operativa, in cui si eseguono i calcoli strutturali, occorre soffermarsi sulle principali caratteristiche meccaniche dei materiali da costruzione, sulla base delle leggi fondamentali che ne definiscono i comportamenti.

A tale scopo sono previste numerose prove sperimentali da eseguire in laboratorio, onde oggettivare le proprietà.

La **prova di trazione** è la prova più significativa, perché riveste valore fondamentale nel delineare il comportamento di un materiale sotto sforzo fino alla sua rottura.

La prova consiste nel sottoporre a trazione (sollecitazione statica) una provetta cilindrica, di dimensioni unificate, fino a giungere a rottura, mediante una macchina di prova che fornisce anche il grafico carichi-allungamenti; in ordinata si riporta il carico F e in ascissa gli allungamenti Δl (▸ *Fig. 1.8*).

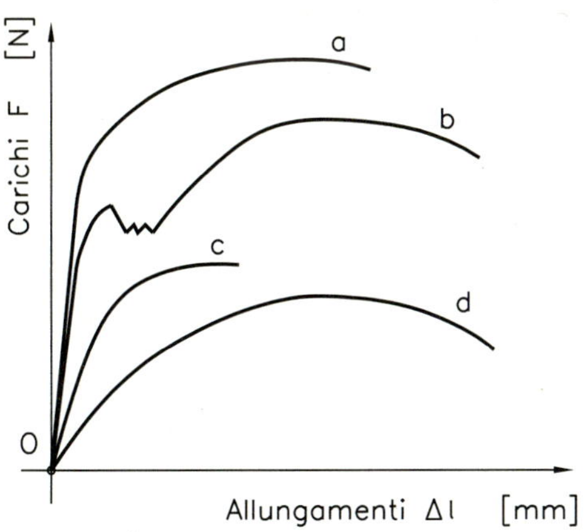

Fig. 1.8
Diagramma carichi-allungamenti per diversi materiali: acciaio duro (a), acciaio dolce (b), ghisa (c) e rame (d).

Dividendo il carico F per la sezione iniziale A_0 della provetta, si ottiene un valore convenzionale della tensione:

$$\sigma = \frac{F}{A_0} \quad [1.3]$$

RICHIAMO
Poiché l'area della sezione della provetta diminuisce al crescere del carico F applicato, si ricorre a una tensione convenzionale data dal rapporto fra il carico F e il valore costante A_0 dell'area della sezione iniziale della provetta (▸ *Form. 1.3*).

È consuetudine denominare le tensioni σ come **carichi unitari** di rottura, di snervamento e così via.

Dividendo l'allungamento Δl per la lunghezza iniziale l_0 della provetta, si ottiene il valore dell'**allungamento unitario**, adimensionale in quanto rapporto di due lunghezze, indicato con ε:

$$\varepsilon = \frac{\Delta l}{l_0} \quad [1.4]$$

Dal nuovo diagramma tensioni-allungamenti unitari (σ-ε), riportato nella *figura 1.9*, si ottengono importanti informazioni utilizzabili per qualsiasi corpo dello stesso materiale, anche con dimensioni diverse rispetto alla provetta di laboratorio: infatti, sia i carichi sia gli allungamenti che vi compaiono sono unitari.

Fig. 1.9
Diagramma convenzionale carichi unitari-allungamenti unitari.

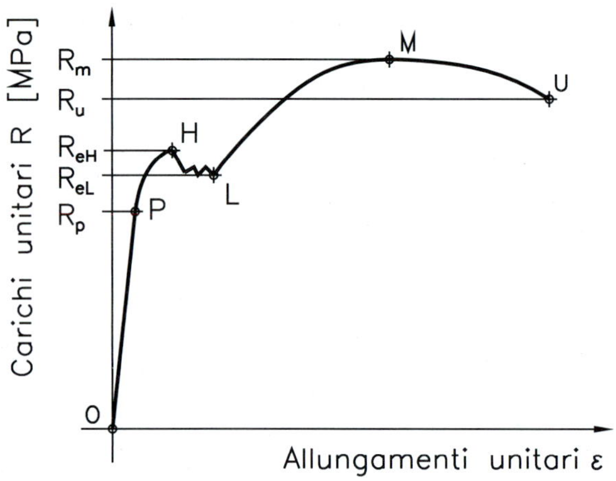

POLIGLOTTA
Carico unitario di rottura
GB: Ultimate tensile stress
F: Charge par unité de surface de rupture
D: Höchstspannung

POLIGLOTTA
Carico unitario di snervamento
GB: Yeld point
F: Charge par unité de surface de déformation plastique
D: Dehngrenze

Dal diagramma σ-ε si ricavano le caratteristiche fondamentali dei materiali, di cui si riportano le principali:

— **carico unitario di rottura a trazione** R_m:

$$R_m = \frac{F_m}{A_0}$$

— **carico unitario di snervamento inferiore** R_{eL}:

$$R_{eL} = \frac{F_{eL}}{A_0}$$

— **carico unitario di snervamento superiore** R_{eH}:

$$R_{eH} = \frac{F_{eH}}{A_0}$$

— **carico unitario di scostamento dalla proporzionalità** R_{pn}:

$$R_{pn} = \frac{F_{pn}}{A_0}$$

dove l'indice n, a pedice, indica la deformazione non proporzionale prestabilita, espressa in percentuale, della lunghezza iniziale l_0; per esempio, per i materiali metallici si nota uno scostamento dalla proporzionalità (allungamento non proporzionale) dello 0,2% della lunghezza iniziale (n = 0,2), per cui si ha:

$$R_{p0,2} = \frac{F_{p0,2}}{A_0}$$

Legge di Hooke

Normalmente tutti i materiali si ritengono elastici, nel senso che al cessare delle sollecitazioni esterne le molecole di cui sono costituiti riprendono la posizione originaria.

Ciò è accettabile, com'è stato detto precedentemente, se le sollecitazioni esterne non superano il limite di elasticità (sollecitazioni di lieve entità e deformazioni relativamente moderate).

Sul diagramma σ-ε si può leggere il **limite di elasticità** σ_E (▸ *Fig. 1.10*); se si oltrepassa questo valore, il materiale abbandona gradualmente il comportamento elastico e compaiono deformazioni permanenti sempre più rilevanti, che ne caratterizzano il comportamento elastoplastico e successivamente quello plastico.

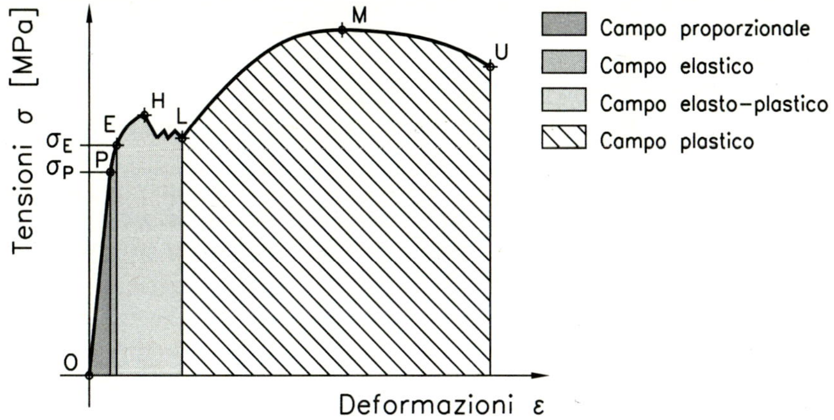

Fig. 1.10
Andamento delle tensioni nel tratto proporzionale del diagramma convenzionale tensioni-deformazioni.

Sullo stesso diagramma si legge il **limite di proporzionalità** σ_p; fino a quando non si supera questo valore la deformazione ε aumenta linearmente con la tensione σ, per cui il diagramma presenta un andamento rettilineo, con deformazioni proporzionali alle sollecitazioni. Tale limite è prossimo a quello di elasticità σ_E.

La proporzionalità fra tensioni e deformazioni è formulata dalla **legge di Hooke** a cui, per allungamenti relativi ε e quindi tensioni normali σ, si attribuisce l'espressione:

$$\sigma = E\,\varepsilon \qquad \textbf{[1.5]}$$

La costante E è detta **modulo di elasticità normale** del materiale o **modulo di Young**.

POLIGLOTTA
Modulo di elasticità normale
GB: Normal elasticity modulus
F: Module d'élasticité normal
D: E-Modul

Nel caso di deformazioni angolari γ, e quindi di tensioni tangenziali τ, la legge di Hooke assume la seguente forma:

$$\tau = G\,\gamma \qquad \textbf{[1.6]}$$

dove la costante G rappresenta il **modulo di elasticità tangenziale**.

POLIGLOTTA
Modulo di elasticità tangenziale
GB: Tangential elasticità modulus
F: Module d'élasticité tangentielle
D: Gleitmodul

Fra le due costanti elastiche E e G intercorre la seguente relazione:

$$G = \frac{E}{2(1+\upsilon)} \qquad \textbf{[1.7]}$$

in cui il coefficiente adimensionale υ, detto **coefficiente di Poisson**, per la maggior parte dei materiali metallici vale circa 0,30: per esempio, per l'acciaio vale $\upsilon = 0{,}29$; per il nichel ha il valore $\upsilon = 0{,}32$ e per l'alluminio è $\upsilon = 0{,}37$.

Pertanto, essendo:

$$\frac{1}{2(1+\upsilon)} \cong 0,385 \cong \frac{2}{5}$$

la [*1.7*] si può esprimere come:

$$G \approx \frac{2}{5} E \qquad \textbf{[1.8]}$$

Si noti che le costanti E e G hanno le dimensioni di una tensione e quindi si esprimono in N/mm^2 = MPa.

Nella ***tabella 1.1*** sono riportati i valori medi di E e G per alcuni materiali metallici (le ghise sono designate secondo la nuova normativa).

Tabella 1.1 Valori medi dei moduli di elasticità normale *E* e tangenziale *G* per alcuni materiali metallici a temperatura ambiente

Materiale	*E [N/mm^2]*	*G [N/mm^2]*
Acciaio	206 000	79 500
Ghisa (secondo UNI EN 1561):		
EN-GJL-150 (già G 18)	78 500	31 400
EN-GJL-250 (già G 26)	117 700	48 000
Ghisa speciale	172 600	70 400
Titanio	106 000	41 000
Nichel	225 600	85 500
Rame elettrolitico:		
ricotto	112 800	42 100
incrudito	122 600	46 100
Ottone:		
al 63% di rame	93 200	34 300
al 58% di rame	122 600	45 100
Bronzo	113 800	42 100
Alluminio	68 700	26 500
Leghe di alluminio:		
Al-Si-Mg	66 700÷70 60	25 500÷27 500
Al-Cu-Mg	68 700÷71 600	27 500
Zinco	93 200	36 000
Leghe di zinco	108 000÷127 500	44 100÷49 000
Magnesio	41 200	16 000
Leghe di magnesio (Mg-Al)	39 200÷44 000	14 700÷16 700
Stagno	39 200	15 000
Piombo	19 600	7500

La legge di Hooke costituisce il fondamento dei calcoli della resistenza dei materiali e consente, note le deformazioni, di determinare la distribuzione delle tensioni in una qualsiasi sezione di un solido.

Principio di sovrapposizione degli effetti

Un'importante conseguenza della legge di Hooke è la possibilità di applicare, nel caso in cui un solido sia sottoposto all'azione contemporanea di due o più caratteristiche di sollecitazione, il **principio di sovrapposizione degli effetti**:

l'effetto prodotto da più forze, agenti contemporaneamente, è uguale alla somma degli effetti prodotti dalle singole forze pensate agenti separatamente.

È necessario, però, che sia l'effetto totale sia ciascuno di quelli parziali rientrino nei limiti di validità della legge di Hooke, cioè siano contenuti nel limite di proporzionalità.

Questo principio è di grande utilità, perché consente di scindere lo studio di casi complessi in quello di casi semplici che si ottengono facendo agire separatamente le varie forze o le varie altre cause di sollecitazione.

Principio di Saint Venant

Un altro principio che consente di semplificare lo studio della resistenza delle strutture (travi con comportamento elastico) è il **principio di Saint Venant** il quale, per travi soggette a forze applicate soltanto alle sezioni estreme, afferma che:

a eccezione di un tratto iniziale, di lunghezza circa uguale alla dimensione maggiore della sezione della trave, le deformazioni e le tensioni interne non cambiano se si sostituisce il sistema di forze esterne con un altro avente la stessa risultante e lo stesso momento risultante.

In virtù del principio di Saint Venant, sostituire le forze esterne che agiscono da un lato della sezione di una trave con le equivalenti caratteristiche di sollecitazione, da cui si ricavano le tensioni interne nella sezione, corrisponde ad affermare che qualunque sistema di forze avente stessa risultante e stesso momento risultante genera le stesse deformazioni e le stesse tensioni interne.

La *figura 1.11* mostra quanto affermato dal principio di Saint Venant circa le deformazioni e le conseguenti tensioni interne nel tratto iniziale della trave: sostituendo al sistema di forze esterne la propria risultante R, agente lungo l'asse longitudinale della trave, si notano deformazioni maggiori nel centro delle sezioni e minori verso la periferia; tale differenza di deformazione in ogni sezione diventa meno tangibile nelle sezioni più lontane da quella estrema, fino ad annullarsi a una distanza uguale alla dimensione maggiore della sezione della trave, dove le sezioni rimangono piane.
In generale, il principio di Saint Venant è valido non solo per le travi, ma anche per i corpi di forma qualsiasi e stabilisce che:

se si sostituisce un sistema di forze agente su una zona piccola della superficie di un corpo con un sistema staticamente equivalente, lo stato delle tensioni interne subisce notevoli modificazioni locali, ma resta praticamente invariato a una distanza dalla zona interessata dalle forze pari alla dimensioni della zona stessa.

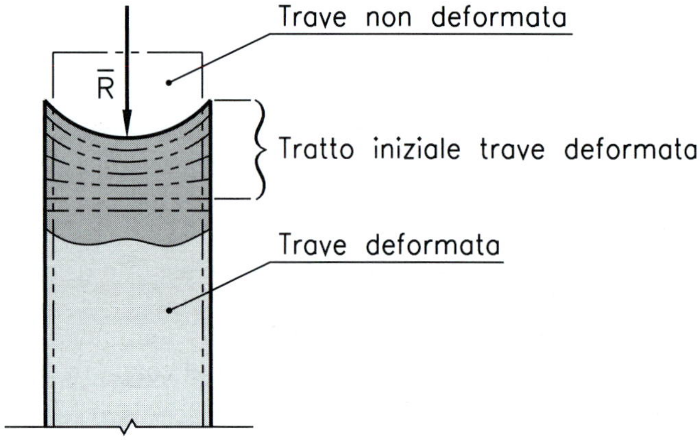

Fig. 1.11
Deformazioni prodotte dalla forza $\bar{R}$ nelle sezioni vicine alla sezione di estremità di una trave.

Schema di calcolo

Per eseguire il calcolo di una struttura occorre effettuare uno schema della struttura stessa ed eliminare tutti i fattori che non ne possono influenzare l'operatività. Tali semplificazioni sono necessarie, dato che altrimenti sarebbe impossibile risolvere i problemi di una struttura reale tenendo conto della molteplicità delle sue caratteristiche.

Per esempio, se si deve calcolare la capacità portante della fune di un ascensore, è necessario valutare solo la resistenza della fune, mentre la cabina e il carico sono considerati come un insieme rigido e la loro azione sulla fune può essere ridotta a una forza applicata a una sua estremità. Se invece si deve studiare la solidità della cabina, è necessario esaminare ogni sua particolarità costruttiva.

Una costruzione reale così semplificata è detta **schema di calcolo**.

Per una stessa costruzione si possono realizzare diversi schemi di calcolo e a uno stesso schema possono corrispondere varie costruzioni reali. Ciò è molto importante, poiché dall'esame di uno schema si può ottenere la soluzione di una serie di altri problemi reali aventi in comune lo stesso schema; per esempio, il caso accennato in precedenza, concernente la fune con un carico all'estremità, è uno schema che si incontra in molti casi pratici.

La scelta dello schema di calcolo inizia con la precisazione delle caratteristiche dei materiali: generalmente i corpi si considerano costituiti da materiale omogeneo, isotropo ed elastico.

*Un corpo si dice **omogeneo** se presenta le stesse caratteristiche fisiche in tutti i punti.*

È evidente che un materiale non può essere veramente omogeneo, a causa della sua struttura molecolare (è costituito da una caotica moltitudine di cristalli), tuttavia questo particolare non è essenziale, poiché le dimensioni del corpo in esame sono molto più grandi sia delle distanze interatomiche sia delle dimensioni dei cristalli.

*Un corpo omogeneo è di solito considerato anche **isotropo**, ossia presenta le stesse proprietà in tutte le direzioni.*

Di solito i metalli si considerano isotropi, ma vi sono materiali per i quali non è valida tale semplificazione; per esempio, il legno è costituito da materiale **anisotropo**, cioè le sue proprietà dipendono dall'orientamento delle sue fibre.

Nella maggior parte dei problemi di resistenza dei materiali i corpi si considerano praticamente **elastici**. Anche se i corpi reali non sono perfettamente elastici né perfettamente rigidi, tale semplificazione è accettabile perché si utilizzano materiali reali che presentano comportamento elastico fintanto che le sollecitazioni non superano il limite di elasticità.

Un'altra semplificazione, nella scelta dello schema di calcolo, riguarda la schematizzazione della geometria del corpo in esame: la forma geometrica del corpo si riduce allo schema di una **trave** o di una **lastra**.

La schematizzazione dei corpi reali comprende anche semplificazioni riguardanti le forze agenti su di essi; in particolare si adotta la nozione di **forza concentrata**. La sostituzione di forze distribuite con la loro risultante è possibile solo nello studio del comportamento di una trave nel suo insieme, vale a dire di una parte molto più estesa di quella della zona di contatto.

RICHIAMO

La ***trave*** è un corpo le cui dimensioni trasversali sono minori rispetto a quella longitudinale; la ***lastra*** è un corpo avente una delle dimensioni, lo spessore, molto più piccola rispetto alle altre due.

A1.2 CRITERI DI RESISTENZA DEI MATERIALI

Tensione limite

Il calcolo strutturale degli elementi di una costruzione o di organi meccanici si prefigge l'obiettivo di garantirne la **sicurezza**, cioè di garantire che non si verifichino deformazioni intollerabili o, addirittura, la rottura dell'organo in esame.

Note le caratteristiche di sollecitazione in corrispondenza della sezione più pericolosa di un corpo, si possono ricavare i valori delle tensioni in ogni punto, identificando i punti più gravosi ai fini della verifica di resistenza.

La verifica di resistenza consiste nell'accertare che il valore della tensione interna massima σ_{max} sia inferiore a una **tensione limite** di pericolo, relativa alla sollecitazione, affinché l'organo in esame risulti in sicurezza.

Per tutti i materiali sottoposti a semplice sollecitazione assiale, si assume, quale tensione limite, quella di rottura R_m o quella di snervamento R_{eL}.

Tuttavia nei calcoli di progetto o di verifica non si pone mai a base del calcolo la tensione limite R_m o R_{eL}, perché se durante il funzionamento si arrivasse a una sollecitazione pari a una di esse, non si potrebbe escludere il verificarsi dei danni prima accennati, sia pure con maggiore o minore probabilità a seconda dei casi. A creare tale possibilità di danni concorrono diverse cause: difetti interni ed esterni del materiale; difetti

POLIGLOTTA

Tensione limite

GB: Limit stress

F: Tension limite

D: Spannungsgrenze

di esecuzione o di montaggio; carichi più gravosi di quanto previsto nei calcoli; metodi semplificati di calcolo delle tensioni, ottenendo valori diversi da quelli reali e così via.

Per tali ragioni è necessario porre a base del calcolo una frazione della tensione limite, detta **tensione ammissibile statica** σ_{ams} o **carico di sicurezza**.

Le considerazioni fatte per la valutazione della tensione ammissibile sono sufficientemente esatte per tutti gli elementi strutturali gravati da carichi statici; ma tali ipotesi difficilmente si verificano nelle costruzioni meccaniche, i cui organi sono spesso soggetti a sollecitazioni variabili nel tempo, per cui la sicurezza è assicurata imponendo che le tensioni interne siano inferiori a una nuova tensione limite, definita **limite di resistenza a fatica** (▸ *Par. 1.3*).

Tensione ideale

Nel caso più generale in cui agiscono contemporaneamente due o più caratteristiche di sollecitazione, che danno origine a uno stato di **tensione pluriassiale**, la tensione ammissibile si confronta con una **tensione ideale** σ_{id} monoassiale ugualmente pericolosa, nel senso che, applicata da sola, farebbe raggiungere all'elemento in esame la stessa condizione limite provocata dal sistema pluriassiale di tensioni effettivamente applicate.

Per stabilire la relazione fra tensioni pluriassiali e una tensione monoassiale equivalente, si ricorre a diverse **ipotesi di rottura** o **teorie di resistenza** citate di seguito.

— **Ipotesi della massima dilatazione** (o ipotesi di Poncelet): il cedimento del materiale si verifica in corrispondenza del raggiungimento di una deformazione limite.
La tensione ideale si esprime nel modo seguente:

$$\sigma_{id} = \frac{1-\upsilon}{2}\sigma + \frac{1+\upsilon}{2}\sqrt{\sigma^2 + 4\tau^2} \qquad \textbf{[1.9]}$$

ovvero, poiché il coefficiente di Poisson υ per la maggior parte dei materiali metallici vale circa 0,30, si può scrivere:

$$\sigma_{id} = 0{,}35\sigma + 0{,}65\sqrt{\sigma^2 + 4\tau^2} \qquad \textbf{[1.10]}$$

A questa ipotesi di rottura, ormai non più utilizzata, facevano riferimento le normative tedesche (DIN).

— **Ipotesi della massima tensione tangenziale** (o ipotesi di Guest): la tensione ideale è quella che, applicata come tensione normale di trazione o compressione pura, fornisce una tensione tangenziale pari a quella effettiva.
L'espressione della tensione ideale è:

$$\sigma_{id} = \sqrt{\sigma^2 + 4\tau^2} \qquad \textbf{[1.11]}$$

l'ipotesi di Guest è quella più restrittiva ed è applicata nelle costruzioni di macchine.

— **Ipotesi dell'energia di distorsione** (o ipotesi di Huber-Von Mises): si ammette che la rottura avvenga per effetto della massima energia di distorsione raggiunta dal materiale in esame, intendendo come tale la differenza fra l'energia di deformazione massima e l'energia che comporta solo una variazione di volume del corpo stesso.
L'espressione della tensione ideale diventa:

$$\sigma_{id} = \sqrt{\sigma^2 + 3\tau^2} \quad [1.12]$$

questa ipotesi di rottura è raccomandata dalle normative UNI per le costruzioni metalliche.

Tensione ammissibile statica

Introducendo un coefficiente numerico, detto **grado di sicurezza** g, la **tensione ammissibile** σ_{ams}, in condizioni di sollecitazioni statiche, si esprime nella forma seguente:

POLIGLOTTA
Grado di sicurezza
GB: Safety factor
F: Coefficient de sécurité
D: Sicherheitsfaktor

$$\sigma_{ams} = \frac{\sigma_{limite}}{g} \quad [1.13]$$

Affinché per un elemento strutturale non si verifichino pericolo di cedimento, eccessive deformazioni o rottura, occorre che il valore massimo delle tensioni interne non superi il valore della tensione ammissibile:

— per tensioni normali statiche dev'essere:

$$\sigma_{max} \leq \sigma_{ams} \quad [1.14]$$

dove σ_{ams} è detta **tensione normale ammissibile**;

— per tensioni tangenziali statiche dev'essere:

POLIGLOTTA
Tensione normale ammissibile
GB: Allowable normal stress
F: Tension normale admissible
D: Zulässige Normalspannung

$$\tau_{max} \leq \tau_{ams} \quad [1.15]$$

in cui τ_{ams} prende il nome di **tensione tangenziale ammissibile**.

POLIGLOTTA
Tensione tangenziale ammissibile
GB: Allowable tangential stress
F: Tension tangentielle admissible
D: Zulässige Schubspannung

Il valore della tensione tangenziale ammissibile può essere espresso in funzione della tensione normale ammissibile mediante la seguente relazione:

$$\tau_{ams} = \frac{\sigma_{ams}}{\sqrt{3}} = 0{,}577\,\sigma_{ams} \quad [1.16]$$

Per i materiali fragili, che giungono a rottura con piccole deformazioni, il calcolo della tensione ammissibile si esegue facendo riferimento alla tensione di rottura R_m, mentre per i materiali duttili, come gli acciai che giungono a rottura con notevole deformazione, non potendo ammettere eccessive deformazioni, si fa riferimento alla tensione di snervamento R_{eL}. Perciò si avrà:

— per materiali fragili:

$$\sigma_{ams} = \frac{R_m}{g_R} \quad [1.17]$$

— per materiali duttili:

$$\sigma_{ams} = \frac{R_{eL}}{g_s} \quad [1.18]$$

Poiché al superamento della tensione di snervamento R_{eL}, da parte della tensione agente nel solido, non corrisponde immediatamente un pericolo di grave danno, come invece accade superando la tensione di rottura R_m, si potranno assumere, per il grado di sicurezza g_s valori inferiori a quelli di g_R, adottati nei confronti della tensione di rottura.

I regolamenti fissano i valori delle tensioni ammissibili e quindi implicitamente anche i gradi di sicurezza rispetto alla rottura e rispetto allo snervamento: per gli acciai di uso generale, appartenenti ai tipi S 235, S 275, S 355 (designazione secondo la norma UNI EN 10027/1), si possono assumere, secondo la norma UNI-CNR 10011, i valori di σ_{ams} riportati nella *tabella 1.2*.

Tabella 1.2 Caratteristiche meccaniche, secondo UNI EN 10025, e tensioni ammissibili [N/mm²] di alcuni acciai laminati e getti per impieghi strutturali

Acciai laminati (designazione secondo UNI EN 10027/1)	*Tensione di rottura R_m*	*Tensione di snervamento R_{eL}*	*Tensione ammissibile statica σ_{ams}*	
			spessori $t \leq 40$ mm	*spessori $t > 40$ mm*
S 235 (già Fe 360)	320÷510	175÷235	160	140
S 275 (già Fe 430)	380÷580	205÷275	190	170
S 355 (già Fe 510)	450÷680	275÷355	240	210
Acciai per getti	*Tensione ammissibile statica σ_{ams}*			
Fe G 450	150			
Fe G 520	170			

Osservazione: per molti materiali, il carico unitario di snervamento R_{eL} può essere sostituito con il carico unitario di scostamento dello 0,2% dalla proporzionalità $R_{p0,2}$, che prende il nome di carico unitario di snervamento convenzionale. Per esempio, per gli acciai temprati il fenomeno dello snervamento non si manifesta e il corrispondente carico può solo definirsi in modo convenzionale, considerando appunto il carico unitario di scostamento dalla proporzionalità.

Grado di sicurezza

Per quanto detto sulla tensione ammissibile, si può dare la seguente definizione di **grado di sicurezza**:

*il **grado di sicurezza** è il rapporto fra la tensione di rottura, o la tensione di snervamento, e la tensione massima prevedibile nei punti più pericolosi di un elemento strutturale.*

Nella scelta del grado di sicurezza si dovrà tenere conto di diversi fattori, dovuti all'impossibilità di conoscere completamente l'effettivo stato di sollecitazione e le effettive caratteristiche di resistenza del materiale, oltre a possibili differenze fra tensioni calcolate e tensioni reali.

Quanto più sommario è il calcolo, come procedimento e come considerazioni delle cause di sollecitazione, e più incerti sono i dati sul comportamento del materiale, tanto più elevato dovrà essere il grado di sicurezza.

Il grado di sicurezza non può essere scelto in modo esatto, ma viene valutato sulla base di valori che l'esperienza ha indicato come mediamente sufficienti.

Per i diversi materiali da costruzione, nelle condizioni ordinarie di temperatura e di ambiente, si possono assumere in linea di massima, nel caso di sollecitazioni statiche, i gradi di sicurezza riportati nella ***tabella 1.3***.

Tabella 1.3 Gradi di sicurezza ordinari *g* per sollecitazioni statiche

Materiale	*Stato*	*A trazione*		*A compressione*	
		g_R	g_S	g_R	g_S
Acciaio	Laminati, fucinati	2,3÷3,0	1,5÷2,0	2,3÷3,0	1,5÷2,0
	Getti	3,2÷4,2	1,8÷2,5	2,5÷3,4	1,6÷2,2
Ghisa	Getti	7,0÷9,0	–	6,0÷8,0	–
Altri materiali metallici	Laminati, estrusi	3,0÷4,0	2,0÷2,6	3,0÷4,0	2,0÷2,6
	Getti	4,0÷5,2	2,2÷3,2	3,2÷4,2	2,0÷2,8
Legname	Travi, tavole ecc.	8,0÷10,0	–	4,0÷5,0	–
Calcestruzzo semplice	Getti	–	–	3,5÷5,0	–
Muratura	Mattoni pieni	–	–	5,0÷6,0	–

g_R: grado di sicurezza riferito alla tensione di rottura

g_S: grado di sicurezza riferito alla tensione di snervamento

Esaminate le sollecitazioni esterne nelle condizioni più sfavorevoli e scelti i materiali da impiegare, si effettuano i calcoli necessari per la verifica o il dimensionamento del componente:

— la **verifica** consiste nel determinare la tensione interna massima cui è soggetto il materiale, verificando, mediante la [*1.14*] o la [*1.15*], che essa sia inferiore al valore della tensione ammissibile;
— il **dimensionamento** consiste nel determinare le dimensioni minime della sezione resistente dell'organo in esame, imponendo, mediante la [*1.14*] o la [*1.15*], che la tensione interna massima del materiale non superi la tensione ammissibile.

Riassumendo, lo studio di una struttura resistente è composto dalle seguenti parti:
— calcolo delle reazioni vincolari;
— determinazione delle sollecitazioni massime agenti sulla struttura;
— valutazione della tensione ammissibile;
— dimensionamento o verifica della struttura, confrontando la tensione interna massima con la tensione ammissibile;
— eventuale calcolo delle deformazioni.

Esempio
Un tirante a sezione rettangolare, rappresentato nella ***figura 1.12***, è realizzato in acciaio da costruzione S 235, avente carico unitario di rottura R_m = 360 N/mm^2 e carico unitario di snervamento R_{eL} = 235 N/mm^2. Sapendo che il tirante è posto in trazione da una forza $\bar{N}$ = 10 000 daN e che le dimensioni della sua sezione trasversale sono b = 10 mm e h = 100 mm, calcolare il grado di sicurezza adottato rispetto alla rottura e allo snervamento e verificarne la resistenza.

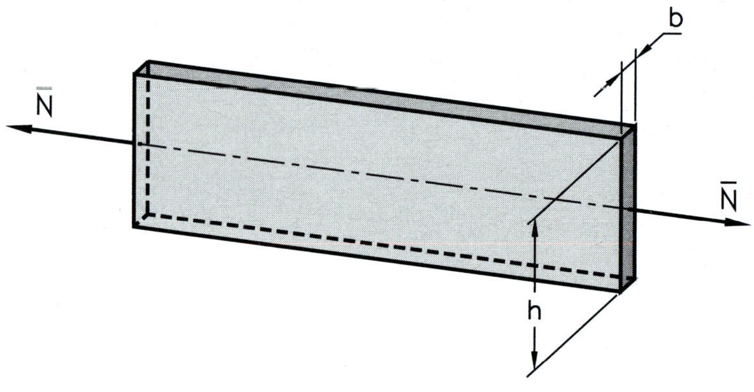

Fig. 1.12
Tirante sottoposto a una forza di trazione $\bar{N}$.

Soluzione
Ricavando il valore di σ_{ams} dalla ***tabella 1.2***, il grado di sicurezza rispetto al carico di rottura, per la [*1.17*], vale:

$$g_R = \frac{R_m}{\sigma_{ams}} = \frac{360}{160} \cong 2,25$$

Il grado di sicurezza rispetto al carico di snervamento si ricava dalla [*1.18*]:

$$g_S = \frac{R_{eL}}{\sigma_{ams}} = \frac{235}{160} \cong 1,5$$

La tensione che si genera nella sezione trasversale del tirante, per effetto della forza di trazione $\bar{F}$, corrisponde a:

$$\sigma_{max} = \frac{F}{A} = \frac{100\,000}{1000} = 100 \,\frac{\text{N}}{\text{mm}^2}$$

dove:

$$A = 10 \times 100 = 1000 \text{ mm}^2$$

è l'area della sezione trasversale del tirante.

Affinché il tirante resista alla forza $\bar{F}$, per la [*1.14*], dev'essere:

$$\sigma_{max} \leq \sigma_{ams}$$

sostituendo i valori si ottiene:

$$100 \leq 160$$

quindi il tirante resiste alla sollecitazione di trazione.

A1.3 SOLLECITAZIONI DI FATICA

Le forze applicate agli organi delle macchine raramente si mantengono costanti nel tempo. Nella maggioranza dei casi esse variano periodicamente, secondo cicli che si ripetono un elevato numero di volte durante la vita dell'organo, generando **sollecitazioni** dette **di fatica**.

Un materiale, soggetto a un tale tipo di sollecitazione, presenta una resistenza minore rispetto a quella che avrebbe se fosse sottoposto a sollecitazioni statiche della stessa intensità massima.

Le **sollecitazioni di fatica** possono essere di tipo **pulsante** o **alternato**, a seconda del variare periodico delle forze, cui corrisponde una proporzionale variazione delle tensioni, vale a dire, secondo il ciclo di carico seguito.

POLIGLOTTA
Ciclo alterno
GB: Alternate cycle
F: Cycle alternatif
D: Wechselbereich

POLIGLOTTA
Ciclo pulsante
GB: Pulsating cycle
F: Cycle pulsatoire
D: Ursprungsspiel

Definizioni

Per definire un ciclo di carico occorre indicare i valori massimo e minimo entro i quali oscilla la tensione nel punto più sollecitato, ricavando i seguenti parametri caratteristici comuni a tutti i tipi di sollecitazione (▸ *Fig. 1.13a*):

— ampiezza dell'oscillazione della tensione σ_a:

$$\sigma_a = \frac{1}{2}\left(\sigma_{max} - \sigma_{min}\right) \qquad \textbf{[1.19]}$$

— tensione media σ_m:

$$\sigma_m = \frac{1}{2}\left(\sigma_{max} + \sigma_{min}\right) \qquad \textbf{[1.20]}$$

Nelle *figure 1.13b, c, d, e* sono rappresentati i tipi di ciclo che descrivono le sollecitazioni alternate e pulsanti:

— **ciclo alterno simmetrico**, in cui la tensione varia fra due limiti di uguale intensità e verso opposto ($\sigma_{max} = -\sigma_{min}$; $\sigma_m = 0$);
— **ciclo alterno asimmetrico**, in cui la tensione varia fra due limiti di diversa intensità e verso opposto;
— **ciclo pulsante**, dove la tensione varia fra due limiti dello stesso segno;
— **ciclo dallo zero**, quando presenta una tensione variabile fra due limiti di cui uno è nullo ($\sigma_{min} = 0$; $\sigma_m = \sigma_{max} / 2$) quest'ultimo è considerato un caso particolare di sollecitazione pulsante.

Fig. 1.13
Parametri caratteristici delle sollecitazioni pulsanti e alternate e principali tipi di cicli:
a) ciclo di carico generico;
b) ciclo alterno simmetrico;
c) ciclo alterno asimmetrico;
d) ciclo pulsante;
e) ciclo dallo zero.

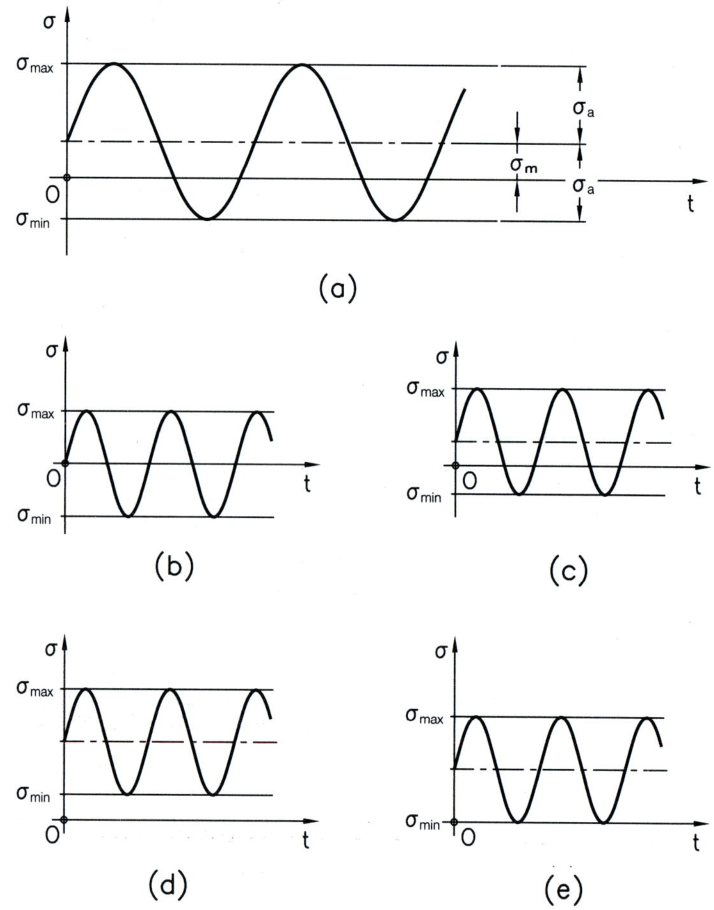

Leggi della sollecitazione a fatica

Lo studio della resistenza a fatica si realizza sperimentalmente con macchine di prova, la più comune delle quali è quella per prove di **flessione rotante**. Tale prova consiste nel porre in rotazione una provetta, a sezione circolare, sottoposta a carichi con intensità e direzione costanti, che generano la flessione della provetta stessa. Se in un determinato istante le fibre superiori della provetta, rispetto all'asse neutro (corrispondente all'asse geometrico non deformato), sono soggette a compressione e quelle inferiori a trazione, durante la rotazione dell'albero, a ogni mezzo giro corrisponde un'inversione delle sollecitazioni cui è sottoposta ogni singola fibra. Di conseguenza le fibre che prima erano compresse si trovano a essere tese, mentre quelle precedentemente tese risultano compresse.

La provetta è soggetta a una sollecitazione alternata simmetrica e con la prova di flessione rotante si determina il numero di cicli della sollecitazione, per cui si ha la rottura della provetta.

In particolare si osserva che se la sollecitazione è di poco inferiore al limite elastico, la rottura si verifica dopo pochi cicli di carico; al contrario, il numero di cicli che provoca la rottura aumenta se la massima sollecitazione diminuisce gradualmente: questo finché non si perviene a una sollecitazione limite, detta **limite di resistenza a fatica** σ_{LF}, al di sotto della quale non si verifica mai la rottura della provetta, indipendentemente dal numero di cicli.

Per realizzare altri tipi di cicli si utilizzano macchine più complesse, sottoponendo una serie di provette uguali a cicli di tipo e ampiezza diversi.

I risultati delle prove di fatica si possono riportare su un diagramma, detto di Wöhler, che ha in ascisse il numero di cicli n che provocano la rottura e in ordinate i valori dell'ampiezza della tensione σ_a corrispondente al carico massimo in ogni ciclo.

RICHIAMO
I ***cicli di fatica*** sono eseguiti anche su pezzi finiti, per esempio sulle scocche complete dei veicoli.

Osservando la curva di Wöhler (▸ *Fig. 1.14*), relativa a una sollecitazione alternata simmetrica, si nota un tratto rapidamente decrescente nel verso crescente delle ascisse, seguito da un tratto che tende asintoticamente alla retta parallela all'asse delle ascisse, la cui ordinata corrisponde al valore del limite di resistenza a fatica σ_{LF}.

Osservazione: il limite di resistenza a fatica non può essere determinato in modo assoluto per via sperimentale, perché sarebbe necessario ripetere i cicli di carico un numero infinito di volte. Si introduce, pertanto, un limite di resistenza a fatica convenzionale, molto prossimo a quello effettivo, il cui valore viene determinato considerando che, se la rottura di una provetta non avviene dopo un determinato numero di cicli, è ipotizzabile che la provetta stessa non si rompa neppure dopo un numero infinito di cicli.

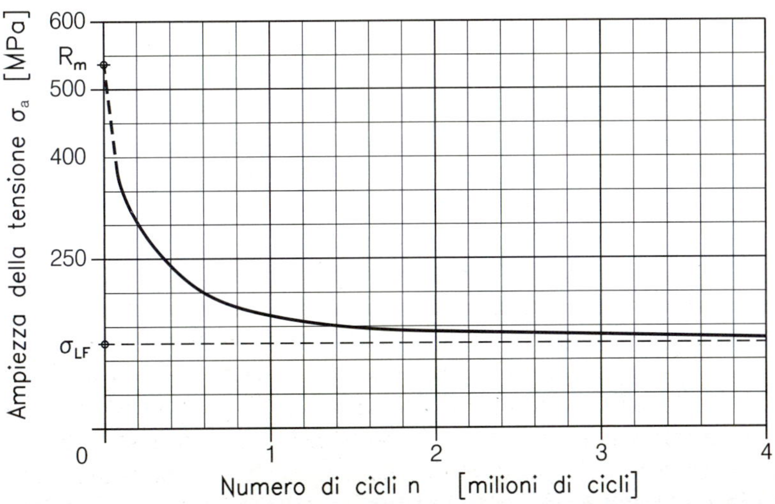

Fig. 1.14
Curva di Wöhler in coordinate lineari per un acciaio comune.

Per gli acciai comuni, si considera generalmente il limite di fatica corrispondente a 10 milioni di cicli; per le leghe leggere, il limite è individuato fra i 20 e i 100 milioni di cicli.

Le prove di fatica presentano una grande dispersione dei risultati, per cui il tracciamento della curva di Wöhler può presentare qualche difficoltà; pertanto, per una migliore visualizzazione della curva, si adotta la rappresentazione in scala logaritmica, sia delle ascisse sia delle ordinate. In questo modo i tratti di curva diventano rettilinei e il tratto che definisce il limite di fatica presenta un "ginocchio" più marcato (▸ *Fig. 1.15*). Conducendo prove sistematiche con il metodo esposto, i risultati dimostrano che, per cicli aventi sollecitazioni medie σ_m crescenti, il limite di fatica σ_{LF} decresce, come mostra la *figura 1.16*. Inoltre, all'aumentare del valore della tensione media, la tensione massima può raggiungere e superare il valore del carico di snervamento, generando nel materiale uno "scorrimento" progressivo, non meno dannoso della rottura.

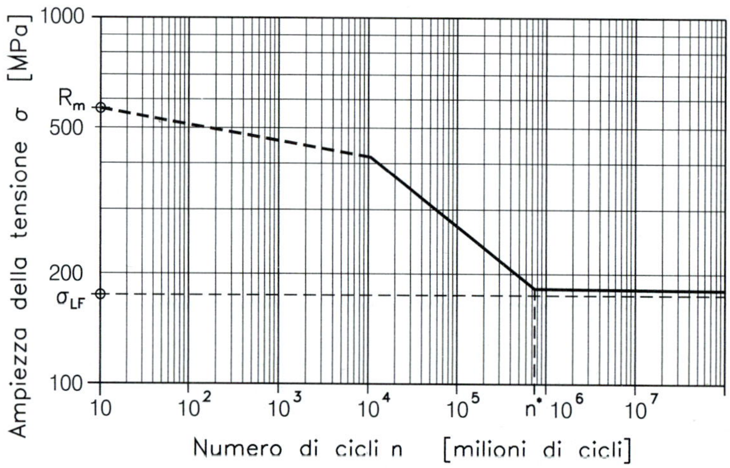

Fig. 1.15
Curva di Wöhler in coordinate logaritmiche: n^* rappresenta il numero di cicli critico oltre il quale non si verifica la rottura per fatica.

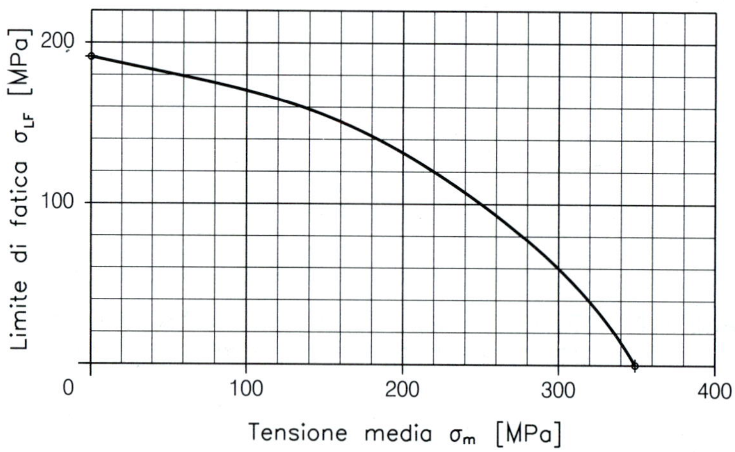

Fig. 1.16
Valori del limite di fatica σ_{LF} in funzione dei valori della tensione media σ_M.

Diagramma di Goodman-Smith

Sulla rete

Tensioni ammissibili e verifica a fatica

Sulla rete

Dall'analisi fin qui condotta si deduce che, nei calcoli di progetto e di verifica a fatica degli organi meccanici, occorre conoscere la tensione limite di resistenza a fatica, il cui valore esatto può essere determinato sperimentalmente.

Tuttavia, in mancanza di dati sperimentali, anche se non esistono relazioni esatte, si possono utilizzare relazioni orientative fra tensione di rottura statica e limite di resistenza a fatica, rappresentate dai **rapporti di fatica φ**, ossia dai rapporti fra i limiti di resistenza a fatica e i corrispondenti valori della resistenza statica.

Tali rapporti consentono di determinare, in prima approssimazione, il limite di fatica. Nella *tabella 1.6* sono riportati alcuni valori medi per ciclo alterno simmetrico, a flessione, a trazione-compressione e a torsione.

Tabella 1.6 Valori orientativi medi dei rapporti di fatica φ per acciai, con provette non intagliate di diametro o spessore di circa 10 mm e per 10^7 cicli

Materiale	*Carico unitario di rottura a trazione R_m [N/mm²]*	*Rapporti di fatica* $\varphi = \frac{\sigma_{LF}}{R_m}$		
		Flessione alternata $\varphi_f = \frac{\sigma_{FAf}}{R_m}$	*Trazione-compressione alternata* $\varphi_a = \frac{\sigma_{FAa}}{R_m}$	*Torsione alternata* $\varphi_t = \frac{\sigma_{FAt}}{R_m}$
Acciai al carbonio	400	0,55	0,50	0,34
	650	0,47	0,42	0,27
Acciai legati bonificati	1000	0,45	0,40	0,26
Acciai ad alta resistenza	1600	0,35	0,32	0,19

Nella *tabella 1.7* sono messi a confronto i carichi di rottura a trazione statica e di snervamento convenzionale con i limiti di resistenza a fatica a flessione, a trazione-compressione e a torsione di alcuni acciai, ricavati mediante i rapporti di fatica.

Tabella 1.7 Caratteristiche meccaniche e limiti di fatica alternata [N/mm²], per alcuni acciai in prodotti laminati a caldo (*continua*)

Qualità acciaio	*Dimensione [mm]*	*Carico unitario di rottura a trazione statica R_m*	*Carico unitario di scostamento dalla proporzionalità $R_{p0,2}$*	*Limite di resistenza a fatica*		
				Flessione alternata σ_{FAf}	*Assiale alternata σ_{FAa}*	*Torsione alternata τ_{FAt}*
Acciai non legati di base UNI EN 10025						
S 235 S 275		320÷470 380÷580	175÷235 205÷275	215 250	195 225	135 155

Tabella 1.7 **Caratteristiche meccaniche e limiti di fatica alternata [N/mm²], per alcuni acciai in prodotti laminati a caldo** ***(segue)***

Qualità acciaio	*Dimensione [mm]*	*Carico unitario di rottura a trazione statica* R_m	*Carico unitario di scostamento dalla proporzionalità* $R_{p0,2}$	*Limite di resistenza a fatica*		
				Flessione alternata σ_{FAf}	*Assiale alternata* σ_{FAa}	*Torsione alternata* τ_{FAt}
			Acciai non legati di base UNI EN 10025			
S 355 E 295 E 335 E 360		450÷680 440÷660 540÷770 640÷900	275÷355 225÷295 255÷335 285÷360	280 275 305 355	255 245 275 315	165 165 175 175
			Acciai non legati allo stato bonificato UNI EN 10083			
C 25	fino a 16 da 16 a 40	550÷700 500÷650	370 320	290 285	260 260	170 165
C 30	fino a 16 da 16 a 40 da 40 a 100	600÷750 550÷700 500÷650	400 350 300	315 290 285	280 260 260	180 170 165
C 35	fino a 16 da 16 a 40 da 40 a 100	630÷780 600÷750 550÷700	430 380 320	330 315 290	290 280 260	190 180 170
C 40	fino a 16 da 16 a 40 da 40 a 100	650÷800 630÷780 600÷750	460 400 350	340 330 315	295 290 280	195 190 180
C 45	fino a 16 da 16 a 40 da 40 a 100	700÷850 650÷800 630÷780	490 430 370	355 340 330	315 295 290	210 195 190
C 50	fino a 16 da 16 a 40 da 40 a 100	750÷900 700÷850 650÷800	520 460 400	380 355 340	340 315 295	215 210 195
C 55	fino a 16 da 16 a 40 da 40 a 100	800÷950 750÷900 700÷850	550 490 420	400 380 355	360 340 315	225 215 210
C 60	fino a 16 da 16 a 40 da 40 a 100	850÷1100 800÷960 750÷900	580 520 450	435 415 380	390 370 340	255 240 215
			Acciai legati allo stato bonificato UNI EN 10083			
46 Cr 12	fino a 16 da 16 a 40 da 40 a 100	900÷1100 800÷950 650÷800	650 550 400	450 400 340	400 360 295	260 225 195
34 Cr Mo 4	fino a 16 da 16 a 40 da 40 a 100 da 100 a 250	1000÷1200 900÷1100 800÷950 700÷800	800 650 550 450	480 450 400 345	450 400 360 305	275 260 225 200
36 Cr Ni Mo 4	fino a 16 da 16 a 40 da 40 a 100 da 100 a 250	1100÷1300 1000÷1200 880÷1080 750÷900	900 800 700 550	505 470 440 380	445 420 390 340	290 275 255 215
51 Cr V 4	fino a 16 da 16 a 40 da 40 a 100 da 100 a 250	1100÷1300 1000÷1200 900÷1100 800÷950	900 800 700 600	505 470 450 400	445 420 400 360	290 275 260 225

Per le **ghise grigie** comuni, di bassa o moderata resistenza, si ha mediamente $\varphi_f = 0{,}45$, che scende fino a $\varphi_f = 0{,}35$ alle alte resistenze.

Per le **leghe di alluminio** di bassa e media resistenza (fino a $R_m = 380$ N/mm^2), si può ritenere $\varphi_f = 0{,}42$ (per 10^8 cicli), per scendere fino a $\varphi_f = 0{,}35$, per le leghe di più alta resistenza (fino a $R_m = 500$ N/mm^2).

Per gli acciai, il limite di resistenza a fatica pulsante σ'_{LF}, rispetto a quello di fatica alternata σ_{LF}, si può considerare pari a:

$$\sigma'_{LF} = 1{,}5\ \sigma_{LF} \tag{1.28}$$

In mancanza di dati sperimentali, la tensione ammissibile a fatica, riferita per esempio a una sollecitazione normale, si può ottenere anche dalla seguente relazione:

$$\sigma_{amf} = \sigma_{ams}\left(\frac{2}{3} + \frac{1}{3}\frac{\sigma_{min}}{\sigma_{max}}\right) \tag{1.29}$$

Tale relazione è valida anche per le sollecitazioni tangenziali; da essa si deduce quanto segue.

— Se $\sigma_{min} = \sigma_{max}$, la sollecitazione ha carattere statico, perciò la tensione ammissibile a fatica è uguale alla tensione ammissibile statica:

$$\sigma_{amf} = \sigma_{ams} \tag{1.30}$$

— Per le sollecitazioni di fatica pulsante dallo zero, in cui $\sigma_{min} = 0$, si ha:

$$\sigma'_{amf} = \frac{2}{3}\sigma_{ams} \tag{1.31}$$

— Se le sollecitazioni sono di fatica alternata, con $\sigma_{min} = -\ \sigma_{max}$, la tensione ammissibile a fatica vale:

$$\sigma_{amf} = \frac{1}{3}\sigma_{ams} \tag{1.32}$$

Con una più radicale semplificazione, nei calcoli di elementi non impegnativi, seguendo lo schema della resistenza statica, la tensione ammissibile a fatica può essere espressa come rapporto fra il carico unitario di rottura a trazione statica e un coefficiente di sicurezza n_R, ricavabile dal diagramma rappresentato nella ***figura 1.23***.

Per le tensioni normali si ha:

$$\sigma_{amf} = \frac{R_m}{n_R} \tag{1.33}$$

Per le tensioni tangenziali si adotta la tensione ammissibile a fatica:

$$\tau_{amf} = 0{,}577\ \sigma_{amf} \tag{1.34}$$

Fig. 1.23
Coefficiente di sicurezza n_R per i diversi tipi di cicli, rappresentati dal rapporto F_{min}/F_{max} fra il valore minimo e quello massimo della forza applicata al corpo in esame.

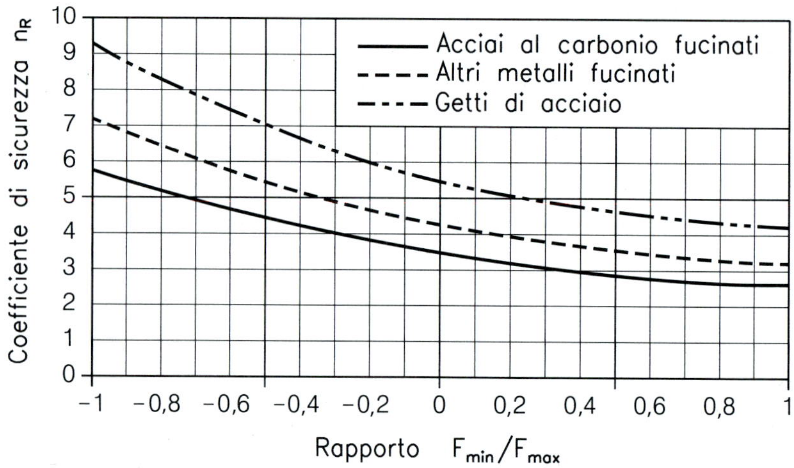

I valori del coefficiente di sicurezza n_R che si ricavano dal diagramma della ***figura 1.23*** sono prudenziali; tuttavia, se i corpi presentano sensibili concentrazioni di tensione, il coefficiente n_R dev'essere maggiorato, moltiplicandolo per il fattore di intaglio a fatica K_f:

$$n_R^* = K_f \, n_R \quad \textbf{[1.35]}$$

In conclusione, per la verifica di resistenza a fatica dev'essere:

$$\sigma_{max} \leq \sigma_{amf} \quad \textbf{[1.36]}$$

in riferimento a sollecitazioni normali; nel caso invece di sollecitazioni tangenziali, si avrà:

$$\tau_{max} \leq \tau_{amf} \quad \textbf{[1.37]}$$

Esempio 1

Sulla rete

Esempio 2

Sulla rete

FORMULARIO ESSENZIALE

Teorema/ relazione	Figura	Formula
Allungamento relativo o unitario ε	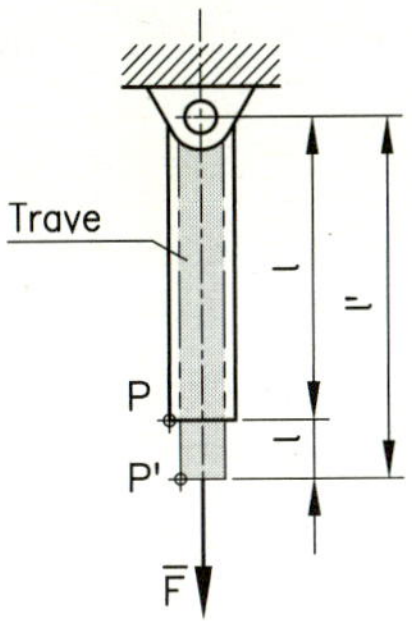	$\varepsilon = \frac{\Delta l}{l}$ Δl = allungamento totale [mm] l = lunghezza originaria [mm]
Scorrimento relativo o unitario γ	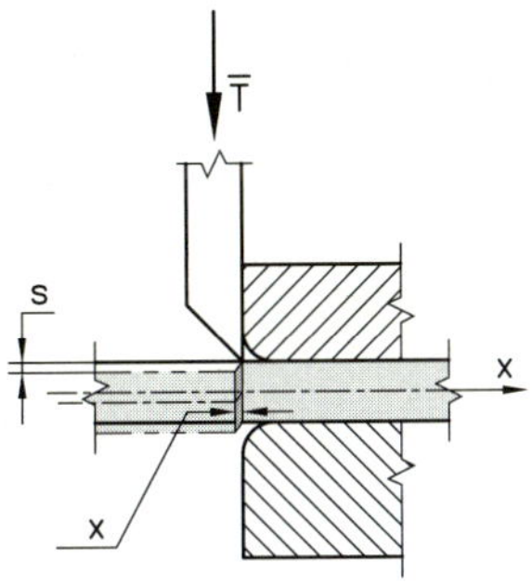	$\gamma = \frac{s}{\Delta x}$ s = scorrimento totale di una sezione rispetto a quella contigua [mm] Δx = distanza fra le due sezioni [mm]
Legge di Hooke		Per tensioni normali σ: $\sigma = E\varepsilon$ Per tensioni tangenziali τ: $\tau = G\gamma$ E = modulo di elasticità longitudinale [N/mm^2] G = modulo di elasticità tangenziale [N/mm^2]
Tensione ideale σ_{id}		Ipotesi di Poncelet: $\sigma_{id} = 0,35\sigma + 0,65\sqrt{\sigma^2 + 4\tau^2}$ Ipotesi di Guest: $\sigma_{id} = \sqrt{\sigma^2 + 4\tau^2}$ Ipotesi di Huber-Von Mises: $\sigma_{id} = \sqrt{\sigma^2 + 3\tau^2}$ σ= tensione normale τ= tensione tangenziale

Teorema/ relazione	Figura	Formula
Tensione normale ammissibile statica σ_{ams} e tensione tangenziale ammissibile statica τ_{ams}		$\sigma_{ams} = \frac{R_m}{g_R}$ riferita alla tensione di rottura R_m $\sigma_{ams} = \frac{R_{eL}}{g_s}$ riferita alla tensione di snervamento R_{eL} $\tau_{ams} = \frac{\sigma_{ams}}{\sqrt{3}}$ g_R, g_s = coefficienti di sicurezza
Parametri caratteristici comuni a tutti i tipi di sollecitazione di fatica	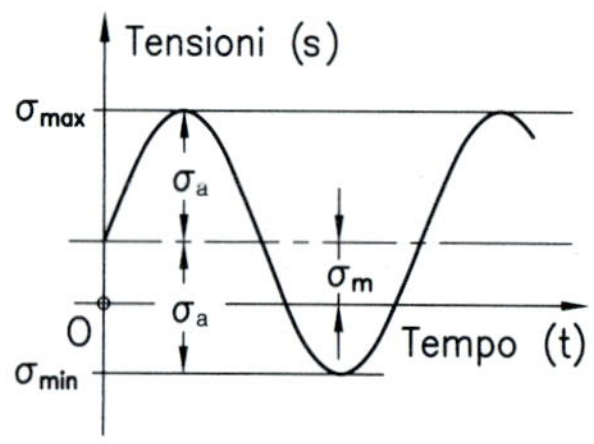	Ampiezza dell'oscillazione della tensione σ_a: $\sigma_a = \frac{1}{2}(\sigma_{max} - \sigma_{min})$ Tensione media σ_m: $\sigma_m = \frac{1}{2}(\sigma_{max} + \sigma_{min})$
Fattore d'intaglio a fatica K_f e fattore globale di riduzione del limite di fatica K		$K_f = \frac{K_t r + \eta}{r + \eta}$ K_t = fattore d'intaglio teorico r = raggio di raccordo nella zona dell'intaglio o della variazione di sezione η = fattore di sensibilità all'intaglio $K = \frac{C_1 C_2}{K_f}$ C_1 = coefficiente dimensionale C_2 = coefficiente di finitura superficiale

Teorema/ relazione	Figura	Formula
Tensione normale ammissibile a fatica alternata σ_{amf} e tensione tangenziale ammissibile a fatica alternata τ_{amf}		$\sigma_{amf} = \sigma_{LF} \dfrac{C_1 C_2}{K_f\, g_f\, C_3}$ $\tau_{amf} = \tau_{LF} \dfrac{C_1 C_2}{K_f\, g_f\, C_3}$ σ_{LF} = tensione limite normale a fatica C_3 = coefficiente di esercizio g_f = grado di sicurezza

L'UNITÀ DIDATTICA IN BREVE

Sulla rete

PROBLEMI DI RIEPILOGO

Sulla rete

AUTOVERIFICA DELL'APPRENDIMENTO

1. Le forze e le coppie applicate a un elemento strutturale, insieme alle reazioni vincolari, costituiscono il sistema equilibrato delle __________ ; __________________________ le ____ caratterizzano l'azione delle forze esterne in una generica sezione di un corpo.

2. Ciascuna caratteristica di sollecitazione induce sul corpo cui è applicata due tipi di deformazione: una ____________________ delle fibre longitudinali, o uno ____________________ di una sezione rispetto a quella contigua.

3. Associare a ogni sollecitazione il tipo di deformazione generato:

a) forza assiale: ______________________

b) forza di taglio: ______________________

c) momento torcente: ____________________

d) momento flettente: ____________________

4. Definire la tensione normale σ e la tensione tangenziale τ. (max 20 parole)

____

____

____

5. L'allungamento relativo ε______________ di un corpo è il rapporto fra __________________ e la lunghezza __________________ del corpo stesso.

6. Definire lo scorrimento relativo γ fra due sezioni di un corpo. (max 10 parole)

____

____

7. L'unità di misura della tensione è:

a) MPa   b) N m

c) N/m^2 d) N/mm^2

8. Esprimere la legge di Hooke per tensioni normali e per tensioni tangenziali:

$\sigma =$ __________

$\tau =$ __________

9. Dare la definizione del principio di sovrapposizione degli effetti. (max 15 parole)

____

____

10. Definire la tensione ideale (max 30 parole).

____

____

____

11. Esprimere analiticamente la tensione ammissibile, in condizioni di sollecitazioni statiche, per tensioni normali e per tensioni tangenziali:

$\sigma_{ams} =$ __________

$\tau_{ams} =$ __________

12. Il dimensionamento di un corpo consiste nel determinare le dimensioni minime della sezione resistente dello stesso, imponendo che la tensione interna massima del materiale sia uguale alla tensione ammissibile.

Vero ☐ Falso ☐

13. La verifica della resistenza di un corpo consiste nel determinare la tensione interna massima del materiale, verificando che essa sia superiore al valore della tensione ammissibile.

Vero ☐ Falso ☐

14. Quando le forze applicate agli organi di macchine variano periodicamente nel tempo, secondo cicli che si ripetono un numero elevato di volte, generano ________________; il materiale con cui è realizzato l'organo presenta una resistenza ________________ di quella che avrebbe se fosse soggetto a sollecitazioni ________________ della stessa intensità.

15. Le sollecitazioni di fatica possono essere di tipo ________________ o ________________, secondo il ciclo di carico seguito.

16. Definire il limite di resistenza a fatica σ_{LF}(max 15 parole).

____

____

17. Esprimere la relazione fra il modulo di elasticità normale E e quello tangenziale G in funzione del coefficiente di Poisson:

$G =$ ________________________________

18. Un corpo che presenta le stesse caratteristiche fisiche in tutti i punti è detto ____________________

19. Un corpo che presenta le stesse proprietà in tutte le direzioni è detto

____

20. Indicare quali tensioni si assumono come tensioni limiti di pericolo, per accertare la resistenza di un elemento strutturale e la relazione fra queste e la tensione ammissibile (max 20 parole).

____

____

____

21. Esprimere analiticamente la tensione ideale secondo:

a) l'ipotesi dell'energia di distorsione: σ_{id} = ____________________

b) l'ipotesi della massima tensione tangenziale: σ_{id} = ____________________

A2

SOLLECITAZIONI SEMPLICI

In questa unità si esaminano gli stati di deformazione e di tensione, dovuti alle **sollecitazioni semplici**, **normali**, **di flessione**, **di taglio** e **di torsione**, considerate applicate singolarmente; si ricavano, quindi, le relazioni che consentono di risolvere i problemi di dimensionamento e di verifica della resistenza dei corpi sottoposti a tali sollecitazioni.

Prerequisiti

- Sapere specificare le azioni delle diverse sollecitazioni esterne e le relazioni fra queste e le conseguenti deformazioni e tensioni interne.
- Sapere distinguere le principali caratteristiche meccaniche e tecnologiche dei materiali.
- Sapere valutare la tensione ammissibile dei materiali.
- Sapere determinare, anche mediante l'uso di tabelle, le caratteristiche geometriche, i baricentri e i momenti quadratici delle sezioni di elementi strutturali.

Obiettivi

- Sapere analizzare problemi di progettazione di elementi strutturali e organi meccanici, scegliendo il materiale e il profilo della sezione più idonei a resistere alle sollecitazioni applicate.
- Acquisire capacità di calcolo relative al dimensionamento e alla verifica di resistenza, in condizioni di sicurezza, di semplici organi meccanici sottoposti a sollecitazioni semplici.

Contenuti

- Sollecitazioni assiali di trazione o di compressione.
- Sollecitazioni di flessione.
- Sollecitazioni di taglio.
- Sollecitazioni di torsione.
- Caratteristiche geometriche e valori statici dei principali profilati unificati.

Verifica prerequisiti

1. Ogni sollecitazione produce un determinato tipo di deformazione: la forza assiale $\bar{N}$ genera ____________________ delle fibre longitudinali del corpo, se è di trazione, o ____________________ delle stesse, se è di compressione; le forze di taglio $\bar{T}$ tendono a tagliare le fibre in corrispondenza della sezione considerata, provocando lo ____________________ di tale sezione, rispetto a quella contigua; il momento torcente $\bar{M}_t$ produce lo ____________________ di ciascuna sezione, rispetto alla contigua; il momento flettente $\bar{M}_f$ provoca, nei piani contenenti l'asse longitudinale della trave, la ______________ delle fibre, secondo un arco di circonferenza.

2. Esprimere analiticamente la relazione fra la tensione ammissibile per tensioni normali σ_{ams} e quella per tensioni tangenziali τ_{ams}.

τ_{ams} = ______________

3. La verifica della resistenza di un corpo consiste nel determinare ____________________, controllando che essa non sia superiore al valore della ____________________; il dimensionamento di un corpo consiste nel determinare le dimensioni minime della sezione resistente dello stesso, imponendo che la ____________________ del materiale non sia ____________________ alla tensione ____________________

4. Il grado di sicurezza è il rapporto fra la ____________________, o la ____________________ e la tensione massima prevedibile nei punti più pericolosi di un elemento strutturale.

5. Definire analiticamente la tensione ammissibile per materiali fragili (a) e per materiali duttili (b):

a) σ_{ams} = ______________

b) σ_{ams} = ______________

6. Si definisce allungamento relativo, o unitario, il rapporto fra l'allungamento totale e la lunghezza originaria del corpo.

Vero ☐ Falso ☐

7. Si definisce scorrimento relativo, o unitario, lo scorrimento di una sezione rispetto a quella contigua.

Vero ☐ Falso ☐

8. Formulare la relazione fra il modulo di elasticità normale E e il modulo di elasticità tangenziale G.

G = ____________________

9. Definire il momento quadratico di una superficie piana rispetto a una retta. (max 30 parole)

____

____

____

Problema

Una piccola gru a parete (▸ *Fig. 2.1*), deve sostenere in sicurezza un carico Q = 250 daN. Supponendo di utilizzare un acciaio S 235, indicare le sollecitazioni cui sono sottoposte le aste OA e OB e calcolare i loro diametri.

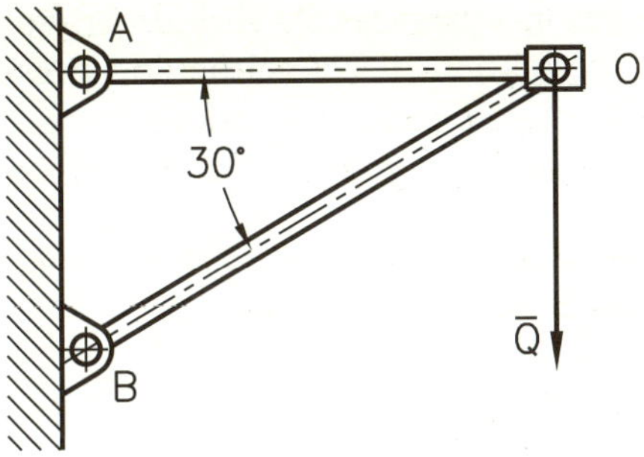

Fig. 2.1
Schema di una gru a parete.

Analisi

Il problema consiste nell'identificare i tipi di sollecitazione agenti sulle due aste ed eseguire il loro dimensionamento.
Osservando lo schema della gru, si nota che le due aste non hanno la medesima funzione; un'asta fa da tirante, mentre l'altra funge da puntone.
Il dimensionamento delle aste richiede l'uso di formule specifiche, inoltre, il materiale che le costituisce ha lo stesso comportamento sia a trazione sia a compressione; ne consegue che i carichi di sicurezza a trazione e a compressione possono ritenersi uguali.

Procedura consigliata

Per risolvere il problema occorre:
- ricavare graficamente le forze che sollecitano le aste, scomponendo il carico Q nelle direzioni delle aste, vale a dire costruendo il triangolo di equilibrio delle forze, in modo da determinare il tipo di sollecitazione cui sono soggette le aste;
- riferirsi al *paragrafo A2.2* per calcolare la tensione ammissibile statica σ_{ams} del materiale;
- riferirsi al *paragrafo A2.1* per formulare l'equazione di stabilità per il tipo di sollecitazione agente su ciascuna asta, ricavando così i valori dei loro diametri.

A2.1 SOLLECITAZIONI ASSIALI DI TRAZIONE O DI COMPRESSIONE

Si consideri una trave rettilinea, a sezione costante, in equilibrio sotto l'azione di un sistema di forze esterne; il sistema è ridotto a due **forze normali** o **assiali** $\bar{N}$, applicate nei baricentri delle sue sezioni estreme (▸ *Fig. 2.2a*).

In qualunque sezione trasversale S della trave agisce la forza normale $\bar{N}$, unica caratteristica di sollecitazione presente; le altre caratteristiche, vale a dire i momenti flettenti, le forze di taglio e i momenti torcenti, sono tutte nulle. Questo è un caso di **sollecitazione semplice di trazione**.

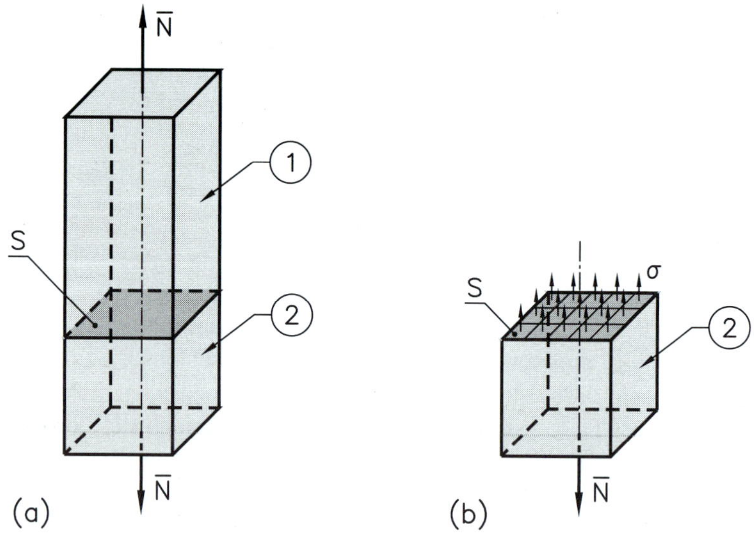

Fig. 2.2
a) Trave rettilinea soggetta a forza assiale $\bar{N}$, applicata nei baricentri delle sezioni estreme.
b) Distribuzione della tensione interna σ nella generica sezione S di area A.

Considerando l'ipotesi della conservazione delle sezioni piane, secondo cui le sezioni trasversali si spostano parallelamente a loro stesse, per effetto delle deformazioni generate dalle forze esterne, le fibre longitudinali della trave risultano ugualmente tese, cioè subiscono lo stesso allungamento totale Δl e lo stesso allungamento relativo ε. Pertanto, secondo la legge di proporzionalità fra tensioni e deformazioni (legge di Hooke), si ha:

$$\sigma = E\,\varepsilon \qquad \textbf{[2.1]}$$

anche le **tensioni interne** σ assumono lo stesso valore in tutti i punti della sezione S di area A, come indicato nella ***figura 2.2b***, e si esprimono mediante la seguente relazione:

$$\sigma = \frac{N}{A} \qquad \textbf{[2.2]}$$

L'**allungamento relativo** ε della trave di lunghezza iniziale l_i vale:

$$\varepsilon = \frac{\Delta l}{l_i} \qquad \textbf{[2.3]}$$

dove ($\Delta l = l_f - l_i$), differenza fra la lunghezza finale l_f e la lunghezza iniziale l_i, rappresenta **l'allungamento assoluto** subìto dalla trave.

Sostituendo la [2.3] nella [2.1] si ottiene:

$$\sigma = E \frac{\Delta l}{l_i}$$

e considerando la [2.2] si ha:

$$\frac{N}{A} = E \frac{\Delta l}{l_i}$$

da cui si ricava:

$$\Delta l = \frac{N\, l_i}{E\, A} \qquad \textbf{[2.4]}$$

La [2.4] consente di determinare l'allungamento Δl subito da un corpo, note le sue dimensioni (area A della sezione trasversale), la forza di trazione $\bar{N}$ e la qualità del materiale (modulo E).

Il prodotto $(E\,A)$ è definito **rigidezza a trazione** della trave.

Calcoli di progetto e di verifica

Ricavato il valore della tensione massima mediante la [2.2] e assumendo un'opportuna **tensione ammissibile statica** σ_{ams}, o **carico di sicurezza**, perché un corpo resista alle sollecitazioni esterne, dev'essere:

$$\sigma_{max} \leq \sigma_{ams} \qquad \textbf{[2.5]}$$

La [2.5] è detta **equazione di stabilità** e si presta sia ai calcoli di progetto (dimensionamento) sia a quelli di verifica della resistenza di un corpo.

POLIGLOTTA
Equazione di stabilità
GB: Equation of stability
F: Equation de stabilité
D: Beständigkeitsgleichung

Nei calcoli di progetto, noto il valore della sollecitazione $\bar{N}$, stabilito il materiale da impiegare e determinato σ_{ams}, si calcola il valore dell'area della sezione trasversale.

Per la [2.2], la [2.5] diventa:

$$\frac{N}{A} \leq \sigma_{ams} \qquad \textbf{[2.6]}$$

dove:

$$\sigma_{ams} = \frac{R_m}{g_R} \qquad \textbf{[2.7]}$$

se riferita alla tensione di rottura, ovvero:

$$\sigma_{ams} = \frac{R_{eL}}{g_S} \qquad \textbf{[2.8]}$$

se riferita alla tensione di snervamento.

L'area della sezione vale:

$$A = \frac{N}{\sigma_{ams}} \qquad \textbf{[2.9]}$$

Stabilita la forma della sezione, per esempio circolare o quadrata, si può dedurre il diametro o il lato; nel caso di sezioni rettangolari o circolari cave (corone circolari), occorre stabilire anche i rapporti dimensionali fra i lati o fra i diametri.

I calcoli di verifica della resistenza accertano le condizioni di sicurezza e verificano se un corpo, di dimensioni assegnate (area della sezione) e noto il materiale con cui è realizzato, è in grado di resistere ai carichi applicati; a tale scopo si applica la [*2.6*]:

$$\frac{N}{A} \leq \sigma_{ams}$$

che consente di verificare che per ogni condizione di carico $\bar{N}$, la conseguente tensione N/A, nella sezione più sollecitata, sia inferiore o, al massimo, uguale alla tensione ammissibile statica σ_{ams}.

Esempio

Determinare il diametro di un corpo cilindrico a sezione circolare piena, in acciaio S 235, sottoposto a una forza di trazione $N = 10\,000$ daN. Determinare, inoltre, l'allungamento del corpo, sapendo che la sua lunghezza iniziale è $l = 900$ mm.

Soluzione

Sapendo che la tensione di snervamento $R_{eL} = 235$ N/mm^2 e che il grado di sicurezza $g_s = 1{,}5$, la tensione ammissibile statica vale:

$$\sigma_{ams} = \frac{R_{eL}}{g_s} = \frac{235}{1{,}5} \approx 157\ \frac{\text{N}}{\text{mm}^2}$$

Dall'equazione di stabilità [*2.6*], e per la [*2.9*], si ottiene il valore dell'area della sezione del corpo cilindrico:

$$A = \frac{N}{\sigma_{ams}} = \frac{100\,000}{157} \approx 637\ \text{mm}^2$$

Si calcola il diametro:

$$d = \sqrt{\frac{4 \times 637}{\pi}} \approx 28{,}5\ \text{mm}$$

Arrotondando il valore del diametro a $d = 30$ mm, l'area della sezione diventa:

$$A = \frac{\pi d^2}{4} = \frac{\pi\, 30^2}{4} \approx 707\ \text{mm}^2$$

Ipotizzando il modulo di elasticità $E = 206\,000$ N/mm^2 l'allungamento del corpo, per la [*2.4*], vale:

$$\Delta l = \frac{N\, l}{E\, A} = \frac{100\,000 \times 900}{206\,000 \times 707} = 0{,}62\ \text{mm}$$

Le formule ricavate per le sollecitazioni di trazione sono valide anche per le **sollecitazioni di compressione**; si differenziano solo per i versi delle sollecitazioni, delle deformazioni e delle tensioni che, per convenzione, si indicano positivi nel caso di trazione, negativi nel caso di compressione.

Osservazione: alcuni materiali, per esempio la ghisa, hanno due diversi carichi di rottura a trazione e a compressione; quindi la tensione ammissibile a trazione è diversa da quella a compressione.

Molti altri materiali, come per esempio l'acciaio, presentano lo stesso comportamento a trazione e a compressione, di conseguenza la tensione ammissibile a trazione e quella a compressione si possono considerare coincidenti.

Un'altra considerazione riguarda la lunghezza della trave, che non è contemplata nell'equazione di stabilità a compressione.

*Si definisce **trave tozza** la trave di lunghezza limitata rispetto alle dimensioni della sezione trasversale, mentre si definisce **trave snella** la trave di lunghezza pari, in prima approssimazione, a dieci volte la dimensione minore della sua sezione trasversale.*

*Il comportamento di una trave tozza soggetta a compressione è diverso da quello di una trave snella; questa, infatti, può subire un'inflessione laterale che comporta una sollecitazione diversa da quella di compressione semplice, per cui cede più facilmente della trave tozza. Ne consegue che il dimensionamento delle strutture tozze può essere eseguito mediante l'equazione di stabilità a compressione semplice, mentre le strutture snelle si dimensionano con i criteri concernenti i **solidi caricati di punta**, analizzati nella* **A3**.

Contrazione trasversale

Quando un corpo, per effetto di una sollecitazione assiale, è soggetto a una variazione di lunghezza Δl, corrispondente a una **deformazione relativa longitudinale** ε, esso subisce contemporaneamente delle **deformazioni relative trasversali** ε_t, nelle direzioni ortogonali alla direzione della sollecitazione assiale e di verso opposto a ε (▸ *Fig. 2.3*).

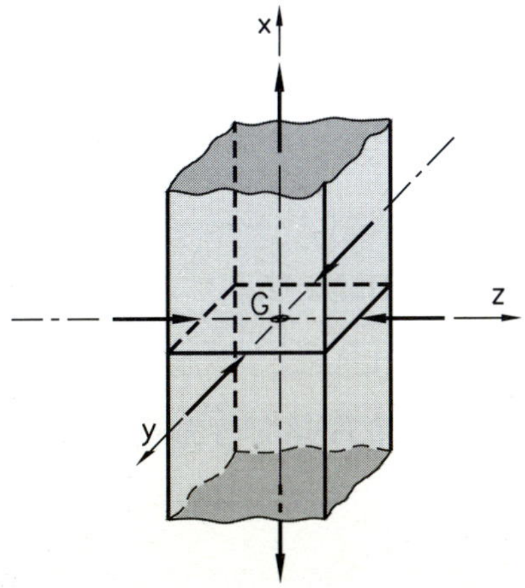

Fig. 2.3
Corpo sottoposto a sollecitazione assiale di trazione, cui corrisponde una deformazione longitudinale nella direzione *x* e, contemporaneamente, altre deformazioni (contrazioni) nelle direzioni *z* e *y*.

Si consideri una terna di assi cartesiani ortogonali x, y, z posta nel baricentro della sezione trasversale di un corpo. Indicando con ε_x la deformazione relativa longitudinale lungo l'asse x, con ε_z la deformazione relativa trasversale nella direzione dell'asse z (normale all'asse x) e con ε_y la deformazione relativa trasversale nella direzione dell'asse y (normale agli assi x e z), le deformazioni trasversali valgono:

$$\varepsilon_t = -\,\upsilon\,\varepsilon$$

ossia:

$$\varepsilon_z = \varepsilon_y = -\,\upsilon\,\varepsilon_x \qquad \textbf{[2.10]}$$

in cui υ rappresenta il coefficiente di Poisson.

Esempio

Un corpo cilindrico di alluminio, di diametro d = 15 mm, è sottoposto a una forza di trazione N = 5500 N (▸ *Fig. 2.4*). Determinare il valore della contrazione trasversale subita dal corpo.

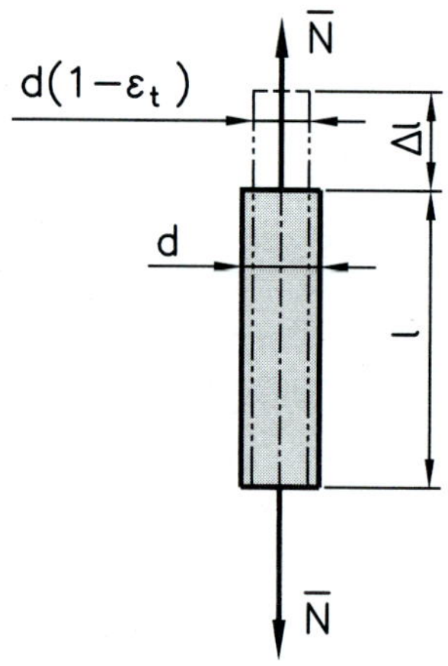

Fig. 2.4
Rappresentazione dell'allungamento Δl e della deformazione trasversale ε_t di un corpo cilindrico, soggetto a sollecitazione assiale di trazione.

Soluzione

La tensione che nasce nella sezione trasversale del corpo è:

$$\sigma = \frac{N}{A} = \frac{5500}{\dfrac{\pi\,15^2}{4}} \approx 31\,\frac{\text{N}}{\text{mm}^2}$$

Dalla *tabella 1.1* si deduce il valore del modulo di Young dell'alluminio, ossia:

$$E = 68\,700\,\frac{\text{N}}{\text{mm}^2}$$

Dalla [*2.1*]:

$$\sigma = E\,\varepsilon$$

si ricava la deformazione relativa ε:

$$\varepsilon = \frac{31}{68\,700} = 0{,}00045$$

Dalla [*2.10*] si ottiene la deformazione trasversale ε_t, poiché per l'alluminio $\upsilon = 0{,}37$:

$$\varepsilon_t = -\upsilon\,\varepsilon = -0{,}37 \times 0{,}00045 = -0{,}00017$$

il valore assoluto della contrazione trasversale Δd del diametro vale:

$$\Delta d = \varepsilon_t\, d = 0{,}00017 \times 15 = 0{,}0025 \text{ mm} = 2{,}5 \text{ µm}$$

Solidi a sezione variabile

Sulla rete

Tensioni generate da variazioni di temperatura

In un corpo, soggetto a variazioni di temperatura, si generano tensioni normali che vanno a sommarsi a quelle dovute ai carichi applicati.

Una variazione di temperatura Δt, in un corpo di lunghezza l, determina una variazione di lunghezza Δl data dalla seguente relazione:

$$\Delta l = \alpha\, l\, \Delta t \qquad \textbf{[2.13]}$$

in cui α è il **coefficiente di dilatazione**, o **contrazione termica lineare**, e ha come unità di misura 1/°C.

Un corpo, soggetto a variazioni di temperatura e vincolato in modo da non potere modificare la propria lunghezza, è soggetto, per effetto del salto termico, a una forza $\bar{N}$ che si ricava sostituendo la [*2.4*]:

$$\Delta l = \frac{N\,l}{E\,A}$$

nella [*2.13*]:

$$\frac{N\,l}{E\,A} = \alpha\, l\, \Delta t$$

e risolvendo rispetto a $\bar{N}$:

$$N = \alpha\, E\, A\, \Delta t \qquad \textbf{[2.14]}$$

Poiché:

$$\sigma = \frac{N}{A}$$

la tensione indotta dalla variazione di temperatura risulta:

$$\sigma = \alpha\, E\, \Delta t \qquad \textbf{[2.15]}$$

POLIGLOTTA
Coefficiente di dilatazione termica lineare
GB: Coefficient of thermal expansion
F: Coéfficient de dilatation thermique
D: Wärmeausdehnungskoeffizient

Influenza del peso dei corpi nel calcolo della tensione

Sulla rete

Recipienti sottoposti a pressione interna

L'equazione di stabilità per le sollecitazioni di trazione consente di determinare lo spessore dei recipienti cilindrici, contenenti un fluido in pressione. In tali condizioni, per esempio, si trova un tubo percorso da una corrente in pressione o il collettore di un generatore di vapore. Il fluido esercita una pressione p che tende a produrre la rottura del recipiente, di norma secondo un piano diametrale π (▸ *Fig. 2.8a*).

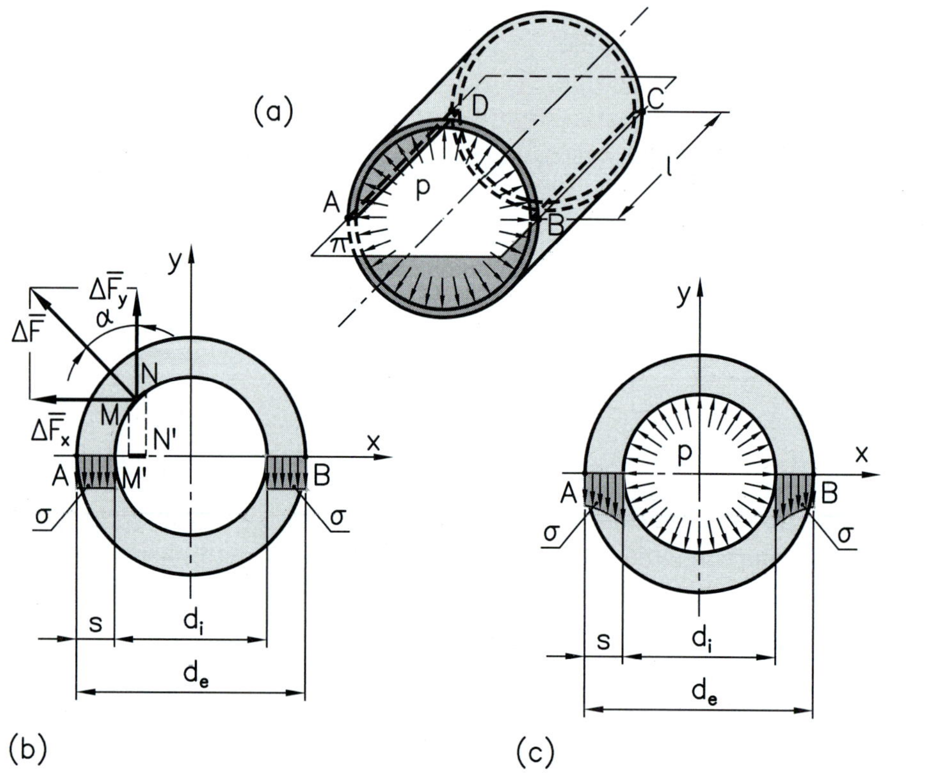

Fig. 2.8
a) Tratto di tubo cilindrico, di lunghezza, l diviso in due metà da un piano diametrale π.
b) Rappresentazione della sezione trasversale del cilindro e della distribuzione uniforme delle tensioni sulle sezioni diametrali di connessione.
c) Distribuzione non uniforme delle tensioni sulle sezioni di connessione dello stesso cilindro.

Il procedimento di calcolo può essere eseguito studiando l'equilibrio di una metà del cilindro, per esempio quella superiore (con diametro interno d_i), soggetta all'azione delle forze che il fluido esercita sulla parete interna e delle forze che, attraverso le sezioni diametrali di connessione, le trasmette l'altra metà del cilindro.

Si consideri la sezione trasversale del tratto cilindro di lunghezza l, diviso in due metà dal piano diametrale di traccia A-B (▸ *Fig. 2.8b*). La forza elementare $\Delta\bar{F}$, esercitata dalla pressione interna p su un'area elementare ΔA della superficie interna del cilindro, per la definizione di pressione vale:

$$\Delta F = p\Delta A \qquad \textbf{[2.21]}$$

in cui l'area elementare ΔA è data dal prodotto dell'arco elementare Δa = MN per la lunghezza l del cilindro:

$$\Delta A = \Delta a l \qquad \textbf{[2.22]}$$

Scomponendo la generica forza $\Delta\bar{F}$ nelle due direzioni individuate dagli assi x e y, si ottiene:

$$\Delta F_x = \Delta F \operatorname{sen} \alpha; \qquad \Delta F_y = \Delta F \cos \alpha$$

in cui α è l'angolo formato da $\Delta\bar{F}$ con l'asse verticale y.

Dalla ***figura 2.8b*** si nota che, per ragioni di simmetria, le componenti orizzontali $\Delta\bar{F}_x$ si annullano a due a due; pertanto, tenendo conto della [*2.21*] e della [*2.22*], si ha:

$$\Delta F_y = pl\,\Delta a \cos \alpha$$

in cui il termine (Δa cos α) rappresenta il segmento M'N', proiezione sull'asse x dell'arco elementare MN.

Eseguendo la sommatoria si ricava la risultante delle componenti lungo l'asse y della forza $\Delta\bar{F}$:

$$F_y = \sum pl\,\Delta a \cos \alpha = pl \sum \Delta a \cos \alpha$$

La sommatoria:

$$\sum \Delta a \cos \alpha$$

equivale alla lunghezza del diametro interno d_i del cilindro:

$$\sum \Delta a \cos \alpha = d_i$$

Quindi l'intensità della risultante delle componenti verticali della forza $\Delta\bar{F}$ vale:

$$F_y = p\,l\,d_i \qquad \textbf{[2.23]}$$

Le forze dovute alle tensioni interne, supposte distribuite in modo uniforme e trasmesse dalla metà inferiore del cilindro, attraverso le sezioni di connessione di area complessiva (*2sl*), hanno il seguente valore complessivo:

$$N = 2\sigma\,s\,l \qquad \textbf{[2.24]}$$

in cui s è lo spessore del cilindro e l è la sua lunghezza.

Per rispettare la condizione di equilibrio del semicilindro superiore, alla forza risultante ottenuta dalla [*2.23*] deve fare equilibrio il sistema di forze dato dalla [*2.24*]:

$$p\,l\,d_i = 2\sigma\,s\,l$$

da cui si ottiene il valore costante della tensione σ:

$$\sigma = \frac{p\,d_i}{2s} \qquad \textbf{[2.25]}$$

Fissata una tensione ammissibile σ_{ams} per il materiale, dall'equazione di stabilità si può ricavare il valore dello spessore s che assicura la resistenza del cilindro:

$$\sigma \leq \sigma_{ams}$$

ossia, per la [2.25] si ha:

$$\frac{p\,d_i}{2s} \leq \sigma_{ams} \qquad [2.26]$$

da cui si ottiene:

$$s = \frac{p\,d_i}{2\sigma_{ams}} \qquad [2.27]$$

In realtà la distribuzione delle tensioni non è uniforme, ma varia da un valore massimo sulla parete interna a uno minimo sulla parete esterna (▸ **Fig. 2.8c**). Sulla base di calcoli e prove sperimentali, è stata determinata la seguente espressione della tensione:

$$\sigma_{max} = \frac{p\,d_m}{2s} \qquad [2.28]$$

in cui d_m è il diametro medio, uguale alla differenza fra il diametro esterno d_e e lo spessore s. Fissata la tensione ammissibile per il materiale, si ricava il valore dello spessore:

$$\sigma_{max} \leq \sigma_{ams}$$

$$p(d_e - s) = 2s\,\sigma_{ams}$$

$$p\,d_e - p\,s = 2s\,\sigma_{ams}$$

$$s(2\sigma_{ams} + p) = p\,d_e$$

$$s = \frac{p\,d_e}{2\sigma_{ams} + p} \qquad [2.29]$$

Nella ***tabella 2.1*** sono riportati i valori unificati dei diametri esterni e degli spessori di alcuni tubi in acciaio.

Osservazione: poiché gli acciai hanno una tensione di snervamento decrescente con l'aumentare della temperatura, per i tubi e i generatori di vapore le norme prescrivono che il coefficiente di sicurezza g_s non dev'essere inferiore a 1,6 rispetto alla tensione di snervamento, affinché si possa calcolare la tensione ammissibile σ_{ams}. Una maggiorazione dello spessore, rispetto al valore ricavato dalla [2.29], si stabilisce in considerazione della corrosione in esercizio, funzione del materiale e del tipo di fluido. Per gli acciai, la maggiorazione dello spessore è di 0,3÷1 mm*, se il fluido è acqua dolce; 2* mm*, se è petrolio; 3* mm*, se è acqua di mare. Nel caso di tubi di rame e sue leghe, la maggiorazione dello spessore è sempre di 0,8* mm.

Tabella 2.1 Valori unificati dei diametri esterni e degli spessori dei tubi in acciaio

Diametro *[mm]*	*Spessore* *(tolleranze* $\pm 10 \div 12{,}5\%$*)*
10,2	1,6
13,5	1,8
17,2	2,0
21,3	2,3
26,9	2,6
30,0	2,9
33,7	3,2
38,0	3,6
42,4	4,0
44,5	4,5
48,3	5,0
54,0	5,4
57,0	5,6
60,3	5,9
70,0	6,3
76,1	7,1
88,9	8,0
101,6	8,8
108,0	10,0

Esempio

Calcolare lo spessore di un tubo di acciaio, per servizio di acqua di mare, sapendo che il suo diametro esterno è d_e = 70 mm e la pressione dell'acqua vale p = 0,6 MPa.

Soluzione

Adottando un acciaio S 235, con carico di snervamento R_{eL} = 205 N/mm^2 e considerando un coefficiente di sicurezza g_s = 1,6, si calcola la tensione ammissibile:

$$\sigma_{ams} = \frac{205}{1{,}6} = 128 \ \frac{\mathrm{N}}{\mathrm{mm}^2}$$

Poiché il tubo è in acciaio e il fluido è acqua di mare, si può considerare una maggiorazione dello spessore di 3 mm rispetto al valore ricavato dalla [*2.29*], per cui il valore dello spessore del tubo è:

$$s = \frac{p d_e}{2\sigma_{ams} + p} + 3 = \frac{0{,}6 \times 70}{2 \times 128 + 0{,}6} + 3 = 3{,}27 \text{ mm}$$

Si assume il valore unificato s = 3,6 mm (▸ ***Tab. 2.1***).

A2.2 SOLLECITAZIONI DI FLESSIONE

Si consideri il caso in cui, delle sei caratteristiche di sollecitazione che possono agire sulla sezione generica di una trave, sia presente solo il **momento flettente** M_f, costante in tutte le sezioni (▸ *Fig. 2.9*).

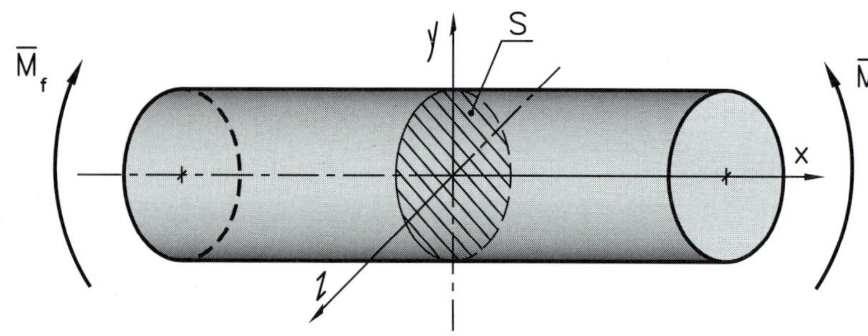

Fig. 2.9
Trave rettilinea a sezione costante, sottoposta a flessione da due coppie di forze uguali e contrarie e di momento M_f.

Applicando due coppie di forze, uguali e contrarie e di momento M_f, alle estremità della trave a sezione costante, questa si deforma e il suo asse geometrico assume la forma di un arco di circonferenza.

Il piano xy delle coppie, contenente l'asse x della trave, è detto **piano di sollecitazione** e la retta y d'intersezione fra questo piano e quello della sezione S considerata è denominata **asse di sollecitazione**. Per effetto delle coppie, le fibre longitudinali della trave, poste dalla parte della concavità, sono soggette a compressione, quindi si accorciano, mentre quelle dalla parte della convessità sono sottoposte a trazione, pertanto si allungano.

POLIGLOTTA
Piano di sollecitazione
GB: Stress plane
F: Plan de sollicitation
D: Belastungsebene

POLIGLOTTA
Asse di sollecitazione
GB: Stress axis
F: Axe de sollicitation
D: Belastungsachse

Si dimostra che le fibre poste all'altezza del baricentro della sezione considerata mantengono la stessa lunghezza; la loro traccia, rappresentata dalla retta z, è denominata **asse neutro**.

Considerando la trave rappresentata nella ***figura 2.10***, divisa idealmente in due tronchi dalla sezione S di traccia A-A, si osserva che il tronco di sinistra è in equilibrio, sotto l'azione della coppia applicata all'estremità sinistra della trave e delle forze trasmesse dal tronco di destra (attraverso la stessa sezione), equivalenti alla coppia applicata all'estremità destra della trave.

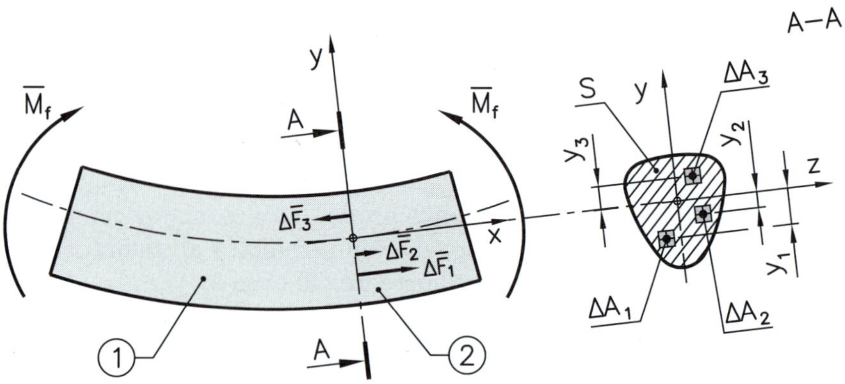

Fig. 2.10
Trave rettilinea a sezione costante, sottoposta a flessione da due coppie di forze uguali e contrarie di momento M_f, divisa in due tronchi dalla sezione S.
La sezione S è costituita da n piccoli elementi di area ΔA_i, in cui: $i = 1, 2, ..., n$.

Ogni piccolo elemento di area ΔA, costituente l'area della sezione S, è posto alla distanza y_i dall'asse neutro ed è interessato dalle tensioni σ_i.

Pertanto le forze trasmesse attraverso ciascun elemento di area, per definizione di tensione, valgono:

$$\Delta F_i = \sigma_i \, \Delta A_i \qquad [2.30]$$

Per l'equilibrio del tronco di sinistra della trave, soggetto al momento M_f applicato all'estremità di sinistra e alle forze ΔF_i, trasmesse attraverso la sezione S, dev'essere:

$$\sum_i \Delta F_i = 0 \qquad [2.31]$$

e:

$$M_f + \sum_i (\Delta F_i \, y_i) = 0 \qquad [2.32]$$

che rappresentano le equazioni di equilibrio alla traslazione orizzontale lungo l'asse x e alla rotazione attorno all'asse z.

Sostituendo la [*2.30*] nelle relazioni [*2.31*] e [*2.32*], si ottiene:

$$\sum_i (\sigma_i \, \Delta A_i) = 0 \qquad [2.33]$$

e:

$$M_f = \sum_i (\sigma_i \, \Delta A_i \, y_i) \qquad [2.34]$$

Per la legge di Hooke si ha:

$$\sigma_i = E \, \varepsilon_i \qquad [2.35]$$

in cui ε_i indica le deformazioni delle fibre longitudinali della trave in esame. Dalla ***figura 2.11***, per similitudine, si ricava:

$$\frac{l + \Delta l_i}{l} = \frac{R + y_i}{R}$$

ovvero:

$$1 + \frac{\Delta l_i}{l} = 1 + \frac{y_i}{R}$$

in cui R è il **raggio di curvatura** della trave e l indica la sua lunghezza iniziale.

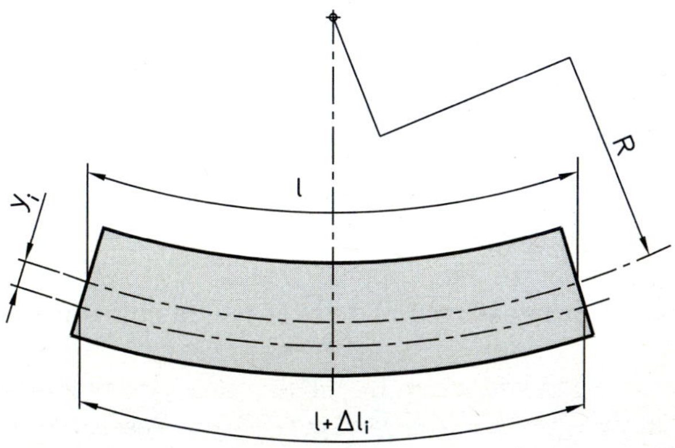

Fig. 2.11
Rappresentazione delle deformazioni delle fibre longitudinali di una trave soggetta a flessione.

RICHIAMO
La parte esterna di un arco (***convessità***) è detta ***estradosso***; la parte interna (***concavità***) è detta ***intradosso***.

POLIGLOTTA
Concavità, convessità
GB: Concavity, convexity
F: Concavité, convexité
D: Konkavität, Wölbung

POLIGLOTTA
Raggio di curvatura
GB: Bending radius
F: Rayon de courbure
D: Krümmungshalbmesser

Poiché per definizione:

$$\varepsilon_i = \frac{\Delta l_i}{l}$$

sostituendo e semplificando si ottiene:

$$\varepsilon_i = \frac{y_i}{R}$$

Dalla [*2.35*] si ricava la seguente espressione della tensione:

$$\sigma_i = E\frac{y_i}{R} \quad \textbf{[2.36]}$$

Introducendo la [*2.36*] nelle relazioni [*2.33*] e [*2.34*] si ottiene:

$$\sum_i \left(E\frac{y_i}{R}\Delta A_i \right) = 0 \quad \textbf{[2.37]}$$

e:

$$M_f = \sum_i \left(E\frac{y_i}{R}\Delta A_i\, y_i \right) \quad \textbf{[2.38]}$$

Dalla [*2.37*], semplificando, si ricava:

$$\sum_i (y_i\, \Delta A_i) = 0$$

RICHIAMO
Per il ***teorema di Varignon***, la somma dei momenti statici delle superfici elementari ΔA_i costituenti una superficie *S* di area *A*, è uguale al prodotto dell'area complessiva *A* per l'ordinata y_G del suo baricentro:

$$\sum_i (y_i\, \Delta A_i) = y_G\, A$$

dove il simbolo di sommatoria rappresenta la somma dei momenti statici delle aree elementari ΔA_i, ossia il momento statico della sezione, considerato rispetto all'asse neutro z. Per il **teorema di Varignon**, poiché tale sommatoria è uguale a zero, l'ordinata del baricentro dell'area della sezione S è nulla e ciò dimostra che l'asse neutro z passa per il baricentro di S.

Dalla [*2.38*], mettendo in evidenza il rapporto E/R, si ricava:

$$M_f = \frac{E}{R}\sum_i \left(\Delta A_i\, y^2 i \right)$$

il termine:

$$\sum_i \Delta A_i\, y^2 i$$

rappresenta il momento quadratico I_z della superficie S rispetto all'asse neutro z, pertanto si può scrivere:

$$M_f = \frac{E}{R} I_z \quad \textbf{[2.39]}$$

da cui si ricava la **curvatura** $1/R$ della trave, la cui espressione è:

$$\frac{1}{R} = \frac{M_f}{E\, I_z} \quad \textbf{[2.40]}$$

Tale relazione rappresenta l'**equazione di deformazione a flessione** ed è evidente come la curvatura è tanto più grande quanto più grande è il momento flettente e quanto più piccolo è il modulo di elasticità (materiale più deformabile). Inoltre si può notare l'influenza del momento quadratico della sezione; infatti la curvatura è tanto minore quanto maggiore è la **rigidità a flessione** della trave, caratterizzata dal termine EI_z.

Per determinare la tensione interna σ in ogni punto della sezione trasversale della trave, lungo la direzione normale all'asse neutro z, basta sostituire l'espressione della curvatura nell'equazione di Hooke, espressa dalla [*2.36*]. In generale in ogni punto alla distanza y dall'asse neutro z si ha:

POLIGLOTTA
Rigidità a flessione
GB: Bending stiffness
F: Rigidité à flexion
D: Biegefestigkeit

$$\sigma = \frac{M_f\, y}{I_z} \qquad \textbf{[2.41]}$$

Da questa relazione si deduce che la tensione interna è nulla in corrispondenza dell'asse neutro ($y = 0$); inoltre, in una sezione generica, le tensioni hanno un andamento lineare triangolare (▸ ***Fig. 2.12***). I valori massimi di tensione a trazione (σ_{max}) e a compressione (σ'_{max}) sono concentrati nei punti A e B, più lontani dall'asse neutro, dove la distanza y è massima.

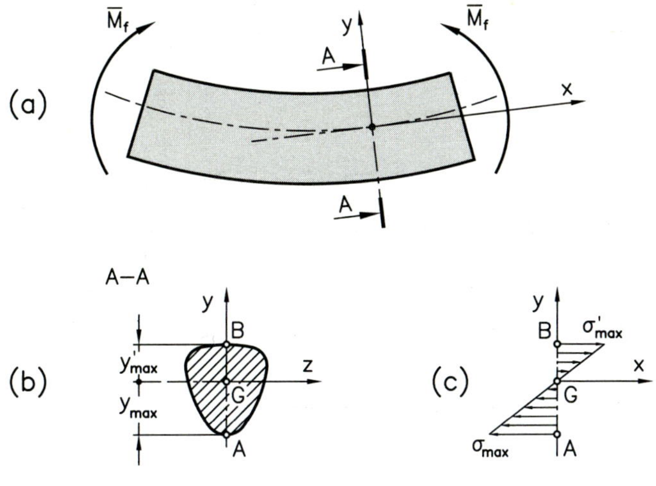

Fig. 2.12
a) Trave generica sollecitata a flessione da una coppia agente nel piano *xy*.
b) Sezione trasversale della trave.
c) Distribuzione lineare della tensione nella sezione trasversale.

Per tali punti, i valori delle tensioni massime sono dati da:

$$\sigma_{max} = \frac{M_f}{I_z}\, y_{max} \qquad \textbf{[2.42]}$$

e:

$$\sigma'_{max} = \frac{M_f}{I_z}\, y'_{max}$$

dove i termini:

$$W_{fz} = \frac{I_z}{y_{max}} \qquad \textbf{[2.43]}$$

e:

$$W'_{fz} = \frac{I_z}{y'_{max}}$$

POLIGLOTTA

Modulo di resistenza a flessione

GB: Bending stress modulus

F: Module de résistance à flexion

D: Biegefestigkeitmodul

RICHIAMO

La ***[2.44]*** è anche nota come ***formula di Navier***.

rappresentano i **moduli di resistenza a flessione** rispetto all'asse z. Il modulo di resistenza a flessione, essendo il rapporto fra un momento quadratico di superficie e una distanza, ha le dimensioni di una lunghezza al cubo (metro o millimetro cubo).

Avendo introdotto questa nuova grandezza, le relazioni delle tensioni si possono scrivere nella seguente forma:

$$\sigma_{max} = \frac{M_f}{W_{fz}} \qquad [2.44]$$

e:

$$\sigma'_{max} = \frac{M_f}{W'_{fz}}$$

Si noti che, nel caso di sezione simmetrica rispetto all'asse neutro, le distanze y_{max} e y'_{max} sono uguali, di conseguenza sono uguali anche i moduli di resistenza W_{fz} e W'_{fz}.

Calcoli di progetto e di verifica

Nei calcoli di verifica occorre accertare che le tensioni massime σ_{max}, indotte nelle sezioni della trave in esame, non siano maggiori delle tensioni ammissibili σ_{ams}:

$$\sigma_{max} \leq \sigma_{ams} \qquad [2.45]$$

Nel caso di sezioni simmetriche rispetto all'asse neutro in cui il materiale presenti uguale resistenza a trazione e a compressione ($\sigma_{ams} = \sigma'_{ams}$), come per esempio gli acciai, l'**equazione di stabilità** [*2.45*] assume la seguente forma:

$$\frac{M_f}{W_f} \leq \sigma_{ams} \qquad [2.46]$$

ed è riferita al punto della sezione più lontano dall'asse neutro, indipendentemente dal fatto che si trovi da una o dall'altra parte dell'asse.

Qualora, sempre per sezioni simmetriche, il materiale abbia una resistenza diversa a trazione e a compressione (per esempio la ghisa), occorre verificare le condizioni di resistenza sia per le fibre superiori sia per quelle inferiori:

$$\frac{M_f}{W_f} \leq \sigma_{ams}$$

e:

$$\frac{M_f}{W_f} \leq \sigma'_{ams}$$

dove σ_{ams} indica la tensione ammissibile a trazione e σ'_{ams} rappresenta quella a compressione.

Se invece la sezione non è simmetrica rispetto all'asse neutro (in questo caso le tensioni indotte di trazione e di compressione sono diverse), ma il materiale ha la stessa resistenza a trazione e a compressione, occorre verificare che la tensione maggiore fra le due non abbia un valore superiore alla tensione ammissibile. Infine, se la sezione non è simmetrica e il materiale ha comportamento diverso a trazione e a compressione, per la verifica di resistenza, si ha:

$$\frac{M_f}{W_f} \leq \sigma_{ams}$$

e:

$$\frac{M_f}{W'_f} \leq \sigma'_{ams}$$

Osservazione: nel caso di materiali con resistenza diversa a trazione e a compressione, l'impiego di sezioni simmetriche è sconsigliabile, perché una tale sezione, avendo il baricentro a metà dell'altezza, presenta tensioni interne uguali a trazione e a compressione. Di conseguenza, poiché il limite alle tensioni indotte massime è imposto dalla minore delle due tensioni ammissibili, il materiale non viene utilizzato al meglio, poiché, se da un lato la tensione massima σ_{max} è giustamente limitata, dall'altro risulta molto inferiore della corrispondente tensione ammissibile.

Conviene utilizzare sezioni non simmetriche, disposte in modo che la parte più larga sia soggetta alla tensione cui corrisponde il carico di rottura, quindi alla tensione ammissibile di valore minore.

I calcoli di progetto consistono nel determinare le dimensioni della sezione in funzione della sollecitazione esterna. Noto il momento flettente e la qualità del materiale impiegato (ovvero la tensione ammissibile), dalla [*2.46*] si ricava il valore minimo del modulo di resistenza della sezione rispetto all'asse neutro:

$$W_f = \frac{M_f}{\sigma_{ams}} \qquad \textbf{[2.47]}$$

Dedotto il minimo modulo di resistenza e stabilita la forma della sezione, si possono ricavare le sue dimensioni.

A parità di area, è consigliabile adottare sezioni che presentano un modulo di resistenza maggiore. Poiché il modulo di resistenza dipende dal momento quadratico di superficie e, indirettamente, dall'altezza della sezione, le forme di sezione più convenienti da usare sono quelle strette e alte. Nelle realizzazioni pratiche si impiegano prevalentemente i **profilati metallici unificati**, scegliendo dalle tabelle dei manuali quelli che, per forma, si adattano meglio alla specifica struttura e che hanno un valore del modulo di resistenza uguale o maggiore a quello calcolato.

Nella *tabella 2.2* sono riportati i moduli di resistenza a flessione, rispetto agli assi principali d'inerzia (assi baricentrici), di alcuni profili geometrici semplici di più comune impiego; mentre nella *tabella 2.4* e seguenti, sono riportate le caratteristiche geometriche, i momenti quadratici e i relativi moduli di resistenza a flessione dei profilati metallici unificati.

Tabella 2.2 Moduli di resistenza a flessione rispetto agli assi principali d'inerzia *x* e *y* di profili geometrici semplici (*continua*)

Sezione rettangolare 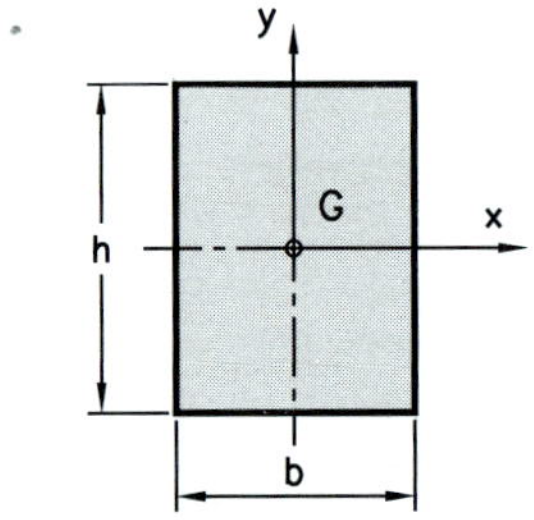	$W_x = \frac{I_x}{y} = \frac{b\,h^2}{6}$ $W_y = \frac{I_y}{x} = \frac{h\,b^2}{6}$ I_x = momento quadratico della sezione rispetto all'asse *x* I_y = momento quadratico della sezione rispetto all'asse *y* $x = b/2$; $y = h/2$
Sezione quadrata 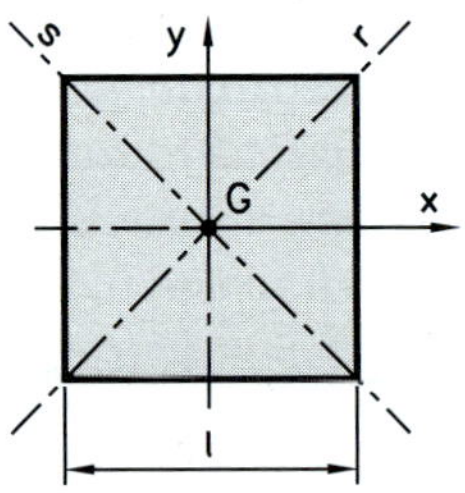	$W_x = W_y = \frac{I_x}{y} = \frac{I_y}{x} = \frac{l^3}{6}$ $I_x = I_y$ = momenti quadratici della sezione rispetto all'asse *x* e rispetto all'asse *y* $x = y = l/2$
Sezione circolare piena 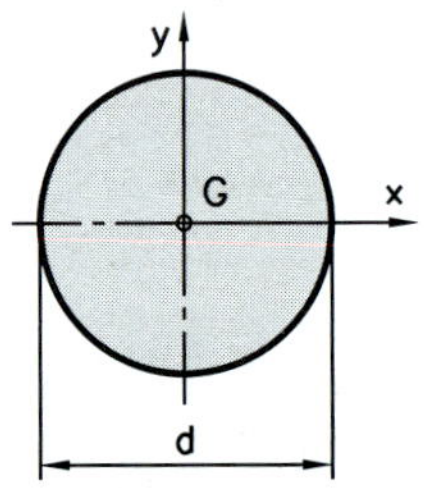	$W_x = W_y = \frac{I_x}{y} = \frac{I_y}{x} = \frac{\pi\,d^3}{32}$ I_x = momento quadratico della sezione rispetto all'asse *x* I_y = momento quadratico della sezione rispetto all'asse *y* $y = x = d/2$
Sezione circolare cava (corona circolare) 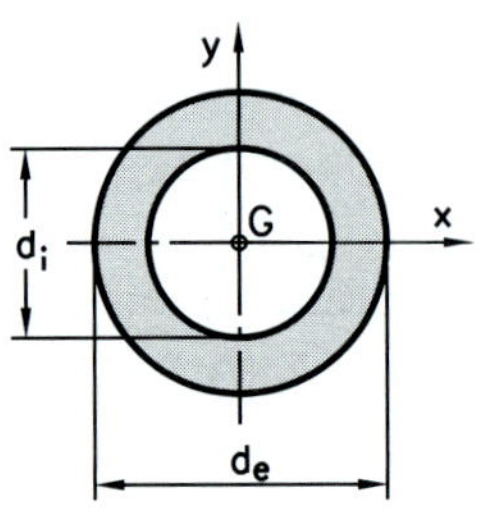	$W_x = W_y = \frac{I_x}{y} = \frac{I_y}{x} = \frac{\pi}{32}\frac{\left(d_e^4 - d_i^4\right)}{d_e}$ $I_x = I_y$ = momenti quadratici della sezione rispetto all'asse *x* e rispetto all'asse *y* $y = x = d_e/2$

Tabella 2.2 **Moduli di resistenza a flessione rispetto agli assi principali d'inerzia *x* e *y* di profili geometrici semplici (*segue*)**

Sezione ellittica 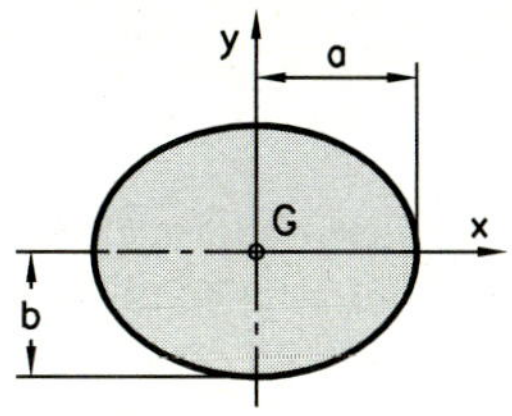 	$W_x = \frac{I_x}{y} = \frac{\pi}{4} a b^2$ $W_y = \frac{I_y}{x} = \frac{\pi}{4} a^2 b$ I_x = momento quadratico della sezione rispetto all'asse x I_y = momento quadratico della sezione rispetto all'asse y $x = b$ = semiasse minore $y = a$ = semiasse maggiore
Sezione esagonale 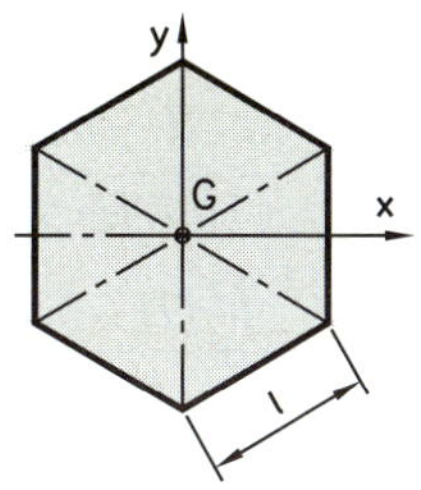 	$W_x = \frac{I_x}{y} = \frac{5}{16}\sqrt{3}\, l^3$ $W_y = \frac{I_y}{x} = \frac{5}{8} l^3$ I_x = momento quadratico della sezione rispetto all'asse x I_y = momento quadratico della sezione rispetto all'asse y $I_x = I_y$ $y = l$ = lato dell'esagono; $x = \frac{\sqrt{3}}{2} l$
Sezione rettangolare cava 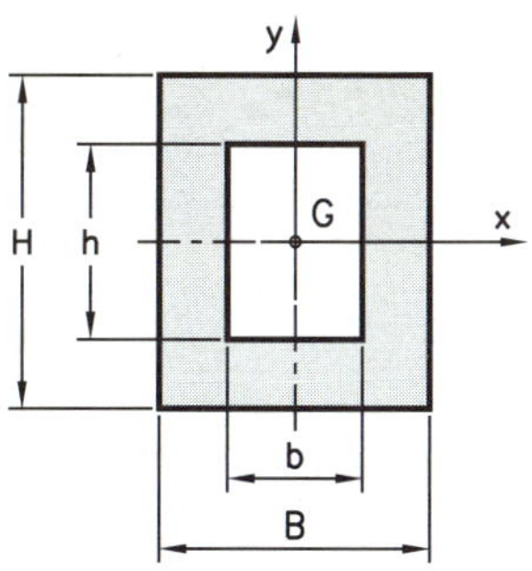 	$W_x = \frac{I_x}{y} = \frac{BH^3 - bh^3}{6H}$ $W_y = \frac{I_y}{x} = \frac{HB^3 - hb^3}{6B}$ I_x = momento quadratico della sezione rispetto all'asse x I_y = momento quadratico della sezione rispetto all'asse y $x = \frac{B}{2}$; $y = \frac{H}{2}$
Sezione quadrata con foro centrale quadrato 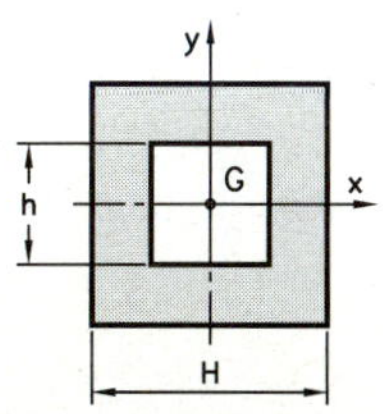 	$W_x = W_y = \frac{I_x}{y} = \frac{I_y}{x} = \frac{H^4 - h^4}{6H}$ $I_x = I_y$ = momenti quadratici della sezione rispetto all'asse x e all'asse y $y = x = H/2$

Tabella 2.2 **Moduli di resistenza a flessione rispetto agli assi principali d'inerzia *x* e *y* di profili geometrici semplici (*segue*)**

Sezione quadrata con foro centrale circolare 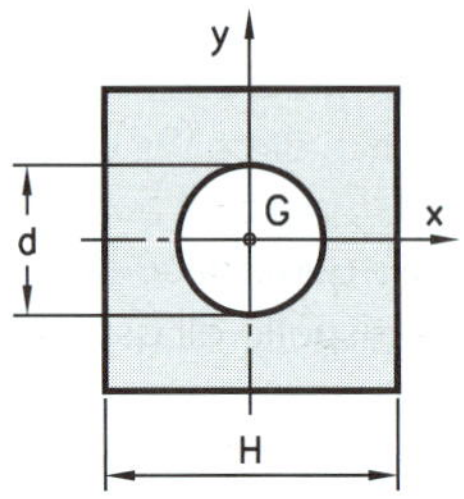	$W_x = W_y = \frac{I_x}{y} = \frac{I_y}{x} = \frac{H^3}{6} - \frac{\pi d^4}{32 H}$ $I_x = I_y$ = momenti quadratici della sezione rispetto all'asse *x* e rispetto all'asse *y* $y = x = H/2$
Sezione rettangolare cava orizzontale 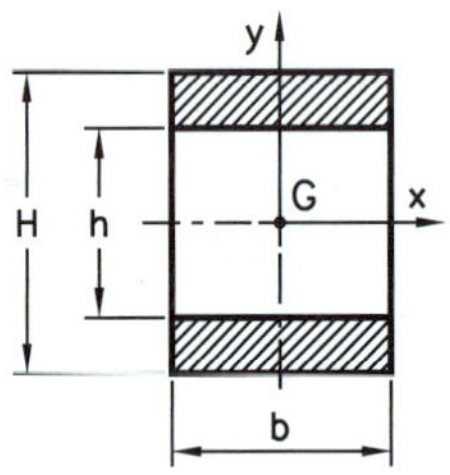	$W_x = \frac{I_x}{y} = \frac{b\left(H^3 - h^3\right)}{6H}$ $W_y = \frac{I_y}{x} = \frac{b^2 (H - h)}{6}$ I_x = momento quadratico della sezione rispetto all'asse *x* I_y = momento quadratico della sezione rispetto all'asse *y* $x = \frac{b}{2};\ y = \frac{H}{2}$
Profilato a croce 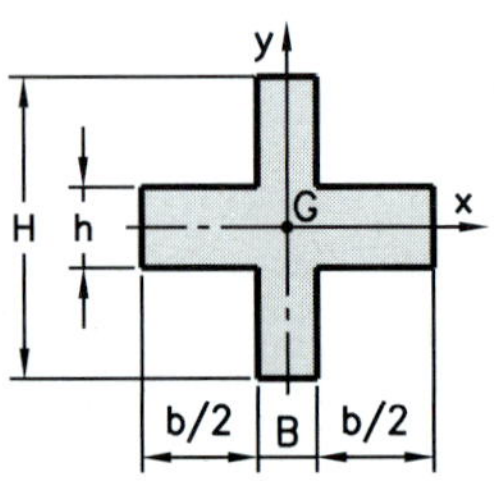	$W_x = \frac{I_x}{y} = \frac{B H^3 + b h^3}{6H}$ $W_y = \frac{I_y}{x} = \frac{h(B+b)^3 + (H-h) B^3}{6(B+b)}$ I_x = momento quadratico della sezione rispetto all'asse *x* I_y = momento quadratico della sezione rispetto all'asse *y* $x = \frac{B+b}{2};\ y = \frac{H}{2}$

Tabella 2.2 Moduli di resistenza a flessione rispetto agli assi principali d'inerzia x e y di profili geometrici semplici (*segue*)

Sezione a doppia T 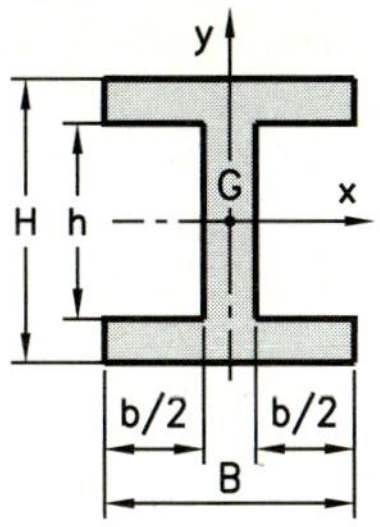	$W_x = \frac{I_x}{y} = \frac{BH^3 - bh^3}{6H}$ $W_y = \frac{I_y}{x} = \frac{(H-h)B^2}{6} + \frac{h(B-b)^3}{6B}$ I_x = momento quadratico della sezione rispetto all'asse *x* I_y = momento quadratico della sezione rispetto all'asse *y* $x = \frac{B}{2};\ y = \frac{H}{2}$
Sezione a Z 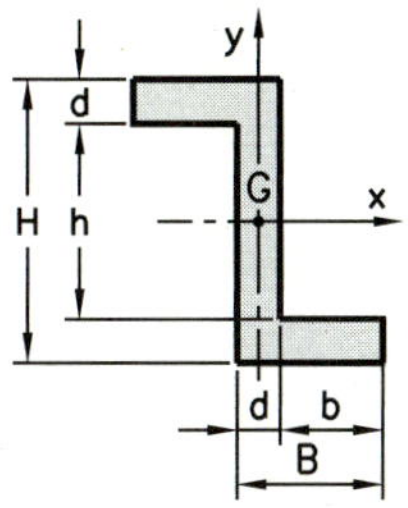	$W_x = \frac{I_x}{y} = \frac{BH^3 - bh^3}{6H}$ $W_y = \frac{I_y}{x} = \frac{Hd^3 + 2db^3 + 6B^2bd}{6(b+B)}$ I_x = momento quadratico della sezione rispetto all'asse *x* I_y = momento quadratico della sezione rispetto all'asse *y* $x = \frac{b+B}{2};\ y = \frac{H}{2}$

Esempio

Una trave a sezione circolare piena è soggetta a un momento flettente M_f = 2 390 000 N mm; determinare le dimensioni della sezione, sapendo che il materiale è bronzo, avente carico di snervamento R_{eL} = 115 N/mm².

Soluzione

Assumendo un grado di sicurezza g_s = 2,6, il valore della tensione ammissibile è:

$$\sigma_{ams} = \frac{115}{2{,}6} = 44{,}2\ \frac{\text{N}}{\text{mm}^2}$$

Per l'equazione di stabilità [*2.46*], la tensione massima:

$$\sigma_{max} = \frac{M_f}{W_f}$$

non dev'essere superiore alla tensione ammissibile σ_{ams}, pertanto si ha:

$$\frac{M_f}{W_f} \leq \sigma_{ams}$$

perciò il valore minimo del modulo di resistenza a flessione vale:

$$W_f = \frac{M_f}{\sigma_{ams}} = 54\,073 \text{ mm}^3$$

Dall'espressione del modulo di resistenza si ricava il diametro minimo della sezione:

$$W_f = \frac{\pi}{32} d^3$$

$$d = \sqrt[3]{\frac{32 W_f}{\pi}} = \sqrt[3]{\frac{32 \times 54\,073}{\pi}} = 82 \text{ mm}$$

Flessione deviata

In generale una coppia flettente di momento M_f può agire in un piano qualunque (piano di sollecitazione), passante per l'asse longitudinale di una trave; se l'asse di sollecitazione s, perpendicolare al vettore momento M_f, non è un asse di simmetria della sezione della trave, allora si parla di **flessione deviata** (▸ *Fig. 2.13*).

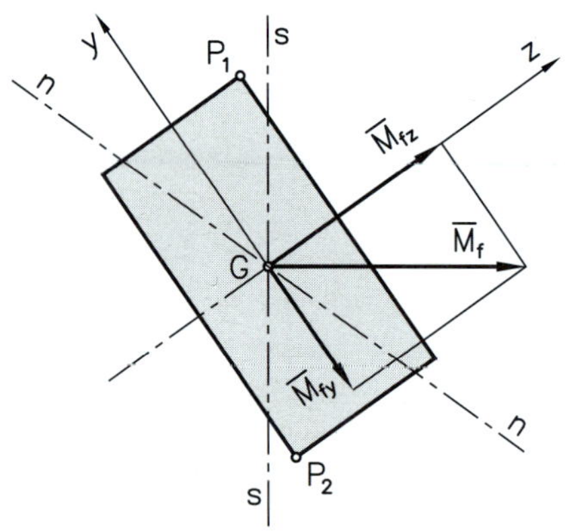

Fig. 2.13
Sezione rettangolare di una trave su cui agisce la coppia di momento flettente M_f: l'asse x è l'asse longitudinale; gli assi *y* e *z* sono assi principali d'inerzia (assi di simmetria); *s* è l'asse di sollecitazione e *n* è l'asse neutro.

In questo caso, il vettore M_f può essere scomposto in due coppie M_{fz} e M_{fy} e si considerano separatamente le deformazioni e le tensioni indotte da ciascuna di esse in ogni punto della sezione. Nei limiti di validità della legge di Hooke, si può applicare il principio di sovrapposizione degli effetti, ottenendo la deformazione generata da M_f e la conseguente tensione, come somma algebrica delle deformazioni e delle tensioni indotte dai momenti M_{fz} e M_{fy} agenti separatamente. Il luogo geometrico dei punti in cui tale somma è nulla rappresenta l'asse neutro; i punti P_1 e P_2, più lontani dall'asse neutro, sono quelli più sollecitati.

Solidi a sezione variabile bruscamente soggetti a sollecitazione di flessione

Sulla rete

Flessione di corpi ad asse curvo

Sulla rete

A2.3 SOLLECITAZIONI DI TAGLIO

Una trave è soggetta a **sollecitazione di taglio** T se, riducendo al baricentro di una sua sezione trasversale tutte le forze a essa applicate, dalla parte destra o da quella sinistra della sezione, si ottiene una forza risultante che giace nel piano della sezione stessa. La sollecitazione rimane costante lungo i tratti di trave non direttamente sottoposti a forze esterne ed è sempre accompagnata dalla sollecitazione di flessione, che invece varia con legge lineare. Tuttavia, per analizzare solo la forza di taglio T, si suppone nullo l'effetto della flessione.

Le tensioni indotte dalla sollecitazione di taglio, indicate con la lettera τ, giacciono nel piano della sezione e hanno una distribuzione non uniforme. Si dimostra che la tensione τ in qualunque punto P di una generica sezione, sulla quale agisce la forza di taglio T_y (▸ *Fig. 2.16*), si può esprimere mediante la seguente relazione:

$$\tau = \frac{T_y S_z}{b I_z} \qquad [2.51]$$

Fig. 2.16
Sezione generica sollecitata da una forza di taglio T_y.

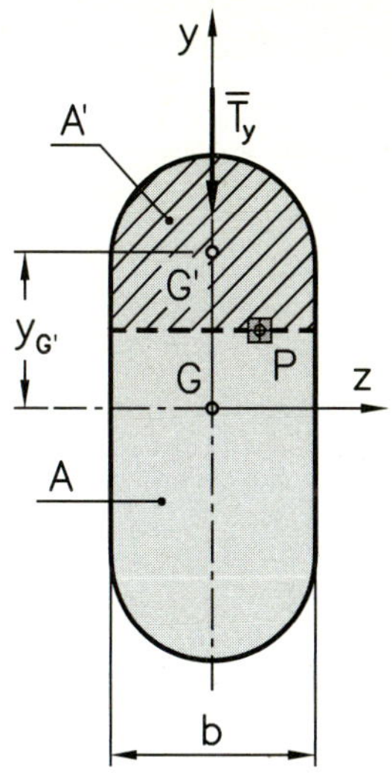

in cui:
- T_y è la forza di taglio lungo l'asse baricentrico y;
- b è la lunghezza della corda, passante per il punto P e parallela all'asse baricentrico z;
- S_z è il momento statico della porzione di sezione al di sopra della corda, che si ottiene moltiplicando l'area A' di tale sezione per la distanza $y_{G'}$ del suo baricentro dall'asse z:

$$S_z = A' y_{G'}$$

- I_z è il momento quadratico dell'intera sezione rispetto all'asse z.

RICHIAMO
La *[2.51]* è nota come ***formula di Jourawski***.

Il **momento quadratico polare** di una superficie, costituita da n aree elementari ΔA_i, poste alla distanza r_i dal suo centro, con $i = 1, 2, ..., n$, è dato dalla seguente relazione:

$$I_p = \sum_i \Delta A_i \, r_i^2$$

Inoltre il momento quadratico di una superficie è uguale alla somma dei due momenti quadratici assiali della superficie stessa, rispetto a due assi baricentrici ortogonali.

La [*2.51*] consente dunque di determinare il valore della tensione in ogni punto della sezione in esame e ne stabilisce la variazione, poiché, ritenendo costanti la forza di taglio e il momento quadratico, la tensione dipende dal momento statico e dalla larghezza b della sezione, o soltanto dal momento statico, se la larghezza della sezione è costante.

Poiché la tensione è definita come rapporto fra la forza di taglio T e l'area A della sezione complessiva, il valore della tensione tangenziale ha solo il significato di tensione media, ottenuta ipotizzando una distribuzione uniforme delle tensioni nel piano della sezione:

$$\tau_{med} = \frac{T}{A} \qquad [2.52]$$

A titolo di esempio, si riportano di seguito le relazioni per determinare le tensioni tangenziali indotte in sezioni rettangolari, circolari e a doppia *T*.

Sezione rettangolare

Nella sezione rettangolare (▸ **Fig. 2.17**) la tensione interna dipende solo dal momento statico, poiché gli altri termini della [*2.51*] sono costanti.

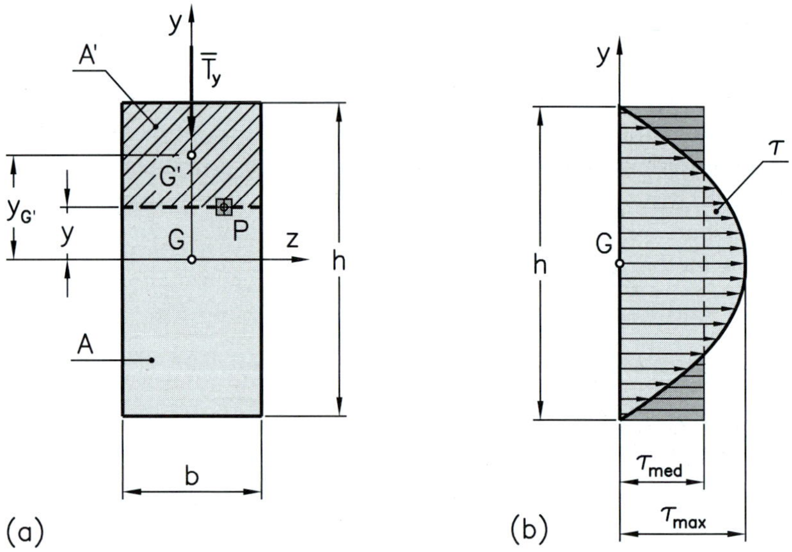

Fig. 2.17
a) Sezione rettangolare soggetta a sollecitazioni di taglio.
b) Distribuzione della tensione tangenziale nella sezione rettangolare.

Dividendo la sezione in due parti mediante la corda parallela all'asse *z* e passante per il punto P, l'ordinata $y_{G'}$ del baricentro dell'area parziale al di sopra della corda è:

$$y_{G'} = \frac{1}{2}\left(y + \frac{h}{2}\right)$$

L'area parziale A' è:

$$A' = \left(\frac{h}{2} - y\right)b$$

il suo momento statico vale:

$$S_z = A' y_{G'} = \frac{b}{2}\left(\frac{h^2}{4} - y^2\right)$$

Il momento quadratico dell'intera sezione vale:

$$I_z = \frac{b h^3}{12}$$

Per la [*2.51*] l'espressione della tensione è:

$$\tau = \frac{6 T_y \left(\frac{h^2}{4} - y^2\right)}{b h^3}$$

Da questa relazione si osserva che la tensione varia lungo l'asse y con legge parabolica, come rappresentato nel diagramma della ***figura 2.17b***. Nei punti sull'asse z, dove $y = 0$, la tensione risulta massima:

$$\tau_{max} = \frac{3T_y}{2bh} = 1{,}5\ \tau_{med} \qquad \textbf{[2.53]}$$

nei punti più lontani dall'asse z, in cui $y = h/2$, la tensione è nulla.

Sezione circolare

Per la sezione circolare (▸ *Fig. 2.18*) di raggio r, il valore della tensione dipende dal momento statico e dalla lunghezza della corda, variabile lungo l'asse y.

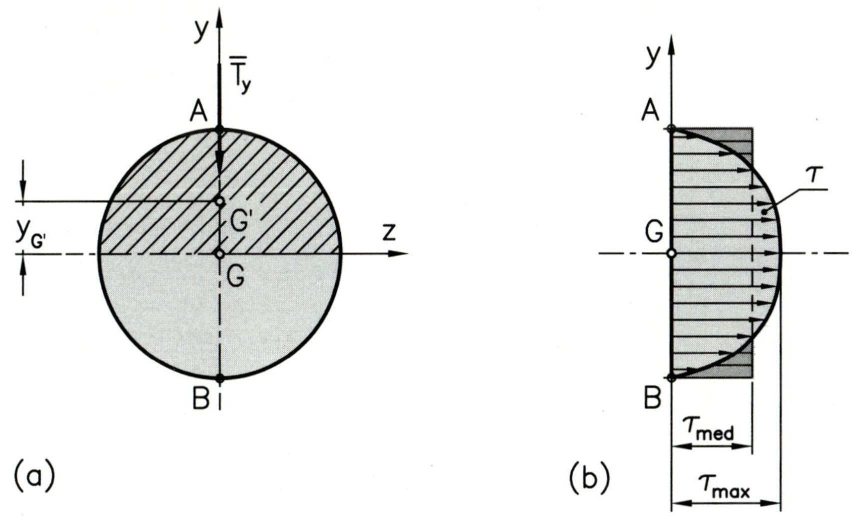

Fig. 2.18
a) Sezione circolare soggetta a sollecitazioni di taglio.
b) Distribuzione della tensione tangenziale nella sezione circolare.

La tensione massima si ha in corrispondenza dell'asse neutro z (asse diametrale), a cui corrisponde il semicerchio di baricentro G'; il suo valore è:

$$\tau_{max} = \frac{4}{3}\frac{T_y}{\pi r^2} = \frac{4}{3}\tau_{med} \qquad \textbf{[2.54]}$$

mentre nei punti A e B, la tensione è nulla.

Per la sezione a forma di **corona circolare** (▸ *Fig. 2.19*) di piccolo spessore s (con spessore molto minore del raggio medio r_m), il valore della tensione massima in corrispondenza all'asse neutro z (asse diametrale) è:

$$\tau_{max} = \frac{T_y}{\pi r_m s} = 2\,\tau_{med} \qquad \textbf{[2.55]}$$

in cui lo spessore s vale:

$$s = r_e - r_i$$

mentre il raggio medio r_m è:

$$r_m = \frac{r_e + r_i}{2}$$

Fig. 2.19
a) Sezione a corona circolare soggetta a sollecitazioni di taglio.
b) Distribuzione della tensione tangenziale nella sezione.

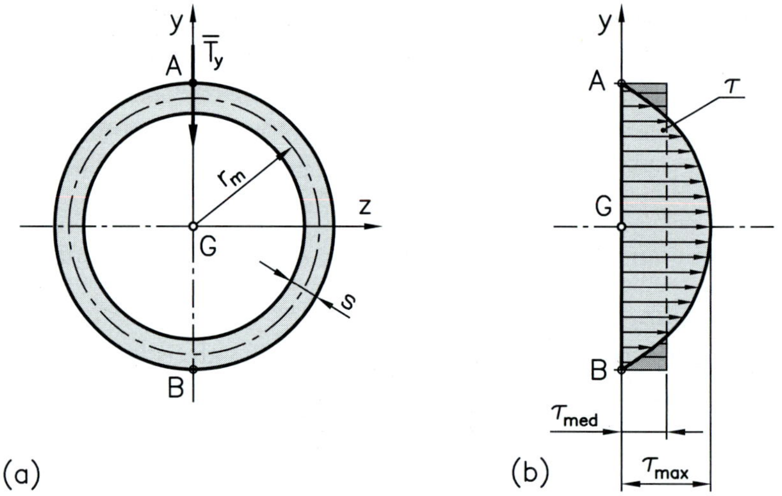

Sezione a doppia T

Per i profili a doppia T (▸ **Fig. 2.20**) si considera l'anima del profilato come sezione resistente alle forze di taglio.

Fig. 2.20
a) Sezione a doppia T soggetta a sollecitazioni di taglio.
b) Distribuzione della tensione tangenziale nella sezione.

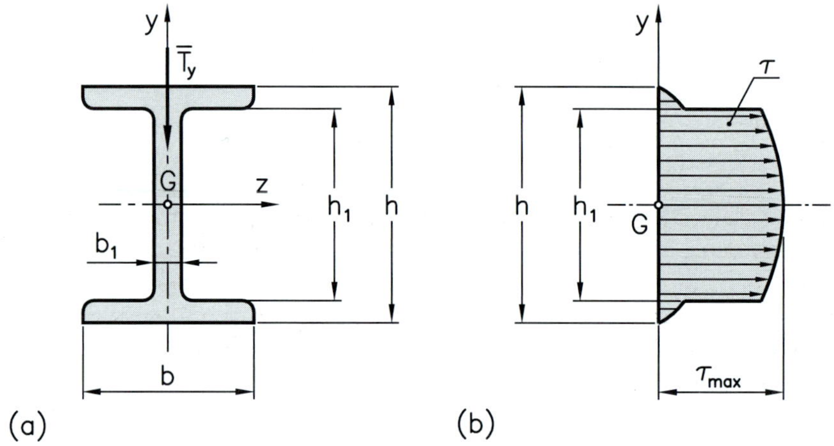

Il valore massimo della tensione è espresso attraverso la relazione approssimata:

$$\tau_{max} = \frac{T_y}{b_1\, h_1} \qquad \textbf{[2.56]}$$

Osservazione: volendo tagliare completamente un solido, la forza di rottura al taglio T_r, dipendente dalla sezione resistente del solido, è data dal prodotto della tensione di rottura a taglio del materiale R_t per la sezione resistente S_r:

— *per la sezione rettangolare si ha:*

$$T_r = \frac{2}{3} R_t\, S_r$$

— *per la sezione circolare si ha:*

$$T_r = \frac{3}{4} R_t\, S_r$$

Volendo eseguire invece la punzonatura di una superficie di spessore s, con un punzone di diametro d, la sezione resistente è:

$$S_r = \pi d s$$

mentre la forza di rottura al taglio vale:

$$T_r = R_t S_r$$

Deformazioni

Si consideri la trave rappresentata dalla ***figura 2.21***, incastrata nella sezione S e sottoposta, nella sezione con l'estremità S_1 alla forza di taglio T_y.

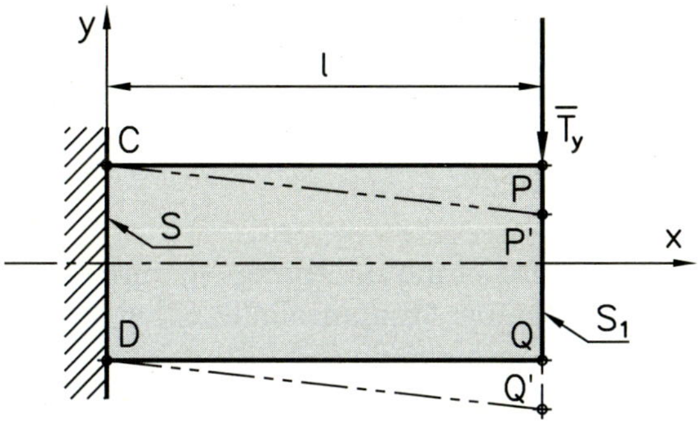

Fig. 2.21
Trave incastrata soggetta alla forza di taglio T_y applicata al suo estremo libero.

Supponendo la trave di lunghezza ridotta, per potere trascurare gli effetti della flessione e ammettendo l'ipotesi della distribuzione uniforme delle tensioni, ogni fibra della trave è soggetta alla stessa deformazione; pertanto le sezioni, anche se subiscono lo scorrimento γ, si mantengono piane.

Per la legge di Hooke, la relazione fra la tensione tangenziale τ e lo scorrimento y si esprime come:

$$\tau = G \gamma \qquad \textbf{[2.57]}$$

in cui G è il modulo di elasticità tangenziale del materiale costituente la trave.

Indicando con δ l'abbassamento della sezione S_1 rispetto a un'altra sezione qualunque, per esempio la sezione d'incastro S posta alla distanza l, lo scorrimento γ può essere espresso come:

$$\gamma = \frac{\delta}{l} \qquad \textbf{[2.58]}$$

ovvero, considerando la tensione media:

$$\tau_{med} = \frac{T_y}{A}$$

sostituendo nella [*2.57*] si ha:

$$\gamma = \frac{T_y}{AG} \qquad \textbf{[2.59]}$$

che rappresenta l'**equazione di deformazione a taglio**.

Dalla [*2.58*], si ricava il valore dell'abbassamento della sezione S_1, sostituendo l'equazione dello scorrimento espressa dalla [*2.59*]:

$$\delta = \frac{T_y \, l}{A\,G} \qquad \textbf{[2.60]}$$

Calcoli di progetto e di verifica

Per i calcoli di verifica occorre confrontare la tensione tangenziale massima τ_{max}, indotta dalla sollecitazione di taglio e calcolabile mediante la [*2.51*], con la **tensione tangenziale ammissibile statica** τ_{ams}, accertando che risulti:

$$\tau_{max} \leq \tau_{ams} \qquad \textbf{[2.61]}$$

La tensione tangenziale ammissibile statica τ_{ams} è legata alla tensione normale ammissibile statica σ_{ams} dalla seguente relazione:

$$\tau_{ams} = \frac{\sigma_{ams}}{\sqrt{3}} = 0{,}577\,\sigma_{ams} \qquad \textbf{[2.62]}$$

I calcoli di progetto consistono nel dimensionamento della sezione trasversale del corpo in esame. Mediante la [*2.61*] si ottengono le dimensioni della sezione, ossia imponendo che la tensione tangenziale massima sia inferiore, o al massimo uguale, alla tensione ammissibile.

Esempio
Si vuole eseguire la verifica di resistenza di una trave a sezione rettangolare, di dimensioni b = 20 mm e h = 15 mm, soggetta alla forza di taglio T = 2100 N, sapendo che il materiale è acciaio, con carico di snervamento R_{eL} = 235 N/mm^2.

Soluzione
Dalla [*2.53*]:

$$\tau_{max} = \frac{3T}{2bh}$$

si ricava il valore massimo della tensione:

$$\tau_{max} = \frac{3 \times 2100}{2 \times 20 \times 15} = 10{,}5 \ \frac{\text{N}}{\text{mm}^2}$$

La tensione normale ammissibile vale:

$$\sigma_{ams} = \frac{235}{1{,}5} = 157 \ \frac{\text{N}}{\text{mm}^2}$$

quella tangenziale è:

$$\tau_{ams} = 0{,}577 \ \sigma_{ams} = 90{,}5 \ \frac{\text{N}}{\text{mm}^2}$$

Poiché la tensione tangenziale massima è molto minore della tensione tangenziale ammissibile, la trave è in condizioni di sicurezza.

A2.4 SOLLECITAZIONI DI TORSIONE

Una trave rettilinea è sollecitata a **torsione** semplice, quando ogni sua sezione è sottoposta all'azione del solo **momento torcente** M_t, essendo nulle le altre caratteristiche di sollecitazione. Il caso più semplice di torsione è quello in cui nelle sezioni di estremità della trave agiscono due coppie di forze uguali e opposte, di momento M_t, collocate su piani perpendicolari all'asse geometrico della trave stessa (▸ ***Fig. 2.22a***).

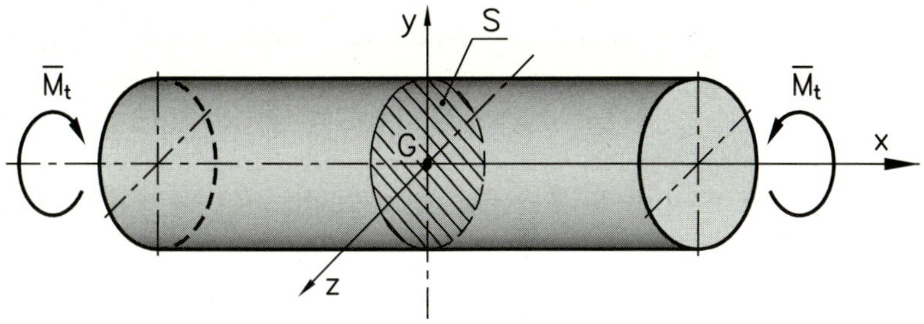

(a)

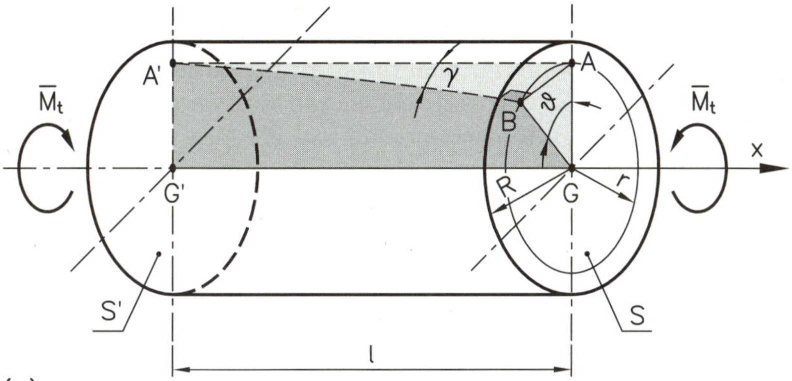

(b)

Fig. 2.22

a) Trave a sezione circolare soggetta a due momenti M_t, uguali e opposti, applicati alle due sezioni di estremità della trave stessa.

b) Tronco di trave di lunghezza *l*.

Se la trave considerata è una mensola, quindi uno degli estremi è incastrato, il momento di reazione del vincolo costituisce uno dei due momenti torcenti applicati alla trave ed è uguale e contrario all'altro momento applicato all'estremo libero. In tal caso i due momenti torcenti M_t, uguali e opposti, sono generalmente costanti su tutta la lunghezza della trave. Nel caso in cui agiscano varie coppie in diverse sezioni, il momento torcente è costante nei tratti compresi fra due coppie successive ed è uguale alla somma algebrica dei momenti delle coppie che precedono la sezione in esame.

Lo studio della sollecitazione di torsione può essere eseguito, con procedimento elementare, soltanto per i corpi a sezione circolare piena o cava; in tal caso le sezioni si conservano piane e non si deformano nel proprio piano, pertanto le rette situate sulla sezione e uscenti dal centro (i raggi) rimangono rettilinee e non cambiano il proprio orientamento reciproco.

Tensioni e deformazioni in una trave a sezione circolare

Dividendo idealmente la trave rappresentata nella *figura 2.22a*, in corrispondenza della sezione generica S, ognuno dei due tronchi ottenuti rimane in equilibrio sotto l'azione del momento torcente, applicato a un'estremità, e delle forze trasmessegli dall'altro tronco, attraverso la sezione S. Si consideri per esempio il tronco di lunghezza l a sinistra della sezione S (▸ *Fig. 2.22b*). Per effetto della torsione, una qualunque sezione S ruota rispetto a un'altra sezione S' di un angolo ϑ, detto **angolo di torsione**, tanto più grande quanto maggiore è la distanza fra le due sezioni.

POLIGLOTTA
Angolo di torsione
GB: Torsion angle
F: Angle de torsion
D: Drehwinkel

L'asse geometrico GG' resta rettilineo, mentre le altre fibre longitudinali assumono la configurazione di eliche cilindriche di piccola curvatura (la fibra rettilinea A'A, parallela all'asse GG', diventa, dopo la deformazione, un tratto di elica cilindrica A'B). Il punto A di una fibra longitudinale subisce lo spostamento AB perpendicolare alla fibra stessa, rispetto al punto A', situato alla distanza l da A; la deformazione angolare subita dalla fibra A'A, individuata dall'angolo γ, è detta **scorrimento** ed è data dal rapporto fra lo spostamento AB e la distanza l di A dal punto A' di riferimento:

POLIGLOTTA
Scorrimento
GB: Sliding
F: Glissement
D: Schiebung

$$\gamma = \frac{AB}{l}$$

Le fibre longitudinali sono soggette soltanto allo scorrimento γ e non subiscono sensibili variazioni di lunghezza ε; nelle sezioni trasversali non si hanno tensioni normali σ, ma solo **tensioni tangenziali** τ, che agiscono nel piano della sezione, perpendicolarmente al raggio r (▸ *Fig. 2.23a*).

L'espressione della tensione τ, riferita all'unità di area, secondo la legge di Hooke, è:

$$\tau = G\,\gamma \qquad \textbf{[2.63]}$$

in cui G indica il **modulo di elasticità tangenziale**.

La tensione tangenziale τ crea, sull'area elementare ΔA, la forza:

$$F = \tau \Delta A$$

il cui momento rispetto al centro O vale:

$$F\,r = (\tau \Delta A)\,r$$

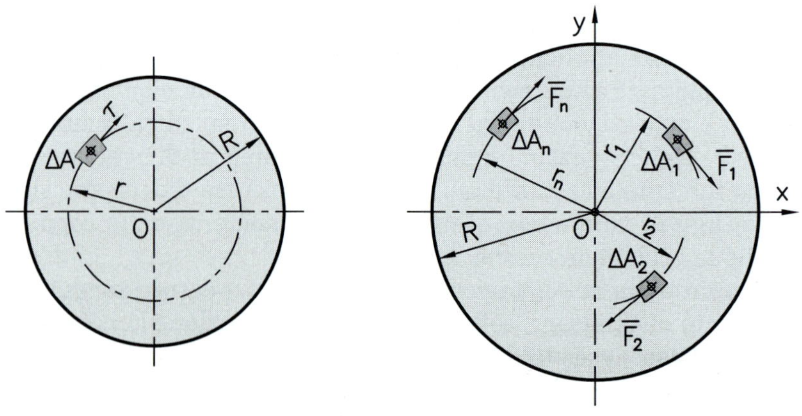

Fig. 2.23
a) Rappresentazione della tensione tangenziale τ indotta su un'area elementare ΔA della sezione trasversale di una trave rettilinea.
b) Rappresentazione delle forze $\bar{F}_i$, dovute alle tensioni τ_i, agenti sulle n aree elementari ΔA_i, che costituiscono l'area totale della sezione.

Considerando la sezione costituita da n aree elementari, per la condizione di equilibrio relativa alla rotazione, rispetto all'asse geometrico (▸ *Fig. 2.23b*), si ha:

$$M_t = \sum_i \tau_i \, \Delta A_i \, r_i \qquad \textbf{[2.64]}$$

con $i = 1, 2, ..., n$.

Lo scorrimento i-esimo γ_i può essere espresso come:

$$\gamma_i = \frac{r_i \vartheta}{l}$$

Sostituendo tale valore nella [*2.63*] si ricava l'espressione della tensione tangenziale generica τ_i, agente su ogni area elementare della sezione:

$$\tau_i = G \frac{r_i \vartheta}{l} \qquad \textbf{[2.65]}$$

Pertanto l'equazione di equilibrio [*2.64*] diventa:

$$M_t = \sum_i G \frac{r_i \vartheta}{l} \Delta A_i \, r_i$$

ovvero, ponendo $G\,\vartheta / l$ a fattore comune, si ha:

$$M_t = \frac{G \vartheta}{l} \sum_i \Delta A_i \, r_i^2$$

Ricordando che la sommatoria:

$$\sum_i \Delta A_i \, r_i^2$$

rappresenta il **momento quadratico polare** I_p della sezione rispetto al centro, si ottiene:

$$M_t = \frac{G \vartheta}{l} I_p \qquad \textbf{[2.66]}$$

da cui si ricava l'**angolo di torsione** ϑ:

$$\vartheta = \frac{M_t \, l}{G \, I_p} \qquad \textbf{[2.67]}$$

Il momento quadratico polare I_p, per la sezione circolare piena di diametro d, vale:

$$I_p = \frac{\pi}{32} d^4$$

mentre per la sezione circolare cava (corona circolare), di diametro esterno d_e e diametro interno d_i, si ha:

$$I_p = \frac{\pi}{32}\left(d_e^4 - d_i^4\right)$$

RICHIAMO

Il ***momento quadratico polare*** di una superficie, costituita da n aree elementari ΔA_i, poste alla distanza r_i dal suo centro, con $i = 1, 2, ..., n$, è dato dalla seguente relazione:

$$I_p = \sum_i \Delta A_i \, r_i^2$$

Inoltre il ***momento quadratico polare di una superficie*** è uguale alla somma dei due momenti quadratici assiali della superficie stessa rispetto a due assi baricentrici ortogonali.

RICHIAMO

La **potenza** trasmessa da un albero può essere determinata misurando, con il metodo stroboscopico, l'angolo ϑ di torsione fra due sezioni distanti l:

$$P = \frac{1,37}{10^6} G\, d^4\, n \frac{\vartheta}{l}$$

dove n indica la frequenza di rotazione dell'albero, espressa in giri/min e d è il suo diametro.

POLIGLOTTA

Rigidità torsionale

GB: Torsional stiffness

F: Rigidité à torsion

D: Verdrehfestigkeit

Fig. 2.24

Rappresentazione parziale della distribuzione della tensione τ nel piano della sezione circolare di diametro d.

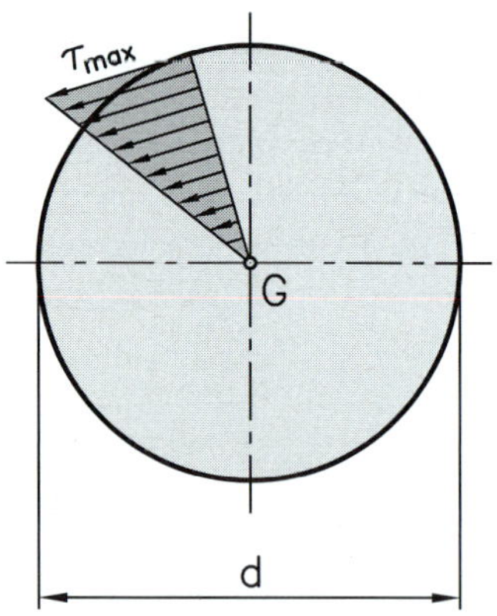

POLIGLOTTA

Modulo di resistenza a torsione

GB: Torsional stress modulus

F: Module de résistance à torsion

D: Verdrehfestigkeitmodul

ovvero:

$$I_p = \frac{\pi}{32} d_e^4 \left(1 - \chi^4\right)$$

in cui:

$$\chi = \frac{d_i}{d_e}$$

La [2.67] costituisce l'**equazione di deformazione** relativa alla sollecitazione di torsione semplice; in particolare il rapporto $G\, I_p/l$ rappresenta la **rigidità torsionale** della trave.

Introducendo nella [2.65] l'espressione dell'angolo di torsione data dalla [2.67], si ottiene il valore della tensione in un punto qualsiasi a distanza r dal centro della sezione:

$$\tau = \frac{M_t\, r}{I_p} \qquad [2.68]$$

Da questa relazione si deduce che la tensione cresce proporzionalmente con la distanza r del punto considerato dal centro della sezione (▸ *Fig. 2.24*).

I punti più sollecitati sono quindi quelli sul contorno della sezione ($r = d/2$), in cui le tensioni assumono il valore massimo:

$$\tau_{max} = \frac{M_t \frac{d}{2}}{I_p} \qquad [2.69]$$

mentre sono nulle nel centro di torsione ($r = 0$).

Indicando con W_t il **modulo di resistenza a torsione**, dato dal rapporto $I_p/(d/2)$, la [2.69] può essere scritta nel modo seguente:

$$\tau_{max} = \frac{M_t}{W_t} \qquad [2.70]$$

che rappresenta l'**equazione di sollecitazione a torsione**.

Il modulo di resistenza a torsione W_t, per la sezione circolare piena di diametro d, risulta:

$$W_t = \frac{I_p}{\frac{d}{2}} = \frac{\pi\, d^3}{16} \qquad [2.71]$$

mentre per la sezione circolare cava (corona circolare), di diametro esterno d_e e diametro interno d_i, vale:

$$W_t = \frac{I_p}{\frac{d_e}{2}} = \pi \frac{\left(d_e^4 - d_1^4\right)}{16\, d_e} \qquad [2.72]$$

ovvero, posto $\chi = d_{i/} d_e$

$$W_t = \frac{\pi\, d_e^3 \left(1 - \chi^4\right)}{16} \qquad [2.73]$$

Calcoli di progetto e di verifica

Determinata la tensione massima τ_{max} mediante la [*2.70*] e assegnato il valore della tensione tangenziale ammissibile τ_{ams}, nei calcoli di verifica occorre accertare che nella sezione in esame sia:

$$\tau_{max} \leq \tau_{ams} \qquad \textbf{[2.74]}$$

Nell'**equazione di stabilità** [*2.74*], la tensione tangenziale ammissibile statica τ_{ams}, come per le sollecitazioni di taglio, vale:

$$\tau_{ams} = \frac{\sigma_{ams}}{\sqrt{3}} = 0{,}577\ \sigma_{ams}$$

Nei calcoli di progetto, noto il valore del momento torcente M_t e assegnato il valore della tensione tangenziale ammissibile τ_{ams}, mediante la [*2.70*], nella quale si sostituisce τ_{max} con τ_{ams}, si ricava il valore del modulo di resistenza a torsione W_t e di conseguenza le dimensioni della sezione:

$$\tau_{ams} = \frac{M_t}{W_t}$$

da cui si ottiene:

$$W_t = \frac{M_t}{\tau_{ams}} \qquad \textbf{[2.75]}$$

Esempio
Un albero di acciaio, di diametro d = 100 mm, lunghezza l = 2000 mm, tensione di snervamento R_{eL} = 355 N/mm^2 e modulo di elasticità tangenziale G = 79 500 N/mm^2, è sottoposto a un momento torcente M_t = 2 × 10^7 N mm. Verificare la resistenza dell'albero e calcolare l'angolo di torsione.

Soluzione
Assumendo un grado di sicurezza g_s = 1,8, la tensione normale ammissibile vale:

$$\sigma_{ams} = \frac{355}{1{,}8} = 197\ \frac{\text{N}}{\text{mm}^2}$$

quella tangenziale vale:

$$\tau_{ams} = 0{,}577\ \sigma_{ams} = 114\ \frac{\text{N}}{\text{mm}^2}$$

Il modulo di resistenza a torsione vale:

$$W_t = \frac{\pi}{16} d^3 = \frac{\pi}{16} 100^3 = 196\,000\ \text{mm}^3$$

per la [*2.70*], il valore della tensione massima è:

$$\tau_{max} = \frac{M_t}{W_t} = \frac{20\,000\,000}{196\,000} = 102\ \frac{\text{N}}{\text{mm}^2}$$

Poiché τ_{max} è inferiore a τ_{ams}, l'equazione di stabilità [*2.74*] è verificata, quindi l'albero resiste in sicurezza alla sollecitazione di torsione.

Per la [*2.67*]:

$$\vartheta = \frac{M_t\, l}{G\, I_p}$$

essendo:

$$I_p = \frac{\pi}{32} 100^4 = 9{,}8 \times 10^6 \text{ mm}^4$$

il valore dell'angolo di torsione vale:

$$\vartheta = \frac{2 \times 10^7 \times 2000}{79\,500 \times 9{,}8 \times 10^6} = 0{,}051 \text{ rad}$$

Solidi a sezione variabile bruscamente soggetti a sollecitazioni di torsione

Sulla rete

Torsione nei corpi ad asse curvilineo

I solidi a sezione circolare costante, ad asse curvilineo, presentano una tensione maggiore nella zona della concavità; il suo valore è dato dal prodotto della tensione corrispondente a una trave ad asse rettilineo per il **fattore di curvatura** K_c:

$$\tau_{max} = K_c \frac{M_t}{W_t} \qquad \textbf{[2.77]}$$

Il parametro K_c è espresso dalla seguente relazione:

$$K_c = 1 + \frac{d}{3R} \qquad \textbf{[2.78]}$$

in cui d indica il diametro della sezione trasversale del corpo , mentre R rappresenta il raggio di curvatura.

Travi a sezione non circolare soggette a torsione

Sulla rete

Sezione rettangolare

Sulla rete

Sezione ellittica

Sulla rete

Sezione anulare di piccolo spessore

Sulla rete

Sezioni a contorno aperto

Sulla rete

Sezione a forma di triangolo equilatero

Sulla rete

Sezione semicircolare

Sulla rete

A2.5 CARATTERISTICHE GEOMETRICHE E VALORI STATICI DEI PRINCIPALI PROFILATI UNIFICATI

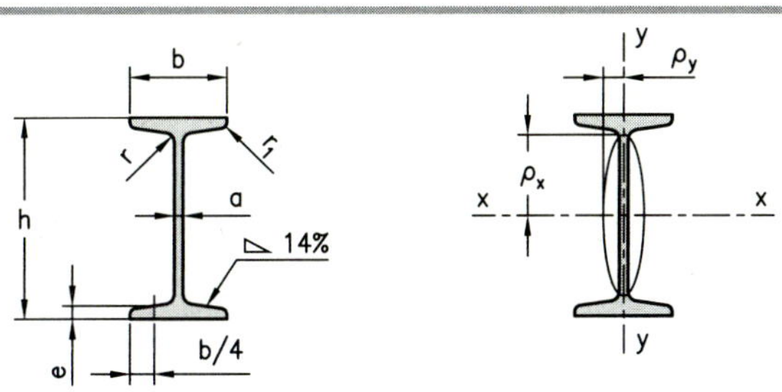

Tabella 2.4 Travi IPN serie normale

Designazione UNI 5679	*h* [mm]	*b* [mm]	*a* [mm]	*e* [mm]	*r* [mm]	r_1 [mm]	Area sezione [cm²]	Massa lineica [kg/m]	Asse x-x			Asse y-y		
									I_x [cm⁴]	W_x [cm³]	ρ_x [cm]	I_y [cm⁴]	W_y [cm³]	ρ_y [cm]
IPN 80	80	42	3,9	5,9	3,9	2,3	7,57	5,94	77,7	19,4	3,20	6,28	2,99	0,91
IPN 100	100	50	4,5	6,8	4,5	2,7	10,6	8,34	170	34,1	4,00	12,1	4,86	1,07
IPN 120	120	58	5,1	7,7	5,1	3,1	14,2	11,1	327	54,5	4,80	21,4	7,38	1,23
IPN 140	140	66	5,7	8,6	5,7	3,4	18,2	14,3	572	81,8	5,60	35,1	10,6	1,39
IPN 160	160	74	6,3	9,5	6,3	3,8	22,8	17,9	934	117	6,40	54,6	14,8	1,55
IPN 180	180	82	6,9	10,4	6,9	4,1	27,9	21,9	1444	161	7,20	81,2	19,8	1,71
IPN 200	200	90	7,5	11,3	7,5	4,5	33,4	26,2	2138	214	8,00	116	25,9	1,87

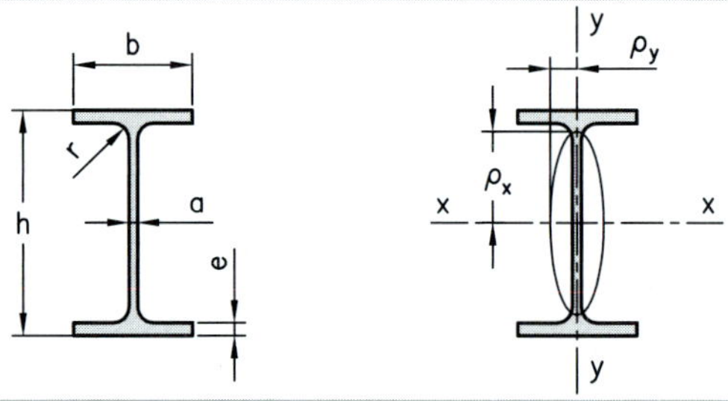

Tabella 2.5 Travi IPE ad ali parallele

Designazione UNI 5398	*h [mm]*	*b [mm]*	*a [mm]*	*e [mm]*	*r [mm]*	*Area sezione [cm²]*	*Massa lineica [kg/m]*	*Asse x-x*			*Asse y-y*		
								I_x [cm⁴]	W_x [cm³]	ρ_x [cm]	I_y [cm⁴]	W_y [cm³]	ρ_y [cm]
IPE 80	80	46	3,8	5,2	5	7,64	6,0	80,1	20,0	3,24	8,49	3,69	1,05
IPE 100	100	55	4,1	5,7	7	10,3	8,1	171	34,2	4,07	15,9	5,179	1,24
IPE 120	120	64	4,4	6,3	7	13,2	10,4	318	53,0	4,90	27,7	8,65	1,45
IPE 140	140	73	4,7	6,9	7	16,4	12,9	541	77,3	5,74	44,9	12,3	1,65
IPE 160	160	82	5,0	7,4	9	20,1	15,8	869	109	6,S8	68,3	16,7	1,84
IPE 180	180	91	5,3	8,0	9	23,9	18,8	1317	146	7,42	101	22,2	2,05
IPE 200	200	100	5,6	8,5	12	28,5	22,4	1943	194	8,26	142	28,5	2,24
IPE 220	220	110	5,9	9,2	12	33,4	26,2	2772	252	9,11	205	37,3	2,48
IPE 240	240	120	6,2	9,8	15	39,1	30,7	3892	324	9,97	284	47,3	2,69
IPE 270	270	135	6,6	10,2	15	45,9	36,1	5790	429	11,2	420	62,2	3,02
IPE 300	300	150	7,1	10,7	15	53,8	42,2	8356	557	12,5	604	80,5	3,35
IPE 330	330	160	7,5	11,5	18	62,6	49,1	11770	713	13,7	788	98,5	3,55
IPE 360	360	170	8,0	12,7	18	72,7	57,1	16270	904	15,0	1043	123	3,79
IPE 400	400	180	8,6	13,5	21	84,5	66,3	23130	1160	16,5	1318	146	3,95
IPE 450	450	190	9,4	14,6	21	98,8	77,6	33740	1500	18,5	1676	176	4,12
IPE 300	500	200	10,2	16,0	21	116	90,7	48200	1930	20,4	2142	214	4,31
IPE 550	550	210	11,1	17,2	24	134	106	67120	2440	22,3	2668	254	4,43
IPE 600	600	220	12,0	19,0	24	156	122	92080	3070	24,3	3387	308	4,66

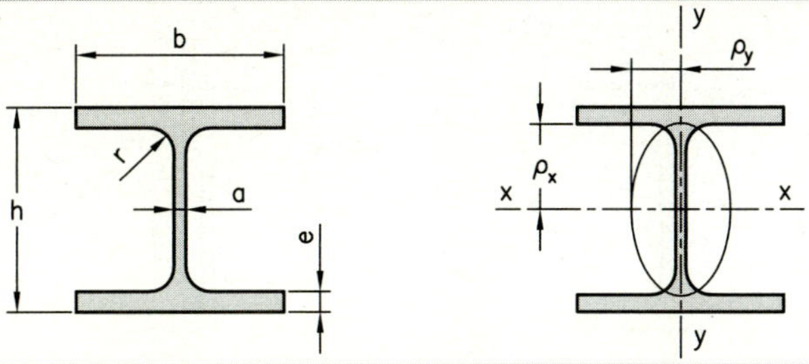

Tabella 2.6 Travi HE ad ali larghe parallele, serie: A leggera; B normale; M rinforzata

Designazione UNI 5397	*h [mm]*	*b [mm]*	*a [mm]*	*e [mm]*	*r [mm]*	*Area sezione [cm²]*	*Massa lineica [kg/m]*	*Asse x-x*			*Asse y-y*		
								I_x [cm⁴]	W_x [cm³]	ρ_x [cm]	I_y [cm⁴]	W_y [cm³]	ρ_y [cm]
HE 100 A	96	100	5	8	12	21,2	16,7	349	73	4,06	134	27	2,51
HE 100 B	100	100	6	10	12	26,0	20,4	450	90	4,16	167	33	2,53
HE 100 M	120	106	12	20	12	53,2	41,8	1143	190	4,63	399	75	2,74
HE 120 A	114	120	5	8	12	25,3	19,9	606	106	4,89	231	38	3,02
HE 120 B	120	120	6,5	11	12	34,0	26,7	864	144	5,0	318	53	3,06
HE 120 M	140	126	12,5	21	12	66,4	52,1	2018	288	5,51	703	112	3,25
HE 140 A	133	140	5,5	8,5	12	31,4	24,7	1033	155	5,73	389	56	3,52
HE 140 B	140	140	7	12	12	43,0	33,7	1509	216	5,93	550	79	3,58
HE 140 M	160	146	13	22	12	80,0	63,2	3291	411	6,39	1144	157	3,77
HE 160 A	152	160	6	9	15	38,8	30,4	1673	220	6,37	616	77	3,98
HE 160 B	160	160	8	13	15	54,3	42,6	2492	311	6,78	889	111	4,05
HE 160 M	180	166	14	23	15	97,1	76,2	5098	566	7,25	11759	212	4,26
HE 180 A	171	180	6	9,5	15	45,3	35,5	2510	294	7,45	925	103	4,52
HE 180 B	180	180	8,5	14	15	65,3	51,2	3831	426	7,66	1363	151	4,57
HE 180 M	200	186	14,5	24	15	113,3	88,9	7483	748	8,13	2580	277	4,77
HE 200 A	190	200	6,5	10	18	53,8	42,3	3692	389	8,28	1336	134	4,98
HE 200 B	200	200	9	15	18	78,1	61,3	5696	370	8,54	2003	200	5,07
HE 200 M	220	206	15	25	18	131,3	103	10642	967	9,00	3651	354	5,27
HE 220 A	210	220	7	11	18	64,3	50,5	5410	515	9,17	1955	178	5,51
HE 220 B	220	220	9,5	16	18	91,0	71,5	8091	736	9,43	2843	238	5,59
HE 220 M	240	226	15,5	26	18	149,4	117	14605	1220	9,89	5012	444	5,79
HE 240 A	230	240	7,5	12	21	76,8	60,3	7763	675	10,1	2769	231	6,00
HE 240 B	240	240	10	17	21	106,0	83,2	11259	938	10,3	3923	327	6,08
HE 240 M	270	248	18	32	21	199,6	157	24289	1800	11,0	8153	657	6,39
HE 260 A	250	260	7,5	12,5	24	86,8	68,2	10455	836	11,0	3668	282	6,50
HE 260 B	260	260	10	17,5	24	118,4	93,0	14919	1150	11,2	5135	395	6,58
HE 260 M	290	268	18	32,5	24	219,6	172	31307	2160	11,9	10449	780	6,90

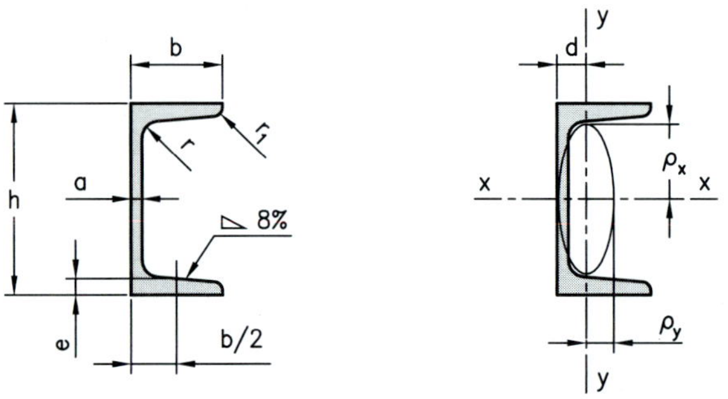

Tabella 2.7 Profilati a U e UPN

Designazione UNI 5786 e UNI 5680	*h [mm]*	*b [mm]*	*a [mm]*	*e [mm]*	*r [mm]*	*r_1 [mm]*	*Area sezione [cm²]*	*Massa lineica [kg/m]*	*Asse x-x* I_x [cm⁴]	W_x [cm³]	ρ_x [cm]	*Asse y-y* d [cm]	b-d [cm]	I_y [cm⁴]	W_y [cm³]	ρ_y [cm]
U 30×15 UNI 5786	30	15	4	4,5	4,5	2	2,21	1,74	2,53	1,69	1,07	0,52	0,98	0,38	0,39	0,42
U 40×20 UNI 5786	40	20	5	5,5	5	2,5	3,66	2,87	7,58	3,79	1,44	0,67	1,33	1,14	0,86	0,56
U 50×25 UNI 5786	50	25	5	6	6	3	4,92	3,86	16,8	6,73	1,85	0,81	1,69	2,49	1,48	0,71
U 60×30 UNI 5786	60	30	6	6	6	3	6,46	5,07	31,6	10,5	2,21	0,91	2,09	4,51	2,16	0,84
U 30×33 UNI 5786	30	33	5	7	7	3,5	5,44	4,27	6,39	4,26	1,08	1,31	1,99	5,33	2,68	0,99
U 40×35 UNI 5786	40	35	5	7	7	3,5	6,21	4,87	14,1	7,05	1,50	1,33	2,17	6,68	3,08	1,04
U 50×38 UNI 5786	50	38	5	7	7	3,5	7,12	5,59	26,4	10,6	1,92	1,37	2,43	9,12	3,75	1,13
U 65×42 UNI 5786	65	42	5,5	7,5	7,5	4	9,03	7,09	57,5	17,7	2,52	1,42	2,78	14,1	5,07	1,25
UPN 80 UNI 5680	80	45	6	8	8	4	11,0	8,65	106	26,5	3,10	1,45	3,05	19,4	6,35	1,33
UPN 100 UNI 5680	100	50	6	8,5	8,5	4,5	13,5	10,6	205	41,1	3,91	1,55	3,45	29,1	8,45	1,47
UPN 120 UNI 5680	120	55	7	9	9	4,5	17,0	13,3	364	60,7	4,63	1,61	3,89	43,1	11,1	1,59
UPN 140 UNI 5680	140	60	7	10	10	5	20,4	16,0	605	86,4	5,45	1,76	4,24	62,5	14,7	1,75
UPN 160 UNI 5680	160	65	7,5	10,5	10,5	5,5	24,0	18,9	925	116	6,21	1,84	4,66	85,1	18,2	1,88
UPN 180 UNI 5680	180	70	8	11	11	5,5	28,0	22,0	1354	150	6,96	1,93	5,07	114	22,4	2,01
UPN 200 UNI 5680	200	75	8,5	11,5	11,5	6	32,2	25,3	1911	191	7,71	2,01	5,49	148	26,9	2,14
UPN 220 UNI 5680	220	80	9	12,5	12,5	6,5	37,4	29,4	2691	245	8,48	2,14	5,86	196	33,5	2,29
UPN 240 UNI 5680	240	85	9,5	13	13	6,5	42,3	33,2	3599	300	9,22	2,24	6,26	247	39,5	2,42
UPN 260 UNI 5680	260	90	10	14	14	7	48,3	17,9	4824	371	10,0	2,37	6,63	317	47,8	2,56
UPN 280 UNI 5680	280	95	10	15	15	7,5	53,4	41,9	6276	448	10,8	2,53	6,97	398	57,2	2,73
UPN 300 UNI 5680	300	100	10	16	16	8	58,8	46,1	8028	535	11,7	2,70	7,30	493	67,6	2,90

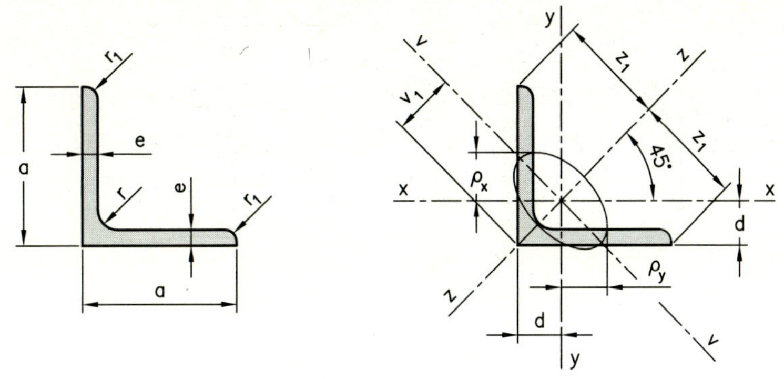

Tabella 2.8 Profilati a L ad ali uguali e a spigoli arrotondati

Designazione UNI 5783 (•serie alleggerita non unificata)	*a* [mm]	*e* [mm]	*r* [mm]	r_1 [mm]	*Area sezione* [cm^2]	*Massa lineica* [kg/m]	*Posizione del centro di gravità*			*Asse x-x*				*Asse y-y*					
							d [cm]	z_1 [cm]	v_1 [cm]	I_{xy} [cm^4]	$I_x = I_y$ [cm^4]	$W_x = W_y$ [cm^3]	$\rho_x = \rho_y$ [cm]	I_z [cm^4]	W_z [cm^3]	ρ_z [cm]	I_v [cm^4]	W_v [cm^3]	ρ_v [cm]
L 20×3	20	3	4	2	1,13	0,88	0,60	1,41	0,84	0,23	0,39	0,28	0,59	0,61	0,43	0,74	0,16	0,19	0,38
L 20×4	20	4	4	2	1,46	1,14	0,63	1,41	0,90	0,28	0,49	0,36	0,58	0,77	0,54	0,72	0,21	0,23	0,38
L 25×3	25	3	4	2	1,43	1,12	0,72	1,77	1,02	0,47	0,80	0,45	0,75	1,26	0,71	0,94	0,33	0,33	0,48
L 25×4	25	4	4	2	1,86	1,46	0,76	1,77	1,07	0,59	1,01	0,58	0,74	1,60	0,90	0,93	0,43	0,40	0,48
L 25×5	25	5	4	2	2,27	1,78	0,80	1,77	1,13	0,68	1,20	0,71	0,73	1,89	1,07	0,91	0,52	0,46	0,48
L 30×3	30	3	5	2,5	1,74	1,36	0,84	2,12	1,18	0,82	1,40	0,65	0,90	2,22	1,05	1,13	0,58	0,49	0,58
L 30×4	30	4	5	2,5	2,27	1,78	0,88	2,12	1,24	1,05	1,80	0,85	0,89	2,85	1,34	1,12	0,75	0,61	0,58
L 30×5	30	5	5	2,5	2,78	2,18	0,92	2,12	1,30	1,25	2,16	1,04	0,88	3,41	1,61	1,11	0,92	0,71	0,57
L 35×3	35	3	5	2,5	2,04	1,60	0,96	2,47	1,36	1,34	2,29	0,90	1,06	3,63	1,47	1,34	0,95	0,70	0,68
L 35×4	35	4	5	2,5	2,67	2,09	1,00	2,47	1,42	1,73	2,95	1,18	1,05	4,68	1,89	1,33	1,23	0,86	0,68
L 35×5	35	5	5	2,5	3,28	2,57	1,04	2,47	1,48	2,07	3,56	1,45	1,04	5,64	2,28	1,31	1,49	1,01	0,67
L 40×3•	40	3	5	3	2,35	1,84	1,07	2,83	1,52	2,01	3,45	1,18	1,21	5,45	1,93	1,52	1,44	0,95	0,78
L 40×4	40	4	5	3	3,08	2,42	1,12	2,83	1,58	2,61	4,47	1,55	1,21	7,09	2,51	1,52	1,86	1,17	0,78
L 40×5	40	5	5	3	3,79	2,97	1,16	2,83	1,64	3,17	5,43	1,91	1,20	8,60	3,04	1,51	2,26	1,37	0,77
L 40×6	40	6	5	3	4,48	3,52	1,20	2,83	1,70	3,66	6,31	2,26	1,19	9,98	3,53	1,49	2,65	1,56	0,77
L 45×3	45	3	7	3,5	2,66	2,09	1,18	3,18	1,67	2,85	4,93	1,49	1,36	7,78	2,44	1,71	2,07	1,24	0,88

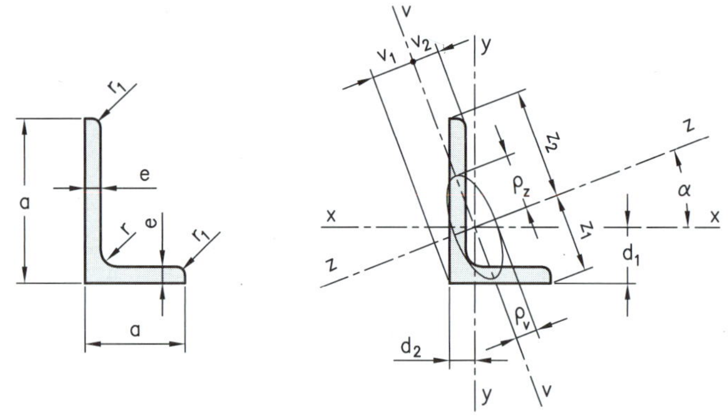

Tabella 2.9 Profilati a L ad ali disuguali e a spigoli arrotondati (*continua*)

Designazione UNI - EU 57 (• profilo non unificato)	*a* [mm]	*b* [mm]	*e* [mm]	*r* [mm]	r_1 [mm]	*Area sezione* [cm^2]	*Massa lineica p* [kg/m]	*Posizione del centro di gravità*					
								d_1 [cm]	d_2 [cm]	z_1 [cm]	z_2 [cm]	v_1 [cm]	v_2 [cm]
L 30×20×3	30	20	3	4	2	1,43	1,12	0,99	0,502	1,50	2,05	0,850	1,04
L 30×20×4	30	20	4	4	2	1,86	1,46	1,03	0,541	1,52	2,02	0,899	1,04
L 30×20×5	30	20	5	4	2	2,27	1,78	1,07	0,579	1,53	2,00	0,943	1,04
L 35×20×4 •	35	20	4	4	2	2,06	1,61	1,25	0,508	1,64	2,30	0,861	1,12
L 35×20×5 •	35	20	5	4	2	2,52	1,98	1,29	0,546	1,66	2,28	0,982	1,11
L 40×20×3	40	20	3	4	2	1,73	1,36	1,42	0,441	1,76	2,61	0,780	1,19
L 40×20×4	40	20	4	4	2	2,26	1,77	1,47	0,481	1,79	2,58	0,824	1,17
L 40×20×5	40	20	5	4	2	2,77	2,17	1,51	0,519	1,82	2,55	0,863	1,16
L 40×25×4	40	25	4	4	2	2,46	1,93	1,36	0,623	1,94	2,69	1,07	1,35
L 40×25×5	40	25	5	4	2	3,02	2,37	1,40	0,661	1,96	2,66	1,11	1,35
L 45×30×4	45	30	4	4	2	2,86	2,24	1,48	0,741	2,26	3,06	1,27	1,58
L 45×30×5	45	30	5	4	2	3,52	2,76	1,52	0,779	2,27	3,04	1,32	1,58
L 45×30×6 •	45	30	6	4	2	4,16	3,26	1,56	0,817	2,29	3,03	1,36	1,57
L 50×30×4	50	30	4	5	2,5	3,08	2,41	1,68	0,70	2,35	3,36	1,22	1,65
L 50×30×5	50	30	5	5	2,5	3,78	2,96	1,73	0,74	2,38	3,33	1,27	1,65
L 60×30×5	60	30	5	6	3	4,29	3,37	2,15	0,681	2,66	3,89	1,19	1,77
L 60×30×6	60	30	6	6	3	5,08	3,99	2,20	0,721	2,69	3,86	1,24	1,76
L 60×40×5	60	40	5	6	3	4,79	3,76	1,96	0,972	3,00	4,10	1,67	2,11
L 60×40×6	60	40	6	6	3	5,68	4,46	2,00	1,01	3,02	4,08	1,72	2,10
L 60×40×7	60	40	7	6	3	6,55	5,14	2,04	1,05	3,03	4,06	1,77	2,09
L 65×50×5	65	50	5	6	3	5,54	4,35	4,35	1,99	3,60	4,53	2,08	2,39
L 65×50×6	65	50	6	6	3	6,58	5,16	5,16	2,04	3,61	4,52	2,14	2,39
L 65×50×7	65	50	7	6	3	7,60	5,96	5,96	2,08	3,62	4,50	2,19	2,39

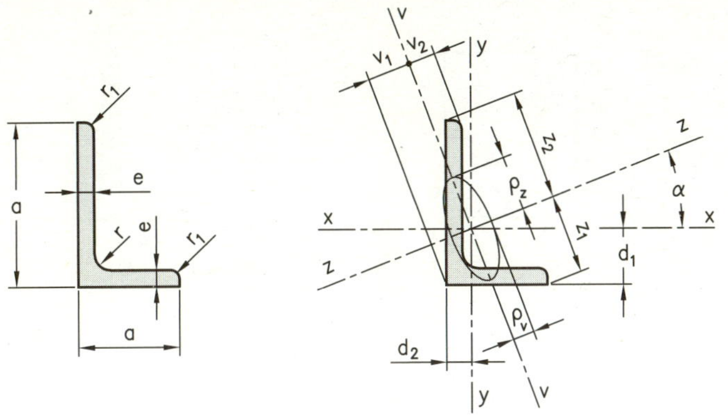

Tabella 2.9 Profilati a L ad ali disuguali e a spigoli arrotondati (*segue*)

tg α	I_{xy} [cm^4]	*Asse x-x* I_x [cm^4]	W_x [cm^3]	ρ_x [cm]	*Asse y-y* I_y [cm^4]	W_y [cm^3]	ρ_y [cm]	*Asse z-z* I_z [cm^4]	W_z [cm^3]	ρ_z [cm]	*Asse v-v* I_v [cm^4]	W_v [cm^3]	ρ_v [cm]
0,427	0,424	1,25	0,621	0,935	0,437	0,292	0,553	1,43	0,698	1,00	0,256	0,245	0,424
0,421	0,530	1,59	0,807	0,925	0,553	0,379	0,546	1,81	0,895	0,988	0,330	0,318	0,421
0,412	0,616	1,90	0,983	0,915	0,656	0,461	0,538	2,15	1,07	0,974	0,402	0,388	0,421
0,317	0,666	2,46	1,09	1,09	0,576	0,386	0,529	2,68	1,16	1,14	0,365	0,327	0,421
0,310	0,777	2,95	1,33	1,08	0,685	0,471	0,522	3,19	1,40	1,13	0,445	0,402	0,420
0,257	0,641	2,80	1,09	1,27	0,470	0,301	0,522	2,96	1,14	1,31	0,305	0,257	0,421
0,252	0,806	3,59	1,42	1,26	0,596	0,393	0,514	3,80	1,47	1,30	0,393	0,336	0,417
0,245	0,942	4,32	1,73	1,25	0,710	0,480	0,507	4,55	1,79	1,28	0,479	0,414	0,416
0,380	1,21	3,89	1,47	1,26	1,16	0,619	0,688	4,35	1,62	1,33	0,701	0,517	0,534
0,374	1,44	4,69	1,81	1,25	1,39	0,755	0,679	5,23	1,96	1,32	0,851	0,631	0,531
0,434	1,99	5,77	1,91	1,42	2,05	0,908	0,847	6,63	2,16	1,52	1,19	0,754	0,645
0,429	2,38	6,98	2,35	1,41	2,47	1,11	0,837	8,00	2,63	1,51	1,45	0,918	0,641
0,423	2,72	8,12	2,76	1,40	2,85	1,30	0,827	9,27	3,06	1,49	1,70	1,08	0,639
0,356	2,28	7,74	2,33	1,39	2,09	0,909	0,824	8,54	2,54	1,67	1,27	0,77	0,642
0,352	2,71	9,36	2,86	1,57	2,51	1,11	0,815	10,3	3,10	1,65	1,54	0,93	0,638
0,256	3,54	15,6	4,04	1,90	2,60	1, 12	0,779	16,5	4,23	1,96	1,70	0,957	0,629
0,252	4,08	18,2	4,78	1,89	3,02	1,32	0,771	19,2	4,98	1,95	1,99	1,13	0,626
0,433	5,91	17,2	4,25	1,89	6,11	2,02	1,13	19,7	4,92	2,03	3,54	1,68	0,860
0,431	6,88	20,1	5,03	1,88	7,12	2,38	1,12	23,1	5,67	2,02	4,16	1,98	0,855
0,427	7,77	22,9	5,79	1,87	8,07	2,74	1,11	26,3	6,47	2,00	4,75	2,27	0,852
0,577	9,72	23,2	5,14	2,05	11,9	3,19	1,47	28,8	6,35	2,28	6,32	2,65	1,07
0,575	11,4	27,2	6,10	2,03	14,0	3,77	1,46	33,8	7,48	2,27	7,43	3,11	1,06
0,572	12,9	31,1	7,03	2,02	15,9	4,34	1,45	38,5	8,55	2,25	8,51	3,56	1,06

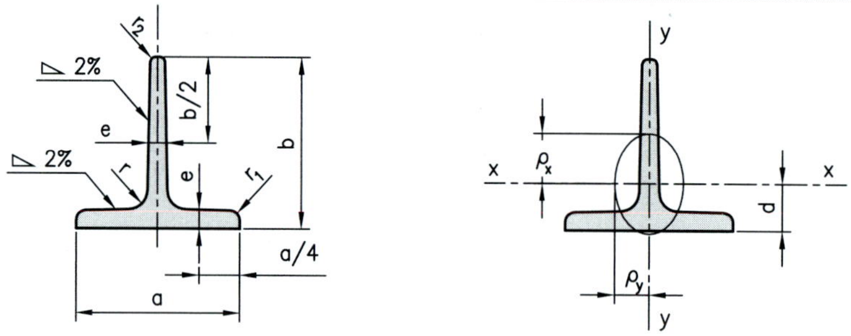

Tabella 2.10 Profilati a T a spigoli arrotondati

Designazione UNI 5785	*a [mm]*	*b [mm]*	*e [mm]*	*r [mm]*	*r_1 [mm]*	*r_2 [mm]*	*Area [cm^2]*	*Massa lineica [kg/m]*	*Posizione del centro di gravità d [cm]*	*Asse x-x*			*Asse y-y*		
										I_x [cm^4]	*W_x [cm^3]*	*ρ_x [cm]*	*I_y [cm^4]*	*W_y [cm^3]*	*ρ_y [cm]*
T 20×20	20	20	3	3	1,5	1	1,12	0,88	0,58	0,38	0,27	0,58	0,20	0,20	0,42
T 25×25	25	25	3,5	3,5	2	1	1,64	1,29	0,73	0,87	0,49	0,73	0,43	0,34	0,51
T 30×30	30	30	4	4	2	1	2,26	1,77	0,85	1,72	0,80	0,87	0,87	0,58	0,62
T 35×35	35	35	4,5	4,5	2,5	1	2,97	2,33	0,99	3,10	1,23	1,04	1,57	0,90	0,73
T 40×40	40	40	5	5	2,5	1	3,77	2,96	1,12	5,28	1,84	1,18	2,58	1,29	0,83
T 45×45	45	45	5,5	5,5	3	1,5	4,67	3,67	1,26	8,13	2,51	1,32	4,01	1,78	0,93
T 50×50	50	50	6	6	3	1,5	5,66	4,44	1,39	12,1	3,36	1,46	6,06	2,42	1,03
T 60×60	60	60	7	7	3,5	2	7,94	6,23	1,66	23,8	5,48	1,73	12,2	4,07	1,24
T 70×70	70	70	8	8	4	2	10,6	8,32	1,94	44,5	8,79	2,05	22,1	6,32	1,44
T 80×80	80	80	9	9	4,5	2	13,6	10,7	2,22	73,7	12,8	2,33	37,0	9,25	1,63
T 100×100	100	100	11	11	5,5	3	20,9	16,4	2,74	179	24,6	2,92	88,3	17,7	2,05
T 120×120	120	120	13	13	6,5	3	29,6	23,2	3,28	366	42,0	3,51	178	29,7	2,43

Da Tabella 2.11 a Tabella 2.18 **Sulla rete**

FORMULARIO ESSENZIALE

<table>
<tr><th>Teorema/ relazione</th><th>Figura</th><th>Formula</th></tr>
<tr><td>Equazione di stabilità, deformazioni ε e tensioni normali σ per sollecitazioni di trazione</td><td>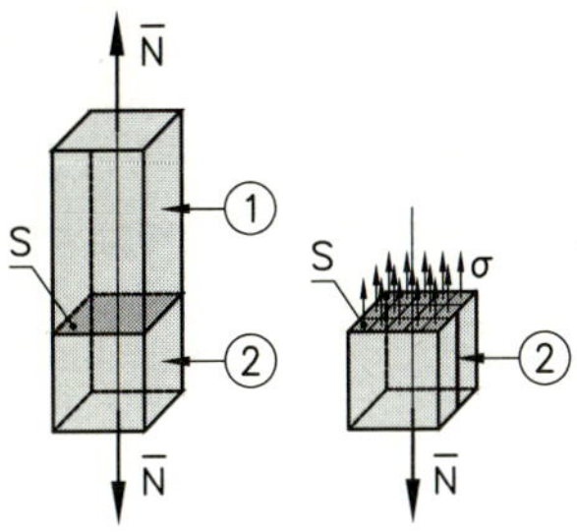
</td><td>

$$\frac{N}{A} \leq \sigma$$

$$\varepsilon = \frac{\Delta l}{l_i}; \sigma = \frac{N}{A}; \Delta l = \frac{N\, l_i}{E\, A}$$

Δl = allungamento assoluto [mm]
l_i = lunghezza iniziale [mm]
A = area della sezione trasversale [mm²]
N = sollecitazione di trazione [N]
E = modulo di elasticità longitudinale [N/mm²]
σ_{ams} = tensione ammissibile statica [N/mm²]</td></tr>
<tr><td>Variazione di lunghezza Δl e tensioni σ, indotte da variazioni di temperatura</td><td></td><td>

$$\Delta l = \alpha\, l\, \Delta t$$

$$\sigma = \alpha\, E\, \Delta t$$

E = modulo di elasticità longitudinale [N/mm²]
l = lunghezza del corpo [mm]
α = coefficiente di dilatazione o contrazione termica lineare [1/°C]
Δt = variazione di temperatura [°C]</td></tr>
<tr><td>Spessore s di recipienti sottoposti a pressione interna</td><td>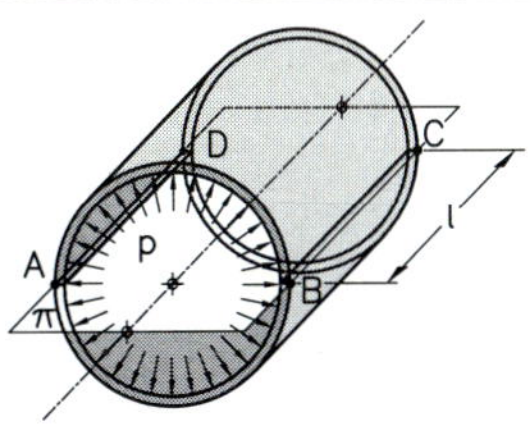

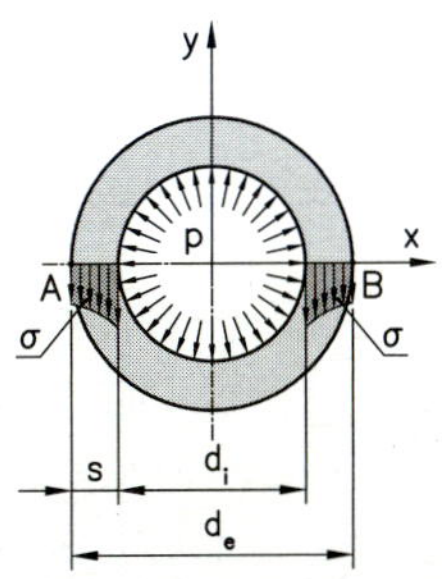
</td><td>

$$s = \frac{p\, d_e}{2\sigma_{ams} + p}$$

d_e = diametro esterno del recipiente [mm]
p = pressione interna al cilindro [N/mm²]
σ_{ams} = tensione ammissibile statica [N/mm²]</td></tr>
</table>

<table>
<tr><th>Teorema/ relazione</th><th>Figura</th><th>Formula</th></tr>
<tr>
<td>Equazione di stabilità e curvatura 1/R di una trave soggetta a sollecitazione di flessione</td>
<td>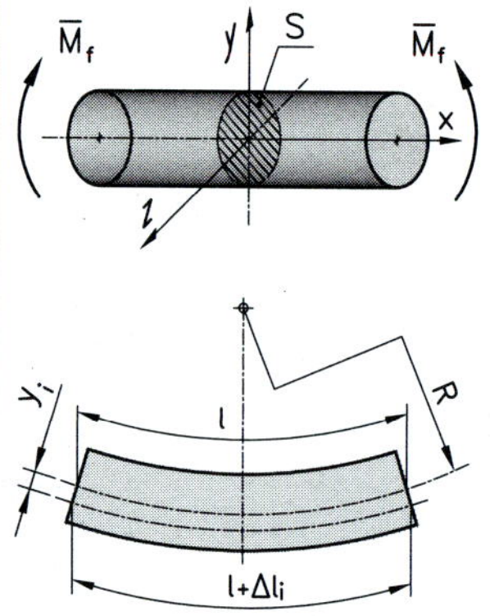
</td>
<td>

$$\frac{M_f}{W_f} \le \sigma_{ams}$$

$$\frac{1}{R} = \frac{M_f}{E\,I_z}$$

M_f = momento flettente [N mm]
W_f = modulo di resistenza a flessione [mm^3]
σ_{ams} = tensione ammissibile statica [N/mm^2]
E = modulo di elasticità longitudinale [N/mm^2]
I_z = momento quadratico della sezione rispetto all'asse neutro z [mm^4]
</td>
</tr>
<tr>
<td>Tensioni massime τ_{max} nelle sezioni:

a) rettangolari
b) circolari
c) circolari cave
d) a doppia T</td>
<td>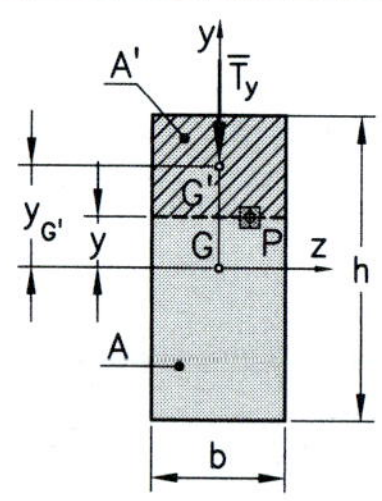

(a)
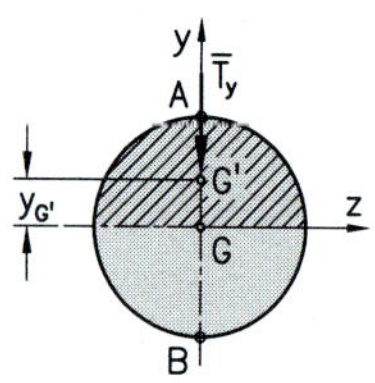

(b)
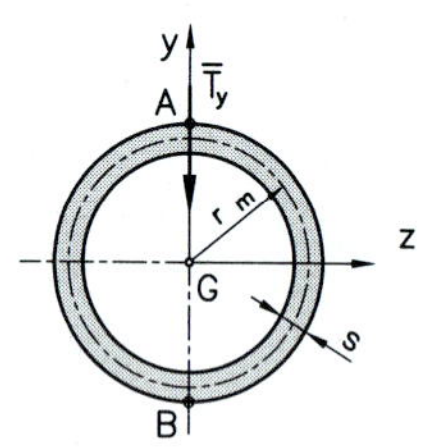

(c)
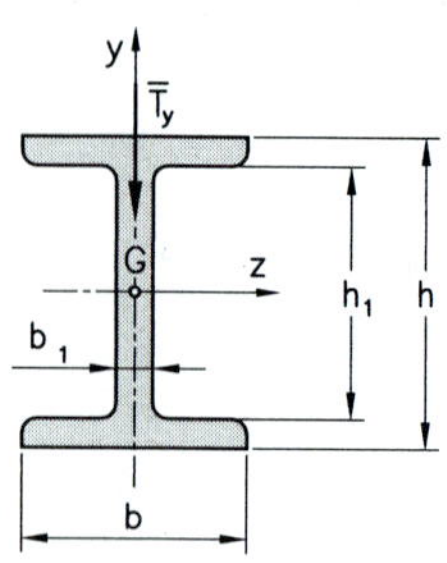

(d)</td>
<td>

a) $\tau_{max} = \frac{3\,T_y}{2\,b\,h}$

b) $\tau_{max} = \frac{4}{3}\,\frac{T_y}{\pi\,r^2}$

c) $\tau_{max} = \frac{T_y}{\pi\,r_m\,s}$

d) $\tau_{max} = \frac{T_y}{b_1\,h_1}$

T_y = sollecitazione di taglio [N]
b, h = dimensioni della sezione rettangolare [mm]
b_1, h_1 = dimensioni dell'anima del profilato [mm]
r = raggio della sezione circolare [mm]
r_m = raggio medio della sezione circolare cava [mm]
s = spessore della sezione circolare cava [mm]
</td>
</tr>
</table>

Teorema/ relazione	Figura	Formula
Equazione di stabilità e angolo di torsione ϑ di una trave a sezione circolare, soggetta a sollecitazione di torsione	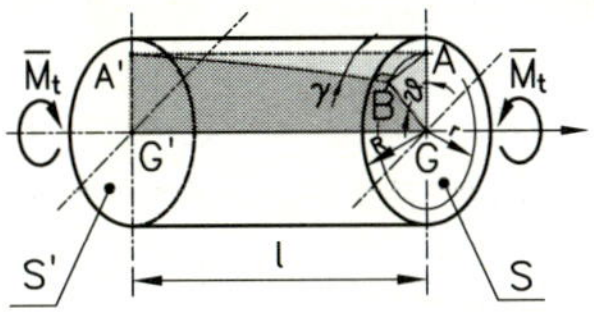	$\tau_{max} = \dfrac{M_t}{W_t} \leq \tau_{ams}$ $\vartheta = \dfrac{M_t\, l}{G\, I_p}$ M_t = momento torcente [N mm] W_t = modulo di resistenza a torsione [mm^3] τ_{ams} = tensione tangenziale ammissibile statica [N/mm^2] G = modulo di elasticità tangenziale [N/mm^2] I_p = momento quadratico polare della sezione rispetto al centro [mm^4] l = distanza fra due sezioni della trave [mm]

L'UNITÀ DIDATTICA IN BREVE

Sulla rete

PROBLEMI DI RIEPILOGO

Sulla rete

AUTOVERIFICA DELL'APPRENDIMENTO

1. Nella sollecitazione a trazione di un corpo, l'allungamento assoluto può essere determinato mediante la seguente relazione:

$\Delta l =$ ______________

2. Formulare l'equazione di stabilità delle sollecitazioni assiali di trazione, riferita alla tensione di rottura (a) e a quella di snervamento (b):

a) $\frac{N}{A} \leq$ ______________ b) $\frac{N}{A} \leq$ ______________

3. Quando un corpo, per effetto di una sollecitazione assiale, è soggetto a una variazione di lunghezza Δl, corrispondente a una deformazione relativa longitudinale ε, subisce contemporaneamente delle______________ ______________________________ nelle direzioni ______________ alla direzione della sollecitazione assiale e di verso opposto a ε.

4. In un corpo soggetto a variazioni di temperatura si generano delle tensioni normali che vanno a sommarsi a quelle dovute ai carichi applicati; la tensione indotta dal salto termico si esprime con la seguente relazione:

$\sigma =$ ______________

5. Definire il piano di sollecitazione, l'asse di sollecitazione e l'asse neutro di una trave rettilinea a sezione costante, sottoposta a flessione da due coppie di forze uguali e contrarie e di momento M_f (max 30 parole).

____

____

____

6. Dall'equazione di deformazione a flessione, si nota che la curvatura del corpo è tanto più grande quanto più grande è il momento flettente e quanto più grande è il modulo di elasticità. Inoltre la curvatura è tanto minore quanto minore è la rigidità a flessione della trave.

Vero ☐ Falso ☐

7. In un corpo sollecitato a flessione, la tensione interna:

a) è nulla in corrispondenza dell'asse neutro

b) assume i valori massimi a trazione e a compressione nei punti più lontani dall'asse neutro

c) è nulla in corrispondenza del bordo della sezione

d) assume i valori massimi a trazione e a compressione in corrispondenza dell'asse neutro

8. Per aumentare la resistenza alla deformazione a flessione di una sezione, a parità di dimensioni, basta posizionarla in modo da ottenere un aumento del suo momento quadratico assiale di superficie.

Vero ☐ Falso ☐

9. Definire il modulo di resistenza a flessione (max 20 parole).

____

____

____

10. Indicare l'equazione di stabilità nei calcoli di progetto di corpi sottoposti a flessione.

$W_f =$ ______________

11. Nei corpi ad asse curvo, la tensione massima generata dalla flessione dalla parte della concavità è data dal prodotto della tensione corrispondente a una ______________ per il ______________

12. Le tensioni indotte in un corpo soggetto a sollecitazione di taglio, indicate con τ, giacciono ______________________
e hanno una distribuzione ______________________

13. Formulare la tensione massima dovuta al taglio per le seguenti sezioni:

a) sezione rettangolare: $\tau_{max} =$ ____________

b) sezione circolare: $\tau_{max} =$ ______________

c) sezione a doppia T: $\tau_{max} =$ ____________

14. Esprimere analiticamente l'angolo di torsione di una trave a sezione circolare sottoposta a torsione.

$\vartheta =$ ________________

15. In una sezione circolare, la tensione generata da una sollecitazione di torsione cresce proporzionalmente con la distanza del punto considerato dal centro della sezione.

Vero ☐ Falso ☐

16. Esprimere analiticamente il modulo di resistenza a torsione per una sezione circolare piena.

$W_t =$ ______________

17. Nei calcoli di verifica di corpi sollecitati a torsione, dopo avere determinato la tensione massima e assegnato il valore della tensione

tangenziale ammissibile τ_{ams}, occorre accertare che nella sezione in esame sia:

$$\tau_{max} \leq \frac{\sigma_{ams}}{\sqrt{3}}$$

Vero □ Falso □

18. Quando una coppia flettente agisce in un piano qualunque, passante per l'asse longitudinale di una trave, se l'asse di sollecitazione non è un ________________, si parla di ________________

19. Nei calcoli di verifica dei corpi sollecitati a taglio dev'essere verificata la condizione:

$$\tau_{max} \leq \frac{\sigma_{ams}}{\sqrt{3}}$$

Vero □ Falso □

20. Esprimere l'equazione di deformazione a taglio.

$\gamma =$ ________________

21. Nell'equazione di deformazione riferita a una sollecitazione di torsione, il rapporto $G\, I_p/l$ rappresenta la ________________ della trave.

22. Esprimere analiticamente l'equazione di sollecitazione a torsione.

$\tau =$ ________________

SOLLECITAZIONI COMPOSTE

La presente unità affronta lo studio delle **sollecitazioni composte** per le applicazioni agli organi meccanici. Si ricavano le relazioni che consentono di eseguire i calcoli di verifica e di progetto dei corpi, sottoposti all'azione contemporanea di due o più caratteristiche di sollecitazione. L'unità si conclude analizzando il fenomeno dell'**instabilità elastica per carico di punta**.

Prerequisiti

- Sapere valutare l'azione delle sollecitazioni esterne agenti sui corpi, nonché le deformazioni e le tensioni interne generate.
- Sapere determinare, anche mediante l'uso di tabelle, le caratteristiche geometriche delle sezioni di elementi strutturali.
- Sapere calcolare la tensione ammissibile dei materiali, sia in condizioni statiche sia nel caso di sollecitazioni a fatica.
- Sapere eseguire calcoli di progetto e di verifica di semplici organi meccanici sottoposti a sollecitazioni semplici.

Obiettivi

- Sapere analizzare i problemi di progettazione di elementi strutturali e di organi meccanici, sottoposti all'azione contemporanea di due o più sollecitazioni esterne.
- Acquisire le capacità di calcolo relative al dimensionamento e alla verifica di resistenza, in condizioni di sicurezza, di semplici organi meccanici, sottoposti all'azione contemporanea di due o più sollecitazioni esterne.
- Sapere risolvere i problemi di instabilità elastica delle strutture snelle.

Contenuti

- Tensioni interne dovute a sollecitazioni composte.
- Forza assiale e momento flettente.
- Forza assiale e momento torcente.
- Forza di taglio e momento torcente.
- Forza di taglio e momento flettente.
- Momento flettente e momento torcente.
- Instabilità elastica per carico di punta.

Verifica prerequisiti

1. Associare a ciascuna delle seguenti sollecitazioni esterne la relativa deformazione:

a) forza assiale: ______________________________

____

b) forza di taglio: ______________________________

____

c) momento flettente: ______________________________

____

d) momento torcente: ______________________________

____

2. Esprimere analiticamente il modulo di resistenza a flessione per le seguenti sezioni:

a) sezione circolare piena: $W_f =$ ______________

b) sezione a corona circolare: $W_f =$ ______________

c) sezione quadrata: $W_f =$ ______________

d) sezione rettangolare: $W_f =$ ______________

3. Completare l'equazione di stabilità delle sollecitazioni assiali di trazione, riferita sia alla tensione di rottura (a) sia alla tensione di snervamento (b):

a) $\sigma_{max} = \frac{N}{A} \leq$ ______ b) $\sigma_{max} = \frac{N}{A} \leq$ ______________

4. Formulare l'equazione di stabilità, nel caso di sollecitazione di flessione e di sollecitazione di torsione:

a) sollecitazione di flessione: $\sigma_{max} =$ __________ $\leq$ __________

b) sollecitazione di torsione: $\tau_{max} =$ __________ $\leq$ __________

5. Esprimere analiticamente la tensione massima dovuta al taglio per le seguenti sezioni:

a) sezione rettangolare: $\tau_{max} =$ __________

b) sezione circolare: $\tau_{max} =$ __________

c) sezione a doppia T: $\tau_{max} =$ __________

6. In mancanza di dati sperimentali, la tensione ammissibile a fatica può essere espressa mediante le seguenti relazioni semplificate:

a) fatica pulsante dallo zero: $\sigma_{amf} =$ __________

b) fatica alternata: $\sigma_{amf} =$ __________

Problema

Calcolare la forza massima $\bar{F}$ che può essere applicata in sicurezza alla mensola ad angolo, rappresentata nella ***figura 3.1***. Si adottano le dimensioni indicate nella figura e si impiega l'acciaio S 275.

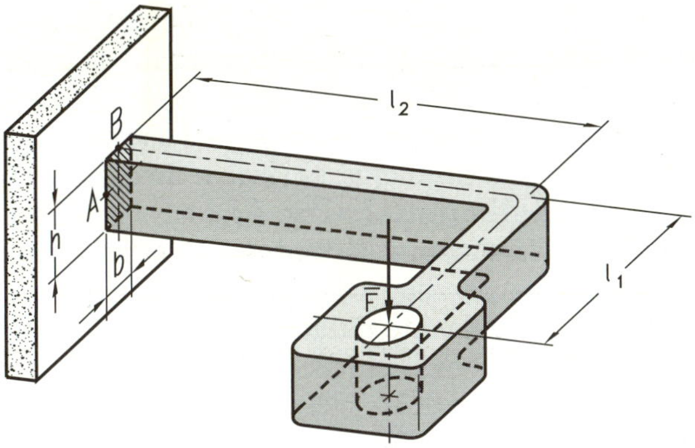

Fig. 3.1
Mensola ad angolo con sezione trasversale rettangolare.
Sono noti i seguenti dati:
- $l_2 = 300$ mm;
- $l_1 = 200$ mm;
- $h = 40$ mm;
- $b = 25$ mm.

Analisi

Il problema consiste nell'identificare i tipi di sollecitazione agenti nella sezione d'incastro (sezione più sollecitata) e nel calcolare i valori delle tensioni indotte, ricavando la forza massima applicabile in sicurezza. Osservando la mensola, si nota che la sollecitazione di torsione sulla parte di mensola, lunga 300 mm è uguale al momento flettente della parte di mensola lunga 200 mm. Le tensioni dovute alla flessione e alla torsione crescono dal centro al contorno della sezione, mentre le tensioni di taglio sono massime nei punti posti sull'asse baricentrico parallelo al lato minore e sono nulle al contorno. Ne consegue che i punti sul bordo superiore della sezione sono sollecitati a flessione e torsione, mentre quelli dell'asse baricentrico parallelo al lato minore sono sollecitati a torsione e taglio. La soluzione del problema richiede l'uso di formule specifiche, per ottenere risposte di tipo numerico.

Procedura consigliata

Per risolvere il problema occorre:
- esaminare la ***figura 3.1*** e individuare le sollecitazioni agenti nella sezione d'incastro;
- riferirsi al ***paragrafo A3.4***, per formulare le relazioni che consentono di determinare i valori della tensione risultante, dovuta alla torsione e al taglio;
- calcolare il valore della forza massima applicabile, uguagliando la tensione ammissibile alla somma delle tensioni di taglio e torsione;
- riferirsi al ***paragrafo A3.6***, per formulare le relazioni che consentono di determinare i valori della tensione ideale dovuta alla flessione e alla torsione;
- calcolare il valore della forza massima applicabile, uguagliando la tensione ammissibile alla tensione ideale;
- confrontare le due forze ottenute e scegliere ovviamente quella minore.

A3.1 TENSIONI INTERNE DOVUTE A SOLLECITAZIONI COMPOSTE

Gli organi di macchine o gli elementi di una struttura, di solito, sono soggetti all'azione contemporanea di due o più **caratteristiche di sollecitazione**.

La tensione interna risultante e l'effetto complessivo si determinano componendo opportunamente le tensioni generate da ciascuna sollecitazione.

Quando su un corpo agiscono sollecitazioni che determinano tensioni dello stesso tipo, σ o τ, il problema si risolve mediante il **principio di sovrapposizione degli effetti** (▸ *Par. A1.1*). Se nella sezione agiscono la forza assiale $\bar{N}$ e il momento flettente $\bar{M}_f$, che generano due tensioni normali σ, entrambe perpendicolari al piano della sezione e con direzioni parallele, la tensione risultante è data dalla somma algebrica delle intensità delle singole tensioni. Se invece nella sezione agiscono la forza di taglio $\bar{T}$ e il momento torcente $\bar{M}_t$, che generano due tensioni tangenziali τ, entrambe agenti nel piano della sezione ma non parallele, la tensione risultante si ottiene dalla composizione vettoriale delle singole tensioni; al contrario, se hanno la stessa direzione, la tensione risultante si ricava mediante somma algebrica.

Per tali casi di **sollecitazioni composte**, la verifica di resistenza consiste, come per le **sollecitazioni semplici**, nell'accertare che il valore della tensione risultante massima non superi quello della tensione ammissibile statica:

$$\sigma_{max} \leq \sigma_{ams} \qquad \textbf{[3.1]}$$

oppure:

$$\tau_{max} \leq \tau_{ams} \qquad \textbf{[3.2]}$$

con:

$$\tau_{ams} = \frac{\sigma_{ams}}{\sqrt{3}} = 0{,}577\ \sigma_{ams} \qquad \textbf{[3.3]}$$

Altre combinazioni delle caratteristiche di sollecitazione, per esempio forza assiale $\bar{N}$ e momento torcente $\bar{M}_t$, o momento flettente $\bar{M}_f$ e momento torcente $\bar{M}_t$ e così via, danno origine, in ogni punto di una sezione retta, a una tensione normale σ e a una tensione tangenziale τ; insieme, esse costituiscono uno **stato biassiale** o **bidimensionale di tensione**. In tale condizione, per determinare la tensione risultante, si ricorre a una **tensione monoassiale** equivalente, o **tensione ideale** σ_{id}, che può essere espressa, con una delle teorie di resistenza comunemente accettate (▸ *Par. A1.2*), nella seguente forma:

POLIGLOTTA
Tensione ideale
GB: Ideal stress
F: Tension idéale
D: Ideelle Spannung

$$\sigma_{id} = \sqrt{\sigma^2 + 3\tau^2} \qquad \textbf{[3.4]}$$

Quando si ha l'azione contemporanea di tre o più sollecitazioni, si raggruppano quelle che generano tensioni σ e quelle che generano tensioni τ, quindi si procede alla determinazione della tensione ideale.

In conclusione, determinati i valori massimi delle tensioni interne σ e τ, mediante le equazioni di stabilità delle sollecitazioni semplici, si calcola la tensione ideale, quindi si impone che essa non superi la **tensione ammissibile** σ_{ams} del materiale considerato, in modo da assicurare la resistenza del corpo in esame:

$$\sigma_{id} \leq \sigma_{ams} \quad \textbf{[3.5]}$$

Nel caso di corpi soggetti a sollecitazioni variabili nel tempo, la tensione ammissibile di confronto è quella a fatica σ_{amf}:

$$\sigma_{id} \leq \sigma_{amf} \quad \textbf{[3.6]}$$

A3.2 FORZA ASSIALE E MOMENTO FLETTENTE

Questo tipo di sollecitazione si manifesta quando, per esempio, una trave è incastrata a un estremo e sull'altro agisce una forza parallela al suo asse longitudinale, oppure una forza assiale e una coppia di momento $\overline{M}_f$, posta nel piano contenente l'asse geometrico della trave (▸ ***Fig. 3.2a, b***).

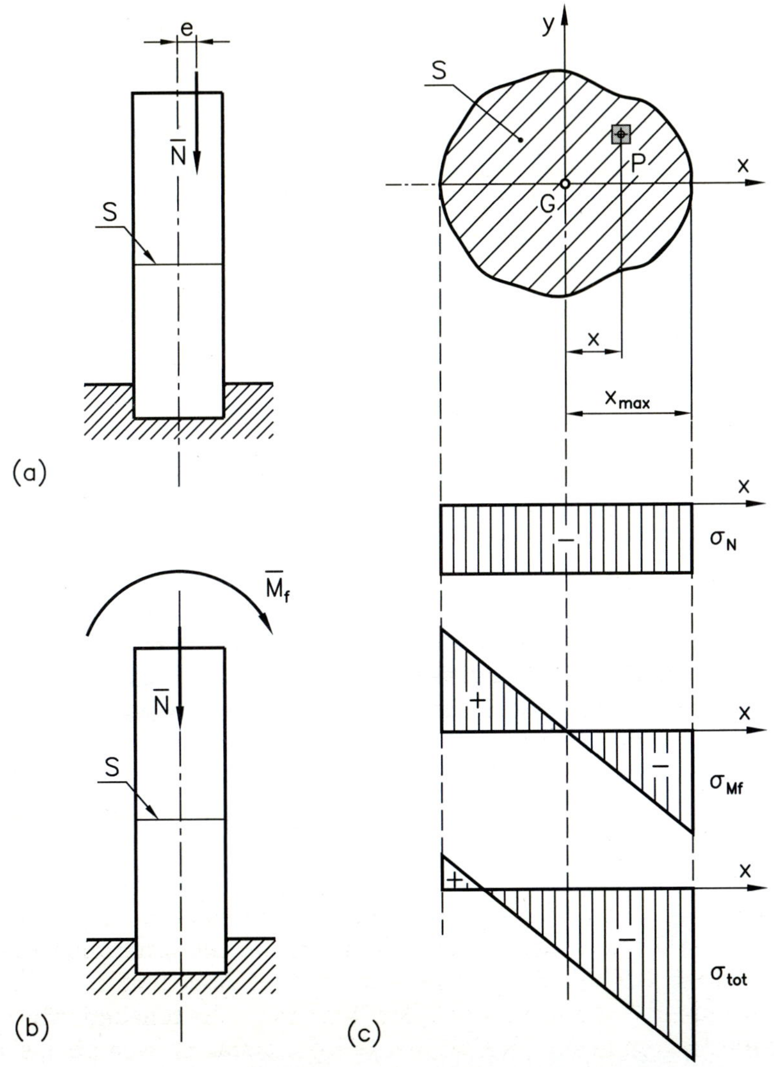

Fig. 3.2

a) Trave incastrata a un estremo, soggetta alla forza di compressione $\overline{N}$, applicata sull'altro estremo, e avente direzione parallela all'asse longitudinale della trave.
b) Trave incastrata a un estremo e soggetta alla forza $\overline{N}$, agente lungo l'asse longitudinale della trave, e a una coppia di momento $\overline{M}_f$.
c) Distribuzione delle tensioni sulla sezione *S* trasversale della trave, sottoposta a forza normale eccentrica: σ_N è dovuta alla forza $\overline{N}$; σ_M è generata dal momento flettente; infine σ_{tot} è ottenuta per composizione delle due tensioni precedenti.

In entrambi i casi, il sistema di forze esterne, ridotto al baricentro della sezione trasversale, è costituito da una forza di compressione $\bar{N}$ e da un momento flettente $\bar{M}_f$.

Nel primo caso il momento flettente è:

$$M_f = N\,e$$

POLIGLOTTA
Eccentricità
GB: Eccentricity
F: Excentricité
D: Exzentrizität

dove e indica l'**eccentricità** della forza $\bar{N}$, ossia la distanza fra il suo punto di applicazione e l'asse longitudinale della trave.

Nel secondo caso il momento flettente è generato dalla coppia che agisce nel piano contenente l'asse geometrico della trave.

Considerando il caso della forza normale eccentrica, rappresentato nella *figura 3.2a*, le tensioni generate dalla forza $\bar{N}$ e dal momento flettente $\bar{M}_f$, in un punto della generica sezione trasversale della trave (▸ *Fig. 3.2c*), sono le seguenti:

$$\sigma_N = \frac{N}{A} \qquad [3.7]$$

e:

$$\sigma_M = \frac{M_f\,x}{I_z} \qquad [3.8]$$

dove A e I_z indicano, rispettivamente, l'area della sezione e il suo momento quadratico rispetto all'asse neutro.

Dato che le tensioni indotte sono entrambe del tipo σ, normali alla sezione, per il principio di sovrapposizione degli effetti, la tensione risultante si ottiene dalla somma algebrica di σ_N con σ_M:

$$\sigma = -\sigma_N \pm \sigma_M = -\frac{N}{A} \pm \frac{M_f\,x}{I_z} \qquad [3.9]$$

dove, per convenzione, si attribuisce il segno negativo alle tensioni dovute alla sollecitazione di compressione; di conseguenza il segno ± posto davanti alla tensione σ_M indica che la tensione dovuta al momento flettente assume valore positivo per le fibre longitudinali tese, mentre assume valore negativo per quelle compresse.

Osservando il diagramma inferiore (▸ *Fig. 3.2c*), ricavato dalla composizione del diagramma della tensione σ_N con quello della tensione σ_M, si nota che il punto più sollecitato, in questo caso, si trova nel bordo destro della sezione, che risulta prevalentemente compressa.

Il valore massimo della tensione è dato dalla seguente relazione:

$$\sigma_{max} = -\frac{N}{A} - \frac{M_f\,x_{max}}{I_z} = -\frac{N}{A} - \frac{M_f}{W_z} \qquad [3.10]$$

in cui:

$$W_z = \frac{I_z}{x_{max}}$$

è il modulo di resistenza a flessione della sezione.

Nell'ipotesi che la forza $\bar{N}$ sia di trazione, la sezione risulta in prevalenza tesa e si perviene a risultati analoghi:

$$\sigma_{max} = \frac{N}{A} \pm \frac{M_f}{W_z} \qquad \textbf{[3.11]}$$

In generale la tensione normale risultante, indotta nei vari punti di una sezione retta della trave, ha la seguente espressione:

$$\sigma = \pm\frac{N}{A} \pm \frac{M_f}{W_z} \qquad \textbf{[3.12]}$$

Infine, fissato un valore della tensione ammissibile σ_{ams} del materiale, per la verifica della resistenza del corpo in esame, occorre imporre la condizione seguente:

$$\sigma_{max} \leq \sigma_{ams} \qquad \textbf{[3.13]}$$

Se il materiale ha un diverso comportamento a trazione e a compressione e i valori delle tensioni interne dovute alla flessione superano quelli dovuti alla compressione, occorre eseguire una doppia verifica: una nella zona compressa e una nella zona tesa.

Osservazione: per i corpi soggetti a forza normale eccentrica, costituiti da materiale con scarsa resistenza alla trazione (per esempio i pilastri in calcestruzzo), è opportuno ipotizzare tutte le sezioni compresse e imporre che i valori assoluti delle tensioni, dovute alle sollecitazioni $\bar{N}$ *e* M_f*, siano uguali.*

Considerando la sezione rettangolare rappresentata nella **figura 3.3a**, *si ha:*

$$\frac{N}{bh} = \frac{6Ne}{bh^2}$$

da cui si ricava il valore massimo dell'eccentricità affinché non si manifestino forze di trazione:

$$e = \frac{h}{6} \qquad \textbf{[3.14]}$$

Ripetendo il calcolo nell'ipotesi che la flessione avvenga nell'altro piano di simmetria, si ottiene:

$$e = \frac{b}{6} \qquad \textbf{[3.15]}$$

Si può affermare quindi che, affinché tutta la sezione risulti compressa, l'eccentricità non dev'essere maggiore di 1/6 della lunghezza del lato parallelo alla direzione del segmento lungo cui si misura.

Collegando i punti così determinati, si ottiene la figura a forma di rombo, detta ***nocciolo d'inerzia****, entro il quale il carico eccentrico dovrà agire (* ▸ **Fig. 3.3b***). Nel caso di sezione circolare, il nocciolo d'inerzia è un cerchio, il cui raggio è 1/4 del raggio della sezione.*

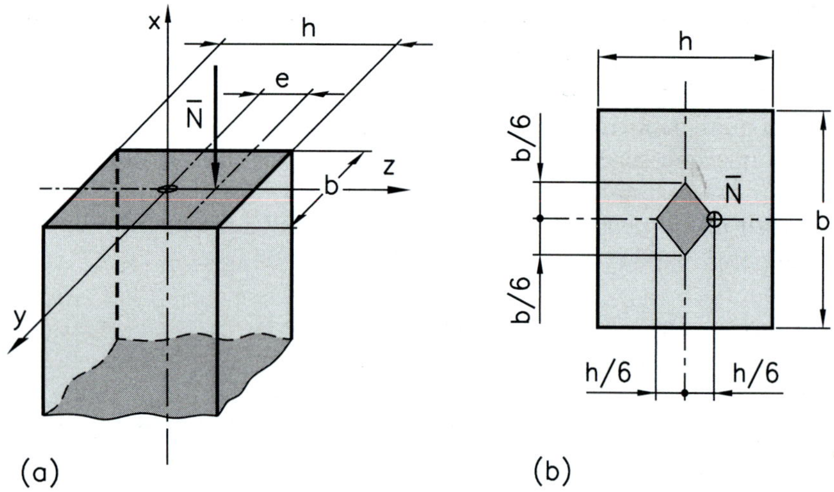

Fig. 3.3
a) Sezione rettangolare sottoposta a una forza eccentrica di compressione $\bar{N}$ con eccentricità *e*.
b) Nocciolo d'inerzia della sezione rettangolare.

Esempio
Calcolare il valore della massima forza $\bar{N}$ di compressione, compatibile con la resistenza di una trave a sezione rettangolare, di dimensioni $a = 35$ mm e $b = 60$ mm, sapendo che la forza è applicata con eccentricità $e = 15$ mm rispetto all'asse longitudinale della trave e che la tensione ammissibile è $\sigma_{ams} = 90$ N/mm^2 (▸ ***Fig. 3.4***).

Soluzione
La tensione massima, espressa in valore assoluto, per la [*3.10*] vale:

$$\sigma_{max} = \frac{N}{A} + \frac{M_f}{W_f} = \frac{N}{A} + \frac{N e}{\frac{1}{6} a b^2}$$

Sostituendo σ_{ams} a σ_{max} si ricava il valore massimo della forza compatibile con la resistenza della trave:

$$\sigma_{ams} = \frac{N}{a b} + \frac{N e}{\frac{1}{6} a b^2}$$

ovvero:

$$\sigma_{ams} = \frac{N}{a b}\left(1 + \frac{6 e}{b}\right)$$

da cui si ottiene:

$$N = \frac{\sigma_{ams}\, a b}{1 + \frac{6 e}{b}} = \frac{90 \times 35 \times 60}{1 + \frac{6 \times 15}{60}} = 75\,600 \text{ N}$$

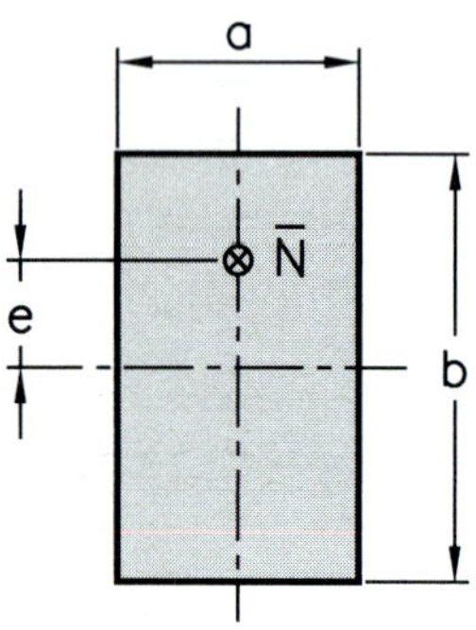

Fig. 3.4
Sezione rettangolare di una trave sottoposta a una forza di compressione eccentrica.

Si noti che la trave può resistere in sicurezza a una forza $N = 189\,000$ N, se questa è applicata lungo l'asse baricentrico della trave, vale a dire senza eccentricità.

Infatti:

$$N = \sigma_{ams}\, a\, b = 90 \times 35 \times 60 = 189\,000 \text{ N}$$

A3.3 FORZA ASSIALE E MOMENTO TORCENTE

Questo tipo di sollecitazione composta si verifica negli alberi di trasmissione, ai quali sono applicate due coppie di uguale intensità e verso opposto che agiscono su due piani ortogonali all'asse geometrico dell'albero, e una spinta assiale di trazione o compressione. Un tipico esempio è il caso degli alberi propulsori delle eliche delle navi, sottoposti all'azione dei momenti torcenti della coppia motrice del motore e della coppia resistente dell'elica, applicati alle estremità, oltre che alla spinta assiale di compressione, rappresentata dalla spinta propulsiva dell'elica. Una qualsiasi sezione circolare trasversale dell'albero presenta una distribuzione uniforme delle tensioni σ, dovute alla **forza assiale**, e una distribuzione delle tensioni τ, dovute al **momento torcente**, variabile lungo il diametro della sezione, assumendo valori massimi sul contorno.

Indicando con d e A, rispettivamente, il diametro e l'area della sezione, con $\bar{N}$ la forza normale e con M_t il momento torcente, le tensioni indotte dalle singole sollecitazioni nel piano della sezione assumono le seguenti espressioni:

$$\sigma = \frac{N}{A} = \frac{N}{\frac{\pi d^2}{4}} \qquad \textbf{[3.16]}$$

e:

$$\tau = \frac{M_t}{W_t} = \frac{M_t}{\frac{\pi d^3}{16}} \qquad \textbf{[3.17]}$$

Poiché le due tensioni sono differenti, costituiscono un sistema di tensioni biassiale, riducibile a un sistema monoassiale equivalente, caratterizzato dalla **tensione ideale** σ_{id} di tipo normale, la cui espressione è:

$$\sigma_{id} = \sqrt{\sigma^2 + 3\tau^2} \qquad \textbf{[3.18]}$$

Ai fini della verifica della resistenza dell'albero, nei punti più sollecitati della sezione, il valore della tensione ideale non deve superare quello della tensione ammissibile del materiale, pertanto si ha:

$$\sigma_{id} = \sqrt{\sigma^2 + 3\tau^2} \leq \sigma_{ams} \qquad \textbf{[3.19]}$$

Esempio

L'albero porta elica di una nave, avente il diametro d = 600 mm, trasmette una potenza P = 33 100 kW, alla frequenza di rotazione n = 175 giri/min. Sapendo che la spinta propulsiva dell'elica è N = 1500 kN e che il carico di rottura del materiale vale R_m = 650 N/mm^2, verificare le condizioni di sicurezza dell'albero.

Soluzione

L'albero è soggetto alla sollecitazione composta di compressione e torsione.

Dopo avere calcolato l'area A della sezione dell'albero, mediante la [*3.16*] si determina la tensione normale σ generata dalla spinta propulsiva dell'elica:

$$A = \frac{\pi d^2}{4} = \frac{\pi 600^2}{4} = 282\,743 \text{ mm}^2$$

$$\sigma = \frac{N}{A} = \frac{1\,500\,000}{282\,743} = 5,3 \ \frac{\text{N}}{\text{mm}^2}$$

Dall'espressione della potenza di una coppia:

$$P = M_t\,\omega = M_t\,\frac{2\pi n}{60}$$

si ricava il valore del momento torcente che sollecita l'albero:

$$M_t = \frac{60\,P}{2\pi n} = 1\,806\,181 \text{ N m} = 1806 \times 10^6 \text{ N mm}$$

Determinando il valore del modulo di resistenza a flessione della sezione:

$$W_t = \frac{\pi d^3}{16} = \frac{\pi 600^3}{16} = 42\,411\,501 \text{ mm}^3$$

mediante la [*3.17*] si ottiene il valore della tensione tangenziale indotta dalla sollecitazione di torsione:

$$\tau = \frac{M_t}{W_t} = \frac{1\,806\,181\,000}{42\,411\,501} = 42,59 \ \frac{\text{N}}{\text{mm}^2}$$

Pertanto la tensione ideale vale:

$$\sigma_{id} = \sqrt{\sigma^2 + 3\tau^2} = \sqrt{5,3^2 + 3 \times 42,59^2} = 74 \ \frac{\text{N}}{\text{mm}^2}$$

Il valore della tensione ammissibile, per un grado di sicurezza $g_R = 2{,}7$, è:

$$\sigma_{ams} = \frac{650}{2,7} = 241 \ \frac{\text{N}}{\text{mm}^2}$$

Tale valore è riferito a condizioni di sollecitazione statica, mentre l'albero è sollecitato a fatica, per cui occorre considerare la tensione ammissibile a fatica σ_{amf}, che in prima approssimazione si può ritenere uguale a 1/3 di quella statica:

$$\sigma_{amf} = \frac{\sigma_{ams}}{3} = 80,3 \ \frac{\text{N}}{\text{mm}^2}$$

con tale valore si ha:

$$\sigma_{id} \le \sigma_{amf}$$

ossia:

$$74 \le 80,3$$

la resistenza dell'albero è dunque garantita.

A3.4 FORZA DI TAGLIO E MOMENTO TORCENTE

La contemporanea azione della **forza di taglio** e del **momento torcente** si presenta in pochi organi meccanici, i principali dei quali sono le molle di torsione, a cui appartengono le barre di torsione e le molle a elica cilindrica o conica, a sezione circolare o rettangolare. Limitando lo studio alle sezioni di forma circolare e rettangolare, nella ***figura 3.5*** si può osservare che nei punti A e B, sia le tensioni dovute alla forza di taglio sia quelle dovute al momento torcente assumono il valore massimo.

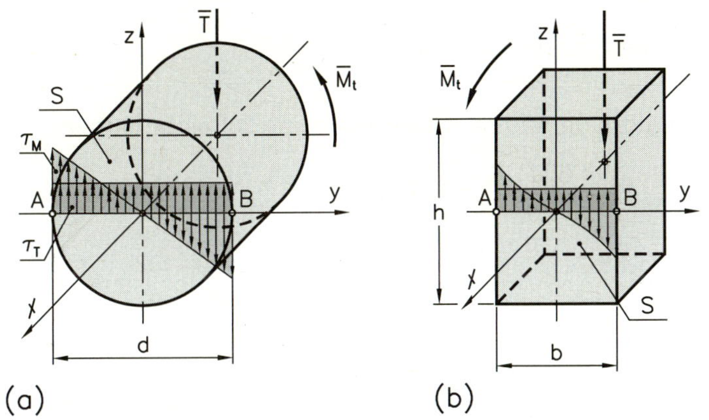

Fig. 3.5
Distribuzione delle tensioni dovute alla sollecitazione composta da torsione e taglio per:
a) la sezione circolare;
b) la sezione rettangolare.

Inoltre nel punto A le due tensioni hanno lo stesso verso, mentre nel punto B hanno verso opposto.

Pertanto la massima tensione risultante si ha nel punto A ed è ottenuta dalla somma delle tensioni massime dovute alle due singole sollecitazioni.

Le tensioni indotte dalle due sollecitazioni, nella **sezione circolare** di diametro d, hanno le seguenti espressioni:

— tensione dovuta al momento torcente:

$$\tau = \frac{M_t}{\frac{\pi}{16} d^3} \qquad \textbf{[3.20]}$$

— tensione dovuta alla forza di taglio:

$$\tau = \frac{4}{3} \frac{T}{\frac{\pi}{4} d^2} \qquad \textbf{[3.21]}$$

Sommando la [*3.20*] con la [*3.21*] si ottiene il valore della tensione massima nel punto A:

$$\tau_{max} = \frac{M_t}{\frac{\pi}{16} d^3} + \frac{4}{3} \frac{T}{\frac{\pi}{4} d^2}$$

ossia:

$$\tau_{max} = \frac{16 M_t}{\pi d^3} + \frac{16 T}{3 \pi d^2} \qquad \textbf{[3.22]}$$

Per la **sezione rettangolare**, avente dimensioni a e b, si ha:
— tensione dovuta al momento torcente:

$$\tau = \alpha \frac{M_t}{a b^2} \qquad [3.23]$$

in cui α è un fattore che si ricava dalla *tabella 2.3* o dalla seguente relazione:

$$\alpha = 3 + 1{,}8 \frac{b}{a}$$

— tensione dovuta alla forza di taglio:

$$\tau = \frac{3}{2} \frac{T}{a b} \qquad [3.24]$$

Quindi la tensione massima nel punto B vale:

$$\tau_{max} = \alpha \frac{M_t}{a b^2} + \frac{3}{2} \frac{T}{a b} \qquad [3.25]$$

La verifica di resistenza è soddisfatta se i valori ottenuti dalla [*3.22*], per la sezione circolare, e dalla [*3.25*], per la sezione rettangolare, non sono maggiori del valore della tensione ammissibile del materiale:

$$\tau_{max} \leq \tau_{ams} \qquad [3.26]$$

con:

$$\tau_{ams} = \frac{\sigma_{ams}}{\sqrt{3}} = 0{,}577\ \sigma_{ams} \qquad [3.27]$$

Di seguito sono presentate le espressioni delle tensioni tangenziali massime indotte in una barra di torsione e in una molla di torsione a elica cilindrica, entrambe a sezione circolare.

La **barra di torsione** (▸ *Fig. 3.6a*) è una molla di torsione formata da un'asta ad asse rettilineo e sezione circolare, di diametro d, utilizzata nelle costruzioni automobilistiche. L'azione esterna applicata alla barra è costituita dalla coppia torcente di momento M_t e la tensione interna è dovuta principalmente alla sollecitazione di torsione, essendo trascurabili nel calcolo le sollecitazioni di flessione e taglio.

Il momento torcente M_t genera dunque la tensione tangenziale massima:

$$\tau_{max} = \frac{16 M_t}{\pi d^3}$$

Le **molle a elica cilindrica** a sezione circolare (▸ *Fig. 3.6b*) sono ottenute avvolgendo, a freddo o a caldo, su un mandrino di opportuna dimensione, un filo o un tondino di diametro $d = 2\,r$, in modo da formare n spire aventi raggio medio di avvolgimento $R = D/2$.

Il calcolo di prima approssimazione di tali molle consiste nel considerare solo l'azione del momento torcente e del taglio, trascurando gli effetti della curvatura. Questo calcolo approssimato è tanto più valido quanto più grande è il rapporto $c = D/d$.

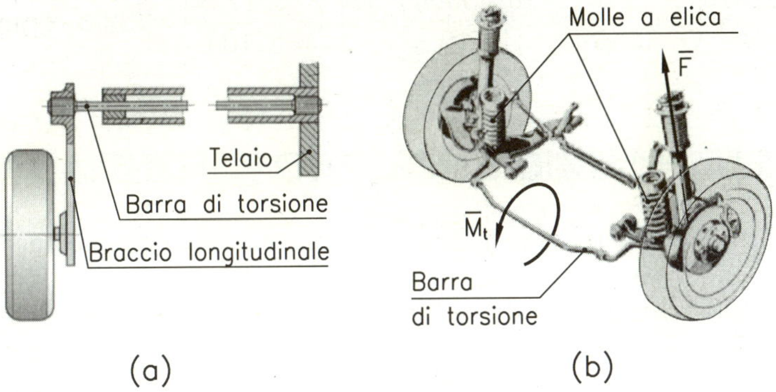

Fig. 3.6
Esempi di molle di torsione utilizzate nelle costruzioni automobilistiche:
a) sospensione posteriore a barra di torsione;
b) sospensione anteriore di tipo Mc Pherson con molla ad elica e barra di torsione antirollio.

Da queste ipotesi si ricava:

$$M_t = N R; \quad T = N$$

in cui N rappresenta il carico assiale esterno, supposto centrato.

Tali sollecitazioni danno origine a una tensione tangenziale massima, all'intradosso della molla, che per la [3.22] vale:

$$\tau_{max} = \frac{16 N R}{\pi d^3}\left(1 + \frac{2}{3}\frac{d}{D}\right)$$

Se si tiene conto della curvatura, che genera una sovratensione di torsione, l'espressione della tensione dovuta al momento torcente diventa:

$$\tau_{max} = K_c \frac{16 N R}{\pi d^3}$$

in cui il valore del fattore di curvatura K_c è dato da:

$$K_c = 1 + \frac{d}{3R}$$

Pertanto la tensione massima vale:

$$\tau_{max} = \frac{16 N R}{\pi d^3}\left(1 + \frac{2}{3}\frac{d}{R}\right)$$

Esempio
Calcolare la tensione massima in una molla a elica per sospensione di un autoveicolo, ottenuta avvolgendo un filo di diametro d = 12,5 mm, in modo da formare spire il cui raggio di avvolgimento misura R = 52 mm, sollecitata da un carico assiale massimo N = 5000 N.

Soluzione
Tenendo conto degli effetti della curvatura, la tensione massima nella molla vale:

$$\tau_{max} = \frac{16 N R}{\pi d^3}\left(1 + \frac{2}{3}\frac{d}{R}\right) = \frac{16 \times 5000 \times 52}{\pi\, 12{,}5^3}\left(1 + \frac{2}{3}\frac{12{,}5}{52}\right) = 786{,}6 \text{ N mm}$$

Trascurando gli effetti della curvatura si ottiene una tensione massima leggermente inferiore:

$$\tau_{max} = \frac{16NR}{\pi d^3}\left(1+\frac{2}{3}\frac{d}{D}\right) = \frac{16\times5000\times52}{\pi\,12{,}5^3}\left(1+\frac{2}{3}\frac{12{,}5}{104}\right) = 732{,}3\ \mathrm{N\,mm}$$

A3.5 FORZA DI TAGLIO E MOMENTO FLETTENTE

Questo caso riguarda le travi rettilinee sottoposte a forze dirette perpendicolarmente al loro asse geometrico.

Le caratteristiche di sollecitazione M_f e T variano in modo diverso lungo la trave; il momento flettente è massimo nelle sezioni in cui il taglio si annulla o cambia segno. Anche le tensioni σ e τ nella generica sezione sono differenti (▸ **Fig. 3.7**): le tensioni τ, dovute al taglio, sono nulle al bordo della sezione e assumono il valore massimo in corrispondenza dell'asse neutro; le tensioni σ, dovute al momento flettente, assumono invece il valore massimo nei punti in cui si annullano le tensioni τ.

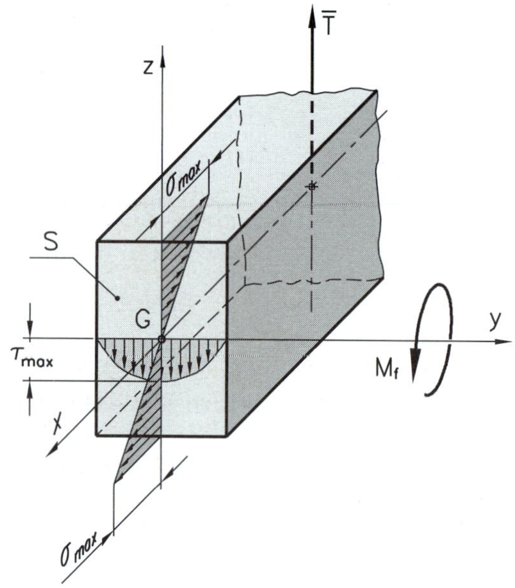

Fig. 3.7
Confronto fra le tensioni σ, dovute alla sollecitazione di flessione, e le tensioni τ, che derivano dalla sollecitazione di taglio, per una trave soggetta a forze perpendicolari al suo asse geometrico.

Per tali motivi non è sempre facile individuare i punti maggiormente sollecitati della trave. Tuttavia il dimensionamento di una trave sottoposta a flessione e taglio si semplifica notevolmente, supponendo che la trave sia soggetta solo al momento flettente, poiché di solito l'effetto del taglio è trascurabile in qualunque punto.

Osservazione: il momento flettente M_f, in una generica sezione, è uguale alla somma algebrica dei momenti delle forze che precedono, o che seguono, la sezione considerata, comprendendo nella somma anche le reazioni vincolari. Per quanto riguarda il segno da attribuire ai vari momenti, si considerano convenzionalmente positivi i momenti, con verso orario, delle forze che precedono la sezione e i momenti, con verso antiorario, delle forze che seguono la stessa. La forza di taglio T è calcolata come somma algebrica delle forze e delle reazioni vincolari che precedono, o *che seguono, la sezione in esame. Per convenzione, la forza di taglio è positiva quando è rivolta verso l'alto (se generata dalle forze che precedono la sezione) o verso il basso (se generata dalle forze che la seguono).*

Per le considerazioni fatte riguardo alle tensioni, calcolato il massimo momento flettente, si determina la corrispondente tensione normale:

$$\sigma_{max} = \frac{M_f}{W_f}$$

Mediante l'equazione di stabilità della sollecitazione a flessione, si ricavano le dimensioni della sezione in esame o si verifica la resistenza della trave:

$$\frac{M_f}{W_f} \leq \sigma_{ams} \qquad \textbf{[3.28]}$$

In seguito, in alcune sezioni che possono eventualmente risentire di più intense tensioni tangenziali, si verifica che la tensione τ_{max} non sia maggiore della tensione ammissibile τ_{ams}.

Esempio

Si consideri una trave a mensola, di lunghezza $l = 2$ m, sollecitata da una forza verticale $F = 980$ N, applicata all'estremo libero. Dimensionare la trave, assumendo una tensione ammissibile $\sigma_{ams} = 140$ N/mm^2 e ipotizzando una sezione rettangolare, avente l'altezza h pari a 10/6 della base b.

Soluzione

La trave è soggetta alla sollecitazione composta di flessione e taglio, pertanto è sufficiente eseguire il dimensionamento a sola flessione e, in seguito, verificarne la resistenza alla sollecitazione di taglio. Il dimensionamento si esegue considerando la sezione più sollecitata, ossia dove il momento flettente è massimo; tale sezione è quella d'incastro, in cui il momento generato dalla forza $\bar{F}$ vale:

$$M_f = F\,l = 980 \times 2 = 1960 \text{ N m} = 1\,960\,000 \text{ N mm}$$

Ricordando che, per la sezione rettangolare, il modulo di resistenza a flessione rispetto all'asse baricentrico, parallelo alla base b, è:

$$W_f = \frac{1}{6} b\,h^2 = \frac{1}{6} 0{,}6\,h^3 = 0{,}1\,h^3$$

dall'equazione di stabilità a flessione:

$$\frac{M_f}{W_f} \leq \sigma_{ams}$$

si ricava:

$$h = \sqrt[3]{\frac{10\,M_f}{\sigma_{ams}}} = \sqrt[3]{\frac{10 \times 1\,960\,000}{140}} = 52 \text{ mm}$$

tale valore può essere arrotondato a $h = 54$ mm, per tenere conto della sollecitazione di taglio.

La base b risulta:

$$b = 0{,}6\ h = 0{,}6 \times 54 = 32{,}4\ \text{mm}$$

tale valore può essere arrotondato a $b = 34$ mm.

La sollecitazione di taglio lungo la lunghezza della trave ha intensità costante:

$$T = F = 980\ \text{N}$$

essa genera la tensione tangenziale massima:

$$\tau_{max} = \frac{3}{2}\frac{T}{A} = \frac{3}{2}\frac{980}{34 \times 54} = 0{,}8\ \frac{\text{N}}{\text{mm}^2}$$

poiché:

$$\tau_{ams} = \frac{\sigma_{ams}}{\sqrt{3}} = \frac{140}{\sqrt{3}} = 80{,}8\ \frac{\text{N}}{\text{mm}^2}$$

La tensione tangenziale massima è molto minore rispetto a quella ammissibile, pertanto la condizione di resistenza a sollecitazione di taglio è soddisfatta. Ciò conferma che non si commette un apprezzabile errore trascurando l'effetto prodotto dalla tensione tangenziale, dovuta alla sollecitazione di taglio.

A3.6 MOMENTO FLETTENTE E MOMENTO TORCENTE

Questa combinazione di sollecitazioni si manifesta comunemente negli alberi di trasmissione delle macchine. Il momento torcente è costituito dal momento che un motore trasmette a una macchina operatrice – per esempio, un motore a combustione interna accoppiato, mediante l'albero, a un generatore elettrico – oppure dal momento che un organo meccanico (ruote dentate, pulegge e così via), calettato su un albero motore, trasmette a un altro organo, calettato sull'albero condotto. Il valore del momento torcente può essere ricavato dall'espressione della potenza; infatti, la potenza P trasmessa da un albero rotante, alla frequenza di rotazione n, genera un momento torcente M_t, costante per tutta la sua lunghezza, il cui valore è dato dalla seguente relazione:

$$M_t = 9{,}549 \frac{P}{n}\ \text{N m}$$

in cui la potenza è espressa in watt.

Il peso proprio dell'albero e degli organi meccanici su di esso montati, le forze trasmesse dai rami della cinghia che avvolge una puleggia, la spinta fra i denti di un ingranaggio e azioni analoghe danno origine alle sollecitazioni di flessione e di taglio; tuttavia gli effetti del taglio sono spesso trascurabili, salvo procedere in seguito a un'opportuna verifica.

Per gli alberi, la sezione generalmente adottata è quella circolare, piena o cava. Nell'albero rappresentato nella *figura 3.8*, s indica l'asse di sollecitazione, mentre n è l'asse neutro, relativo alla sollecitazione di flessione; i punti B e D sono i punti maggiormente sollecitati a flessione: in essi, come in tutti i punti al contorno della sezione circolare, si hanno anche le massime tensioni dovute alla sollecitazione di torsione.

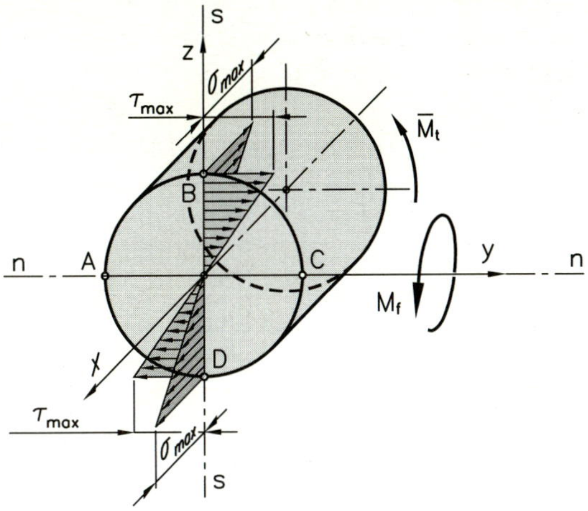

Fig. 3.8
Distribuzione delle tensioni nella sezione retta di un albero, soggetto alla sollecitazione composta di flessione e torsione; s = asse di sollecitazione relativa alla flessione, n = asse neutro relativo alla flessione.

La tensione massima dovuta al **momento flettente**, è data dalla seguente relazione:

$$\sigma_{max} = \frac{M_f}{W_f} \quad [3.29]$$

in cui W_f indica il modulo di resistenza a flessione della sezione circolare dell'albero, rispetto all'asse neutro n.

Tenendo conto di quanto detto in precedenza si ha:

— per la sezione circolare piena:

$$W_f = \frac{\pi d^3}{32}$$

— per la sezione circolare cava:

$$W_f = \frac{\pi}{32} \frac{\left(d_e^4 - d_i^4\right)}{d_e}$$

L'espressione della tensione dovuta al **momento torcente** M_t è:

$$\tau_{max} = \frac{M_t}{W_t} \quad [3.30]$$

in cui W_t indica il modulo di resistenza a torsione della sezione rispetto all'asse neutro n, che per le sezioni circolari vale:

$$W_t = 2\, W_f \quad [3.31]$$

Poiché le due tensioni sono differenti, si adotta la tensione ideale:

$$\sigma_{id} = \sqrt{\sigma^2 + 3\tau^2}$$

da cui, inserendo le espressioni di σ_{max} e τ_{max}, si ottiene:

$$\sigma_{id} = \sqrt{\left(\frac{M_f}{W_f}\right)^2 + 3\left(\frac{M_t}{W_t}\right)^2} \qquad [3.32]$$

Per la [*3.31*] si ha:

$$\sigma_{id} = \sqrt{\frac{{M_f}^2}{W_f^2} + 3\frac{M_t^2}{4\,W_f^2}} = \frac{\sqrt{{M_f}^2 + \frac{3}{4}M_t^2}}{W_f} \qquad [3.33]$$

Il termine:

$$\sqrt{M_f^2 + \frac{3}{4}M_t^2}$$

POLIGLOTTA
Momento flettente ideale
GB: Ideal bending moment
F: Moment fléchissant idéal
D: Ideelles Biegemoment

è detto **momento flettente ideale** M_{fid}.

La condizione di resistenza a flesso-torsione si riduce dunque a:

$$\sigma_{id} = \frac{M_{fid}}{W_f} \leq \sigma_{ams} \qquad [3.34]$$

come se la trave fosse soggetta a un'apparente flessione semplice.

La [*3.34*], valida per le sezioni circolari, non può essere applicata alle sezioni di forma diversa, per le quali è necessario calcolare separatamente i valori di σ e τ, per poi procedere alla verifica di resistenza mediante la seguente relazione:

$$\sigma_{id} = \sqrt{\sigma^2 + 3\tau^2} \leq \sigma_{ams} \qquad [3.35]$$

Osservazione: nel caso di flesso-torsione, l'albero soggetto a flessione, ruotando intorno al proprio asse, inverte periodicamente la posizione delle fibre tese e quella delle fibre compresse; pertanto, ogni mezzo giro dell'albero, le fibre sono sottoposte alternativamente a trazione e a compressione. La sollecitazione è dunque variabile nel tempo e ha carattere alternato simmetrico, dando origine al fenomeno della ***fatica****, molto dannoso per l'integrità delle strutture. Per questo è necessario, nella verifica di resistenza, fare riferimento alla* ***tensione ammissibile a fatica*** σ_{amf}, *di valore minore rispetto alla tensione ammissibile statica* σ_{ams} (▸ *A1*).

Esempio

Sull'albero di un motore elettrico è applicata, a sbalzo, una puleggia di diametro $D = 180$ mm (▸ *Fig. 3.9*). La lunghezza dell'albero fra i supporti misura $l_1 = 530$ mm, mentre il tratto a sbalzo ha lunghezza $l_2 = 170$ mm. Sapendo che il motore sviluppa una potenza $P = 10$ kW, alla frequenza $n = 1500$ giri/min, e che i rami delle cinghie della puleggia sono sottoposte alle forze $T_1 = 3\ T_0$, eseguire il dimensionamento dell'albero, considerando la tensione ammissibile $\sigma_{ams} = 240$ N/mm^2.

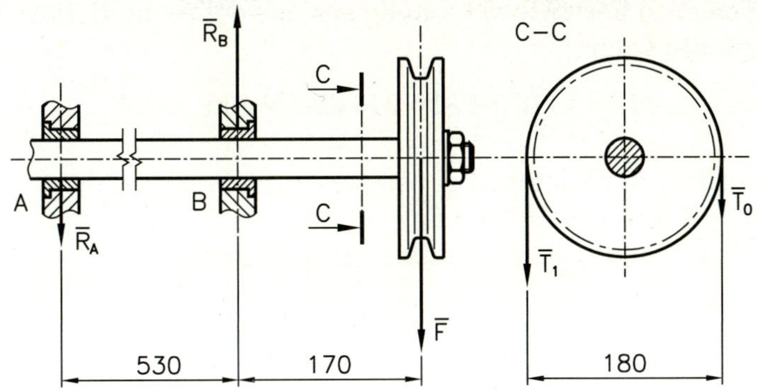

Fig. 3.9
Rappresentazione schematica dell'albero di un motore elettrico, con una puleggia applicata a sbalzo.

Soluzione
Dall'espressione della potenza:

$$P = M_t\, \omega$$

si ricava il valore del momento torcente:

$$M_t = \frac{60\,P}{2\pi\, n} = \frac{6\,010\,000}{2\pi\, 1500} = 63{,}66\ \mathrm{N\,m}$$

Per l'equilibrio relativo alla rotazione attorno all'asse, dev'essere:

$$M_t - T_1 \frac{D}{2} + T_0 \frac{D}{2} = 0$$

ossia:

$$M_t = (T_1 - T_0)\frac{D}{2} = (3\,T_0 - T_0)\frac{D}{2}$$

da cui si ricava:

$$T_0 = \frac{M_t}{D} = \frac{63\,660}{180} = 354\ \mathrm{N}$$

Il valore della forza nell'altro ramo della cinghia è:

$$T_1 = 3\,T_0 = 1062\ \mathrm{N}$$

mentre il tiro complessivo della cinghia vale:

$$F = T_1 + T_0 = 1416\ \mathrm{N}$$

Applicando le equazioni di equilibrio della Statica si ricavano le reazioni vincolari R_A e R_B:

$$-R_A + R_B - F = 0$$
$$-R_A\, l_1 + F\, l_2 = 0$$

Sostituendo i valori noti nelle due relazioni si ottiene:

$$R_A = \frac{F\,l_2}{l_1} = \frac{1416 \times 170}{530} = 454\ \mathrm{N}$$
$$R_B = F + R_A = 1416 + 454 = 1870\ \mathrm{N}$$

Il massimo momento flettente si ha nella sezione del perno B, dove esso assume il seguente valore:

$$M_f = 1416 \times 170 = 240\,620 \text{ N mm}$$

pertanto la verifica di resistenza si esegue in tale sezione, dove agisce anche il momento torcente $M_t = 63\,660$ N mm.

Si determina il valore del momento flettente ideale:

$$M_{fid} = \sqrt{M_f^2 + \frac{3}{4} M_t^2} = \sqrt{240\,620^2 + 0{,}75 \times 63\,660^2} = 246\,855 \text{ N mm}$$

e dalla [*3.34*]:

$$\sigma_{id} = \frac{M_{fid}}{W_f} \leq \sigma_{ams}$$

si ricava il modulo di resistenza a flessione della sezione, da cui si ottengono le dimensioni della sezione dell'albero.

L'albero, però, è sollecitato a fatica, per cui occorre considerare la tensione ammissibile a fatica σ_{amf}, che in prima approssimazione può essere ritenuta uguale a 1/3 della tensione statica:

$$\sigma_{amf} = \frac{\sigma_{ams}}{3} = \frac{240}{3} = 80 \ \frac{\text{N}}{\text{mm}^2}$$

pertanto il modulo di resistenza a flessione vale:

$$W_f = \frac{M_{fid}}{\sigma_{amf}} = \frac{246\,855}{80} = 3086 \text{ mm}^3$$

da cui si ottiene:

$$d = \sqrt[3]{\frac{32 \times 3086}{\pi}} \approx 31{,}5 \text{ mm}$$

tale valore può essere arrotondato a $d = 33$ mm.

Osservazione: gli alberi su cui sono calettate ruote dentate, pulegge, volani e altro ancora, sono spesso sottoposti a coppie flettenti, collocate su piani perpendicolari all'asse geometrico dell'albero stesso. La generica sezione circolare è quindi soggetta, oltre che alle sollecitazioni di taglio e torsione, a una sollecitazione di flessione, risultante dalla composizione delle due coppie flettenti ortogonali.

L'espressione del momento flettente risultante è:

$$M_f = \sqrt{M_{f1}^2 + M_{f2}^2} \qquad \textbf{[3.36]}$$

mentre l'espressione del momento flettente ideale diventa:

$$M_{fid} = \sqrt{\left(M_{f1}^2 + M_{f2}^2\right) + \frac{3}{4} M_t^2} \qquad \textbf{[3.37]}$$

A3.7 INSTABILITÀ ELASTICA PER CARICO DI PUNTA

L'esperienza ha dimostrato che, quando un corpo è molto lungo rispetto alla sua sezione trasversale, sottoponendolo a sollecitazione di compressione, anche con una forza $\bar{N}$ applicata nel baricentro della sezione, esso tende a inflettersi lateralmente. Si manifesta quindi una sollecitazione composta di **presso-flessione**. Tale situazione, com'è stato accertato sperimentalmente, si verifica quando la lunghezza del corpo è circa dieci volte maggiore rispetto alla dimensione minima della sezione trasversale; i corpi che presentano tale caratteristica sono definiti **travi snelle** e la sollecitazione è detta **carico di punta**.

POLIGLOTTA
Carico di punta
GB: Buckling
F: Charge au flambage
D: Knicklast

Considerando per esempio una trave rettilinea, supposta incernierata agli estremi e sottoposta alla forza di compressione $\bar{N}$ perfettamente centrata (▸ *Fig. 3.10a*), se per una qualsiasi causa esterna la trave s'inflette lateralmente (▸ *Fig. 3.10b*), la forza di compressione $\bar{N}$ non agisce più in modo perfettamente assiale; si genera quindi un **momento flettente esterno** M_e che tende a incurvare maggiormente la trave e il cui valore è:

$$M_e = N e$$

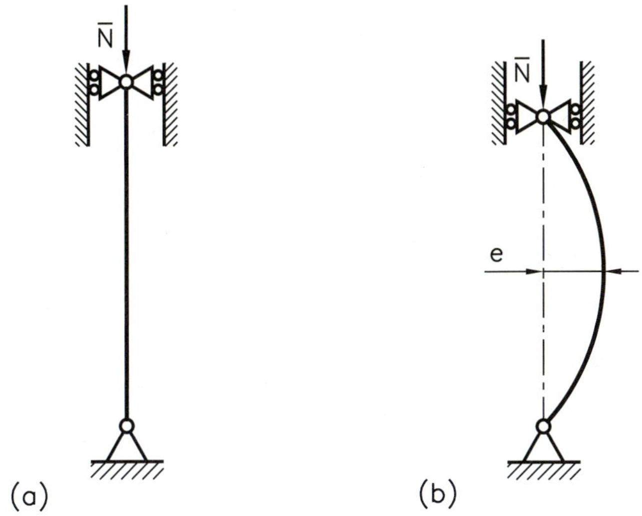

Fig. 3.10
Trave snella soggetta a un carico di punta:
a) trave indeformata;
b) trave inflessa, con freccia *e* in mezzeria.

L'**eccentricità** e della forza $\bar{N}$ rappresenta la distanza fra il punto di applicazione della forza e l'asse longitudinale della trave.

Per effetto dell'inflessione, all'interno della trave si sviluppano reazioni elastiche, ossia tensioni interne, capaci di generare un **momento flettente interno** M_i che tende a riportare la trave alla configurazione rettilinea.

L'equilibrio della trave dipende dunque dall'intensità dei due momenti M_e e M_i: se $M_e > M_i$, l'**equilibrio** è **instabile** e l'inflessione della trave aumenta ulteriormente, con conseguente collasso della stessa; se $M_e < M_i$, l'**equilibrio** è **stabile** e la trave riprende la configurazione iniziale.

Esiste un valore della forza di compressione, detto **carico critico** N_{cr}, per il quale $M_e = M_i$. In questo caso la configurazione (curva o rettilinea) della trave corrisponde a uno stato di **equilibrio indifferente** che, per le inevitabili imperfezioni della trave o dell'applicazione assiale della forza, non è detto che permanga, anzi, preannuncia il definitivo cedimento. È questa la condizione da esaminare per lo studio del carico di punta, perché è nello stato di equilibrio indifferente che inizia spontaneamente l'inflessione laterale della trave. Di conseguenza il fenomeno dell'inflessione laterale non è dovuto soltanto alle imperfezioni della trave o all'applicazione non perfettamente assiale della forza esterna – nel qual caso si manifesta anche per piccoli valori di $\bar{N}$ – ma si verifica anche quando la forza $\bar{N}$ supera, seppure di poco, il valore critico N_{cr}, per cui la trave passa rapidamente dalla configurazione rettilinea a quella in flessa, nel piano di minore rigidezza.

Il dimensionamento delle travi caricate di punta può essere effettuato mediante **formule empiriche**, come quelle di **Eulero** e **Rankine**, o procedimenti di calcolo basati sull'utilizzo di tabelle, come il **metodo Omega**.

Formula di Eulero

Si riprenda l'esempio della trave incernierata agli estremi, che si inflette lateralmente per una qualsiasi causa esterna (▸ ***Fig. 3.10b***). Secondo Eulero, l'espressione del carico critico che corrisponde alla condizione di equilibrio indifferente $M_e = M_i$ è la seguente:

$$N_{cr} = \frac{\pi^2 E\, I_{min}}{l_0^2} \qquad \textbf{[3.38]}$$

in cui E rappresenta il modulo di elasticità longitudinale del materiale costituente la trave; I_{min} è il momento quadratico minimo della sezione trasversale della trave, rispetto all'asse neutro di flessione; l_0 indica la lunghezza libera di inflessione, che tiene conto dell'influenza dei vincoli.

POLIGLOTTA
Lunghezza libera di inflessione
GB: Free deflection lenght
F: Longueur libre de déjettement
D: Durchbiegungslänge

*Si definisce **lunghezza libera di inflessione** l_0 la distanza fra due punti di flesso successivi della deformata flessionale (di tipo sinusoidale) della trave, ossia, della linea che rappresenta l'asse deformato della trave. Essa dipende dalle condizioni di vincolo e dalla lunghezza della trave.*

Nella ***figura 3.11*** sono rappresentate le lunghezze libere di inflessione per alcune delle più comuni condizioni di vincolo, i cui valori sono:
— $l_0 = 2l$, per la trave incastrata a un estremo e libera all'estremo opposto (▸ ***Fig. 3.11a***);
— $l_0 = l$, per la trave incernierata a entrambi gli estremi (▸ ***Fig. 3.11b***);
— $l_0 = 0{,}7l$, per la trave incastrata a un estremo e incernierata all'estremo opposto (▸ ***Fig. 3.11c***);
— $l_0 = 0{,}5l$, per la trave incastrata a entrambi gli estremi (▸ ***Fig. 3.11d***).

Per tenere conto di eventuali imperfezioni degli incastri, le lunghezze libere di inflessione, relative ai due ultimi schemi, assumono un valore maggiore:
— $l_0 = 0{,}8l$, per la trave incastrata a un estremo e incernierata all'estremo opposto;
— $l_0 = 0{,}7l$, per la trave incastrata a entrambi gli estremi.

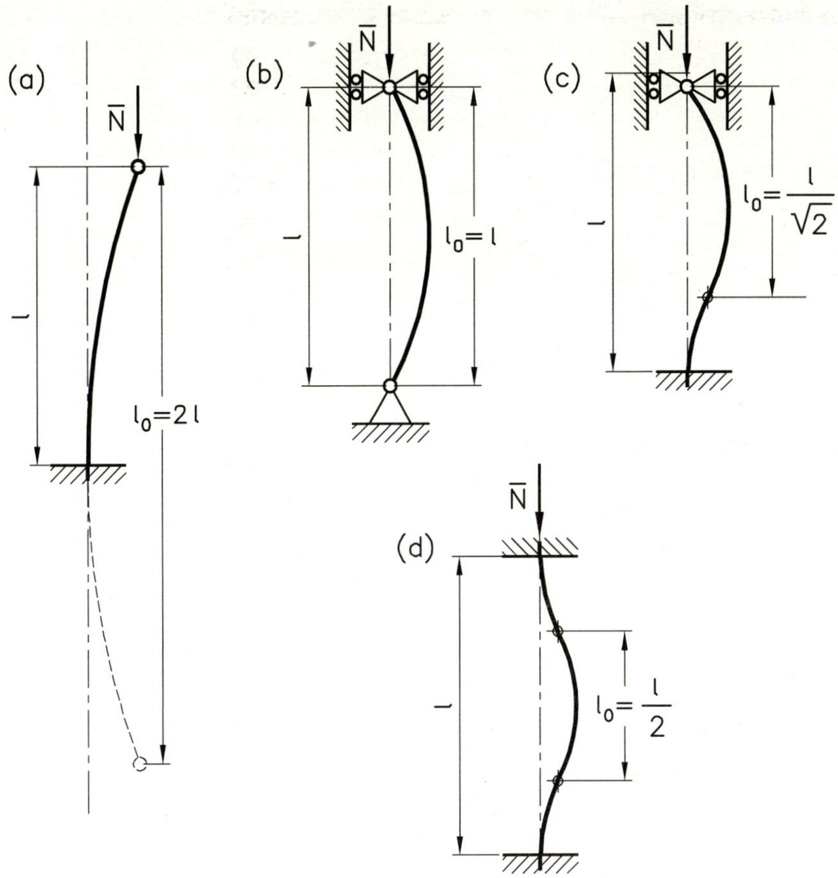

Fig. 3.11
Lunghezza libera di inflessione l_0 in relazione ai vincoli:
a) trave incastrata a un estremo e libera all'estremo opposto;
b) trave incernierata a entrambi gli estremi;
c) trave incastrata a un estremo e incernierata all'estremo opposto;
d) trave incastrata a entrambi gli estremi.

Osservazione: nel caso di una trave vincolata nello stesso modo in tutte le direzioni, come le travi vincolate con cerniere sferiche o incastri perfetti in ogni direzione, i momenti quadratici della sezione, rispetto agli assi perpendicolari agli assi di inflessione laterale, possono avere valori diversi. Pertanto il momento quadratico da considerare nell'equazione di Eulero è quello con il valore minore. Se i vincoli sono diversi nelle varie direzioni, come per esempio nel caso della biella, occorre calcolare il carico critico con i diversi valori della lunghezza libera di inflessione e dei momenti quadratici corrispondenti ai diversi piani di inflessione laterale. Il valore più piccolo fra quelli trovati è ritenuto il carico critico più pericoloso.

Dopo avere analizzato le forze, si affrontano le tensioni.

Si definisce ***tensione critica euleriana*** *il rapporto fra il carico critico* N_{cr} *e l'area della sezione retta della trave A:*

POLIGLOTTA
Tensione critica
GB: Critical sress
F: Tension critique
D: Kritische Spannung

$$\sigma_{cr} = \frac{N_{cr}}{A} = \frac{\pi^2 E I_{min}}{A l_0^2} \qquad [3.39]$$

Ricordando che il momento quadratico I può essere espresso in funzione del raggio d'inerzia ρ, si ricava:

$$I_{min} = A \rho_{min}^2$$

da cui si ottiene:

$$\rho_{min} = \sqrt{\frac{I_{min}}{A}}$$

pertanto la [3.39] diventa:

$$\sigma_{cr} = \frac{\pi^2 E}{\left(\frac{l_0}{\rho_{min}}\right)^2}$$

POLIGLOTTA
Snellezza
GB: Slenderness
F: Élancement
D: Schlankheit

Definito **rapporto di snellezza**, o semplicemente **snellezza** λ della trave, il rapporto fra la lunghezza libera di inflessione l_0 e il raggio d'inerzia ρ diventa:

$$\lambda = \frac{l_0}{\rho}$$

la tensione critica può essere espressa come:

$$\sigma_{cr} = \frac{\pi^2 E}{\lambda^2} \qquad \textbf{[3.40]}$$

Da questa relazione si deduce che la tensione critica è funzione unicamente della snellezza λ della trave e della caratteristica meccanica E; la legge di variazione della tensione critica in funzione di λ è rappresentata con un'iperbole cubica, detta **iperbole di Eulero** (▸ *Fig. 3.12*).

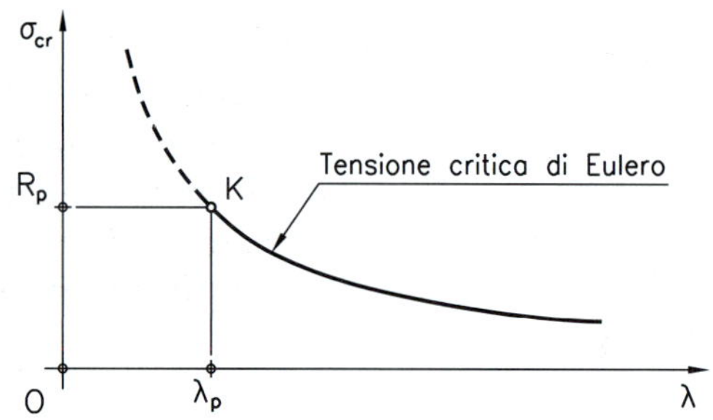

Fig. 3.12
Andamento della tensione critica di Eulero in funzione della snellezza.

Osservazione: quanto rilevato dalla [3.40] consente di stabilire che è opportuno:
- *adottare sezioni cave, in modo da ottenere grandi valori del momento quadratico I, con area relativamente modesta;*
- *che la forma della sezione sia tale da presentare momenti quadratici I poco dissimili rispetto ai diversi assi; sono quindi consigliabili le sezioni circolari cave e quelle a cassone, a scapito dei profilati;*
- *utilizzare acciai comuni, piuttosto che acciai ad alta resistenza, perché antieconomico; infatti il carico critico non dipende dal carico di rottura R_m del materiale, ma dal suo modulo di elasticità longitudinale E, che è praticamente costante per tutti gli acciai.*

La **formula di Eulero**, espressa dalla [3.38], derivando dallo studio della linea elastica, ha validità fin quando la tensione critica si mantiene entro il limite di proporzionalità del materiale.

Nella [3.40], ponendo il valore della **tensione limite di proporzionalità** R_p al posto di σ_{cr}, si ottiene:

$$R_p = \frac{\pi^2 E}{\lambda_p^2} \qquad [3.41]$$

da cui si ricava il valore della **snellezza limite** λ_p, che individua il limite oltre il quale si può applicare la formula di Eulero:

$$\lambda_p = \pi \sqrt{\frac{E}{R_p}} \qquad [3.42]$$

Indicativamente, si riportano i valori medi della snellezza limite λ_p, per alcuni acciai e per la ghisa:
— $\lambda_p = 104$, per l'acciaio S 235;
— $\lambda_p = 96$, per l'acciaio S 275;
— $\lambda_p = 85$, per l'acciaio S 355;
— $\lambda_p = 70 \div 80$, per la ghisa.

Quando la snellezza ha un valore inferiore a λ_p, decade la validità della formula di Eulero: l'iperbole si interrompe in corrispondenza di λ_p, al disotto del quale prosegue con una linea tratteggiata (▸ *Fig. 3.12*), dal momento che la formula di Eulero fornisce forze tanto più alte – a parità di $(E\, I_{min})$ – quanto minore è la lunghezza della trave. Di conseguenza una trave molto corta (trave tozza) s'infletterebbe per forze molto elevate e tensioni critiche superiori a quelle di snervamento e di rottura, perciò inattendibili.

È necessario, pertanto, stabilire l'andamento della tensione critica (che per $\lambda = 0$ coincide con la tensione di snervamento R_{eL}), nel campo compreso fra $0 < \lambda < \lambda_p$. A tale scopo sono state proposte diverse formule dedotte in via sperimentale, rappresentabili graficamente con linee o curve che si collegano all'iperbole di Eulero nel punto K, corrispondente alla snellezza limite λ_p; fra queste, si possono citare i **raccordi di Tetmajer** e **di Johnsson** (▸ *Fig. 3.13*).

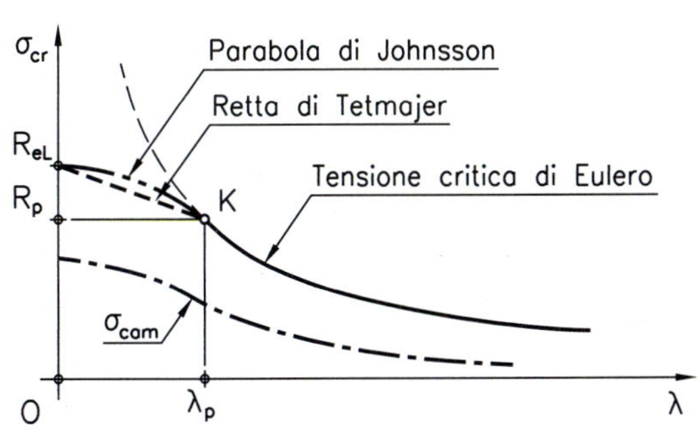

Fig. 3.13
Diagramma completo del carico di punta, formato dall'iperbole di Eulero e dai raccordi di Tetmajer e di Johnsson. La curva inferiore σ_{cam} rappresenta la tensione ammissibile a compressione.

Raccordo di Tetmajer

Tetmajer propone un raccordo lineare fra il punto A, corrispondente a $\lambda = 0$, e il punto K (▸ *Fig. 3.13*). La legge delle tensioni critiche, secondo Tetmajer, ha la seguente espressione:

$$\sigma_{cr} = a - b\lambda$$

dove:

$$a = R_{eL}; \quad b = \frac{R_{eL} - R_p}{\lambda_p}$$

quindi si ha:

$$\sigma_{cr} = R_{eL} - \frac{R_{eL} - R_p}{\lambda_p} \lambda \qquad [3.43]$$

Considerando che per un acciaio ordinario, impiegato nelle costruzioni metalliche, si può assumere mediamente $R_p = 0{,}8\ R_{eL}$, la [*3.43*] può essere formulata anche nel modo seguente:

$$\sigma_{cr} = R_{eL}\left(1 - \frac{0{,}2}{\lambda_p}\lambda\right) \qquad [3.44]$$

Raccordo di Johnsson

Johnsson propone un raccordo parabolico (▸ ***Fig. 3.13***), del tipo:

$$\sigma_{cr} = c - d\,\lambda^2$$

con:

$$c = R_{eL}; \quad d = \frac{R_{eL} - R_p}{\lambda_p^2}$$

quindi si ottiene:

$$\sigma_{cr} = R_{eL} - \frac{R_{eL} - R_p}{\lambda_p^2} \lambda^2 \qquad [3.45]$$

ovvero:

$$\sigma_{cr} = R_{eL}\left(1 - \frac{0{,}2}{\lambda_p^2}\lambda^2\right) \qquad [3.46]$$

Tensioni ammissibili a carico di punta e coefficiente di sicurezza

Stabilito l'andamento delle tensioni critiche per le diverse snellezze e fissato un **coefficiente di sicurezza** g, si può determinare il valore della **tensione ammissibile a carico di punta** σ_{amp}, dato dal rapporto fra la tensione critica e il coefficiente g:

POLIGLOTTA
Tensione ammissibile a carico di punta
GB: Allowable compressive buckling stress
F: Tension admissible à charge au flambage
D: Zulässige Kicklastspannung

$$\sigma_{amp} = \frac{\sigma_{cr}}{g} \qquad [3.47]$$

Ne consegue che, per la **verifica di stabilità**, dev'essere:

$$\sigma = \frac{N}{A} \leq \frac{\sigma_{cr}}{g} \qquad [3.48]$$

Il coefficiente di sicurezza per gli acciai assume, in base alla normativa italiana, il valore $g = 1,5$ per la sollecitazione di compressione semplice ($\lambda = 0$) e aumenta al crescere della snellezza, assumendo, secondo la norma CNR-10011, il valore $g = 2,5$ nel campo euleriano; il DM del 30.5.1972 stabilisce semplicemente che sia $g \geq 1,5$.

Nel campo $0 < \lambda < \lambda_p$, il coefficiente di sicurezza può essere ricavato mediante la seguente relazione:

$$g = 1,5 + \frac{\lambda}{\lambda_p} \qquad [3.49]$$

per la ghisa si assume mediamente $g = 4 \div 6$.

Nel caso di organi in movimento caricati di punta, poiché i carichi possono presentare maggiori eccentricità, il valore del coefficiente di sicurezza dev'essere 2÷4 volte maggiore di quello adottato in condizioni statiche.

Fissato dunque il grado di sicurezza g e determinati i valori delle tensioni critiche σ_{cr} con la formula di Eulero (per $\lambda > \lambda_p$) o con quelle di Tetmajer e Johnsson (per $0 < \lambda < \lambda_p$), mediante la relazione generale [*3.48*] si possono eseguire i calcoli di verifica dei corpi caricati di punta.

Nei limiti di validità della formula di Eulero, la verifica di stabilità [*3.48*] può essere così indicata:

$$\frac{N}{A} \leq \frac{\sigma_{cr}}{g} = \frac{\pi^2 E}{g \lambda^2} \qquad [3.50]$$

ovvero, in termini di carichi:

$$N \leq \frac{\sigma_{cr} A}{g} = \frac{N_{cr}}{g} = \frac{\pi^2 E I_{min}}{g l_0^2} \qquad [3.51]$$

Poiché la validità della formula di Eulero è legata alla snellezza della trave, il cui valore può essere determinato solo se si conoscono la lunghezza e la sezione della trave stessa, nei calcoli di progetto occorre procedere a un dimensionamento di prima approssimazione, mediante l'equazione di stabilità a compressione semplice. Si calcola quindi il valore della snellezza λ, relativa alla sezione così determinata, e si verifica se $\lambda > \lambda_p$, deducendo se è possibile applicare la formula di Eulero. In caso affermativo, dalla [*3.51*], per esempio, si ricava il momento quadratico I_{min}:

$$I_{min} = \frac{g N l_0^2}{\pi^2 E}$$

e di conseguenza si determinano le dimensioni della sezione. Tuttavia è opportuno calcolare il valore della snellezza relativa a queste ultime dimensioni, verificando che sia ancora $\lambda > \lambda_p$.

Esempio

Dimensionare un'asta incastrata al piede e incernierata all'estremità superiore, di lunghezza $l = 2,70$ m e compressa assialmente da un carico

$N = 58\,100$ N. Si consideri la sezione circolare cava con $d_i = 0{,}8\, d_e$ e l'acciaio S 235, come materiale utilizzato.

Soluzione

Procedendo a un calcolo di prima approssimazione, si ricavano le dimensioni della sezione mediante l'equazione di stabilità a compressione semplice, considerando $\sigma_{ams} = 140$ N/mm^2:

$$\frac{N}{A} \leq \sigma_{ams}$$

da cui si ricava:

$$A = \frac{N}{\sigma_{ams}}$$

sostituendo con i valori numerici si ottiene:

$$A = \frac{58\,100}{140} = 415 \text{ mm}^2$$

Essendo la sezione circolare cava, l'area sarà:

$$A = \frac{\pi}{4}\left(d_e^2 - d_i^2\right) = \frac{\pi\, d_e^2}{4}\left(1 - 0{,}8^2\right)$$

per cui si ottiene:

$$d_e = \sqrt{\frac{4\,A}{\pi\left(1-0{,}8^2\right)}} = \sqrt{\frac{4 \times 415}{\pi\left(1-0{,}8^2\right)}} = 38{,}3 \text{ mm}$$

Arrotondando tale valore a 40 mm, si ha:

$$d_i = 0{,}8\, d_e = 0{,}8 \times 40 = 32 \text{ mm}$$

Si calcola il momento quadratico I della sezione, con le dimensioni trovate:

$$I = \frac{\pi}{64}\left(d_e^4 - d_i^4\right) = \frac{\pi}{64}\left(40^4 - 32^4\right) = 74\,192 \text{ mm}^4$$

il raggio d'inerzia ρ vale:

$$\rho = \sqrt{\frac{I}{A}} = \sqrt{\frac{74\,192}{415}} \cong 13{,}4 \text{ mm}$$

La lunghezza libera di inflessione misura:

$$l_0 = 0{,}8\,l = 0{,}8 \times 2700 = 2160 \text{ mm}$$

pertanto la snellezza assume il seguente valore:

$$\lambda = \frac{l_0}{\rho} = \frac{2160}{13{,}4} \cong 161{,}2$$

Per il dimensionamento, dato il valore della snellezza trovato, si può ricorrere alla formula di Eulero:

$$N \leq \frac{\pi^2 E I_{min}}{g l_0^2}$$

da cui, ipotizzando un coefficiente di sicurezza g = 2,5, si ricava il momento quadratico I:

$$I = \frac{g l_0^2 N}{\pi^2 E} = \frac{2{,}5 \times 2160^2 \times 58\,100}{\pi^2\, 206\,000} = 333\,316 \text{ mm}^4$$

Da tale valore si ottengono le dimensioni della sezione:

$$I = \frac{\pi}{64}\left(d_e^4 - d_i^4\right) = \frac{\pi}{64} d_e^4\left(1 - 0{,}8^4\right)$$

da cui si ricava:

$$d_e = \sqrt[4]{\frac{64 \times 333\,316}{1 - 0{,}41}} \cong 77{,}5 \text{ mm}$$

Arrotondando tale valore a 78 mm, si ottiene:

$$d_i = 0{,}8\, d_e = 0{,}8 \times 78 = 62{,}4$$

si arrotonda anche questo valore a 63 mm.

Infine è opportuno calcolare la snellezza relativa a queste ultime dimensioni, verificando che sia ancora $\lambda > \lambda_p$, ovvero che sia valida la formula di Eulero.

L'area della sezione è:

$$A = \frac{\pi}{4}\left(d_e^2 - d_i^2\right) = \frac{\pi}{4}\left(78^2 - 63^2\right) = 1661 \text{ mm}^2$$

il raggio d'inerzia misura:

$$\rho = \sqrt{\frac{I}{A}} = \sqrt{\frac{333\,316}{1661}} \cong 14{,}16 \text{ mm}$$

la snellezza vale:

$$\lambda = \frac{l_0}{\rho} = \frac{2160}{14{,}16} \cong 152{,}54$$

Il valore della snellezza ricavato è compatibile con la formula di Eulero.

Formula di Rankine

I calcoli di verifica e di progetto dei corpi caricati di punta, aventi una snellezza λ minore di quella limite λ_p, si effettuano mediante la **formula di Rankine**, il cui campo di validità è esteso a tutti i valori della snellezza λ.

La verifica di stabilità di corpi di qualsiasi lunghezza, secondo Rankine, si esegue mediante la seguente relazione:

$$\frac{N}{A} \le \frac{\sigma_{ams}}{1+\alpha\lambda^2} \qquad [3.52]$$

in cui:
— il rapporto a secondo membro rappresenta la tensione ammissibile a carico di punta:

$$\sigma_{amp} = \frac{\sigma_{ams}}{1+\alpha\lambda^2}$$

— σ_{ams} è la tensione ammissibile a compressione semplice;
— A indica l'area della sezione del corpo caricato di punta;
— λ è la snellezza del corpo;
— α è un coefficiente adimensionale sperimentale, i cui valori medi, per alcuni acciai e per la ghisa, sono riportati nella ***tabella 3.1***.

Tabella 3.1 Valori medi della tensione ammissibile statica e del coefficiente α

Materiale	*Valori medi della tensione ammissibile statica*	*Valori medi del coefficiente α*
S 235	150	0,00012
S 275	180	0,00015
S 355	225	0,00018
Ghisa	50	0,00020

Per determinare l'area della sezione di un corpo caricato di punta, con la formula di Rankine, occorre conoscerne il valore della snellezza; tale grandezza è incognita, non essendo ancora stata calcolata l'area della sezione stessa. Si procede dunque per tentativi, eseguendo un primo dimensionamento a compressione semplice e calcolando un valore λ_1 di primo tentativo, che consente di ricavare l'area e quindi le dimensioni della sezione mediante la [*3.52*].

Dalla seguente relazione:

$$\frac{N}{A} \le \sigma_{ams}$$

si ricava:

$$A_1 = \frac{N}{\sigma_{ams}}$$

quindi si ottiene:

$$\lambda_1 = \frac{l_0}{\sqrt{\frac{I}{A_1}}}$$

Per la [3.52]:

$$\frac{N}{A} \leq \frac{\sigma_{ams}}{1+\alpha\lambda^2}$$

si ottiene:

$$A_2 = \frac{N\left(1+\alpha\lambda_1^2\right)}{\sigma_{ams}}$$

Determinata l'area A_2, si calcola il valore λ_2 della snellezza corrispondente:

$$\lambda_2 = \frac{l_0}{\sqrt{\dfrac{I}{A_2}}}$$

Confrontando il valore di λ_2 con quello di λ_1 precedentemente calcolato, se non risultano molto diversi, le dimensioni definitive saranno quelle corrispondenti alla snellezza del primo tentativo λ_1.

Nel caso, invece, in cui i due valori della snellezza fossero molto diversi, si procede per approssimazioni successive.

Si fissa un nuovo valore λ_3 della snellezza, dato per esempio dal valore medio fra λ_1 e λ_2, e si calcola l'area A_3 della sezione a esso corrispondente; quindi si determina il valore λ_4, relativo a tale area.

Essendo:

$$\lambda_3 = \frac{\lambda_1 + \lambda_2}{2}$$

l'area corrispondente vale:

$$A_3 = \frac{N\left(1+\alpha\lambda_3^2\right)}{\sigma_{ams}}$$

la relativa snellezza vale:

$$\lambda_4 = \frac{l_0}{\sqrt{\dfrac{I}{A_3}}}$$

Se i valori di λ_3 e λ_4 sono poco differenti, l'area definitiva sarà l'ultima calcolata, corrispondente alla snellezza λ_3, e si considerano conclusi i calcoli.

Nel caso in cui i due valori dovessero essere ancora molto diversi, si procede con l'iterazione dei calcoli, finché l'ultimo valore della snellezza si discosta poco da quello immediatamente precedente.

Osservazione: la formula di Rankine ha il difetto di fornire un grado di sicurezza non costante al variare della snellezza, per cui le travi alquanto tozze dispongono di un ampio margine di sicurezza, mentre quelle snelle risultano dimensionate con un margine esiguo.

Esempio

Eseguire il dimensionamento di un'asta a sezione quadrata, sottoposta al carico assiale di compressione $N = 115$ kN, incastrata alle estremità e di lunghezza $l = 1600$ mm. Si supponga di impiegare l'acciaio S275.

Soluzione

Assumendo per l'acciaio S 275 la tensione ammissibile $\sigma_{ams} = 180$ N/mm^2, dall'equazione di stabilità a compressione semplice si ricava il valore dell'area della sezione:

$$A_1 = \frac{115\,000}{180} \cong 639 \text{ mm}^2$$

da cui si ottiene il valore del lato a_1:

$$a_1 = \sqrt{A_1} = \sqrt{639} \cong 25,3 \text{ mm}$$

Il momento quadratico vale:

$$I_1 = \frac{a_1^4}{12} = \frac{25,3^4}{12} = 34\,143 \text{ m}^4$$

il raggio d'inerzia è:

$$\rho_1 = \sqrt{\frac{I_1}{A_1}} = \sqrt{\frac{34\,143}{639}} = 7,3 \text{ mm}$$

Poiché l'asta è incastrata agli estremi, la lunghezza libera di inflessione risulta:

$$l_0 = 0,7\,l = 0,7 \times 1600 = 1120 \text{ mm}$$

la snellezza di primo tentativo vale:

$$\lambda_1 = \frac{l_0}{\rho_1} = \frac{1120}{7,3} = 153,4$$

Adottando il metodo di Rankine:

$$\frac{N}{A} \leq \frac{\sigma_{ams}}{1 + \alpha \lambda^2}$$

e assumendo $\alpha = 0{,}00015$ si ha:

$$\sigma_{amp} = \frac{\sigma_{ams}}{1 + \alpha \lambda_1^2} = \frac{180}{1 + 0{,}00015 \times 153,4^2} \cong 39,7 \frac{\text{N}}{\text{mm}^2}$$

Quindi l'area A_2 della sezione vale:

$$A_2 = \frac{N}{\sigma_{amp}} = \frac{115\,000}{39,7} \cong 2897 \text{ mm}^2$$

a cui corrisponde il lato a_2:

$$a_2 = \sqrt{A_2} = \sqrt{2897} \cong 53,8 \text{ mm}$$

Con queste dimensioni si calcolano i nuovi valori del momento quadratico, del raggio d'inerzia e della snellezza:

$$I_2 = \frac{a_2^4}{12} = \frac{53,8^4}{12} = 698\,148 \text{ mm}^4$$

$$\rho_2 = \sqrt{\frac{I_2}{A_2}} = \sqrt{\frac{698\,148}{2897}} = 15,52 \text{ mm}$$

$$\lambda_2 = \frac{l_0}{\rho_2} = \frac{1120}{15,52} = 72,2$$

Essendo λ_2 molto diverso da λ_1, si procede a un'altra iterazione dei calcoli.
Assumendo:

$$\lambda_3 = \frac{\lambda_1 + \lambda_2}{2} = \frac{153,4 + 72,2}{2} = 112,8$$

la tensione ammissibile a carico di punta, secondo Rankine, vale:

$$\sigma_{amp} = \frac{\sigma_{ams}}{1+\alpha\,\lambda_3^2} = \frac{180}{1+0,00015 \times 112,8^2} \cong 61,9 \ \frac{\text{N}}{\text{mm}^2}$$

L'area A_3 della sezione vale:

$$A_3 = \frac{N}{\sigma_{amp}} = \frac{115\,000}{61,9} \cong 1858 \text{ mm}^2$$

a cui corrisponde il lato a_3:

$$a_3 = \sqrt{A_3} = \sqrt{1858} \cong 43,1 \text{ mm}$$

il momento quadratico vale:

$$I_3 = \frac{a_3^4}{12} = \frac{43,1^4}{12} = 287\,560 \text{ mm}^4$$

il raggio d'inerzia assume il seguente valore:

$$\rho_3 = \sqrt{\frac{I_3}{A_3}} = \sqrt{\frac{287\,560}{1858}} = 12,44 \text{ mm}$$

la snellezza vale:

$$\lambda_4 = \frac{l_0}{\rho_3} = \frac{1120}{12,44} = 90$$

Poiché il valore trovato è ancora molto diverso da quello immediatamente precedente, si esegue un altro tentativo con:

$$\lambda_5 = \frac{\lambda_4 + \lambda_3}{2} = \frac{112,8 + 90}{2} = 101,4$$

per cui si ottiene:

$$\sigma_{amp} = \frac{\sigma_{ams}}{1+\alpha\,\lambda_5^2} = \frac{180}{1+0,00015 \times 101,4^2} \cong 70,8 \ \frac{\text{N}}{\text{mm}^2}$$

l'area A_5 della sezione vale:

$$A_5 = \frac{N}{\sigma_{amp}} = \frac{115\,000}{70,8} \cong 1624 \text{ mm}^2$$

a cui corrisponde il lato a_5:

$$a_5 = \sqrt{A_5} = \sqrt{1624} \cong 40,3 \text{ mm}$$

il momento quadratico vale:

$$I_5 = \frac{a_5^4}{12} = \frac{40,3^4}{12} = 219\,806 \text{ mm}^4$$

il raggio d'inerzia è:

$$\rho_5 = \sqrt{\frac{I_5}{A_5}} = \sqrt{\frac{219\,806}{1624}} = 11,63 \text{ mm}$$

la snellezza vale:

$$\lambda_6 = \frac{l_0}{\rho_5} = \frac{1120}{11,63} = 96,3$$

Per affinare il calcolo si può eseguire un ultimo tentativo con:

$$\lambda_7 = \frac{\lambda_6 + \lambda_5}{2} = \frac{101,4 + 96,3}{2} \cong 99$$

pertanto si ottiene:

$$\sigma_{amp} = \frac{\sigma_{ams}}{1+\alpha\lambda_7^2} = \frac{180}{1+0,00015 \times 99^2} \cong 72,9 \ \frac{\text{N}}{\text{mm}^2}$$

$$A_7 = \frac{N}{\sigma_{amp}} = \frac{115\,000}{72,9} \cong 1578 \text{ mm}^2$$

$$a_7 = \sqrt{A_7} = \sqrt{1578} \cong 39,7 \text{ mm}$$

$$\text{I}_7 = \frac{a_7^4}{12} = \frac{39,7^4}{12} = 207\,005 \text{ mm}^4$$

$$\rho_7 = \sqrt{\frac{I_7}{A_7}} = \sqrt{\frac{207\,005}{1578}} = 11,45 \text{ mm}$$

la snellezza vale:

$$\lambda_8 = \frac{l_0}{\rho_7} = \frac{1120}{11,45} = 97,8$$

Il valore della snellezza ricavato, essendo simile a quello precedente ($\lambda_8 = 97,8$ e $\lambda_7 = 99$), consente di non eseguire ulteriori calcoli, quindi si considerano definitive le dimensioni ricavate con λ_7.

Il valore $a_7 \cong 39,7$ mm si arrotonda ad $a = 41$ mm, mentre l'area della sezione vale:

$$A = 1681 \text{ mm}^2$$

Metodo omega

Il **metodo omega**, applicabile per qualsiasi valore della snellezza e diffusamente impiegato nelle costruzioni metalliche, semplifica molto i calcoli di verifica delle strutture snelle caricate di punta. Tale metodo consiste nell'applicazione dell'equazione di stabilità a compressione semplice, adottando un carico di sicurezza σ_ω ridotto, dato dalla seguente relazione:

$$\sigma_\omega = \frac{\sigma_{ams}}{\omega} \qquad [3.53]$$

in cui σ_{ams} è la tensione ammissibile a compressione semplice e ω è un coefficiente numerico maggiore di 1, fissato in funzione della snellezza λ e del tipo di sezione.

L'equazione di stabilità a carico di punta assume la seguente forma:

$$\frac{N}{A} \leq \frac{\sigma_{ams}}{\omega}$$

ovvero:

$$\frac{\omega N}{A} \leq \sigma_{ams} \qquad [3.54]$$

considerandola come una verifica a compressione semplice, in cui il carico N è maggiorato rispetto al fattore ω.

Si confrontano le espressioni dell'equazione di stabilità in condizioni limite, date dalle relazioni [*3.48*] e [*3.54*]:

$$\frac{N}{A} = \frac{\sigma_{cr}}{g}$$

e:

$$\frac{\omega N}{A} = \sigma_{ams}$$

pertanto si ottiene:

$$\frac{\sigma_{cr}}{g} = \frac{\sigma_{ams}}{\omega}$$

da cui si ricava il valore di ω:

$$\omega = \frac{g\,\sigma_{ams}}{\sigma_{cr}} \qquad [3.55]$$

Da questa relazione si deduce che il coefficiente ω, dato dal rapporto fra la tensione ammissibile a compressione semplice e la tensione ammissibile a carico di punta, dipende dal grado di sicurezza a carico di punta g, dalla snellezza λ della trave e dalla natura del materiale.

Essendo noti i valori della tensione critica σ_{cr} in funzione della snellezza, e fissato il grado di sicurezza a carico di punta g, si possono ricavare i valori del coefficiente ω mediante diagrammi o tabelle.

Valutazione del coefficiente ω mediante diagramma

Si deducono i valori della tensione critica σ_{cr} in funzione della tensione di snervamento R_{eL}, dal diagramma rappresentato nella ***figura 3.14***.

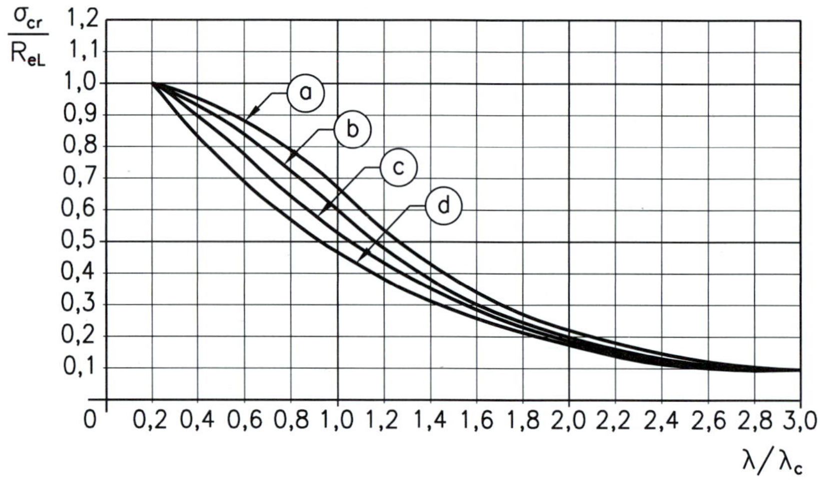

Fig. 3.14

Diagramma del rapporto σ_{cr}/R_{eL} in funzione del rapporto λ/λ_c, per quattro diverse categorie di sezioni, indicate nella ***tabella 3.2***.

Nel diagramma sono indicati i rapporti:

$$\frac{\sigma_{cr}}{R_{eL}}$$

per quattro diverse categorie di sezione (una curva per ogni sezione), elencate nella ***tabella 3.2***, in funzione del rapporto:

$$\frac{\lambda}{\lambda_c}$$

essendo λ_c la snellezza corrispondente al limite di validità del comportamento in fase puramente elastica.

Dalla seguente relazione si ricavano i valori di λ_c, secondo la norma CNR-UNI 10011:

$$\lambda_c = \pi\sqrt{\frac{E}{R_{eL}}} \qquad \textbf{[3.56]}$$

Ipotizzando il modulo di elasticità longitudinale E = 206 000 N/mm^2, si ricavano i seguenti valori di λ_c per i più comuni acciai da costruzione:

— $\lambda_c \approx 93$, per l'acciaio S 235;
— $\lambda_c \approx 86$, per l'acciaio S 275;
— $\lambda_c \approx 76$, per l'acciaio S 355.

Tabella 3.2 Forme delle sezioni di riferimento per la scelta dei coefficienti ω

Aste	*Forma della sezione*		*Tipologia della sezione*
Semplici	Profilati cavi quadrati, rettangolari o tondi, saldati o laminati: $t \leq 40$ mm		a
Semplici	Profilati a I laminati $\frac{h}{b} \geq 1,2;\ \ t \geq 40$ mm 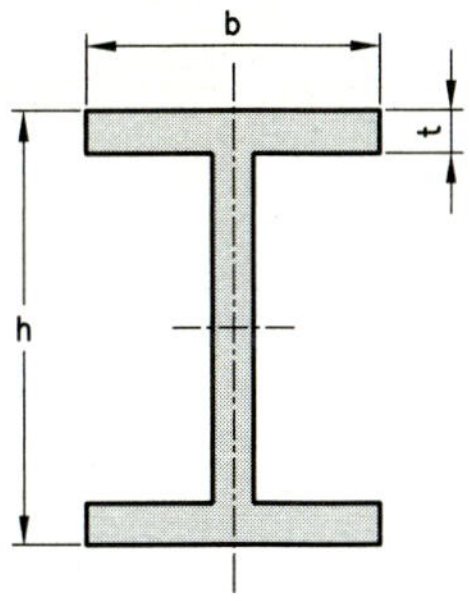		b
	Profilati a I laminati, rinforzati con piatti saldati $t_1 \leq 40$ mm; $t_2 \leq 40$ mm 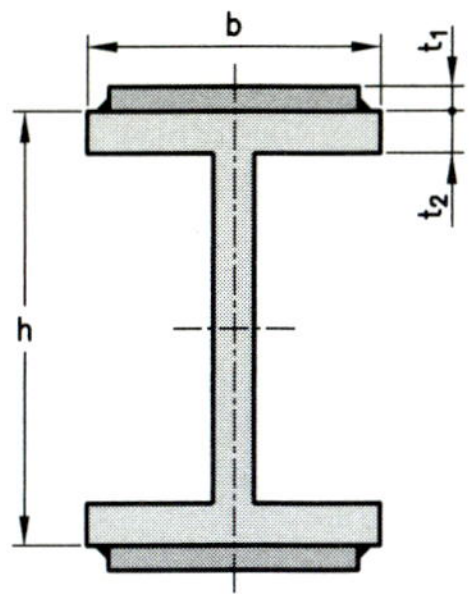		
	Chiusa, a cassone, saldata $t \leq 40$ mm 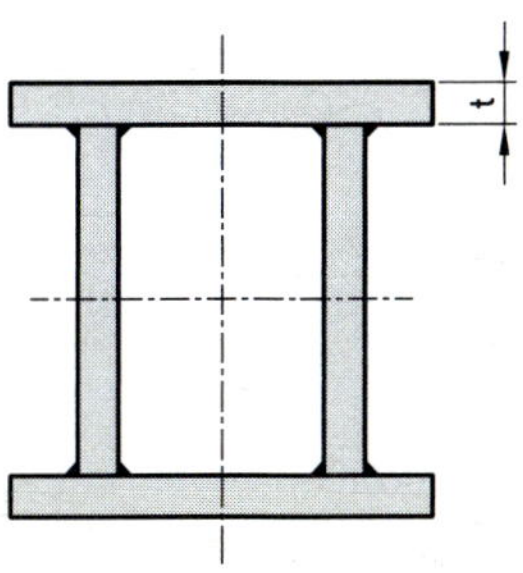		
Semplici o composte	Generica	$t \leq 40$ mm	c
	Tutte	$t > 40$ mm	d

Valutazione del coefficiente ω mediante tabelle

Per gli acciai S 235, S 275, S 355, i valori di ω sono riportati nelle **tabelle 3.3 ÷ 3.14**, in funzione della snellezza λ: vi è una tabella per ogni tipologia di sezione (a, b, c, d) e per ogni tipo di acciaio (S 235, S 275, S 355), per un totale di 12 tabelle. Le tabelle dei valori di ω per gli acciai S 275 e S 355 sono on line.

Osservazione: il procedimento di calcolo per la progettazione di travi snelle, sottoposte a carico di punta, è un procedimento per successive approssimazioni, iniziando con un dimensionamento a compressione semplice, al fine di determinare, in prima approssimazione, una snellezza λ di tentativo. Se il valore di primo tentativo della snellezza è troppo elevato, per esempio è superiore al massimo valore presente nelle tabelle di ω, si può imporre come valore λ di primo tentativo quello massimo tabulato (ω = 250), limitando così la snellezza della trave.

Esempio

Un'asta in acciaio, di lunghezza l = 1700 mm, è incernierata agli estremi ed è sollecitata da una forza assiale di compressione N = 490 kN. Considerando l'impiego dell'acciaio S 235, con E = 206 000 N/mm^2 e σ_{ams} = 150 N/mm^2, scegliere il profilato HE della serie B, di minima sezione, necessario a garantire l'asta da fenomeni di instabilità elastica.

Soluzione

L'area di primo tentativo della sezione si ricava dall'equazione di stabilità a compressione semplice:

$$\frac{N}{A} = \sigma_{ams}$$

da cui si ottiene:

$$A = \frac{N}{\sigma_{ams}} = \frac{490\,000}{150} \cong 3267 \text{ mm}^2$$

Dalla **tabella 2.6** della **A2**, si individua il profilato HE 120 B, per il quale si ricavano le seguenti grandezze:

— l'area della sezione A:

$$A = 3400 \text{ mm}^2$$

— il momento quadratico minimo I_{min}:

$$I_{min} = I_y = 3\,180\,000 \text{ mm}^4$$

— il raggio d'inerzia minimo ρ_{min}:

$$\rho_{min} = \rho_y = 30{,}6 \text{ mm}$$

— essendo la lunghezza libera di inflessione:

$$l_0 = l = 1700$$

la snellezza dell'asta λ vale:

$$\lambda = \frac{l_0}{\rho_{min}} = \frac{1700}{30{,}6} = 55{,}55$$

Il problema si può risolvere con il metodo omega, per cui si ha:

$$\frac{\omega N}{A} \le \sigma_{ams}$$

Il valore di ω, per l'acciaio S 235 a sezione di tipo b, si ricava dalla ***tabella 3.4*** per interpolazione:

$$\omega = 1{,}19$$

La tensione massima dovuta al carico di punta vale:

$$\frac{\omega N}{A} = \frac{1{,}19 \times 490\,000}{3400} = 171{,}5 \ \frac{\text{N}}{\text{mm}^2}$$

che risulta essere maggiore della tensione ammissibile $\sigma_{ams} = 150$ N/mm^2, pertanto, la scelta del profilato HE 120 B non è accettabile.

A questo punto si deve scegliere un profilato immediatamente superiore, indicato nella ***tabella 2.3***.

La scelta ricade sul profilato HE 140 B, i cui dati utili sono:

— area della sezione A:

$$A = 4300 \text{ mm}^2$$

— momento quadratico minimo I_{min}:

$$I_{min} = I_y = 5\,500\,000 \text{ mm}^4$$

— raggio d'inerzia minimo ρ_{min}:

$$\rho_{min} = \rho_y = 35{,}8 \text{ mm}$$

— la snellezza dell'asta λ:

$$\lambda = \frac{l_0}{\rho_{min}} = \frac{1700}{35{,}8} = 47{,}8$$

Dalla ***tabella 3.4*** si ricava il valore di ω:

$$\omega = 1{,}13$$

per cui si ha:

$$\frac{\omega N}{A} = \frac{1{,}13 \times 490\,000}{4300} \cong 128{,}7 \ \frac{\text{N}}{\text{mm}^2}$$

Il valore della tensione a carico di punta è quindi inferiore a quello della tensione ammissibile $\sigma_{ams} = 150$ N/mm^2; pertanto il profilato HE 140 B è idoneo alla necessità di progetto.

Tabella 3.3 Coefficienti ω per acciaio S 235 e sezione di tipo a

λ	0	1	2	3	4	5	6	7	8	9	λ
0	1,00	1,00	1,00	1,00	1,00	1,00	1,00	1,00	1,00	1,00	0
10	1,00	1,00	1,00	1,00	1,00	1,00	1,00	1,00	1,00	1,00	10
20	1,00	1,01	1,01	1,01	1,01	1,01	1,02	1,02	1,02	1,03	20
30	1,03	1,03	1,03	1,04	1,04	1,04	1,05	1,05	1,05	1,06	30
40	1,06	1,06	1,07	1,07	1,07	1,08	1,08	1,09	1,09	1,10	40
50	1,10	1,11	1,11	1,12	1,12	1,13	1,13	1,14	1,14	1,15	50
60	1,16	1,16	1,17	1,17	1,18	1,18	1,19	1,20	1,20	1,21	60
70	1,22	1,23	1,24	1,24	1,25	1,26	1,27	1,28	1,29	1,29	70
80	1,31	1,32	1,33	1,34	1,36	1,37	1,38	1,40	1,41	1,42	80
90	1,44	1,45	1,47	1,48	1,50	1,52	1,53	1,55	1,57	1,59	90
100	1,61	1,63	1,65	1,67	1,69	1,71	1,73	1,75	1,77	1,79	100
110	1,82	1,84	1,86	1,89	1,91	1,94	1,96	1,99	2,01	2,04	110
120	2,06	2,09	2,12	2,14	2,17	2,20	2,22	2,25	2,28	2,31	120
130	2,34	2,37	2,40	2,43	2,46	2,49	2,52	2,55	2,58	2,61	130
140	2,65	2,68	2,71	2,74	2,78	2,81	2,84	2,88	2,91	2,95	140
150	2,98	3,02	3,05	3,08	3,12	3,16	3,19	3,23	3,27	3,30	150
160	3,34	3,38	3,41	3,45	3,49	3,53	3,56	3,60	3,64	3,68	160
170	3,72	3,76	3,80	3,84	3,88	3,92	3,96	4,01	4,05	4,09	170
180	4,14	4,18	4,22	4,27	4,31	4,35	4,40	4,44	4,49	4,53	180
190	4,58	4,62	4,67	4,72	4,77	4,81	4,85	4,90	4,94	4,99	190
200	5,03	5,08	5,13	5,18	5,22	5,27	5,32	5,37	5,42	5,47	200
210	5,52	5,57	5,62	5,67	5,72	5,77	5,82	5,87	5,92	5,98	210
220	6,03	6,08	6,14	6,19	6,24	6,30	6,36	6,41	6,46	6,52	220
230	6,57	6,63	6,69	6,74	6,79	6,84	6,90	6,96	7,02	7,08	230
240	7,14	7,19	7,25	7,31	7,38	7,44	7,50	7,55	7,61	7,67	240
250	7,73	–	–	–	–	–	–	–	–	–	250

Tabella 3.4 Coefficienti ω per acciaio S 235 e sezione di tipo b

λ	0	1	2	3	4	5	6	7	8	9	λ
0	1,00	1,00	1,00	1,00	1,00	1,00	1,00	1,00	1,00	1,00	0
10	1,00	1,00	1,00	1,00	1,00	1,00	1,00	1,00	1,00	1,00	10
20	1,01	1,01	1,01	1,02	1,02	1,02	1,03	1,03	1,04	1,04	20
30	1,05	1,05	1,06	1,06	1,07	1,07	1,08	1,08	1,09	1,09	30
40	1,10	1,10	1,11	1,11	1,12	1,12	1,13	1,13	1,14	1,15	40
50	1,15	1,16	1,17	1,17	1,18	1,19	1,20	1,20	1,21	1,22	50
60	1,23	1,24	1,25	1,25	1,26	1,27	1,28	1,29	1,30	1,31	60
70	1,33	1,34	1,35	1,36	1,37	1,38	1,40	1,41	1,42	1,44	70
80	1,45	1,47	1,48	1,50	1,51	1,53	1,55	1,56	1,58	1,60	80
90	1,62	1,63	1,65	1,67	1,69	1,71	1,73	1,75	1,77	1,79	90
100	1,81	1,83	1,86	1,88	1,90	1,92	1,95	1,97	1,99	2,02	100
110	2,04	2,07	2,09	2,12	2,14	2,17	2,20	2,23	2,25	2,28	110
120	2,31	2,34	2,37	2,40	2,42	2,45	2,48	2,51	2,54	2,58	120
130	2,61	2,64	2,67	2,70	2,74	2,77	2,80	2,84	2,87	2,91	130
140	2,94	2,97	3,01	3,04	3,08	3,11	3,15	3,19	3,22	3,26	140
150	3,30	3,34	3,37	3,41	3,45	3,49	3,53	3,57	3,62	3,66	150
160	3,70	3,74	3,79	3,83	3,86	3,90	3,94	3,99	4,03	4,07	160
170	4,11	4,15	4,20	4,24	4,28	4,33	4,37	4,42	4,47	4,51	170
180	4,56	4,60	4,65	4,70	4,74	4,79	4,84	4,88	4,93	4,98	180
190	5,02	5,07	5,12	5,16	5,21	5,26	5,31	5,36	5,41	5,46	190
200	5,51	5,56	5,60	5,65	5,70	5,76	5,81	5,87	5,92	5,97	200
210	6,02	6,07	6,12	6,18	6,24	6,29	6,35	6,41	6,46	6,52	210
220	6,57	6,63	6,69	6,74	6,80	6,86	6,91	6,97	7,02	7,08	220
230	7,13	7,19	7,24	7,30	7,36	7,42	7,48	7,54	7,59	7,64	230
240	7,69	7,75	7,82	7,89	7,95	8,02	8,07	8,12	8,18	8,23	240
250	8,29	–	–	–	–	–	–	–	–	–	250

Tabella 3.5 Coefficienti ω per acciaio S 235 e sezione di tipo c

λ	0	1	2	3	4	5	6	7	8	9	λ
0	1,00	1,00	1,00	1,00	1,00	1,00	1,00	1,00	1,00	1,00	0
10	1,00	1,00	1,00	1,00	1,00	1,00	1,00	1,00	1,00	1,00	10
20	1,01	1,01	1,02	1,02	1,03	1,04	1,04	1,05	1,05	1,06	20
30	1,06	1,07	1,08	1,08	1,09	1,10	1,10	1,11	1,12	1,12	30
40	1,13	1,14	1,15	1,16	1,16	1,17	1,18	1,19	1,20	1,21	40
50	1,22	1,23	1,24	1,25	1,26	1,27	1,28	1,29	1,30	1,32	50
60	1,33	1,34	1,35	1,36	1,38	1,39	1,40	1,42	1,43	1,45	60
70	1,46	1,48	1,49	1,51	1,52	1,54	1,56	1,57	1,59	1,69	70
80	1,62	1,64	1,66	1,67	1,69	1,71	1,73	1,75	1,77	1,79	80
90	1,81	1,83	1,84	1,86	1,88	1,90	1,92	1,95	1,97	1,99	90
100	2,01	2,03	2,05	2,08	2,10	2,12	2,15	2,17	2,19	2,22	100
110	2,24	2,27	2,29	2,32	2,35	2,37	2,40	2,43	2,45	2,48	110
120	2,51	2,54	2,56	2,59	2,62	2,65	2,68	2,71	2,74	2,77	120
130	2,80	2,83	2,86	2,89	2,92	2,96	2,99	3,02	3,05	3,08	130
140	3,11	3,15	3,18	3,21	3,25	3,28	3,32	3,35	3,39	3,42	140
150	3,46	3,50	3,54	3,58	3,62	3,65	3,69	3,73	3,77	3,81	150
160	3,85	3,89	3,95	3,98	4,02	4,06	4,10	4,14	4,18	4,22	160
170	4,28	4,30	4,35	4,39	4,43	4,47	4,52	4,56	4,60	4,64	170
180	4,69	4,73	4,77	4,82	4,86	4,90	4,95	4,99	5,04	5,08	180
190	5,13	5,17	5,22	5,26	5,31	5,36	5,40	5,44	5,49	5,54	190
200	5,60	5,65	5,70	5,75	5,80	5,85	5,91	5,96	6,01	6,06	200
210	6,11	6,16	6,21	6,27	6,32	6,35	6,43	6,49	6,54	6,60	210
220	6,65	6,71	6,76	6,81	6,87	6,93	6,98	7,04	7,09	7,14	220
230	7,20	7,25	7,30	7,36	7,41	7,47	7,53	7,59	7,65	7,70	230
240	7,75	7,81	7,89	7,96	8,02	8,07	8,12	8,17	8,23	8,30	240
250	8,36	–	–	–	–	–	–	–	–	–	250

Tabella 3.6 Coefficienti ω per acciaio S 235 e sezione di tipo d

λ	0	1	2	3	4	5	6	7	8	9	λ
0	1,00	1,00	1,00	1,00	1,00	1,00	1,00	1,00	1,00	1,00	0
10	1,00	1,00	1,00	1,00	1,00	1,00	1,00	1,00	1,00	1,00	10
20	1,00	1,01	1,02	1,03	1,04	1,05	1,05	1,05	1,07	1,09	20
30	1,09	1,10	1,11	1,12	1,13	1,14	1,15	1,16	1,17	1,18	30
40	1,19	1,20	1,21	1,22	1,24	1,25	1,26	1,27	1,28	1,29	40
50	1,30	1,32	1,33	1,34	1,35	1,37	1,38	1,39	1,41	1,42	50
60	1,44	1,45	1,47	1,48	1,49	1,51	1,52	1,54	1,56	1,57	60
70	1,58	1,60	1,62	1,64	1,65	1,67	1,69	1,70	1,72	1,74	70
80	1,76	1,78	1,79	1,81	1,83	1,85	1,87	1,89	1,91	1,93	80
90	1,95	1,97	1,99	2,00	2,02	2,05	2,07	2,09	2,11	2,13	90
100	2,15	2,17	2,19	2,22	2,24	2,26	2,28	2,30	2,33	2,35	100
110	2,37	2,40	2,42	2,44	2,47	2,48	2,51	2,54	2,56	2,59	110
120	2,61	2,64	2,66	2,69	2,12	2,74	2,77	2,80	2,82	2,85	120
130	2,88	2,90	2,93	2,96	2,99	3,02	3,04	3,07	3,10	3,13	130
140	3,18	3,19	3,22	3,25	3,28	3,31	3,35	3,38	3,41	3,44	140
150	3,47	3,49	3,54	3,57	3,61	3,64	3,67	3,70	3,74	3,77	150
160	3,81	3,84	3,88	3,91	3,95	3,99	4,02	4,05	4,09	4,13	160
170	4,17	4,20	4,24	4,28	4,32	4,36	4,39	4,43	4,47	4,51	170
180	4,55	4,59	4,63	4,67	4,12	4,77	4,79	4,83	4,88	4,92	180
190	4,96	5,00	5,04	5,08	5,13	5,17	5,21	5,25	5,30	5,34	190
200	5,39	5,43	5,48	5,52	5,57	5,61	5,65	5,70	5,75	5,79	200
210	5,84	5,89	5,93	5,98	6,03	6,08	6,12	6,17	6,22	6,27	210
220	6,31	6,36	6,41	6,46	6,51	6,55	6,61	6,65	6,71	6,76	220
230	6,81	6,86	6,91	6,96	7,01	7,07	7,12	7,17	7,22	7,28	230
240	7,33	7,36	7,43	7,49	7,54	7,60	7,65	7,70	7,76	7,81	240
250	7,87	–	–	–	–	–	–	–	–	–	250

Da Tabella 3.7 a Tabella 3.14

Sulla rete

Teorema/ relazione	Formula	Grandezze/ unità di misura
Forza assiale $\bar{N}$ e momento flettente $\bar{M}_f$: a) tensione normale risultante σ b) equazione di stabilità	a) $\sigma = \pm\frac{N}{A} \pm \frac{M_f}{W_z}$ b) $\sigma_{max} \le \sigma_{ams}$	N = forza assiale [N] A = area della sezione trasversale [mm²] M_f = momento flettente [N m] W_z = modulo di resistenza a flessione della sezione rispetto all'asse neutro z [mm³] σ = tensione normale [N/mm²] σ_{ams} = tensione normale ammissibile statica [N/mm³] σ_{max} = tensione massima normale [N/mm²]
Forza assiale $\bar{N}$ e momento torcente $\bar{M}_t$: a) tensione ideale σ_{id} b) equazione di stabilità per una sezione circolare	a) $\sigma_{id} = \sqrt{\sigma^2 + 3\tau^2}$ con: $\sigma = \frac{N}{A} = \frac{N}{\frac{\pi d^2}{4}}$ e: $\tau = \frac{M_t}{W_t} = \frac{M_t}{\frac{\pi d^3}{16}}$ b) $\sigma_{id} \le \sigma_{ams}$	N = forza assiale [N] A = area della sezione trasversale [mm²] d = diametro della sezione [mm²] τ = tensione tangenziale [N/mm²] M_t = momento torcente [N m] W_t = modulo di resistenza a torsione della sezione [mm³] σ = tensione normale [N/mm²] σ_{ams} = tensione normale ammissibile statica [N/mm²]
Forza di taglio e momento torcente M_t: a) tensione tangenziale risultante τ b) equazione di stabilità per una sezione circolare	a) $\tau_{max} = \frac{M_t}{\frac{\pi}{16}d^3} + \frac{4}{3}\frac{T}{\frac{\pi}{4}d^2}$ b) $\tau_{max} \le \tau_{ams}$ con: $\tau_{ams} = \frac{\sigma_{ams}}{\sqrt{3}} = 0{,}577\ \sigma_{ams}$	M_t = momento torcente [N m] d = diametro della sezione [mm²] T = forza di taglio [N] τ = tensione tangenziale [N/mm²] σ_{ams} = tensione normale ammissibile statica [N/mm²] τ_{ams} = tensione tangenziale ammissibile statica [N/mm²] τ_{max} = tensione massima tangenziale [N/mm²]

Teorema/ relazione	Formula	Grandezze/ unità di misura
Forza di taglio e momento flettente M_f: a) tensione σ dovuta al momento flettente b) equazione di stabilità	a) $\sigma_{max} = \frac{M_f}{W_f}$ b) $\sigma_{max} = \frac{M_f}{W_f} \le \sigma_{ams}$	M_f = momento flettente [N mm] W_f = modulo di resistenza a flessione [mm³] σ = tensione normale [N/mm²] σ_{ams} = tensione ammissibile statica [N/mm²] σ_{max} = tensione massima normale [N/mm²]
Momento flettente M_f e momento torcente M_t: a) tensione ideale σ_{id} b) equazione di stabilità per una sezione circolare	a) $\sigma_{id} = \sqrt{\sigma^2 + 3\tau^2}$ con: $\sigma_{max} = \frac{M_f}{W_f}$ e: $\tau_{max} = \frac{M_t}{W_t}$ b) $\sigma_{id} = \frac{M_{fid}}{W_f} \le \sigma_{ams}$ con: $M_{fid} = \sqrt{M_f^2 + \frac{3}{4} M_t^2}$	σ = tensione normale [N/mm²] τ = tensione tangenziale [N/mm²] M_f = momento flettente [N mm] W_f = modulo di resistenza a flessione [mm³] M_t = momento torcente [N m] W_t = modulo di resistenza a torsione della sezione [mm³] M_{fid} = momento flettente ideale [N m] σ_{ams} = tensione ammissibile statica [N/mm²] σ_{max} = tensione massima normale [N/mm²] τ_{max} = tensione massima tangenziale [N/mm²]
Instabilità elastica per carico di punta: a) carico critico N_{cr} secondo Eulero b) tensione critica euleriana σ_{cr} c) equazione di stabilità	a) $N_{cr} = \frac{\pi^2 E I_{min}}{l_0^2}$ b) $\sigma_{cr} = \frac{N_{cr}}{A} = \frac{\pi^2 E}{\lambda^2}$ c) $\frac{N}{A} \le \frac{\sigma_{cr}}{g} = \frac{\pi^2 E}{g \lambda^2}$ oppure: $N \le \frac{N_{cr}}{g} = \frac{\pi^2 E I_{min}}{g l_0^2}$ con: $\sigma_{amp} = \frac{\sigma_{cr}}{g}$	N = forza normale di compressione [N] E = modulo di Young [N/mm²] I_{min} = momento quadratico minimo di superficie [mm⁴] l_0 = lunghezza libera d'inflessione [mm] A = area della sezione trasversale [mm²] λ = snellezza g = grado di sicurezza σ_{amp} = tensione ammissibile a carico di punta [N/mm²]

Teorema/ relazione	Formula	Grandezze/ unità di misura
Instabilità elastica per carico di punta: metodo omega	$$\frac{N}{A} \le \frac{\sigma_{ams}}{\omega}$$	N = forza normale di compressione [N] A = area della sezione trasversale [mm²] σ_{ams} = tensione ammissibile statica [N/mm²] ω = coefficiente numerico
Instabilità elastica per carico di punta: formula di Rankine	$$\frac{N}{A} \le \frac{\sigma_{ams}}{1+\alpha\lambda^2}$$ con: $$\sigma_{amp} = \frac{\sigma_{ams}}{1+\sigma\lambda^2}$$	N = forza normale di compressione [N] A = area della sezione trasversale [mm²] α = coefficiente adimensionale λ = snellezza σ_{ams} = tensione ammissibile statica [N/mm²] σ_{amp} = tensione ammissibile a carico di punta [N/mm²]

L'UNITÀ DIDATTICA IN BREVE

Sulla rete

PROBLEMI DI RIEPILOGO

Sulla rete

AUTOVERIFICA DELL'APPRENDIMENTO

1. Se in una sezione di un corpo agiscono la forza assiale $\bar{N}$ e il momento flettente $\bar{M}_f$, che danno origine a due tensioni ________________ parallele, la tensione risultante è data dalla ________________ delle intensità delle singole tensioni.

2. Quando in una sezione di un corpo agiscono la forza di taglio $\bar{T}$ e il momento torcente $\bar{M}_t$, che generano due tensioni non parallele, la tensione risultante si ottiene dalla ____________________ delle singole tensioni; al contrario, se le due tensioni indotte hanno la stessa direzione, la tensione risultante si ricava mediante ________ ________________

3. Indicare come si determina la tensione risultante generata dall'azione contemporanea di due o più sollecitazioni esterne, che danno origine a una tensione normale σ e a una tensione tangenziale τ. (max 20 parole)

____

____

____

4. Esprimere analiticamente la tensione risultante indotta nei vari punti di una sezione retta di una trave, soggetta all'azione contemporanea di una forza assiale e di un momento flettente.

$\sigma =$ ________________

5. La sollecitazione composta, cui è soggetto l'albero porta-elica di una nave, è costituita dalla spinta propulsiva dell'elica e dalla coppia motrice del motore. Indicare le espressioni delle tensioni indotte dalle singole sollecitazioni e della tensione ideale:

a) $\sigma =$ ______________ b) $\tau =$ ______________ c) $\sigma_{id} =$ ______________

6. Indicare la formula che esprime l'equazione di stabilità, nel caso di azione contemporanea della forza di taglio e del momento torcente:

a) $\tau_{max} \leq \sigma_{ams}$ b) $\tau_{max} \leq \tau_{ams}$

c) $\tau_{max} \leq \dfrac{\sigma_{ams}}{\sqrt{3}}$ d) $\tau_{max} \geq \tau_{ams}$

7. Il dimensionamento di una trave, sottoposta a carichi perpendicolari al proprio asse geometrico, si esegue supponendo la trave soggetta solo al ______________, trascurando l'effetto del ________________; successivamente, nelle sezioni in cui si hanno tensioni tangenziali più intense, si esegue una verifica ____________________

8. Scrivere, per un albero di trasmissione soggetto a flesso-torsione, le espressioni delle tensioni generate dalle singole sollecitazioni, del momento flettente ideale e dell'equazione di stabilità:

a) $\sigma =$ ______________ b) $\tau =$ ______________

c) $M_{fid} =$ ______________ d) $\sigma_{id} =$ ____________ $\leq$ ____________

9. La sollecitazione di flesso-torsione è una sollecitazione variabile nel tempo, a carattere alternato simmetrico, per cui nell'equazione di stabilità occorre riferirsi alla tensione ammissibile a fatica.

Vero ☐ Falso ☐

10. Definire la lunghezza libera di inflessione e il rapporto di snellezza di una trave (max 25 parole).

____

____

____

11. La formula di Eulero ha validità fino a quando la tensione critica si mantiene entro il ________________

12. Definire la tensione critica euleriana, descrivendo le grandezze da cui dipende (max 20 parole).

____

____

____

13. Formulare la verifica di stabilità di un corpo caricato di punta secondo Rankine.

$\frac{N}{A} \leq$ ____________

14. Esporre il metodo omega per i calcoli di verifica delle strutture snelle caricate di punta, definendo anche il coefficiente ω (max 25 parole).

____

____

____

A4

LE TRAVI INFLESSE E LA LINEA ELASTICA

La presente unità analizza le travi isostatiche soggette solo a carichi perpendicolari al proprio asse, dette **travi inflesse**.
Nella prima parte si espongono le regole per determinare, analiticamente e graficamente, le sollecitazioni di taglio e flessione, per travi variamente caricate; nella seconda parte si calcolano i parametri della deformazione (**frecce** e **rotazioni**), generati dai carichi esterni. Infine si accenna alle **travi iperstatiche**.

Prerequisiti

- Sapere applicare le equazioni cardinali della Statica, per calcolare le reazioni vincolari di un corpo rigido nel piano.
- Sapere eseguire i calcoli di progetto e di verifica di organi meccanici, sottoposti a sollecitazioni di flessione e di taglio.

Obiettivi

- Sapere valutare l'azione delle sollecitazioni di flessione e di taglio agenti sui corpi, determinandone analiticamente e graficamente i valori.
- Acquisire le capacità di calcolo, inerenti ai parametri della deformazione, (frecce e rotazioni), generati dalla sollecitazione di flessione.

Contenuti

- Generalità.
- Diagrammi delle sollecitazioni di taglio e di flessione.
- Esempi di travi inflesse isostaticamente vincolate e soggette a vari sistemi di carico.
- La linea elastica.
- Cenni sulle travi iperstatiche.

Verifica prerequisiti

1. Un corpo libero, soggetto a un sistema di forze complanari, ha tre possibilità di movimento: due traslazioni lungo gli assi x e y e una rotazione nel piano xy.

Vero ☐ Falso ☐

2. La cerniera è un tipo di vincolo che, in caso di forze complanari, annulla ____________________, consentendo ____________________; l'appoggio semplice, o carrello, è un tipo di vincolo che si oppone allo spostamento nella ____________________ al piano di appoggio.

3. Un sistema di forze complanari è in equilibrio quando si verifica una delle seguenti condizioni:

a) le componenti della risultante lungo gli assi x e y sono nulle

b) il momento risultante delle forze è nullo

c) le componenti della risultante e il momento risultante del sistema di forze sono contemporaneamente nulli

d) la risultante e il momento risultante del sistema di forze sono diversi da zero

4. Associare la relativa deformazione alle sollecitazioni di taglio e a quelle di flessione:

a) forza di taglio: ____________________

b) momento flettente: ____________________

5. Esprimere analiticamente la tensione massima generata dalla sollecitazione di taglio per le seguenti sezioni:

a) sezione rettangolare: τ_{max} = ____________

b) sezione circolare: τ_{max} = ____________

c) sezione a doppia T: τ_{max} = ____________

6. Formulare l'equazione di stabilità nel caso di sollecitazione di flessione e di sollecitazione di taglio:

a) sollecitazione di flessione: σ_{max} = __________ ≤ __________

b) sollecitazione di taglio: τ_{max} = __________ ≤ __________

Problema

La trave rappresentata nella *figura 4.1*, di lunghezza $l = 8$ m, è soggetta a un carico uniformemente distribuito, la cui intensità per unità di lunghezza è $q = 5000$ N/m. Tracciare i diagrammi del taglio e del momento flettente, individuando la sezione più pericolosa a flessione e quella che sopporta la massima sollecitazione di taglio. Eseguire, quindi, il dimensionamento a flessione e la verifica a taglio della trave, impiegando un profilato HE in acciaio S 235. Determinare, inoltre, il valore massimo della freccia e le rotazioni delle sezioni in corrispondenza degli appoggi.

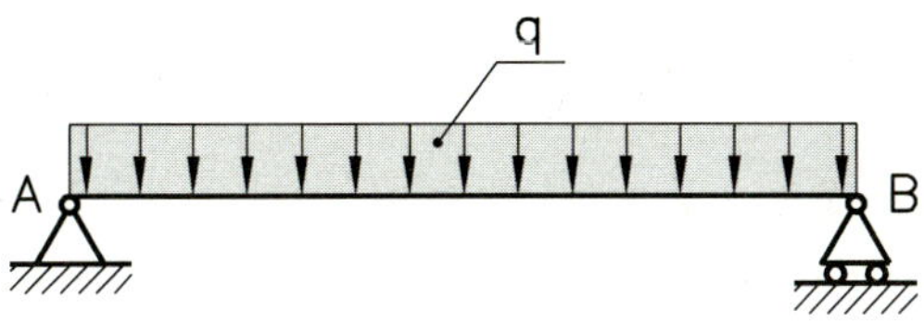

Fig. 4.1
Trave appoggiata alle estremità, soggetta a un carico uniformemente distribuito su tutta la sua lunghezza.

Analisi

L'azione del carico distribuito, perpendicolare all'asse della trave, genera una sollecitazione di taglio e una sollecitazione di flessione.
Il calcolo e i diagrammi delle due sollecitazioni consentono di individuare le sezioni della trave più sollecitate a flessione e a taglio, per cui è possibile eseguire i calcoli di progetto e di verifica.
La freccia massima, ossia l'abbassamento che subisce la trave per effetto del carico applicato, e le rotazioni delle sezioni degli appoggi costituiscono i parametri della deformazione dell'asse geometrico della trave (linea elastica).
La soluzione del problema richiede l'uso di formule specifiche per ottenere risposte di tipo numerico.

Procedura consigliata

Per risolvere il problema occorre:
- riferirsi ai *paragrafi A4.1* e *A4.2* per calcolare i valori delle caratteristiche di sollecitazione (taglio e flessione) e riportarli sulla linea fondamentale, ottenendo così i relativi diagrammi;
- esaminare i diagrammi ottenuti, individuando le sezioni più sollecitate a flessione e a taglio;
- effettuare il dimensionamento a flessione della trave, scegliendo dalla *tabella 2.6* il tipo di profilato HE più idoneo;
- eseguire la verifica a taglio della trave;
- riferirsi al *paragrafo A4.4*, per consultare la *tabella 4.1*, ricavando il valore massimo della freccia e il valore delle rotazioni delle sezioni in corrispondenza degli appoggi.

A4

A4.1 GENERALITÀ

POLIGLOTTA
Struttura isostatica, iperstatica
GB: Isostatic, hyperstatic structure
F: Structure isostatique, hyperstatique
D: Isostatische Struktur, statische unbestimmte Struktur

RICHIAMO
Le reazioni vincolari nelle ***strutture isostatiche*** si ricavano mediante le equazioni cardinali della Statica, che nel piano sono tre; pertanto tali ***strutture*** sono dette anche ***staticamente determinate***.

Nell'analisi statica di una struttura soggetta a un sistema di carichi esterni, il calcolo delle reazioni sviluppate dai vincoli è finalizzato ad assicurare l'equilibrio della struttura.

*La **struttura** si definisce **isostatica** quando i vincoli sono strettamente sufficienti all'equilibrio della struttura; quando i vincoli sono sovrabbondanti, la **struttura** è detta **iperstatica**.*

In questa sede si analizzerà l'effetto che le azioni esterne esercitano localmente in una sezione generica di una trave ad asse rettilineo orizzontale e a sezione costante, considerandola caricata da un sistema di forze situato nel piano di sollecitazione contenente l'asse della trave.

*Si definisce **trave inflessa** una trave sottoposta a un sistema di forze perpendicolari al proprio asse geometrico, che generano **sollecitazioni di taglio** e **di flessione**.*

POLIGLOTTA
Trave inflessa
GB: Inflected beam
F: Poutre dèjetée
D: Durchgebiegender Träger

In seguito si esamineranno i seguenti tipi di travi:

— trave a mensola, incastrata a un estremo e libera all'estremo opposto (▸ *Fig. 4.2*);
— trave appoggiata, con due appoggi alle estremità (▸ *Fig. 4.3*), o con due appoggi intermedi (▸ *Fig. 4.4*), oppure con un appoggio intermedio e uno all'estremità (▸ *Fig. 4.5*).

Fig. 4.2
Trave a mensola.

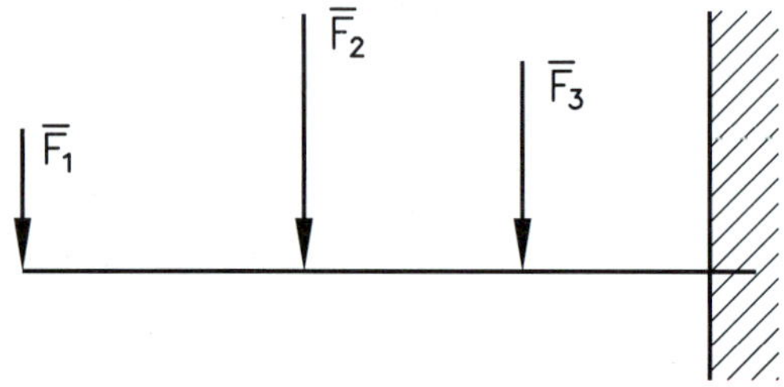

Fig. 4.3
Trave appoggiata alle estremità.

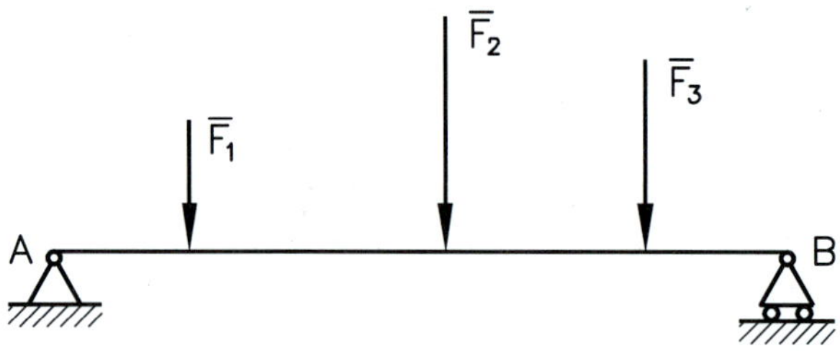

Fig. 4.4
Trave con due appoggi intermedi.

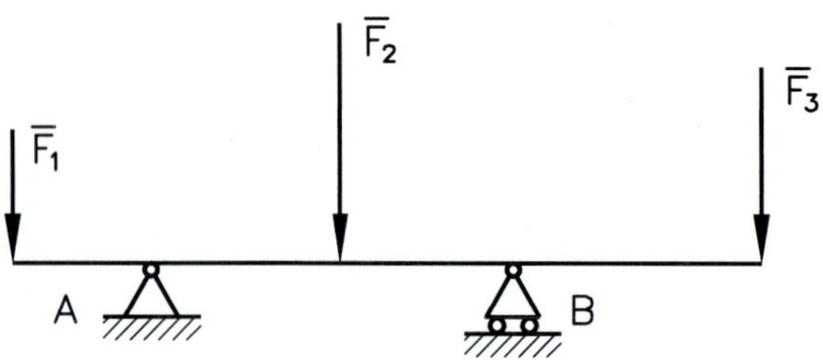

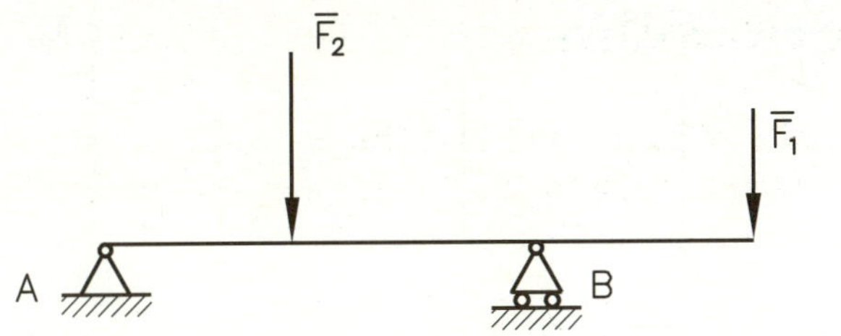

Fig. 4.5
Trave con un appoggio intermedio e un appoggio all'estremità.

Per calcolare le sollecitazioni di taglio e di flessione nelle travi inflesse, occorre inizialmente determinare le reazioni vincolari, i cui valori si calcolano mediante le equazioni cardinali della Statica.

Poiché si considerano le travi piane ad asse orizzontale, sottoposte a carichi perpendicolari al proprio asse, i vincoli sviluppano solo reazioni verticali, per cui la condizione di isostaticità della trave può essere realizzata mediante due appoggi semplici, non essendovi differenza, in questo caso, fra la cerniera e il carrello; così facendo le reazioni vincolari da determinare si riducono a due.

In questo modo i vincoli possono essere schematizzati sempre come appoggi semplici; per la determinazione delle reazioni vincolari sono sufficienti due sole equazioni cardinali della Statica, quella di equilibrio relativa alla traslazione verticale e quella di equilibrio relativa alla rotazione intorno a qualunque punto del piano della trave.

Determinazione delle caratteristiche di sollecitazione

Dopo avere determinato le reazioni vincolari, si procede al calcolo delle sollecitazioni di taglio e di flessione in una generica sezione S della trave, prendendo in esame le forze a sinistra o a destra della suddetta sezione.

In riferimento alla trave rappresentata nella ***figura 4.6***, supponendo per esempio di esaminare le forze a sinistra della sezione S, si osserva che la forza di taglio $\overline{T}$ è data dalla somma algebrica di tutte le forze (compresa la reazione vincolare) poste a sinistra della sezione considerata:

$$T_S = R_A - F_1 - F_2$$

o nel caso generale di n forze:

$$T_S = R_A - \sum_i F_i \qquad \textbf{[4.1]}$$

in cui la sommatoria:

$$\sum_i F_i$$

indica la somma algebrica delle n forze applicate a sinistra della sezione S. Il segno da attribuire alle forze e alla reazione vincolare viene determinato riferendo la trave a due assi ortogonali x, y, i cui versi sono fissati convenzionalmente, per esempio nel caso della ***figura 4.6*** si è considerato l'asse y verso l'alto e l'asse x verso destra.

Fig. 4.6
Trave rettilinea soggetta a un sistema di forze complanari, perpendicolari all'asse della trave.

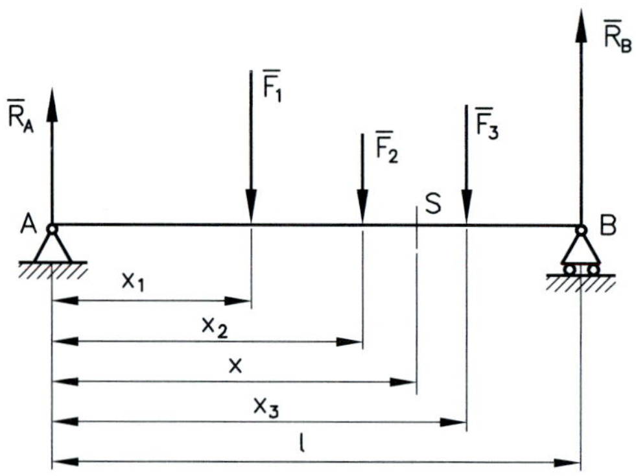

Se nella sezione in esame è applicata una forza, essa non dev'essere compresa nella sommatoria.

Il momento flettente è ottenuto dalla somma algebrica dei momenti di tutte le forze a sinistra della sezione S, compresa la reazione vincolare:

$$M_S = R_A\, x - F_1(x - x_1) - F_2(x - x_2)$$

generalizzando al caso di n forze si ha:

$$M_S = R_A\, x - \sum_i F_i\,(x - x_i) \qquad [4.2]$$

in cui la sommatoria:

$$\sum_i F_i\,(x - x_i)$$

indica la somma algebrica dei momenti delle n forze applicate a sinistra della sezione S.

Il segno assunto dai momenti delle forze e della reazione vincolare può essere considerato positivo, se in verso orario, negativo, se in verso antiorario (▸ ***Fig. 4.6***).

Le relazioni ottenute considerando le forze agenti a sinistra della sezione S sono ricavate con lo stesso procedimento, facendo riferimento alle forze applicate a destra della stessa sezione. Tuttavia dev'essere stabilita una convenzione per quanto riguarda il segno da attribuire al taglio e al momento flettente, al fine di ottenere, indipendentemente dal metodo di calcolo, valore e segno coincidenti.

Tenendo presente che, per l'equilibrio della trave, la risultante delle forze applicate a sinistra di una sezione S generica ha uguale intensità e verso opposto della risultante delle forze applicate a destra della stessa sezione, si adotta la seguente convenzione (▸ ***Fig. 4.7***):

— per le forze di sinistra si considerano positivi il taglio, se rivolto verso l'alto, e il momento flettente, se ha verso orario;
— per le forze di destra si considerano positivi il taglio, se rivolto verso il basso, e il momento flettente, se ha verso antiorario.

Fig. 4.7
Convenzione sui segni da attribuire alle sollecitazioni di taglio e flessione.

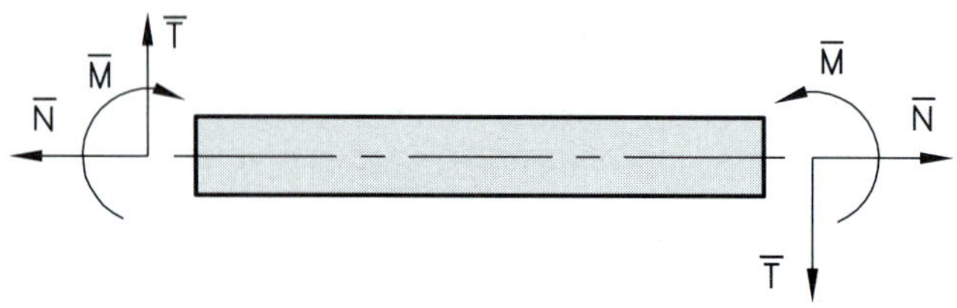

Relazioni fra taglio, momento flettente e carico

Si consideri un piccolo tratto dx di una trave, soggetta a un carico uniformemente distribuito, definito dal valore q del **carico per unità di lunghezza**, espresso in N/m (▸ *Fig. 4.8*).

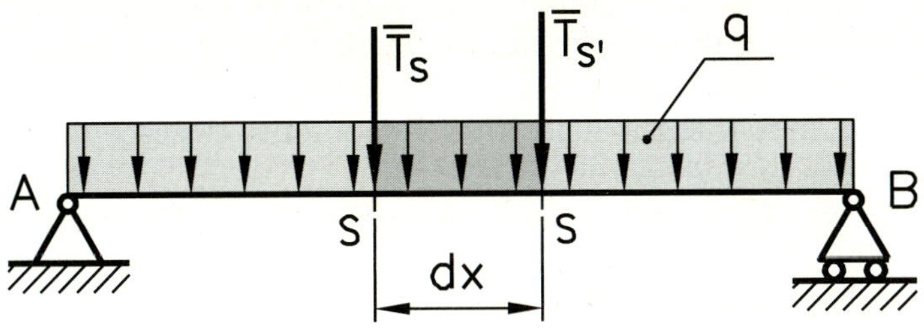

Fig. 4.8
Trave sottoposta a un carico uniformemente distribuito. Sono evidenziati un tratto *dx* della trave e le forze di taglio T_S e $T_{S'}$, che agiscono sulle sezioni *S* e *S'*.

Il taglio T e il momento flettente M variano generalmente da sezione a sezione; inoltre il taglio, il momento flettente e il carico q sono legati fra loro dalle relazioni di seguito presentate.

Indicando con T_S il taglio in una generica sezione S e con ($q\,dx$) il carico agente sul tratto dx della trave, il taglio $T_{S'}$ nella sezione S', alla distanza dx da S, è dato dalla seguente relazione:

$$T_{S'} = T_S + dT$$

in cui dT indica l'incremento infinitesimo subito dal taglio nel tratto dx, dovuto al carico complessivo ($q\,dx$), considerato applicato nel punto medio del tronco, ossia, alla distanza $dx/2$ dalla sezione S.

Tenendo conto che il verso del carico q è opposto a quello del taglio, dT assume il valore:

$$dT = -\,q\,dx$$

da cui si ricava:

$$\frac{dT}{dx} = -q \qquad \textbf{[4.3]}$$

La [*4.3*] esprime la relazione in termini differenziali fra il taglio e il carico unitario q, pertanto, la derivata della forza di taglio T rispetto all'ascissa x della trave è uguale al carico unitario q, cambiato di segno. Da tale osservazione si deduce che per $q = 0$, ossia nei tratti in cui la trave è scarica, il taglio è costante.

Per quanto riguarda il momento flettente $M_{S'}$ nella sezione S', il suo valore è dato da:

$$M_{S'} = M_S + dM$$

in cui l'incremento subito dal momento vale:

$$dM = T\,dx - q\,dx\frac{dx}{2} = T\,dx - q\frac{dx^2}{2}$$

Trascurando l'infinitesimo di ordine superiore si ottiene:

$$dM = T\,dx$$

da cui si ricava:

$$\frac{dM}{dx} = T \qquad [4.4]$$

vale a dire, la derivata del momento M rispetto all'ascissa della trave è uguale alla forza di taglio; per cui il momento flettente è massimo nelle sezioni dove il taglio è nullo.

Inoltre quando il taglio è positivo, il momento è crescente, quando è negativo il momento è decrescente.

La [*4.4*] esprime la relazione in termini differenziali fra il momento flettente e il taglio; considerando la [*4.3*] si ricava la relazione fra il momento M e il carico q:

$$\frac{d^2 M}{dx^2} = \frac{dT}{dx}$$

ossia:

$$\frac{d^2 M}{dx^2} = -q \qquad [4.5]$$

che conferma quanto affermato dalla [*4.4*], ossia che nelle sezioni in cui il taglio è nullo, il momento flettente è massimo, e non minimo, poiché la sua derivata seconda è negativa.

A4.2 DIAGRAMMI DELLE SOLLECITAZIONI DI TAGLIO E DI FLESSIONE

POLIGLOTTA
Diagramma di sollecitazione
GB: Charge diagram
F: Diagramme de charge
D: Beanspruchungsdiagram

Le variazioni delle **sollecitazioni di taglio** e **di flessione** in tutte le sezioni di una trave possono essere rappresentate mediante diagrammi. L'esame di tali diagrammi consente di individuare direttamente le sezioni più pericolose, ossia le sezioni dove si hanno i valori massimi delle sollecitazioni esterne, potendo così procedere ai calcoli di progetto o di verifica della resistenza della trave.

Diagramma delle sollecitazioni di taglio

POLIGLOTTA
Linea fondamentale
GB: Fundamental line
F: Ligne fondamentale
D: Grundlegende Linie

Si consideri per esempio una trave appoggiata, su cui agiscano solamente carichi concentrati e si disegni, al di sotto di essa, una linea orizzontale, detta **linea fondamentale**, di lunghezza uguale a quella della trave (▸ *Fig. 4.9a*).

Individuate alcune sezioni caratteristiche, che di solito sono quelle in corrispondenza dei carichi e degli appoggi, si calcolano i valori della forza di taglio immediatamente prima o dopo le sezioni stesse; si riportano quindi, sulla linea fondamentale, secondo una scala opportuna (per esempio la stessa di quella adottata per le forze), i segmenti verticali proporzionali ai valori trovati del taglio.

Indicando con S_1, S_2, e S_3 le sezioni in cui sono applicate i carichi esterni e considerando le forze a sinistra di tali sezioni, si ottengono le seguenti espressioni del taglio a sinistra:

— della sezione S_1:

$$T_{S1} = +R_A$$

— della sezione S_2:

$$T_{S2} = +R_A - F_1$$

— della sezione S_3:

$$T_{S3} = +R_A - F_1 - F_2$$

— dell'appoggio B:

$$T_B = +R_A - F_1 - F_2 - F_3$$

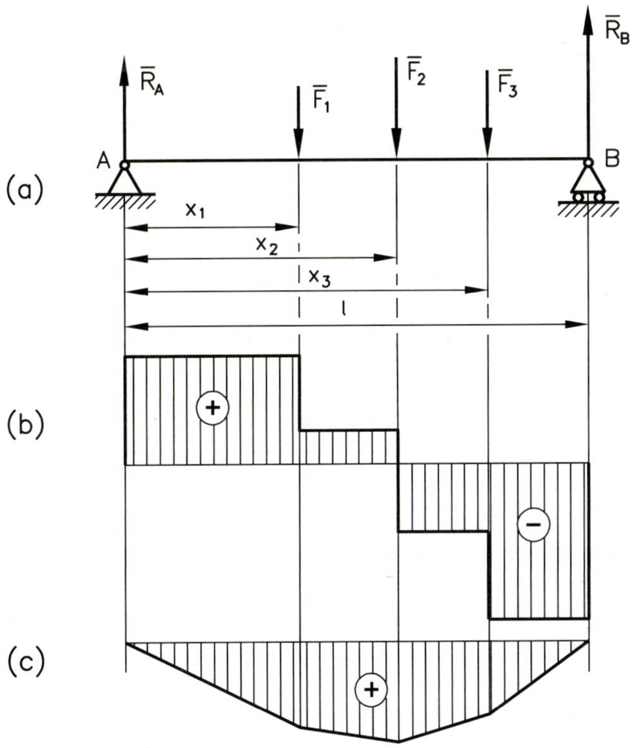

Fig. 4.9

a) Trave appoggiata, soggetta a un sistema di carichi concentrati.
b) Rappresentazione del diagramma del taglio.
c) Rappresentazione del diagramma del momento flettente.

Si rappresentano i valori ricavati sulla linea fondamentale, in corrispondenza della sezione considerata, mediante segmenti verticali a essi proporzionali (secondo la scala prescelta); collegando gli estremi di tali segmenti con tratti rettilinei orizzontali si ottiene il diagramma del taglio.

Il disegno del diagramma è eseguito, convenzionalmente, riportando sopra e sotto la linea fondamentale, rispettivamente, le forze di taglio di valore positivo e quelle di valore negativo (▸ **Fig. 4.9b**).

Osservazione: nel caso di carichi concentrati, poiché il taglio è definito dai valori assunti immediatamente a sinistra o a destra delle sezioni in cui sono applicati i carichi, il diagramma del taglio presenta una discontinuità, in corrispondenza di tali sezioni; in questo caso il taglio non si annulla mai e il momento flettente assume i valori massimi nelle sezioni in cui il taglio cambia segno.

Diagramma della sollecitazione di flessione

Il procedimento è analogo a quello del taglio.

Considerando la stessa trave rappresentata nella *figura 4.9a* e assumendo le stesse sezioni caratteristiche S_1, S_2, e S_3, si hanno le seguenti espressioni del momento flettente nella:

— sezione S_1:

$$M_{S1} = +R_A\, x_1$$

— sezione S_2:

$$M_{S2} = +R_A\, x_2 - F_1(x_2 - x_1)$$

— sezione S_3:

$$M_{S3} = +R_A\, x_3 - F_1(x_3 - x_1) - F_2(x_3 - x_2)$$

— sezione dell'appoggio B:

$$M_B = +R_A\, l - F_1(l - x_1) - F_2(l - x_2) - F_3(l - x_3) = 0$$

I valori dei momenti così trovati sono rappresentati sulla linea fondamentale, in corrispondenza delle sezioni considerate, mediante segmenti verticali a essi proporzionali secondo la scala prescelta; unendo con tratti rettilinei i loro estremi si ottiene il diagramma del momento flettente (▸ *Fig. 4.9c*).

La convenzione per il tracciamento del diagramma del momento flettente è contraria a quella adottata per il taglio, pertanto i valori positivi e negativi sono riportati, rispettivamente, sopra o sotto la linea fondamentale.

Osservazione: la convenzione per i momenti flettenti conduce al tracciamento del gafico nello stesso verso della deformazione subita dalla trave, attribuendo al diagramma un evidente significato pratico.

A4.3 ESEMPI DI TRAVI INFLESSE ISOSTATICAMENTE VINCOLATE E SOGGETTE A VARI SISTEMI DI CARICO

Saranno di seguito affrontati il calcolo delle reazioni vincolari e lo studio dei diagrammi di taglio e del momento flettente, relativi alle più comuni configurazioni di travi diversamente vincolate e soggette a carichi differenziati.

Inoltre le travi sono considerate a sezione costante.

Trave a mensola soggetta a un carico *F* concentrato all'estremo libero (▸ *Fig. 4.10a*)

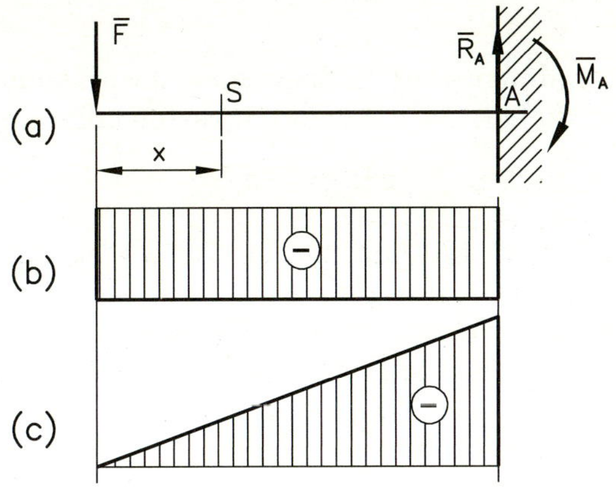

POLIGLOTTA
Mensola
GB: Bracket
F: Corbeau
D: Auslagerträger

Fig. 4.10
a) Trave a mensola soggetta a un carico *F*, concentrato all'estremo libero.
b) Diagramma del taglio.
c) Diagramma del momento flettente.

Calcolo delle reazioni vincolari

Le reazioni vincolari sono due: la reazione verticale R_A e la coppia di reazioni di momento M_A; esse si ottengono mediante l'equazione di equilibrio relativa alla traslazione verticale e l'equazione di equilibrio relativa alla rotazione rispetto a un punto qualsiasi del piano.

Considerando positivi le forze rivolte verso l'alto e i momenti con verso orario e assumendo il punto A all'incastro come polo per il calcolo dei momenti, si ha:

$$R_A - F = 0$$

e:

$$M_A - F\,l = 0$$

da cui si ricava:

$$R_A = F \qquad [4.6]$$

e:

$$M_A = F\,l \qquad [4.7]$$

Diagramma del taglio

Nella generica sezione S, posta alla distanza x dall'estremo libero, le caratteristiche di sollecitazione si ricavano considerando, per esempio, le forze a sinistra della sezione S. Il taglio assume il valore:

$$T_S = -F \qquad [4.8]$$

e rimane costante per tutta la lunghezza della trave.

Per la costruzione del diagramma, poiché il taglio ha valori negativi, si riporta sotto la linea fondamentale della trave, in corrispondenza dell'estremo libero, un segmento verticale che, secondo una scala prescelta, corrisponde al valore del taglio ricavato, ossia F.

Essendo il taglio costante per tutta la lunghezza della trave, dall'estremo superiore di tale segmento si conduce la parallela alla linea fondamentale fino all'incastro, ottenendo così il rettangolo di lati l e F, che rappresenta appunto il diagramma del taglio (▸ ***Fig. 4.10b***).

Diagramma del momento flettente

Il momento flettente vale:

$$M_S = -F\,x \qquad [4.9]$$

e varia proporzionalmente con la distanza x, assumendo il valore nullo all'estremo libero della trave e il valore massimo all'incastro:

$$M_{max} = -F\,l \qquad [4.10]$$

Il diagramma del momento flettente si ricava disegnando al di sopra della linea fondamentale (avendo il momento valori negativi), in corrispondenza dell'incastro, un segmento verticale che rappresenta, secondo la scala prescelta, il momento flettente massimo.

Si collega, quindi, l'estremo superiore di tale segmento con il punto situato all'estremità della linea fondamentale, corrispondente all'estremo libero della trave, dove il momento è nullo (▸ *Fig. 4.10c*).

Trave a mensola soggetta a più carichi concentrati (▸ *Fig. 4.11a*)

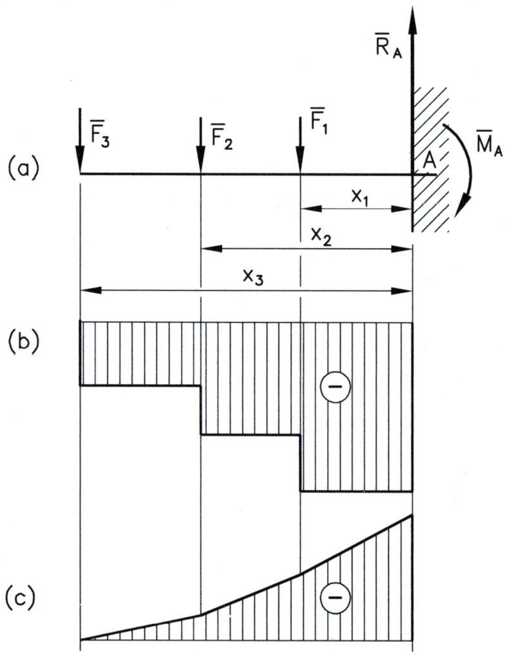

Fig. 4.11
a) Trave a mensola soggetta a più carichi concentrati.
b) Diagramma del taglio.
c) Diagramma del momento flettente.

Calcolo delle reazioni vincolari

La reazione verticale R_A e la coppia di reazione di momento M_A si ottengono mediante l'equazione di equilibrio relativa alla traslazione verticale e l'equazione di equilibrio relativa alla rotazione rispetto a un punto del piano.

Considerando positivi le forze rivolte verso l'alto e i momenti aventi verso orario, e assumendo come polo per il calcolo dei momenti il punto A all'incastro, si ottiene:

$$R_A - F_3 - F_2 - F_1 = 0$$

e:

$$M_A - F_1\,x_1 - F_2\,x_2 - F_3\,x_3 = 0$$

Dal sistema formato da queste due equazioni si ricava:

$$R_A = F_3 + F_2 + F_1 = 0 \qquad [4.11]$$

e:

$$M_A = F_1 x_1 + F_2 x_2 + F_3 x_3 = 0 \qquad [4.12]$$

Diagramma del taglio

Osservando la trave si rileva che:

— nel tratto compreso tra la forza $\bar{F}_3$ e $\bar{F}_2$, il taglio è costante e vale:

$$T' = -F_3 \qquad [4.13]$$

— nel tratto fra $\bar{F}_2$ e $\bar{F}_1$, il taglio è ancora costante e vale:

$$T'' = -F_3 - F_2 \qquad [4.14]$$

— nel tratto compreso tra la forza $\bar{F}_1$ e l'incastro, il taglio, sempre costante, assume il valore massimo:

$$T_{max} = -F_3 - F_2 - F_1 \qquad [4.15]$$

Il diagramma della forza di taglio (rappresentato al di sotto della linea fondamentale, in quanto assume valori negativi) ha un **andamento a gradini**, pertanto il taglio non è costante lungo l'asse della trave, ma presenta degli incrementi in corrispondenza delle sezioni dove sono applicate le forze (▸ *Fig. 4.11b*).

POLIGLOTTA
Gradino
GB: Step
F: Marche
D: Stufe

Diagramma del momento flettente

Per quanto riguarda la valutazione del momento flettente, si nota che:

— nella sezione S_2 in cui è applicata la forza $\bar{F}_2$, il momento vale:

$$M_2 = -F_3 (x_3 - x_2) \qquad [4.16]$$

— nella sezione S_1 in cui è applicata la forza $\bar{F}_1$, il momento è:

$$M_1 = -F_3 (x_3 - x_1) - F_2 (x_2 - x_1) \qquad [4.17]$$

— nella sezione all'incastro si ha il momento massimo, uguale e in valore assoluto, al momento di reazione M_A:

$$M_{max} = -F_3 x_3 - F_2 x_2 - F_1 x_1 \qquad [4.18]$$

— in corrispondenza dell'estremo libero, il momento flettente M_3 risulta nullo.

Pertanto il diagramma del momento flettente è rappresentato da tratti rettilinei con diversa pendenza, riportati al di sopra della linea fondamentale, essendo i valori da esso assunti negativi in tutto il tratto, come si può osservare dalla *figura 4.11c*.

Trave a mensola soggetta a un carico uniformemente distribuito (▸ Fig. 4.12a)

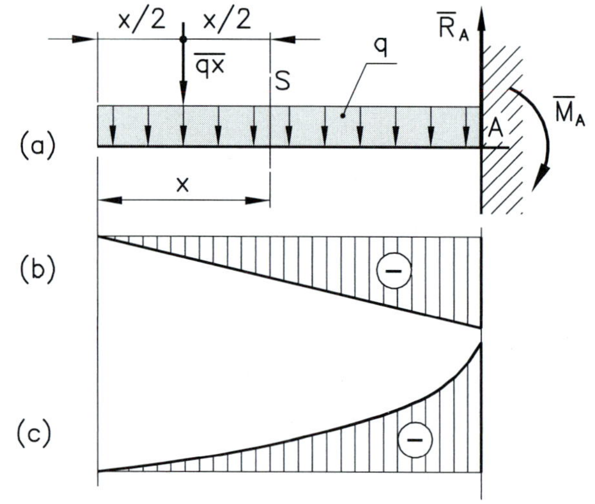

Fig. 4.12
a) Trave a mensola, soggetta a un carico uniformemente distribuito.
b) Diagramma del taglio.
c) Diagramma del momento flettente.

Calcolo delle reazioni vincolari

Indicando con q l'intensità per unità di lunghezza del carico uniformemente distribuito, agente su tutta la trave di lunghezza l, il carico complessivo Q vale:

$$Q = q\,l \qquad \textbf{[4.19]}$$

Il carico complessivo può essere considerato, ai fini del calcolo delle reazioni vincolari, come una forza applicata nel baricentro del diagramma rappresentativo del carico distribuito. Nel caso di carico uniformemente distribuito, il relativo diagramma è di forma rettangolare e il carico totale Q si considera applicato nel punto di mezzo della trave, vale a dire alla distanza $l/2$ dall'incastro.

Pertanto, considerando positivi le forze rivolte verso l'alto e i momenti con verso orario, e assumendo come polo per il calcolo dei momenti il punto A all'incastro, le reazioni vincolari, per le equazioni cardinali della Statica, assumono i seguenti valori:

$$R_A - q\,l = 0$$

e:

$$M_A - q\frac{l^2}{2} = 0$$

da cui si ottiene:

$$R_A = q\,l \qquad \textbf{[4.20]}$$

e:

$$M_A = q\frac{l^2}{2} \qquad \textbf{[4.21]}$$

Diagramma del taglio

Supponendo di valutare il taglio in una sezione generica S, alla distanza x dall'estremo libero, esso può essere calcolato considerando, per esempio, le forze a sinistra della sezione presa in esame. A sinistra della sezione S, il tronco di trave, di lunghezza x, è soggetto al carico complessivo $(q\,x)$ rivolto verso il basso, per cui nella sezione il taglio è negativo e vale:

$$T_S = -q\,x \qquad [4.22]$$

Dalla [*4.24*] si osserva che il taglio varia con legge lineare, assumendo intensità crescente dal valore nullo, in corrispondenza dell'estremo libero, al valore massimo all'incastro (▸ ***Fig. 4.12b***), dove risulta:

$$T_{max} = -q\,l = -Q \qquad [4.23]$$

Diagramma del momento flettente

Il carico $(q\,x)$, agente sul tronco di trave di lunghezza x, è applicato nel punto medio del tronco, ossia alla distanza $x/2$ dalla sezione S; esso genera, rispetto alla sezione S, il momento flettente:

$$M_S = -q\,x\frac{x}{2} = -q\frac{x^2}{2} \qquad [4.24]$$

di valore negativo, perché ha verso antiorario.

Dalla [*4.24*] si osserva che il momento flettente varia con legge parabolica, assumendo intensità crescente dal valore nullo all'estremo libero, al valore massimo all'incastro (▸ ***Fig. 4.12c***), in cui risulta:

$$M_{max} = -q\frac{l^2}{2} \qquad [4.25]$$

Trave a mensola soggetta a un carico variabile con legge lineare (▸ *Fig. 4.13a*)

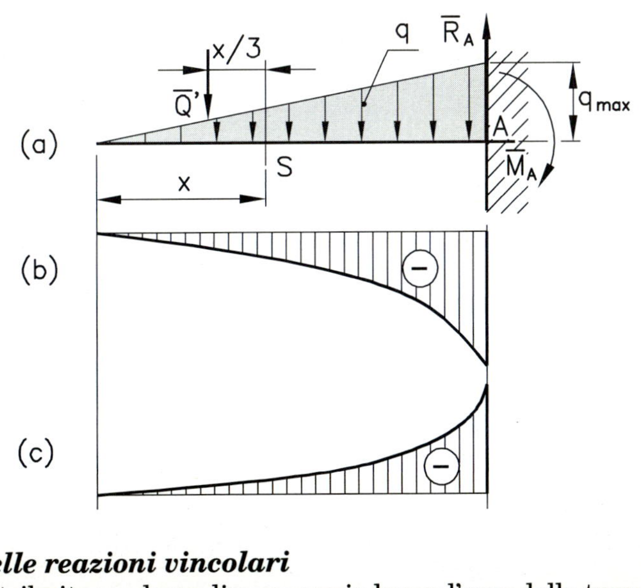

Fig. 4.13
a) Trave a mensola, soggetta a un carico variabile con legge lineare.
b) Diagramma del taglio.
c) Diagramma del momento flettente.

Calcolo delle reazioni vincolari

Il carico distribuito con legge lineare varia lungo l'asse della trave dal valore nullo, in corrispondenza dell'estremo libero, al valore massimo q_{max}, assunto in corrispondenza dell'incastro. Il carico complessivo Q agente sulla trave si ricava dal prodotto del valore medio $q_{max}/2$ del carico distribuito, per la lunghezza della trave:

$$Q = \frac{q_{max}}{2} l \qquad \textbf{[4.26]}$$

Ai fini del calcolo delle reazioni vincolari, si può considerare tale carico applicato in corrispondenza del baricentro del diagramma triangolare rappresentativo del carico distribuito; il carico totale Q è quindi applicato alla distanza $l/3$ dall'incastro.

Ipotizzando il segno positivo per le forze rivolte verso l'alto e per i momenti con verso orario, e assumendo come polo per il calcolo dei momenti il punto A all'incastro, per le equazioni cardinali della Statica si ha:

$$R_A - Q = R_A - q_{max} \frac{l}{2} = 0$$

e:

$$M_A - Q \frac{l}{3} = M_A - q_{max} \frac{l}{2} \frac{l}{3} = 0$$

da cui si ricava:

$$R_A = q_{max} \frac{l}{2} \qquad \textbf{[4.27]}$$

e:

$$M_A = q_{max} \frac{l^2}{6} \qquad \textbf{[4.28]}$$

Diagramma del taglio

In una generica sezione S, situata alla distanza x dall'estremo libero, il carico unitario q_x è ricavato dalla seguente proporzione:

$$q_x : x = q_{max} : l$$

da cui si ottiene:

$$q_x = q_{max} \frac{x}{l} \qquad \textbf{[4.29]}$$

Sul tronco di trave, di lunghezza x, agisce il carico complessivo Q', pertanto si ottiene:

$$Q' = -\frac{q_x}{2} x = -q_{max} \frac{x^2}{2l} \qquad \textbf{[4.30]}$$

corrispondente al carico agente a sinistra della sezione S; pertanto la forza di taglio nella sezione S assume il seguente valore:

$$T_S = -q_{max} \frac{x^2}{2l} \qquad \textbf{[4.31]}$$

Dalla [4.31] si deduce che il taglio varia con legge parabolica (▸ *Fig. 4.13b*), crescendo dal valore nullo all'estremo libero (x = 0), al valore massimo all'incastro ($x = l$), in cui vale:

$$T_{max} = -q_{max}\frac{l}{2} = -Q \quad \textbf{[4.32]}$$

Diagramma del momento flettente

Il carico complessivo, agente sul tronco di trave di lunghezza x, a sinistra della sezione S, si considera applicato nel baricentro del diagramma triangolare, rappresentativo della distribuzione del carico del tronco stesso, vale a dire alla distanza $x/3$ dalla sezione S. Ne consegue un momento flettente, rispetto alla sezione S, dato da:

$$M_S = -q_x\frac{x}{2}\frac{x}{3} = -q_x\frac{x^2}{6}$$

ovvero, per la [4.29]:

$$M_S = -q_{max}\frac{x}{l}\frac{x^2}{6} = -q_{max}\frac{x^3}{6l} \quad \textbf{[4.33]}$$

Da tale relazione si può notare che il momento flettente ha l'andamento di una parabola cubica (▸ *Fig. 4.13c*), assumendo intensità crescente dal valore nullo, in corrispondenza dell'estremo libero (x = 0), al valore massimo, in corrispondenza dell'incastro ($x = l$), in cui vale:

$$M_{max} = -q_{max}\frac{l^2}{6} = -Q\frac{l}{3} \quad \textbf{[4.34]}$$

Trave appoggiata alle estremità soggetta a un carico *F* concentrato (▸ *Fig. 4.14a*)

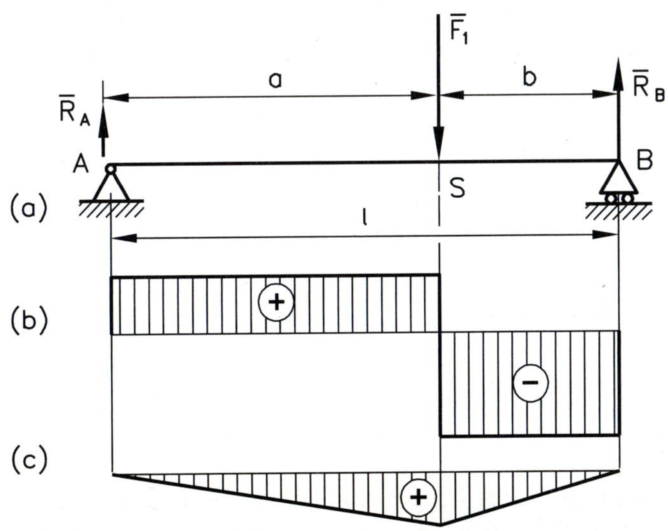

Fig. 4.14
a) Trave appoggiata alle estremità soggetta a un carico *F* concentrato.
b) Diagramma del taglio.
c) Diagramma del momento flettente.

Calcolo delle reazioni vincolari

Le reazioni vincolari sono costituite dalle due reazioni verticali R_A e R_B; esse si ottengono mediante l'equazione di equilibrio relativa alla traslazione verticale e l'equazione di equilibrio relativa alla rotazione rispetto a un punto qualsiasi del piano. Considerando il segno positivo per le forze rivolte verso l'alto e per i momenti con verso orario, e assumendo come polo per il calcolo dei momenti il punto in corrispondenza dell'appoggio B, per le equazioni cardinali della Statica si ha:

$$R_A - F + R_B = 0$$

e:

$$R_A\, l - F\, b = 0$$

Risolvendo e semplificando il sistema formato da tali equazioni, si ricavano i valori delle reazioni vincolari:

$$R_A = \frac{F\, b}{l} \qquad \textbf{[4.35]}$$

e:

$$R_B = \frac{F\, a}{l} \qquad \textbf{[4.36]}$$

Diagramma del taglio

Nel tratto di trave compreso fra l'appoggio A e la sezione S, in cui è applicata la forza $\bar{F}$ (ossia a sinistra di $\bar{F}$), il taglio assume valore positivo e costante pari a:

$$T_S = R_A = \frac{F\, b}{l} \qquad \textbf{[4.37]}$$

Nel tratto a destra di $\bar{F}$, ovvero a sinistra dall'appoggio B, il taglio assume valore costante:

$$T'_S = R_A - F = -\frac{F\, a}{l} \qquad \textbf{[4.38]}$$

Ne consegue che, in corrispondenza della sezione in cui è applicata la forza $\bar{F}$, il taglio cambia segno diventando negativo (▸ *Fig. 4.14b*).

Diagramma del momento flettente

Per quanto riguarda il momento flettente, considerando per esempio le forze a sinistra della sezione in esame, si ha che:

— in corrispondenza dell'appoggio A, il momento flettente è nullo;

— nella sezione S, dove è applicata la forza $\bar{F}$, il momento assume il valore massimo positivo (verso orario):

$$M_{max} = R_A\, a = \frac{F\, b\, a}{l} \qquad \textbf{[4.39]}$$

— in corrispondenza dell'appoggio B, il momento flettente è nullo.

Da quanto esposto in precedenza, si deduce che il momento flettente varia linearmente, assumendo il valore massimo in corrispondenza della sezione in cui il taglio cambia segno (▸ *Fig. 4.14c*).

Trave appoggiata alle estremità soggetta a più carichi concentrati (▸ *Fig. 4.15a*)

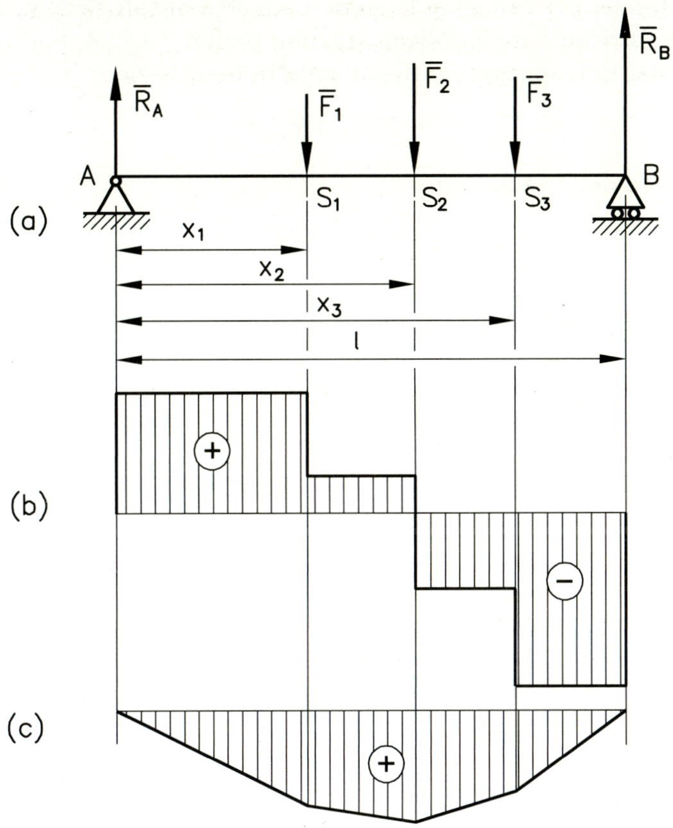

Fig. 4.15

a) Trave appoggiata alle estremità, soggetta a più carichi concentrati.
b) Diagramma del taglio.
c) Diagramma del momento flettente.

Calcolo delle reazioni vincolari

Le reazioni vincolari, rappresentate dalle due reazioni verticali R_A e R_B, sono determinate mediante le due equazioni cardinali della Statica, concernenti l'equilibrio relativo alla traslazione verticale e l'equilibrio relativo alla rotazione rispetto a un punto qualsiasi del piano. Considerando con segno positivo le forze dirette verso l'alto e i momenti con verso orario, e assumendo come polo per il calcolo dei momenti il punto in corrispondenza dell'appoggio B, si ottiene:

$$R_A - F_1 - F_2 - F_3 + R_B = 0$$

e:

$$R_A\, l - F_1(l - x_1) - F_2(l - x_2) - F_3(l - x_3) = 0$$

Risolvendo il sistema formato da queste due equazioni, si ricavano le reazioni R_A e R_B:

$$R_A = \frac{F_1(l - x_1) + F_2(l - x_2) + F_3(l - x_3)}{l} \qquad \textbf{[4.40]}$$

e:

$$R_B = \frac{F_1\, x_1 + F_2\, x_2 + F_3\, x_3}{l} \qquad \textbf{[4.41]}$$

Diagramma del taglio

Indicando con S_1, S_2, e S_3 le sezioni in cui sono applicati i carichi esterni e considerando, per esempio, le forze a sinistra di tali sezioni, si determinano analiticamente le sollecitazioni di taglio:

— nel tratto dall'appoggio A fino a sinistra della sezione S_1:

$$T_{S1} = +R_A$$

— a sinistra della sezione S_2:

$$T_{S2} = +R_A - F_1$$

— a sinistra della sezione S_3:

$$T_{S3} = +R_A - F_1 - F_2$$

— a sinistra dell'appoggio B:

$$T_B = +R_A - F_1 - F_2 - F_3$$

Si rappresentano i valori ricavati sulla linea fondamentale, in corrispondenza delle sezioni considerate, mediante segmenti verticali a essi proporzionali, secondo la scala prescelta, e si riportano sopra o sotto la linea fondamentale, se tali valori sono, rispettivamente, positivi o negativi. Collegando gli estremi di tali segmenti con tratti rettilinei orizzontali, si ottiene il diagramma del taglio (▸ ***Fig. 4.15b***).

Diagramma del momento flettente

Considerando le stesse sezioni caratteristiche, S_1, S_2 e S_3, scelte per il taglio, e le forze a sinistra di tali sezioni, si hanno le seguenti espressioni del momento flettente:

— nella sezione in corrispondenza dell'appoggio A, il momento flettente è nullo, in quanto alla sua sinistra non vi sono forze applicate, pertanto:

$$M_A = 0$$

— nella sezione S_1:

$$M_{S1} = +R_A\, x_1$$

— nella sezione S_2:

$$M_{S2} = +R_A\, x_2 - F_1(x_2 - x_1)$$

— nella sezione S_3:

$$M_{S3} = +R_A\, x_3 - F_1(x_3 - x_1) - F_2(x_3 - x_2)$$

— nella sezione dell'appoggio B:

$$M_B = +R_A\, l - F_1(l - x_1) - F_2(l - x_2) - F_3(l - x_3) = 0$$

I valori dei momenti così trovati sono rappresentati sulla linea fondamentale, in corrispondenza delle sezioni considerate, mediante segmenti verticali a essi proporzionali secondo la scala prescelta. I momenti flettenti negativi o positivi sono riportati, rispettivamente, sopra o sotto la linea fondamentale; quindi, unendo con tratti rettilinei di diversa pendenza i loro estremi, si ottiene il diagramma del momento flettente (▸ **Fig. 4.15c**).

POLIGLOTTA
Cambio di segno
GB: Change of sign
F: Changement de signe
D: Zeichenwechsel

Osservazione: dai diagrammi delle sollecitazioni ottenuti, si nota che nella sezione S_2 il taglio cambia di segno; quindi in tale sezione il momento flettente assume il valore massimo. Quando il diagramma del taglio presenta cambiamenti di segno in più punti della trave, nelle corrispondenti sezioni il momento flettente assumerà altrettanti valori massimi relativi; quello maggiore rappresenta il valore massimo assoluto.

Trave appoggiata alle estremità soggetta a un carico uniformemente distribuito (▸ *Fig. 4.16a*)

Calcolo delle reazioni vincolari

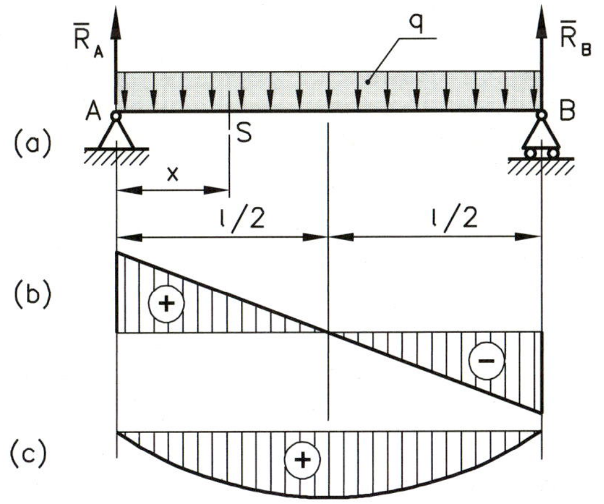

Fig. 4.16
a) Trave appoggiata alle estremità, soggetta a un carico uniformemente distribuito.
b) Diagramma del taglio.
c) Diagramma del momento flettente.

Indicando con q l'intensità per unità di lunghezza del carico uniformemente distribuito, agente su tutta la trave di lunghezza l, il carico complessivo Q vale:

$$Q = q\,l$$

Tale carico può essere considerato, ai fini del calcolo delle reazioni vincolari, come una forza applicata nel baricentro del diagramma rappresentativo del carico distribuito. Nel caso di carico uniformemente distribuito, il relativo diagramma è di forma rettangolare e il carico totale Q si considera applicato nel punto di mezzo della trave.

Considerando positivi le forze rivolte verso l'alto e i momenti con verso orario, e assumendo come polo per il calcolo dei momenti il punto B del corrispondente appoggio, per le equazioni cardinali della Statica, si ricavano le reazioni vincolari, risolvendo il seguente sistema formato da due equazioni:

$$R_A - Q + R_B = 0$$

e:

$$R_A\,l - Q\frac{l}{2} = 0$$

quindi si ottiene:

$$R_A = q\frac{l}{2} = R_B \tag{4.42}$$

Diagramma del taglio

Considerando una sezione generica S, situata alla distanza x dall'appoggio A, si osserva che alla sua sinistra agiscono la reazione vincolare R_A e il carico $(q\,x)$, distribuito uniformemente sul tronco di trave di lunghezza x.

Pertanto l'espressione analitica del taglio nella sezione generica S è:

$$T_S = R_A - q\,x = q\frac{l}{2} - q\,x \tag{4.43}$$

Da tale relazione si nota che, in corrispondenza dell'appoggio ($x = 0$), il taglio vale:

$$T_A = q\frac{l}{2} \tag{4.44}$$

e decresce con legge lineare, andando verso il centro della trave ($x = l/2$), dove assume il valore nullo:

$$T_S = q\frac{1}{2} - q\frac{l}{2} = 0 \tag{4.45}$$

A partire dal centro della trave, il taglio cresce negativamente con legge lineare, assumendo, in corrispondenza dell'appoggio B ($x = $ l), il valore:

$$T_B = -q\frac{l}{2} \tag{4.46}$$

il diagramma del taglio ha quindi l'andamento rappresentato nella ***figura 4.16b***.

Diagramma del momento flettente

Considerando ancora la sezione generica S, l'espressione del momento flettente è:

$$M_S = R_A\,x - q\,x\frac{x}{2} = \frac{q\,l}{2}x - \frac{q}{2}x^2 \tag{4.47}$$

La [*4.47*] rappresenta l'equazione di una parabola ad asse verticale; il momento flettente varia perciò con legge parabolica e si annulla in corrispondenza degli appoggi (▸ ***Fig. 4.16c***), infatti, per $x = 0$ e $x = l$, dalla [*4.47*] si ottiene:

$$M_A = M_B = 0 \tag{4.48}$$

Il vertice della parabola si trova nel punto di mezzo della trave, cui corrisponde il valore massimo del momento flettente che si ottiene dalla [*4.47*], ponendo $x = l/2$:

$$M_{max} = q\frac{l^2}{4} - q\frac{l^2}{8} = \frac{q\,l^2}{8} \tag{4.49}$$

Osservazione: un carico, uniformemente distribuito su tutta la lunghezza di una trave, genera una sollecitazione di flessione che è metà di quella dovuta allo stesso carico concentrato nel punto medio della trave. Infatti, se il carico è concentrato, il momento flettente assume il valore massimo:

$$M_{max} = Q\frac{l}{4}$$

mentre se il carico è distribuito, il momento flettente massimo vale:

$$M_{max} = \frac{q\,l^2}{8} = Q\frac{l}{8}$$

Trave appoggiata alle estremità soggetta a un carico variabile con legge lineare (▸ *Fig. 4.17a*)

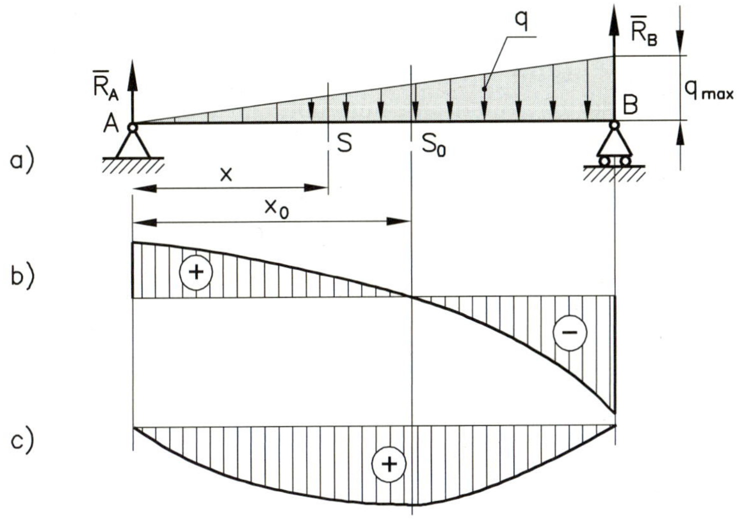

Fig. 4.17
a) Trave appoggiata alle estremità soggetta a un carico variabile con legge lineare.
b) Diagramma del taglio.
c) Diagramma del momento flettente.

Calcolo delle reazioni vincolari

La trave rappresentata nella **figura 4.17a** è sottoposta a un carico distribuito su tutta la sua lunghezza, la cui intensità q per unità di lunghezza varia con legge lineare dal valore nullo in corrispondenza dell'appoggio A, al valore massimo in corrispondenza dell'appoggio B.

Il carico complessivo Q, agente sulla trave, può essere calcolato come prodotto del valore medio $q_{max}/2$ del carico distribuito, per la lunghezza della trave:

$$Q = \frac{q_{max}}{2}\,l \qquad \textbf{[4.50]}$$

Ai fini del calcolo delle reazioni vincolari, il carico complessivo Q si considera applicato in corrispondenza del baricentro del diagramma triangolare, rappresentativo del carico distribuito; ossia, il carico totale Q è applicato nel punto alla distanza $l/3$ dall'appoggio B, o alla distanza $(2/3)\,l$ dall'appoggio A.

Ipotizzando il segno positivo per le forze rivolte verso l'alto e per i momenti con verso orario, e assumendo come polo per il calcolo dei momenti il punto in corrispondenza dell'appoggio B, le equazioni cardinali della Statica forniscono il seguente sistema, costituito da due equazioni:

$$R_A - Q = R_A - q_{max}\frac{l}{2} + R_B = 0$$

e:

$$R_A\, l - Q\frac{l}{3} = R_A\, l - q_{max}\frac{l}{2}\frac{l}{3} = 0$$

da cui si ricava:

$$R_A = q_{max}\frac{l}{6} = \frac{1}{3}Q \qquad [4.51]$$

e:

$$R_B = -q_{max}\frac{l}{6} + q_{max}\frac{l}{2} = \frac{l}{3}q_{max} = \frac{2}{3}Q \qquad [4.52]$$

Diagramma del taglio

In una generica sezione S, situata alla distanza x dall'appoggio A, il carico unitario q_x si ricava dalla seguente proporzione:

$$q_x : x = q_{max} : l$$

ottenendo:

$$q_x = q_{max}\frac{x}{l} \qquad [4.53]$$

Sul tronco di trave di lunghezza x agisce quindi il carico complessivo Q':

$$Q' = -\frac{q_x}{2}x = -q_{max}\frac{x^2}{2l} \qquad [4.54]$$

corrispondente al carico agente a sinistra della sezione S; pertanto la forza di taglio nella sezione S assume il valore:

$$T_S = R_A - Q' = q_{max}\frac{l}{6} - q_{max}\frac{x^2}{2l} = \frac{q_{max}}{6}\left(l - \frac{3x^2}{l}\right) \qquad [4.55]$$

Dalla [*4.55*] si deduce che, in corrispondenza dell'appoggio A ($x = 0$), il taglio vale:

$$T_A = R_A = q_{max}\frac{l}{6} = \frac{1}{3}Q \qquad [4.56]$$

e decresce, con legge quadratica, verso l'appoggio B, fino ad annullarsi nella sezione S_0, posta alla distanza x_0 dall'appoggio A.

La distanza x_0 si ricava ponendo uguale a zero la relazione del taglio, espressa dalla [*4.55*]:

$$T_S = \frac{q_{max}}{6}\left(l - \frac{3x^2}{l}\right) = 0$$

dalla relazione precedente si ottiene:

$$l - \frac{3x_0^2}{l} = 0$$

da cui si ricava:

$$x_0 = \frac{l}{\sqrt{3}} \quad \textbf{[4.57]}$$

Dalla sezione S_0, il taglio presenta andamento crescente negativo, sempre con legge quadratica, fino alla sezione in corrispondenza dell'appoggio B ($x = l$), dove assume il valore:

$$T_B = -R_B = -\frac{1}{3} q_{max} = -\frac{2}{3} Q \quad \textbf{[4.58]}$$

Riportando sulla linea fondamentale, con la scala delle lunghezze scelta, i valori del taglio ricavati analiticamente, si ottiene il diagramma rappresentato nella ***figura 4.17b***.

Diagramma del momento flettente

In riferimento ancora alla sezione generica S, si osserva che a sinistra di tale sezione agiscono la reazione vincolare R_A e il carico complessivo Q', agente sul tronco di trave di lunghezza x.

Si considera tale carico applicato nel baricentro del diagramma triangolare, rappresentativo della distribuzione del carico del tronco stesso, vale a dire alla distanza $x/3$ dalla sezione S.

Pertanto il momento flettente generato nella sezione S è dato dalla somma algebrica fra il momento dovuto a R_A e il momento dovuto al carico Q':

$$M_S = R_A\, x - q_x \frac{x}{2} \frac{x}{3} = \frac{q_{max}\, l}{6} x - \\ + \frac{q_{max}}{l} \frac{x}{6} \frac{x^2}{6} = \frac{q_{max}}{6}\left(l\, x - \frac{x^3}{l} \right) \quad \textbf{[4.59]}$$

Dalla [*4.59*] si deduce che, in corrispondenza degli appoggi ($x = 0$) e ($x = l$), il momento flettente è nullo, mentre cambia con legge cubica al variare dell'ascissa x, crescendo dall'appoggio A fino alla sezione x_0, in cui il taglio si annulla, assumendo in essa il valore massimo.

L'espressione del momento massimo si ricava ponendo:

$$x = x_0 = \frac{l}{\sqrt{3}}$$

nella [*4.59*]:

$$M_{max} = \frac{q_{max}}{6}\left[l \frac{l}{\sqrt{3}} - \frac{1}{l}\left(\frac{l}{\sqrt{3}} \right)^3 \right] = \frac{q_{max}\, l^2}{6}\left(\frac{1}{\sqrt{3}} - \frac{1}{3\sqrt{3}} \right) \quad \textbf{[4.60]}$$

ovvero, per la [4.50]:

$$M_{max} = \frac{2}{9\sqrt{3}} Q l \qquad \textbf{[4.61]}$$

Dalla sezione x_0 il momento flettente decresce, con legge cubica, fino ad annullarsi in corrispondenza dell'appoggio B.

Riportando i valori ricavati del momento flettente sulla linea fondamentale, secondo una scala opportuna, si ottiene il corrispondente diagramma, che presenta l'andamento di una parabola cubica (▸ *Fig. 4.17c*).

Trave appoggiata alle estremità, soggetta a un carico uniformemente distribuito su una parte della sua lunghezza (▸ *Fig. 4.18a*)

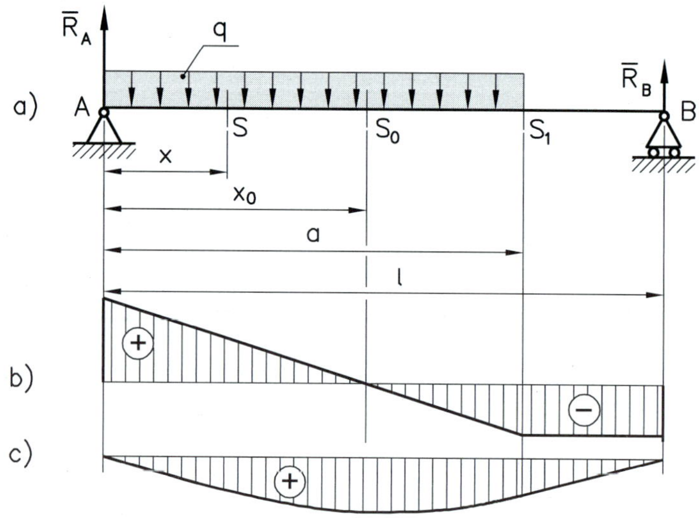

Fig. 4.18
a) Trave appoggiata alle estremità soggetta a un carico uniformemente distribuito su una parte della sua lunghezza.
b) Diagramma del taglio.
c) Diagramma del momento flettente.

Calcolo delle reazioni vincolari

Indicando con q l'intensità per unità di lunghezza del carico uniformemente distribuito, agente sul tronco di trave di lunghezza a, il carico complessivo Q vale:

$$Q = q\,a$$

Tale carico, ai fini del calcolo delle reazioni vincolari, si considera applicato nel punto di mezzo del tronco di trave, vale a dire alla distanza $a/2$ dall'appoggio A.

Considerando positivi le forze rivolte verso l'alto e i momenti con verso orario, e assumendo come polo per il calcolo dei momenti il punto B del corrispondente appoggio, le reazioni vincolari, per le equazioni cardinali della Statica, si ricavano risolvendo il seguente sistema formato da due equazioni:

$$R_A - Q + R_B = 0$$

e:

$$R_A\, l - Q\left(l - \frac{a}{2}\right) = 0$$

da cui si ricava:

$$R_A = \frac{Q\left(l - \frac{a}{2}\right)}{l} = \frac{q\left(a\,l - \frac{a^2}{2}\right)}{l} \qquad [4.62]$$

e:

$$R_B = \frac{q\,a^2}{2l} \qquad [4.63]$$

Diagramma del taglio

Considerando una sezione generica S, situata alla distanza x dall'appoggio A, si osserva che alla sua sinistra agiscono la reazione vincolare R_A e il carico $(q\ x)$, distribuito uniformemente sul tronco di trave di lunghezza x.

Pertanto l'espressione analitica del taglio nella sezione generica S è:

$$T_S = R_A - q\,x \qquad [4.64]$$

da tale relazione si nota che, in corrispondenza dell'appoggio ($x = 0$), il taglio ha il valore positivo:

$$T_A = R_A \qquad [4.65]$$

e decresce con legge lineare verso l'altro appoggio, giungendo fino al termine del tronco interessato dal carico distribuito, dove assume il valore negativo:

$$T_{S1} = R_A - Q \qquad [4.66]$$

Poiché il taglio da positivo diventa negativo, in una sezione s_0 di ascissa x_0, il suo valore dev'essere nullo; l'ascissa x_0 si ricava imponendo la condizione:

$$T_{S0} = 0$$

ovvero, per la [*4.64*]:

$$T_{S0} = R_A - q\,x_0 = 0$$

da cui si ottiene:

$$x_0 = \frac{R_A}{q} \qquad [4.67]$$

Dalla sezione S_1, il taglio conserva il valore T_{S1} costante fino all'appoggio B.

Il diagramma del taglio ha quindi l'andamento rappresentato nella **figura 4.18b**.

Diagramma del momento flettente

Il diagramma del momento flettente ha l'andamento rappresentato nella **figura 4.18c**. In corrispondenza dell'appoggio A, il momento flettente ha valore nullo e cresce positivamente, con legge quadratica, lungo il tronco soggetto al carico distribuito; raggiunge il valore massimo nella sezione di ascissa x_0:

$$M_{max} = R_A\, x_0 - q\frac{x_0^2}{2} \qquad [4.68]$$

assumendo, nella sezione S_1, il seguente valore:

$$M_{S1} = R_A\, a - q\frac{a^2}{2} \qquad [4.69]$$

dove termina il carico distribuito.

Dalla sezione S_1 decresce linearmente fino all'appoggio B, dove si annulla.

Trave con due appoggi intermedi, soggetta a carichi concentrati (▸ Fig. 4.19a)

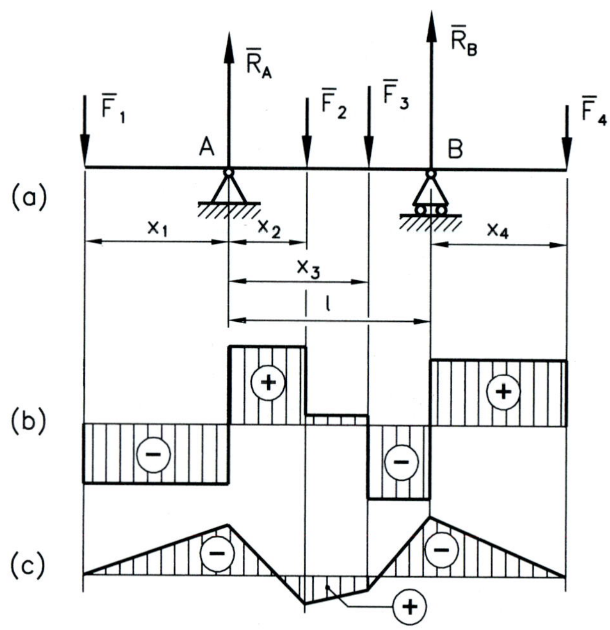

Fig. 4.19
a) Trave con due appoggi intermedi, soggetta a carichi concentrati.
b) Diagramma del taglio.
c) Diagramma del momento flettente.

Calcolo delle reazioni vincolari

Nella trave presa in considerazione (▸ Fig. 4.19a) gli appoggi sono spostati verso l'interno, creando così due sbalzi alle estremità.

Le reazioni vincolari, rappresentate da R_A e R_B, sono determinate mediante le due equazioni cardinali della Statica, concernenti la traslazione verticale e la rotazione rispetto a un punto qualsiasi del piano. Considerando positivi le forze dirette verso l'alto e i momenti con verso orario, e assumendo come polo per il calcolo dei momenti il punto in corrispondenza dell'appoggio B, si ottiene il seguente sistema, costituito da due equazioni, nelle incognite R_A e R_B:

$$-F_1 + R_A - F_2 - F_3 + R_B - F_4 = 0$$

e:

$$-F_1(l + x_1) + R_A\, l - F_2(l - x_2) - F_3(l - x_3) + F_4\, x_4 = 0$$

Risolvendo il sistema si ricavano i valori delle reazioni R_A e R_B:

$$R_A = \frac{F_1(l + x_1) + F_2(l - x_2) + F_3(l - x_3) - F_4\, x_4}{l} \qquad [4.70]$$

e:

$$R_B = \frac{-F_1\, x_1 + F_2\, x_2 + F_3\, x_3 - F_4\, x_4}{l} \qquad [4.71]$$

Diagramma del taglio

Indicando con S_1, S_2, S_3 e S_4 le sezioni in cui sono applicate i carichi esterni e considerando, per esempio, le forze a sinistra di tali sezioni, si determinano analiticamente le sollecitazioni di taglio:

— nel tratto dalla sezione S_1 fino a sinistra dell'appoggio A:

$$T_A = -F_1$$

— a sinistra della sezione S_2:

$$T_{S2} = +R_A - F_1$$

— a sinistra della sezione S_3:

$$T_{S3} = +R_A - F_1 - F_2$$

— a sinistra dell'appoggio B:

$$T_B = +R_A - F_1 - F_2 - F_3$$

— a sinistra della sezione S_4:

$$T_{S4} = +R_A - F_1 - F_2 - F_3 + R_B = F_4$$

I valori ricavati si rappresentano sulla linea fondamentale, in corrispondenza delle sezioni considerate, mediante segmenti verticali a essi proporzionali, secondo la scala prescelta, a seconda che siano, rispettivamente, positivi o negativi. Collegando gli estremi di tali segmenti con tratti rettilinei orizzontali si ottiene il diagramma del taglio (▸ *Fig. 4.19b*).

Diagramma del momento flettente

Si individuano tre sezioni in cui il taglio cambia segno; in tali sezioni si hanno tre massimi relativi del momento flettente: quello di valore maggiore rappresenta il valore massimo assoluto.

Considerando le stesse sezioni individuate per il taglio e le forze alla loro sinistra, si hanno le seguenti espressioni del momento flettente nella:

— sezione S_1:

$$M_{S1} = 0$$

poiché non vi sono forze applicate a sinistra della sezione;

— sezione in corrispondenza dell'appoggio A:

$$M_A = -F_1\, x_1$$

— sezione S_2:

$$M_{S2} = -F_1(x_1 + x_2) + R_A\, x_2$$

— sezione S_3:

$$M_{S3} = -F_1(x_1 + x_3) + R_A\, x_3 - F_2(x_3 - x_2)$$

— sezione dell'appoggio B:

$$M_B = -F_1(l + x_1) + R_A\, l - F_2(l - x_2) - F_3(l - x_3)$$

— sezione S_4:

$$S_4 = 0$$

poiché non vi sono forze applicate a destra della sezione.

I valori dei momenti così trovati sono indicati secondo la procedura già presentata (▸ *Fig. 4.19c*).

Come si può notare dai diagrammi delle sollecitazioni, i massimi relativi del momento flettente si hanno in corrispondenza dell'appoggio A, della sezione S_2 e dell'appoggio B; dal loro confronto si deduce il valore massimo assoluto.

Trave con due appoggi intermedi, soggetta a un carico uniformemente distribuito (▸ *Fig. 4.20a*)

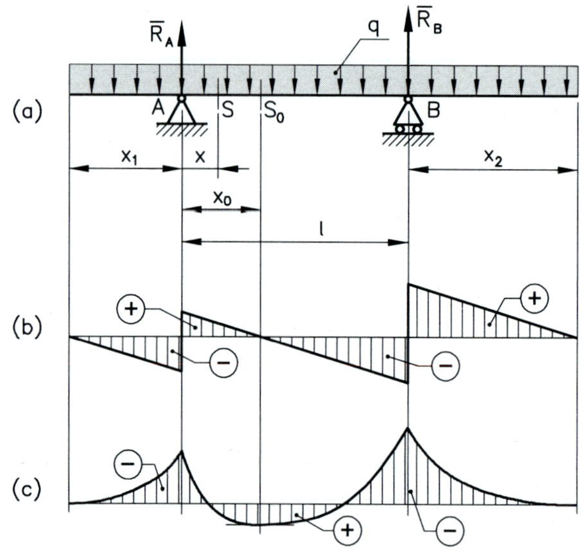

Fig. 4.20
a) Trave con due appoggi intermedi, soggetta a un carico uniformemente distribuito.
b) Diagramma del taglio.
c) Diagramma del momento flettente.

Calcolo delle reazioni vincolari

La trave indicata nella *figura 4.20* presenta due sbalzi di diversa lunghezza ed è caricata con un carico uniformemente distribuito su tutta la sua lunghezza. Ai fini del calcolo delle reazioni vincolari, il carico può essere considerato come se fosse suddiviso in tre carichi concentrati, in corrispondenza della mezzeria dei due sbalzi e del tratto fra i due appoggi. In questo modo si ottiene:

$$Q_1 = q\, x_1; \quad Q = q\, l; \quad Q_2 = q\, x_2$$

dove q indica il carico per unità di lunghezza.

Considerando positivi le forze dirette verso l'alto e i momenti con verso orario, assumendo come polo per il calcolo dei momenti il punto in corrispondenza dell'appoggio B e applicando le equazioni cardinali della Statica, si ottiene il sistema formato da due equazioni, nelle incognite R_A e R_B:

$$-q\,x_1 + R_A - q\,l + R_B - q\,x_2 = 0$$

e:

$$-q\,x_1\left(l + \frac{x_1}{2}\right) + R_A\,l - q\,l\frac{l}{2} + q\,x_2\frac{x_2}{2} = 0$$

Risolvendo e semplificando si ricava:

$$R_A = \frac{q\,x_1^2}{2l} + q\,x_1 + q\frac{l}{2} - \frac{q\,x_2^2}{2l} \qquad \textbf{[4.72]}$$

e:

$$R_B = \frac{q\,x_2^2}{2l} + q\,x_2 + q\frac{l}{2} - \frac{q\,x_1^2}{2l} \qquad \textbf{[4.73]}$$

Diagramma del taglio

Il carico uniformemente distribuito determina variazioni del taglio con legge lineare (▸ *Fig. 4.20b*).

— Lungo lo sbalzo di sinistra il taglio aumenta linearmente, assumendo il valore nullo in corrispondenza dell'estremità dello sbalzo e, immediatamente a sinistra dell'appoggio A, il valore:

$$T_A = -q\,x_1 \qquad \textbf{[4.74]}$$

— In una sezione generica S del tronco centrale della trave, posta alla distanza x dall'appoggio A, considerando le forze a sinistra di tale sezione, il taglio assume la seguente espressione:

$$T_S = -q\,x_1 + R_A - q\,x \qquad \textbf{[4.75]}$$

per cui, in corrispondenza di una sezione immediatamente a destra dell'appoggio A ($x = 0$), il taglio vale:

$$T_A = -q\,x_1 + R_A \qquad \textbf{[4.76]}$$

mentre, immediatamente a sinistra della sezione in corrispondenza dell'appoggio B ($x = l$), il taglio diventa:

$$T_B = -q\,x_1 + R_A - q\,l \qquad \textbf{[4.77]}$$

Pertanto, in corrispondenza dell'appoggio A, il taglio subisce una variazione con cambiamento di segno; inizia a decrescere linearmente fino alla sezione S_0 di ascissa x_0, dove si annulla, quindi rincomincia a crescere linearmente fino all'appoggio B.

L'ascissa x_0 della sezione della trave, dove il taglio si annulla, ponendo uguale a zero la [*4.75*] si ottiene:

$$T_{S0} = -q\,x_1 + R_A - q\,x_0 = 0$$

da cui si ricava:

$$x_0 = \frac{q\,x_1 - R_A}{q} \qquad \textbf{[4.78]}$$

— In corrispondenza dell'appoggio B, il taglio subisce un'altra variazione con cambiamento di segno, assumendo in una sezione immediatamente a destra dell'appoggio il valore:

$$T_B = -q\,x_1 + R_A - q\,l + R_B$$

da tale sezione, lungo lo sbalzo di destra, il taglio decresce sempre con legge lineare, fino ad annullarsi all'estremità dello sbalzo.

Diagramma del momento flettente

Il carico uniformemente distribuito determina variazioni del momento flettente con legge quadratica (▸ *Fig. 4.20c*).

Nella sezione all'estremità dello sbalzo di sinistra, il momento flettente ha valore nullo, quindi aumenta con legge quadratica fino alla sezione in corrispondenza dell'appoggio A, dove assume il valore negativo:

$$M_A = -\frac{q\,x_1^2}{2} \qquad \textbf{[4.79]}$$

Da tale sezione, andando verso l'altro appoggio, il momento decresce con legge quadratica, fino ad annullarsi, per poi crescere positivamente e assumere nella sezione S_0 di ascissa x_0 (sezione in cui il taglio è nullo), il valore massimo; infatti nella sezione generica S del tronco centrale, l'espressione del momento flettente è:

$$M_S = -q\,x_1\left(x + \frac{x_1}{2}\right) + R_A\,x - q\frac{x^2}{2} \qquad \textbf{[4.80]}$$

ponendo $x = x_0$ si ricava il valore massimo:

$$M_{max} = -q\,x_1\left(x_0 + \frac{x_1}{2}\right) + R_A\,x_0 - q\frac{x_0^2}{2} \qquad \textbf{[4.81]}$$

Oltre la sezione S_0, il momento decresce con legge quadratica, fino ad annullarsi, dopodiché ricomincia a crescere raggiungendo, in corrispondenza dell'appoggio B, il valore dato dalla [*4.80*], ponendo $x = l$ e sostituendo l'espressione di R_A:

$$M_B = -q\,x_1\left(l + \frac{x_1}{2}\right) + \frac{q\,x_1^2}{2l} + \left(q\,x_1 + q\frac{l}{2} - \frac{q\,x_2^2}{2l}\right)l - q\frac{l^2}{2}$$

ovvero:

$$M_B = -q\frac{x_2^2}{2} \qquad \textbf{[4.82]}$$

Dall'appoggio B lungo lo sbalzo, il momento decresce nuovamente, fino ad annullarsi nella sezione all'estremità dello sbalzo stesso.

Si definiscono ***sistemi spingenti*** *quelle strutture che presentano, in corrispondenza dei vincoli, reazioni orizzontali anche se i carichi sono solo verticali.*

Osservazioni: sono sistemi spingenti gli ***archi****, i* ***portali****, o* ***telai****, e i* ***semi-portali*** *(portali con un solo tratto verticale). I portali sono costituiti da un tratto orizzontale, detto* ***traverso****, e da due tratti verticali, o inclinati, detti* ***montanti*** *o* ***ritti****.*

POLIGLOTTA
Portale
GB: Portal
F: Portail
D: Portal

I ***telai*** *si dicono* ***isostatici*** *se i vincoli al piede sono costituiti da una cerniera e un appoggio semplice o carrello.*

Nel caso in cui i vincoli siano due cerniere, i telai sono ***iperstatici****, ma si può renderli isostatici introducendo una cerniera lungo il telaio (telaio a tre cerniere); nel caso in cui i vincoli sono due incastri, i telai sono tre volte iperstatici.*

POLIGLOTTA
Telaio
GB: Frame
F: Cadre
D: Rahmen

In questa categoria di strutture, oltre al momento flettente M e al taglio T, si manifesta anche lo sforzo normale N, per il quale vale la seguente convenzione sui segni: si attribuisce segno positivo alla forza di trazione e segno negativo alla forza di compressione.

Inoltre le forze applicate a destra o a sinistra di una generica sezione S, di ciascun tratto della struttura, sono quelle forze che si vedono a destra o a sinistra, osservando la struttura dall'interno (▸ **Fig. 4.21**).

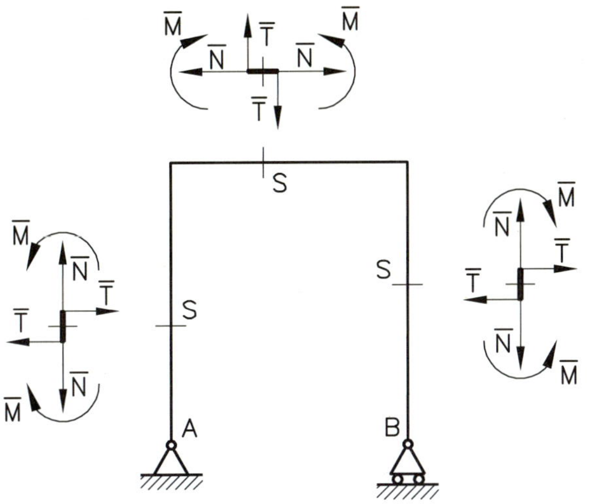

Fig. 4.21
Convenzione sui segni delle caratteristiche di sollecitazioni *M*, *T* e *N*.

Esempio
Tracciare i diagrammi delle caratteristiche di sollecitazione M, T e N del portale rappresentato nella **figura 4.22a**.

Soluzione
Non essendo presenti forze orizzontali, la reazione orizzontale R_{OA} è nulla; si hanno solo le reazioni verticali R_{VA} e R_{VB}, che si ricavano applicando le equazioni cardinali della Statica.

Per l'equilibrio relativo alla traslazione verticale si ha:

$$R_{VA} - q\,l + R_{VB} = 0$$

per l'equilibrio relativo alla rotazione attorno al polo B si ottiene:

$$R_{VA}\,l - \frac{q\,l^2}{2} = 0$$

risolvendo il sistema formato da queste due equazioni si ricava:

$$R_{VA} = R_{VB} = q\frac{l}{2}$$

Si eseguono i vari calcoli per la sollecitazione normale N.

I montanti AC e DB risultano compressi da forze di intensità pari a quella delle reazioni vincolari R_{VA} e R_{VB}, mentre il traverso CD non è sollecitato da forze normali. Pertanto il valore della sollecitazione normale N, in entrambi i montanti, vale:

$$N = -q\frac{l}{2}$$

Il diagramma di N è rappresentato nella *figura 4.22b*.

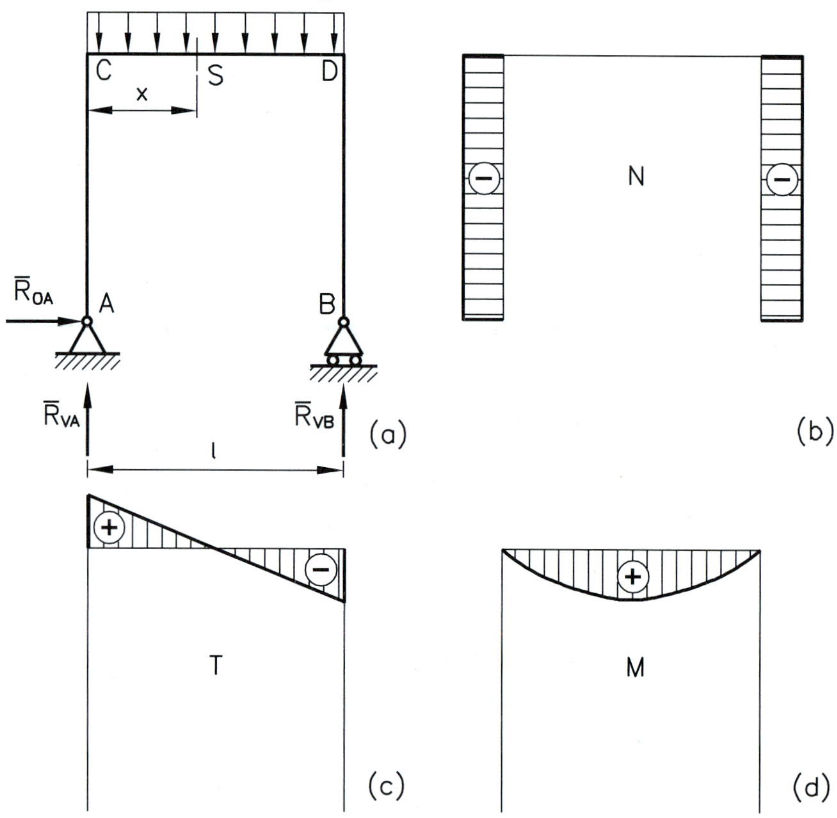

Fig. 4.22
a) Rappresentazione di un portale soggetto a un carico distribuito uniformemente sul traverso, la cui intensità per unità di lunghezza è q.
b) Diagramma della forza normale.
c) Diagramma del taglio.
d) Diagramma del momento flettente.

Si eseguono i vari calcoli per la sollecitazione di taglio T.

Essendo nulle le reazioni orizzontali, la forza di taglio è nulla sui ritti. Nel traverso il taglio varia con legge lineare, passando dal valore:

$$T = q\frac{l}{2}$$

positivo nella sezione in corrispondenza del punto C, al valore:

$$T = -q\frac{l}{2}$$

negativo nella sezione in corrispondenza del punto D; nella mezzeria del traverso il taglio si annulla. L'andamento del taglio è rappresentato nella *figura 4.22c*.

Si eseguono i vari calcoli per la sollecitazione di flessione M.
Il momento flettente è nullo nei montanti, in quanto sono nulle le reazioni orizzontali, mentre nel traverso presenta un andamento parabolico, assumendo il valore massimo in corrispondenza della mezzeria, dove si annulla il taglio (▸ *Fig. 4.22d*).

Nella sezione generica S sul traverso l'espressione del momento è:

$$M_S = R_{VA}\, x - q\, x \frac{x}{2} = q \frac{l}{2} x - q \frac{x^2}{2}$$

per $x = 0$ e $x = l$, ossia agli estremi del traverso, il momento è nullo; mentre in mezzeria ($x = l/2$) assume il valore massimo:

$$M_{max} = q \frac{l^2}{4} - q \frac{l^2}{8} = q \frac{l^2}{8}$$

A4.4 LA LINEA ELASTICA

Sulla rete

A4.5 CENNI SULLE TRAVI IPERSTATICHE

Sulla rete

FORMULARIO ESSENZIALE

Teorema	Figura	Formula/relazione
Relazione fra taglio T, momento flettente M_f e carico q	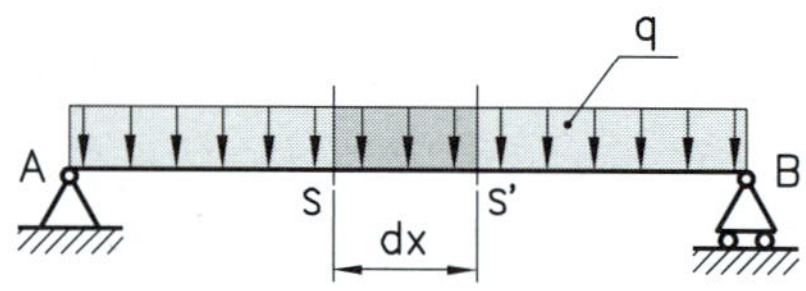	$\frac{dT}{dx} = -q$ $\frac{dM}{dx} = T$ $\frac{d^2 M}{dx^2} = -q$
Equazione differenziale della linea elastica	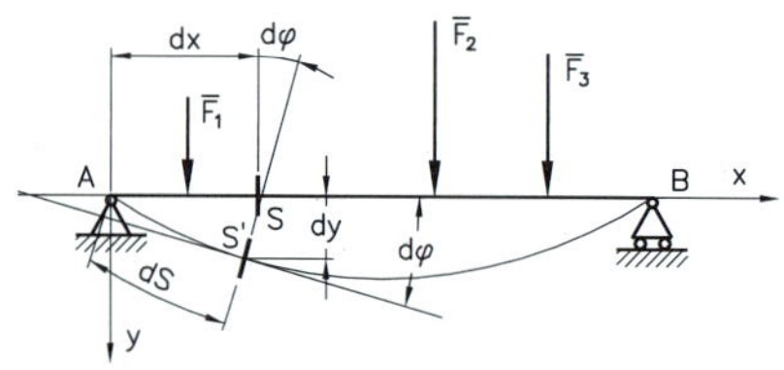	$\frac{d^2 y}{dx^2} = \frac{M_f}{EI}$

L'UNITÀ DIDATTICA IN BREVE

Sulla rete

PROBLEMI DI RIEPILOGO

Sulla rete

AUTOVERIFICA DELL'APPRENDIMENTO

1. Definire la struttura isostatica e la struttura iperstatica. (max 15 parole)

____

____

2. Una trave inflessa è soggetta a un sistema di forze perpendicolari al proprio asse, che generano sollecitazioni ____________________

3. Esprimere la convenzione sui segni da attribuire al taglio e al momento flettente (max 25 parole).

____

____

____

4. Nei tratti in cui una trave è scarica, il taglio è costante.

Vero ☐ Falso ☐

5. Nelle sezioni in cui il taglio è nullo, il momento flettente è minimo.

Vero ☐ Falso ☐

6. Nel caso di carichi concentrati, il diagramma del taglio presenta una discontinuità, in corrispondenza delle sezioni in cui essi sono applicati; in questo caso il taglio non ________________ e il momento flettente assume i valori massimi nelle sezioni in cui il taglio ________ ________________________

7. Esprimere la convenzione per il tracciamento del diagramma del taglio e del momento flettente (max 25 parole).

____

____

____

8. Eseguendo una prima integrazione dell'equazione differenziale della linea elastica, si ricava l'espressione ______________________ di ciascuna sezione; una seconda integrazione consente di determinare l'espressione _________________________ della sezione, comunemente detto ____

9. Quando il diagramma del taglio presenta cambiamenti di segno in più punti della trave, nelle corrispondenti sezioni il momento flettente assumerà altrettanti valori ______________________________ ; quello _____________________ rappresenta il valore ____________________

10. Nel caso di una trave soggetta a un carico distribuito variabile con legge lineare, il carico complessivo agente sulla trave si considera applicato in corrispondenza del baricentro del diagramma triangolare, rappresentativo del carico distribuito.

Vero ☐ Falso ☐

11. Definire i sistemi spingenti (max 15 parole).

____

____

12. I portali sono strutture costituite da un tratto orizzontale, detto ____________________, e da due tratti verticali o inclinati, detti ____________________ o ____________________

13. Esporre il procedimento da seguire per risolvere i problemi delle travi iperstatiche:

a) ______________________________________

b) ______________________________________

c) ______________________________________

VERIFICA DI MODULO

Occorre costruire una trave orizzontale, vincolata in modo isostatico agli estremi, che deve sostenere un carico Q mobile. Si adotta una trave di tipo IPE 140, in acciaio S 355, di lunghezza $l = 11$ m. Il carico si muove su ruote poggianti sulle ali inferiori dell'IPE.

Rispondere ai seguenti quesiti con i dati assegnati.

1. Determinare il carico massimo Q sopportabile dalla trave nelle condizioni più gravose in base alla posizione assunta, considerando anche il peso proprio della struttura.

2. Calcolare i valori delle sollecitazioni di taglio e di flessione, tracciando i relativi diagrammi.

3. Calcolare il valore della freccia massima in mezzeria, nella condizione più gravosa.

MODULO B

Meccanismi e trasmissioni con organi rigidi e flessibili

Il **Modulo B** illustra, nella prima parte, le varie tipologie di **coppie cinematiche** e le **trasmissioni del moto** mediante coppie di **ruote di frizione**. La seconda parte affronta lo studio delle trasmissioni mediante ruote dentate, con particolare attenzione alle **ruote dentate cilindriche**, e sono presentate alcune importanti applicazioni quali i **rotismi** e i **cambi di velocità**. Il modulo si conclude con lo studio delle **trasmissioni con organi flessibili**, con particolare attenzione alle trasmissioni con cinghie.

Obiettivi

- Acquisire le conoscenze relative alla cinematica e alla dinamica delle trasmissioni del moto, mediante ruote di frizione e ruote dentate.
- Sapere eseguire i calcoli di tipo geometrico e strutturale, relativi alla trasmissione del moto, mediante ruote di frizione e ruote dentate.
- Sapere descrivere la struttura e il funzionamento dei rotismi e, in particolare, dei cambi di velocità.
- Sapere analizzare e calcolare una trasmissione con organi flessibili.

UNITÀ DIDATTICHE

CINEMATICA E DINAMICA APPLICATE ALLE MACCHINE E LE RUOTE DI FRIZIONE

La prima parte dell'unità, riguardante la Cinematica e la Dinamica applicate alle macchine, inizia con lo studio delle **coppie cinematiche**, e prosegue con l'esame delle **catene cinematiche** per poi terminare con la classificazione delle forze agenti sulle macchine e con i richiami di alcuni principi della dinamica dei corpi. la seconda parte dell'unità affronta lo studio delle più semplici trasmissioni del moto con coppie di ruote, ossia le **ruote di frizione**.

Prerequisiti

- Avere acquisito i principi della Cinematica e della Dinamica, relativi al moto di traslazione di un corpo rigido e al moto di rotazione dello stesso corpo, attorno a un asse passante per il suo baricentro.
- Sapere effettuare il bilancio energetico di una macchina o di un meccanismo, al fine di ricavarne il rendimento meccanico.

Obiettivi

- Sapere analizzare le coppie cinematiche, distinguendole secondo il tipo di contatto fra le superfici dei due elementi che lo compongono e secondo le caratteristiche del moto relativo di un elemento rispetto all'altro.
- Sapere analizzare e classificare le forze agenti sulle macchine.
- Sapere calcolare i parametri geometrici delle ruote di frizione e le forze a esse applicate, per trasmettere potenza nel moto rotatorio.

Contenuti

- Generalità su macchine e meccanismi.
- Cinematica applicata alle macchine.
- Dinamica applicata alle macchine.
- Ruote di frizione.

Verifica prerequisiti

1. Enunciare la legge fondamentale della Dinamica applicata ai corpi rigidi in rotazione ed esprimerla analiticamente (max 20 parole).

____

____

____

2. L'espressione analitica del principio di D'Alembert esprime la condizione di equilibrio dinamico dei corpi rigidi in rotazione e assume la seguente forma:

a) $F_i - ma = 0$　　b) $Mt = J(\omega_f - \omega_i)$

c) $M_m - M_r - J\varepsilon = 0$　　d) $J = m\rho_i^2$

3. Il lavoro L sviluppato da un corpo in rotazione, per l'azione di una forza o di una coppia, si esprime mediante la seguente relazione:

a) $L = \frac{1}{2} J \omega^2$　　b) $L = M\vartheta$

c) $L = M\omega$　　d) $L = M \frac{2\pi n}{60}$

4. Esprimere la relazione fra la velocità periferica v e quella angolare ω, nel moto circolare uniforme.

$v =$ ______________________

5. Esprimere analiticamente il teorema dell'energia cinetica.

____

6. Definire la forza d'inerzia (max 15 parole).

____

____

7. Definire la potenza P nel moto di rotazione ed esprimerla analiticamente, sia in funzione della velocità angolare sia in funzione della frequenza di rotazione (max 10 parole).

____

____

Problema

Si vuole trasmettere una potenza P = 2,5 kW fra due alberi paralleli, posti alla distanza l = 0,5 m, mediante una coppia di ruote di frizione cilindriche (▸ *Fig. 1.1*). Dimensionare le ruote, sapendo che le frequenze di rotazione degli alberi sono n_1 = 550 giri/min, per l'albero motore, e n_2 = 350 giri/min, per l'albero condotto.

Fig. 1.1
Schema di una coppia di ruote di frizione cilindriche.

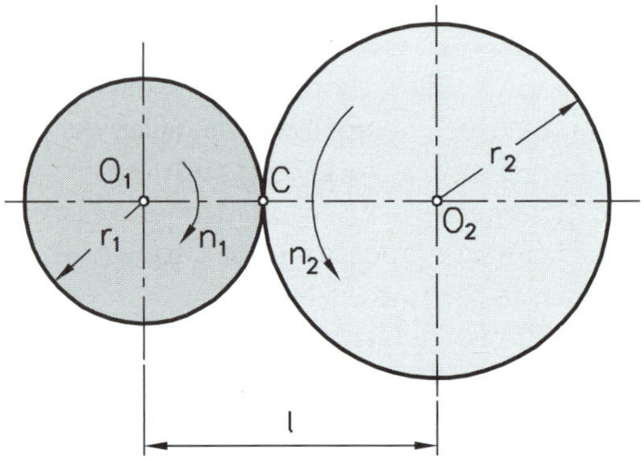

Analisi

Questo problema considera la trasmissione del moto di rotazione fra due alberi paralleli, ritenuto, in linea di massima, pressoché uniforme.
Poiché sia la potenza trasmessa sia le frequenze di rotazione dgli alberi hanno valori piuttosto bassi, la scelta di impiegare una coppia di ruote di frizione è corretta.
La soluzione del problema richiede l'uso di formule specifiche, per ottenere risposte di tipo numerico.

Procedura consigliata

In riferimento al ***paragrafo B1.4***, per risolvere il problema occorre:

- risolvere il sistema formato dall'espressione dell'interasse l e del rapporto di trasmissione, per ricavare i valori dei raggi delle ruote, verificando, in seguito, che il valore della velocità periferica, comune alle due ruote, non superi il valore massimo consentito;
- calcolare la forza periferica, dopo avere determinato la velocità periferica;
- ricavare il valore della forza di accoppiamento, dopo avere scelto il materiale con cui realizzare le ruote e, quindi, noto il coefficiente d'attrito;
- ricavare, infine, il valore della larghezza delle ruote, dopo avere fissato il valore della pressione specifica del materiale.

B1.1 GENERALITÀ SU MACCHINE E MECCANISMI

La Meccanica applicata alle macchine (Cinematica e Dinamica) studia gli organi che le compongono, riguardo ai reciproci movimenti, alle forze, alle masse, alle sollecitazioni e all'usura nelle zone di contatto.

Una **macchina** è un sistema formato da varie parti (dette **organi** o membri), in moto relativo, collegate in modo da realizzare la trasmissione del moto da un membro all'altro, e delle forze necessarie a realizzarlo. L'organo, che rispetto al sistema di riferimento del moto è fermo, è definito **telaio**.

Classificando le macchine secondo le loro funzioni si distinguono:

— **macchine trasmettitrici** o **meccanismi**, ossia macchine elementari in grado di trasmettere energia meccanica, modificando i parametri del lavoro (forza e spostamento); sono tali, per esempio, gli ingranaggi, i giunti, le camme e i freni;

— **macchine motrici** o **motori**, in grado di trasformare in energia meccanica ogni altra forma di energia (termica, elettrica ecc.); a questa categoria di macchine appartengono, per esempio, i motori a combustione interna, le turbine e i motori elettrici;

— **macchine generatrici** o **generatori**, che hanno la funzione inversa dei motori, ossia, trasformare l'energia meccanica in altre forme di energia; si considerano tali, per esempio, i compressori, le pompe e gli alternatori;

— **macchine operatrici**, che realizzano specifiche "operazioni", diverse dalla semplice trasformazione di energia; ne sono un esempio le macchine utensili e le macchine di sollevamento e trasporto.

POLIGLOTTA
Macchina
GB: Machine
F: Machine
D: Maschine

POLIGLOTTA
Meccanismo
GB: Mechanism
F: Mechanisme
D: Einrichtung

Dati due organi di un meccanismo, si può considerare sia il moto del primo relativamente al secondo (**moto diretto**) sia quello del secondo rispetto al primo (**moto inverso** o reciproco del precedente).

Quando, iniziato il moto, gli organi di una macchina passano attraverso le diverse posizioni che possono assumere e ritornano alla posizione di partenza, si dice che hanno compiuto un **ciclo di movimento**. Se, durante ogni successivo ciclo, l'organo di una macchina non si arresta, il suo moto è detto **continuativo**, mentre è detto **intermittente** se durante ogni ciclo si arresta per un intervallo di tempo finito. Il moto, inoltre, è detto **alternativo** se, durante ogni ciclo, il verso del moto si inverte.

Se cicli di movimento successivi sono compiuti con la stessa legge di movimento, il **moto** del meccanismo è detto **periodico**. Il funzionamento del meccanismo è detto **a regime periodico**, quando la variazione dell'energia cinetica del meccanismo stesso è nulla in ogni intervallo di tempo, uguale o multiplo del periodo, mentre è detto **a regime assoluto**, se la sua energia cinetica è costante in qualunque intervallo di tempo.

POLIGLOTTA
Regime periodico
GB: Periodic
F: Régime périodique
D: Periodische

POLIGLOTTA
Regime assoluto
GB: Absolute speed
F: Absolu
D: Absolute Drehzahl

B1.2 CINEMATICA APPLICATA ALLE MACCHINE

Classificazione delle coppie cinematiche

Si definisce ***coppia cinematica*** *il sistema costituito da due membri contigui fra loro collegati e in moto relativo.*

POLIGLOTTA
Coppia cinematica
GB: Pair
F: Couple cinématique
D: Elementarpaar

Gli elementi essenziali di una coppia cinematica sono le superfici dei membri accoppiati, dette **superfici coniugate**, a contatto durante il moto; la natura del contatto fra le superfici coniugate è uno degli elementi caratterizzanti le coppie.

Secondo le velocità relative dei punti a contatto si possono distinguere:
— contatti di rotolamento;
— contatti di strisciamento;
— contatti d'urto.

Le coppie cinematiche possono essere classificate in vario modo. Si hanno coppie rigide, se sono rigidi entrambi i membri accoppiati o coppie costituite da un membro rigido e da uno flessibile (puleggia-cinghia); si hanno poi coppie costituite da un membro mobile e da uno fisso (albero-cuscinetto) oppure da due membri entrambi in moto (biella-manovella).

Una **coppia cinematica** si dice **indipendente** se il moto relativo dei due membri accoppiati ha un solo grado di libertà, assicurato dal solo accoppiamento fra i membri, indipendentemente da altri legami o da qualsiasi altra circostanza. Invece, come nel caso di un pistone che scorre dentro un cilindro, il numero di gradi di libertà del moto relativo è ridotto a uno, in conseguenza di altri vincoli imposti alla coppia cinematica (il pistone non può ruotare dentro il cilindro a causa dell'accoppiamento con la biella). In questo caso, la **coppia cinematica** si dice **dipendente**.

Vi sono infine coppie cinematiche in cui il legame fra i membri dipende dalle forze agenti; è il caso, per esempio, di un pattino che scorre sopra un piano d'appoggio. L'accoppiamento è efficace, e il distacco impossibile, solo se la risultante delle forze applicate al pattino è tale da mantenerlo premuto contro l'appoggio; in queste condizioni si ha un **accoppiamento di forza**.

Anche una coppia di ruote di frizione (analizzate in seguito) costituisce un accoppiamento di forza.

*Si definiscono **coppie elementari**, o **inferiori**, le coppie cinematiche rigide che presentano superfici di contatto identiche combacianti, in grado di potere scorrere su se stesse senza deformarsi; tali superfici possono essere prismatiche, di rivoluzione o elicoidali.*

Si hanno, pertanto, tre tipi fondamentali di coppie elementari costituite da organi rigidi:
— **coppia prismatica**, con superfici piane combacianti il cui moto relativo consentito è traslatorio rettilineo (▸ *Fig. 1.2a*); un esempio di questo tipo di coppia è rappresentato dal sistema di guide che consentono il moto traslatorio del carrello portautensili di un tornio;
— **coppia rotoidale**, con superfici combacianti di rivoluzione e con un moto relativo rotatorio attorno all'asse della coppia (▸ *Fig. 1.2b*); sono coppie rotoidali quelle alle estremità di un albero rotante, i cui membri accoppiati sono detti perno e cuscinetto;
— **coppia elicoidale**, con superfici combacianti e moto relativo elicoidali (▸ *Fig. 1.2c*); un esempio di questo tipo è rappresentato dalla coppia vite-madrevite.

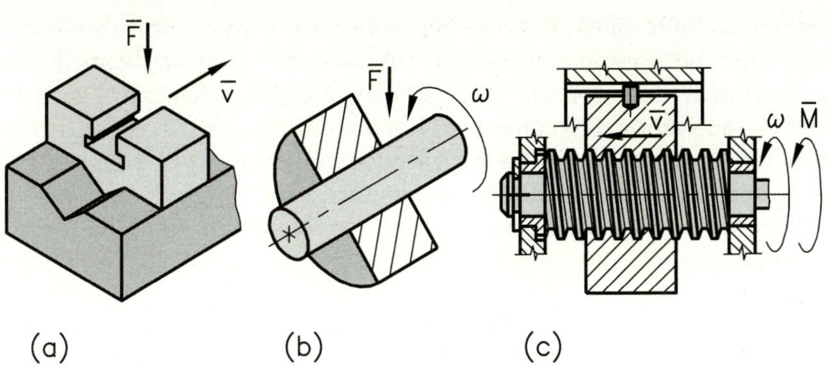

Fig. 1.2
Coppie cinematiche elementari:
a) coppia prismatica;
b) coppia rotoidale;
c) coppia elicoidale.

Le **coppie cinematiche** non elementari sono dette **superiori** e si possono avere:

— coppie combacianti, ma non rigide, come l'accoppiamento fra una puleggia e una cinghia (▸ *Fig. 1.3a*);
— coppie rigide combacianti, ma non indipendenti, come lo snodo sferico (▸ *Fig. 1.3b*);
— coppie rigide non combacianti, come una coppia di ruote dentate, fra loro accoppiate (▸ *Fig. 1.3c*).

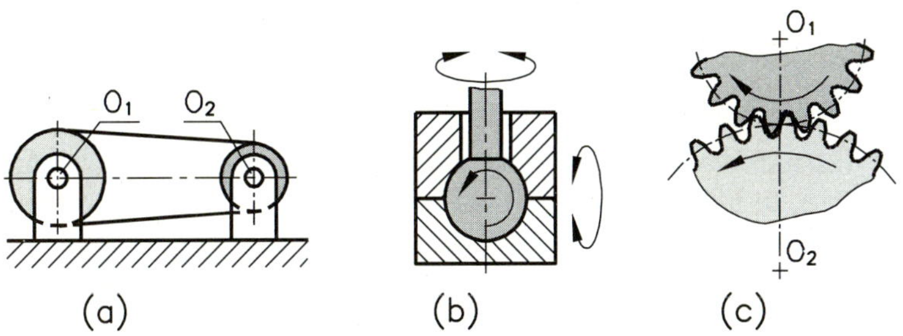

Fig. 1.3
Coppie superiori:
a) coppia cinghia-puleggia;
b) snodo sferico;
c) ingranaggio.

Catene cinematiche e meccanismi

Si definisce ***catena cinematica*** *una successione di membri collegati mediante coppie cinematiche.*

POLIGLOTTA
Catena cinematica
GB: Kinematic chain
F: Chaîne cinématique
D: Kinematische Kette

Un esempio di **catena cinematica** è rappresentata dalla catena principale di un motore a combustione interna, costituita da: cilindro-pistone, pistone-biella, biella-manovella (albero a gomiti), albero a gomiti-cuscinetto di banco.

In questo tipo di catena cinematica si osserva che il cuscinetto di banco e il cilindro, essendo solidali, formano un membro solo, pertanto l'ultimo membro della catena forma una coppia cinematica con il primo; in tal caso la **catena** si dice **chiusa**. Inoltre, poiché il cilindro e il cuscinetto sono membri fissi, la catena chiusa è definita **meccanismo** e i membri fissi costituiscono il **telaio del meccanismo**.

Pertanto, si può affermare che:

il ***meccanismo*** *è una catena cinematica chiusa, di cui uno dei membri è fisso e assume il nome di* ***telaio****.*

POLIGLOTTA
Telaio
GB: Frame
F: Chassis
D: Gestell

Da una stessa catena cinematica si possono ottenere diversi meccanismi, secondo il membro che si considera fisso.

Indicando con **movente** il primo organo collegato al telaio, a cui sono applicate le forze motrici (forze che generano il movimento), e con **cedente** l'ultimo organo collegato al telaio, a cui sono applicate le forze resistenti utili (trascurando le resistenze passive), si deduce che un meccanismo ha lo scopo di trasmettere il moto dal movente al cedente. Nella catena cinematica esaminata in precedenza, il movente è rappresentato dal pistone e il cedente dall'albero a gomiti.

I meccanismi possono essere definiti in vari modi; tenendo conto essenzialmente delle funzioni cui sono assegnati, si ha la seguente classificazione:

— meccanismi adatti a trasmettere forze e velocità fra due alberi con rapporto di trasmissione costante (rapporto fra le velocità angolari degli alberi), ossia con regime del moto pressoché uniforme, come le ruote di frizione, le ruote dentate e le cinghie (funi e catene) con pulegge;
— meccanismi capaci di trasmettere forze e velocità con la possibilità di variare in modo continuo il rapporto di trasmissione, detti variatori continui di velocità;
— meccanismi adatti a trasmettere forze e velocità con legge del moto varia, ovvero, camme e cedenti, meccanismi unidirezionali e altro ancora;
— meccanismi idonei al collegamento di due alberi, come i giunti e gli innesti;
— meccanismi atti alla frenatura, ossia, freni a tamburo o a disco.

Nel caso di **meccanismi che realizzano un rapporto di trasmissione costante**, la legge del moto è definita da superfici polari semplici, di tipo cilindrico a sezione retta circolare, nel caso di assi paralleli (▸ ***Fig. 1.4a***); di tipo conico, nel caso di assi concorrenti (▸ ***Fig. 1.4b***); a forma di iperboloidi, nel caso di assi sghembi (▸ ***Fig. 1.4c***).

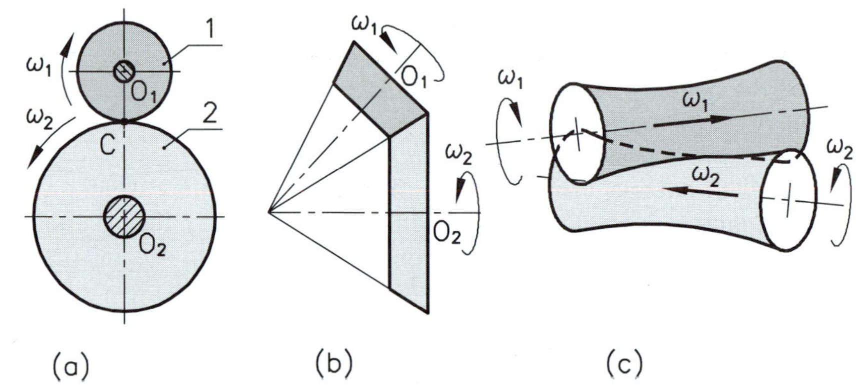

Fig. 1.4
a) Ruote di frizione cilindriche.
b) Ruote di frizione coniche.
c) Ruote di frizione iperboloidiche.

Nel caso invece dei **meccanismi con legge del moto varia**, le superfici polari del moto hanno forma più complicata e lo studio si esegue solo con l'applicazione di strumenti matematici, anziché grafici.

Meccanismi che realizzano un rapporto di trasmissione costante

Tali meccanismi possono essere realizzati mediante ruote fra loro direttamente accoppiate o con ruote e organi flessibili.

Nel caso di accoppiamento diretto delle ruote, ciascuna è solidale a un albero rotante e può avere la forma delle polari, come nel caso delle **ruote di frizione**, oppure può essere opportunamente sagomata, come nel caso delle **ruote dentate**. Le **ruote** fra le quali avviene la trasmis-

POLIGLOTTA
Ruota di frizione
GB: Friction wheel
F: Roue de friction
D: Reibrad

POLIGLOTTA
Ruota dentata
GB: Gear
F: Roue dentée
D: Zahnrad

sione del moto sono dette **coniugate**: in particolare, è detta **motrice** la ruota cui è applicata la coppia o la forza motrice; **condotta**, quella cui è applicata la coppia o la forza resistente.

Il meccanismo realizzato mediante due ruote (**pulegge**) collegate fra loro da un organo flessibile (**cinghie, funi** e **catene**) è spesso utilizzato per la trasmissione del moto fra assi paralleli; tuttavia, data la presenza dell'organo flessibile, si possono avere anche applicazioni nelle trasmissioni fra assi sghembi.

POLIGLOTTA
Puleggia
GB: Pulley
F: Poulie
D: Riemenscheibe

Meccanismi adatti a realizzare una variazione continua di velocità angolare

Tali meccanismi, detti **variatori di velocità**, consentono di trasmettere il moto con rapporto di trasmissione costante, ma anche di variare con continuità tale rapporto, agendo su un apposito comando. I variatori di velocità possono essere meccanici, idraulici ed elettrici (▸ *Fig. 1.5*).

POLIGLOTTA
Variatori di velocità
GB: Variator
F: Variateur de vitesse
D: Drehzahlwandler

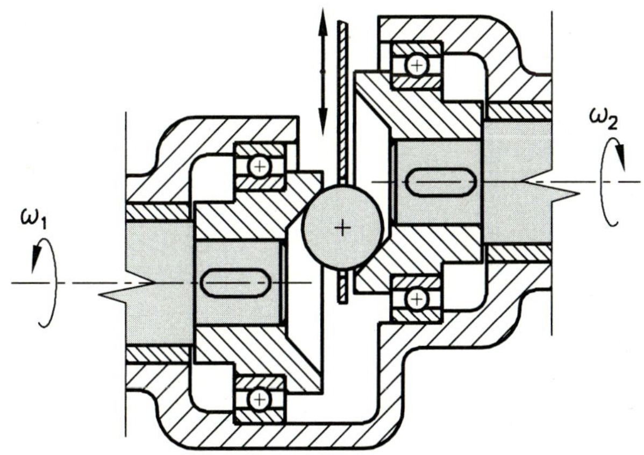

Fig. 1.5
Variatore continuo di velocità di tipo meccanico.

Meccanismi adatti a realizzare una trasmissione con legge del moto varia

Per realizzare la trasmissione di un tale tipo di moto si utilizzano comunemente i seguenti meccanismi (▸ *Fig. 1.6*):
— meccanismi con camme;
— meccanismi a moto intermittente;
— meccanismi unidirezionali.

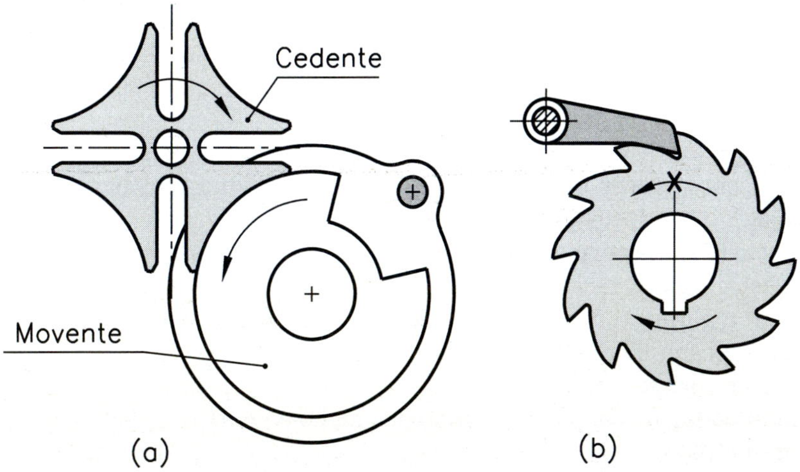

Fig. 1.6
Esempi di meccanismi che realizzano una trasmissione con legge del moto varia:
a) meccanismo a moto intermittente, denominato ruota di Ginevra o croce di Malta;
b) meccanismo unidirezionale.

POLIGLOTTA
Giunto
GB: Joint
F: Joint
D: Kupplung

Meccanismi che realizzano il collegamento di due alberi

Il collegamento di due alberi può essere realizzato con due tipi di meccanismi: mediante **giunti**, se l'accoppiamento è permanente, o mediante **innesti**, se l'accoppiamento è temporaneo.

I giunti possono essere rigidi, mobili o elastici (▸ *Fig. 1.7*); gli innesti, invece, sono principalmente ad accoppiamento istantaneo e ad accoppiamento progressivo (▸ *Fig. 1.8*).

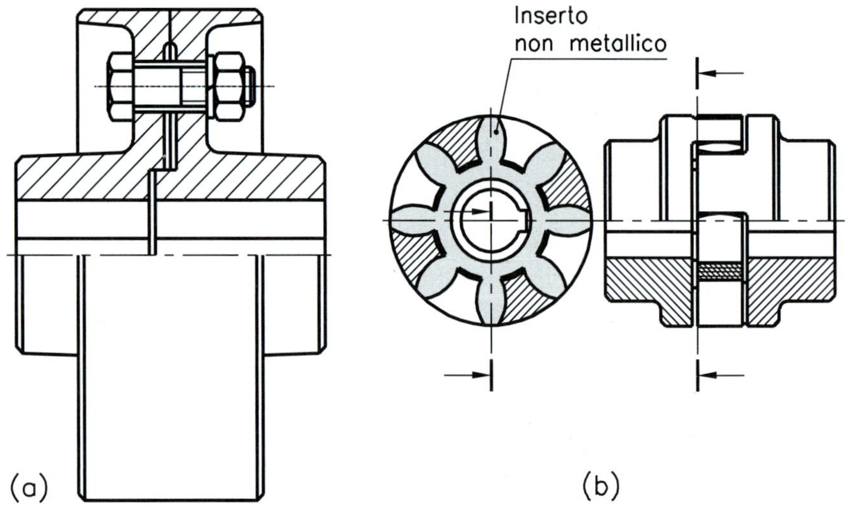

Fig. 1.7
Esempi di giunti:
a) giunto rigido;
b) giunto elastico.

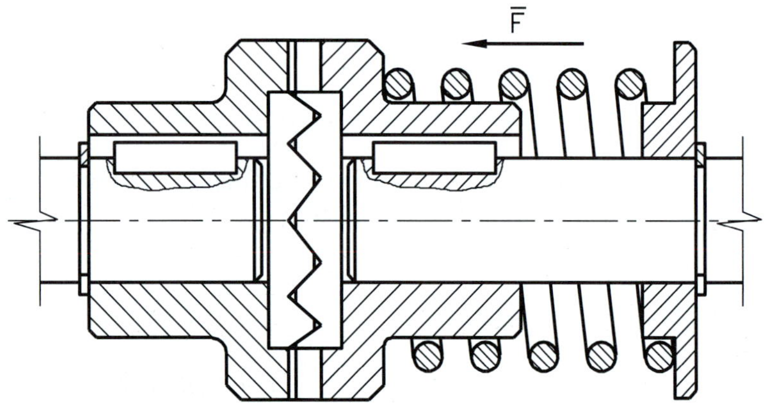

Fig. 1.8
Innesto ad accoppiamento istantaneo.

POLIGLOTTA
Innesto
GB: Coupling
F: Embrayage
D: Riemenscheibe

POLIGLOTTA
Freni
GB: Brake
F: Frein
D: Bremse

Freni

Tali meccanismi sono destinati a rallentare o ad arrestare completamente il movimento di una macchina, attuando una trasformazione di energia.

Riguardo alla forma dei membri a contatto, i **freni** possono essere classificati come:
— freni a ganasce;
— freni a espansione (▸ *Fig. 1.9a*);
— freni a nastro (▸ *Fig. 1.9b*);
— freni conici (accoppiati a tamburi conici o a gola);
— freni a disco.

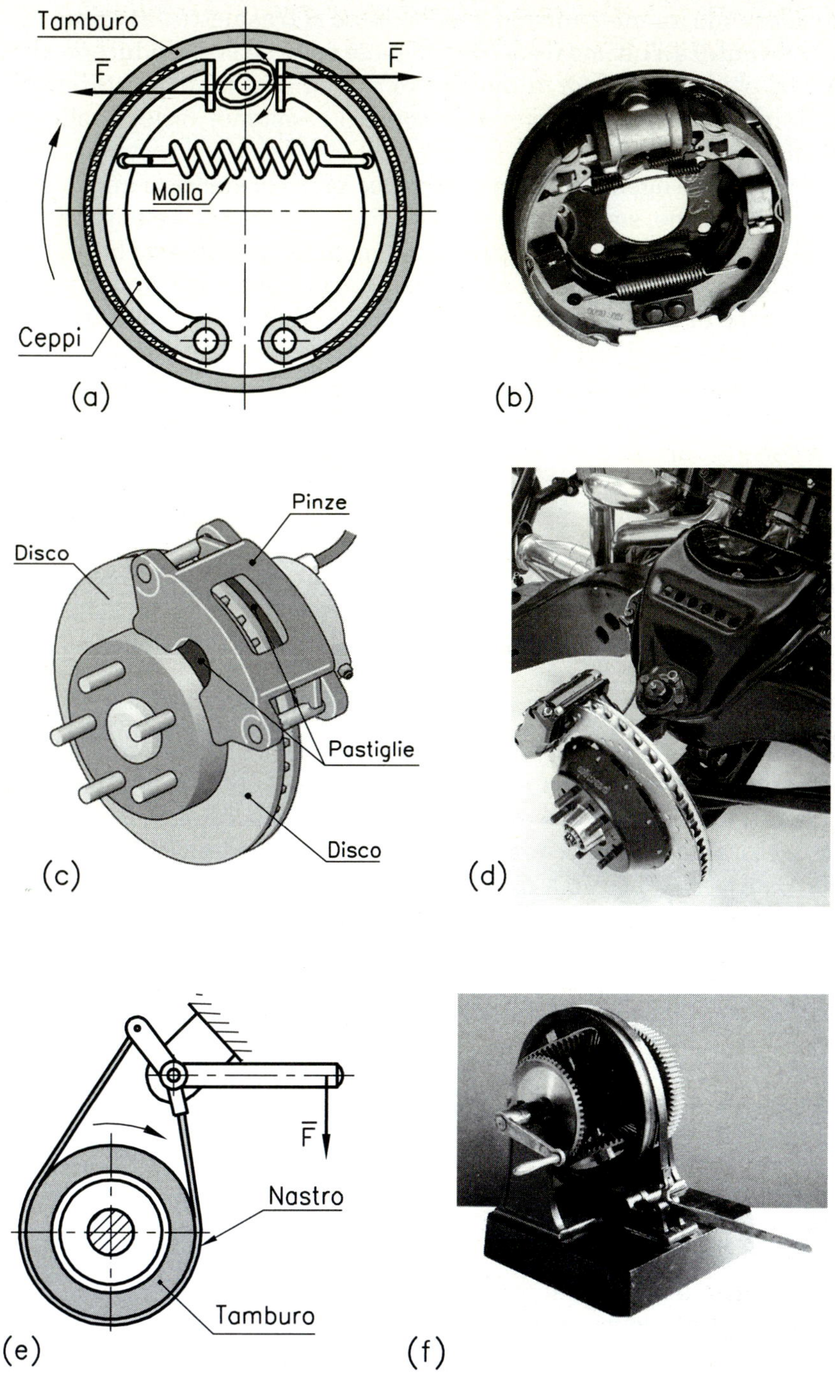

Fig. 1.9
Esempi di freni:
a) freno a espansione;
b) esemplare di freno a espansione per autovettura;
c) freno a disco;
d) freno a disco su autovettura Ford Gran Torino;
e) freno a nastro;
f) modello differenziale con freno a nastro

B1.3 DINAMICA APPLICATA ALLE MACCHINE

Forze applicate agli organi di una macchina

Le forze che agiscono sugli organi di una macchina si differenziano in **forze esterne** e **forze interne**. Sono dette forze interne quelle applicate a un membro della macchina da altri membri a esso accoppiati; tutte le altre forze sono considerate forze esterne.

Considerando un meccanismo in cui il moto si trasmette dal primo membro (movente) all'ultimo (cedente), le forze esterne si riconducono ai pesi dei vari membri, alla forza motrice (o coppia se il moto è rotatorio) applicata al movente, e alla forza (o coppia) resistente utile, applicata al cedente.

Fra le forze agenti sulle macchine, occorre considerare anche le **forze d'inerzia** che, secondo il modo di agire, possono essere motrici o resistenti. Tali forze, che si sviluppano nei membri in moto traslatorio vario e in quelli in moto circolare uniforme o vario, rappresentano le reazioni delle masse di ciascun membro alle variazioni della loro velocità.

Si osservi che il sistema di forze agenti su ogni membro di una macchina, tenuto conto che le forze interne si compensano (poiché uguali e opposte), si riduce al sistema formato dalle forze esterne e dalle forze d'inerzia dei vari membri; queste sono le forze trasmesse dalla macchina al telaio.

Principio di D'Alembert

È noto che, un qualsiasi sistema di forze, applicato a un corpo di massa m e momento d'inerzia di massa J, può essere ridotto rispetto a un punto del corpo (per esempio il suo baricentro), a una forza risultante $\bar{R}$ e a un momento risultante $\bar{M}$. La forza $\bar{R}$ determina un moto traslatorio uniformemente vario, con accelerazione costante a, mentre il momento $\bar{M}$ genera un moto circolare uniformemente vario, con accelerazione angolare costante ε. Le accelerazioni a e εcreano nel corpo la forza d'inerzia $(- m\, a)$, di verso opposto a $\bar{R}$, e il momento della forza d'inerzia $(- J\, \varepsilon)$, di verso opposto a $\bar{M}$.

Per il **principio di D'Alembert**, il corpo soggetto a un sistema di forze si trova, in ogni istante, in condizione di **equilibrio dinamico**. Traducendo in formula si ha:

$$\begin{cases} R - m\, a = 0 \\ M - J\, \varepsilon = 0 \end{cases} \qquad \textbf{[1.1]}$$

Teorema dell'energia cinetica

Nello studio delle macchine si considerano tre categorie del lavoro sviluppato da tutte le forze agenti:

— **lavoro motore** L_m, prodotto dalla forza motrice (o coppia motrice) e responsabile del moto della macchina;
— **lavoro utile** L_u, sviluppato dalle forze resistenti utili e responsabile dell'effetto utile che la macchina deve produrre;
— **lavoro perduto** L_p, ossia il lavoro speso per vincere gli effetti delle forze resistenti passive.

Il **teorema dell'energia cinetica**, applicato a una macchina, può essere espresso con la seguente relazione:

$$L_m - L_u - L_p = E_{cf} - E_{ci} \qquad \textbf{[1.2]}$$

in cui E_{cf} ed E_{ci} indicano, rispettivamente, l'energia cinetica finale e iniziale della macchina. Il secondo membro della [*1.2*] comprende tante coppie di termini quanti sono i membri mobili della macchina.

Per un organo di massa m in moto traslatorio alla velocità v, l'energia cinetica vale:

$$E_c = \frac{1}{2} m v^2 \qquad \textbf{[1.3]}$$

mentre per un organo con momento d'inerzia di massa J rispetto all'asse di rotazione, attorno cui ruota con velocità ω, l'energia cinetica vale:

$$E_c = \frac{1}{2} J \omega^2 \qquad \textbf{[1.4]}$$

Si osservi che in una macchina a regime assoluto, ogni membro è in moto uniforme, mentre, in una macchina a regime periodico, ogni membro si muove di moto vario, ma riprende periodicamente un uguale valore della velocità dopo ogni periodo. Ne consegue che l'energia cinetica di ogni membro, per un intervallo di tempo qualsiasi (nel primo caso) oppure per un periodo o suoi multipli (nel secondo caso), riprende alla fine lo stesso valore che aveva all'inizio. Perciò la variazione totale dell'energia cinetica della macchina è nulla e la [*1.1*] diventa:

$$L_m - L_u - L_p = 0 \qquad \textbf{[1.5]}$$

da cui, portando a primo membro L_m, si ottiene:

$$L_m = L_u + L_p \qquad \textbf{[1.6]}$$

da cui risulta che il lavoro utile è sempre inferiore del lavoro motore, poiché il lavoro perduto per vincere gli attriti non può mai annullarsi.

Rendimento meccanico

Nel caso di funzionamento reale, il lavoro motore dev'essere uguale alla somma del lavoro utile e del lavoro perduto per vincere gli attriti:

$$L_m = L_u + L_p$$

Pertanto l'efficienza e la funzionalità di un organo meccanico è tanto migliore quanto minore è il lavoro perduto; ciò può essere evidenziato valutando il rapporto fra il lavoro utile e il lavoro motore:

$$\eta = \frac{L_u}{L_m} = \frac{L_u}{L_u + L_p} \qquad \textbf{[1.7]}$$

Tale rapporto, indicato con il simbolo η, rappresenta il **rendimento meccanico** della macchina. Poiché gli attriti sono sempre presenti, il lavoro perduto può essere ridotto, con appropriati accorgimenti, ma mai annullato totalmente, ne consegue che il valore del rendimento è sempre minore di uno.

POLIGLOTTA

Rendimento meccanico

GB: Mechanical efficiency

F: Rendement mécanique

D: Mechanischer Gesamtwirkungsgrad

Considerando una macchina in condizioni di funzionamento ideale (assenza di attriti), il lavoro motore teorico L_{mo} equivale al lavoro utile L_u, essendo nullo il lavoro perso L_p, quindi la [*1.7*] diventa:

$$\eta = \frac{L_{mo}}{L_m} \qquad \textbf{[1.8]}$$

ossia, il rendimento può essere espresso come il rapporto fra il lavoro motore in condizioni ideali e il lavoro motore in condizioni reali.

Considerato che, sia il lavoro motore teorico sia quello reale sono generati dalla forza motrice, la [*1.8*] può essere scritta nel modo seguente:

$$\eta = \frac{F_{mo}}{F_m} \qquad \textbf{[1.9]}$$

in cui $\bar{F}_{mo}$ è la forza motrice ideale e $\bar{F}_m$ è la forza motrice reale.

Se al posto delle forze motrici e resistenti si hanno coppie di forze, nella [*1.9*] le forze devono essere sostituite con i corrispondenti momenti.

Inoltre, poiché la potenza è definita come il lavoro sviluppato nell'unità di tempo, si hanno due altre espressioni del rendimento:

$$\eta = \frac{P_u}{P_u + P_p} \qquad \textbf{[1.10]}$$

in cui P_u indica la potenza utile e P_p rappresenta la potenza perduta. E ancora:

$$\eta = \frac{P_{mo}}{P_m} \qquad \textbf{[1.11]}$$

in cui P_{mo} è la potenza motrice ideale, uguale alla potenza utile P_u:

$$P_m = P_u + P_p$$

che rappresenta la potenza motrice reale.

Oltre al rendimento η, si definisce anche la quantità $(1 - \eta)$:

$$1 - \eta = \frac{L_m - L_u}{L_m} = \frac{L_p}{L_m} \qquad \textbf{[1.12]}$$

POLIGLOTTA
Perdita di rendimento
GB: Loss of efficiency
F: Perte de rendement
D: Gesamtwirkungsgradsverlust

denominata **perdita di rendimento**, che misura la parte perduta dell'energia disponibile.

In generale il rendimento globale di una macchina dipende dai diversi rendimenti parziali dei meccanismi che la compongono e il suo valore è dato dal prodotto dei rendimenti parziali, ovvero, il rendimento totale di diverse macchine collegate insieme è dato dal prodotto dei rendimenti delle singole macchine:

$$\eta = \eta_1 \eta_2 \eta_3 \ldots \eta_n \qquad \textbf{[1.13]}$$

La disposizione delle macchine per cui vale tale relazione è detta **disposizione in serie**, invece, la disposizione in cui n macchine operatrici ricevono potenza da uno stesso motore, attraverso n differenti meccanismi (rami di trasmissione), è detta **disposizione in parallelo**. In questo caso ciascun ramo della trasmissione è percorso da una parte della potenza erogata dal motore e il rendimento totale della trasmissione vale:

$$\eta = \frac{L_{m1}\,\eta_1 + L_{m2}\,\eta_2 + \ldots + L_{mn}\,\eta_n}{L_m}$$

in cui L_{mi} è la parte di lavoro motore che attraversa il ramo *i-esimo* della trasmissione, L_m è il lavoro sviluppato dal motore e η_i è il rendimento dei singoli meccanismi (rami della trasmissione).

Trasmissione della potenza

*Si definiscono **trasmissioni meccaniche** tutti i meccanismi che trasmettono la potenza fra due organi di macchina, con o senza trasformazione del moto.*

POLIGLOTTA
Trasmissione meccanica
GB: Mechanical transmission
F: Transmission mècanique
D: Mechanisches Getriebe

Le trasmissioni senza trasformazione del moto sono composte da coppie di ruote che trasmettono la potenza dalla ruota motrice (movente) alla ruota condotta (cedente). A tale categoria di trasmissioni appartengono le **ruote di frizione**, le **ruote dentate** e le **pulegge con organi flessibili** (cinghie, funi e catene). Il meccanismo **biella-manovella** realizza la trasmissione di potenza, trasformando il moto rettilineo alternato in moto circolare e viceversa.

Come noto dalla dinamica dei corpi rotanti, il valore della potenza sviluppata da una coppia di momento $\overline{M}$ è ottenuto dal rapporto fra il lavoro L compiuto e il tempo t impiegato a svolgerlo:

$$P = \frac{L}{t}$$

Il lavoro, a sua volta, è dato dal prodotto del momento $\overline{M}$ per l'angolo di rotazione α:

$$L = M\,\alpha$$

Pertanto la potenza si esprime come segue:

$$P = \frac{M\,\alpha}{t}$$

Supponendo che il corpo ruoti di moto uniforme con velocità angolare costante ω, il valore della potenza è:

$$P = M\,\omega \qquad [1.14]$$

in cui la potenza P è espressa in watt; il momento $\overline{M}$ è misurato in N m e la velocità angolare ω è espressa in rad/s.

Se si considera la frequenza di rotazione n del corpo, in giri/min, essendo:

$$\omega = \frac{2\pi n}{60}$$

il valore della potenza risulta:

$$P = M\frac{2\pi n}{60} = \frac{M n}{9{,}549} \qquad [1.15]$$

Esprimendo la potenza in chilowatt, la [*1.15*] si scrive nel modo seguente:

$$P = \frac{M n}{9549} \qquad [1.16]$$

Misura della potenza

La **potenza effettiva** di una macchina motrice è la potenza disponibile sull'albero motore o quella assorbita per l'azionamento di una macchina operatrice. Poiché la potenza P può essere espressa come:

$$P = M\omega = \frac{M n}{9549}$$

si può valutare la sua intensità con metodi di misura indiretti, misurando la frequenza di rotazione n con un **tachimetro** e determinando il valore del momento torcente $\bar{M}$ della coppia trasmessa per mezzo di **torsiometri** o di **freni dinamometrici**.

Torsiometri

Il momento delle coppie, uguali e contrarie, applicate alle sezioni estreme di un albero (che costituiscono, rispettivamente, la coppia motrice e la coppia resistente di una trasmissione) si valuta inserendo nella trasmissione un tronco d'albero, detto **torsiometro**.

Il torsiometro è uno strumento che presenta una diretta proporzionalità fra l'angolo di torsione ϑ e il momento torcente $\bar{M}$ delle coppie. L'angolo ϑ di torsione fra due sezioni poste a distanza l vale:

$$\vartheta = \frac{M l}{G I_p}$$

POLIGLOTTA
Torsiometro
GB: Torque meter
F: Torsiomètre
D: Drehungsmesser

in cui la costante di proporzionalità, detta **parametro di rigidità**, fra ϑ e $\bar{M}$ vale:

$$K = \frac{G I_p}{l}$$

Quindi, misurato l'angolo di torsione e ricavato il parametro di rigidità, in fase di taratura dell'apparecchio, si può ottenere il valore del momento torcente:

$$M = \frac{G I_p}{l}\vartheta$$

I torsiometri sono di vario tipo: ottici, meccanici, acustici ed elettrici.

Schema di funzionamento del torsiometro ottico di Amsler
(▸ *Fig. 1.10*)

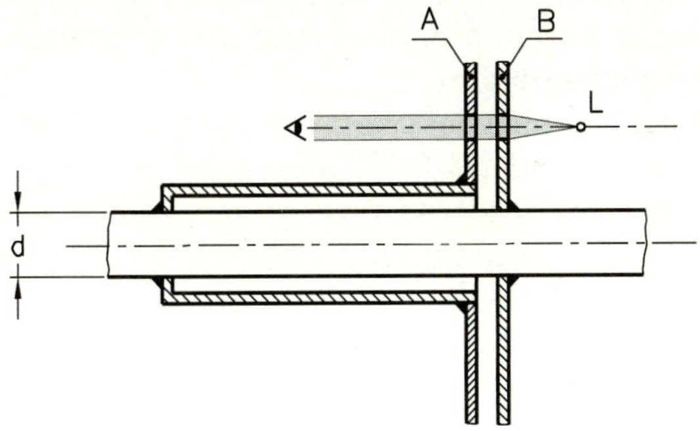

Fig. 1.10
Torsiometro di Amsler.

Dalla *figura 1.10* si può osservare il funzionamento del tensiometro ottico di Amsler.

Lo spostamento relativo delle due sezioni dell'albero si osserva per mezzo di dispositivi stroboscopici (l'albero è illuminato per brevissimo tempo a ogni giro).

Sulla flangia A, solidale con una sezione dell'albero, è ricavata una fenditura radiale; sulla seconda flangia B con manicotto, solidale con un'altra sezione dell'albero, collocata alla distanza l dalla prima, è posto un settore graduato angolarmente e trasparente. La luce della lampada L attraversa la fenditura della flangia A e illumina, come un indice, il settore graduato.

Schema di funzionamento del torsiometro elettrico con estensimetri a resistenza (strain-gauge)

Gli **strain-gauge** sono sottili conduttori elettrici che segnalano il proprio allungamento e la contemporanea contrazione, con la proporzionale variazione di resistenza elettrica (**estensimetri a resistenza**). Si fanno aderire gli estensimetri all'albero, ponendoli a 45° rispetto alla sua generatrice. Il momento torcente è dato da:

$$M = \frac{G I_p}{l} \varepsilon \qquad \textbf{[1.17]}$$

in cui G è il modulo di elasticità tangenziale, I_p è il momento quadratico polare della sezione trasversale dell'albero di diametro d e lunghezza l e, infine, ε è l'allungamento relativo dello strain-gage.

L'allungamento relativo εdello strain-gage vale:

$$\varepsilon = \frac{\vartheta d}{4l}$$

da cui, ricavando l'angolo di torsione ϑ e sostituendo nella [*1.17*], si ottiene:

$$M = \frac{4 G I_p}{d} \varepsilon \qquad \textbf{[1.18]}$$

Quindi, tarato lo strain-gage, si misura ε e dalla [*1.18*] si ottiene il valore del momento $\bar{M}$.

POLIGLOTTA

Freno dinamometrico

GB: Torque dynamometer

F: Frein dynamométrique

D: Bremsdynamometer

Freni dinamometrici

Il **freno dinamometrico** prende il posto della macchina operatrice azionata dal motore, con la possibilità di ampie regolazioni e di sensibili misure della coppia. I freni dinamometrici possono essere: **ad attrito**, **idraulici** o **elettromagnetici**.

Uno dei tipi più semplici dei **freni ad attrito** è il **freno Prony**.

Sopra una puleggia calettata sull'albero del motore si stringono due ceppi di legno. Le forze di attrito fra i ceppi e la puleggia generano la coppia frenante di momento $\bar{M}$. Uno dei ceppi è collegato a una barra di lunghezza l, all'estremità della quale si applica una forza $\bar{Q}$, che può essere letta mediante un dinamometro, il cui momento ($Q\,l$) equilibra la coppia frenante:

$$M = Q\,l$$

I freni ad attrito si prestano a misure di qualche decina di chilowatt e per velocità piuttosto basse; inoltre sono impiegati come mezzi complementari dei freni idraulici, al fine di estendere il campo d'impiego di questi ultimi, molto limitato alle basse velocità angolari.

Nei **freni idraulici**, il rotore ha, su ciascun fianco, un canale munito di palette, al quale si affaccia un canale simile ricavato nella cassa oscillante del freno, che costituisce lo statore. Per effetto della rotazione del rotore, l'acqua è spinta dalla forza centrifuga verso l'esterno dei canali mobili, passando nei canali fissi, per poi ritornare verso l'asse di rotazione. Il movimento elicoidale dell'acqua ostacola la rotazione del rotore, ma agisce ugualmente sullo statore, il quale tende a ruotare. Ciò è impedito dal momento di una forza $\bar{F}$, misurata da uno speciale dinamometro, posto su una barra fissata allo statore alla distanza b dall'asse di rotazione. Il momento vale:

$$M = F\,b$$

Per un dato freno la coppia frenante è proporzionale al quadrato della velocità angolare ω, la potenza è proporzionale al cubo della stessa.

Nei **freni elettromagnetici** il funzionamento è analogo a quello dei freni idraulici. In questo caso si hanno due tipi di fasi: il **freno a correnti parassite** e il **freno elettrodinamico** o **dinamo-freno**.

Nel **freno a correnti parassite** lo statore, su cui è fissato un braccio per la misura della coppia, è munito di un avvolgimento a spire coassiali all'asse del freno, in cui una corrente continua genera un campo magnetico toroidale. Durante la rotazione del rotore, che ha la forma di una ruota a denti, le zone dello statore si magnetizzano e smagnetizzano, a seconda che siano opposte ai denti o ai vani del rotore. L'energia fornita dal freno si dissipa in calore, per effetto delle correnti parassite. La regolazione della coppia frenante è ottenuta variando l'intensità della corrente che percorre l'avvolgimento statorico. Questo tipo di freno ha la possibilità di variare la coppia indipendentemente dalla velocità angolare ed è in grado di mantenere costante la velocità angolare, pur variando la coppia.

Il **freno elettrodinamico** è costituito da una dinamo che trasforma il lavoro da misurare in energia elettrica, dissipata da un circuito che comprende resistenze metalliche o a liquido. Misurata la potenza elettrica generata e dividendo per il rendimento della dinamo (determinato separatamente), si ottiene la potenza all'albero del motore in prova.

B1.4 RUOTE DI FRIZIONE

Gli organi più semplici per realizzare la trasmissione del moto fra alberi paralleli o concorrenti sono le **ruote di frizione**: nel primo caso si impiegano **ruote cilindriche**; nel secondo si utilizzano **ruote coniche**.

Le loro applicazioni sono limitate a velocità basse e per la trasmissione di piccole potenze, in quanto non è possibile applicare forze periferiche sufficientemente alte che consentano di evitare slittamenti, senza avere perdite eccessive per attrito nell'accoppiamento fra l'albero e i supporti (accoppiamenti perno-cuscinetto).

Per contro, le ruote di frizione presentano diversi vantaggi, quali la semplicità di costruzione, la silenziosità e la facilità di manovra nelle fasi di innesto, disinnesto e inversione del moto.

Ruote di frizione cilindriche

La trasmissione fra due assi paralleli si realizza calettando su di essi due ruote, aventi la forma di due cilindri, a sezione circolare. In ogni istante i due cilindri sono tangenti lungo una generatrice e, precisamente, sono tangenti esternamente se hanno verso opposto di rotazione (▸ *Fig. 1.11a*), mentre sono tangenti internamente se hanno lo stesso verso di rotazione (▸ *Fig. 1.11b*).

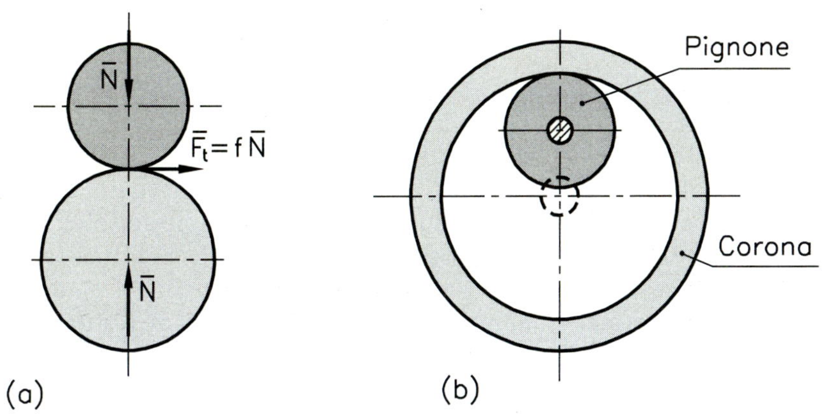

Fig. 1.11
a) Ruote cilindriche esterne.
b) Ruote cilindriche interne.

Le due superfici cilindriche, dette **superfici primitive**, per trasmettere il moto devono essere spinte l'una contro l'altra da una **forza d'accoppiamento** sufficiente $\overline{N}$; in queste condizioni, la trasmissione del moto è dovuta all'attrito che si manifesta nell'area di contatto fra la **ruota motrice** di raggio r_1 e la **ruota condotta** di raggio r_2 (▸ *Fig. 1.12*).
*Si definisce **rapporto di trasmissione** il rapporto fra la velocità angolare della ruota motrice e quella della ruota condotta:*

$$i = \frac{\omega_1}{\omega_2} \qquad [1.19]$$

POLIGLOTTA
Forza d'accoppiamento
GB: Coupling force
F: Force de couplage
D: Verbindungskraft

POLIGLOTTA
Rapporto di trasmissione
GB: Velocity ratio
F: Rapport de transmission
D: Übersetzungsverhältnis

Ovviamente, in assenza di slittamenti, le velocità periferiche v delle due ruote sono uguali, quindi si ha:

$$v = \omega_1 r_1 = \omega_2 r_2 \qquad [1.20]$$

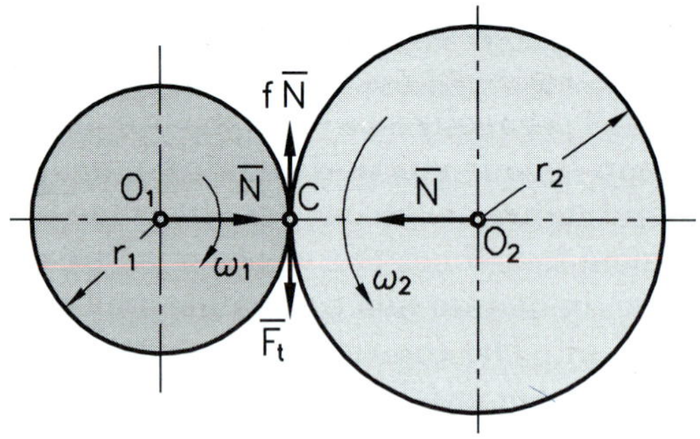

Fig. 1.12
Schema di una coppia di ruote di frizione cilindriche, di raggi r_1 e r_2 e velocità angolari ω_1 e ω_2. $\bar{F}_t$ indica la forza periferica e $\bar{N}$ rappresenta la forza d'accoppiamento. La forza F_t *non può superare il valore limite* fN.

e il rapporto di trasmissione diventa:

$$i = \frac{r_2}{r_1} \qquad \textbf{[1.21]}$$

Se risulta $r_2 < r_1$, il rapporto di trasmissione diventa $i < 1$ e la **trasmissione** è detta **moltiplicatrice**; se invece $r_2 > r_1$, si ha $i > 1$ e la **trasmissione** è detta **riduttrice**.

POLIGLOTTA
Trasmissione moltiplicatrice
GB: Multiplyng transmission
F: Transmission multiplicatrice
D: Übersetzung

POLIGLOTTA
Trasmissione riduttrice
GB: Reducing transmission
F: Transmision réductrice
D: Undersetzung

Indicando con $\bar{F}_t$ la **forza periferica** utile e con f il **coefficiente d'attrito**, l'intensità della forza d'accoppiamento $\bar{N}$ dev'essere:

$$N \geq \frac{F_t}{f} \qquad \textbf{[1.22]}$$

mentre la forza periferica dev'essere:

$$F_t \leq f\,N \qquad \textbf{[1.23]}$$

Dalla [*1.23*] si deduce che, per trasmettere una forza periferica abbastanza elevata, è necessario utilizzare materiali ad alto coefficiente di attrito.

Si possono utilizzare materiali non metallici (gomme sintetiche, materie plastiche, tele rinforzate ecc.) oppure materiali metallici (acciaio temprato e ghisa).

Tuttavia i materiali non metallici, benché presentino un coefficiente di attrito maggiore di quello dei materiali metallici, tollerano forze di compressione $\bar{N}$ limitate e sono preferiti per piccole ruote, alle quali si attribuisce il coefficiente di attrito $f = 0{,}15$.

Come suggerito dall'esperienza, la forza di accoppiamento per unità di lunghezza, ossia la **pressione specifica** p_s, non deve superare il valore di 100 N/mm circa e la **larghezza** b delle ruote non dev'essere maggiore di 100÷120 mm, altrimenti la pressione fra le ruote sarebbe troppo disuniforme lungo la generatrice, per effetto della flessione degli alberi. Per non avere inoltre dimensioni eccessive delle ruote, occorre che la **velocità periferica** v non superi il valore di 5÷6 m/s.

Da ciò si deduce che il valore della massima forza periferica per una coppia di ruote di frizione è circa:

$$F_t = f\,p_s\,b = 0{,}15 \times 100 \times 120 = 1800 \text{ N}$$

cui corrisponde la forza di accoppiamento:

$$N = 100 \times 120 = 12\,000 \text{ N}$$

Si noti che, per lo stesso valore della forza periferica, la forza di accoppiamento di una coppia di ruote dentate sarebbe $N = 660$ N.

Fissato il massimo valore della forza periferica e quello della velocità periferica, il massimo valore della potenza trasmissibile con una coppia di ruote di frizione (trascurando le resistenze passive) risulta:

$$P = F_t v = 1800 \times 6 = 10\,800 \text{ W}$$

Notevoli aumenti del rapporto F_t/N si ottengono praticando alcune scanalature, ossia sporgenze e gole, a forma trapezoidale sulla periferia delle due ruote che, durante il moto, penetrano l'una nell'altra come cunei; tali **ruote** sono dette **a cuneo** (▸ *Fig. 1.13*) e sono anche note come **ruote Minotto**.

Per effetto dell'incuneamento delle parti coniugate, aumenta la reciproca aderenza e quindi la [*1.23*] diventa:

$$F_t \leq f'N$$

dove il coefficiente di attrito fittizio f' è dato da:

$$f' = \frac{f}{\text{sen } \beta}$$

in cui β rappresenta l'angolo di semiapertura del profilo della scanalatura. In genere il numero di gole è inferiore a sei, mentre l'angolo β è normalmente inferiore a 20°; il valore più comune è $\beta = 15°$.

Considerando $\beta = 15°$, risulta che le ruote scanalate generano una forza periferica, circa quattro volte maggiore di quelle lisce. Tuttavia questo tipo di ruote presenta l'inconveniente di un rapido logoramento.

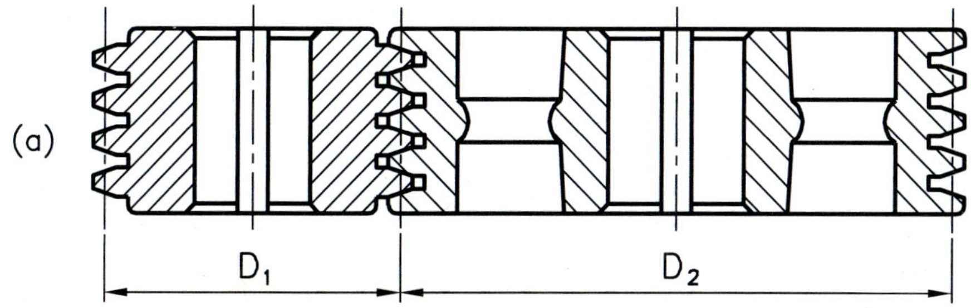

Fig. 1.13
a) Ruote a cuneo.
b) Particolare dell'accoppiamento in cui è evidenziato l'angolo di semiapertura del profilo della scanalatura.

Un altro accorgimento che consente di aumentare il coefficiente di attrito consiste nell'inserire fra le due ruote una cinghia di cuoio, ottenendo così un valore di f, corrispondente al contatto metallo-cuoio, circa doppio di quello del contatto metallo-metallo.

Ruote di frizione coniche

La trasmissione del moto rotatorio fra due alberi concorrenti in un punto V può essere realizzata con due coni tangenti lungo una generatrice e il cui vertice è rappresentato dal punto V (▸ *Fig. 1.14*).

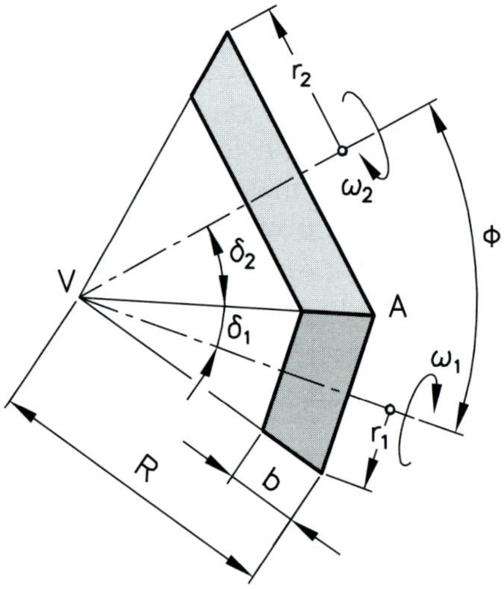

Fig. 1.14
Schema di una coppia di ruote di frizione coniche.

Considerando un punto A sulla generatrice di contatto dei due coni, in assenza di strisciamenti, la sua velocità è la stessa sia che appartenga a uno o all'altro cono. Ne consegue che:

$$\omega_1 r_1 = \omega_2 r_2$$

dove r_1 e r_2 sono i raggi dei due coni.

Pertanto l'espressione del rapporto di trasmissione è:

$$i = \frac{\omega_1}{\omega_2} = \frac{r_2}{r_1}$$

Introducendo nella relazione gli angoli δ_1 e δ_2, formati dalle generatrici e dagli assi dei due coni, si ottiene:

$$i = \frac{\text{sen } \delta_2}{\text{sen } \delta_1} \qquad \textbf{[1.24]}$$

Quindi il rapporto di trasmissione è uguale al rapporto dei seni dei semiangoli al vertice dei due coni.

La maggior parte delle applicazioni corrisponde alla configurazione ad assi ortogonali, ossia con $\Phi = \delta_1 + \delta_2 = 90°$. In questo caso gli angoli δ_1 e δ_2 sono complementari, per cui si ha:

$$\delta_2 = 90° - \delta_1$$

sostituendo nella [*1.24*] si ricava:

$$i = \frac{\text{sen}(90° - \delta_1)}{\text{sen } \delta_1} = \frac{\cos \delta_1}{\text{sen } \delta_1} = \frac{1}{\text{tg } \delta_1} \qquad \textbf{[1.25]}$$

Dimensionamento delle ruote di frizione

I dati noti per il **dimensionamento delle ruote di frizione** sono generalmente la potenza e la frequenza di rotazione degli alberi su cui sono calettate le ruote.

Ruote cilindriche

I raggi delle due ruote si ricavano dalla [*1.20*]:

$$v = \omega_1 r_1 = \omega_2 r_2$$

assumendo per la velocità periferica v un valore non superiore a 5÷6 m/s.

Fissato il valore della velocità periferica v, dall'espressione della potenza si ottiene il valore della forza periferica $\bar{F}_t$:

$$P = F_t v$$

da cui si ricava:

$$F_t = \frac{P}{v} \qquad \textbf{[1.26]}$$

Scelto il tipo di materiale con cui realizzare le ruote, si stabilisce il corrispondente coefficiente di attrito f e si determina la forza di accoppiamento $\bar{N}$:

$$N \geq \frac{F_t}{f} \qquad \textbf{[1.27]}$$

In conclusione, fissato un valore della pressione specifica p_s (che non sia superiore a 100 N/mm), si determina il valore della larghezza b delle ruote:

$$p_s = \frac{N}{b}$$

da cui si ottiene:

$$b = \frac{N}{p_s} \qquad \textbf{[1.28]}$$

Nel caso in cui sia noto anche l'interasse I, vale a dire la distanza fra gli assi delle due ruote, i valori dei loro raggi si possono ricavare risolvendo il seguente sistema:

$$\begin{cases} I = r_1 + r_2 \\ i = \dfrac{r_2}{r_1} \end{cases} \qquad \textbf{[1.29]}$$

verificando dopo che i valori trovati soddisfino la [*1.20*].

Determinati i raggi, si può calcolare il valore della velocità periferica v; i valori della forza periferica, della forza di accoppiamento e della larghezza delle ruote si ricavano con il procedimento indicato in precedenza.

Ruote coniche

Per dimensionare le ruote coniche occorre prima determinare i semiangoli di apertura δ_1 e δ_2 dei coni, i cui valori si ottengono risolvendo il seguente sistema:

$$\begin{cases} i = \dfrac{\text{sen } \delta_2}{\text{sen } \delta_1} \\ \phi = \delta_1 + \delta_2 \end{cases} \quad \textbf{[1.30]}$$

Fissato un valore della velocità periferica media v_m, ossia della velocità a metà larghezza delle ruote, che in genere si assume uguale a 3 m/s, e note le frequenze di rotazione degli alberi, si determinano i diametri medi delle ruote:

$$d_{m1} = \frac{60\, v_m}{\pi\, n_1}$$

e:

$$d_{m2} = \frac{60\, v_m}{\pi\, n_2}$$

in cui:

— d_{m1} è il diametro medio della ruota motrice;
— d_{m2} è il diametro medio della ruota condotta;
— n_1 è la frequenza di rotazione dell'albero motore;
— n_2 è la frequenza di rotazione dell'albero condotto.

Il valore fissato della velocità media e quello della potenza trasmessa consentono di calcolare la forza periferica media $\bar{F}_{tm}$:

$$F_{tm} = \frac{P}{v_m} \quad \textbf{[1.31]}$$

Infine, scelto il tipo di materiale, noto, quindi, il coefficiente di attrito f e fissato un valore della pressione specifica p_s, si possono calcolare la forza di accoppiamento $\bar{N}$ e la larghezza b delle ruote:

$$N \geq \frac{F_{tm}}{f} \quad \textbf{[1.32]}$$

e:

$$b = \frac{N}{p_s} \quad \textbf{[1.33]}$$

Teorema	Formula	Unità di misura
Principio di D'Alembert	$\begin{cases} R - m\,a = 0 \\ M - J\,\varepsilon = 0 \end{cases}$	R = risultante del sistema di forze esterne applicate a un corpo [N] m = massa del corpo [kg] a = accelerazione del moto di traslazione uniformemente vario [m/s^2] M = momento risultante del sistema di forze esterne [N m] J = momento d'inerzia di massa del corpo [kg m^2] ε = accelerazione angolare del moto circolare uniformemente vario [rad/s^2]
Teorema dell'energia cinetica	$L_m - L_u - L_p = E_{cf} - E_{ci}$	L_m = lavoro motore [J] L_u = lavoro utile [J] L_p = lavoro perduto [J] E_{cf} = energia cinetica della macchina alla fine dell'intervallo di tempo considerato [J] E_{ci} = energia cinetica della macchina all'inizio dell'intervallo di tempo considerato [J]
Rendimento meccanico	$\eta = \dfrac{L_u}{L_m} = \dfrac{L_u}{L_u + L_p}$	L_m = lavoro motore [J] L_u = lavoro utile [J] L_p = lavoro perduto [J] η = rendimento meccanico, adimensionale

Teorema	Formula	Unità di misura
Perdita di rendimento	$1-\eta=\dfrac{L_m-L_u}{L_m}=\dfrac{L_p}{L_m}$	$1-\eta$ = perdita di rendimento, adimensionale L_m = lavoro motore [J] L_u = lavoro utile [J] L_p = lavoro perduto [J]
Rendimento di macchine o meccanismi disposti in serie Rendimento di macchine o meccanismi disposti in parallelo	$\eta=\eta_1\,\eta_2\,\eta_3\ldots\eta_n$ $\eta=\dfrac{L_{m1}\,\eta_1+L_{m2}\,\eta_2}{L_m}+$ $+\dfrac{\ldots+L_{mn}\,\eta_n}{L_m}$	η_i = rendimento di ciascuna macchina o meccanismo L_{mi} = lavoro motore di ciascuna macchina o meccanismo [J]
Potenza sviluppata da una coppia di momento M	$P=M\,\omega$ oppure: $P=M\dfrac{2\pi n}{60}=\dfrac{M\,n}{9{,}549}$	P = potenza [W] M = momento [N m] ω = velocità angolare [rad/s] n = frequenza di rotazione [giri/min]
Intensità della forza di accoppiamento $\bar{N}$	$N\geq\dfrac{F_t}{f}$	N = forza di accoppiamento [N] F_t = forza periferica [N] f = coefficiente d'attrito, adimensionale

Teorema	Figura	Formula/relazione
Rapporto di trasmissione per una coppia di ruote di frizione cilindriche	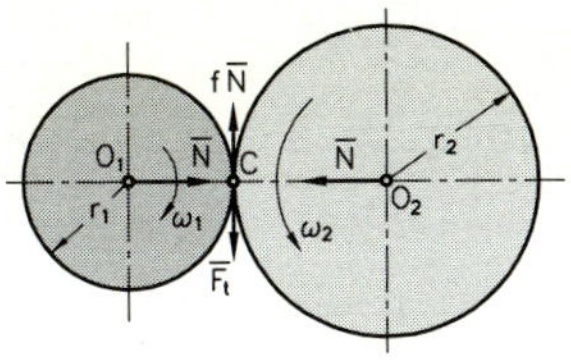	$$i = \frac{\omega_1}{\omega_2}$$ oppure: $$i = \frac{r_2}{r_1}$$ ω_1 = velocità angolare della ruota motrice [rad/s] ω_2 = velocità angolare della ruota condotta [rad/s] r_1 = raggio della ruota condotta [mm] r_2 = raggio della ruota condotta [mm]
Rapporto di trasmissione per una coppia di ruote di frizione coniche	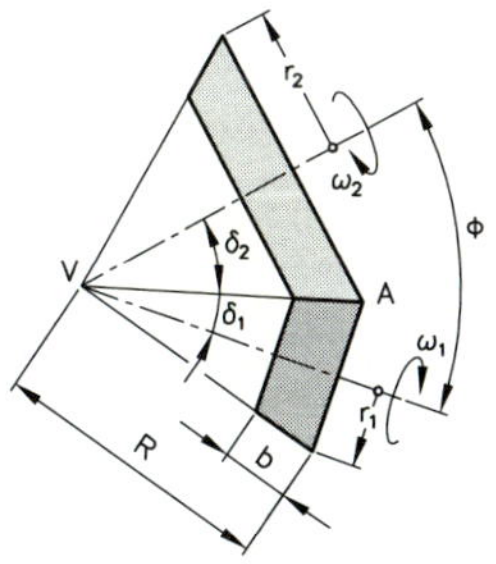	$$i = \frac{\text{sen }\delta_2}{\text{sen }\delta_1}$$ i = rapporto di trasmissione, adimensionale δ_1 e δ_1 = semiangoli di apertura dei coni primitivi [°]

L'UNITÀ DIDATTICA IN BREVE

Sulla rete

PROBLEMI DI RIEPILOGO

Sulla rete

AUTOVERIFICA DELL'APPRENDIMENTO

1. Il funzionamento del meccanismo è detto a regime periodico, quando la ______________________________ del meccanismo stesso ______________________________ in ogni intervallo di tempo uguale o multiplo del periodo; mentre è detto a regime assoluto se la ______________________________ in qualunque intervallo di tempo.

2. Dare la definizione di coppia cinematica e di catena cinematica. (max 20 parole)

____

____

____

3. Un meccanismo è una catena cinematica chiusa, di cui uno dei membri è fisso.

Vero ☐ Falso ☐

4. I meccanismi adatti a trasmettere forze e velocità fra due alberi, con rapporto di trasmissione costante, sono ______________________, ______________________, ______________________

5. I meccanismi capaci di trasmettere forze e velocità, con la possibilità di variare in modo continuo il rapporto di trasmissione, sono detti ______________________________

6. I meccanismi adatti a trasmettere forze e velocità con legge del moto varia sono, per esempio, ______________________________, ______________________ e ______________________

7. Definire la trasmissione meccanica (max 15 parole).

____

____

8. Definire il rapporto di trasmissione di una coppia di ruote di frizione cilindriche (max 10 parole).

____

____

9. Una trasmissione, realizzata con una coppia di ruote di frizione cilindriche, è detta riduttrice se $r_2 < r_1$, ovvero, $i < 1$.

Vero ☐ Falso ☐

10. Una trasmissione realizzata con una coppia di ruote di frizione cilindriche, è detta moltiplicatrice se $r_2 < r_1$, ovvero, $i < 1$.

Vero ☐ Falso ☐

LE RUOTE CILINDRICHE E CONICHE

La presente unità è dedicata alle **trasmissioni a ruote dentate** mediante **ingranaggi cilindrici** e **conici**. In questa sede si affrontano la teoria dell'**ingranamento**, la **geometria del dente** e la nomenclatura specifica. Segue lo studio della dinamica dell'ingranamento e dei fondamenti di **calcolo strutturale**.
Le metodologie illustrate si basano sul calcolo tradizionale, a usura e a fatica, impiegando procedure rapide ed essenziali che, anche se in forma semplificata, forniscono risultati corretti e coerenti con le moderne metodologie adottate in campo industriale.

Prerequisiti

- Conoscere i principi della Cinematica e della Dinamica del punto e del corpo rigido, con particolare riferimento alla teoria del centro d'istantanea rotazione e alle curve polari.
- Sapere calcolare le tensioni e le deformazioni nelle travi caricate a trazione-compressione, a flessione, a taglio e a torsione.
- Sapere eseguire i calcoli relativi a potenze, coppie, velocità angolari, rapporti di trasmissione e rendimenti per gli alberi rotanti.

Obiettivi

- Sapere analizzare le fasi con cui avviene l'ingranamento fra i denti.
- Sapere definire il proporzionamento modulare delle ruote cilindriche a denti diritti ed elicoidali.
- Sapere rappresentare graficamente le forze scambiate durante l'ingranamento.
- Sapere calcolare forze e momenti trasmessi fra le ruote dentate e agenti sui loro alberi.
- Sapere eseguire calcoli di progetto e verifica per le ruote dentate cilindriche.

Contenuti

- Trasmissione del moto mediante le ruote dentate.
- Proporzionamento delle ruote dentate cilindriche a denti diritti.
- Cinematica dell'ingranamento.
- Ingranamento corretto.
- Proporzionamento delle ruote dentate cilindriche a denti elicoidali.
- Potenze e forze scambiate fra i denti in presa.
- Calcolo strutturale della dentatura.
- Ruote dentate coniche.
- Ingranaggio a vite.

Verifica prerequisiti

1. Un albero rotante, avente diametro d = 12 cm, ruota alla velocità di 3000 giri/min; calcolare la velocità angolare ω (a) e la velocità periferica v (b) di un qualunque punto superficiale:

a) ω = ____________________ b) v = ____________________

2. Un autoveicolo, avente massa 1200 kg, viaggia in piano a 80 km/h; viene sottoposto a un'accelerazione a = 2 m/s^2 per un tempo t = 8 s. Calcolare la velocità (a) raggiunta al termine dell'accelerazione e la forza d'inerzia (b) agente durante il transitorio:

a) v = ____________________ b) F' = ____________________

3. Ogni corpo in moto con traiettoria curva ammette un punto detto centro di ____________________, avente velocità ____________________ e variabile ____________________

4. Una barra cilindrica in Fe 340, avente diametro d = 20 mm e sottoposta a una forza di compressione di 125 kN, si trova in condizione di rottura.

Vero ☐ Falso ☐

5. Calcolare quanto vale la forza applicata all'estremità libera di una trave IPE 140, incastrata a un estremo e lunga 2 m, affinché all'estremità libera si abbia una freccia elastica di 2,5 mm. Trascurare il peso proprio della trave.

F = ____________________

6. Definire la caratteristica di sollecitazione (max 15 parole).

____

____

7. Calcolare la potenza trasmessa da un albero rotante a 1000 giri/min e sottoposto a un momento torcente di 125 N m.

P = ____________________

8. Una ruota di frizione, avente diametro 250 mm, trasmette il moto a un'altra ruota, avente diametro 180 mm: calcolare il rapporto di trasmissione.

i = ____________________

9. Il rendimento di una macchina è pari al rapporto fra ____________________ e ____________________

10. Una sezione rettangolare, di base b e altezza h, è sottoposta a taglio da una forza $\bar{F}$ verticale; indicare in quale zona della sezione si realizza la massima tensione tangenziale:

a) nella zona immediatamente inferiore al punto in cui è applicata la forza

b) in nessuna, poiché la tensione assume valore costante in ogni punto della sezione

c) lungo l'asse baricentrico orizzontale, perpendicolare alla forza

Problema

Si consideri un ingranaggio formato da due ruote cilindriche a denti diritti, ad assi paralleli.
Enunciare le regole geometriche che definiscono la forma del singolo dente e della ruota dentata; descrivere la forma che viene comunemente attribuita al profilo dei denti, individuando le motivazioni che hanno determinato tale scelta; illustrare, infine, le metodologie di progetto della ruota dentata, riconducendole ai rispettivi fenomeni fisici che stanno alla base della dinamica dell'ingranamento.

Analisi

Il problema si sviluppa lungo due linee differenti: la prima di tipo geometrico; la seconda di carattere strutturale. Inizialmente si determina la geometria del dente, visto sia come corpo singolo sia come insieme facente parte di una ruota; in particolare si chiede di fissare le regole del tracciamento del profilo del dente e del suo proporzionamento. Dopo avere definito la dinamica dell'ingranamento, si specifica la natura delle sollecitazioni scambiate dai due profili in presa e da esse si derivano le metodologie che concorrono al progetto strutturale del dente.

Procedura consigliata

Per risolvere il problema occorre:
- riferirsi ai ***paragrafi B2.1*** e ***B2.2***, che contengono le informazioni di base e la nomenclatura delle ruote dentate, per rispondere alla prima domanda;
- riferirsi al ***paragrafo B2.3***, in cui sono descritte la cinematica dell'ingranamento e la forma del dente, per rispondere alla seconda domanda;
- riferirsi al ***paragrafo B2.6*** per comprendere in che modo la potenza si trasmette da un dente al compagno e potere così rispondere alla terza domanda;
- riferirsi al ***paragrafo B2.7***, che esamina in dettaglio le due metodologie di progetto, verifica e ne definisce i criteri di applicazione.

B2.1 TRASMISSIONE DEL MOTO MEDIANTE LE RUOTE DENTATE

Tipologie degli ingranaggi

Si adotta la **trasmissione a ruote dentate** quando le forze e la potenza scambiata fra gli assi sono superiori ai limiti ammessi per le ruote di frizione. L'evoluzione della superficie di contatto della ruota da liscia a dentata realizza la **positività di trasmissione**, ovvero la costanza del rapporto di trasmissione nel tempo, grazie alla totale assenza di slittamenti relativi.

POLIGLOTTA
Ingranaggio
GB: Gear
F: Engrenage
D: Räderpaar

*Si definisce **ingranaggio** l'accoppiamento di due ruote dentate ingrananti fra loro e montate su assi, la cui posizione relativa resta fissa; una di esse impone il moto alle altre mediante denti che vengono a contatto in successione; se l'accoppiamento è fra più di due ruote si parla di **rotismo**.*

POLIGLOTTA
Ingranaggio cilindrico a denti diritti
GB: Spur gear
F: Engrenage à denture droite
D: Geradzahnrad, Stirnrad

Gli ingranaggi sono riconducibili a tre schemi fondamentali: **cilindrici, conici** e **a vite**. Gli **ingranaggi cilindrici** possono avere i denti diritti, elicoidali o bielicoidali (▸ *Fig. 2.1*).

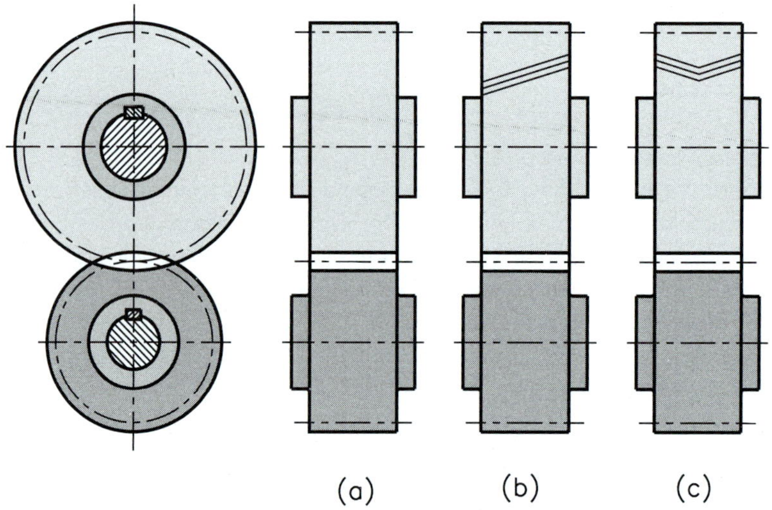

Fig. 2.1
Ruote dentate cilindriche:
a) con denti diritti;
b) con denti elicoidali;
c) con denti bielicoidali.

Questo tipo di ingranaggi è utilizzato generalmente per trasmissioni fra assi paralleli; in particolare, con la dentatura elicoidale è possibile realizzare la trasmissione anche fra assi sghembi (▸ *Fig. 2.2*).

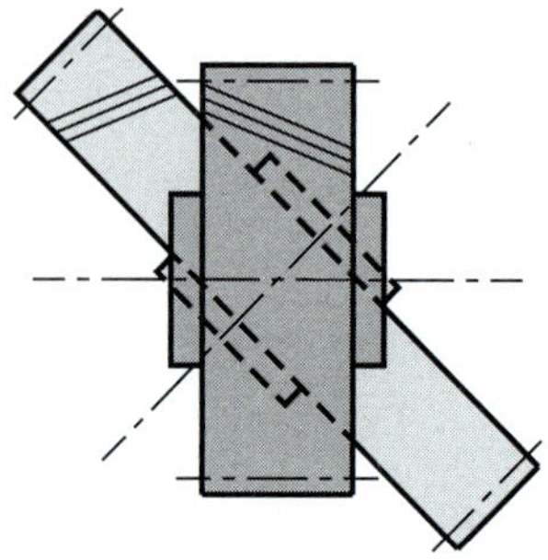

Fig. 2.2
Schema di trasmissione a ruote cilindriche, con denti elicoidali ad assi sghembi.

Gli ingranaggi conici possono avere i denti diritti, usati per le trasmissioni fra assi concorrenti (▸ *Fig. 2.3*), oppure elicoidali, usati per assi concorrenti o sghembi.

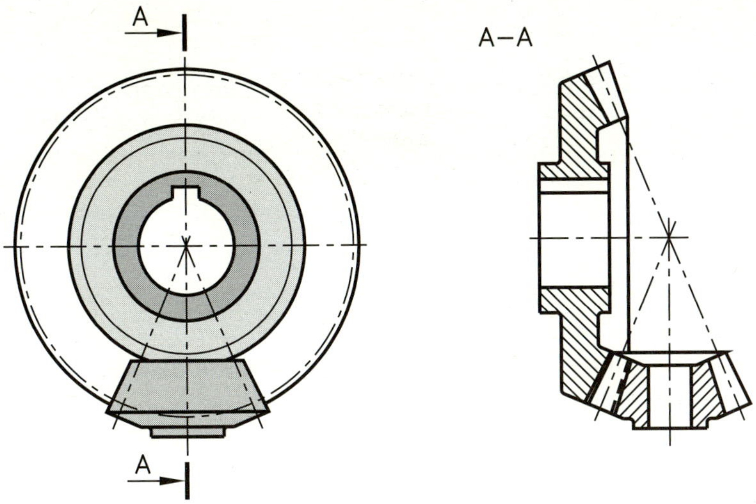

Fig. 2.3
Schema di trasmissione a ruote coniche, con denti diritti e assi concorrenti.

Gli **ingranaggi a vite** sono usati per trasmettere il moto fra assi sghembi a 90° (▸ *Fig. 2.4*).

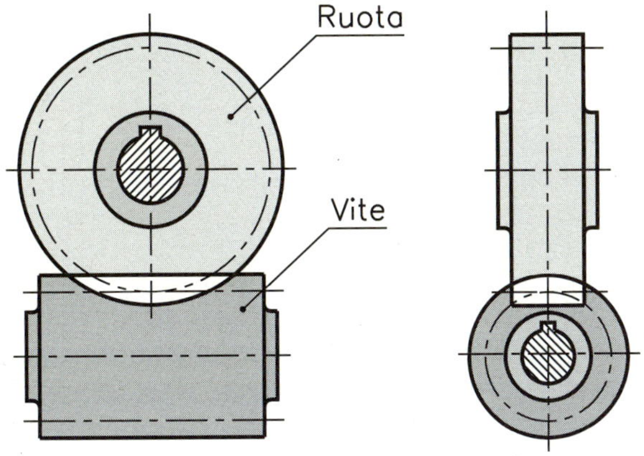

Fig. 2.4
Schema di trasmissione con ingranaggio a vite, con assi sghembi a 90°.

Di seguito sarà analizzato lo studio dell'**ingranamento**, detto anche **condotta**, riferito a una singola coppia di ruote dentate, funzionanti a velocità costante e assumendo le seguenti regole:

— con il pedice 1 si indicano le grandezze relative alla **ruota motrice**, montata sull'albero che riceve la potenza dal motore;
— con il pedice 2 si indicano le grandezze relative alla **ruota condotta**, montata sull'albero che invia la potenza all'utilizzatore;
— i numeri di denti delle ruote sono indicati con z, mentre le velocità angolari sono indicate con ω, espresse in rad/s, o con n, espresse in giri/min;
— la ruota piccola, quindi avente meno denti, è detta **pignone** o **rocchetto**; la ruota più grande è detta **corona**, ma spesso è citata semplicemente come **ruota**;
— il **rapporto di ingranaggio**, indicato con u, è il rapporto fra il numero di denti della corona e il numero di denti del pignone; pertanto il calcolo del rapporto d'ingranaggio risulta indifferente dalla

RICHIAMO
Il ***rapporto di trasmissione*** *i* e il ***rapporto di ingranaggio*** *u* sono numeri puri, quindi adimensionati. Nel caso in cui l'ingranaggio sia un riduttore di velocità, i valori di *i* e di *u* coincidono; nel caso in cui l'ingranaggio sia un moltiplicatore di velocità, il valore di *i* è pari all'inverso del valore di *u*.

conoscenza di quale delle due ruote sia quella motrice e quella condotta:

$$u = \frac{z_{ruota\ grande}}{z_{ruota\ piccola}} \qquad [2.1]$$

— il **rapporto di trasmissione** è definito come rapporto fra la velocità angolare della ruota motrice e la velocità angolare della ruota condotta; viene indicato con la lettera i, ma spesso anche con la τ:

$$i = \frac{\omega_1}{\omega_2} = \frac{n_1}{n_2} \qquad [2.2]$$

Osservazione: nel caso di ingranaggi riduttori, il rapporto di trasmissione risulta maggiore dell'unità; nel caso di ingranaggi moltiplicatori, il rapporto di trasmissione risulta minore dell'unità.

Esempio
In un ingranaggio la ruota motrice gira a 2500 giri/min e la ruota condotta gira a 4000 giri/min. Calcolare il rapporto di trasmissione.

Soluzione
Applicando la [*2.2*] si ottiene:

$$i = \frac{n_1}{n_2} = \frac{2500}{4000} = 0{,}625$$

L'ingranaggio è di tipo moltiplicatore.

Osservazione: si attribuisce al rapporto di trasmissione il segno negativo nel caso di ruote esterne, il segno positivo per ruote interne, allo scopo di evidenziare il fatto che i versi di rotazione sono rispettivamente discordi e concordi; tuttavia, in gran parte delle applicazioni, il segno algebrico risulta ininfluente: di seguito viene omesso per semplificazione.

Circonferenza primitiva

RICHIAMO
L'***ingranaggio*** è una ***coppia cinematica***, essendo costituito da due organi a contatto che compiono un unico tipo di moto relativo; la ***coppia*** è ***superiore*** poiché il contatto fra le ruote si realizza solo lungo superfici apposite, i fianchi dei denti; è ***rigida*** in quanto i denti sono in materiale indeformabile.

L'accoppiamento fra due ruote dentate è un esempio di **coppia cinematica** superiore rigida. Il primo caso analizzato riguarda le ruote cilindriche a denti diritti. Lo studio dell'accoppiamento, dei moti relativi e delle forze scambiate sarà ricondotto a un caso piano, riferendosi cioè a una sezione dei denti in presa, di una coppia di ruote dentate, eseguita con un piano normale agli assi delle ruote, poiché il contatto avviene con le medesime modalità lungo tutta la linea generatrice appartenente alle superfici cilindriche dei denti. Le tracce ottenute dall'intersezione delle due superfici cilindriche in presa con il piano normale all'asse costituiscono i **profili dei denti**: essendo formate da linee curve, il loro contatto si presenta puntiforme e, inoltre, ammette nel punto di contatto sia una tangente comune sia una retta contemporaneamente perpendicolare a entrambi i profili.

Le ruote dentate possono essere immaginate come evoluzione delle ruote di frizione, cui sono state applicate, come elementi aggiuntivi, le corone dentate. La penetrazione dei denti di una ruota nei vani compresi fra i denti dell'altra ha lo scopo di impedire lo slittamento. Rimane valido, anche se con qualche distinzione, il concetto di superfici primitive delle ruote. L'intersezione delle **superfici primitive** con un piano perpendicolare all'asse identifica due circonferenze tangenti, dette **circonferenze primitive** (▸ *Fig. 2.5*).

POLIGLOTTA
Circonferenza primitiva
GB: Pitch circle
F: Circonférence primitive
D: Wälzkreise

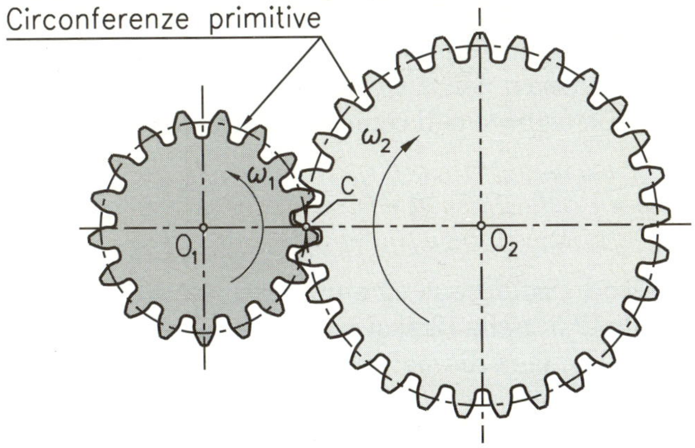

Fig. 2.5
Le circonferenze primitive durante l'ingranamento rotolano senza strisciare; sono linee virtuali, invisibili a occhio sul pezzo e rappresentate solo geometricamente.

Per le ruote cilindriche di frizione, le superfici primitive sono le superfici cilindriche reali, ove avvengono il contatto e lo scambio delle pressioni e delle forze di attrito; per le ruote dentate cilindriche, invece, le superfici primitive sono enti puramente geometrici che, tuttavia, rivestono importanza primaria (da cui il nome di "primitive") per la definizione del rapporto di trasmissione e del numero di denti delle ruote.

Osservazione: noto il rapporto di trasmissione di due ruote dentate, le circonferenze primitive rappresentano le circonferenze esterne di contatto possedute da due ipotetiche ruote di frizione, funzionanti a pari rapporto di trasmissione.

Durante il moto delle ruote dentate, le due circonferenze primitive rotolano senza strisciare l'una sull'altra, mantenendo il contatto nel punto C di tangenza; la normale comune alle due primitive nel punto C passa per i centri delle due ruote. Supponendo di bloccare una circonferenza primitiva, si vedrà l'altra compiere una traiettoria orbitale intorno alla prima, scomponibile in una coppia di moti: una rotazione intorno al proprio centro più una rototraslazione intorno al centro dell'altra ruota.

Nella ***figura 2.6*** si riportano due ruote dentate in fase di costruzione e montaggio in officina, di produzione Cobra Srl (Calderara di Reno, BO).

RICHIAMO
Si indichino con C, C', C'' tre punti di contatto successivi fra le due circonferenze primitive, la mobile e la fissa; essi giacciono su quella fissa, per cui fungono da centri d'istantanea rotazione: pertanto la ***circonferenza fissa*** è di fatto la ***curva polare fissa***.

(a)

(b)

Fig. 2.6
Ruote dentate in fase di montaggio:
a) riduttore a ruote cilindriche a denti diritti;
b) due ruote cilindriche a denti elicoidali sul piano di riscontro.

Modulo

Dividendo la circonferenza primitiva di diametro d per il numero di denti z si ottiene la distanza fra due denti, misurata in forma di arco di primitiva; tale distanza, detta **passo primitivo**, o semplicemente **passo** p, è così formulata:

$$p = \frac{\pi d}{z} \quad [2.3]$$

RICHIAMO
La nomenclatura delle grandezze è basata su quanto riportato nella norma UNI 4760 relativa al vocabolario delle ruote dentate.

POLIGLOTTA
Modulo
GB: Module, Diametral pitch
F: Module
D: Modul

Allo scopo di assumere come dato di riferimento un numero intero, si è risolto di dividere il passo p per la costante π, ottenendo così il **modulo** m, grandezza di facile utilizzo e di comoda unificazione:

$$m = \frac{p}{\pi} \quad [2.4]$$

Il modulo è espresso in millimetri ed è unificato secondo la norma UNI 6586. Sostituendo la [*2.3*] nella [*2.4*] si ottiene la relazione fondamentale delle ruote dentate, che lega diametro primitivo, numero di denti e modulo in modo semplice e immediato:

$$d = m\,z \quad [2.5]$$

*Osservazione: il **modulo** è la grandezza basilare dell'ingranaggio dal punto di vista geometrico, dinamico e tecnologico; la geometria della dentatura è riferita al modulo, da cui il termine **proporzionamento modulare**; i calcoli strutturali di progetto sono finalizzati alla definizione del modulo, da cui il termine **dimensionamento modulare**. Nel campo delle macchine utensili il taglio del dente mediante fresatrice prevede l'impiego di un utensile denominato **fresa modulare**.*

L'importanza del modulo è confermata dal seguente principio:

due ruote dentate devono avere il medesimo modulo per potere ingranare fra loro in modo corretto; la correttezza dell'ingranamento è indipendente dai rispettivi numeri di denti.

I valori ammessi per il modulo ed espressi in millimetri sono elencati nella norma UNI 6586-69:

0,50 - 0,75 - **1** - 1,125 - **1,25** - 1,375 - **1,5** - 1,75 - **2** - 2,25 - **2,5** - 2,75 - **3** - 3,25 - **3,5** - 3,75 - **4** - 4,5 - **5** - 5,5 - **6** - 6,5 - **7** - 8 - **9** - 10 - **11** - 12 - **14** - 16 - **18** - 20 - **22** - 25 - **28** - 32 - **36** - 40 - **45** - 50.

I valori in neretto sono da preferire e, di conseguenza, di uso più frequente.

RICHIAMO
La sigla ***BSS*** identifica le norme emesse dall'ente britannico ***British Standards Institution***; le normative statunitensi sulle ruote dentate sono elaborate dall'***AGMA, American Gear Manufacturers Association***.

*Osservazione: nell'unificazione anglosassone è adottato il **diametral pitch**, o passo diametrale P, espresso come rapporto fra il passo p misurato in pollici e la costante π; in tal caso il modulo è ottenuto eseguendo l'inverso del diametral pitch ed è unificato in pollici secondo la norma BSS 436-1940.*

Rapporto di trasmissione e numero dei denti

Le velocità v dei due profili coniugati, nell'istante del loro transito per il punto C, devono essere uguali in modulo, direzione e verso, dovendosi realizzare, in quel preciso punto, la condizione di rotolamento puro, cioè privo di componenti di strisciamento (▸ *Fig. 2.7*).

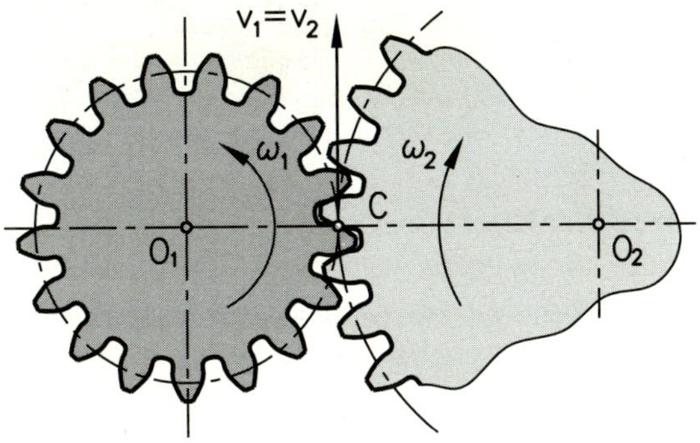

Fig. 2.7
Nel punto C i profili dei denti in transito devono sottostare alla condizione di rotolamento senza strisciamento: le velocità di entrambi, nel punto di contatto, sono uguali.

Le velocità periferiche riferite alla ruota motrice 1 e alla ruota condotta 2 sono espresse mediante la regola della Cinematica:

$$v_1 = \omega_1 r_1$$
$$v_2 = \omega_2 r_2$$

Dovendo le due velocità risultare uguali, si ha che:

$$\omega_1 r_1 = \omega_2 r_2$$

Ovvero, separando le variabili, si ottiene:

$$\frac{\omega_1}{\omega_2} = \frac{r_2}{r_1}$$

In tal modo si è costruito il rapporto di trasmissione i, come prescritto dalla [2.2]; tale rapporto può essere espresso in funzione dei raggi primitivi, dei diametri primitivi e dei rispettivi numeri di denti:

$$i = \frac{\omega_1}{\omega_2} = \frac{r_2}{r_1} = \frac{d_2}{d_1} = \frac{m z_2}{m z_1} = \frac{z_2}{z_1} \qquad \textbf{[2.6]}$$

B2.2 PROPORZIONAMENTO DELLE RUOTE DENTATE CILINDRICHE A DENTI DIRITTI

La geometria del dente e della ruota

Di seguito sono riportate le definizioni delle grandezze geometriche che caratterizzano il **dente** (▸ *Fig. 2.8a*) e la **ruota dentata** (▸ *Fig. 2.8b*), prendendo come riferimento i concetti di modulo, passo e diametro primitivo già definiti.

Fig. 2.8

Dimensioni notevoli della dentatura:
a) diametri e profilo, in cui si possono osservare la testa (A-B), il raccordo (B-C), il profilo utilizzabile (C-D) e il raccordo di fondo (D-E);
b) caratteristiche del profilo:
h_a = addendum; h_f = dedendum;
p = passo; s = spessore; e = vano.

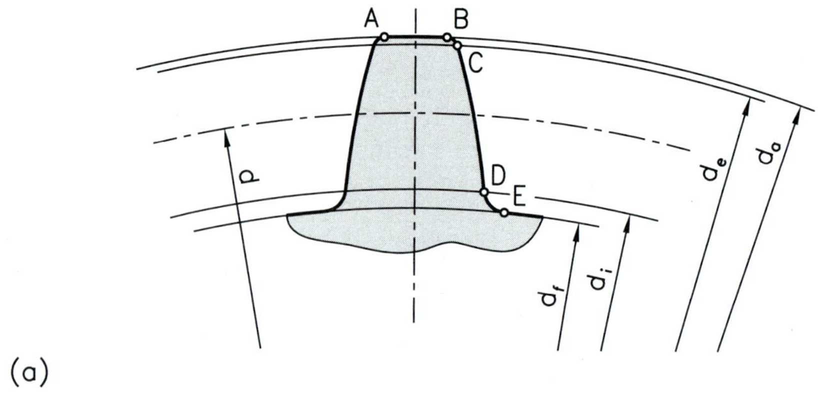

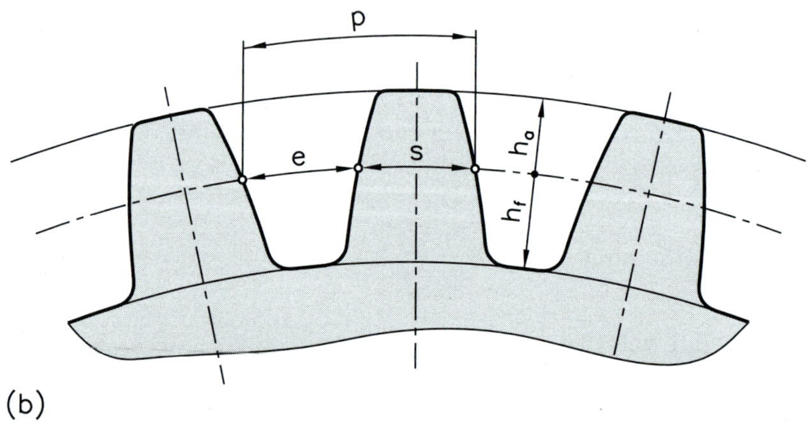

— **Rapporto di trasmissione** i: è il rapporto fra la velocità angolare della ruota motrice e la velocità angolare della ruota condotta.
— **Rapporto d'ingranaggio** u: è il rapporto fra il numero di denti della ruota e il numero di denti del pignone; è sempre maggiore di uno.
— **Diametro di testa** d_a: è il diametro che individua la circonferenza esterna del dente, detta **circonferenza di testa**.
— **Diametro di piede** o **di fondo** d_f: è il diametro della circonferenza tangente al fondo dei vani.
— **Diametro di base** d_b: è il diametro della circonferenza di riferimento, detta **cerchio di base**, su cui viene costruito il profilo del dente.
— **Diametro di troncatura esterna** d_e: è il diametro della circonferenza che segna il confine del profilo del dente con il raccordo esterno sul cerchio di testa.
— **Diametro di troncatura interna** d_i: è il diametro della circonferenza che segna il confine del profilo del dente con il raccordo interno sul cerchio di piede.
— **Costa** o **faccia del dente**: superficie del dente, compresa fra il cerchio primitivo e la sommità del dente.
— **Fianco del dente**: superficie del dente, compresa fra il cerchio primitivo e il diametro di fondo.
— **Superficie del dente**: è l'insieme di costa e di fianco.
— **Altezza del dente** h: è la distanza radiale fra il diametro di testa e il diametro di piede.

— **Addendum** h_a: è la distanza radiale fra il diametro di testa e il diametro primitivo;
— **Dedendum** h_f: è la distanza radiale fra il diametro primitivo e il diametro di piede.
— **Linea dei contatti** o **retta d'azione**: è la normale comune ai profili dei denti, passante per il loro punto di contatto.
— **Lunghezza d'azione**: è l'insieme dei punti di contatto fra i profili dei due denti accoppiati, dall'inizio al termine dell'ingranamento.
— **Polo di rotolamento** o **punto primitivo**: è il punto d'intersezione fra la retta d'azione e l'asse passante per i centri di rotazione delle ruote, ovvero, è il punto di tangenza dei cerchi primitivi, di seguito indicato come punto C.
— **Angolo di pressione** α: è l'angolo compreso fra la retta d'azione e la tangente ai due cerchi primitivi, passante per il punto primitivo C; i suoi valori sono unificati.
— **Lunghezza della dentatura** b: è la lunghezza della fascia del dente espressa come multiplo del modulo.
— **Spessore circolare** s_p: è il tratto di cerchio primitivo delimitato fra le due superfici del dente; se anziché il tratto di arco si misura la corda, lo **spessore** è detto **cordale** s_c;
— **Spessore di base** s_b; è la distanza fra le due evolventi dello stesso dente sul cerchio base.
— **Radice**: è la superficie esistente sul fondo del vano vuoto compreso fra i fianchi prospicienti di due denti consecutivi.

POLIGLOTTA
Linea dei contatti
GB: Line of contact
F: Ligne de contact
D: Eingriffslinie

POLIGLOTTA
Punto primitivo
GB: Pitch point
F: Point primitif
D: Wälzpunkt

POLIGLOTTA
Angolo di pressione
GB: Pressure angle, Angle of obliquity
F: Angle de pression
D: Eingriffswinkel, Pressungswinkel

Nella *figura 2.9* sono radunate le quote relative alla geometria dell'ingranamento di due ruote cilindriche.

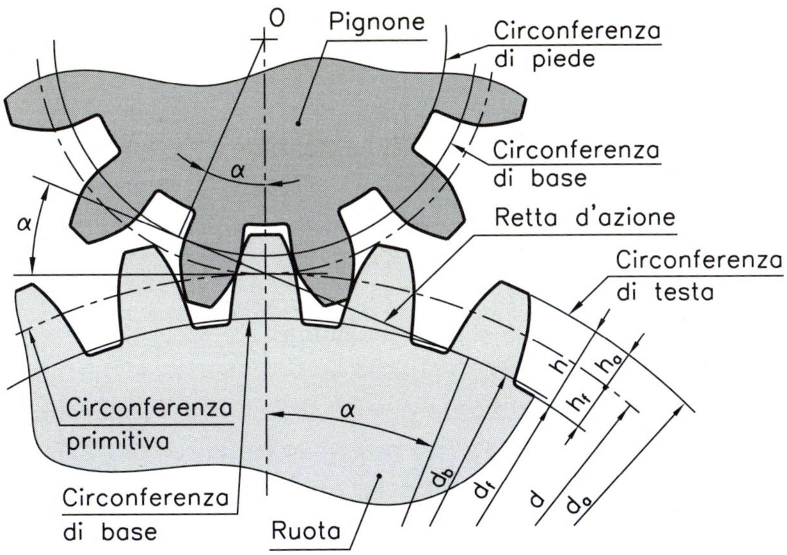

Fig. 2.9
Dimensioni notevoli riferite a un ingranaggio.

Regole del proporzionamento modulare

Con riferimento alla *figura 2.10*, si riportano le quote che definiscono la forma del dente, come prescritto dalle norme UNI. Il **proporzionamento** è detto **modulare** in quanto ogni quota è derivata dal modulo:

RICHIAMO
Gli ***angoli di pressione*** α = 14° 30' (o α = 15°) e il dedendum $h_f = 7/6\ m$, adottati in passato, sono poco utilizzati; le norme AGMA prevedono sia α = 20° sia α = 25°.

— addendum $h_a = m$;
— dedendum $h_f = 1{,}25$ m;
— altezza del dente $h = (1 + 1{,}25)\, m = 2{,}25\, m$;
— angolo di pressione $\alpha = 20°$;
— lunghezza della dentatura $b = \lambda\, m$, con $\lambda = 10 \div 30$.

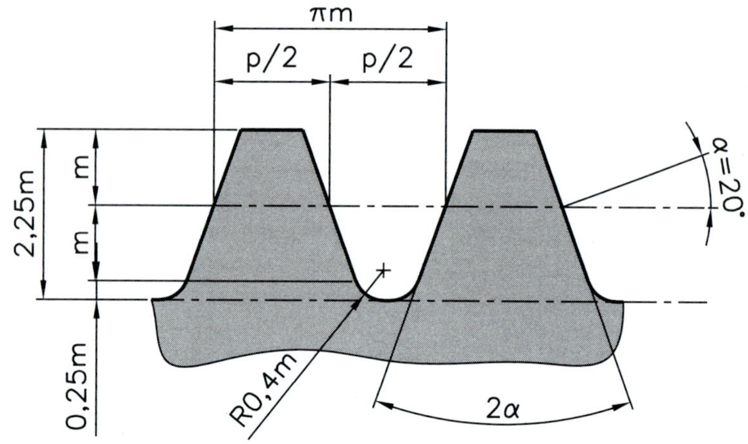

Fig. 2.10
Proporzionamento del dente in base alla dentiera di riferimento UNI 6587.

Osservazione: il dedendum risulta maggiore dell'addendum, per prevenire l'urto fra la testa del dente e la radice della ruota compagna durante l'ingranamento.

Esempio
Una ruota dentata ha 27 denti, con modulo m = 2,5 mm. Calcolare l'addendum h_a, il dedendum h_f, l'altezza del dente h, il diametro primitivo d, il diametro di testa d_a e il diametro di piede d_f.

Soluzione
Applicando le relazioni che definiscono il proporzionamento si ottiene:
— addendum $h_a = m = 2{,}5$ mm;
— dedendum $h_f = 1{,}25\, m = 3{,}125$ mm;
— altezza del dente $h = 2{,}25\, m = 5{,}625$ mm;
— diametro primitivo $d = m\, z = 67{,}5$ mm;
— diametro di testa $d_a = d + 2\, h_a = 72{,}5$ mm;
— diametro di piede $d_f = d - 2\, h_f = 61{,}25$ mm.

B2.3 CINEMATICA DELL'INGRANAMENTO

L'analisi dei moti nel corso dell'ingranamento

Si prenda come riferimento una coppia di ruote dentate, di cui la superiore motrice ruota in senso antiorario: l'avvicinamento dei denti avviene sul lato sinistro, in risalita per i denti della ruota 2, in discesa per i denti della ruota 1 (▸ Fig. 2.11).

L'incontro fra due denti compagni avviene quando la testa del dente condotto è raggiunta dal fianco del dente conduttore, realizzando il contatto puntiforme nel punto T_1; l'ingranamento procede coinvolgendo punti successivi lungo i fianchi curvi dei denti, mentre il dente motore penetra a occupare il vano compreso fra il dente condotto e quello successivo; una configurazione significativa si ha quando il punto di contatto raggiunge il punto di tangenza C fra le due circonferenze primitive: da questo punto in avanti si assiste al progressivo sfilamento del dente motore dal vano, fino a raggiungere l'ultima configurazione di contatto rappresentata dal punto T_2, quando il contatto avviene fra il punto estremo del dente motore, che si trova sulla circonferenza di testa, e un punto posto in prossimità della circonferenza di base del dente condotto.

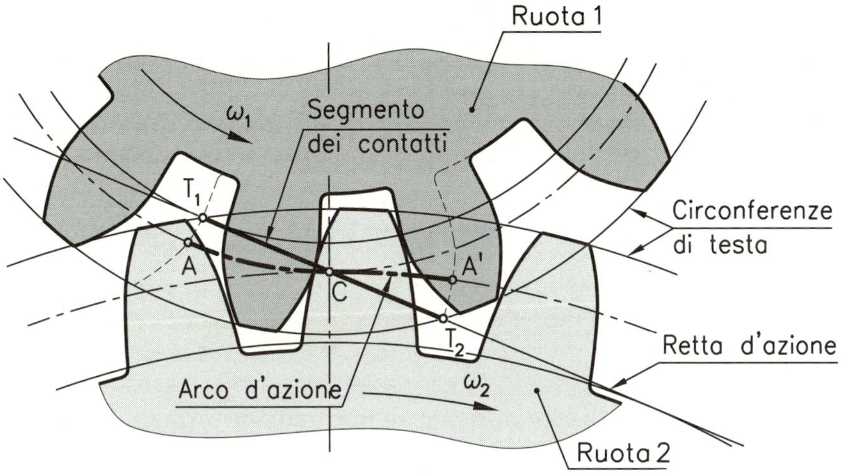

Fig. 2.11

Coppie di denti in accesso e in recesso; sono evidenziati il segmento dei contatti T_1 T_2 e l'arco d'azione AA'.

Da quanto affermato in precedenza derivano le seguenti considerazioni e definizioni:

— la prima fase di ingranamento fra i punti T_1 e C è detta **fase di accesso**, la seconda fase fra i punti C e T_2 è detta **fase di recesso**;

— il **fianco attivo** (superficie attiva) è quel tratto di superficie curva del dente che prende parte all'ingranamento; è compreso fra la sua circonferenza di testa e un punto, posto in prossimità del fondo, che è a contatto con la circonferenza di testa della ruota compagna;

— durante il moto d'ingranamento, il punto di contatto T fra i due profili si muove lungo una linea immaginaria, detta **linea dei contatti**; nel caso ordinario dei profili del dente a evolvente, tale linea è una retta costantemente perpendicolare ai profili nel loro punto di contatto ed è nota come **retta dei contatti**;

— l'**arco d'azione** a è l'arco di primitiva percorso dal profilo nel passare dal punto A di inizio accesso al punto A' di fine recesso; per individuare l'arco d'azione si traccia il profilo del dente nelle due configurazioni estreme, dal punto A di inizio accesso al punto A' di fine recesso e si evidenziano i punti di intersezione fra i due profili e la circonferenza primitiva; l'arco d'azione è suddiviso in due tratti, detti **arco d'accesso**, se a monte del punto primitivo C, **arco di recesso**, se a valle. La lunghezza dell'arco d'azione non varia se viene misurato sull'una o sull'altra delle circonferenze primitive;

— la forza scambiata fra due denti a contatto, in assenza di attrito, agisce lungo la perpendicolare comune ai due profili nel loro punto di contatto; tale linea è anche detta **linea di pressione**;

RICHIAMO

Il ***rapporto di condotta*** maggiore di uno indica che, nel momento di separazione di una coppia di denti, la successiva è già entrata nell'arco d'azione.

— il **rapporto di condotta** ε è espresso come rapporto fra l'arco d'azione a e il passo p; è un numero puro che deve sempre risultare maggiore di uno.

— nella [2.7] è conveniente smembrare il rapporto di condotta in due rapporti parziali, per ogni singola ruota, dove a_1 e a_2 sono i tratti di arco di azione rispettivamente a monte e a valle del punto primitivo, ritagliati sui cerchi primitivi di ciascuna ruota; nella *tabella 2.1* sono riportati i valori di alcuni rapporti di condotta parziali in funzione del numero di denti:

$$\varepsilon = \frac{a}{p} = \frac{a_1}{p} + \frac{a_2}{p} \tag{2.7}$$

Tabella 2.1 Rapporto di condotta in funzione del numero di denti della singola ruota e dell'angolo di pressione di 20°

z	13	15	17	20	25	30	35	45	60	100	∞
a/p	0,72	0,74	0,755	0,78	0,80	0,825	0,845	0,86	0,885	0,92	0,99

Esempio

Calcolare il rapporto di condotta per un ingranaggio formato da due ruote cilindriche a denti diritti, aventi 25 e 60 denti e con $\alpha = 20°$.

Soluzione

Si applica la [2.7] sommando i rapporti parziali:

$$\varepsilon = \frac{a_1}{p} + \frac{a_2}{p} = 0,80 + 0,885 = 1,685$$

Ciò significa che per il 68,5% dell'arco d'azione si hanno due coppie di denti in presa, una in accesso e l'altra in recesso; per il restante 31,5%, nell'intorno del punto primitivo si ha una sola coppia in presa.

Tracciando i due profili per un generico istante di contatto, si può affermare che il punto T si sposta con una sua velocità v_t. Tuttavia il punto fa parte di entrambe le ruote, essendo punto di contatto, per cui gli si possono attribuire sia la velocità v_1 riferita al centro ruota O_1, sia la velocità v_2 riferita al centro ruota O_2 (▸ *Fig. 2.12*).

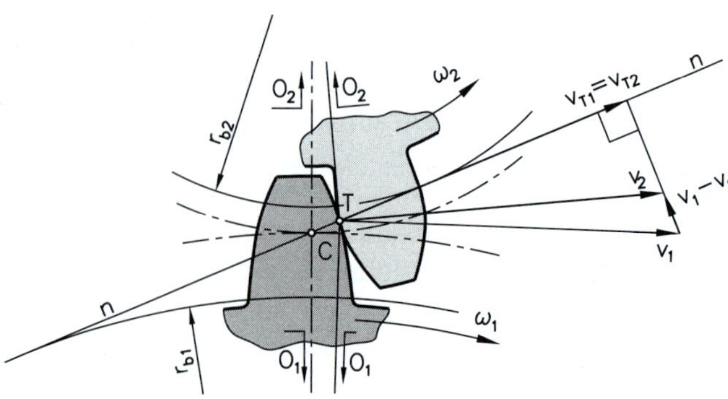

Fig. 2.12
Sul punto di contatto T, facente corpo sia con la ruota 1 sia con la ruota 2 sono contemporaneamente applicate le due velocità v_1 e v_2.

Le due velocità valgono rispettivamente:

$$v_1 = \omega_1 O_1 T$$

in cui il segmento O_1T indica la distanza del punto T dal centro di rotazione O_1 della ruota 1. E ancora:

$$v_2 = \omega_2 O_2 T$$

in cui il segmento O_2T indica la distanza del punto T dal centro di rotazione O_2 della ruota 2.

Affinché l'ingranamento avvenga in modo regolare, deve necessariamente sussistere la seguente relazione fra le velocità:

le proiezioni v_{T1} e v_{T2} delle due velocità v_1 e v_2 sulla normale comune n-n passante per il punto di contatto, devono risultare uguali; entrambe corrispondono alla velocità v_T, con cui il punto di contatto T *trasla lungo la retta dei contatti nel corso dell'ingranamento.*

Se le suddette proiezioni risultano uguali, i due fianchi restano a contatto durante l'ingranamento, senza urti o compenetrazioni da parte del dente motore e senza allontanamenti in avanti da parte del dente condotto. La differenza vettoriale fra le due velocità ($\Delta v = v_1 - v_2$) rappresenta la **velocità relativa**, cioè la velocità di strisciamento tra i due profili.

Nel momento in cui il punto di contatto T passa per il punto di tangenza C fra i due cerchi primitivi, le due velocità v_1 e v_2 risultano uguali e perpendicolari ai rispettivi raggi primitivi; la velocità relativa Δv si annulla, per cui in quel punto si realizza un rotolamento puro privo di strisciamento fra i profili dei denti, in ottemperanza alle proprietà dei centri d'istantanea rotazione. In conclusione si può affermare che:

le circonferenze primitive realizzano un rotolamento puro, cioè senza strisciamento reciproco; durante il contatto i profili dei denti compiono un moto relativo di rotolamento più strisciamento; la componente di strisciamento si annulla solo nel punto primitivo C.

Dalla [*2.6*], si nota come il rapporto di trasmissione è espresso mediante quattro rapporti fra grandezze diverse che, tuttavia, rimangono sempre costanti durante tutto l'ingranamento. Al contrario, il punto di tangenza T varia nel corso dell'ingranamento. Osservando il dente motore dall'accesso al recesso, si nota che il punto compie una migrazione, risalendo lungo il fianco attivo fino a raggiungere la circonferenza di testa. Sul fianco attivo del dente condotto, il punto di contatto scende progressivamente dalla circonferenza di testa, fino a giungere in prossimità della base.

Quando il punto di contatto sale dalle quote inferiori prossime alla base, allontanandosi dal centro della sua ruota, il contatto è detto ***progressivo****; quando il punto di contatto si avvicina al centro della sua ruota, il contatto è detto* ***regressivo****.*

Nonostante questo spostamento, che porta il punto di contatto ad allontanarsi dal centro O_1 della ruota motrice per avvicinarsi al centro O_2

POLIGLOTTA
Evolvente
GB: Involute
F: Développante
D: reine Evolvente

RICHIAMO
Il ***profilo cicloidale*** è adottato solo più in casi particolari, quali i profili dei lobi di pompe e i compressori, tipo Root, e per ingranaggi di orologeria. In passato fu molto usato: una celebre applicazione fu il cambio di velocità della Ford modello T.

della ruota condotta, si può dimostrare che il rapporto di trasmissione, riferito a una generica posizione del punto T sulla retta d'azione, rimane costante nel corso di tutto l'ingranamento, a condizione che in ogni punto di contatto la normale comune passi per il punto primitivo C di tangenza delle primitive. È necessario, pertanto, individuare il tipo di curva più opportuno da attribuire ai profili dei denti, tale che rispetti questa esigenza.

Profilo a evolvente di cerchio

La curva adottata per i fianchi dei denti è l'**evolvente di cerchio**. Essa ha ormai sostituito quasi del tutto la **cicloide**. L'evolvente è una curva piana individuata da un punto P, fisso su una retta r, vincolata a compiere un rotolamento puro su una circonferenza di riferimento (▸ ***Fig. 2.13a***).

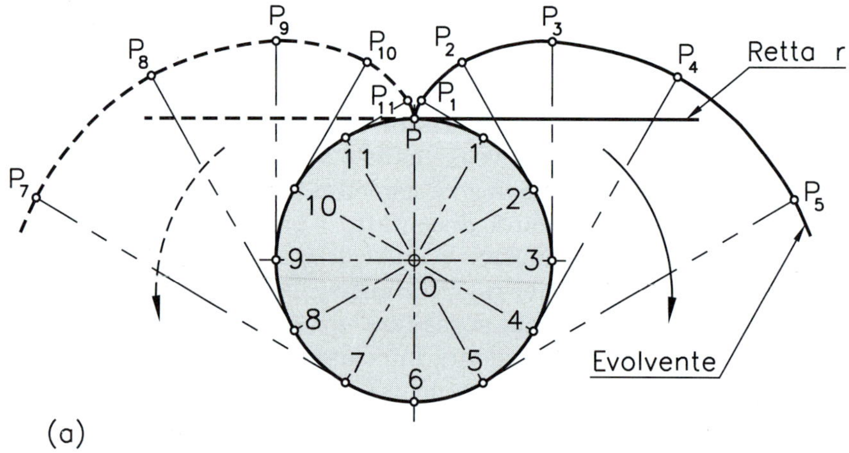

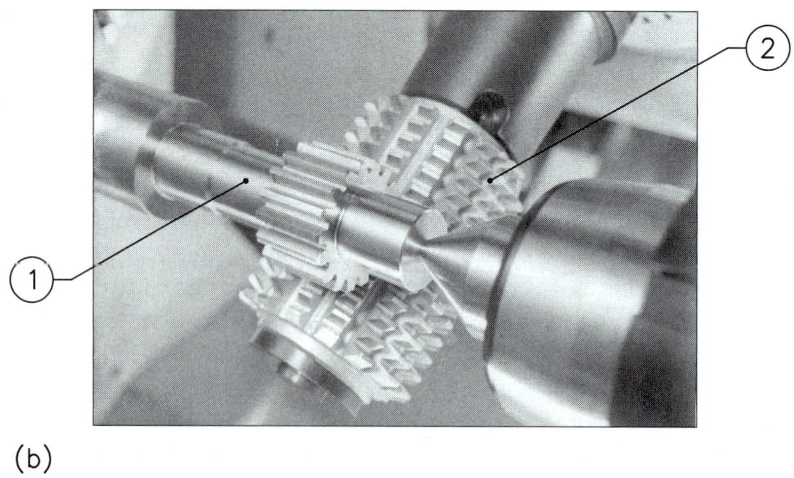

Fig. 2.13
a) Costruzione geometrica dell'evolvente per punti.
b) Taglio del profilo a evolvente in cui si osserva il pignone cilindrico a denti dritti (1) e il creatore Pfauter (2), di produzione DMG Gildemeister Italiana Spa (Brembate di Sopra, BG).

RICHIAMO
In assenza di attrito, la forza scambiata fra i due denti agisce costantemente lungo il ***segmento dei contatti***, quindi passa per il punto primitivo C.

Facendo rotolare la retta r prima in un senso poi nell'altro, il punto P descrive come traiettorie le due evolventi simmetriche, utilizzate per tracciare i due fianchi del dente. La circonferenza su cui rotola la retta generatrice è detta **circonferenza di base** e il suo raggio è indicato come r_b.

Nella *figura 2.13b* si osserva l'operazione di taglio dei fianchi a evolvente, per una ruota dentata a denti diritti; la dentatrice utilizza l'utensile a forma di vite, denominato **creatore Pfauter**. Il creatore esegue il taglio dei denti secondo il metodo dell'inviluppo, cioè combinando il moto di asportazione del truciolo con il moto d'ingranamento.

L'esperimento riportato di seguito evidenzia le proprietà dell'evolvente. Si tracciano due cerchi base, aventi raggi r_{b1} e r_{b2}, e si uniscono con la retta s tangente a entrambi nei punti N_1 e N_2 (*Fig. 2.14a*).

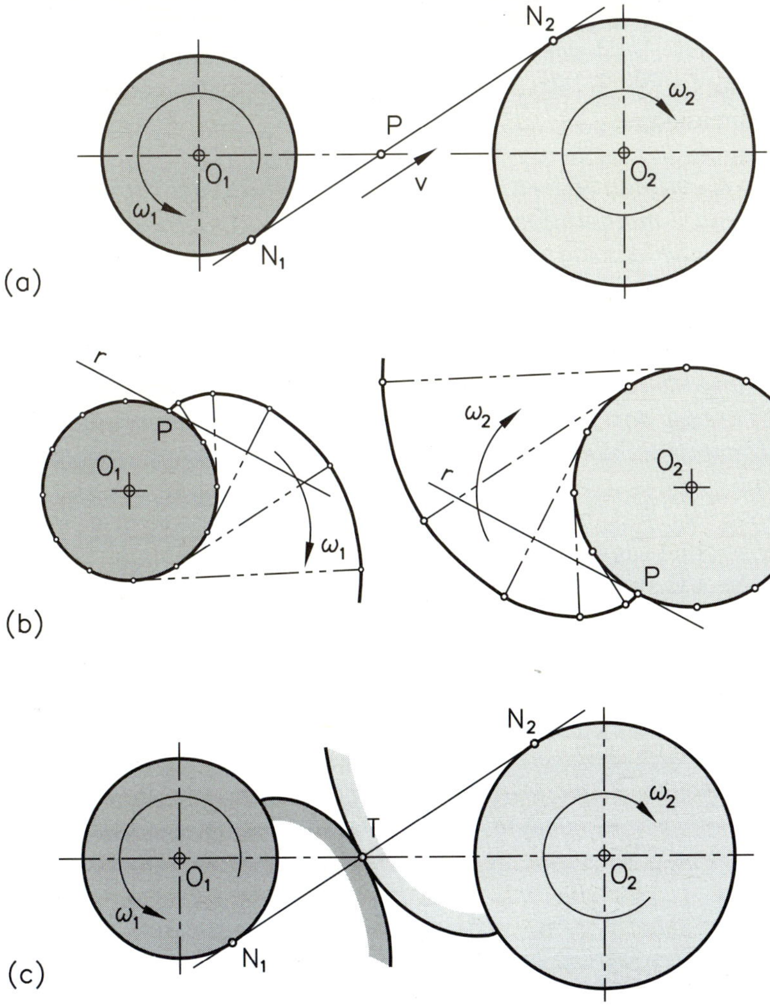

Fig. 2.14
a) I due cerchi di base vengono collegati da una retta tangente a entrambi; tutti i punti della retta traslano a velocità *v* costante.
b) Costruzione delle due evolventi.
c) Il punto T visto dai due cerchi in rotazione, descrive due evolventi.

Si faccia girare la ruota 1 alla velocità costante ω_1 e si consideri che la retta si comporti a tutti gli effetti come una trave vincolata alle ruote, quale può essere uno spago teso avvolto intorno a entrambe; anche la ruota 2 si pone in rotazione alla velocità ω_2, trainata dalla retta s. Le sezioni della retta traslano con velocità costante v, pari alle velocità periferiche delle ruote, dirette dalla ruota 1 alla ruota 2. In un generico punto T della retta si ha:

$$v_T = \omega_1 r_{b1} = \omega_2 r_{b2}$$

Facendo rotolare sui due cerchi base la tangente comune, il suo punto P descrive due evolventi che nella *figura 2.14c* sono poste a contatto in un punto T, che giace sulla tangente comune.

POLIGLOTTA
Profili coniugati
GB: Conjugate profiles
F: Profils conjugués
D: Gegenprofil

*I profili a evolvente assolvono la funzione di **profili coniugati** in quanto, per tutti i punti in cui avviene il contatto, la normale comune ai due profili passa costantemente per il punto primitivo C di tangenza dei cerchi primitivi; il segmento intercettato dagli estremi di contatto T_1 e T_2 sulla retta d'azione è detto **segmento dei contatti**.*

POLIGLOTTA
Segmento dei contatti
GB: Path of contacts
F: Segment de contact
D: Eingriffsstrecke

Osservando dunque il movimento del sistema da un punto esterno fisso, il punto T viene visto traslare lungo la retta s, invece, osservando il movimento da una posizione solidale con la ruota 1, ovvero ponendosi in rotazione insieme alla medesima, si osserva la retta s sulla circonferenza e il punto T che descrive una traiettoria di allontanamento a forma di evolvente (▸ *Fig. 2.14b*). L'esperimento qui descritto conduce alla seguente conclusione:

RICHIAMO
Lo studio dei ***profili a evolvente*** e la sua applicazione nelle macchine dentatrici furono sviluppati e brevettati dall'americano George Grant (1887) e dal tedesco Hermann Pfauter (1900).

*il **profilo a evolvente** garantisce sia l'invariabilità del rapporto di trasmissione sia il moto uniforme del punto di contatto T lungo la tangente comune, nonché la costanza dell'angolo di pressione.*

Osservazione: due coppie di profili omologhi consecutivi in ingranamento possiedono i rispettivi punti T' e T'' di contatto, che viaggiano a velocità v costante lungo la retta d'azione: di conseguenza la distanza T'T'' è sempre costante; se così non fosse, si avrebbero ruote con passo variabile, il che renderebbe impossibile ogni forma di ingranamento.

RICHIAMO
I punti C e N sono entrambi dei centri: C è il ***centro d'istantanea rotazione*** per il moto relativo dei cerchi primitivi, N è il ***centro di curvatura dell'evolvente***.

Dalla *figura 2.15* si deduce la seguente relazione che lega i raggi dei cerchi base con i raggi dei cerchi primitivi. Essendo i triangoli rettangoli O_1N_1C e O_2N_2C simili e riferendosi all'angolo di pressione α, si ottiene:

$$r_{b1} = r_1 \cos \alpha; \qquad r_{b2} = r_2 \cos \alpha \qquad [2.8]$$

Fig. 2.15
Costruzione grafica dei cerchi primitivi, dei cerchi di base e della retta d'azione.

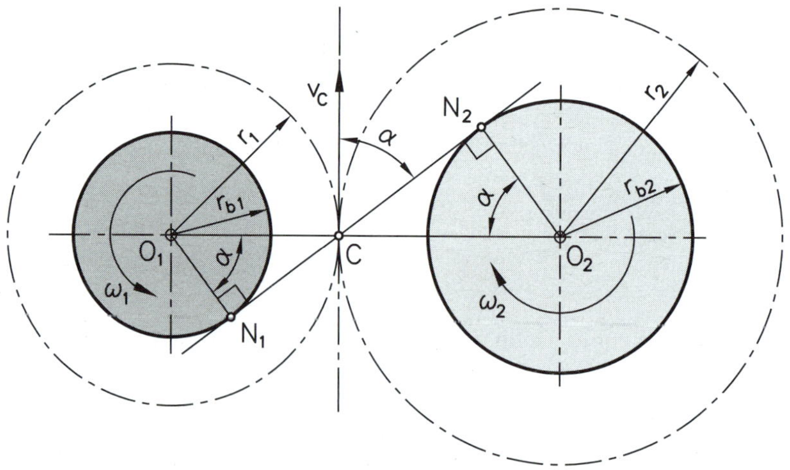

Il rapporto di trasmissione i può allora essere espresso sia come rapporto fra i raggi primitivi sia come rapporto fra i raggi dei cerchi base:

$$i = \frac{r_2}{r_1} = \frac{r_{b2}}{r_{b1}}$$

Ricordando che le modalità di ingranamento dipendono solo dalla forma e dall'orientamento dei profili che a loro volta dipendono dai cerchi base, deriva la seguente caratteristica assai importante dei denti ad evolvente: nel caso insorgano variazioni dell'interasse, l'ingranamento rimane cinematicamente corretto; non muta il rapporto di trasmissione, cambia solo l'inclinazione della retta dei contatti.

B2.4 INGRANAMENTO CORRETTO

Il problema dell'interferenza

Per ottenere un ingranamento corretto il punto T di contatto, oltre che giacere sulla retta d'azione, non deve uscire dai profili a evolvente dei due denti. Dato che l'evolvente esiste solo al di fuori del cerchio di base, derivano due limitazioni:

— il punto di contatto non può sconfinare all'interno del cerchio base;
— il segmento dei contatti non può estendersi al di là del tratto delimitato fra i punti di tangenza N_1 e N_2.

È tuttavia possibile avere il cerchio base esterno al cerchio di piede: evidentemente, nel tratto di fianco compreso fra le due circonferenze, al posto dell'evolvente si dovrà ricorrere a tracciati di altro tipo, in genere trocoidali o anche semplicemente rettilinei, terminanti con raccordo di fondo sul cerchio di piede.

Quando l'utensile esegue il taglio del profilo a evolvente e in successione il taglio del raccordo, si parla di **interferenza positiva**. Il tratto compreso fra la circonferenza di troncatura interna e il cerchio di piede non può partecipare all'ingranamento, altrimenti insorgerebbe il fenomeno dell'interferenza.

POLIGLOTTA
Interferenza
GB: Interference
F: Interférence
D: Kanteneingriff

*Si definisce **interferenza** la condizione di contatto fra i profili in un punto esterno al segmento N_1N_2 della linea d'azione, con uno dei due denti che durante l'ingranamento tende a penetrare all'interno del profilo dell'altro scavandolo in parte (▸ Fig. 2.16). I punti N_1 e N_2 sono anche detti **limiti d'interferenza**.*

Fig. 2.16
Condizione di ingranamento con interferenza negativa: il dente superiore della cremagliera penetra all'interno del dente compagno inferiore.

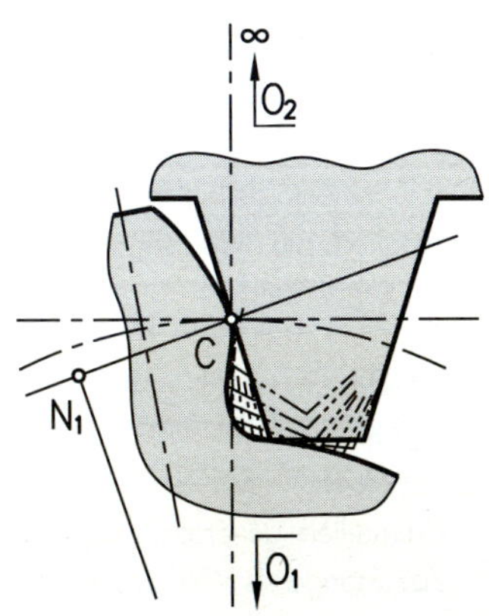

Una condizione da rispettare per evitare l'interferenza è che la circonferenza di testa non oltrepassi il punto N della ruota compagna; se così non fosse, nelle zone inferiori del dente compagno il contatto avverrebbe lungo tratti non di evolvente e i profili, anziché disporsi tangenti, tenderebbero a compenetrarsi. È comunque possibile far ingranare lo stesso senza interferenza le ruote a patto di introdurre correzioni ai profili, quali l'abbassamento dell'addendum oppure la generazione in fase di taglio alla macchina dentatrice di un restringimento alla base del profilo dei denti detto **interferenza negativa**.

Imporre che gli estremi del segmento dei contatti non oltrepassino i punti limite N equivale a limitare l'estensione dei cerchi di testa al di là dei medesimi punti. Fra corona e pignone il rischio di sforamento del limite va attribuito alla ruota, dato che il pignone, avendo un numero di denti minore, ha anche tutti i raggi minori, quindi pure il cerchio di testa risulta più piccolo e, in particolare, più stretto se confrontato con i cerchi di base e di piede della corona.

Osservazione: è possibile costruire ruote con le circonferenze di base esterne alle circonferenze di piede; si elimina l'interferenza riducendo l'addendum di uno spessore tale che consenta ai cerchi di testa di toccare i punti limite d'interferenza; la lavorazione richiede elevati standard di precisione.

Nella *figura 2.17* è rappresentata la lavorazione di rettificatura di una ruota a denti elicoidali.

Fig. 2.17
Rettificatura di una ruota a denti elicoidali, di produzione Nuova Ruote Dentate Srl (Rezzato, BS).

Numero minimo di denti nell'ingranamento con la cremagliera

Un caso che si presta a considerazioni significative consiste nell'accoppiamento fra pignone e cremagliera, tenendo oltretutto presente che un metodo assai diffuso di costruzione delle ruote prevede l'utensile a forma di cremagliera.

La **cremagliera** è un ruota dentata con andamento rettilineo. Dal punto di vista geometrico è considerata come una ruota avente il raggio primitivo di lunghezza infinita, di conseguenza i cerchi caratteristici diventano rette parallele e l'evolvente dei fianchi degenera in un segmento; convenzionalmente le si attribuisce un numero di denti infinito.

La condizione limite di non interferenza nell'accoppiamento fra pignone e cremagliera consiste nell'imporre una frontiera alla penetrazione dell'addendum della cremagliera all'interno della ruota, rappresentata dal suo centro di curvatura N dell'evolvente. Nella *figura 2.18* è riportata tale configurazione con la retta di testa della cremagliera che taglia la

RICHIAMO
La ***cremagliera-utensile*** è un organo tagliente, i cui denti hanno la forma di utensili monotaglienti; i principi di funzionamento delle dentatrici a cremagliera più diffusi sono i tipi Maag e Sunderland.

POLIGLOTTA
Cremagliera-utensile
GB: Rack tool
F: Crémaillère génératrice
D: Zahnstange als Werkzeug

retta d'azione proprio nel punto N_1 e incontra perpendicolarmente la congiungente il punto primitivo C con il centro del pignone O_1 nel punto C_1.

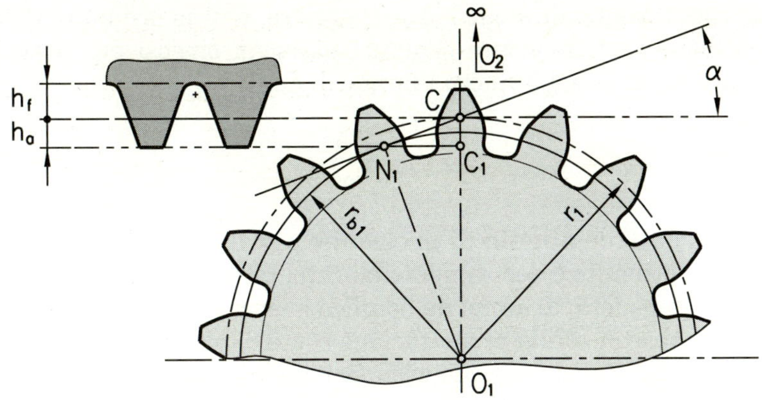

Fig. 2.18
Condizione limite di ingranamento cinematicamente corretto fra cremagliera e pignone; si possono osservare la distanza CC_1, pari all'addendum h_a della cremagliera, il segmento O_1C, pari al raggio primitivo r_1, e il segmento O_1N_1, pari al raggio del cerchio base r_b.

L'addendum h_a della cremagliera in questa configurazione limite risulta pari alla distanza CC_1, pertanto si ha:

$$h_a = O_1C - O_1C_1 = r_1 - r_b \cos \alpha = r_1 - r_1 \cos^2 \alpha$$

raccogliendo il raggio primitivo e imponendo all'addendum di non scendere al di sotto della distanza CC_1, si ottiene:

$$h_a \leq r_1\left(1 - \cos^2 \alpha\right) = r_1 \operatorname{sen}^2 \alpha = \frac{d_1}{2} \operatorname{sen}^2 \alpha$$

Sostituendo il modulo secondo la [2.5], l'addendum diventa:

$$h_a \leq \frac{m z_1}{2} \operatorname{sen}^2 \alpha$$

da cui, ricordando che nel proporzionamento modulare $h_a = m$, si esplicita il numero di denti z:

$$z_1 \geq \frac{2}{\operatorname{sen}^2 \alpha} \qquad \textbf{[2.9]}$$

Il valore così trovato per il numero di denti del pignone rappresenta il **numero minimo di denti** ammissibile per ottenere un ingranamento privo di interferenza all'atto dell'accoppiamento con una cremagliera.

Nel caso usuale in cui l'angolo di pressione $\alpha = 20°$, è immediato trovare che $z_{min} = 17$ denti.

RICHIAMO
Per un ***angolo di pressione*** $\alpha = 15°$, il numero minimo di denti sale a 30: è soprattutto per questo motivo che le norme elevarono il valore dell'angolo di pressione da 15° a 20°.

Regole generali per definire il numero minimo di denti

La determinazione del **numero minimo di denti** ammissibile nell'ingranamento fra due ruote è una conseguenza dell'ipotesi secondo cui i due profili sono costantemente di tipo coniugato. Tale condizione irrinunciabile può essere espressa attraverso imposizioni dimensionali non equivalenti fra loro, ma geometricamente coerenti nella loro diversità;

POLIGLOTTA
Numero minimo dei denti
GB: Minimum number of teeth
F: Nombre minimum de dents
D: Mindest-Zähnezahl

per esempio, una prima ipotesi prevede che **il cerchio base non debba posizionarsi all'esterno del cerchio di piede**, per garantire la forma a evolvente sul profilo nella sua interezza. Analiticamente equivale a imporre che il raggio di piede r_f sia maggiore, o al massimo uguale, al raggio di base r_b. Con alcuni semplici passaggi omessi per brevità si ottiene una formula del numero minimo di denti z_{min}:

$$z_{min} = \frac{2,5}{1 - \cos \alpha} \quad \textbf{[2.10]}$$

RICHIAMO
Adottando un ***angolo di pressione*** $\alpha > 20°$, il numero minimo di denti scenderebbe a valori decisamente inferiori, tuttavia ne deriverebbero incrementi alla spinta radiale sull'albero e una riduzione della forza motrice.

Nel caso usuale di un **angolo di pressione** pari a 20°, si ricava $z_{min} = 42$. Il valore così ottenuto è decisamente elevato, tanto più perché con l'adozione, ormai consueta, di acciai da bonifica aventi elevate caratteristiche meccaniche, nascono dalla progettazione ruote di piccole dimensioni e di ridotto numero di denti, in grado di sopportare egregiamente elevate sollecitazioni. Il problema si sposta dunque dal campo dell'analisi strutturale alla determinazione della cinematica dei profili, per piccoli numeri di denti.

Una seconda ipotesi, meno restrittiva, ammette che il cerchio di base possa estendersi al di là del cerchio di piede e che quindi non tutto il fianco del dente sia a evolvente, purché sia garantito l'andamento a evolvente di quella quota di fianco che prende parte all'ingranamento. Come si è detto in precedenza a proposito dell'interferenza, il dente è tagliato con i fianchi a evolvente per il tratto esterno al cerchio base e con opportuni raccordi, anche in forma di **sottosquadro**, in grado di prevenire compenetrazioni per il tratto interno al cerchio base.

POLIGLOTTA
Sottosquadro
GB: Undercut
F: Contredèpouille
D: Unterschnitt

Osservazione: dovendo ricorre ad ampi raccordi per ridurre le concentrazioni delle tensioni che insorgono nelle sezioni di transizione fra dente e disco ruota, spesso il profilo a evolvente viene interrotto al di sopra del cerchio base, in tal caso:

si definisce ***cerchio d'interferenza*** *il cerchio passante per il limite inferiore del profilo a evolvente, esterno al cerchio base.*

Il calcolo del numero di denti prevede la circonferenza di testa della ruota a diametro maggiore, nella condizione limite di non interferenza, cioè passante per il punto N_1 del pignone: in questo modo è rispettata la regola secondo cui il segmento dei contatti è compreso fra i centri di curvatura delle evolventi. Pertanto si ottiene una formula che esprime il numero di denti minimo per la ruota piccola, in funzione del rapporto di ingranaggio u e dell'angolo di pressione α:

$$z_{min} = \frac{2}{\sqrt{\left[u^2 + (1 + 2u)\operatorname{sen}^2 \alpha\right]} - u} \quad \textbf{[2.11]}$$

Nella ***tabella 2.2*** sono riportati diversi valori del numero minimo di denti per il pignone, calcolati con la [*2.11*]. Il rapporto di ingranaggio non supera il valore di 4, come consigliato dai costruttori. Per l'angolo di pressione il valore è pari a 20°.

È possibile costruire una ruota dentata avente un numero di denti inferiore a quello minimo: impiegando la cremagliera-utensile, il dente generato si presenta assottigliato alla base.

Tabella 2.2 **Numero minimo di denti del pignone in funzione del rapporto di ingranaggio e dell'angolo di pressione di 20°; la condizione limite prevede la circonferenza di testa della ruota passante per il centro di curvatura dell'evolvente del pignone.**

u	1	1,25	1,5	1,75	2	2,25	2,5	2,75	3	3,25	3,5	3,75	4
z_{min}	13	13	14	14	15	15	15	15	15	15	16	16	16

B2.5 PROPORZIONAMENTO DELLE RUOTE DENTATE CILINDRICHE A DENTI ELICOIDALI

Negli **ingranaggi cilindrici elicoidali** i denti non sono paralleli all'asse della ruota, ma si presentano inclinati di un angolo costante. I fianchi, anche se a prima vista possono sembrare rettilinei, assumono l'andamento a elica cilindrica. La conseguenza più rilevante è che l'ingranamento non avviene più in contemporanea su tutta la lunghezza del dente, bensì su una porzione che trasla lungo la superficie del dente da un'estremità all'altra. Si consideri un singolo dente di una ruota elicoidale, rappresentato per semplicità dal segmento HK (▸ *Fig. 2.19*).

POLIGLOTTA
Ingranaggio cilindrico a denti elicoidali
GB: Helical gear
F: Engrenage à denture hélicoïdale
D: Schrägzahnrad

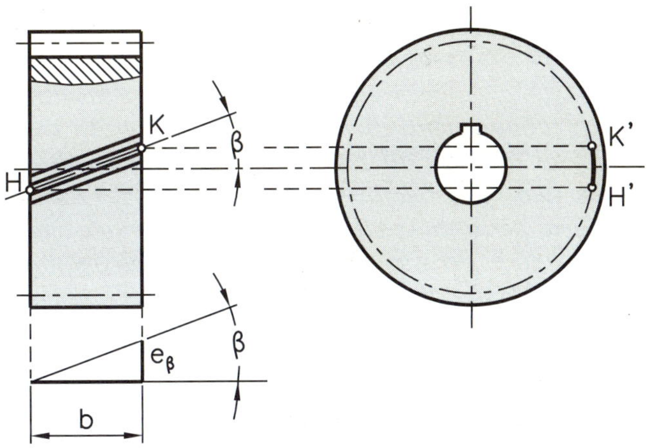

Fig. 2.19
Schema della ruota elicoidale con evidenziati la traccia HK di un dente e l'arco di ricoprimento H'K'.

La traccia HK di un generico dente è inclinata dell'angolo β rispetto all'asse.

Durante l'ingranamento con la ruota compagna, l'accesso ha inizio nel punto K, per poi estendersi al resto del dente, fino a impegnare per ultimo il punto H; in tale intervallo il cerchio primitivo percorre una rotazione rappresentata dall'arco K'H', denominato **arco di ricoprimento** e_β.

L'arco di ricoprimento, se rettificato, può essere posto come cateto verticale del triangolo rettangolo, avente come secondo cateto la **lar-**

POLIGLOTTA
Larghezza del dente
GB: Tooth lenght
F: Largeur de denture
D: Zahnbreite

RICHIAMO

Si ricorda di non confondere la ***lunghezza del dente*** per la ***ruota a denti diritti b*** con la ***larghezza della fascia dentata*** per la ***ruota a denti elicoidali b***; nel testo dopo *b* seguirà la definizione cui fa riferimento.

POLIGLOTTA

Larghezza di fascia

GB Face-width

F: Largeur de la roue

D: Radbreite

ghezza della fascia dentata b e come ipotenusa il segmento HK. La tangente dell'angolo dell'elica è pari al rapporto fra i cateti:

$$\text{tg}\ \beta = \frac{e_\beta}{b}$$

da cui si ottiene:

$$e_\beta = b\,\text{tg}\ \beta \qquad \textbf{[2.12]}$$

La **larghezza della fascia** dentata b, per la ruota elicoidale, è espressa dalla seguente formula:

$$b = \lambda\, m_t$$

dove la costante λ assume valori compresi fra 10 e 30.

L'importanza dell'arco di ricoprimento è evidenziata dalla seguente definizione con cui si estende il concetto di arco di azione alle ruote elicoidali:

*nelle ruote elicoidali l'**arco di azione** è pari alla somma dell'arco di ricoprimento con l'arco di primitiva compreso fra il profilo del dente nelle due configurazioni estreme di inizio accesso e fine recesso.*

Da tale affermazione ne consegue che una maggiore estensione dell'arco di azione della ruota elicoidale determina un numero maggiore di coppie di denti in presa contemporanea, rispetto alle ruote a denti diritti, a vantaggio di una migliore distribuzione delle forze fra i denti, una maggiore coppia motrice trasmissibile a parità d'ingombri, una progressività dell'ingranamento e un'elevata silenziosità.

Osservazione: la ruota a denti elicoidali può essere intuitivamente descritta come una ruota a denti diritti, che viene affettata in dischi sottili eseguendo sezioni normali all'asse; a ogni disco, rispetto al precedente, viene imposta una rotazione intorno all'asse ruota, di un angolo pari all'angolo dell'elica; pertanto si ottiene un pacco di ruote che, durante la trasmissione, entrano in accesso con la propria ruota compagna, una per volta, in sequenza regolare; l'ingranamento avviene allora con un elevato numero di ruote contemporaneamente in presa e procede in modo dolce e progressivo.

Geometria e proporzionamento ruote

Si consideri il cilindro primitivo avente come asse l'asse ruota e come base il cerchio primitivo. L'intersezione fra il cilindro primitivo e il dente è un'elica cilindrica, detta **elica primitiva**. L'inclinazione della tangente all'elica primitiva, rispetto all'asse ruota, è detta **angolo dell'elica** β (▸ *Fig. 2.20a*).

Sviluppando il cilindro in piano, la circonferenza primitiva e la generatrice diventano i due cateti, mentre l'elica degenera in ipotenusa (▸ *Fig. 2.20b*).

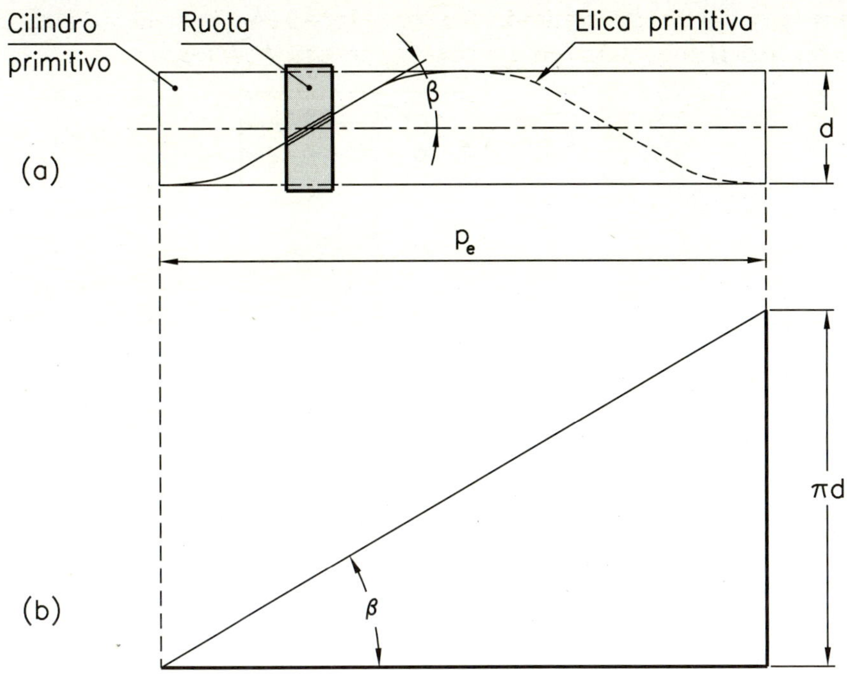

Fig. 2.20
a) La ruota è individuata come porzione del cilindro primitivo, avente le generatrici di lunghezza pari al passo assiale dell'elica.
b) L'inclinazione dell'ipotenusa, ottenuta sviluppando in piano il cilindro primitivo, corrisponde all'angolo β dell'elica.

I valori usuali dell'angolo dell'elica β variano fra 15° e 30°, per dentature di larghezza piccola, fra 5° e 15°, per dentature larghe.

Di seguito sono indicate due condizioni necessarie e sufficienti per l'ingranamento con assi paralleli:
— le ruote devono avere gli angoli β uguali ma opposti, ovvero, le eliche delle due ruote si presentano l'una sinistra, l'altra destra;
— i passi normali (e di conseguenza i moduli normali e l'angolo di pressione normale) devono essere uguali.

Osservazione: lo studio della geometria della ruota a denti elicoidali dev'essere svolto in tridimensionale, per cui vi sono diversi modi per valutare alcune grandezze, quali il passo e il modulo, a seconda della sezione considerata.

Nelle ruote cilindriche a denti elicoidali si definiscono rispettivamente:
— ***sezione frontale****: la vista ottenuta proiettando la ruota su un piano normale all'asse;*
— ***sezione normale****: la vista ottenuta sezionando la ruota con un piano normale al dente;*
— ***sezione assiale****: la vista ottenuta sezionando la ruota con un piano contenente l'asse della ruota.*

Di seguito sono riportate le definizioni delle grandezze geometriche specifiche per le ruote elicoidali, in riferimento alle sezioni ora descritte, derivandole dai concetti già noti per le ruote a denti diritti.
— **Passo assiale** p_a: è la distanza fra due denti successivi, misurata in un piano meridiano parallelo all'asse di rotazione (▸ *Fig. 2.21*):

$$p_a = \frac{p_n}{\text{sen } \beta} \qquad \textbf{[2.13]}$$

Fig. 2.21
Ruota dentata elicoidale sezionata allo scopo di evidenziare i passi normale p_n, assiale p_a e trasversale p_t.

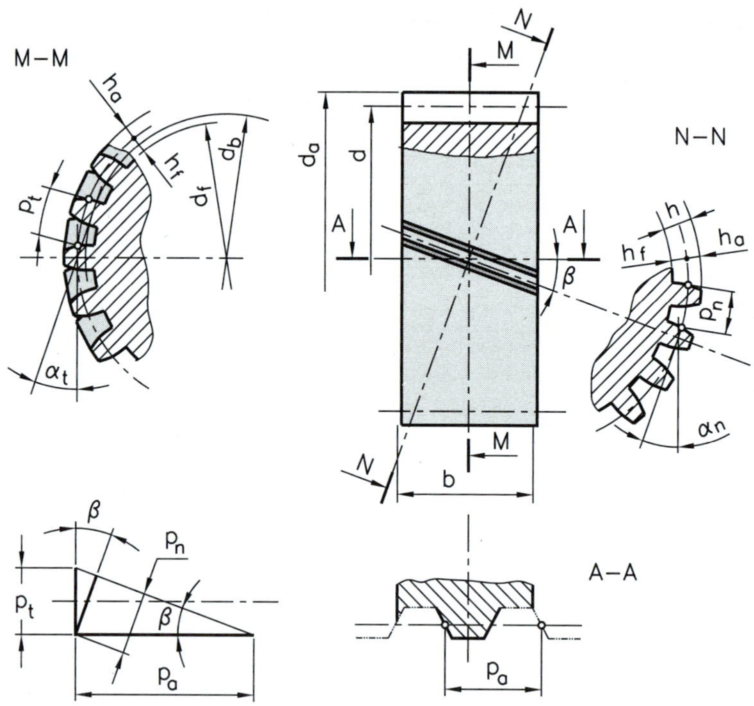

— **Passo trasversale** o **circonferenziale** p_t: è la distanza fra due denti successivi, misurata in un piano perpendicolare all'asse della ruota:

$$p_t = \pi\, m_t \qquad [2.14]$$

— **Passo normale** p_n: è la distanza fra due denti successivi, misurata in un piano perpendicolare all'asse del dente:

$$p_n = p_t \cos \beta \qquad [2.15]$$

POLIGLOTTA
Modulo trasversale
GB: Transverse diametral pitch
F: Modul apparent
D: Stirnmodul

— **Modulo trasversale** o **circonferenziale** m_t: è il modulo riferito al piano frontale della ruota:

$$m_t = \frac{p_t}{\pi}$$

— **Modulo normale** m_n: è il modulo misurato sul piano normale al dente; può assumere solo valori unificati riportati nel *paragrafo B2.1*:

$$m_n = m_t \cos \beta \qquad [2.16]$$

$$m_n = \frac{p_n}{\pi} \qquad [2.17]$$

— **Diametro primitivo** d: è il diametro della circonferenza primitiva, misurato su un piano normale all'asse, dato che solo su tale piano la sezione della ruota è circolare:

$$d = m_t\, z \qquad [2.18]$$

— **Numero di denti** z: è il rapporto fra il diametro primitivo d e il modulo trasversale m_t.
— **Numero di denti ideale** z_{id}: è il numero di denti presente su una circonferenza ideale, ottenuta sezionando la ruota con un piano normale al dente; su tale circonferenza il modulo vale m_n e il numero di denti z_{id} può anche non essere intero:

$$z_{id} = \frac{z}{\cos^3 \beta} \qquad \textbf{[2.19]}$$

— **Angolo di pressione trasversale** α_t: è l'angolo di pressione misurato sul piano perpendicolare all'asse della ruota.
— **Angolo di pressione normale** α_n: è l'angolo di pressione misurato sul piano normale all'asse del dente; esso assume il valore unificato di 20°:

$$\text{tg } \alpha_n = \text{tg } \alpha_t \cos \beta \qquad \textbf{[2.20]}$$

Per quanto riguarda il proporzionamento in altezza del dente e dei diversi cerchi, vale quanto esposto per le ruote a denti diritti.

Esempio 1
Una ruota condotta a denti elicoidali, montata in un cambio di velocità automobilistico per ottenere la seconda marcia, ha i seguenti dati: $z = 31$; $m_n = 2$ mm; $\alpha_n = 20°$; $\beta = 27{,}5°$.
Calcolare tutti i parametri geometrici restanti.

Soluzione
Applicando le relazioni [*2.13 – 2.20*] si ottiene:
— il passo normale:

$$p_n = m_n \pi = 2\pi = 6{,}2832 \text{ mm}$$

— il modulo trasversale:

$$m_t = \frac{m_n}{\cos \beta} = \frac{2}{\cos 27{,}5°} = 2{,}2548 \text{ mm}$$

— l'angolo di pressione trasversale:

$$\text{tg } \alpha_t = \frac{\text{tg } \alpha_n}{\cos \beta} = \frac{\text{tg } 20°}{\cos 27{,}5°} = 0{,}41033$$

da cui si ricava il valore di α_t:

$$\alpha_t = 22{,}31°$$

— il passo trasversale:

$$p_t = \pi m_t = \pi \, 2{,}2548 = 7{,}0837 \text{ mm}$$

— il passo assiale:

$$p_a = \frac{p_n}{\text{sen } \beta} = \frac{6,2832}{\text{sen } 27,5°} = 13,6074 \text{ mm}$$

— il diametro primitivo:

$$d = m_t z = 2,2548 \times 31 = 69,8988 \text{ mm}$$

— il passo dell'elica:

$$p_e = \frac{\pi d}{\text{tg } \beta} = \frac{\pi 69,8988}{\text{tg } 27,5°} = 421,835 \text{ mm}$$

— l'addendum:

$$h_a = m_n = 2 \text{ mm}$$

— il dedendum:

$$h_f = 1,25 m_n = 1,25 \times 2 = 2,5 \text{ mm}$$

— l'altezza del dente:

$$h = h_a + h_f = 2 + 2,5 = 4,5 \text{ mm}$$

— il diametro di testa:

$$d_a = d + 2h_a = 69,8988 + 4 = 73,8988 \text{ mm}$$

— il diametro di piede:

$$d_f = d - 2h_f = 69,8988 - 5 = 64,8988 \text{ mm}$$

— il diametro di base:

$$d_b = d \cos \alpha_t = 69,8988 \times \cos 22,31° = 64,6664 \text{ mm}$$

— il numero di denti ideale:

$$z_{id} = \frac{z}{\cos^3 \beta} = \frac{31}{\cos^3 27,5°} = 44,4196$$

Esempio 2
Un ingranaggio è formato da due ruote cilindriche a denti elicoidali, aventi 25 e 60 denti, con modulo normale 2,5 mm, angolo dell'elica $\beta = 25°$, coefficiente $\lambda = 15$ e angolo di pressione $\alpha = 20°$. Calcolare il rapporto di condotta.

Soluzione
Si riprendono i dati dell'analogo esercizio del ***paragrafo B2.3***, per confronto. Per l'ingranaggio a denti diritti, avendo applicato la [*2.7*], si era trovato che il rapporto di condotta, somma dei due rapporti parziali, valeva $\varepsilon = 1,685$.

Per l'ingranaggio elicoidale a pari numeri di denti si deve sommare al valore precedente l'arco di ricoprimento e_β, diviso il passo trasversale p_t.

Dal modulo trasversale si ricava il passo trasversale:

$$m_t = \frac{m_n}{\cos\beta} = \frac{2{,}5}{\cos 25°} = 2{,}7584 \text{ mm}$$

$$p_t = \pi m_t = \pi 2{,}7584 = 8{,}6659 \text{ mm}$$

Si calcola la larghezza b della fascia dentata:

$$b = \lambda m_t = 15 \times 2{,}7584 = 41{,}376 \text{ mm}$$

Per la [*2.12*] l'arco di ricoprimento vale:

$$e_\beta = b \operatorname{tg} \beta = 41{,}376 \times \operatorname{tg} 25° = 19{,}2939 \text{ mm}$$

Infine si ricava l'arco di condotta, ottenuto sommando l'arco di ricoprimento diviso il passo trasversale all'arco di condotta precedentemente calcolato per le ruote a denti diritti:

$$\varepsilon = \frac{e_\beta}{p_t} = \frac{19{,}2939}{8{,}6659} = 2{,}2264$$

$$\varepsilon = 1{,}685 + 2{,}2264 = 3{,}9114$$

Il rapporto di condotta è aumentato notevolmente, giungendo a un valore prossimo a 4: ciò significa che durante l'ingranamento si hanno, per quasi tutta la condotta, ben quattro coppie in presa che si ripartiscono l'energia trasmessa.

RICHIAMO

Dato che i contatti fra i denti si svolgono su un breve arco di circonferenza primitiva, l'***analisi della condotta*** può a buon diritto essere svolta sulle sezioni normali, come se si trattasse di una ruota a denti diritti avente passo p_n e numero di denti z_{id}.

Numero minimo dei denti per le ruote elicoidali

Per definire il numero minimo dei denti si fa riferimento alle formule ricavate in precedenza per le ruote a denti diritti, in particolare, alla [*2.9*]. Innanzitutto si identifica una **ruota fittizia a denti diritti** equivalente a quella data su cui condurre il calcolo del numero minimo di denti (▸ ***Fig. 2.22a***). La costruzione della ruota fittizia avviene nel seguente modo (▸ ***Fig. 2.22b***):

— si individua un piano normale al dente elicoidale e passante per il suo punto di mezzo;
— si interseca la ruota con il piano di traccia *A-A*;
— la sezione *A-A* della ruota ottenuta ha forma ellittica, con il semiasse minore pari al raggio primitivo *r* e il semiasse maggiore pari al raggio primitivo *r*, diviso il coseno al quadrato dell'angolo dell'elica β;
— si costruisce un tratto di circonferenza tangente internamente all'ellisse nel punto a semiasse minore; il suo raggio è pari al semiasse maggiore;
— la circonferenza ideale così individuata è detta **circonferenza osculatrice** e viene assunta come cerchio primitivo equivalente, ospitante un **numero di denti ideale** z_{id}; il modulo dei denti diritti ideali coincide con il modulo normale dei denti elicoidali della ruota reale.

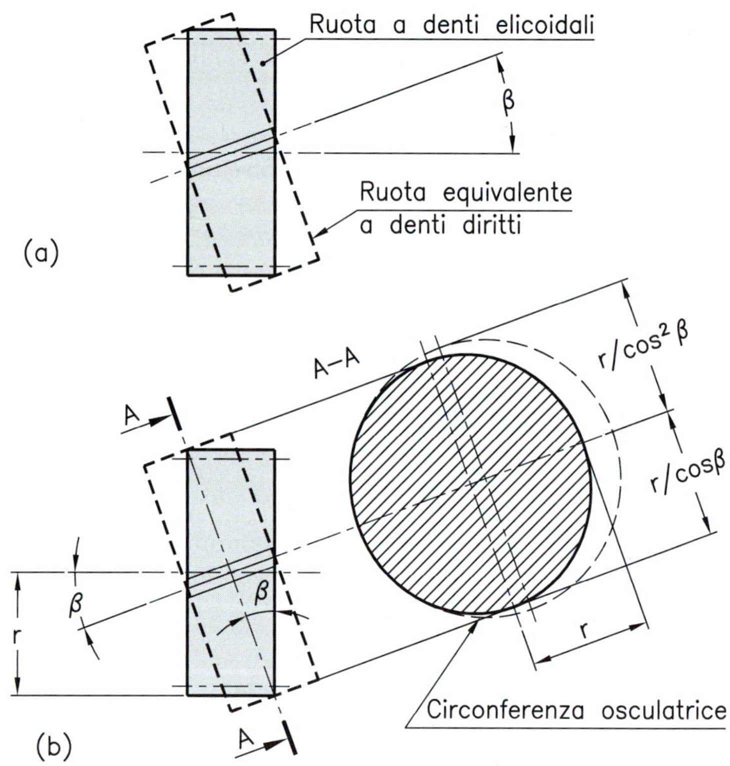

Fig. 2.22
a) Il dente inclinato della ruota a denti elicoidali assume andamento rettilineo sulla ruota equivalente a denti diritti (linea tratteggiata).
b) La circonferenza osculatrice è ottenuta sezionando la ruota reale con un piano di traccia *A-A* normale al dente: dalla sezione ellittica (linea continua) si deriva la circonferenza osculatrice (linea tratteggiata).

RICHIAMO
Il profilo tratteggiato nella ***figura 2.22a*** può essere inteso come traccia della cremagliera-utensile a denti diritti, che esegue il taglio per inviluppo dei denti elicoidali sulla ruota.

In conclusione, poiché z indica il numero di denti della ruota elicoidale e z_{id} indica il numero di denti ideale della ruota equivalente, si ricava la [*2.19*]:

$$z_{id} = \frac{z}{\cos^3 \beta}$$

Ricordando che nell'accoppiamento ruota-cremagliera la [*2.9*] dava come numero minimo di denti z_{min} = 17, per un angolo di pressione di 20°, e sostituendo tale valore nella [*2.19*] si ricava il numero minimo di denti per la ruota elicoidale:

$$z_{min} = z_{min,id} \cos^3 \beta \qquad \textbf{[2.21]}$$

Esempio
Calcolare il numero minimo di denti per una ruota elicoidale, avente angolo dell'elica $\beta = 15°$.

Soluzione
Applicando la [*2.21*] si ottiene:

$$z_{min} = z_{min,id} \cos^3 \beta = 17 \times \cos^3 15° = 15{,}32 \approx 16 \text{ denti}$$

Le ruote elicoidali ammettono quindi un numero minimo di denti inferiore a quanto prescritto per quelle a denti diritti, in conseguenza dell'inclinazione del dente rispetto all'asse di rotazione.

B2.6 POTENZE E FORZE SCAMBIATE FRA I DENTI IN PRESA

Potenza e rendimenti

Una quota della potenza trasmessa attraverso i denti viene dispersa a causa degli attriti fra i profili coniugati. La differenza Δv fra le velocità dei due denti nel loro punto di contatto, come indicato nella ***figura 2.12***, è causa di un moto relativo di strisciamento, da cui deriva la presenza di forze di attrito agenti lungo la tangente comune ai profili. L'esigua entità delle perdite, particolarmente contenute nel caso di ingranaggi inscatolati e lubrificati, consente di eseguire con buona approssimazione lo studio dinamico della trasmissione, trascurando l'effetto degli attriti: questa condizione è nota come **esercizio ideale**.

*Nell'**esercizio ideale** si assume il **rendimento di trasmissione** η_T unitario, per cui si può affermare che:*

$$(potenza\ entrante)_1 = (potenza\ uscente)_2$$

$$M_1\, \omega_1 = M_2\, \omega_2$$

in cui la potenza è indicata come prodotto del momento torcente sulla ruota, espressa in Nm, per la velocità angolare, espressa in rad/s.

Richiamando la [*2.6*], la formula del rapporto di trasmissione si completa introducendo i momenti sulle ruote:

$$i = \frac{\omega_1}{\omega_2} = \frac{d_2}{d_1} = \frac{z_2}{z_1} = \frac{M_2}{M_1}$$

RICHIAMO
Un'altra causa di ***perdita di potenza,*** in aggiunta agli attriti fra i denti, è dovuta all'attrito volvente nei cuscinetti a sfere/rulli che sopportano gli alberi su cui sono calettate le ruote dentate; i cuscinetti a strisciamento ad attrito lubrificato sono impiegati sui riduttori a denti bielicoidali di grande potenza e forte velocità.

Esiste una formula, per la cui dimostrazione si rimanda a testi specialistici, che esprime il **rendimento medio** η della trasmissione nel caso di due coppie di denti in presa in contemporanea; essa è in funzione dei numeri di denti delle due ruote e del coefficiente di attrito radente f fra le superfici:

$$\eta = 1 - \pi f \left(\frac{1}{z_1} \pm \frac{1}{z_2} \right) \qquad \textbf{[2.22]}$$

Si utilizza il segno positivo per ingranaggi esterni, il segno negativo per quelli interni. Il coefficiente f assume i valori compresi fra 0,4 e 0,1 per denti a finitura superficiale non elevata; fra 0,20 e 0,10 per denti a buona finitura superficiale e semplicemente ingrassati; fra 0,01 e 0,05 per denti a elevata finitura superficiale e ben lubrificati. Nella maggioranza dei casi il rendimento assume valori compresi fra 0,98 e 0,99.

RICHIAMO
Introducendo il rapporto di condotta ε, il rendimento medio può scriversi:

$$\eta = 1 - \frac{f\pi\varepsilon}{2}\left(\frac{1}{z_1} \pm \frac{1}{z_2} \right)$$

Considerando un valore medio $\varepsilon = 2$, equivalente a due coppie di denti contemporaneamente in presa, si ottiene la ***[2.22]***.

Esempio
Calcolare il rendimento per un ingranaggio formato da due ruote di buona finitura e abbondante lubrificazione, aventi z_1 = 37 denti e z_2 = 22 denti.

Soluzione
Si applica la [2.22], assumendo il valore medio fra quelli indicati in precedenza, con $f = 0{,}03$:

$$\eta = 1 - \pi f\left(\frac{1}{z_1} \pm \frac{1}{z_2}\right) = 1 - 0{,}03\pi\left(\frac{1}{37} + \frac{1}{22}\right) =$$
$$= 1 - 0{,}03\pi(0{,}02702 + 0{,}04545) = 0{,}993$$

Il rendimento è superiore al 99%.

RICHIAMO
Si ricorda che con il pedice 1 si indicano le grandezze relative alla ***ruota motrice***, mentre con il pedice 2 si indicano le grandezze relative alla ***ruota condotta***.

Forze scambiate fra le ruote cilindriche a denti diritti

Lo studio delle forze avviene in condizioni ideali, ipotizzando un'unica coppia di denti in presa nell'istante di transito per il punto primitivo C, con contatto puntiforme. Si indica con F il carico scambiato dai profili nel punto primitivo C; esso agisce normalmente alle superfici e ha come direzione la retta d'azione. La forza $\bar{F}$ ha verso uscente dal profilo 1 ed entrante nel profilo 2, se considerata come **azione**, uscente dal profilo 2 ed entrante in 1, se considerata come **reazione** (▸ *Fig. 2.23*). La forza $\bar{F}$ viene scomposta in due componenti, una radiale $\bar{F}_r$ e una **tangenziale** $\bar{F}_t$ secondo le seguenti relazioni:

$$F_r = F \operatorname{sen} \alpha \qquad \textbf{[2.23]}$$
$$F_t = F \cos \alpha$$

POLIGLOTTA
Forze scambiate tra i denti
GB: Tooth reactions
F: Forces échangées entre les dents
D: Zahnkräfte

Dividendo fra loro le due relazioni della [2.23] si ottiene una formula che lega direttamente le **componenti radiale** e **tangenziale**:

$$\frac{F_r}{F_t} = \operatorname{tg} \alpha$$

La forza $\bar{F}_t$, moltiplicata per il raggio primitivo r_p della ruota, è il momento torcente che viene trasmesso dall'albero su cui la ruota è calettata:

$$M_t = F_t\, r_p$$

RICHIAMO
Le ***componenti tangenziale*** e ***radiale*** sono denominate, rispettivamente, ***periferica*** e ***normale***.

La forza $\bar{F}_t$ è anche responsabile della flessione dell'albero su cui è calettata la ruota; per vedere meglio l'effetto flessione, basta spostare la forza $\bar{F}_t$ di una distanza pari al raggio primitivo, ovvero dal punto primitivo C fino sull'asse dell'albero, applicando il **teorema della trasposizione di una forza parallelamente a se stessa**. L'albero risulta caricato dalla forza traslata sul suo asse che ne causa la flessione, con in aggiunta un momento che genera la torsione.

RICHIAMO
Per il ***teorema della trasposizione di una forza parallelamente a se stessa*** è possibile traslare una forza parallelamente a se stessa di una distanza *d*, mantenendo invariati gli effetti sul corpo, introducendo, tuttavia, un momento di riequilibrio pari al modulo della forza, moltiplicato per la distanza *d*.

Esempio
Un ingranaggio, che collega l'albero motore con l'albero di un utilizzatore, è formato da due ruote cilindriche a denti diritti, aventi modulo m = 2,25 mm (▸ *Fig. 2.24a*). La ruota 1 motrice è disposta superiormente e ha 21 denti, mentre la ruota 2 finale ha 54 denti. L'albero motore gira in senso orario (se visto dal lato del motore) a n_1 = 740 giri/min e trasmette una potenza P_1 = 2,8 kW. Calcolare e disegnare le forze trasmesse dalla

ruota motrice sulla ruota condotta, evidenziando i versi e il momento torcente che agisce sull'albero di uscita (▸ *Fig. 2.24b*). Trascurare le perdite di attrito d'ingranamento.

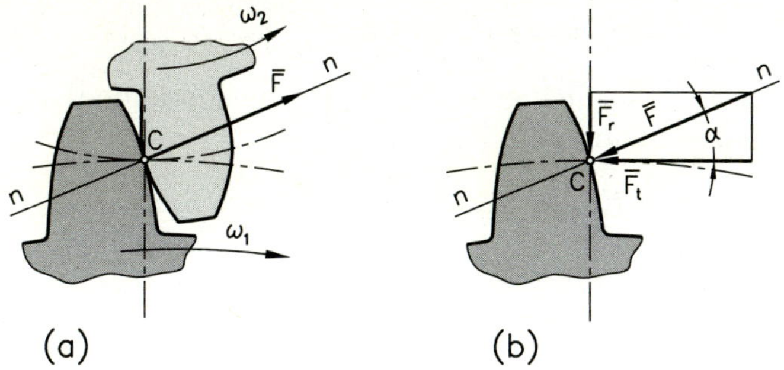

Fig. 2.23
Forze scambiate fra due denti in presa; la forza $\overline{F}$ è segnata in forma di azione:
a) entrante sul dente condotto;
b) scomposta nelle due componenti tangenziale $\overline{F}_t$ e radiale $\overline{F}_r$.

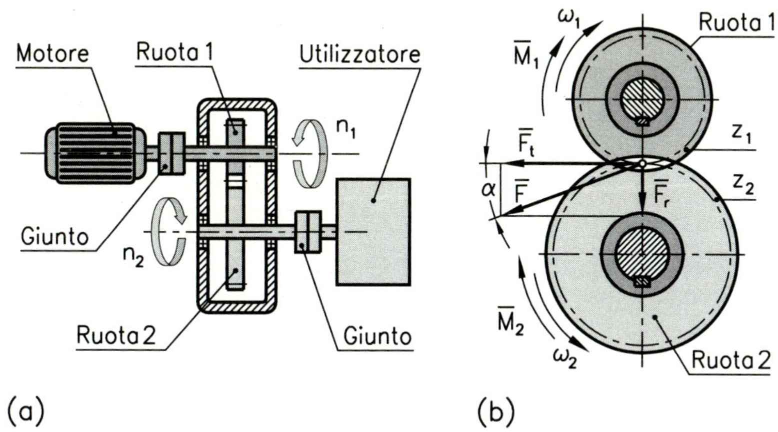

Fig. 2.24
a) Schema della trasmissione costituita da due ruote dentate cilindriche a denti diritti.
b) Forze trasmesse dalla ruota motrice.

Soluzione

Si indica la velocità angolare della ruota 1, espressa in rad/s:

$$\omega_1 = \frac{2\pi n}{60} = \frac{2\pi 740}{60} = 77{,}5\ \frac{\text{rad}}{\text{s}}$$

Si calcola il momento motore sull'albero 1 come rapporto fra la potenza, espressa in watt, e la velocità angolare, espressa in rad/s:

$$M_1 = \frac{P_1}{\omega_1} = \frac{2800}{77{,}5} = 36{,}13\ \text{N m} = 36\,130\ \text{N mm}$$

I due diametri primitivi valgono:

$$d_1 = m\,z_1 = 2{,}25 \times 21 = 47{,}25\ \text{mm}$$

e:

$$d_2 = m\,z_2 = 2{,}25 \times 54 = 121{,}5\ \text{mm}$$

Si ricava la forza tangenziale $\overline{F}_t$ eseguendo il rapporto fra il momento motore M_1 e il raggio primitivo avente funzione di braccio:

$$F_t = \frac{M_1}{\frac{d_1}{2}} = \frac{2 \times 36\,130}{47{,}25} = 1529{,}3\ \text{N}$$

Dalla prima relazione espressa dalla [*2.23*], nota la forza tangenziale F_t, si risale alla forza totale $\bar{F}$:

$$F = \frac{F_t}{\cos \alpha} = \frac{1529,3}{\cos 20°} = 1627,5 \text{ N}$$

Si calcola, infine, la componente radiale $\bar{F}_r$ considerando il rapporto diretto fra le due componenti di $\bar{F}$:

$$F_r = F_t \operatorname{tg} \alpha = 1529,3 \times \operatorname{tg} 20° = 556,6 \text{ N}$$

Il momento torcente sull'albero di uscita è pari al prodotto della forza tangenziale per il raggio primitivo della ruota 2:

$$M_2 = F_t \frac{d_2}{2} = 1529,3 \frac{121,5}{2} = 92\,905 \text{ N mm} = 92,905 \text{ N m}$$

Come verifica, si calcola la potenza sull'albero uscente che dovrà risultare uguale alla potenza entrante, avendo supposto unitario il rendimento di trasmissione. Occorre pertanto conoscere il rapporto di trasmissione:

$$i = \frac{z_2}{z_1} = \frac{54}{21} = 2,5714$$

in seguito la velocità uscente:

$$\omega_2 = \frac{\omega_1}{i} = \frac{77,5}{2,5714} = 30,1389 \ \frac{\text{rad}}{\text{s}}$$

e infine la potenza:

$$P = M_2\, \omega_2 = 92,905 \times 30,1389 = 2800 \text{ W}$$

La verifica ha dato esito positivo, confermando il valore della potenza.

Forze scambiate fra le ruote cilindriche a denti elicoidali

Anche in questo caso si prende come riferimento un'unica coppia di denti in presa nell'istante di transito per il punto primitivo C; il carico totale $\bar{F}$ che agisce sul dente è diretto normalmente alle superfici dei profili lungo la retta d'azione. Nella ***figura 2.25*** è schematizzato un dente della ruota condotta sottoposto al carico F proveniente dal dente compagno, non rappresentato nella figura; a causa dello sviluppo obliquo del dente, il carico totale giace su un piano inclinato dell'angolo (90° – β), complementare all'angolo dell'elica β, rispetto all'asse ruota. Dopo aver ribaltato verso destra la sezione N-N, perpendicolare al dente, si può scomporre la forza risultante $\bar{F}$ in due componenti, una $\bar{F}_r$ radiale e l'altra $\bar{F}_b$ contenuta in un piano tangente ai cilindri primitivi:

$$\begin{aligned} F_r &= F \operatorname{sen} \alpha_n \\ F_b &= F \cos \alpha_n \end{aligned} \qquad \textbf{[2.24]}$$

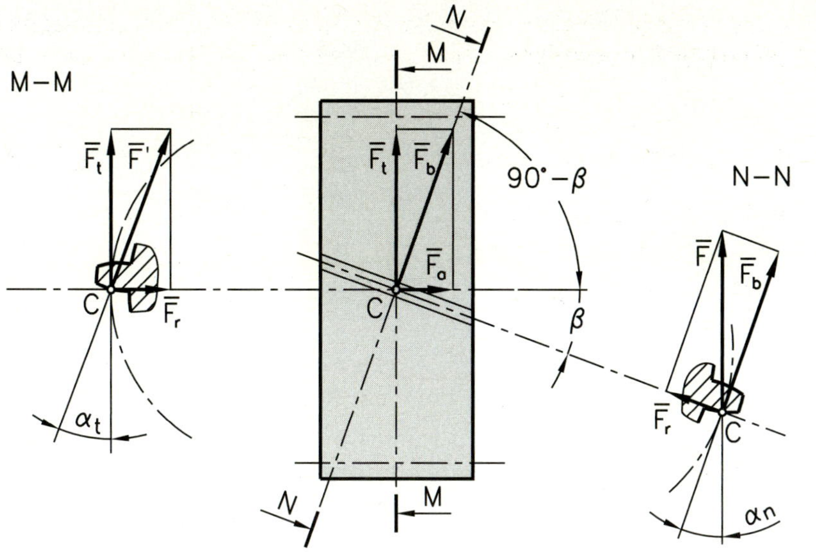

Fig. 2.25
Scomposizione della forza risultante $\bar{F}$ in quattro componenti; quelle più significative sono la componente tangenziale $\bar{F}_t$, la componente radiale $\bar{F}_r$ e la componente assiale $\bar{F}_a$.

La forza $\bar{F}_b$ viene scomposta in una componente assiale $\bar{F}_a$ e in una tangenziale $\bar{F}_t$. La forza assiale si scarica lungo l'albero su cui la ruota è calettata:

$$F_a = F_b \operatorname{sen} \beta \qquad F_t = F_b \cos \beta \qquad \textbf{[2.25]}$$

Ponendo a rapporto le espressioni [2.25] si ottiene una relazione che lega le componenti assiale e tangenziale:

$$\frac{F_a}{F_t} = \operatorname{tg} \beta; \quad F_a = F_t \operatorname{tg} \beta$$

Sezionando la ruota rappresentata nella ***figura 2.25***, con il piano *M-M* passante per il punto primitivo C e perpendicolare all'asse di rotazione, si evidenziano le componenti $\bar{F}_t$ tangenziale e $\bar{F}_r$ radiale, fra loro ortogonali; la loro risultante $\bar{F}'$ non solo è inclinata dell'angolo di pressione trasversale α_t rispetto alla forza $\bar{F}_t$, ma anche dell'angolo β rispetto alla forza totale $\bar{F}$. Richiamando la [2.20], che pone in relazione i due angoli di pressione, si ha:

$$\frac{F_r}{F_t} = \operatorname{tg} \alpha_t$$

ovvero:

$$F_r = F_t \operatorname{tg} \alpha_t = F_t \frac{\operatorname{tg} \alpha_n}{\cos \beta}$$

Pertanto le componenti assiale e radiale sono poste in funzione della componente $\bar{F}_t$, direttamente deducibile dal momento motore, in base alla consueta relazione:

$$M_t = F_t \, r_p$$

La forza totale $\bar{F}$ e le sue quattro componenti possono essere rappresentate nella costruzione grafica tridimensionale della ***figura 2.26***.

Fig. 2.26

Rappresentazione delle componenti della forza totale $\bar{F}$ radunate in un'unica costruzione grafica avente forma di parallelepipedo, nella quale sono indicati gli angoli di pressione, α_t e α_n, e di inclinazione dell'elica β.

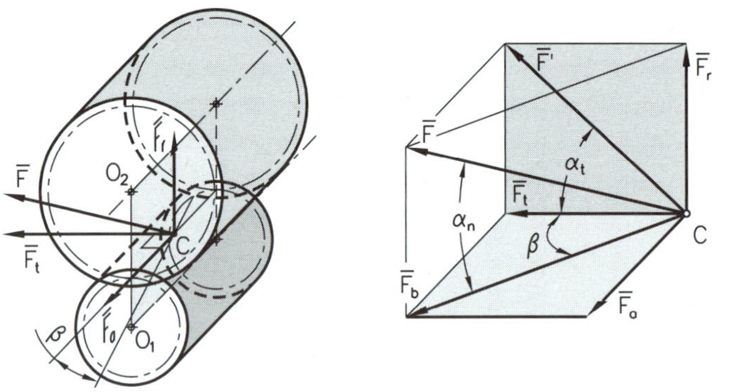

Esempio

Calcolare le forze scambiate fra i denti e i momenti agenti sui due alberi per la coppia di ruote dentate cilindriche a denti elicoidali, aventi i seguenti numeri di denti: $z_1 = 17$; $z_2 = 81$, sapendo che l'albero in uscita gira alla frequenza $n_2 = 10$ giri/s; $m_n = 4$ mm; $\alpha_n = 20°$; $\beta = 25°$; potenza trasmessa $P = 25$ kW.

Soluzione

Si calcola il modulo trasversale:

$$m_t = \frac{m_n}{\cos\beta} = \frac{4}{\cos 25°} = 4{,}4135 \text{ mm}$$

I due diametri primitivi valgono:

$$d_1 = m_t z_1 = 4{,}4135 \times 17 = 75{,}03 \text{ mm}$$

e:

$$d_2 = m_t z_2 = 4{,}4135 \times 81 = 357{,}5 \text{ mm}$$

L'angolo di pressione trasversale misura:

$$\text{tg } \alpha_t = \frac{\text{tg } \alpha_n}{\cos\beta} = \frac{\text{tg } 20°}{\cos 25°} = 0{,}4016$$

da cui si risale all'angolo α_t:

$$\alpha_t = \text{arc tg } 0{,}4016 = 21{,}88°$$

La velocità dell'albero uscente v_2 vale:

$$v_2 = \omega_2 r_2 = 2\pi n_2 \frac{d_2}{2} = \pi n_2 d_2 = \pi\, 10 \times 0{,}3575 = 11{,}23 \ \frac{\text{m}}{\text{s}}$$

Il momento torcente sull'albero uscente vale:

$$M_2 = \frac{P}{\omega_2} = \frac{25\,000}{62{,}8319} = 397{,}9 \text{ N m}$$

La forza tangenziale $\bar{F}_t$ è ottenuta dal momento motore:

$$F_t = \frac{2M_2}{d_2} = \frac{2 \times 397{,}9}{0{,}3575} = 2226{,}2 \text{ N}$$

Il momento sull'albero motore vale:

$$M_1 = F_t \frac{d_1}{2} = 2226,2 \frac{75,03}{2000} = 83,5 \text{ Nm}$$

La forza tangenziale $\bar{F}_t$ è ricavabile anche per altra via:

$$F_t = \frac{P}{v_2} = \frac{25\,000}{11,23} = 2226,2 \text{ N}$$

La forza totale scambiata fra i denti in presa vale:

$$F = \frac{F_t}{\cos \alpha_n \cos \beta} = \frac{2226,2}{\cos 20° \cos 25°} = 2614 \text{ N}$$

La forza normale $\bar{F}_n$ deriva dalla forza tangenziale:

$$F_n = F_t \text{ tg } \alpha_t = 2226,2 \times \text{tg } 21,88° = 894 \text{ N}$$

Infine si calcola la forza assiale:

$$F_a = F_t \text{ tg } \beta = 2226,2 \times \text{tg } 25° = 1038 \text{ N}$$

Ruote dentate bielicoidali

L'impiego delle **ruote bielicoidali** è riservato a trasmissioni a elevata potenza, in particolare per grandi impianti industriali e per trasmissioni del moto sulle grandi navi. Esse hanno i denti con inclinazione opposta, allineati sulle due metà della ruota. I denti possono essere in pezzo unico o separati nel mezzo da un solco circonferenziale, ma in ogni caso l'ingranaggio bielicoidale è inteso dal punto di vista dinamico come due coppie di ruote simmetriche accoppiate. Il principale vantaggio consiste nell'ingranamento sdoppiato su due ruote, le cui eliche con inclinazioni opposte generano spinte assiali contrapposte, quindi sono in grado di annullarsi; il vantaggio, in termini di riduzione dei carichi sui cuscinetti, è rilevante (▸ *Fig. 2.1c*).

Nella *figura 2.27* sono riportate tre ruote bielicoidali in officina.

POLIGLOTTA
Ingranaggio cilindrico a denti bielicoidali
GB: Double-helical gear
F: Engrenage à denture bihélicoïdale
D: Pfeilzahnrad

Fig. 2.27
Tre ruote dentate bielicoidali, di produzione Nuova Ruote Dentate Srl (Rezzato, BS).

B2.7 CALCOLO STRUTTURALE DELLA DENTATURA

RICHIAMO
L'impiego di ***procedure di calcolo*** basate su modelli matematici a elementi finiti (FEM Analysis) consente di prevedere la distribuzione delle tensioni interne e l'entità delle deformazioni a livello puntiforme; il tal modo si migliora l'affidabilità e si limita l'insorgere di vibrazioni e rumorosità.

La progettazione delle ruote dentate si basa sulla determinazione del modulo attraverso **calcoli strutturali**, nei quali si tiene conto delle forze trasmesse e della resistenza del materiale impiegato. Noto quindi il valore del modulo, diventa immediato il proporzionamento di tutta la dentatura, applicando le relazioni geometriche viste in precedenza. Le modalità di lavoro dei denti sono alquanto complesse, per cui da decenni si effettuano studi per mettere in luce sempre più dettagliatamente le azioni che si svolgono durante il contatto e per affinare i metodi di dimensionamento.

Dimensionamento a flessione delle ruote cilindriche a denti diritti

Il dente si presenta come una mensola incastrata sul disco ruota e, come tale, è sottoposto a flessione dalla forza scambiata con il dente compagno per la durata del contatto, dopodiché esso rimane scarico. Da questa osservazione si è sviluppata la **metodologia di dimensionamento a fatica** mediante **calcolo a flessione del singolo dente**.

Per un calcolo rapido e tutto sommato di discreta approssimazione, si posiziona una coppia di profili coniugati nel punto primitivo C, dopodiché si suppone, in modo semplificativo, che essa sia l'unica coppia di denti in presa; inoltre si trascura la forza radiale e si ipotizza che la forza tangenziale sia applicata sulla testa del dente, cioè sul diametro esterno anziché sul diametro primitivo, e che la sezione d'incastro in corrispondenza dello spessore di piede abbia altezza pari a metà passo, come evidenziato negli schemi della ***figura 2.28a***.

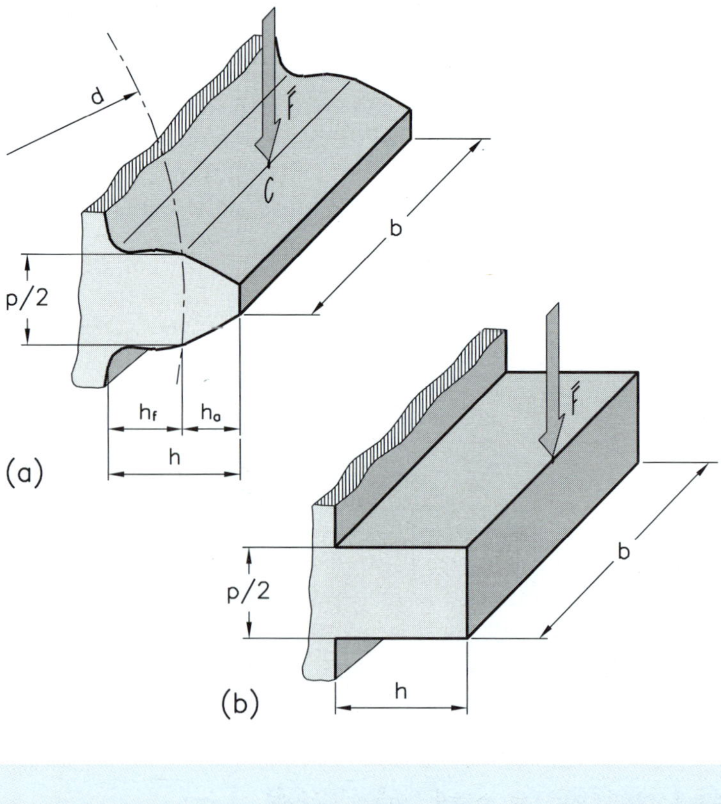

Fig. 2.28
Rappresentazione del dente sottoposto a flessione:
a) schema reale;
b) schema di carico semplificato.

Risolvendo secondo la teoria della trave semplicemente incastrata a un estremo e caricata con la forza $\bar{F}_t$ sull'estremo libero, si ottiene un'equazione di equilibrio alla flessione nell'incastro che, risolta rispetto al modulo m, dà:

$$m = \sqrt[3]{\frac{10{,}5 M_{corr}}{\lambda \sigma_{amf} z}} \qquad [2.26]$$

Nella formula compare il momento torcente corretto M_{corr}, ottenuto moltiplicando il momento torcente che agisce sulla ruota per un **fattore di servizio** f_s. Il fattore di servizio è un coefficiente scelto dal progettista e tiene conto della presenza di sovraccarichi, contraccolpi, elevate coppie allo spunto. Esso è indicato nella ***tabella 2.3***.

POLIGLOTTA
Fattore di servizio
GB: Service factor
F: Facteur d'utilisasion
D: Betriebsfaktor

Tabella 2.3 Fattore di servizio f_s in funzione del tipo di servizio e della durata del pieno carico normale

Durata del carico normale	*Breve*			*Lunga*		
Tipo di servizio	*I*	*N*	*C*	*I*	*N*	*C*
Senza sovraccarico o con sovraccarico breve e saltuario	0,5-0,7	0,8-0,9	1	0,7-0,8	1-1,1	1,2-1,5
Con sovraccarico del 25-100-200 % breve e frequente	–	–	–	0,8-1,1-1,5	1,1-1,5-2	1,6-2-2,5
Con sovraccarico del 25-100-200 % prolungato e frequente	–	–	–	0,9-1,3-2	1,2-2-3	1,8-2,5-4

I = servizio intermittente, fino a 2 ore al giorno o stagionale
N = servizio normale su un turno di lavoro, pari a 8 ore giornaliere
C = servizio continuativo di 20-24 ore al giorno

Esprimendo il momento torcente M_t in Nmm, i valori del fattore di servizio f_s, del coefficiente λ, della tensione ammissibile σ_{amf} (espressa in megapascal) e del numero di denti z devono essere scelti in fase di progettazione; inserendoli nella [*2.26*] si ricava un valore di modulo, espresso in millimetri, tendenzialmente sovradimensionato, tuttavia accettabile.

RICHIAMO
Grazie alla sua semplicità, la ***[2.26]*** è stata molto usata in passato; essa è nota come ***formula di Reuleaux*** dal suo scopritore, François Reuleaux (1865).

La metodologia di calcolo a flessione subì un'evoluzione in seguito agli studi svolti dal tecnico americano Wilfred Lewis (1892), in merito alla forma arcuata dei fianchi del dente (▸ ***Fig. 2.28***) e all'effetto della velocità. Le ipotesi assunte sono le seguenti:
— il carico è applicato sullo spigolo del dente, come realmente avviene in fase di accesso e recesso;
— il carico è applicato su una sola coppia di denti in presa;
— il carico radiale che genera compressione è trascurabile;

— il carico è distribuito in modo uniforme lungo tutta la larghezza b del dente;
— le forze dovute all'attrito sono trascurabili.

Lewis tracciò internamente al dente un solido a uniforme resistenza, a profilo parabolico, e individuò la sezione di massima sollecitazione in corrispondenza dei punti di contatto fra parabola ideale e il profilo reale del dente (▸ *Fig. 2.29a*); nella *figura 2.29b* è tracciato l'andamento delle tensioni di flessione nella sezione più sollecitata.

Fig. 2.29
La sezione di spessore s è quella maggiormente sollecitata a flessione: a) schema del solido a uniforme resistenza, a forma di parabola; b) diagramma delle tensioni di flessione alla base del dente.

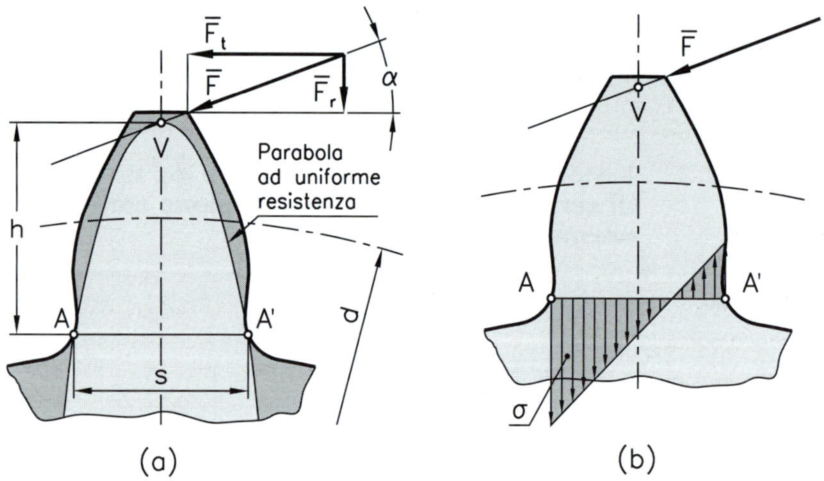

In tale sezione la tensione massima risulta essere pari a:

$$\sigma_{max} = \frac{F_t}{b\,m\,y}$$

Nella formula compare il **coefficiente di forma** y noto come **fattore di Lewis**, ricavato in funzione dell'angolo di pressione α e del numero di denti z secondo le seguenti relazioni:

$$y = 0{,}389 - \frac{1{,}96}{z} \quad \text{per } \alpha = 14°30'$$
$$y = 0{,}484 - \frac{2{,}865}{z} \quad \text{per } \alpha = 20° \qquad \textbf{[2.27]}$$

Il fattore di Lewis y può anche essere ricavato dall'abaco rappresentato nella *figura 2.30*.

Ricordando che la forza tangenziale $\overline{F}_t$ è pari al momento motore, diviso il raggio primitivo, e che la larghezza del dente b è proporzionale al modulo, si sostituiscono le suddette relazioni ottenendo:

$$\sigma_{max} = \frac{1}{b\,m\,y}\frac{2M_t}{m\,z} = \frac{1}{\lambda m}\frac{2M_t}{m^2\,y\,z}$$

Mettendo in evidenza il modulo m si ottiene la formula risolutiva finale:

$$m = \sqrt[3]{\frac{2M_{corr}}{\sigma_{max}\,X_v\,z\,\lambda\,y}} \qquad \textbf{[2.28]}$$

nella quale, oltre ai termini già noti, compare il **coefficiente di maggiorazione dinamica del carico** X_v, che tiene conto dell'effetto della **velocità periferica** secondo la seguente formula:

$$X_v = \frac{A}{A+v} \qquad [2.29]$$

in cui v indica la velocità periferica del dente, espressa in m/s e misurata sulla circonferenza primitiva, e A indica un opportuno **coefficiente empirico**, compreso fra i valori $A = 3$, per ingranaggi meno precisi come lavorazione, adatti per ruote lente aventi velocità periferica $v < 5$ m/s; $A = 6$, per ingranaggi precisi, adatti per ruote veloci con velocità v compresa fra i 5 e i 20 m/s.

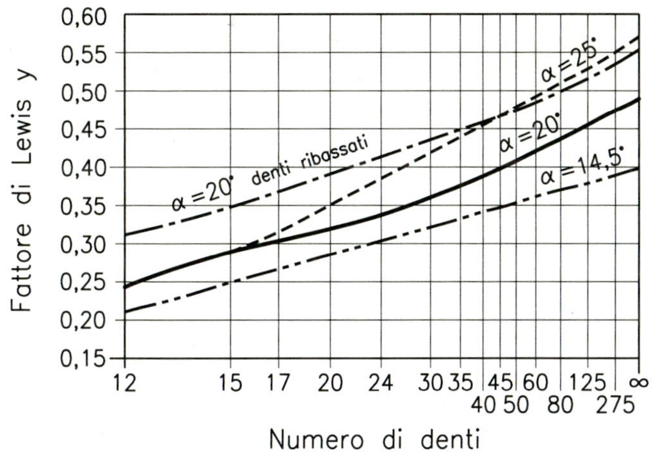

Fig. 2.30
Abaco in scala semilogaritmica del fattore di Lewis, per ruote dentate cilindriche a denti diritti; le linee sono relative a diversi valori dell'angolo di pressione α.

POLIGLOTTA
Velocità periferica
GB: Pitch-line velocity
F: Vitesse tangentielle
D: Umfangsgeschwindigkeit im Teilkreis

Osservazione: Lewis giunse alla formulazione del metodo che da lui prese il nome, in seguito alle prove condotte presso il laboratorio ASME, Special Research Commettee on the Strenght of Gear Teeth, da lui diretto fino al 1931.

In fase di **progettazione**, nella [*2.28*] occorre sostituire la **tensione ammissibile** σ_{amf} alla tensione massima. Nella ***tabella 2.4*** sono riportati, per i diversi materiali, i valori del carico di rottura, espressi in N/mm^2, della **tensione ammissibile** σ_{amf}, della pressione ammissibile p_{amm} e della **durezza Brinell *HB***, espressa in daN/mm^2.

Poiché la velocità periferica non può essere definita a priori, in assenza del diametro primitivo, conviene ipotizzare un valore di tentativo per il coefficiente X_v, pari per esempio a un valore compreso fra 0,4 e 0,7, a seconda che la ruota sia, rispettivamente, veloce o lenta. In base al modulo così trovato, si calcola il coefficiente X_v: se risulta maggiore, uguale, o anche di poco minore, al valore di primo tentativo, il calcolo può dirsi concluso; se risulta minore, conviene reiterare il calcolo del modulo.

In fase di **verifica** si esprime la [*2.28*], ponendo la tensione a primo membro e calcolandola in base alle altre grandezze costruttive. La tensione così trovata è la **tensione di lavoro** σ_l:

$$\sigma_l = \frac{2\,M_{corr}}{m^3\,X_v\,z\,\lambda\,y} \qquad [2.30]$$

RICHIAMO
Per il ***coefficiente A*** la letteratura tecnica propone numerose formule empiriche, simili alla ***[2.29]***, che si differenziano a seconda del rango di velocità periferica, della precisione di taglio e delle masse dei differenti organi di trasmissione. Per progetti approfonditi si rimanda ai testi specialistici.

RICHIAMO
Per ragioni di uniformità le ***durezze*** sono espresse in ***gradi Brinell***; eventuali risultati ottenuti con prove Rockwell o Vickers sono stati trasformati in ***indice di durezza Brinell*** in base a tabelle di conversione. I numeri derivano da analisi statistiche di varia provenienza, pertanto, devono essere intesi come valori consigliati, passibili di variazioni.

RICHIAMO
I valori di σ_{amf} e p_{amm} riportati nella ***tabella 2.4*** sono di tipo indicativo, per cui devono essere intesi come valori di massima.

Tabella 2.4 Materiali per ruote dentate

Materiale	*Sigla*	$R_m \left[\frac{N}{mm^2}\right]$	$\sigma_{amf} \left[\frac{N}{mm^2}\right]$	$p_{amm} \left[\frac{N}{mm^2}\right]$	$HB \left[\frac{N}{mm^2}\right]$
Ghisa	G25	260	55	50	220
	GS 550/2	550	120	440	180-240
Acciaio per getti	Fe G 520	>520	100	330	150
Acciaio fucinato	Fe 500	>500	125	390	150
Acciai da bonifica	C 40	600-800	140	360	180-220
	34 Cr 4	750-900	170	550	245
	42 Cr Mo 4	950-1100	185	620	260
	38 Ni Cr Mo 4	980-1130	220	700	300
Acciai da tempra a induzione	C 48	700-800	170-200	1200-1600	~530
	40 Ni Cr Mo 4	900-1100	240	1300-2000	~600
Acciai da cementazione	16 Cr Ni 4	1080-1420	240	1300	650
	18 Ni Cr Mo 5	1200-1500	260	1300-1400	660
Acciai da nitrurazione	38 Cr Al Mo 7	930-1080	240	1100-1200	850

RICHIAMO
Acciai da cementazione largamente impiegati per gli ingranaggi dei cambi dei veicoli industriali sono il 19CrNi5 e il 22MnCr5, molto apprezzati per il loro elevato rapporto qualità/costo.

Affinché la verifica dia esito positivo, occorre che la tensione di lavoro σ_l risulti inferiore alla tensione ammissibile σ_{amf}.

Osservazione: nel calcolo di verifica, essendo il modulo già noto, si deve procedere determinando dapprima il diametro primitivo, poi la velocità periferica e il coefficiente X_v, infine si risolve la [2.30].

Esempio
La coppia di ruote dentate cilindriche a denti diritti, con numeri di denti $z_1 = 20$ e $z_2 = 30$, modulo $m = 3$ mm, coefficiente $\lambda = 12$, è costruita in acciaio da bonifica 34 Cr 4 e possiede una tensione ammissibile pari a $\sigma_{amf} = 170$ MPa.

Verificare se sono in grado di sopportare una potenza di 7 kW. La ruota motrice è il pignone, rotante alla frequenza di 2800 giri/min.

Soluzione
Si trasformano i giri/min in rad/s:

$$\omega = \frac{2\pi n}{60} = \frac{\pi 2800}{30} = 293,21 \frac{\text{rad}}{\text{s}}$$

Si calcola il momento motore:

$$M_1 = \frac{P_1}{\omega_1} = \frac{7000}{293,21} = 23,87 \text{ Nm}$$

Non essendo state date indicazioni, si presume che l'ingranaggio lavori in servizio normale senza sovraccarichi, pertanto dalla *tabella 2.3* si ricava un fattore di servizio f_s = 1,1, con il quale si corregge il momento motore M_1:

$$M_{corr} = f_s M_1 = 1,1 \times 23,87 = 26,261 \text{ Nm}$$

Il diametro primitivo d_1 del pignone vale:

$$d_1 = m z_1 = 3 \times 20 = 60 \text{ mm}$$

La velocità periferica sulla circonferenza primitiva vale:

$$v = \omega_1 \frac{d_1}{2} = 293,21 \frac{60}{2000} = 8,8 \frac{\text{m}}{\text{s}}$$

Il fattore di Lewis y vale:

$$y = 0,484 - \frac{2,865}{z} = 0,484 - \frac{2,865}{20} = 0,341$$

Per il coefficiente di maggiorazione dinamica del carico X_v si assume il valore A = 4,5 che è il valore circa intermedio fra gli estremi, per cui si ha:

$$X_v = \frac{A}{A+v} = \frac{4,5}{4,5+8,8} = 0,383$$

Infine con la [*2.30*] si ottiene la tensione di lavoro:

$$\sigma_l = \frac{2 M_{corr}}{m^3 X_v z \lambda y} = \frac{2 \times 26261}{3^3 \times 0,383 \times 20 \times 12 \times 0,341} = 70,3 \frac{\text{N}}{\text{mm}^2}$$

La tensione così trovata risulta inferiore al valore di tensione ammissibile, per cui la verifica ha dato esito ampiamente positivo ai fini del comportamento a fatica.

Dimensionamento a usura delle ruote cilindriche a denti diritti

La capacità di carico da parte della dentatura di un ingranaggio è limitata dall'insorgere di rotture, di surriscaldamenti e soprattutto di **usura superficiale**:

*si definisce **usura superficiale** qualsiasi fenomeno di natura dinamica che altera forme, dimensioni, rugosità superficiale dei profili a contatto.*

POLIGLOTTA
Usura superficiale
GB: Surface wear
F: Usure superficielle
D: Verschleiss

L'usura diventa distruttiva quando si tramuta in una forma di consumo sempre più profondo e progressivo. La perdita di materiale superficiale provoca urti e irregolarità nel contatto fra i profili, rumorosità e vibrazioni progressivamente crescenti, fino a richiedere la sostituzione delle ruote, prima ancora del sopraggiungere di rotture dovute all'indebolimento strutturale del dente.

L'usura è fortemente influenzata dagli sforzi nei punti di contatto, dalle alte velocità di rotazione e, di conseguenza, dalla frequenza dei contatti, ma anche dalle caratteristiche dei materiali, dalla precisione della lavorazione, dalle modalità d'esecuzione del trattamento termico e dall'efficacia della lubrificazione.

Lo sviluppo di una metodologia di calcolo, riferita ai fenomeni di usura, richiese lunghi studi e numerosi rilievi sperimentali. Nel 1926 il ricercatore Earle Buckingham del MIT di Boston presentò all'AGMA uno studio fondato sulla **teoria delle pressioni di contatto**, frutto di sette anni di prove sperimentali, che offriva un metodo per determinare a calcolo i carichi limite ammissibili per prevenire l'usura.

RICHIAMO
La ***teoria delle pressioni di contatto***, o ***teoria di Hertz***, consiste nello studio delle tensioni scambiate nelle zone di contatto fra le superfici curve. Dal punto di vista teorico, il contatto appare puntiforme; in realtà a causa delle deformazioni elastiche dei materiali si evidenziano alcune aree di contatto a forma di impronta, nelle quali le pressioni sono molto elevate. Nel caso dei denti, il ripetersi periodico dei contatti crea piccole fessure che si propagano e causano il distacco di frammenti: questo tipo di usura è noto come ***fatica superficiale***.

Dalla **teoria di Hertz** è stata dedotta la [*2.31*], che esprime il valore massimo raggiunto dalla pressione di contatto nell'area di appoggio fra i denti (▸ ***Fig. 2.31***):

$$p_{max} = K_1 \sqrt{\frac{2\,M_{corr,1}}{b\,d_1 \,\text{sen}\, 2\alpha}\left(\frac{1}{d_1}+\frac{1}{d_2}\right)} \qquad \textbf{[2.31]}$$

in cui il pedice 1 identifica le grandezze relative alla ruota motrice, mentre il coefficiente K_1 tiene conto dei moduli elastici E delle ruote e vale:

$$K_1 = 1{,}18\sqrt{\frac{E_1\,E_2}{E_1+E_2}} \qquad \textbf{[2.32]}$$

Nel caso assai frequente in cui entrambe le ruote siano in acciaio, la [*2.32*] si semplifica in una delle due formulazioni:

$$K_1 = 378\,\frac{\sqrt{\text{N}}}{\text{mm}} \qquad K_1 = 120\,\frac{\sqrt{\text{daN}}}{\text{mm}} \qquad \textbf{[2.33]}$$

a seconda dell'unità di misura adottata per il modulo elastico normale.

Il valore della **pressione massima** p_{amm} ammissibile fra i denti è proporzionale alla durezza superficiale e tiene conto del numero di giri n della ruota e del numero h di ore di funzionamento previste, secondo la seguente relazione:

$$p_{amm} = 2{,}45\,\frac{HB}{\sqrt[6]{n\,h}} \qquad \textbf{[2.34]}$$

RICHIAMO
I valori della ***pressione massima*** p_{amm} possono essere desunti dalla ***tabella 2.4*** o calcolati mediante la ***[2.34]***: nel primo caso sono espressi in N/mm^2; nel secondo caso sono espressi in daN/mm^2, per cui devono essere moltiplicati per 10 e quindi trasformati in unità fondamentali, prima di essere inseriti nella ***[2.35]***.

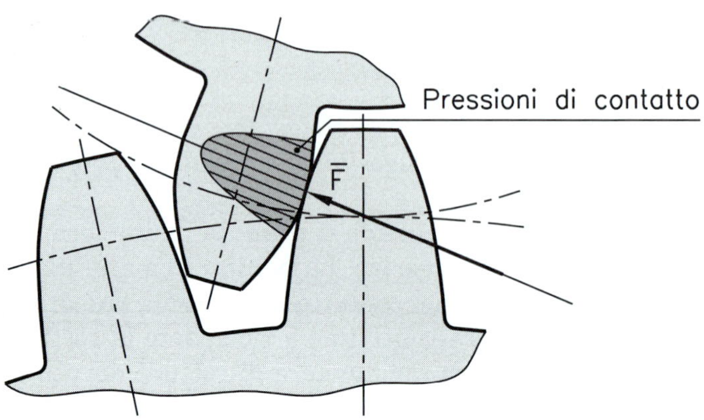

Fig. 2.31
La forza scambiata fra i fianchi si ripartisce su un'impronta, con andamento circa parabolico, nell'intorno del punto teorico di contatto.

Nella formula compare, a numeratore, l'**indice di durezza Brinell *HB***, espresso in unità Brinell [daN/mm²], per cui anche la pressione p_{amm} assume la medesima unità di misura. Alcuni valori indicativi per la durata h in ore sono riportati nella *tabella 2.5*.

Tabella 2.5 Tipi di macchine e durata in ore di funzionamento

Tipologia di macchina		*Ore di funzionamento*
Macchine a funzionamento continuo, 24 ore su 24	Impianti industriali, pompe, compressori, grandi macchine elettriche, forni, navi oceaniche	40 000-100 000
Macchine a funzionamento continuo, 8 ore	Macchine utensili, gru e trasportatori industriali,ventilatori, macchine da stampa	20 000-30 000
Macchine a funzionamento intermittente, 8 ore	Impianti e trasmissioni industriali	10 000-25 000
Macchine a funzionamento intermittente ad alta affidabilità	Ascensori, montacarichi, gru	8000-12 000
Macchine a funzionamento limitato	Macchine utensili portatili, macchine per l'edilizia, autoveicoli	3000-8000
Macchine a funzionamento poco frequente	Strumentazioni, macchine agricole, apparecchiature domestiche	300-3000

La **verifica a usura** consiste nel valutare la pressione massima p_{amm} ammissibile mediante la [*2.34*]. Inserendo i dati della ruota più sollecitata nella [*2.31*] si ottiene la pressione p_{max}. La verifica fornisce esito positivo se p_{max} risulta inferiore a p_{amm}.

La **progettazione a usura** prevede una formula ottenuta dalla [*2.31*], nella quale il modulo da calcolare è espresso in funzione del momento torcente corretto (misurato in N mm), applicato sulla ruota più piccola da progettare, della pressione ammissibile (espressa in N/mm²), del **fattore di velocità f_v** e dei coefficienti C e λ:

$$m = C\sqrt[3]{\frac{M_{corr}}{f_v\, p^2_{amm}\, \lambda}} \qquad \textbf{[2.35]}$$

I valori del coefficiente C, per ruote in acciaio e per un angolo di pressione di 20°, sono riportati nella *tabella 2.6*; il coefficiente C è anche calcolabile mediante la [*2.36*].

Tabella 2.6 Coefficiente *C* da impiegare per la progettazione a usura; esso è funzione del rapporto di ingranaggio *u*

Numero denti	*Rapporto di ingranaggio*								
Z	1,5	2	2,25	2,5	2,75	3	3,5	4	∞
16	14,00	13,75	13,58	13,44	13,32	13,22	13,06	12,94	12,00
18	13,17	12,72	12,56	12,43	12,32	12,23	12,08	11,97	11,11
20	12,28	11,86	11,71	11,59	11,49	11,40	11,2	11,16	10,36
21	11,89	11,48	11,33	11,22	11,12	11,04	10,90	10,80	10,03
22	11,53	11,13	10,99	10,87	10,78	10,70	10,57	10,47	9,72
24	10,88	10,50	10,37	10,26	10,17	10,10	9,97	9,88	9,17
25	10,58	10,22	10,09	10,0	9,9	9,82	9,71	9,62	8,93
28	9,81	9,47	9,36	9,26	9,18	9,11	9,0	8,92	8,28
30	9,37	9,05	8,94	8,84	8,77	8,70	8,60	8,52	7,90
32	8,98	8,67	8,56	8,47	8,40	8,33	8,23	8,16	7,57
36	8,3	8,01	7,91	7,83	7,76	7,70	7,61	7,54	7,0
40	7,74	7,47	7,38	7,30	7,24	7,18	7,1	7,03	6,53
45	7,15	6,91	6,82	6,75	6,69	6,64	6,56	6,5	6,03
50	6,67	6,44	6,36	6,29	6,24	6,19	6,11	6,06	5,62
60	5,90	5,70	5,63	5,57	5,52	5,48	5,42	5,36	4,98

Il fattore di velocità periferica f_v è tabulato nella *tabella 2.7*; pertanto si ha:

$$C = \sqrt[3]{\frac{2K_1^2}{z_1^2 \text{ sen } 2\alpha}\left(1+\frac{z_1}{z_2}\right)} \qquad [2.36]$$

Osservazione: utilizzando la [2.35] in fase di progettazione, occorre procedere per iterate, lanciando il calcolo con un primo valore di tentativo per il fattore di velocità f_v dell'ordine di 0,55÷0,6; trovato il modulo, si calcola la velocità periferica, si aggiorna il fattore di velocità e si applica una seconda volta la [2.35], ottenendo il valore definitivo del modulo.

Tabella 2.7 Fattore di velocità f_v per la progettazione a usura; esso è funzione della velocità periferica *v* e della durezza superficiale del dente

Velocità periferica [m/s]	*Dentature precise non indurite*	*Dentature precise e indurite*
< 0,5	0,75	0,92
1	0,63	0,87
2	0,59	0,82
5	0,55	0,75
10	0,50	0,65

Metodologie di progetto

È opportuno eseguire il calcolo del modulo a flessione e successivamente la verifica a usura nei casi in cui:
— le ruote siano lente;
— le forze scambiate siano intense, magari in presenza di sovraccarichi ed elevate coppie di spunto;
— siano impiegati acciai da trattamento termico superficiale o da trattamento termochimico, in grado di innalzare fortemente la durezza superficiale;
— si ritiene che la causa più probabile di messa fuori uso dell'ingranaggio consista nella rottura a fatica del dente.

È opportuno eseguire il calcolo del modulo a usura e successivamente la verifica a flessione nei casi in cui:
— le ruote siano veloci;
— le forze scambiate siano regolari, o comunque poco variabili, fra spunto e funzionamento a regime;
— siano impiegati acciai da bonifica che innalzano la tenacità e offrono un buon comportamento a fatica;
— si ritiene che la causa più probabile di messa fuori uso dell'ingranaggio consista nel danneggiamento superficiale del dente per usura.

Esempio 1
Dimensionare una coppia di ruote dentate cilindriche, a denti diritti, che equipaggiano un impianto industriale. L'albero motore, che ruota a n_1 = 1000 giri/min, trasmette la potenza P = 12 kW, con un rapporto di trasmissione i = 2,5.

Il motore elettrico non presenta elevata coppia allo spunto; il servizio è normale, a pieno carico continuativo; durante l'esercizio sono previsti sovraccarichi anche del 100%, brevi ma frequenti. Eseguire il dimensionamento a fatica e la verifica a usura.

Soluzione
Il calcolo sarà condotto sul pignone motore 1, eseguendo dapprima il progetto a fatica, poi la verifica a usura. Si trasforma la velocità angolare da giri/min a rad/s:

$$\omega_1 = \frac{2\pi n}{60} = \frac{2\pi 1000}{60} = 104{,}7\ \frac{\text{rad}}{\text{s}}$$

Il momento motore sul pignone vale:

$$M_1 = \frac{P_1}{\omega_1} = \frac{12\,000}{104{,}72} = 114{,}6\ \text{N m}$$

Il momento corretto è ottenuto moltiplicando il momento sul pignone per il fattore di servizio, desunto dalla ***tabella 2.3***:

$$M_{corr,1} = f_s\, M_1 = 1{,}5 \times 114{,}6 = 172\ \text{N m}$$

Si scelgono i numeri di denti delle due ruote e il tipo di materiale. Con i numeri di denti $z_1 = 20$ e $z_2 = 50$ si realizza il rapporto di trasmissione richiesto. Come materiale si ipotizza l'acciaio da bonifica 34 Cr 4, avente durezza $HB = 245$ e $\sigma_{amf} = 170$ N/mm^2. Inoltre si ipotizzano il coefficiente $\lambda = 15$ e il valore di primo tentativo per il coefficiente di maggiorazione dinamica del carico $X_v = 0{,}4$. Il fattore di Lewis $y = 0{,}32$ è letto dall'abaco rappresentato nella **figura 2.30**. Con questi dati si esegue il calcolo del modulo secondo la formula della fatica a flessione [*2.28*], avendo cura di esprimere tutte le lunghezze in millimetri, il momento motore in N mm e avendo posto a denominatore la tensione ammissibile:

$$m = \sqrt[3]{\frac{2M_{corr}}{\sigma_{amf} X_v z \lambda y}} = \sqrt[3]{\frac{2 \times 172\,000}{170 \times 0{,}4 \times 20 \times 15 \times 0{,}32}} = 3{,}75 \text{ mm}$$

Il modulo di primo tentativo viene arrotondato al valore unificato $m = 4$ mm. Occorre pertanto verificare la validità del coefficiente di maggiorazione dinamica del carico. I diametri primitivi delle due ruote sono:

$$d_{p1} = m z_1 = 4 \times 20 = 80 \text{ mm}$$

e:

$$d_{p2} = m z_2 = 4 \times 50 = 200 \text{ mm}$$

La velocità periferica v_1 del pignone vale:

$$v_1 = \omega_1 \frac{d_1}{2} = 104{,}72 \frac{0{,}080}{2} = 4{,}2 \ \frac{\text{m}}{\text{s}}$$

Considerando la [*2.29*], con $A = 4$, si ottiene il valore indicativo di una precisione discreta di lavorazione:

$$X_v = \frac{4}{4 + 4{,}2} = 0{,}488$$

superiore al valore ipotizzato, per cui è inutile ripetere il calcolo del modulo e si conferma $m = 4$ mm.

La verifica a usura chiede di fissare il valore di pressione di contatto ammissibile p_{amm} secondo la [*2.34*]; si assume una durata $h = 20\,000$ ore di funzionamento:

$$p_{amm} = 2{,}45 \frac{HB}{\sqrt[6]{n\,h}} = 2{,}45 \frac{245}{\sqrt[6]{1000 \times 20\,000}} =$$

$$= 36{,}4 \ \frac{\text{daN}}{\text{mm}^2} = 364 \ \frac{\text{N}}{\text{mm}^2}$$

Si calcola la pressione effettivamente scambiata dai denti delle due ruote mediante la [*2.31*]:

$$p_{max} = K_1 \sqrt{\frac{2M_{corr,1}}{b d_1 \text{ sen } 2\alpha}\left(\frac{1}{\text{d}_1} + \frac{1}{\text{d}_2}\right)} =$$

$$= 378 \sqrt{\frac{2 \times 172\,000}{60 \times 80 \times \text{sen } 40}\left(\frac{1}{80} + \frac{1}{200}\right)} = 598 \ \frac{\text{N}}{\text{mm}^2}$$

Il valore così ottenuto è notevolmente superiore al valore ammissibile, per cui la verifica ha dato esito negativo. Una soluzione può consistere, per esempio, nell'adozione di un materiale di caratteristiche meccaniche analoghe a quello scelto inizialmente, ma suscettibile di trattamento termico, o termochimico, allo scopo di aumentare la durezza superficiale. Si opta per l'acciaio C 48, da sottoporre a tempra a induzione, con una tensione ammissibile simile al precedente acciaio, ma con durezza $HB = 530$. Assumendo prudenzialmente un valore indicativo $HB = 450$ e inserendolo nella [*2.34*] si ricava una pressione ammissibile quasi raddoppiata, quindi ben superiore alla pressione massima:

$$p_{amm} = 2,45 \frac{HB}{\sqrt[6]{n\,h}} = 2,45 \frac{450}{\sqrt[6]{1000 \times 20\,000}} =$$

$$= 66,8 \ \frac{\text{daN}}{\text{mm}^2} = 668 \ \frac{\text{N}}{\text{mm}^2}$$

Esempio 2

Eseguire il dimensionamento di una coppia di ruote dentate cilindriche, a denti diritti, che equipaggiano il riduttore di un ventilatore. L'albero motore ruota a $n_1 = 3000$ giri/min, trasmette la potenza $P = 3,2$ kW e ha un rapporto di trasmissione $i = 1,75$. Il motore elettrico non presenta elevata coppia allo spunto; l'esercizio è continuativo, ma senza sovraccarichi e spesso a carico ridotto. La lavorazione delle dentature è precisa.

Soluzione

È questo un caso di ruote veloci con funzionamento regolare, per cui il pignone-motore 1 sarà dapprima progettato a usura, poi verificato a fatica. Si trasforma la velocità angolare da giri/min a rad/s:

$$\omega_1 = \frac{2\pi\,n}{60} = \frac{2\pi\,3000}{60} = 314,16 \ \frac{\text{rad}}{\text{s}}$$

Il momento motore sul pignone vale:

$$M_1 = \frac{P_1}{\omega_1} = \frac{3200}{314,16} = 10,19 \text{ N m}$$

Il momento corretto coincide con il momento sul pignone, essendo unitario il fattore di servizio ricavato dalla ***tabella 2.3***:

$$M_{corr,1} = f_s\,M_1 = 1 \times 10,19 = 10,19 \text{ N m}$$

Si scelgono i numeri di denti delle due ruote e il tipo di materiale. La scelta cade su numeri di denti piuttosto bassi: $z_1 = 18$ e $z_2 = 27$. Come materiale si ipotizza un acciaio da fucinare Fe 500, avente durezza $HB = 150$, $p_{amm} = 390$ N/mm^2 e $\sigma_{amf} = 150$ N/mm^2. Inoltre si ipotizzano il coefficiente $\lambda = 12$ e il valore di primo tentativo per il fattore di velocità $f_v = 0,55$. Il coefficiente C viene calcolato come media dei valori riportati nella ***tabella 2.6***, in corrispondenza dei rapporti di ingranaggio $u = 1,5$ e $u = 2$, prendendo come riferimento il numero di denti del pignone $z = 18$.

Con questi dati si applica la [2.35]:

$$m = C\sqrt[3]{\frac{M_{corr}}{f_v\, p_{amm}^{\;2}\,\lambda}} = 12{,}945\sqrt[3]{\frac{10\,190}{0{,}55\times 390^2\times 12}} =$$
$$= 12{,}945\sqrt[3]{10\,151} = 2{,}81 \text{ mm}$$

Si sceglie il modulo unificato m = 3 e si calcolano il diametro primitivo del pignone e la velocità periferica:

$$d_{p1} = m\, z_1 = 3\times 18 = 54 \text{ mm}$$

$$v_1 = \omega_1\frac{d_1}{2} = 314{,}16\frac{0{,}054}{2} = 8{,}48\ \frac{\text{m}}{\text{s}}$$

Nella **tabella 2.7** si trova, mediante interpolazione, il valore definitivo di f_v = 0,58. È inutile ricalcolare il modulo, dato che il nuovo f_v è superiore a quello di primo tentativo e va inserito a denominatore della [2.35]. Pertanto si conferma m = 3 mm.

La verifica a fatica si basa sulla [2.28], nella quale verranno inseriti i valori già ottenuti dal calcolo precedente. Per il calcolo del coefficiente di maggiorazione dinamica del carico X_v si assume A = 5, per tenere conto della precisione di lavorazione, per cui si ottiene:

$$X_v = \frac{A}{A+v} = \frac{5}{5+8{,}48} = 0{,}371$$

Il fattore di Lewis y vale:

$$y = 0{,}484 - \frac{2{,}865}{z} = 0{,}484 - \frac{2{,}865}{18} = 0{,}3248$$

e la tensione di lavoro a fatica vale:

$$\sigma_l = \frac{2M_{corr}}{m^3\, X_v\, z\,\lambda\, y} = \frac{2\times 10\,190}{3^3\times 0{,}371\times 18\times 12\times 0{,}3248} = 29\ \frac{\text{N}}{\text{mm}^2}$$

La tensione di lavoro è decisamente inferiore alla tensione ammissibile, per cui la verifica a fatica ha dato esito ampiamente favorevole.

Dimensionamento a flessione delle ruote a denti elicoidali

Il **progetto a fatica dei denti elicoidali** segue la stessa procedura per le ruote a denti diritti. La [2.37], derivata dalla [2.28] per tenere conto dell'inclinazione del dente, espressa dall'angolo β, fornisce il **modulo normale** della dentatura:

$$m_n = \sqrt[3]{\frac{2M_{corr}\cos\beta}{\sigma_{max}\, X_v\, z\,\lambda\, y'}} \qquad \textbf{[2.37]}$$

il coefficiente y' di Lewis viene dedotto con la [*2.27*], con l'avvertenza di inserire il numero di denti ideale z_{id}. Nel caso assai frequente di $\alpha = 20°$ la [*2.27*] diventa:

$$y' = 0,484 - \frac{2,865}{z_{id}}$$

in cui il numero di denti ideale è espresso dalla [*2.19*].

Dimensionamento a usura delle ruote a denti elicoidali

Anche il **progetto a usura dei denti elicoidali** non si discosta dalla procedura per le ruote a denti diritti, se non per alcuni adattamenti. La [*2.38*], derivata dalla [*2.31*] per tenere conto dell'inclinazione del dente, espressa dall'angolo β, fornisce la pressione massima:

$$p_{max} = K_1 \sqrt{\frac{2 M_{corr,1}}{b d_1 \operatorname{sen} 2\alpha_t} \left(\frac{1}{d_1} + \frac{1}{d_2} \right)} \qquad \textbf{[2.38]}$$

L'angolo di pressione che compare è l'angolo trasversale, legato all'angolo normale dalla [*2.20*]. La larghezza b di fascia del dente è proporzionale al modulo normale secondo la seguente relazione:

$$b = \lambda m_n$$

La formula risolutiva del modulo normale [*2.39*] è ottenuta dalla [*2.35*]: è cambiato il coefficiente C, ora denominato C_{el}, mentre all'interno della radice compare anche il coseno dell'angolo dell'elica:

$$m_n = C_{el} \sqrt[3]{\frac{M_{corr} \cos^2 \beta}{f_v \, p_{amm}^2 \, \lambda}} \qquad \textbf{[2.39]}$$

Il nuovo coefficiente C_{el} è ottenuto dalla [*2.40*], che differisce dalla [*2.36*] per avere a denominatore la funzione sen $2\alpha_t$:

$$C_{el} = \sqrt[3]{\frac{2 K_1^2}{z_1^2 \operatorname{sen} 2\alpha_t} \left(1 + \frac{z_1}{z_2} \right)} \qquad \textbf{[2.40]}$$

Esempio

Eseguire il dimensionamento di una coppia di ruote dentate cilindriche a denti elicoidali, per una trasmissione avente un rapporto di trasmissione $i = 3,5$. L'albero motore trasmette la coppia motrice $M_1 = 188$ N m e ruota a $\omega_1 = 320$ rad/s. L'inclinazione del dente è $\beta = 22,20°$. Viene richiesto l'uso di un acciaio da cementazione. L'impianto lavora con servizio normale, a pieno carico continuativo e con sovraccarichi brevi e frequenti del 25%. La durata di funzionamento prevista per il macchinario è di 10 000 h.

Soluzione

Si tratta di un caso di ruote veloci, per le quali si intende ridurre i rischi di deterioramento per usura adottando un materiale assai duro, superficialmente, in seguito al trattamento di cementazione. Conviene pertanto progettare il pignone 1 dapprima a fatica e successivamente verificarlo a usura. Si scelgono i valori per i numeri di denti, adottando numeri non particolarmente ridotti, dato che il testo non evidenzia problemi di ingombri, pertanto si adotta $z_1 = 24$ e $z_2 = 84$. Il materiale adottato è l'acciaio da cementazione 16 Cr Ni 4, le cui caratteristiche sono riportate nella **tabella 2.4**: $\sigma_{amf} = 240$ MPa; $p_{amm} = 1300$ MPa; $HB = 650$.

Conviene eseguire il calcolo del modulo applicando dapprima il metodo a fatica. Si calcola il momento motore corretto, assumendo un fattore di servizio $f_s = 1{,}1$, dedotto dalla **tabella 2.3**:

$$M_{corr} = f_s\, M = 1{,}1 \times 188 = 206{,}8 \text{ N m}$$

Il numero di denti z_{id}, secondo la [*2.19*], vale:

$$z_{id} = \frac{z}{\cos^3 \beta} = \frac{24}{\cos^3 22{,}20} = 30{,}2385$$

Il coefficiente di Lewis y', secondo la [*2.27*], vale:

$$y' = 0{,}484 - \frac{2{,}865}{z_{id}} = 0{,}484 - \frac{2{,}865}{30{,}2385} = 0{,}38725$$

Si assume $\lambda = 20$ per la larghezza di fascia e $X_v = 0{,}4$ come valore di primo tentativo, tipico di una ruota veloce. Infine si ha la [*2.37*]:

$$m_n = \sqrt[3]{\frac{2\,M_{corr}\cos\beta}{\sigma_{amf}\,X_v\,z\,\lambda\,y'}} = \sqrt[3]{\frac{2 \times 206\,800 \times \cos 22{,}20°}{240 \times 0{,}4 \times 24 \times 20 \times 0{,}38725}} = 2{,}78 \text{ mm}$$

si arrotonda il valore ottenuto a 3 mm.

Dalla [*2.16*] si deduce il modulo trasversale m_t:

$$m_t = \frac{m_n}{\cos\beta} = \frac{3}{\cos 22{,}20°} = 3{,}2402$$

Dalla [*2.18*] si deduce il diametro primitivo:

$$d = m_t\, z = 3{,}2402 \times 24 = 77{,}7648 \text{ mm}$$

da cui si ottiene la velocità periferica v:

$$v = \omega_1\, r_1 = 320\,\frac{77{,}7648}{2 \times 1000} = 12{,}44\ \frac{\text{m}}{\text{s}}$$

A questo punto si ritara il coefficiente di maggiorazione dinamica del carico X_v in base alla [*2.29*], avendo assunto $A = 6$:

$$X_v = \frac{A}{A+v} = \frac{6}{6+12{,}44} = 0{,}32534$$

Inserendo il nuovo valore di X_v nella [*2.37*] si ritara il valore del modulo normale:

$$m_n = \sqrt[3]{\frac{2\,M_{corr}\cos\beta}{\sigma_{\max}\,X_v\,z\,\lambda\,y'}} =$$

$$= \sqrt[3]{\frac{2\times 206\,800\times\cos\,22{,}20°}{240\times 0{,}32534\times 24\times 20\times 0{,}38725}} = 2{,}97 \text{ mm}$$

Pertanto si conferma il valore m_n = 3 mm.

Si esegue ora il calcolo a usura come verifica del modulo precedentemente determinato a fatica. Innanzitutto si determina il valore di pressione di contatto ammissibile, in funzione della durata prevista in ore di funzionamento; applicando la [*2.34*] si ottiene:

$$p_{amm} = 2{,}45\frac{HB}{\sqrt[6]{n\,h}} = 2{,}45\frac{650}{\sqrt[6]{3200\times 10\,000}} \cong 90\frac{\text{daN}}{\text{mm}^2} = 900\frac{\text{N}}{\text{mm}^2}$$

Il valore così ricavato è inferiore a quello massimo previsto nella ***tabella 2.4***. Occorre pertanto conoscere anche l'angolo di pressione trasversale. Si impiega la [*2.20*] ponendo in evidenza la tangente di α_t:

$$\text{tg}\ \alpha_t = \frac{\text{tg}\ \alpha_n}{\cos\ \beta} = \frac{\text{tg}\ 20°}{\cos\ 22{,}20°} = 0{,}3931$$

da cui, per la funzione inversa, si ha:

$$\alpha_t = \text{arc}\ tg\,0{,}3931 = 21{,}46°$$

Si ottiene il coefficiente C_{el} con la [*2.40*]:

$$C_{el} = \sqrt[3]{\frac{2\,K_1^2}{z_1^2\ \text{sen}\ 2\alpha_t}\left(1+\frac{z_1}{z_2}\right)} =$$

$$= \sqrt[3]{\frac{2\times 378^2}{24^2\times\text{sen}\,(2\times 21{,}46°)}\left(1+\frac{24}{84}\right)} = 9{,}7844$$

Infine il modulo normale, in base alla [*2.39*], vale:

$$m_n = C_{el}\sqrt[3]{\frac{M_{corr}\cos^2\beta}{\text{f}_\text{v}\,p_{amm}{}^2\,\lambda}} = 9{,}7844\sqrt[3]{\frac{206\,800\times\cos^2\ 22{,}2°}{0{,}50\times 900^2\times 20}} = 2{,}74$$

Si conferma m_n = 3 mm.

B2.8 RUOTE DENTATE CONICHE

Per lo studio dell'ingranamento fra due **ruote dentate coniche** è opportuno riferirsi, come per le ruote cilindriche, a una coppia di ruote coniche di frizione: i coni primitivi delle ruote dentate corrispondono alle superfici coniche di contatto possedute da due ipotetiche ruote di frizione, aventi pari rapporto di trasmissione, che rotolano l'una sull'altra senza strisciare (▸ ***Fig. 2.32***).

Fig. 2.32
Raffigurazione dei coni primitivi di due ruote dentate coniche; i coni primitivi coincidono con le superfici di contatto di due ipotetiche ruote coniche di frizione.

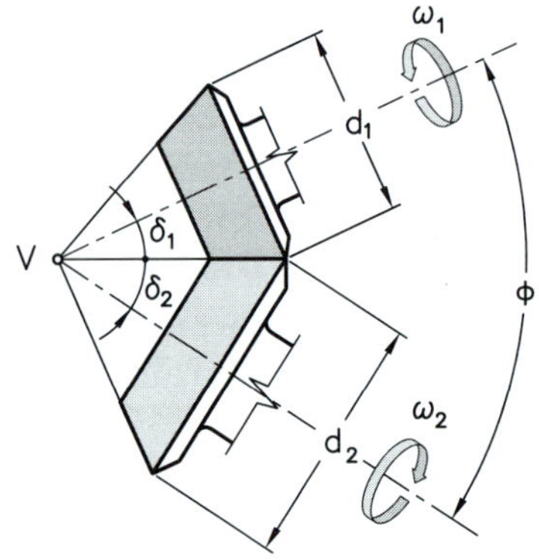

Si indica con ϕ l'angolo fra gli assi dei coni, mentre δ_1 e δ_2 rappresentano gli **angoli di semiapertura** dei coni, per cui si ha:

$$\phi = \delta_1 + \delta_2$$

Nella ***figura 2.33*** sono rappresentate due ruote coniche ad assi perpendicolari, con $\phi = 90°$. I coni primitivi sono circoscrivibili da una sfera, detta **sfera fondamentale**, di raggio R, il cui centro coincide con il vertice V dei coni. Le circonferenze primitive sono individuate come intersezione fra i coni primitivi e la sfera fondamentale: i loro diametri sono assunti come i **diametri primitivi** che caratterizzano la ruota; infatti è su questi diametri che si applica la [2.5]:

$$d = m\,z$$

Fig. 2.33
Costruzioni geometriche dei coni primitivi, dei coni complementari, della sfera fondamentale e dei diametri primitivi.

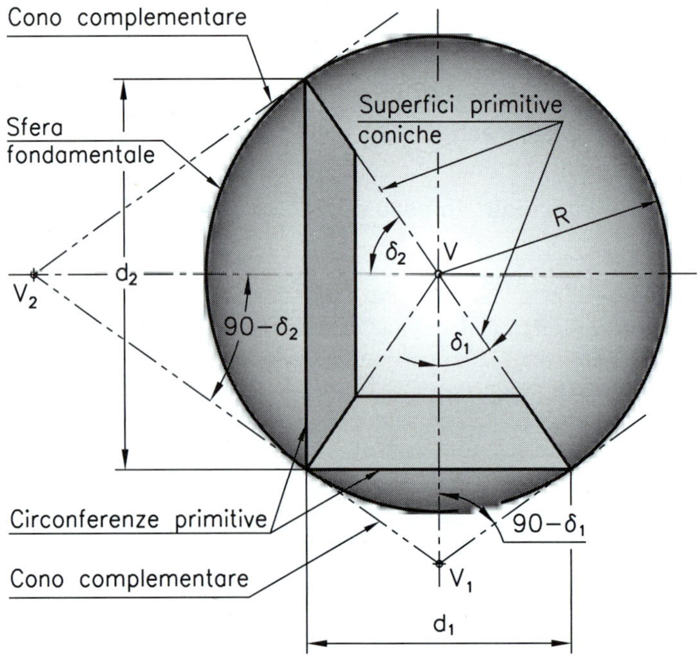

Tracciando le tangenti alla sfera fondamentale, passanti per i punti delle due circonferenze primitive, si ottengono altri due coni, rappresentati dalla linea tratteggiata nella *figura 2.33*.

Tali coni sono detti **coni complementari** e si sviluppano esternamente alla sfera fondamentale, dalla parte opposta ai rispettivi coni primitivi. I loro vertici V_1 e V_2 giacciono sugli assi delle ruote; i semiangoli al vertice sono pari ai complementi, a 90° di δ_1 e δ_2.
I raggi primitivi r_1 e r_2 possono essere espressi in funzione del raggio R della sfera, che funge anche da generatrice per entrambi i coni primitivi:

$$r_1 = R \operatorname{sen} \delta_1; \qquad r_2 = R \operatorname{sen} \delta_2$$

Il rapporto di trasmissione è espresso, come per le ruote cilindriche, in forma di rapporto fra le velocità angolari, ovvero, fra i raggi primitivi:

$$i = \frac{\omega_1}{\omega_2} = \frac{n_1}{n_2} = \frac{r_2}{r_1}$$

sostituendo le espressioni dei raggi si ottiene:

$$i = \frac{\operatorname{sen} \delta_2}{\operatorname{sen} \delta_1} \qquad \textbf{[2.41]}$$

Oltre al cono primitivo vi sono altri coni con diversi semiangoli di apertura, con il vertice V in comune e tracciati nella *figura 2.34*: il **cono base**, dal quale si sviluppa il fianco a evolvente del dente; il **cono di piede**, di semiapertura δ_f e il **cono di testa**, di semiapertura δ_a, che delimitano il fianco a evolvente del dente.

RICHIAMO
La costruzione geometrica dei coni complementari e del numero di denti ideale è anche nota come ***teoria di Tredgold***.

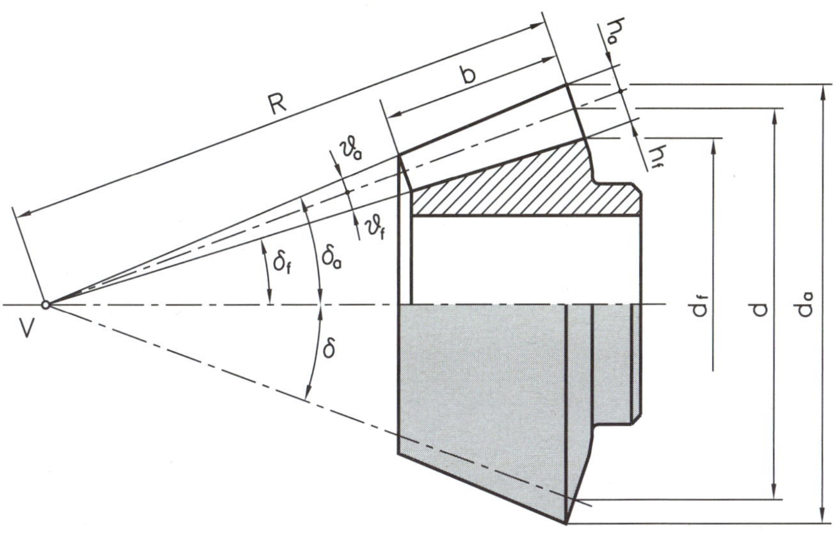

Fig. 2.34
Le principali dimensioni della ruota conica a denti diritti.

Sono inoltre quotati l'**angolo di addendum** δ_a e l'**angolo di dedendum** δ_f. Si noti come l'addendum e il dedendum del dente si assottigliano man mano che ci si sposta dal cerchio primitivo verso il vertice.

La tabella che raccoglie i dati caratteristici della ruota conica deve riportare valori unici per l'addendum, per il dedendum e, di conseguenza, per il modulo: i valori di h_a, di h_f e di m da dichiarare sono quelli individuati sulla faccia dorsale del dente, in cui è definito il diametro primitivo. La faccia dorsale del dente intercetta una porzione di superficie laterale del cono complementare.

Alcune regole per il proporzionamento sono:

— la fascia dentata b vale 1/3÷1/4 del raggio R;
— l'addendum è pari al modulo e il dedendum vale 1,20 m;
— il diametro di testa d_a vale:

$$d_a = d + 2\,h_a \cos\delta$$

— il diametro di piede d_f vale:

$$d_f = d - 2\,h_f \cos\delta$$

Si esegue quindi la costruzione geometrica riportata di seguito.

— Si tracciano tre circonferenze concentriche, aventi come centro il vertice V_1 e come raggi le distanze da V_1 al piede, al primitivo e alla testa del dente (▸ *Fig 2.35*); di fatto è come se si fosse sviluppata in piano la superficie laterale del cono complementare, ottenendo un **settore circolare** di raggio pari alla lunghezza della generatrice del suddetto cono.

Fig. 2.35
Costruzione del cerchio ideale.

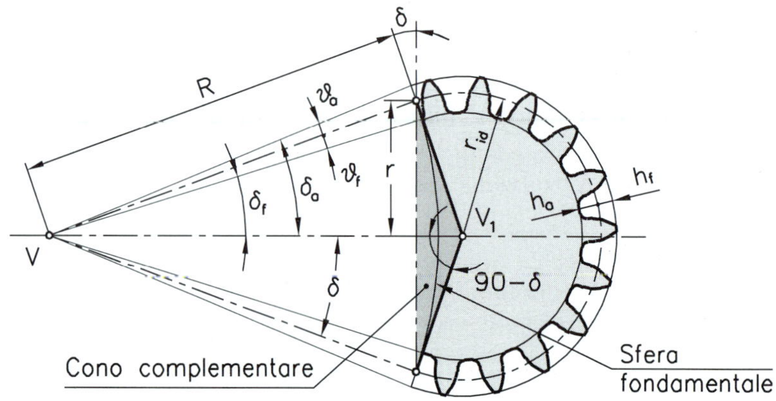

— Si chiude il settore circolare, così da ottenere un cerchio intero, denominato **cerchio ideale**, avente un numero di denti ideale z_{id} e raggio r_{id}; questo raggio, coincidente con la generatrice del cono complementare, è così formulato:

$$r_{id} = \frac{r}{\cos\delta} \qquad \textbf{[2.42]}$$

— Si scrive la [2.5] sia per il raggio primitivo sia per il raggio ideale:

$$z = \frac{2r}{m}; \qquad z_{id} = \frac{2r_{id}}{m}$$

— Nella relazione che lega il raggio ideale con il raggio primitivo si sostituiscono le due espressioni dei numeri di denti, per trovare la relazione che lega z con z_{id}:

$$z_{id} = \frac{z}{\cos\delta} \qquad \textbf{[2.43]}$$

— Si definisce il rapporto ideale di ingranaggio u_{id} come rapporto fra i numeri di denti ideali delle due ruote:

$$u_{id} = \frac{z_{id,2}}{z_{id,1}} = u \frac{\cos \delta_1}{\cos \delta_2} \qquad [2.44]$$

Osservazione: scopo di questa costruzione grafica è di tracciare dei cerchi ideali sui quali si riportano i profili dei denti della ruota conica. Così facendo, si è trasformata la ruota conica in una ***ruota cilindrica ideale*** *e quindi tutte le considerazioni precedentemente svolte per le ruote cilindriche, comprese le procedure di calcolo del modulo a fatica e usura, risultano valide anche per la ruota conica, a patto di inserire nei conti il raggio primitivo ideale r_{id} e il numero di denti ideale z_{id}.*

La forza $\bar{F}$ trasmessa fra due denti in presa viene posizionata, per ipotesi semplificativa, a metà della lunghezza b del dente, dove il raggio vale r_m. Nella **figura 2.36** sono riportate le scomposizioni della forza risultante $\bar{F}$.

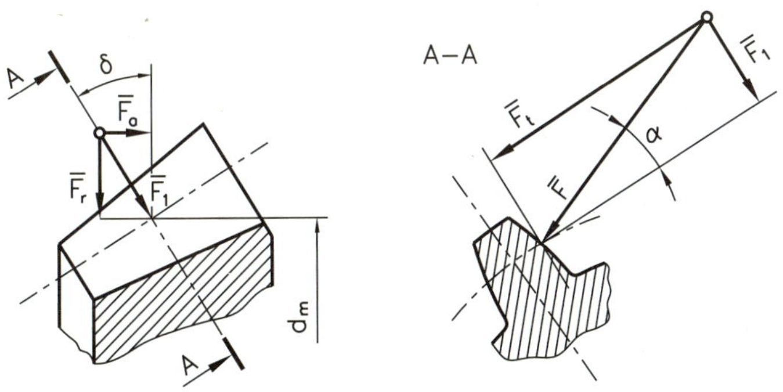

Fig. 2.36
La forza risultante sul dente scomposta nelle componenti tangenziale, radiale e assiale.

La forza $\bar{F}$ è scomposta nelle componenti $\bar{F}_1$, perpendicolare alla generatrice del cono primitivo e incidente sull'asse di rotazione, e $\bar{F}_t$ tangenziale; si ottiene tale componente dal momento motore:

$$F_t = \frac{M}{r_m}$$

dalla componente tangenziale si risale alla risultante $\bar{F}$, noto l'angolo di pressione:

$$F = \frac{F_t}{\cos \alpha} \qquad [2.45]$$

La componente $\bar{F}_1$, perpendicolare alla generatrice del cono primitivo, vale:

$$F_1 = F_t \text{ tg } \alpha$$

La forza assiale $\bar{F}_a$ vale:

$$F_a = F_1 \text{ sen } \delta$$

La forza radiale $\bar{F}_r$ vale:

$$F_r = F_1 \cos \delta$$

POLIGLOTTA
Pignone conico
GB: Bevel pinion
F: Pignon conique
D: Kegelrad

Esempio

Sono noti i seguenti dati di un pignone conico a denti diritti: momento motore M = 70 Nm; raggio medio del dente r_m = 50,85 mm; angolo di semiapertura del cono primitivo δ_1 = 24,40°. Calcolare le componenti tangenziale, assiale e radiale della forza $\bar{F}$ trasmessa.

Soluzione

Si ricava la forza tangenziale $\bar{F}_t$ dal momento motore:

$$F_t = \frac{M}{r_m} = \frac{70\,000}{50,85} = 1376,6 \text{ N}$$

Applicando la [*2.45*] e le formule successive si ha:

$$F = \frac{F_t}{\cos\alpha} = \frac{1376,6}{\cos 20°} = 1465 \text{ N}$$

$$F_1 = F_t \text{ tg } \alpha = 1376,6 \times \text{tg } 20° = 501 \text{ N}$$

$$F_a = F_1 \text{ sen } \delta = 501 \times \text{sen } 24,4° = 207 \text{ N}$$

$$F_r = F_1 \cos\delta = 501 \times \cos 24,4° = 456,3 \text{ N}$$

POLIGLOTTA
Vite senza fine
GB: Worm wheel
F: Vis sans fin
D: Schnecke

B2.9 INGRANAGGIO A VITE

L'**ingranaggio a vite** trasmette il moto fra assi sghembi ortogonali. La **vite senza fine** è l'organo motore, la ruota elicoidale è l'organo condotto (▸ *Fig. 2.37*).

(a)

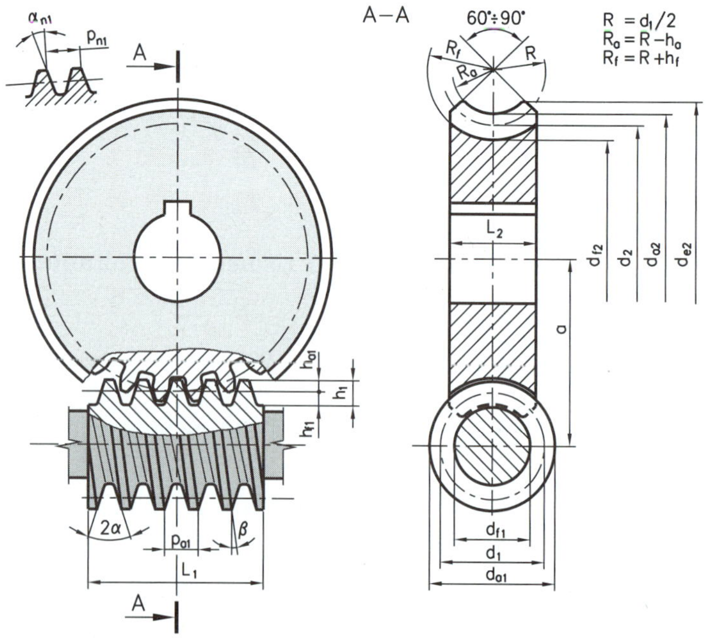

(b)

Fig. 2.37
Ingranaggio a vite senza fine e ruota elicoidale:
a) due viste con sezioni e quote fondamentali;
b) spaccato di un gruppo riduttore in cui è evidenziato il preriduttore a ruote dentate e l'ingranamento tra la vite e la ruota.

Il sistema è impiegato per ottenere elevati rapporti di trasmissione, anche dell'ordine di 60÷100. La vite può essere a uno, due o tre principi. Il rapporto di trasmissione è pari al rapporto fra il numero dei denti della ruota e il numero dei principi della vite.

Dal punto di vista geometrico, la vite senza fine è considerata come una ruota cilindrica di piccolo diametro e forte sviluppo assiale, con pochi denti, talora uno solo, tagliati con piccolo angolo di inclinazione β. Spesso si adotta un valore estremamente piccolo per l'angolo di inclinazione β, in modo che risulti inferiore all'angolo di attrito. Il vantaggio che ne deriva consiste nell'**irreversibilità del moto**: il sistema non ammette il moto retrogrado, cioè la ruota elicoidale non può fungere da organo motore.

Anche nel sistema vite senza fine e ruota elicoidale la risultante scambiata fra dente della ruota e filetto della vite è scomponibile nelle componenti tangenziale, radiale e assiale.

Sezionando la vite con un piano normale all'asse si evidenziano i profili che costituiscono i fianchi del filetto: si impiegano comunemente i profili a evolvente oppure a spirale di Archimede.

Un caso particolare è costituito dalla **vite globoidale**, avente una forma concava, anziché cilindrica, nel tratto in presa con la ruota, allo scopo di aumentare il numero dei denti in presa. Questa soluzione, rappresentata nella ***figura 2.38***, è adottata nei sistemi di sterzatura dei veicoli.

POLIGLOTTA
Vite globoidale
GB: Hourglass screw
F: Vis globoidale
D: Globoidschnecke

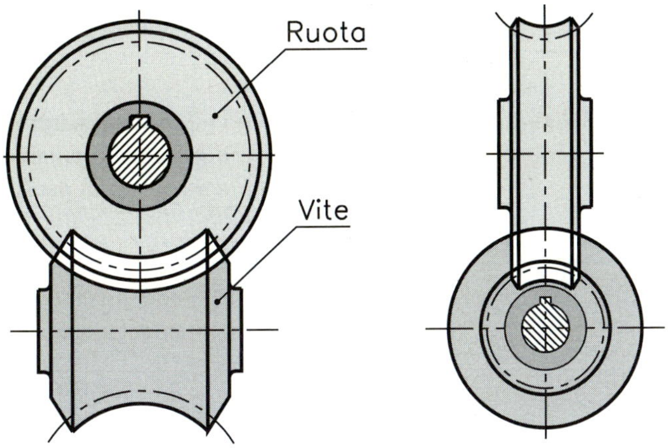

Fig. 2.38
Schema dell'accoppiamento di una ruota elicoidale con una vite globoidale.

FORMULARIO ESSENZIALE

Grandezza	Formula	Unità di misura
Rapporto di trasmissione	$i = \dfrac{\omega_1}{\omega_2} = \dfrac{n_1}{n_2}$	i = rapporto di trasmissione ω = velocità angolare [rad/s] n = velocità di rotazione [giri/min]
Rapporto d'ingranaggio	$u = \dfrac{z_{ruota\ grande}}{z_{ruota\ piccola}}$	z = numero di denti u = rapporto d'ingranaggio
Passo	$p = \dfrac{\pi d}{z}$	p = passo [mm] d = diametro primitivo [mm] z = numero di denti
Modulo	$m = \dfrac{p}{\pi}$	m = modulo p = passo
Diametro primitivo	$d = m z$	d = diametro primitivo [mm] z = numero di denti m = modulo [mm]
Rapporto di trasmissione in funzione dei diametri primitivi o dei numeri di denti	$i = \dfrac{d_2}{d_1} = \dfrac{z_2}{z_1}$	i = rapporto di trasmissione d = diametro primitivo [mm] z = numero di denti
Addendum	$h_a = m$	h_a = addendum [mm] m = modulo [mm]
Dedendum	$h_f = 1{,}25\ m$	h_f = dedendum [mm] m = modulo [mm]
Lunghezza della dentatura	$b = \lambda\, m$	b = lunghezza della dentatura [mm] m = modulo [mm]

L'UNITÀ DIDATTICA IN BREVE

Sulla rete

PROBLEMI DI RIEPILOGO

Sulla rete

AUTOVERIFICA DELL'APPRENDIMENTO

1. Definire l'ingranaggio (max 20 parole).

____

____

____

2. Il rapporto di trasmissione e il rapporto di ingranaggio sono definiti rispettivamente come ____________________________
e come _______________________

3. Elencare tre relazioni che legano il modulo con il diametro primitivo, con il passo e con l'altezza del dente:

a)__________________

b)__________________

c)__________________

4. Le circonferenze primitive rappresentano le circonferenze esterne di contatto possedute da due ipotetiche ruote di frizione, funzionanti a pari rapporto di trasmissione.

Vero ☐ Falso ☐

5. Il termine "proporzionamento modulare" indica che le quote del singolo dente e della ruota dentata sono tutte riferite a _________________

6. Il rapporto di trasmissione è espresso come rapporto fra:

a) la velocità angolare della ruota condotta, diviso la velocità angolare della ruota motrice

b) il numero di denti della ruota condotta, diviso il numero di denti della ruota motrice

c) il raggio primitivo della ruota condotta, diviso il raggio primitivo della ruota motrice

d) la velocità angolare della ruota motrice, diviso la velocità angolare della ruota condotta

7. Elencare quattro circonferenze concentriche con la circonferenza primitiva:

a) __________________

b) __________________

c)__________________

d) __________________

8. La costa e la faccia del dente sono sinonimi per indicare la superficie attiva del dente.

Vero ☐ Falso ☐

9. Definire il rapporto di condotta (max 15 parole).

____

____

10. Indicare quali delle seguenti affermazioni, relative alla retta d'azione risultano corrette:

a) è la retta lungo la quale sono allineati tutti i punti di contatto fra i denti, dall'istante di accesso a quello di recesso

b) è la tangente comune ai due cerchi primitivi passante per il punto primitivo

c) è la normale comune ai profili dei due denti nel loro punto di contatto

d) è la tangente comune alle due circonferenze di base

11. Calcolare il numero di denti ideale z_{id} per una ruota cilindrica a denti elicoidali, avente 33 denti e angolo dell'elica $\beta = 20°$.

z_{id} = ______________________

12. Un ingranaggio è formato da due ruote cilindriche a denti diritti, aventi 25 e 60 denti, con angolo di pressione di 20°. Calcolare il rapporto di ingranaggio.

u = ______________________

13. Spiegare in cosa consiste l'interferenza nell'ingranamento. (max 20 parole)

____

____

14. Nel loro punto di contatto la velocità relativa fra due denti vale 0:

a) mai

b) al momento dell'accesso

c) solo nel punto C

d) lungo tutto il segmento dei contatti nelle ruote cilindriche a denti elicoidali

15. Nelle ruote cilindriche a denti elicoidali vi è una forza agente assialmente.

Vero ☐ Falso ☐

16. Il metodo di Lewis considera il dente come una trave a ______________________ con il carico applicato nel ______________________

17. Scrivere la formula del modulo normale in funzione del modulo trasversale.

m_n = ______________________

18. Nella zona dei recessi, il profilo del dente condotto lavora di testa, mentre il profilo del dente motore lavora in un tratto prossimo al piede.

Vero ☐ Falso ☐

19. La teoria di Hertz delle pressioni di contatto sta alla base del:

a) calcolo dell'inclinazione dell'elica

b) calcolo delle forze scambiate fra i denti e della loro scomposizione

c) dimensionamento a fatica del dente

d) dimensionamento a usura del dente

20. Elencare tre tipi di coni usati per definire la geometria del pignone conico:

a) ________________

b) ________________

c) ________________

21. Nella trasmissione costituita da vite senza fine e ruota elicoidale, gli assi di rotazione si trovano posizione ______________________

22. Nella formula del dimensionamento del dente a flessione, il modulo risulta funzione:

a) della tensione ammissibile

b) del numero di denti

c) del passo

d) dell'addendum

23. Scrivere la formula della tangente dell'angolo di pressione normale per la dentatura elicolidale.

tg α_n = ______________________

24. Definire il numero di denti ideale (max 20 parole).

____

____

____

25. Illustrare le diverse modalità per definire il passo nelle ruote dentate a denti elicoidali (max 20 parole).

____

____

____

26. Nelle ruote elicoidali il diametro primitivo è funzione del numero ideale di denti.

Vero ☐ Falso ☐

27. L'angolo di pressione trasversale nelle ruote a denti elicoidali vale esclusivamente $\alpha_t = 20°$.

Vero ☐ Falso ☐

28. Spiegare il concetto di irreversibilità del moto, tipico degli ingranaggi a vite (max 20 parole).

____

____

____

29. Utilizzando ruote coniche a denti elicoidali è possibile ottenere la trasmissione del moto anche fra assi sghembi.

Vero ☐ Falso ☐

B3

I ROTISMI

La presente unità è dedicata ai **cambi di velocità** e ai **rotismi**. In questa sede si delineano le caratteristiche cinematiche dei cambi di velocità e dei **rotismi epicicloidali**; inoltre sono illustrate alcune applicazioni reali.

Prerequisiti

- Conoscere le regole del proporzionamento delle ruote dentate cilindriche.
- Sapere calcolare le dimensioni del dente e della ruota.

Obiettivi

- Sapere descrivere la struttura e il funzionamento dei cambi di velocità a ruote dentate.
- Sapere definire il principio di funzionamento di un rotismo epicicloidale.
- Sapere calcolare il rapporto di trasmissione in un rotismo epicicloidale.

Contenuti

- Treni di ingranaggi.
- I cambi di velocità.
- I rotismi epicicloidali.

Verifica prerequisiti

1. Definire l'ingranaggio (max 25 parole).

____

____

____

2. Calcolare il diametro primitivo di una ruota dentata, avente numero di denti $z = 39$ e modulo $m = 6$ mm.

d = ______________________________

3. L'evolvente è una linea curva, costruita facendo rotolare una ____________ ________________ su una ________________________, detta ________________________

4. Il modulo della dentatura è pari al prodotto del passo per la costante π.

Vero ☐ Falso ☐

5. Calcolare quanto vale il raggio del cerchio di base per una ruota dentata avente $z = 73$ denti, modulo $m = 6$ mm e angolo di pressione $\alpha = 20°$.

r_b = ______________________________

6. Definire l'addendum e il dedendum (max 15 parole).

____

____

7. La normale comune ai profili dei due denti e passante per il loro punto di contatto è detta ______________________________

8. Indicare le denominazioni dei tre diversi passi nelle ruote cilindriche a denti elicoidali:

a) ______________ b) ______________ c) ______________

9. Nelle ruote cilindriche, a denti elicoidali, il numero di denti ideale indica il numero di denti presente su una ______________, ottenuta sezionando la ruota con un piano ______________

10. Indicare quali, fra le seguenti definizioni di rapporto di trasmissione, sono corrette, avendo indicato con il pedice 1 le grandezze riferite alla ruota motrice e con il pedice 2 le grandezze riferite alla ruota condotta:

a) $i = \dfrac{\omega_1}{\omega_2} = \dfrac{n_1}{n_2}$ b) $i = \dfrac{z_1}{z_2}$

c) $i = \dfrac{\omega_2}{\omega_1} = \dfrac{n_2}{n_1}$ d) $i = \dfrac{z_2}{z_1}$

Problema

Si consideri il rotismo epicicloidale formato dal complesso di ruote cilindriche a denti elicoidali ad assi paralleli, schematizzato nella ***figura 3.1***. Il moto proveniente dall'albero motore e dalla ruota 1 è trasmesso alla ruota 2, a sua volta collegata, tramite un mozzo in comune, con una ruota coassiale 3. La ruota 3 si impegna con la ruota fissa 4, vincolata alla struttura del riduttore. Le due ruote coassiali 2 e 3 sono imperniate su un albero rotante che costituisce l'organo cedente. Essendo noti i numeri di denti per le quattro ruote, $z_1 = 101$, $z_2 = 99$, $z_3 = 100$ e $z_4 = 100$, enunciare la formula che permette di calcolare il rapporto di trasmissione, elencando le grandezze che vi compaiono e attribuendo la denominazione appropriata ai componenti che costituiscono il complesso del rotismo. Spiegare, inoltre, la procedura di applicazione della suddetta formula al rotismo in questione ed eseguire il calcolo del rapporto di trasmissione.

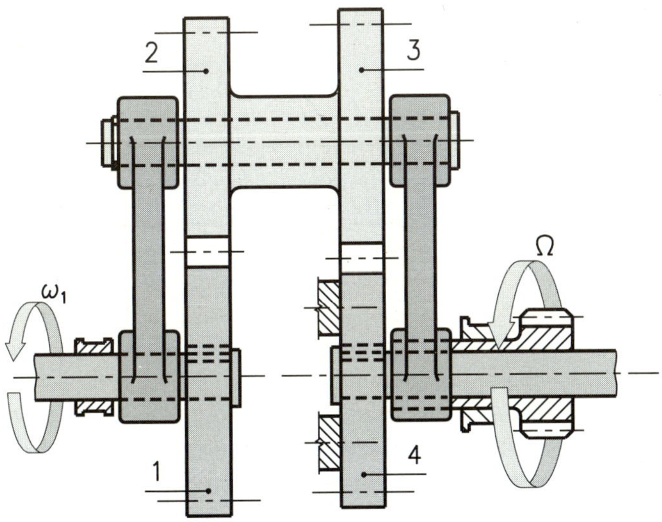

Fig. 3.1
Rotismo epicicloidale.

Analisi

Il problema consiste nell'individuare i singoli componenti, attribuendo a ciascuno di essi l'esatta denominazione. La soluzione del rotismo epicicloidale consiste nel calcolo del rapporto di trasmissione mediante una formula specifica. In particolare si chiede di spiegare, passo per passo, la modalità di applicazione della formula risolutiva, tipica per i rotismi epicicloidali.

Procedura consigliata

Per risolvere il problema occorre:

- riferirsi al ***paragrafo B3.1*** che riporta le informazioni di base, indispensabili per comprendere il funzionamento dei rotismi in generale;
- riferirsi al ***paragrafo B3.3***, per acquisire la teoria dei rotismi epicicloidali e la specifica procedura di soluzione, esaminando gli esercizi relativi a diversi esempi di epicicloidale.

B3.1 TRENI DI INGRANAGGI

I rotismi

L'**ingranaggio** è stato definito in precedenza come l'insieme di due ruote dentate in presa fra loro.

È tuttavia possibile avere linee di trasmissione ottenute mediante un numero di ruote dentate maggiore di due poste in successione fra la prima e l'ultima. Tale soluzione permette di ottenere:

— la trasmissione fra assi paralleli con interasse elevato, senza ricorrere a ruote di grandi dimensioni; nell'esempio rappresentato nella *figura 3.2* ciascuna ruota intermedia ingrana sia con quella precedente sia con quella successiva;

— forti rapporti di trasmissione con ingombri limitati, grazie all'impiego di più riduzioni poste in successione.

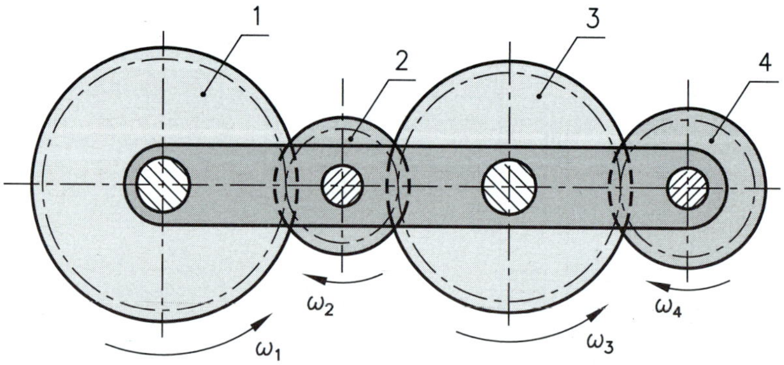

Fig. 3.2
Rotismo formato da quattro ruote dentate in sequenza; la ruota 1 è la motrice, le ruote 2 e 3 sono intermedie, la ruota 4 è quella cedente.

RICHIAMO
I ***rotismi*** sono anche noti come ***treni di ingranaggi***.

*Si definiscono **rotismi** gli insiemi di più ruote dentate che ingranano l'una con l'altra, con la possibilità di avere una singola ruota ingranante con più ruote contemporaneamente.*

Nei rotismi la velocità e il momento motore si trasmettono dalla prima ruota, indicata come **motrice**, all'ultima ruota condotta, indicata come **cedente**, attraverso tutta la sequenza delle ruote intermedie.

POLIGLOTTA
Rotismo
GB: Wheelwork
F: Rouage
D: Rädergetriebe

*Il rotismo si definisce **ordinario*** (▸ ***Fig. 3.3***) *quando gli assi delle ruote dentate sono fissi nello spazio durante il funzionamento; si definisce **planetario**, o **epicicloidale**, quando uno o più assi ruota sono mobili durante il funzionamento.*

Fig. 3.3
Vista di una trasmissione in fase di allestimento in officina, di produzione Cobra Srl (Calderara di Reno, BO); il rotismo di tipo ordinario è formato da ingranaggi in cascata.

Rotismi ordinari

L'esempio illustrato nella *figura 3.2*, che rappresenta un complesso di quattro ruote dentate, è utile per definire il rapporto di trasmissione totale di un rotismo ordinario.

Si scrivono i tre rapporti di trasmissione, relativi a ogni coppia di ruote in presa, indicando come sempre con il pedice 1 le grandezze relative alla ruota motrice:

$$i_1 = \frac{\omega_1}{\omega_2}; \quad i_2 = \frac{\omega_2}{\omega_3}; \quad i_3 = \frac{\omega_3}{\omega_4}$$

Osservazione: la ruota 2 si considera condotta, se riferita alla ruota 1; si considera motrice, se riferita alla ruota 3.

In un rotismo ordinario il ***rapporto di trasmissione totale*** *è pari al prodotto dei singoli rapporti di trasmissione parziali:*

$$i_{tot} = i_1 \, i_2 \, i_3 \ldots i_n \qquad \textbf{[3.1]}$$

Nella definizione del rapporto di trasmissione totale, occorre tenere conto dell'effetto contemporaneo dei singoli rapporti di trasmissione parziali.

RICHIAMO
Se il ***rapporto di trasmissione*** è maggiore di uno, il rotismo funziona da riduttore; se il rapporto di trasmissione è minore di uno, il rotismo funziona da moltiplicatore.

Esempio
Calcolare il rapporto di trasmissione totale per il rotismo formato dalle quattro ruote dentate, indicate nella *figura 3.2*.

Si attribuiscono i seguenti numeri di denti: $z_1 = 22$; $z_2 = 33$; $z_3 = 50$; $z_4 = 44$.

Soluzione
Si applica la [*3.1*], sostituendo a ogni rapporto di trasmissione parziale il rapporto fra il numero di denti della ruota condotta diviso il numero di denti della ruota motrice, come previsto dalla [*2.6*]:

$$i_{tot} = i_1 \, i_2 \, i_3 = \frac{z_2}{z_1}\frac{z_3}{z_2}\frac{z_4}{z_3} = \frac{z_4}{z_1} = \frac{44}{22} = 2$$

Per un rotismo, in cui ogni ruota intermedia ingrana con quella precedente e con quella successiva, si possono formulare le seguenti osservazioni:

- il rapporto di trasmissione totale è pari al rapporto fra i numeri di denti della ruota cedente, diviso il numero di denti della ruota motrice;
- il numero di denti attribuito alle ruote intermedie è ininfluente, per la determinazione del rapporto di trasmissione totale;
- le ruote intermedie, denominate **ruote oziose** o **galoppini**, non influiscono sulla velocità della ruota cedente, bensì sul suo senso di rotazione;
- il modulo dev'essere unico per tutte le ruote; esso viene determinato prendendo come riferimento la ruota più sollecitata, per cui risulta sovradimensionato per tutte le altre.

RICHIAMO
Il ***rotismo ordinario***, in cui ogni ruota intermedia ingrana sia con quella precedente sia con quella successiva, è anche detto a ***ingranaggi in cascata***.

Rotismo ordinario con albero intermedio

Lo schema riportato nella ***figura 3.4a*** presenta un rotismo con albero intermedio, sul quale sono montate due ruote dentate, ovviamente rotanti alla medesima velocità. La ***figura 3.4b*** mostra un esempio di montaggio del rotismo in un gruppo motoriduttore.

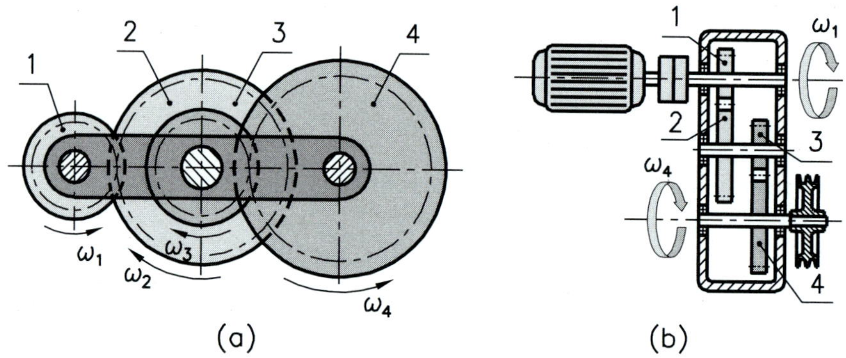

Fig. 3.4
Rotismo con albero di rinvio, su cui sono calettate le ruote intermedie 2 e 3:
a) schema;
b) rotismo collegato, tramite giunto, con il motore e con la puleggia sull'albero di uscita.

Per il calcolo del rapporto di trasmissione totale vale sempre la [*3.1*], in cui i rapporti di trasmissione parziali sono due:

$$i_1 = \frac{z_2}{z_1}; \quad i_2 = \frac{z_4}{z_3}$$

Il prodotto dei due rapporti parziali è pari al rapporto totale:

$$i_{tot} = i_1 \, i_2 = \frac{z_2}{z_1}\frac{z_4}{z_3} \qquad \textbf{[3.2]}$$

La soluzione con l'albero intermedio rende possibile operare una scelta più razionale dei moduli. Nel caso assai frequente di un rotismo a doppia riduzione, si definisce un valore superiore per il modulo del secondo ingranaggio, in conseguenza dell'incremento di coppia motrice dovuto alla prima riduzione.

Osservazione: il sistema a quattro ruote in cascata (▸ ***Fig. 3.2****) comporta l'inversione del moto fra la prima e l'ultima ruota; il sistema a quattro ruote con albero intermedio (* ▸ ***Fig. 3.4****) mantiene costante il senso del moto della prima e dell'ultima ruota.*

Esempio 1
Calcolare il rapporto di trasmissione totale e la velocità in uscita, per il rotismo formato dalle quattro ruote dentate, montate con albero intermedio (▸ ***Fig. 3.4a***), sapendo che la velocità iniziale vale $n_1 = 375$ giri/min e conoscendo i seguenti numeri di denti: $z_1 = 20$; $z_2 = 36$; $z_3 = 22$; $z_4 = 40$.

Soluzione
Per calcolare il rapporto di trasmissione totale si applica la [*3.2*]:

$$i_{tot} = i_1 \, i_2 = \frac{z_2}{z_1}\frac{z_4}{z_3} = \frac{36 \times 40}{20 \times 22} = 3{,}2727$$

Per la [2.2] il rapporto di trasmissione è uguale al rapporto fra la velocità di rotazione della ruota motrice, diviso la velocità di rotazione della ruota condotta, pertanto si ha:

$$i_{tot} = \frac{n_1}{n_2}$$

da cui si ottiene:

$$n_2 = \frac{n_1}{i_{tot}} = \frac{375}{3,2727} = 114,6\ \frac{\text{giri}}{\text{min}}$$

Esempio 2

Calcolare il rapporto di trasmissione totale e il momento motore in uscita, per il rotismo formato da sei ruote dentate e da due alberi intermedi (▸ *Fig. 3.5*), sapendo che il momento motore in ingresso vale $M_1 = 75$ N m e conoscendo i seguenti numeri di denti: $z_1 = 20$; $z_2 = 32$; $z_3 = 22$; $z_4 = 38$; $z_5 = 20$; $z_6 = 40$.

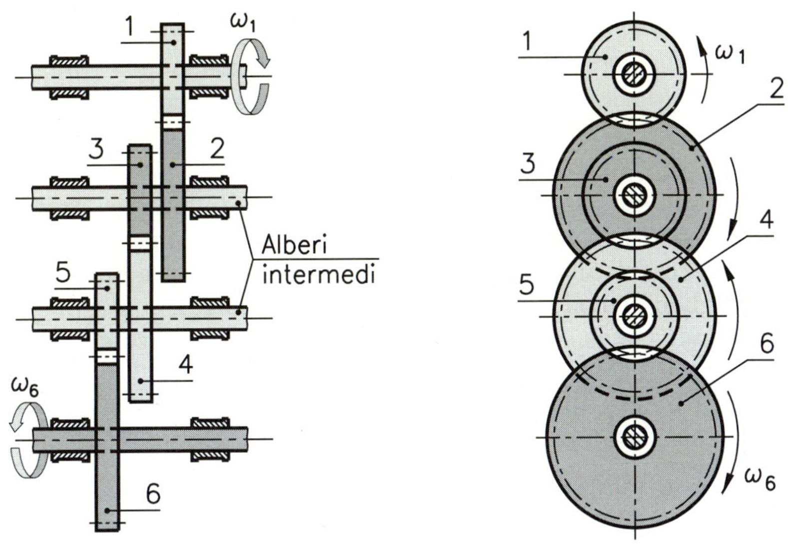

Fig. 3.5
Riduttore formato da sei ruote dentate e due alberi intermedi, su cui sono calettate le ruote 2 e 3 e le ruote 4 e 5.

Soluzione

Per calcolare il rapporto di trasmissione totale si applica la [3.2] per ottenere i tre rapporti di trasmissione parziali:

$$i_{tot} = i_I\, i_{II}\, i_{III} = \frac{z_2}{z_1}\frac{z_4}{z_3}\frac{z_6}{z_5} = \frac{32 \times 38 \times 40}{20 \times 22 \times 20} = 5,5273$$

Trascurando le perdite per attrito si può imporre che la potenza entrante P_1 sia uguale alla potenza uscente P_6, dalla ruota 6:

$$P_1 = P_6$$

Esprimendo la potenza come prodotto della coppia motrice M per la velocità angolare ω si ha:

$$M_1\, \omega_1 = M_6\, \omega_6$$

Sostituendo il rapporto di trasmissione totale i_{tot}, al rapporto fra la velocità angolare della ruota entrante 1 e quella della ruota uscente 6, si ricava il momento motore uscente M_6:

$$M_6 = i_{tot} \, M_1 = 5{,}5273 \times 75 = 414{,}5 \text{ N m}$$

Rotismi con alberi di ingresso e di uscita coassiali

Una soluzione costruttiva, apprezzata per il limitato ingombro longitudinale e per la facilità di inserimento all'interno di macchinari e impianti, è rappresentata dai **riduttori con alberi coassiali**: l'inscatolamento del gruppo riduttore presenta gli alberi di ingresso e di uscita allineati, con in più un albero intermedio interno parallelo ai precedenti (▸ *Fig. 3.6*).

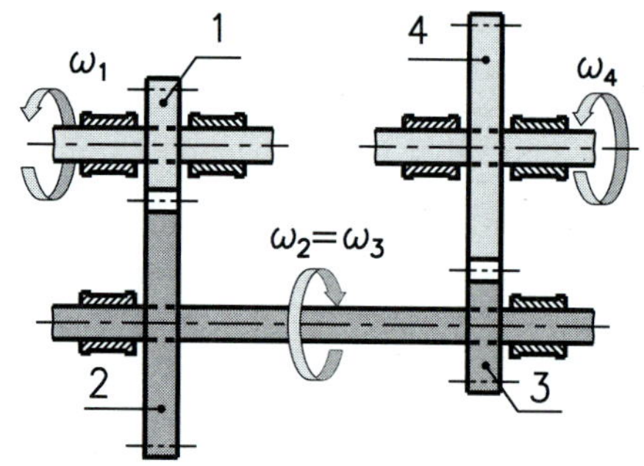

Fig. 3.6
Riduttore di tipo coassiale; il moto entra dall'albero di sinistra, tramite la ruota 1, ed esce dall'albero di destra, che porta la ruota 4; sull'albero intermedio sono calettate le ruote 2 e 3.

RICHIAMO
I ***rotismi*** formati da ***due ingranaggi con albero intermedio*** conservano invariato, in uscita, il senso di rotazione dell'albero entrante.

Per ottenere la coassialità degli alberi di estremità, occorre prevedere, in fase di progetto, la **costanza dell'interasse**; tale compito è facilitato dalla presenza dell'albero intermedio, che permette di adattare gli ingombri scegliendo moduli diversi per i due ingranaggi.

Imponendo che la somma dei raggi primitivi di ogni coppia in presa risulti costante, si ottiene la costanza dell'interasse.

Con riferimento alla *figura 3.6*, la costanza dell'interasse è espressa dalla seguente formula:

$$r_1 + r_2 = r_3 + r_4$$

Indicando con i numeri romani I e II le grandezze relative ai due ingranaggi e ricordando la [*2.5*], che lega il diametro primitivo d con il modulo m e con il numero di denti z, si ha:

$$\frac{m_I}{2}(z_1 + z_2) = \frac{m_{II}}{2}(z_3 + z_4)$$

da cui, semplificando, si ottiene:

$$m_I(z_1 + z_2) = m_{II}(z_3 + z_4) \qquad \textbf{[3.3]}$$

Nel caso abbastanza frequente in cui il modulo sia unico per tutte le ruote, la [*3.3*] si semplifica ulteriormente:

$$z_1 + z_2 = z_3 + z_4$$

Esempio
Valutare il rapporto di trasmissione totale e il momento torcente in uscita, per il riduttore formato dalle quattro ruote dentate, montate con l'albero intermedio (▸ *Fig. 3.6*), sapendo che il momento motore entrante M_1 = 78 N m; il modulo delle ruote 1 e 2 vale m_I = 2,5 mm; il modulo delle ruote 3 e 4 vale m_{II} = 3 mm e conoscendo i numeri di denti: $z_1 = 18$; $z_2 = 36$; $z_3 = 19$; $z_4 = 26$. Verificare, inoltre, la condizione di coassialità fra gli alberi di entrata e di uscita.

Soluzione
Applicando la [*3.2*] si ottiene il rapporto di trasmissione i_{tot}:

$$i_{tot} = i_I \, i_{II} = \frac{z_2}{z_1}\frac{z_4}{z_3} = \frac{36 \times 26}{18 \times 19} = 2{,}737$$

Trascurando le perdite per attrito nella trasmissione si ha che la potenza entrante P_1 è uguale alla potenza uscente P_4 che a sua volta è espressa come prodotto della coppia motrice M per la velocità angolare ω:

$$M_1 \, \omega_1 = M_4 \, \omega_4$$

da cui si ottiene:

$$M_4 = M_1 \frac{\omega_1}{\omega_4} = M_I \, i_{tot} = 78 \times 2{,}737 = 213{,}5 \text{ N m}$$

La condizione di coassialità fra gli alberi di entrata e di uscita è espressa dalla [*3.3*]:

$$m_I(z_1 + z_2) = m_{II}(z_3 + z_4)$$

Sostituendo i valori numerici si ottiene:

$$2{,}5(18 + 36) = 3(19 + 26)$$

svolgendo i calcoli si conclude che:

$$135 = 135$$

per cui la condizione di coassialità risulta verificata.

B3.2 I CAMBI DI VELOCITÀ

I **cambi di velocità** a ruote dentate sono organi che consentono di variare il rapporto di trasmissione mediante comando esterno o in modo automatico. Essi sono dotati di un numero prefissato di marce, per ognuna delle quali si ottiene un determinato rapporto di trasmissione.

Il cambio di velocità è posto a valle del motore di trazione, spesso preceduto da un innesto a frizione, ed è seguito da altri organi di trasmissione, quali giunti e alberi, oppure collegato direttamente con l'utilizzatore. Questo meccanismo trova applicazione nei veicoli, nei sistemi

POLIGLOTTA
Cambio di velocità
GB: Gearshift
F: Boîte de vitesse
D: Wechselgetriebe

di sollevamento e trasporto, nei macchinari industriali e nelle macchine utensili.

Le funzioni del cambio di velocità sono le seguenti:

- variare il numero di giri proveniente dal motore;
- regolare la coppia motrice erogata dal motore;
- incrementare la coppia motrice erogata dal motore, in alcune particolari condizioni di lavoro;
- consentire il funzionamento a vuoto del macchinario, ovvero, disporre di velocità nulla in uscita, senza dovere spegnere il motore (condizione di funzionamento in **folle** o **neutro**);
- invertire il senso di rotazione in uscita (condizione di **retromarcia**).

I cambi meccanici di velocità per le macchine utensili

I **cambi a ingranaggi**, per le macchine utensili e i macchinari industriali in genere, sono a dentatura diritta su due assi paralleli; l'albero primario riceve il moto dal motore, attraverso una trasmissione a cinghie, mentre l'albero secondario è collegato con il mandrino o con altri organi di trasmissione, quali le viti madri. Il numero di marce varia da un minimo di quattro a un massimo di sedici e più. L'innesto deve avvenire con l'albero di uscita fermo, dato che la manovra di inserimento/disinserimento della marcia consiste nel fare scorrere assialmente la ruota dentata provvista di mozzo scanalato: tale sistema è detto **a treni dentati scorrevoli**.

Il rapporto fra la velocità di una marcia e quella ottenuta con la marcia precedente, detto **spaziatura**, deve risultare costante; tale costante, detta **ragione del cambio**, spesso è scelta fra i valori unificati riportati nella *tabella 3.1*, desunti dalle **serie numeriche di Renard**.

Tabella 3.1 Numeri normali: UNI 2016 (*continua*)

Serie fondamentali di numeri normali			
Serie R 5	*Serie R 10*	*Serie R 20*	*Serie R 40*
10	10	10	10
–	–	–	10,6
–	–	11,2	11,2
–	–	–	11,8
–	12,5	12,5	12,5
–	–	–	13,2
–	–	14	14
–	–	–	15
16	16	16	16
–	–	–	17
–	–	18	18
–	–	–	19
–	20	20	20
–	–	–	21,2
–	–	22,4	22,4
–	–	–	23,6

Tabella 3.1 Numeri normali: UNI 2016 (*segue*)

Serie fondamentali di numeri normali			
Serie R 5	*Serie R 10*	*Serie R 20*	*Serie R 40*
25	25	25	25
–	–	–	26,5
–	–	28	28
–	–	–	30
–	31,5	31,5	31,5
–	–	–	33,5
–	–	35,5	35,5
–	–	–	37,5
40	40	40	40
–	–	–	42,5
–	–	45	45
–	–	–	47,5
–	50	50	50
–	–	–	53
–	–	56	56
–	–	–	60
63	63	63	63
–	–	–	67
–	–	71	71
–	–	–	75
–	80	80	80
–	–	–	85
–	–	90	90
–	–	–	95
100	100	100	100

Per determinare la ragione del cambio, occorre conoscere il numero di marce k e i valori delle velocità n_1 e n_k da ottenere, rispettivamente, nella marcia più corta e nella marcia più lunga. La formula che consente di calcolare la ragione R è la seguente:

$$R = \sqrt[k-1]{\frac{n_k}{n_1}} \qquad [3.4]$$

Nota la ragione del cambio, possibilmente scelta fra uno dei valori unificati riportati nella *tabella 3.1*, si calcolano i vari rapporti, moltiplicando ciascun cambio per la ragione stessa, a cominciare dalla prima marcia: pertanto la velocità di rotazione n_2 in seconda è pari al prodotto fra la velocità di rotazione n_1 in prima e la ragione R, e così via per le marce successive.

Esempio

Definire i rapporti del cambio a sette marce, montato su un tornio parallelo, in cui la prima marcia vale 32,5 giri/min, mentre la settima vale circa 550 giri/min.

Soluzione

Si applica la [*3.4*] per trovare la ragione del cambio:

$$R = \sqrt[k-1]{\frac{n_k}{n_1}} = \sqrt[6]{\frac{550}{32{,}5}} = \sqrt[6]{16{,}9231} = 1{,}602$$

Il valore trovato è assai prossimo al valore 16 ricavato dalla **tabella 3.1**, in corrispondenza della serie R 5. Tale valore, diviso per il numero 10 riportato nella prima riga, fornisce la ragione unificata 1,6. Per il cambio si adotta la ragione unificata R 5:

$$n_2 = n_1 R = 32{,}5 \times 1{,}6 = 52\ \frac{\text{giri}}{\text{min}}$$

$$n_3 = n_2 R = 52 \times 1{,}6 = 83{,}2\ \frac{\text{giri}}{\text{min}}$$

$$n_4 = n_3 R = 83{,}2 \times 1{,}6 = 133\ \frac{\text{giri}}{\text{min}}$$

$$n_5 = n_4 R = 133 \times 1{,}6 = 213\ \frac{\text{giri}}{\text{min}}$$

$$n_6 = n_5 R = 213 \times 1{,}6 = 340\ \frac{\text{giri}}{\text{min}}$$

$$n_7 = n_6 R = 340 \times 1{,}6 = 545\ \frac{\text{giri}}{\text{min}}$$

Il valore finale di n_7 risulta assai prossimo a quello richiesto dal testo.

I cambi di velocità per gli autoveicoli

I motori endotermici per autotrazione hanno una curva caratteristica, a forma di cupola più o meno appiattita: da ciò consegue che il motore presenta un comportamento elastico solo nel campo di funzionamento compreso fra il regime di potenza massima e quello di coppia massima; se la curva di coppia evidenzia una pendenza poco pronunciata, il motore è utilizzabile, in modo soddisfacente, anche per altri 400÷600 giri/min, al di sotto del regime di coppia massima.

Osservazione: è impossibile accoppiare direttamente il motore con le ruote, poiché l'avviamento del motore e la partenza da fermo risulterebbero impossibili; in questo caso risulterebbero alquanto difficoltosi la marcia in salita e il raggiungimento di accelerazioni accettabili.

Oltre ad assolvere le cinque funzioni citate a inizio paragrafo, il cambio di velocità consente al veicolo di sfruttare, in modo ottimale, la potenza e la coppia del motore: mediante l'inserimento delle marce più corte, è possibile trasmettere elevati valori di forza motrice anche a velocità medie e basse, garantendo buone doti di accelerazione e consentendo la marcia in salita a velocità adeguate.

Il grafico rappresentato nella **figura 3.7** indica cinque curve di coppie motrici, uscenti dal cambio e trasmesse alle ruote. Il diagramma riporta,

RICHIAMO

Gli autoveicoli e i motoveicoli adottano usualmente ***cambi meccanici a comando manuale*** a cinque o sei marce; i cambi meccanici ***a comando automatico*** per autoveicolo dispongono di tre o quattro marce.

POLIGLOTTA

Diagramma velocità - coppia uscente dal cambio

GB: Gearshift torque vs velocity diagram

F: Diagramme de vélocité et de couple au boîte de vitesse

D: Getriebeausgangskennlinien

in ascisse, la velocità di rotazione in uscita dal cambio e in ordinate la coppia uscente dal cambio. Le curve variano in funzione della marcia inserita. La riduzione maggiore di velocità si ha in prima, cui corrisponde la maggiore forza motrice alla ruota. Inserendo le marce più lunghe, il veicolo riduce la coppia motrice alla ruota, ma guadagna in velocità di marcia, come affermato dalla formula secondo cui la potenza è pari al prodotto della coppia motrice per la velocità angolare.

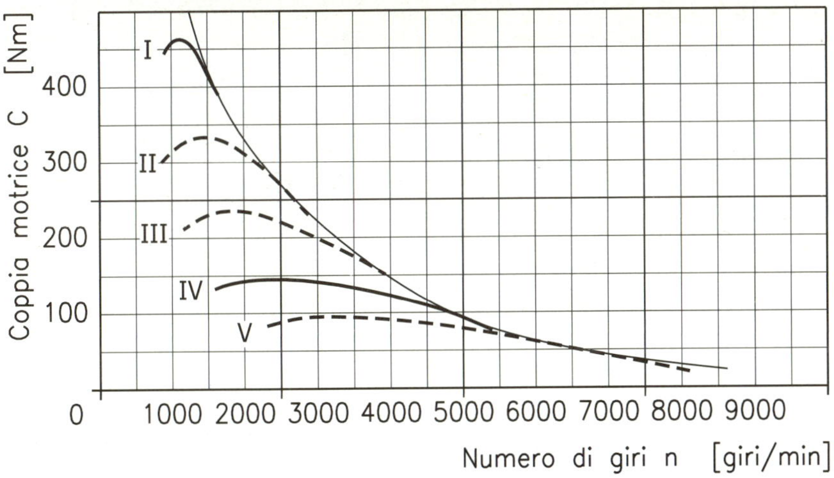

Fig. 3.7
Diagramma della coppia motrice in uscita dal cambio e inviata alla ruota di un autoveicolo, in funzione della velocità di marcia, con un cambio a cinque rapporti; nel grafico è riportata, come riferimento, la curva ideale di coppia motrice ad andamento iperbolico.

Nella ***figura 3.7*** è anche riportata la curva ideale di coppia motrice: essa è riferita a un motore ideale che eroga potenza costante a ogni regime di funzionamento; il suo andamento è iperbolico. Prendendo in considerazione i tratti successivi ai valori massimi per ognuna delle cinque curve di coppia, si nota come l'impiego del cambio tenda a riprodurre un comportamento su strada del veicolo simile a quello ideale, in quanto l'insieme delle cinque curve si avvicina alla forma iperbolica.

Il funzionamento del cambio di velocità è sintetizzato come segue:

— inserendo le marce basse si ottiene un aumento del momento motore uscente dal **motopropulsore**, a fronte di una riduzione della velocità di rotazione;

— inserendo le marce alte si ottiene una riduzione del momento motore uscente dal motopropulsore, a fronte di un aumento della velocità di rotazione.

RICHIAMO
Le ***curve caratteristiche*** dei ***veicoli a motore*** possono riportare, sull'asse delle ordinate, sia la coppia motrice alla ruota sia la forza di trazione; questo perché la coppia motrice è pari al prodotto della forza di trazione per il raggio di rotolamento del pneumatico, sotto carico dinamico.

RICHIAMO
Il ***motopropulsore*** è formato dal motore, dalla frizione e dal cambio di velocità.

La trasmissione del moto nei cambi per autoveicoli

Nella ***figura 3.8*** è riportata la vista d'insieme dell'**albero primario** e dell'**albero secondario** di un cambio di velocità a cinque marce, più retromarcia, per un'autovettura a trazione anteriore. In particolare sono raffigurati gli organi di comando S_1, S_2 e S_3, che eseguono l'inserimento e il disinserimento delle marce in avanti, e le tredici ruote dentate, che realizzano le marce: le ruote 1-10 servono per le marce avanti, mentre le ruote 11-12 servono per la retromarcia.

La figura non riporta i leveraggi esterni di comando né la scatola cambio con i cuscinetti. La coppia proviene dal motore e fa il suo ingresso nell'albero primario dal mozzo sinistro; da qui passa alla coppia

POLIGLOTTA
Albero primario, albero secondario
GB: Primary shift, secondary shift
F: Arbre primaire, arbre secondaire
D: Antriebswelle, Abtriebswelle

di ruote inserita e, infine, esce dall'albero secondario tramite la ruota dentata, posta all'estremità sinistra.

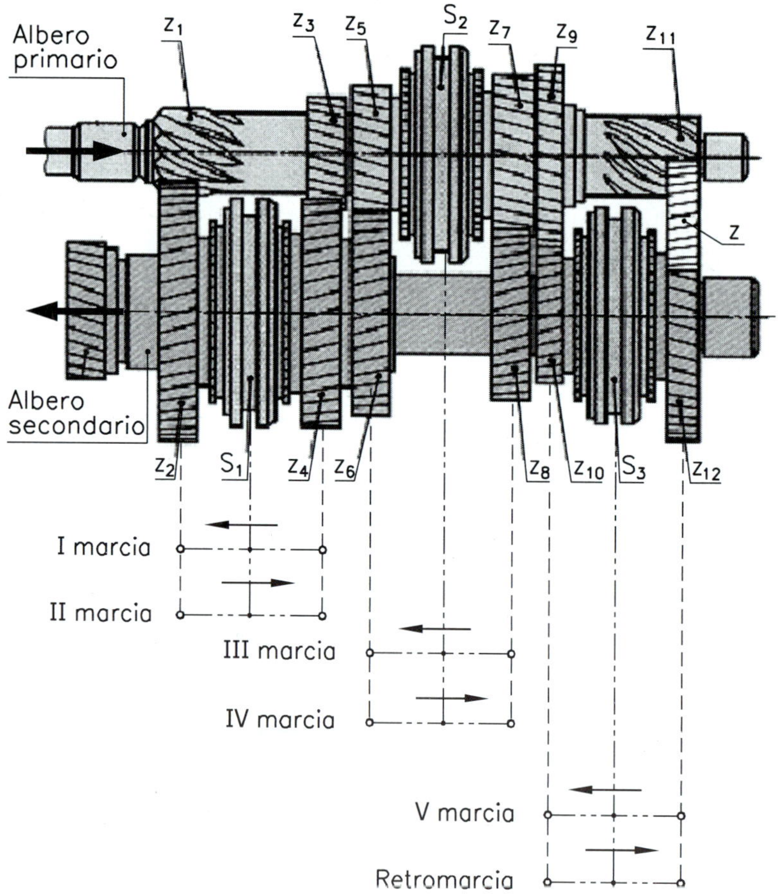

Fig. 3.8
Cambio di velocità a cinque rapporti, più retromarcia, per un autoveicolo a trazione anteriore e motopropulsore trasversale; l'innesto della prima o della seconda avviene rendendo solidali, sull'albero secondario, le ruote z_2 o z_4; l'innesto della terza o della quarta avviene rendendo solidali, sull'albero primario, le ruote z_5 o z_7; l'innesto della quinta o della retromarcia avviene rendendo solidali, sull'albero secondario, le ruote z_{10} o z_{12}.

Osservando il rotismo nel suo insieme, si nota che le dieci ruote cilindriche a denti elicoidali, che realizzano le marce in avanti, come pure le tre ruote della retromarcia, sono sempre in presa; inoltre una sola delle due ruote della coppia è fissa sul suo albero, l'altra invece gira folle rispetto al proprio albero. La manovra d'innesto della marcia consiste nel rendere la ruota folle solidale sull'albero; ne consegue che, prima d'innestare una marcia, occorre disinnestare quella precedente; inoltre, durante il funzionamento, una sola coppia trasmette il moto dall'albero primario a quello secondario, mentre tutte le altre ruote girano folli. La condizione di folle è ottenuta ponendo tutte le ruote in condizione di disinserimento: in tal caso il primario ruota ugualmente, trascinato dal motore, per esempio al regime di minimo, ma non trasmette coppia al secondario.

Si genera l'inversione del moto attraverso una trasmissione a tre ruote, di cui l'intermedia ha funzione di galoppino.

RICHIAMO
Nei convogli formati da più ***automotrici ferroviarie***, dotate ciascuna di due motopropulsori Diesel, è assolutamente indispensabile che tutti i cambi eseguano l'innesto della medesima marcia in contemporanea.

Il sincronizzatore

Nei cambi di velocità dei **veicoli stradali** e delle **automotrici ferroviarie** a trazione termica, gli ingranaggi a denti elicoidali, sempre in presa, richiedono l'adozione di meccanismi d'innesto delle marce, agenti in tempi ristretti, soprattutto mentre il veicolo è in moto; inoltre occorre garantire la stabilità dell'innesto, unitamente alla certezza dell'avvenuto ingranamento. Il **sistema a sincronizzatore** è in grado di soddisfare tali esigenze.

POLIGLOTTA
Sincronizzatore
GB: Synchronizing ring
F: Synchroniseur
D: Synchronring

Il sistema a ***sincronizzatore*** *è un insieme di dispositivi meccanici che eseguono la manovra di innesto di un singolo rapporto di trasmissione per volta; esso è costituito da un innesto a frizione, in grado di portare a uguale velocità gli elementi da collegare, (sincronizzazione) e da un innesto a denti, che realizza e rende stabile l'accoppiamento.*

Nella *figura 3.9* è riportato l'insieme degli organi costituenti il sistema di sincronizzazione, eccetto l'albero del cambio. La soluzione raffigurata è una delle più diffuse nel campo dell'autoveicolo ed è nota come **sistema a manicotto bloccato** o **sistema Borg-Warner**.

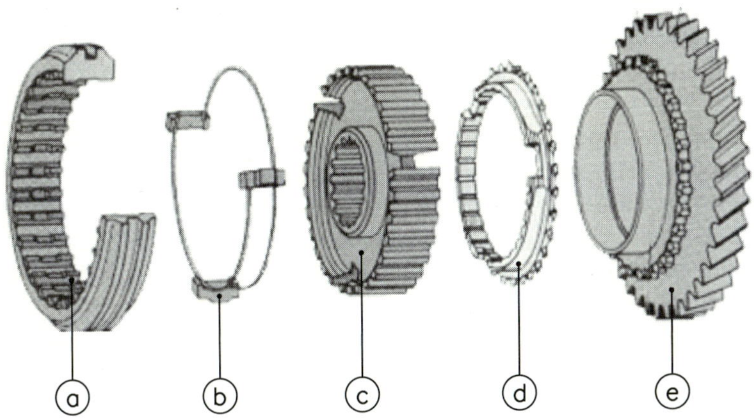

Fig. 3.9
Vista in esploso degli organi costituenti il sistema di sincronizzazione Borg-Warner:
a) manicotto a collare;
b) piastrine con molla di tenuta;
c) mozzo biscanalato;
d) anello sincronizzatore;
e) ruota dentata del cambio.

Nella *figura 3.9* sono rappresentati gli organi che costituiscono il sistema di sincronizzazione. Da sinistra verso destra si possono osservare:

— il **manicotto a collare**: il collare esterno ha una gola nella quale si inserisce l'organo di comando, detto **forchetta**, che impone il suo scorrimento assiale nei due sensi; lo spostamento verso destra determina l'innesto della ruota (▸ *Fig. 3.9a*); la superficie interna è scanalata femmina;
— tre **piastrine** smussate in punta, aventi funzione di linguette di accoppiamento: una **molla** a forma di anellino sottile tiene in posizione le piastrine e le spinge radialmente contro la faccia interna scanalata femmina del manicotto (▸ *Fig. 3.9b*);
— il **mozzo** biscanalato, vincolato torsionalmente sia sull'albero del cambio sia sul manicotto a collare: la sua superficie esterna presenta tre vani a 120°, in cui alloggiano le piastrine con possibilità di compiere piccoli movimenti assiali (▸ *Fig. 3.9c*);
— l'**anello sincronizzatore**, a forma di disco, sottile e leggero, ad anello conico interno: esso riporta una corona di denti smussati frontalmente dal lato della ruota dentata, così da realizzare un piccolo profilo scanalato esterno per ottenere l'innesto; dal lato opposto alla corona sono collocati, nel mozzo, tre vani ciechi, destinati a ospitare le piastrine; spesso il sincronizzatore è costruito in bronzo (▸ *Fig. 3.9d*);

— la **ruota dentata**, che, insieme alla compagna, realizza il rapporto di trasmissione: sul lato sinistro, la ruota presenta una corona dentata, che consente l'innesto con il manicotto a collare, e un mozzo a battuta conica, di piccola lunghezza assiale (▸ *Fig. 3.9e*).

Da Figura 3.10 a Figura 3.14

Sulla rete

L'innesto avviene in due fasi, la prima di sincronizzazione e la seconda di ingranamento, secondo la successione di operazioni riportata qui di seguito.

— Il manicotto a collare, comandato dalla leva del cambio con i suoi rinvii, è spinto dalla forchetta (▸ *Fig. 3.13*) verso destra.
— Nel suo moto verso destra, il manicotto trascina con sé le tre piastrine; esse, a loro volta, spingono il sincronizzatore a contatto con la battuta conica della ruota dentata, che effettua un movimento rotatorio folle sull'albero, quindi con una propria velocità.
— Il sincronizzatore impegnato dalle piastrine raggiunge istantaneamente la stessa velocità dell'albero, dato che le piastrine sono vincolate sul mozzo biscanalato, che a sua volta è mosso dall'albero.
— Il sincronizzatore, pressato contro la battuta conica del mozzo della ruota dalla spinta delle piastrine, la trascina in rotazione per attrito.
— Sincronizzatore e mozzo conico della ruota si comportano come dischi frizione in moto relativo; la fase di sincronizzazione, della durata di pochi istanti, termina con l'annullamento della differenza di velocità fra ruota e albero.
— Continua la spinta assiale esercitata dalla forchetta: il manicotto a collare avanza assialmente, ingranando con la sua dentatura interna, le dentature esterne prima del sincronizzatore, poi della ruota; ciò avviene senza problemi, essendo sincronizzatore e ruota ormai in rotazione solidale; le tre piastrine si trovano in posizione intermedia fra manicotto a collare e mozzo biscanalato, mantenendoli quindi solidali torsionalmente.
— Il disinnesto avviene in tempi assai brevi: arretrando il manicotto a collare, anche le piastrine retrocedono quanto basta per disimpegnarsi dal sincronizzatore, che può essere spinto all'indietro, per reazione elastica da parte della battuta conica del mozzo ruota.

POLIGLOTTA
Cambio automatico
GB: Automatic gearshift
F: Boite de vitesses automatique
D: Automatische Getriebe

Nella *figura 3.15* è riportata la vista in esploso del **cambio robotizzato**, cioè meccanico ad azionamento automatico, **Alfa TCT** che equipaggia l'autovettura **Alfa Romeo MiTo**. Il cambio porta la sigla identificativa **C333**, ha sei marce ed è posto trasversalmente nel vano motore, essendo la vettura a trazione anteriore.

Rispetto a un normale cambio meccanico, il cambio TCT dispone di due dischi frizione e tre alberi principali anziché due: questa soluzione consente di ridurre gli ingombri trasversali, aumentare il comfort di guida e migliorare i consumi.

Il sistema consiste essenzialmente in una trasmissione meccanica, con due dischi frizione a secco e cambio meccanico sincronizzato, gestiti da un **robot elettroidraulico**. Sulla vettura non è più presente il pedale frizione, inoltre il comando del cambio può avvenire in modalità sia automatica sia semiautomatica: nel primo caso la selezione delle marce viene effettuata dal sistema elettronico; nel secondo caso il guidatore può azionare manualmente un joystick oppure agire su due pulsanti posizionati sul volante, uno per salire di rapporto, l'altro per scalare.

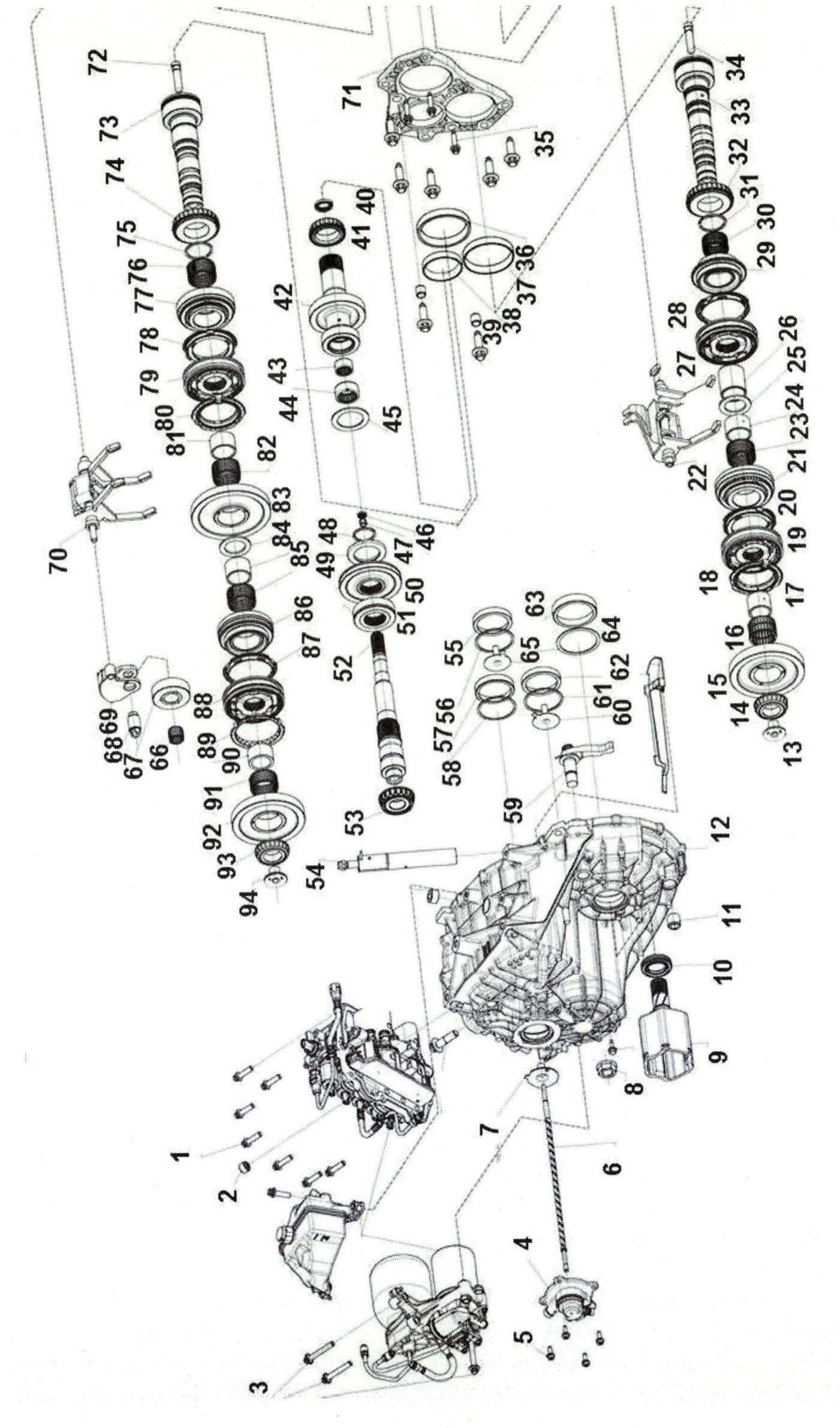

Fig. 3.15
Cambio di velocità TCT a sei marce dell'autovettura Alfa Romeo MiTo, in vista in esploso; si notano, in particolare, le scatole dei rotismi del cambio (12) e del differenziale (96), l'albero primario esterno (42) e l'albero primario interno (52), gli alberi secondari inferiore (33) e superiore (73) e l'albero della retromarcia (68) (da Fiat SpA – Unetversity, "Cambi robotizzati e automatici", 2010).

Il cambio è del tipo a tre alberi, uno di ingresso (primario) e due secondari (superiore e inferiore); l'albero primario è a sua volta composto da due alberi coassiali fra loro.

Nella *figura 3.16* è rappresentata la semisezione del gruppo frizione con doppio disco: si noti come vi siano due masse volaniche, una calettata sull'albero motore (1) e l'altra (4) posta in mezzo ai due dischi; il disco destro (3) è calettato su un albero primario cavo e viene disinnestato per l'inserimento delle marce pari; il disco sinistro (2) è calettato su un secondo albero primario posto coassiale con il precedente: esso viene disinnestato per l'inserimento delle marce dispari.

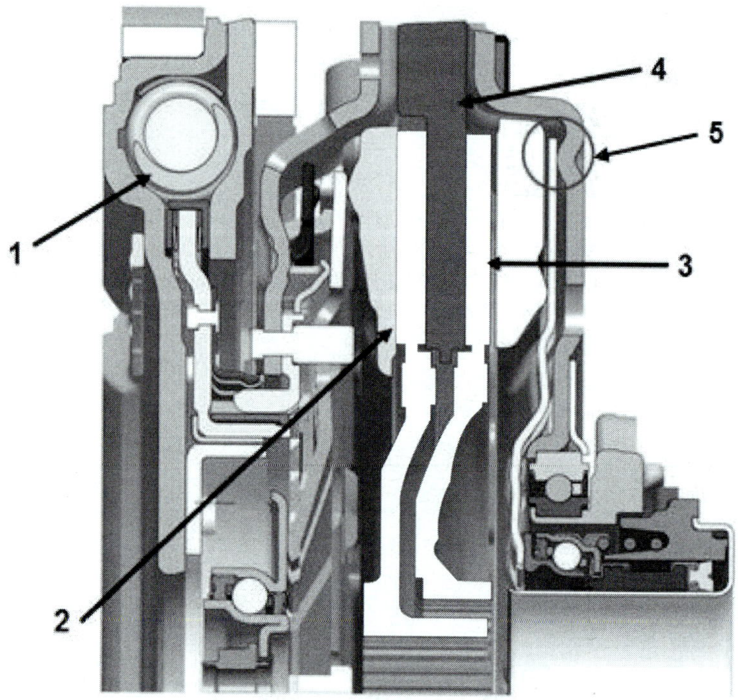

Fig. 3.16
Gruppo frizione "dual clutch" del cambio ALFA TCT. Esso è formato dal volano a doppia massa (1), dal disco frizione (2) per le marce dispari, dal disco frizione (3) per le marce pari e dal volano intermedio; in evidenza anche il fulcro (5) della molla a diaframma agente sul disco (da Fiat SpA – Unetversity, "Cambi robotizzati e automatici", 2010).

Il funzionamento del cambio è di seguito descritto prendendo come riferimento l'innesto della prima marcia e, successivamente, della seconda. Comandando l'inserimento della prima, il sistema robotizzato agisce sul manicotto del gruppo sincronizzatore (3) riportato nella *figura 3.17*, dopodiché provvede a innestare la frizione delle marce dispari (6): il moto passa dalla frizione all'ingranaggio (1) e (3) tramite l'albero primario interno.

Già durante l'andatura in prima velocità, la centralina ordina al robot di agire sul manicotto (4) per eseguire il preinnesto della seconda velocità in modo tale da ridurre il tempo di cambiata e avere una minore perdita di coppia dovuta al cambio di marcia. A questo punto avviene l'innesto del manicotto scorrevole della seconda velocità ma con frizione (5) aperta.

Una volta preinnestata la seconda velocità, e nel momento in cui le condizioni di funzionamento del motore lo richiedono, inizia una fase chiamata **Cross Shifting** nel corso della quale la centralina comanda il robot in modo che la frizione marce pari (5) venga modulata in chiusura e la frizione marce dispari (6) venga modulata in apertura (▸ *Fig. 3.18*).

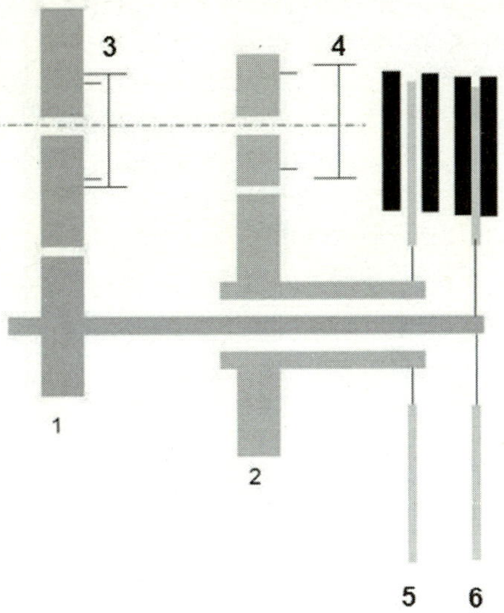

Fig. 3.17
Schema delle operazioni di innesto della prima marcia per l'avviamento da fermo; si notano, da sinistra a destra, le ruote dentate della prima (1,3), quelle della seconda (2,4), la frizione per le marce pari (5) aperta e quella per le marce dispari (6) chiusa; si notino inoltre i due alberi primari coassiali (da Fiat SpA – Unetversity, "Cambi robotizzati e automatici", 2010).

Ciò comporta un breve periodo in cui entrambe le frizioni trasmettono coppia slittando: questo periodo ha inizio nel momento in cui le superfici di attrito della frizione (5) entrano in contatto (**kiss point**) e termina quando le superfici della frizione (6) si sono distaccate; in altri termini, la fase di "cross shifting" termina quando la frizione delle marce dispari viene aperta e la frizione di quelle pari raggiunge la condizione di chiusura. L'operazione di cambio marcia termina quando il sistema robotizzato ha completato il disinnesto della prima velocità. In questa fase comunque il guidatore non si accorge di nulla sia perché il transitorio è molto breve sia perché il moto alle ruote viene trasmesso senza interruzione dalla frizione delle marce pari.

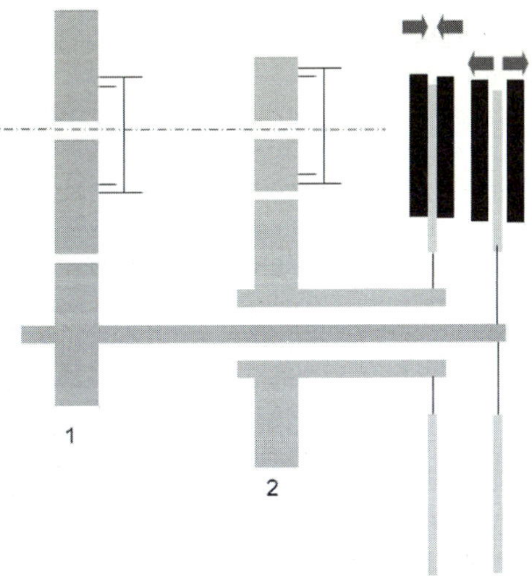

Fig. 3.18
Schema delle operazioni di innesto della seconda; con entrambe le marce innestate, quindi sia con le ruote dentate della prima (1,3), sia con le ruote dentate della seconda in presa (2,4), la frizione per le marce pari (5) esegue l'operazione di innesto mentre quella per le marce dispari (6) va in apertura (da Fiat SpA – Unetversity, "Cambi robotizzati e automatici", 2010).

Nelle ***figure 3.19*** e ***3.20*** sono riportati la vista tridimensionale in trasparenza e la sezione del cambio di velocità che equipaggia il veicolo industriale a trazione posteriore **Daily IVECO**. Il cambio identificato con la sigla 2835-6 è longitudinale, ha sei marce e può essere accoppiato con motori in grado di erogare una coppia motrice massima C_{MAX} = 350 Nm.

Fig. 3.19
Cambio di velocità a sei marce del veicolo Daily IVECO, in vista in trasparenza in 3D; si notano, da destra a sinistra, la campana frizione (1), l'albero entrante (2) seguito dal primario (3) e, inferiormente a essi, l'albero secondario (4). Superiormente vi è l'alberino (5) su cui scorrono le forcelle per l'innesto dei sei rapporti e della retromarcia.

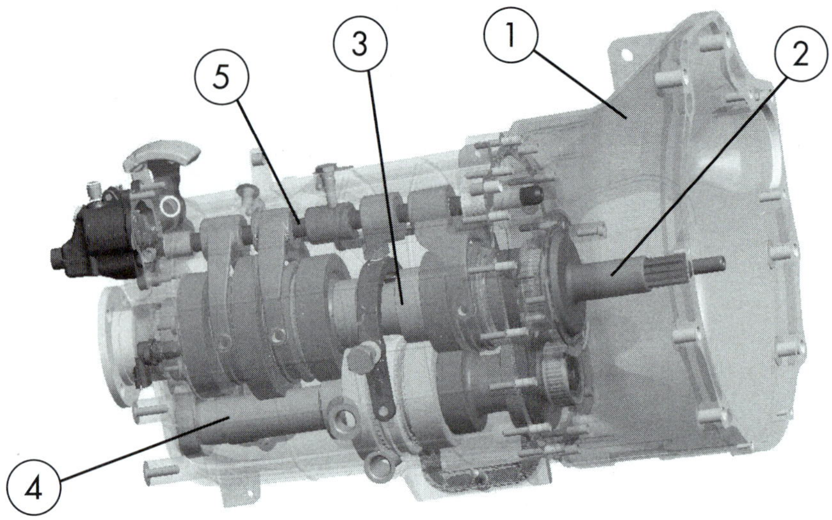

I rapporti sono:
— in prima $i_I = 5{,}004$;
— in seconda $i_{II} = 2{,}635$;
— in terza $i_{III} = 1{,}503$;
— in quarta $i_{IV} = 1$;
— in quinta $i_V = 0{,}812$;
— in sesta $i_{VI} = 0{,}685$.

Questo cambio è noto come **cambio a doppio overdrive** dato che i rapporti di trasmissione in quinta e in sesta sono inferiori all'unità, fungendo da moltiplicatore.

La *figura 3.20* consente di individuare la disposizione degli ingranaggi delle varie marce e dei loro gruppi di sincronizzazione e innesto e di comprendere in che modo avvengono le operazioni di disinnesto e innesto delle varie marce.

Il lay out del cambio si sviluppa intorno a tre assi orizzontali, disegnati con la consueta linea mista fine: sul primo in alto è montato l'albero fisso che ospita le cinque forcelle di selezione e comando delle marce: il comando di spostamento longitudinale delle forcelle proviene dal conducente, quando agisce sulla leva del cambio. L'asse centrale è relativo all'albero entrante e all'albero primario. Sull'albero entrante, che compare sulla sinistra dell'immagine dal lato della campana frizione, si incontra una prima ruota dentata, quella relativa alla quarta marcia, ricavata di pezzo sulla parte terminale dell'albero; essa ingrana con la compagna, montata sull'albero secondario, posta inferiormente. Pertanto, inserendo la quarta, la coppia motrice proveniente dal motore e dalla frizione si trasmette in modo diretto dall'albero entrante al primario, con il secondario rotante folle, realizzando in tal modo un rapporto di trasmissione unitario.

Sul primario vi sono tre gruppi sincronizzatori, a doppio cono per la terza e per la quarta e a triplo cono per la prima e per la seconda; l'ultimo gruppo a destra è destinato al comando della retromarcia. Sull'albero secondario vi è un unico gruppo di sincronizzatori, a semplice cono, per la quinta e la sesta.

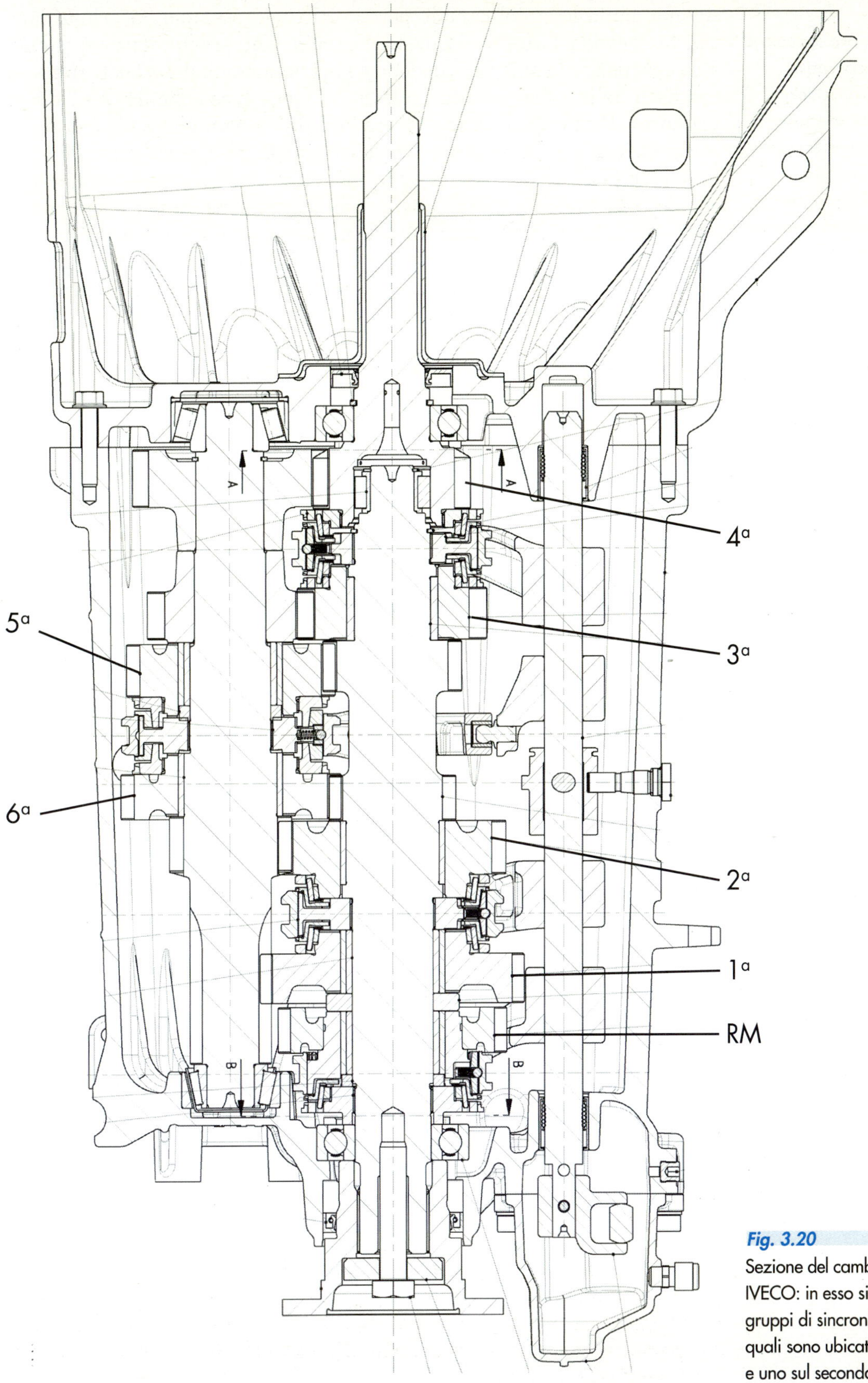

Fig. 3.20

Sezione del cambio del veicolo Daily IVECO: in esso si notano i quattro gruppi di sincronizzazione, tre dei quali sono ubicati sull'albero entrante e uno sul secondario.

RICHIAMO

Nella ***fig. 3.20*** in sezione compaiono due delle viti di serraggio della campana frizione con la scatola cambio: campana e scatola sono realizzate in lega leggera. Si notano inoltre diverse nervatura nella campana, allo scopo di conferire rigidezza alla struttura e di prevenire l'insorgere di vibrazioni sulle pareti.

Agendo sulla leva del cambio per inserire, ad esempio, la prima marcia, la seconda forcella (da destra) compie uno spostamento verso destra eseguendo la sincronizzazione e l'ingranamento della ruota dentata condotta della prima marcia; tale ruota viene resa solidale con l'albero primario. Pertanto il moto proveniente dall'albero entrante passa sul secondario grazie al rapporto 1:1 della quarta: gli ingranaggi delle altre marce sono posti in rotazione ma girano folli, senza cioè trasmettere coppia; solo la ruota motrice della prima trasmette coppia, dato che la ruota compagna è stata resa solidale al primario; si osservi come in realtà la ruota motrice della prima non esiste in quanto tale dato che i suoi denti sono stati ricavati di pezzo direttamente sull'albero secondario, assumendo pertanto la forma di scanalato.

*Osservazione: esistono cambi di velocità basati su altri principi fisici, come i **cambi a variazione totale**, per i quali si possono realizzare tutti i rapporti di trasmissione compresi fra un valore massimo e uno minimo, senza soluzione di continuità; i loro organi mobili, anziché ruote dentate, sono cinghie montate su pulegge a passo variabile oppure rulli rotanti inclinati, compresi fra dischi opposti e paralleli.*

B3.3 I ROTISMI EPICICLOIDALI

Sulla rete

FORMULARIO ESSENZIALE

Grandezza	Formula	Unità di misura
Rapporto di trasmissione totale	$i_{tot} = i_1 \, i_2 \, i_3 \ldots i_n$	i = rapporto di trasmissione
Costanza nell'interasse	$m_I(z_1 + z_2) = m_{II}(z_3 + z_4)$	z = numero di denti m = modulo [mm]
Ragione del cambio	$R = \sqrt[k-1]{\dfrac{n_k}{n_1}}$	R = ragione k = numero di marce n = velocità di rotazione [giri/min]
Formula di Willis	$i_0 = \dfrac{\omega_1 - \Omega}{\omega_4 - \Omega}$	i_0 = rapporto di trasmissione del rotismo ordinario ω_1 = velocità angolare in ingresso [rad/s] ω_4 = velocità angolare in uscita [rad/s] Ω = velocità angolare del portatreno [rad/s]

L'UNITÀ DIDATTICA IN BREVE

Sulla rete

PROBLEMI DI RIEPILOGO

Sulla rete

AUTOVERIFICA DELL'APPRENDIMENTO

1. Definire il rotismo (max 20 parole).

____

____

____

2. Il rotismo è detto ordinario, se gli assi delle ruote dentate sono ____________________; è detto epicicloidale, se durante il funzionamento ______________________________

3. In un rotismo ordinario, formato da cinque ruote dentate in sequenza, il rapporto di trasmissione totale è pari alla somma dei quattro rapporti di trasmissione parziali.

   Vero ☐ Falso ☐

4. Esprimere la relazione che impone la coassialità in un rotismo con due ingranaggi e con albero intermedio parallelo agli alberi entrante e uscente.

   ____

5. Il termine "ingranaggi in cascata" indica che le ruote dentate sono ______________________________

6. Lo scopo principale dei cambi di velocità è di variare:

   a) i rapporti di trasmissione fra ingresso e uscita

   b) la velocità angolare e la coppia motrice uscenti dal cambio, rispetto ai valori entranti

   c) i raggi primitivi delle ruote condotte e delle ruote motrici che costituiscono le marce

   d) la velocità angolare e la potenza uscenti dal cambio, rispetto ai valori entranti

7. Nei cambi di velocità con sincronizzatore, gli ingranaggi che costituiscono le varie marce sono sempre in presa.

   Vero ☐ Falso ☐

8. Elencare le denominazioni di quattro organi che compongono un rotismo epicicloidale:

   a)____________________

   b)____________________

   c)____________________

   d)____________________

9. Spiegare qual è la funzione del differenziale sugli autoveicoli. (max 20 parole)

____

____

____

10. Indicare quali, delle seguenti affermazioni relative a un rotismo formato da quattro ruote dentate, risultano corrette:

a) se sono in cascata, devono avere il medesimo modulo

b) sono in numero sufficiente per formare un rotismo epicicloidale

c) se la seconda e la terza ruota sono solidali su un proprio asse, si ha l'inversione del moto

d) se sono in cascata, si ha l'inversione del moto

11. Calcolare il modulo m_I necessario per realizzare la condizione di coassialità in un cambio, sapendo che le ruote cui è riferito hanno numero di denti $z_1 = 20$ e $z_2 = 60$ e che un'altra coppia di ruote del cambio ha numero di denti $z_3 = 26$ e $z_4 = 38$, con modulo $m_{II} = 2{,}5$ mm.

$m_I =$ ______________________

12. Nello studio dei rotismi epicicloidali, la formula di Willis permette di calcolare il rapporto di trasmissione per ______________

13. Spiegare perché nei cambi di velocità degli autoveicoli è indispensabile adottare il sistema di sincronizzazione (max 30 parole).

____

____

____

14. Il differenziale viene montato solo sugli autoveicoli a trazione posteriore.

Vero ☐ Falso ☐

15. Indicare quale, fra le seguenti formulazioni della ragione di un cambio avente k marce, risulta corretta:

a) $R = \sqrt[k-1]{\dfrac{n_1}{n_k}}$ b) $R = \sqrt[k+1]{\dfrac{n_k}{n_1}}$

c) $R = \sqrt[k-1]{\dfrac{n_k}{n_1}}$ d) $R = \sqrt[k]{\dfrac{n_k}{n_1}}$

16. Nei rotismi epicicloidali si definisce portatreno ______________ sul quale sono montate due o più ruote dette ______________

B4

TRASMISSIONI CON CINGHIE, FUNI E CATENE

La presente unità riguarda le **trasmissioni con organi flessibili**. Essa inizia con lo studio delle trasmissioni mediante **cinghie** e prosegue con l'esame delle trasmissioni mediante **funi** e **catene**. In seguito vengono presentate le caratteristiche e i campi di applicazione dei vari organi flessibili, con il procedimento di calcolo della trasmissione.

Prerequisiti

- Avere acquisito i principi della Cinematica e della Dinamica, relativi al moto di rotazione di un corpo attorno a un asse, passante per il suo baricentro.
- Sapere eseguire i calcoli relativi a potenze, rapporti di trasmissione e parametri geometrici delle ruote dentate quali il passo, i diametri primitivi e il numero di denti.

Obiettivi

- Sapere analizzare una trasmissione con organi flessibili.
- Conoscere le applicazioni tipiche industriali dei meccanismi con organi flessibili, in base alle caratteristiche tecnologiche dell'elemento utilizzato.
- Sapere eseguire il procedimento di calcolo di una trasmissione con cinghie.
- Conoscere le caratteristiche dei vari tipi di funi metalliche e saperne calcolare i principali parametri.
- Conoscere le caratteristiche dei vari tipi di catene ed essere in grado di scegliere il tipo adatto per ciascuna trasmissione.

Contenuti

- Generalità sulle trasmissioni.
- Trasmissioni con cinghie e pulegge.
- Trasmissioni con cinghie piatte.
- Trasmissioni con cinghie trapezoidali.
- Trasmissioni con cinghie scanalate o Poly-V.
- Trasmissioni sincrone a cinghia.
- Trasmissioni mediante funi.
- Trasmissioni mediante catene.

Verifica prerequisiti

1. Determinare la frequenza di rotazione n di una puleggia, la cui velocità angolare è $\omega = 31,4$ rad/s.

$n =$ ______________________________

2. Scrivere l'espressione della velocità periferica v, in funzione della frequenza di rotazione n, nel moto circolare uniforme.

$v =$ ______________________________

3. Esprimere analiticamente la potenza P nel moto di rotazione, sia in funzione della velocità angolare sia in funzione della frequenza di rotazione.

$P =$ ______________________________

4. Calcolare la potenza sviluppata da un argano per sollevare un carico $Q = 80$ daN, alla velocità costante $v = 0,5$ m/s.

$P =$ ______________________________

5. Un albero rotante, avente diametro $d = 100$ mm, ruota alla velocità $n = 2500$ giri/min; calcolare la velocità periferica v di un qualunque punto giacente sulla superficie esterna.

$v =$ ______________________________

6. Definire la trasmissione meccanica (max 15 parole).

____

____

7. Esprimere analiticamente il rapporto di trasmissione di un ingranaggio, in funzione dei diametri primitivi e dei rispettivi numeri di denti.

$i =$ ______________________________

8. Negli ingranaggi riduttori, il rapporto di trasmissione risulta maggiore dell'unità, mentre negli ingranaggi moltiplicatori il rapporto di trasmissione risulta minore dell'unità.

Vero ☐ Falso ☐

9. Definire il passo di una ruota dentata ed esprimerlo analiticamente, in funzione del diametro primitivo e del numero di denti (max 10 parole).

____

____

$P =$ ______________________________

Problema

Si progetti una trasmissione con cinghie trapezoidali che colleghi un motore elettrico asincrono a una macchina utensile, in servizio normale di 8 ore giornaliere (▸ *Fig. 4.1*).
Di seguito sono riportati i dati di progetto:
— potenza da trasmettere: $P_n = 4$ kW;
— numero di giri del motore: $n_1 = 1450$ giri/min;
— numero di giri del mandrino della macchina utensile: $n_2 = 763$ giri/min;
— interasse: $I = 700$ mm.

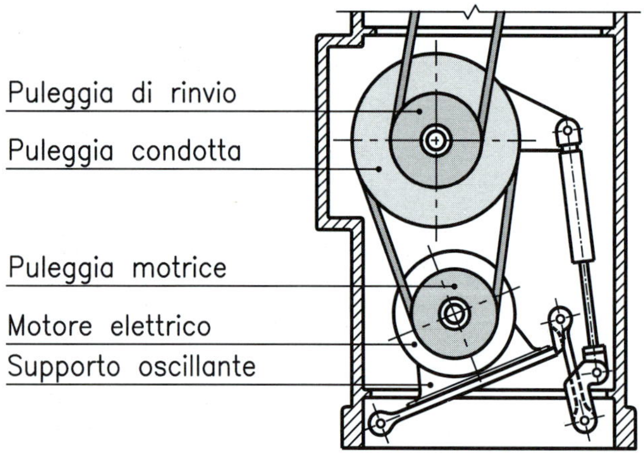

Fig. 4.1
Trasmissione a cinghie trapezoidali per una macchina utensile.

Analisi

Questo problema comporta la trasmissione di potenza fra due alberi paralleli, mediante cinghie e pulegge.
La progettazione della trasmissione consiste nel determinare il tipo di cinghia adatto e i valori delle sue dimensioni. Tali valori possono essere definiti se sono noti i dati riguardanti le caratteristiche costruttive e funzionali delle cinghie, riportati nei manuali tecnici o nei cataloghi dei costruttori.

Procedura consigliata

Per risolvere il problema proposto occorre:
- riferirsi al *paragrafo B4.2* e seguire lo schema di calcolo della trasmissione con cinghie trapezoidali.

B4.1 GENERALITÀ SULLE TRASMISSIONI

Nella trasmissione del moto fra due alberi – motore e condotto – quando la loro distanza è tale da non consentire l'impiego di ruote di frizione o ruote dentate, si adottano meccanismi costituiti da organi flessibili che si avvolgono su pulegge, tamburi o ruote con dentatura speciale, calettati sui due alberi.

Gli organi flessibili assumono forme costruttive distinte e hanno diversa deformabilità, pertanto si distinguono:
— trasmissioni mediante **cinghie**;
— trasmissioni mediante **funi**;
— trasmissioni mediante **catene**.

POLIGLOTTA
Cinghia, fune, catena
GB: Belt, cable, chain
F: Courroie, câble, chaîne
D: Riemen, Seil, Kette

Anche nel caso di trasmissioni con organi flessibili, come le trasmissioni con organi rigidi (ruote di frizione o ruote dentate), l'accoppiamento fra l'organo flessibile e l'organo rigido (puleggia) può essere di "forza" o di "forma".

Le trasmissioni realizzate mediante pulegge con cinghie (escluse quelle dentate) oppure con funi presentano un **accoppiamento di forza**; in questo caso l'accoppiamento è capace di sviluppare la necessaria **aderenza** (attrito) che impedisce il reciproco slittamento fra i due organi a contatto.

POLIGLOTTA
Aderenza
GB: Adhesion
F: Adhérence
D: Ruhereibung

Nel caso invece di cinghie dentate o catene, che realizzano un **accoppiamento di forma** con le rispettive pulegge dentate, la trasmissione di potenza è affidata alla **forza normale fra i profili** degli organi a contatto (puleggia e flessibile), anziché alla forza tangenziale d'attrito; ne consegue che non può generarsi scorrimento, qualunque sia l'intensità della forza da trasmettere e la velocità dell'organo flessibile.

Le tipiche applicazioni industriali di meccanismi con organi flessibili sono determinate dalle caratteristiche tecnologiche del flessibile: in genere le **cinghie** sono utilizzate per realizzare trasmissioni di potenza non rilevante fra alberi rotanti a velocità anche elevate; le **funi** sono impiegate per trasmettere potenze elevate con grandi interassi e sono largamente utilizzate nelle macchine di sollevamento e trasporto, consentendo di trasmettere forze rilevanti a velocità modeste. Per trasmettere grandi potenze con rapporto di trasmissione rigorosamente costante si adottano le **catene**, impiegate anche nelle macchine di sollevamento.

B4.2 TRASMISSIONI CON CINGHIE E PULEGGE

A seconda del profilo della sezione, le cinghie possono essere classificate nel modo seguente (▸ *Fig. 4.2*):
— **piane** o **piatte**;
— **trapezoidali**;
— **scanalate** o **Poly-V**;
— **dentate** o **sincrone**.

A tali tipi principali si aggiungono altri tipi particolari, quali le cinghie a **doppia sezione trapezoidale** (o a **sezione esagonale**), a **sezione circolare** e a **pioli**.

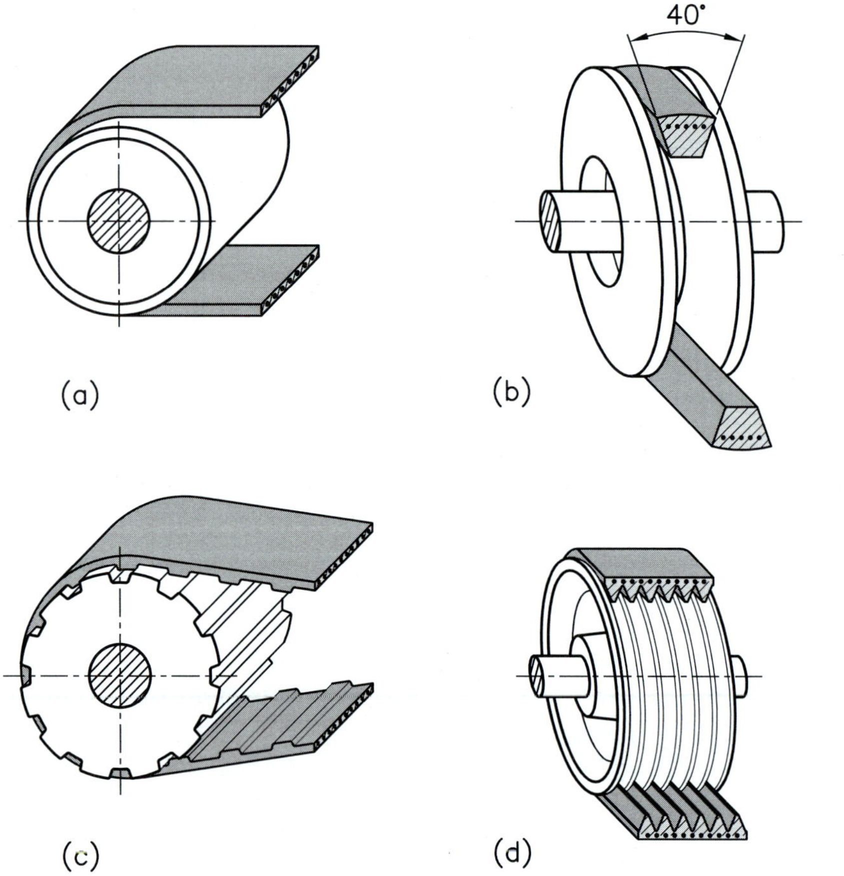

Fig. 4.2
Tipologie di cinghie con relative pulegge:
a) cinghia piana;
b) cinghia trapezoidale;
c) cinghia dentata;
d) cinghia scanalata.

POLIGLOTTA
Cinghia piana
GB: Flat belt
F: Courroie plate
D: Flachriemen

Le **cinghie piane**, di sezione rettangolare, possono essere in cuoio, in tessuto gommato o in materiale plastico rinforzato con tessuto oppure, per piccole potenze, in gomma o in materiale sintetico (▸ *Fig. 4.2a*).

I **principali vantaggi** di tale tipo di cinghia consistono nel costo relativamente basso, nell'attitudine a trasmettere la potenza a grande distanza (anche lungo percorsi tortuosi della trasmissione), nonché nella loro elevata flessibilità e nella possibilità di assorbire brusche variazioni di coppia. I **principali svantaggi**, invece, derivano dal maggiore pericolo di slittamento rispetto alle cinghie trapezoidali, dal modesto rendimento alle basse velocità e dal maggiore carico sui cuscinetti degli alberi di trasmissione, a causa della maggiore tensione della cinghia. Le pulegge per cinghie piane possono avere il profilo esterno piano o bombato. La puleggia bombata serve a mantenere centrato l'asse della cinghia; in generale è bene che almeno una delle due pulegge, preferibilmente quella motrice, sia bombata.

POLIGLOTTA
Cinghia trapezoidale
GB: V belt
F: Courroie trapézoïdale
D: Keilriemen

Le **cinghie trapezoidali**, la cui sezione è a forma di trapezio isoscele, sono costituite da un nucleo a trefoli in poliestere, immerso in una mescola di elastomeri, e da un rivestimento esterno di tela impregnata con elastomero. L'angolo delle cinghie trapezoidali è di circa 40°, mentre le gole delle pulegge su cui vengono montate devono avere angoli più piccoli, di solito compresi fra i 34° e i 38° (▸ *Fig. 4.2b*).

I **principali vantaggi** delle cinghie trapezoidali sono la riduzione degli slittamenti, la silenziosità, gli elevati rapporti di trasmissione realizzabili, la possibilità di assorbire brusche variazioni di coppia e la facilità di montaggio.

In una trasmissione che richiede l'impiego di diverse cinghie trapezoidali affiancate – teoricamente di lunghezze uguali, ma che possono presentare differenze di lunghezza per tolleranze di produzione generando vibrazioni –, è possibile utilizzare cinghie trapezoidali multiple.

Le **cinghie dentate** sono formate da una serie di fili metallici, o fibre di vetro, che costituiscono l'elemento resistente della cinghia, rivestiti in gomma o neoprene (▸ *Fig. 4.2c*). La dentatura sostituisce l'aderenza nella trasmissione e ciò costituisce il principale vantaggio di tali cinghie, in quanto si eliminano totalmente gli slittamenti. Le cinghie dentate sono silenziose, hanno un ottimo rendimento e sono sottili e flessibili, pertanto è possibile impiegare pulegge di diametro piccolo, ottenendo quindi rapporti di trasmissione elevati con minimo ingombro.

POLIGLOTTA
Cinghia dentata
GB: Toothed belt
F: Courroie à dents
D: Zahnriemen

Le **cinghie scanalate**, che possono essere collocate fra le cinghie piatte e quelle trapezoidali, presentano dal lato interno alcune nervature longitudinali in elastomero, a sezione triangolare; esse sono delle cinghie piatte scanalate. L'elemento resistente alle sollecitazioni di trazione è rappresentato dalla parte a sezione rettangolare ed è costituito da uno strato di fili in poliestere, immerso in gomma sintetica (▸ *Fig. 4.2d*).

POLIGLOTTA
Cinghia scanalata
GB: Ribbed belt
F: Courroie gouffré
D: Rillenriemen

Esse trovano un vasto campo di applicazione nei motori termici, per la trasmissione dell'albero motore agli organi ausiliari quali l'alternatore, la pompa dell'idroguida e il compressore condizionatore. Nel caso in cui la potenza debba essere trasmessa da entrambi i lati della cinghia, si utilizzano cinghie a doppia sezione trapezoidale (o a sezione esagonale).

Le **cinghie a sezione circolare** presentano uguale flessibilità in tutte le direzioni e si prestano a realizzare trasmissioni lungo percorsi particolarmente tortuosi e con numerose pulegge di rinvio.

Le **cinghie a pioli** sono impiegate negli strumenti di misura e sono utilizzabili anche nel caso di assi sghembi.

Nell'accoppiamento di forza fra pulegge e organo flessibile, affinché possa avvenire la trasmissione della potenza fra i due alberi, occorre imporre all'organo flessibile un'adeguata tensione, detta **tensione statica di montaggio**, in modo che, per effetto dell'attrito fra le pulegge e l'organo flessibile, si sviluppi un'aderenza tale da evitare il reciproco slittamento. Ne consegue che la velocità v dell'organo flessibile è pari alla velocità periferica della puleggia motrice e di quella condotta (▸ *Fig. 4.3*).

POLIGLOTTA
Tensione di montaggio
GB: Assembly stress
F: Tension de montage
D: Montagespannung

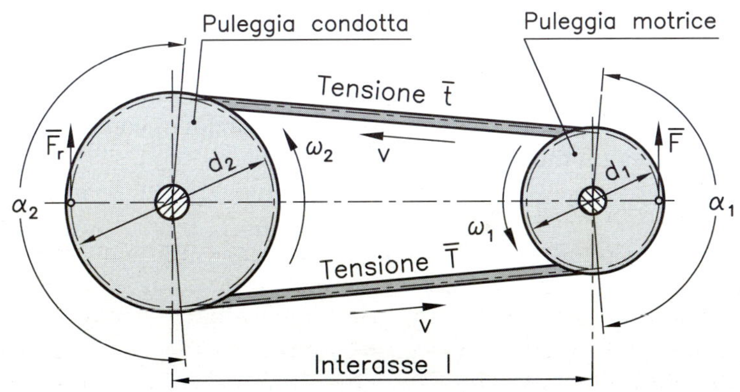

Fig. 4.3
Schema di una trasmissione con organo flessibile e pulegge.

Pertanto, indicando con ω_1 e ω_2 le velocità angolari, rispettivamente della puleggia motrice e della puleggia condotta o mossa, e con r_1 e r_2 i rispettivi raggi, dall'uguaglianza delle velocità suddette, trascurando l'influenza dello spessore della cinghia, si determina il **rapporto di trasmissione** teorico i fra le due pulegge:

$$v = \omega_1 r_1 = \omega_2 r_2$$

da cui si ricava:

$$\frac{\omega_1}{\omega_2} = \frac{r_2}{r_1} = i \qquad \textbf{[4.1]}$$

ovvero:

$$\frac{n_1}{n_2} = \frac{d_2}{d_1} = i \qquad \textbf{[4.2]}$$

POLIGLOTTA
Interasse
GB: Center distance
F: Entre-axes
D: Achsenabstand

POLIGLOTTA
Puleggia motrice, puleggia condotta
GB: Driving pulley, driven pulley
F: Poulie menante, poulie conduite
D: Antriebsscheibe, getriebene Scheibe

POLIGLOTTA
Angolo di avvolgimento
GB: Crabbing corner
F: Angle d'enroulement
D: Schlagswinkel

in cui n_1, n_2, d_1 e d_2 rappresentano le frequenze di rotazione e i diametri, rispettivamente, della puleggia motrice e di quella condotta.

Osservando lo schema della trasmissione della ***figura 4.3*** si distinguono:

— l'**interasse** I, che costituisce la distanza fra gli alberi di trasmissione del moto;
— la **puleggia motrice** di diametro d_1, calettata sull'albero motore;
— la **puleggia condotta** di diametro d_2, calettata sull'albero condotto;
— il **ramo conduttore** della cinghia (ramo inferiore), che va verso la puleggia motrice ed è soggetto alla tensione T;
— il **ramo condotto** della cinghia (ramo superiore), che si allontana dalla puleggia motrice ed è soggetto alla tensione t;
— gli **angoli di avvolgimento**, o **di contatto**, α_1 e α_2 della cinghia, rispettivamente sulla puleggia motrice e su quella condotta.

Poiché nelle trasmissioni a cinghia, entro certi limiti, la tensione nel tratto di cinghia avvolto sulla puleggia può variare, ne consegue che il ramo conduttore è soggetto a una tensione maggiore di quella cui è soggetto il ramo condotto; in condizioni statiche (trasmissione ferma), la tensione dei due rami è la stessa ed è pari alla **tensione statica di montaggio** T_0, la cui espressione è la seguente:

$$T_0 = \frac{T+t}{2} \qquad \textbf{[4.3]}$$

In condizioni di funzionamento ideale, ossia in assenza di scorrimenti fra cinghia e puleggia, per l'equilibrio alla rotazione, considerando per esempio la puleggia motrice, dev'essere:

$$M_m - T\frac{d_1}{2} + t\frac{d_1}{2} = 0$$

ossia:

$$M_m = (T-t)\frac{d_1}{2} \qquad \textbf{[4.4]}$$

in cui M_m rappresenta il momento applicato all'albero della puleggia motrice.

La differenza delle tensioni nei due rami della cinghia rappresenta la **forza periferica motrice *F***:

$$F = T - t \qquad \textbf{[4.5]}$$

Considerando l'equilibrio alla rotazione della puleggia condotta, sempre nell'ipotesi di funzionamento ideale, e indicando con M_r e F_r, rispettivamente, il **momento resistente** e la **forza periferica resistente**, si ricava una relazione uguale alla [*4.5*]:

$$F_r = T - t$$

Pertanto le due forze periferiche sono uguali in valore assoluto (▸ ***Fig. 4.3***):

$$F = F_r$$

Per quanto riguarda la potenza trasmessa, per esempio, dal motore alla puleggia motrice, la sua espressione è:

$$P = M_m \omega_1$$

per la [*4.4*] diventa:

$$P = (T - t)\frac{d_1}{2}\omega_1$$

ovvero:

$$P = F\,v \qquad \textbf{[4.6]}$$

in cui v indica la velocità periferica della puleggia, uguale alla velocità della cinghia.

Trascurando gli scorrimenti, che possono essere al massimo del 3%, e gli effetti della rigidezza della cinghia – ossia considerando il rendimento unitario – la [*4.6*] rappresenta anche la potenza raccolta dalla puleggia condotta.

Variazione della tensione del flessibile nel tratto avvolto sulla puleggia (condizioni di aderenza)

L'accoppiamento di forza fra puleggia e organo flessibile è un accoppiamento in grado di sviluppare la necessaria aderenza che impedisce il reciproco slittamento fra i due organi, in modo da consentire la trasmissione della potenza fra due alberi. Osservando la ***figura 4.4***, in cui si è preso come riferimento la ruota motrice, considerando un tratto infinitesimo di cinghia, delimitato dall'angolo $d\alpha$, e quindi di lunghezza infinitesima $r\,d\alpha$, si rileva che:

— una delle due sezioni che delimitano il tratto infinitesimo di cinghia è soggetta alla forza T^*, mentre sull'altra agisce la forza $(T^* + dT)$, il

cui incremento dT, rispetto alla prima, è dovuto all'attrito di avvolgimento; entrambe le forze sono inclinate, rispetto all'asse verticale y, dell'angolo $d\alpha/2$;
— dN è la reazione normale della puleggia alle tensioni trasmesse a quest'ultima dalla cinghia;
— $(f\,dN)$ indica la resistenza d'attrito dovuta alla forza dN che si oppone allo scorrimento, in cui f è il coefficiente d'attrito radente fra cinghia e puleggia. Tale forza è tangente alla puleggia nel verso concorde con quello della rotazione.

Fig. 4.4
Forze agenti su un elemento infinitesimo di cinghia, avvolto sulla puleggia.

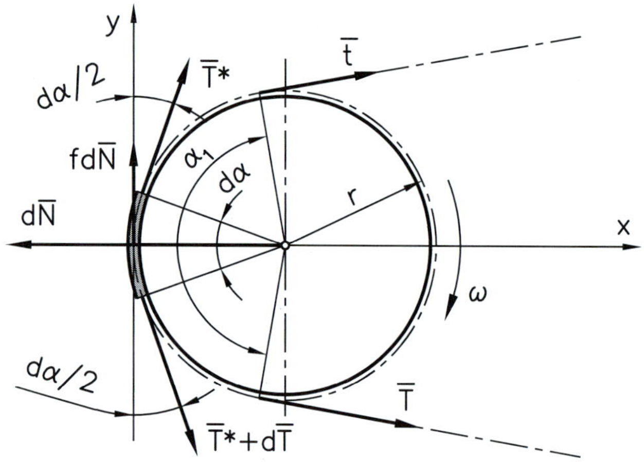

Per l'equilibrio alla traslazione nelle direzioni radiale x e tangenziale y dell'elemento infinitesimo di cinghia, si ottengono le seguenti equazioni:

$$-dN + T^* \operatorname{sen}\frac{d\alpha}{2} + \left(T^* + dT\right)\operatorname{sen}\frac{d\alpha}{2} = 0$$

e:

$$T^* \cos\frac{d\alpha}{2} + f\,dN - \left(T^* + dT\right)\cos\frac{d\alpha}{2} = 0$$

Dal momento che $d\alpha$ è un angolo infinitesimo, espresso in radianti, si può ritenere:

$$\operatorname{sen}\frac{d\alpha}{2} = \frac{d\alpha}{2}$$

e:

$$\cos\frac{d\alpha}{2} = 1$$

per cui le due equazioni di equilibrio diventano:

$$-dN + T^* \frac{d\alpha}{2} + T^* \frac{d\alpha}{2} + dT\frac{d\alpha}{2} = 0$$

e:

$$T^* + f\,dN - T^* - dT = 0$$

Trascurando il termine $dT/(d\alpha/2)$, poiché è il prodotto di due quantità infinitesime, raccogliendo e semplificando si ottiene:

$$-dN + T^* \, d\alpha = 0 \qquad [4.7]$$

e:

$$f \, dN - dT = 0 \qquad [4.8]$$

Dalla [*4.7*] si ricava:

$$dN = T^* \, d\alpha$$

sostituendo nella [*4.8*] si ricava:

$$\frac{dT}{T^*} = f \, d\alpha \qquad [4.9]$$

Considerando l'intero arco di contatto fra cinghia e puleggia, che sottende l'angolo α_1, e integrando la [*4.9*] fra gli estremi (T, t) e $(\alpha_1, 0)$ si ha:

$$\int_t^T \frac{dT}{T^*} = \int_0^{\alpha_1} f \, d\alpha$$

la cui soluzione è:

$$\left[\ln T^*\right]_t^T = f\left[\alpha\right]_0^{\alpha_1}; \quad \ln\frac{T}{t} = f\,\alpha_1$$

RICHIAMO
Con il simbolo **ln** si indicano i logaritmi naturali o neperiani di base $e = 2{,}7182$.

ovvero:

$$\frac{T}{t} = e^{f\,\alpha_1} \qquad [4.10]$$

La [*4.10*] rappresenta il limite del rapporto fra le tensioni nei due rami della cinghia, oltre il quale si ha lo scorrimento della cinghia sulla puleggia (**condizione limite di aderenza**).

Osservazione: il rapporto dato dalla [4.10] cresce all'aumentare del coefficiente d'attrito f e dell'angolo di avvolgimento α_1. Da ciò si deduce che è preferibile impiegare materiali con più elevati coefficienti d'attrito e che la puleggia di diametro minore, ai fini dell'aderenza, è nelle condizioni più sfavorevoli, essendo il suo angolo di avvolgimento minore rispetto a quello della puleggia maggiore. Pertanto l'angolo di avvolgimento α_1 che compare nella [4.10] è quello della puleggia di diametro minore; per aumentarne il valore si può stabilire il verso di rotazione, in modo che il ramo conduttore (ramo di cinghia più teso) si trovi al di sotto mentre quello condotto sia al di sopra. Il coefficiente d'attrito fra cinghia e puleggia dipende dai tipi di materiali, dalle condizioni delle superfici a contatto e dalle condizioni di esercizio. Ai fini della progettazione, si suppone che il coefficiente d'attrito sia costante, pertanto si possono adottare i valori riportati nella ***tabella 4.1*** *(tratta dal* Manuale dell'Ingegnere Meccanico*, Hoepli, 2005).*

Tabella 4.1 Coefficiente d'attrito radente f fra cinghia e puleggia

Materiale delle cinghie	Materiale delle pulegge				
	Legno	Acciaio o ghisa			
		Pulegge pulite	Pulegge umide	Pulegge con tracce d'olio	Pulegge con tracce di grasso
Cuoio	0,30÷0,45	0,25÷0,40	0,20÷0,35	0,12÷0,20	0,15÷0,25
Gomma	0,35	0,32	0,15	–	–
Tessuto gommato	0,38	0,35	0,20	–	–

Ricavando dalla [*4.10*] la forza agente nel ramo condotto:

$$t = \frac{T}{e^{f\alpha_1}} \qquad \textbf{[4.11]}$$

e sostituendo nella [*4.5*] si ottiene:

$$F = T - t = T\left(1 - \frac{1}{e^{f\alpha_1}}\right) \qquad \textbf{[4.12]}$$

da cui si ricava l'espressione della forza agente nel ramo conduttore:

$$T = F\frac{e^{f\alpha_1}}{e^{f\alpha_1} - 1} \qquad \textbf{[4.13]}$$

sostituendo nella [*4.11*] si ottiene:

$$t = \frac{F}{e^{f\alpha_1} - 1} \qquad \textbf{[4.14]}$$

Le relazioni [*4.13*] e [*4.14*] rappresentano i valori minimi delle tensioni nei due rami liberi della cinghia, affinché non si abbia scorrimento fra cinghia e puleggia.

L'espressione della tensione statica di montaggio, data dalla [*4.3*], diventa:

$$T_0 = \frac{T+t}{2} = \frac{F}{2}\frac{e^{f\alpha_1} + 1}{e^{f\alpha_1} - 1} \qquad \textbf{[4.15]}$$

Di seguito si riportano i modi più comuni per ottenere la tensione di montaggio del flessibile:

— l'uso di una cinghia di lunghezza leggermente inferiore rispetto a quella calcolata;
— il montaggio di una puleggia su un supporto oscillante o traslante (▸ ***Fig. 4.5a, b***);

— l'impiego di un **rullo avvolgitore**, detto anche **tendicinghia** o **galoppino tenditore**, posto normalmente sul ramo condotto della cinghia (▸ *Fig. 4.5c*). Di solito il tendicinghia si impiega per grandi rapporti di trasmissione e per pulegge vicine o disposte verticalmente, poiché consente di aumentare l'angolo di avvolgimento e di diminuire le tensioni T e t, con conseguente diminuzione del tiro. È buona norma adottare tendicinghia di diametro uguale o di poco inferiore a quello della puleggia minore della trasmissione.

POLIGLOTTA
Rullo tenditore
GB: Jockey pulley
F: Galopin
D: Leitrolle

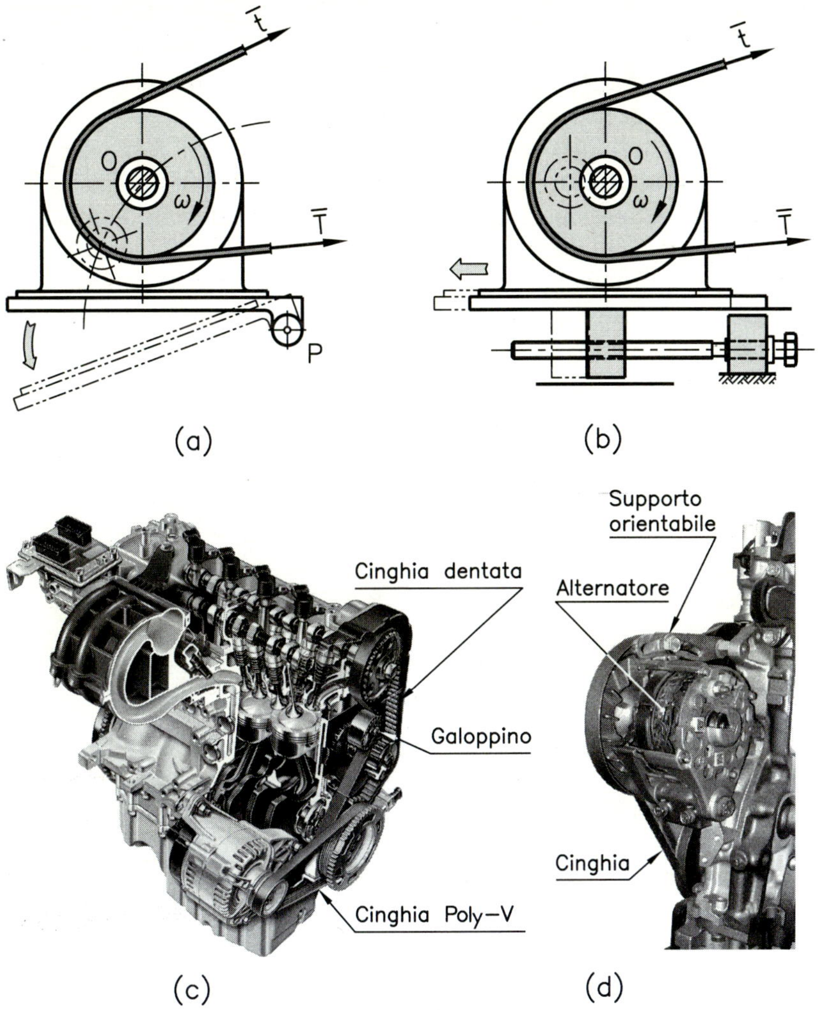

Fig. 4.5
Schema di una trasmissione a cinghia con dispositivo di tensione:
a) schema di una puleggia con supporto oscillante;
b) schema di una puleggia con supporto traslante;
c) applicazione di una cinghia dentata con rullo tenditore e di una cinghia Poly-V applicata sul motore FIAT FIRE 16v 1.4 (UTS-COMAU per Fiat Auto);
d) applicazione di una cinghia trapezoidale con supporto oscillante.

A titolo indicativo si considerino i seguenti casi:

— in una trasmissione con due pulegge di uguale diametro (per cui l'angolo di avvolgimento è $\alpha_1 = \pi$), ponendo $f = 0{,}28$ si ottiene:

$$\frac{T}{t} = e^{f\alpha_1} = 2{,}41$$

$$T = \frac{F}{\left(1 - \frac{1}{e^{f\alpha_1}}\right)} = 1{,}7\ F$$

$$t = T - F = 0{,}7\ F$$

— se invece $\alpha_1 = \pi/2$ e $f = 0,28$, si ottiene:

$$\frac{T}{t} = e^{f\alpha_1} = 1,55$$

$$T = \frac{F}{\left(1 - \dfrac{1}{e^{f\alpha_1}}\right)} = 2,81\ F$$

$$t = T - F = 1,81\ F$$

Confrontando i risultati ottenuti si può notare che, per evitare lo scorrimento fra puleggia e cinghia, occorrono forze tanto più elevate quanto minore è l'angolo di avvolgimento.

Tuttavia, per una determinata forza periferica F, tali forze devono essere piccole, quanto basta per ridurre sia le sollecitazioni nel flessibile sia le sollecitazioni a flessione sugli alberi su cui sono calettate le pulegge. È opportuno perciò realizzare i valori massimi sia del coefficiente d'attrito f sia dell'angolo di avvolgimento α_1, che risulta tanto maggiore quanto maggiore è l'interasse e quanto meno differiscono i diametri delle pulegge.

Le **sollecitazioni a flessione** sugli alberi sono generate dalla risultante delle forze agenti nei tratti del flessibile e dal peso della puleggia.

POLIGLOTTA
Tiro
GB: Drag
F: Tir
D: Riemenspannung

La risultante delle forze, detta **tiro** S del flessibile, si può porre approssimativamente come somma delle loro intensità; quindi il suo valore può essere considerato il doppio della tensione di montaggio:

$$S = T + t = F\frac{e^{f\alpha_1} + 1}{e^{f\alpha_1} - 1} \qquad \textbf{[4.16]}$$

Il tiro S delle cinghie assume approssimativamente i seguenti valori:

— per le cinghie piatte:

$$S = 1,8\ F, \quad \text{con } T = 1,4\ F;\ t = 0,4\ F$$

per la messa in tensione mediante un rullo tenditore sul ramo meno teso, si ha:

$$S = 1,5\ F, \quad \text{con } T = 1,25\ F;\ t = 0,25\ F$$

— per le cinghie trapezoidali:

$$S = 1,5\ F, \quad \text{con } T = 1,25\ F;\ t = 0,25\ F$$

— per le cinghie scanalate:

$$S = 1,7\ F, \quad \text{con } T = 1,35\ F;\ t = 0,35\ F$$

Per tener conto delle sovratensioni e garantire con sufficiente sicurezza la trasmissione del moto senza slittamenti, nella pratica comune il tiro S delle cinghie assume, in genere, i seguenti valori:

— per le cinghie piatte: $S = (3 \div 4)\ F$;
— per le cinghie trapezoidali: $(2 \div 2,5)\ F$;
— per le cinghie scanalate: $(2,5 \div 3)\ F$.

Forze supplementari agenti nei tratti di avvolgimento dell'organo flessibile sulle pulegge e variazione del rapporto di trasmissione in funzione dello spessore

Sulla rete

Geometria del flessibile nell'accoppiamento di forza

I principali problemi geometrici della trasmissione con cinghie e funi ad accoppiamento di forza sono:

— la determinazione della lunghezza del flessibile, note le dimensioni e la posizione delle pulegge;
— il problema inverso di determinare l'interasse, nota la lunghezza del flessibile e i diametri delle pulegge;
— la determinazione dell'angolo di avvolgimento.

Nel caso più comune di trasmissioni fra assi paralleli, l'avvolgimento dell'organo flessibile sulle pulegge può essere **diritto** (caso più frequente) o **incrociato** (▸ *Fig. 4.8a, b*); nel caso particolare di assi sghembi ortogonali si dice che l'organo flessibile è **semincrociato** (▸ *Fig. 4.8c*).

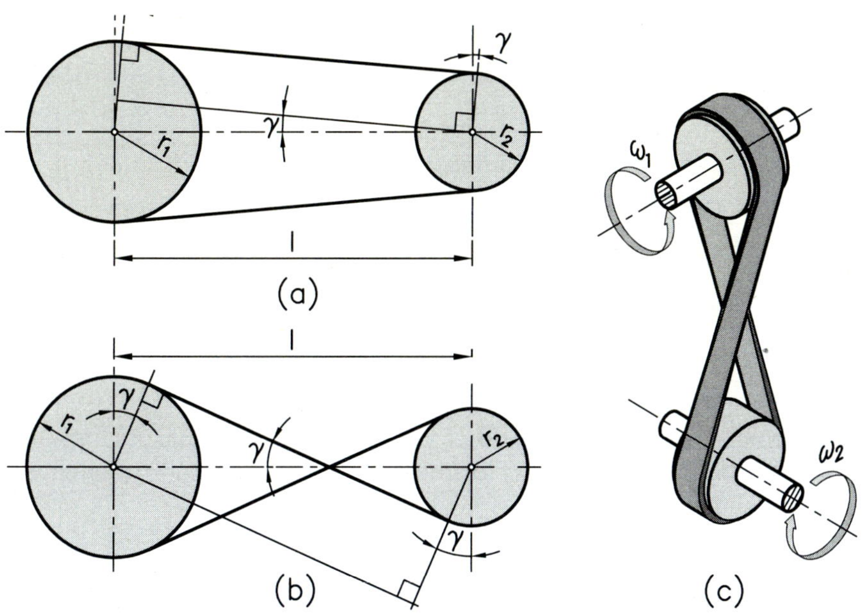

Fig. 4.8
Disposizione delle cinghie:
a) avvolgimento diritto;
b) avvolgimento incrociato;
c) avvolgimento semincrociato.

Flessibile diritto

In questo caso la **trasmissione** si dice **aperta** e le pulegge ruotano nello stesso verso. Noti i diametri $d_1 = 2r_1$ e $d_2 = 2r_2$ delle pulegge, l'interasse I e l'angolo γ (formato dal ramo del flessibile con la retta per i centri), la lunghezza L_d della cinghia o della fune si calcola mediante la seguente relazione:

$$L_d = \pi(r_1 + r_2) + 2\gamma(r_2 - r_1) + 2I\cos\gamma$$

Essendo:

$$\cos\gamma = \sqrt{(1 - \text{sen}^2\gamma)}$$

e:

$$\text{sen}\,\gamma = \frac{r_2 - r_1}{I}$$

sviluppando in serie l'espressione del coseno, risulta:

$$\cos\gamma = \left[1 - \left(\frac{r_2 - r_1}{I}\right)^2\right]^{\frac{1}{2}} \cong 1 - \frac{1}{2}\left(\frac{r_2 - r_1}{I}\right)^2$$

Inoltre, potendo considerare sen $\gamma \cong \gamma$, si ottiene:

$$L_d = \pi(r_2 + r_1) + 2\frac{(r_2 - r_1)^2}{I} + 2I\left[1 - \frac{1}{2}\left(\frac{r_2 - r_1}{I}\right)^2\right] =$$

$$= \pi(r_1 + r_2) + \frac{(r_2 - r_1)^2}{I} + 2I$$

ovvero:

$$L_d = 2I + \frac{\pi}{2}(d_1 + d_2) + \frac{(d_2 - d_1)^2}{4I} \qquad \textbf{[4.26]}$$

Ovviamente, assegnata la lunghezza del flessibile, dalla [*4.26*] si può ricavare il valore dell'interasse *I*:

$$I = \frac{L_d - \pi(r_1 + r_2) + \left\{\left[L_d - \pi(r_1 + r_2)\right]^2 - 8(r_2 - r_1)^2\right\}^{\frac{1}{2}}}{4} \qquad \textbf{[4.27]}$$

Per le cinghie piane, indicando con d_2 il diametro della puleggia più grande (o condotta) e con *b* la larghezza della cinghia, normalmente si ammette che l'interasse sia:
— per trasmissioni con carico costante:

$$I \geq 2\,d_2 \qquad \textbf{[4.28]}$$

— per trasmissioni con carico variabile:

$$I \geq (3 \div 4)\,d_2 \qquad \textbf{[4.29]}$$

Si tenga presente che valori troppo elevati dell'interasse provocano più facilmente oscillazioni della cinghia; esso non deve superare i 15÷18 m.

I valori raccomandati dell'interasse *I* nelle trasmissioni con cinghie piatte diritte sono:
— $I = 1{,}5 \div 4$ m, per potenze inferiori a 15 kW;
— $I = 4 \div 6$ m, per potenze da 15 a 40 kW;
— $I = 6 \div 10$ m, per potenze superiori a 40 kW.

Per le cinghie trapezoidali, il valore ottimale dell'interasse I è:

$$I = (1 \div 1{,}5)\, d_2 \qquad [4.30]$$

adottando i valori più piccoli nel caso di rapporti di trasmissione elevati.

Gli angoli di avvolgimento α_1 e α_2, rispettivamente della puleggia minore (motrice) e di quella maggiore (condotta), risultano espressi dalla seguente formula:

$$\alpha_1 = \pi - 2\gamma = \pi - \text{arcsen}\,\frac{d_2 - d_1}{2I} \cong \pi - \frac{d_2 - d_1}{I}$$

ovvero:

$$\alpha_1 = 180° - 57\frac{d_2 - d_1}{I} \qquad [4.31]$$

e:

$$\alpha_2 = \pi + 2\gamma = \pi + \text{arcsen}\,\frac{d_2 - d_1}{2I} \cong \pi + \frac{d_2 - d_1}{I}$$

ovvero:

$$\alpha_2 = 180° + 57\frac{d_2 - d_1}{I} \qquad [4.32]$$

È consigliabile che l'angolo di avvolgimento α_1 sulla puleggia più piccola, in relazione al tipo di cinghia, non scenda al di sotto dei seguenti valori:

— per le cinghie piane di cuoio o cotone:

$$\alpha_1 = 150 \div 160°$$

— per le cinghie piane tessili, impregnate con resine o in gomma:

$$\alpha_1 = 145°$$

— per le cinghie piane speciali ad alta aderenza:

$$\alpha_1 = 135°$$

— per le cinghie trapezoidali:

$$\alpha_1 = 120°$$

Flessibile incrociato

Con questa disposizione della cinghia, è possibile ottenere un verso di rotazione opposto delle due pulegge; tuttavia è poco frequente, a causa del maggiore deterioramento della cinghia, sia per effetto dello sfregamento fra i suoi rami liberi sia per effetto della torsione cui è sottoposta la cinghia stessa.

La lunghezza L_i della cinghia o della fune, in questo caso, si ricava dalla seguente relazione:

$$L_i = 2I + \frac{\pi}{2}(d_1 + d_2) + \frac{(d_2 + d_1)^2}{4I} \qquad [4.33]$$

POLIGLOTTA

Incrocio

GB: Crossing

F: Croisement

D: Verschränkung

L'angolo di avvolgimento è lo stesso per entrambe le pulegge ed è indicato nella seguente relazione:

$$\alpha_1 = \alpha_2 = \pi + 2\gamma \cong \pi + \frac{d_2 + d_1}{I} \qquad \textbf{[4.34]}$$

Per trasmissioni con cinghie piatte incrociate, l'interasse I dev'essere:

$$I \geq 4\,d_2 \qquad \textbf{[4.35]}$$

verificando inoltre che sia:

$$I \geq 20b; \quad d_2 \geq 5b$$

Flessibile semincrociato

Le cinghie semincrociate si impiegano con assi sghembi.

La lunghezza L_s del flessibile, nel caso di assi ortogonali, si esprime con la seguente relazione:

$$L_s = \pi \frac{d_1 + d_2}{2} + \sqrt{I^2 + d_1^2} + \sqrt{I^2 + d_2^2} \qquad \textbf{[4.36]}$$

L'interasse I per le cinghie piatte dev'essere:

$$I \geq 2\,d_2 \qquad \textbf{[4.37]}$$

mentre per le cinghie trapezoidali dev'essere:

$$I = 5{,}5\,(d_2 + w) \qquad \textbf{[4.38]}$$

in cui w indica la larghezza della fascia della puleggia.

Osservazioni: confrontando la [4.33] con la [4.26] si nota che, per il flessibile incrociato, la lunghezza non dipende più dalla somma e dalla differenza dei diametri delle pulegge (come per il flessibile diritto), bensì dipende solo dalla somma, pertanto la stessa cinghia può essere montata incrociata su differenti coppie di pulegge, purché la somma dei diametri e l'interasse siano costanti. Tale osservazione riveste particolare interesse per le trasmissioni con rapporto di trasmissione variabile, ottenuto tramite coni di pulegge (pulegge a gradini), come indicato nella **figura 4.9a** *e* **b***; occorrerà infatti che i diametri delle pulegge siano tali da richiedere sempre la stessa lunghezza del flessibile.*

Per ottenere una variazione continua del rapporto di trasmissione, si possono considerare le pulegge con un numero infinito di gradini, pertanto:

- *nel caso di flessibile diritto la puleggia ha il profilo parabolico, come indicato nella* **figura 4.10a***;*
- *nel caso di flessibile incrociato la puleggia diventa tronco-conica (profilo rettilineo), come indicato nella* **figura 4.10b**.

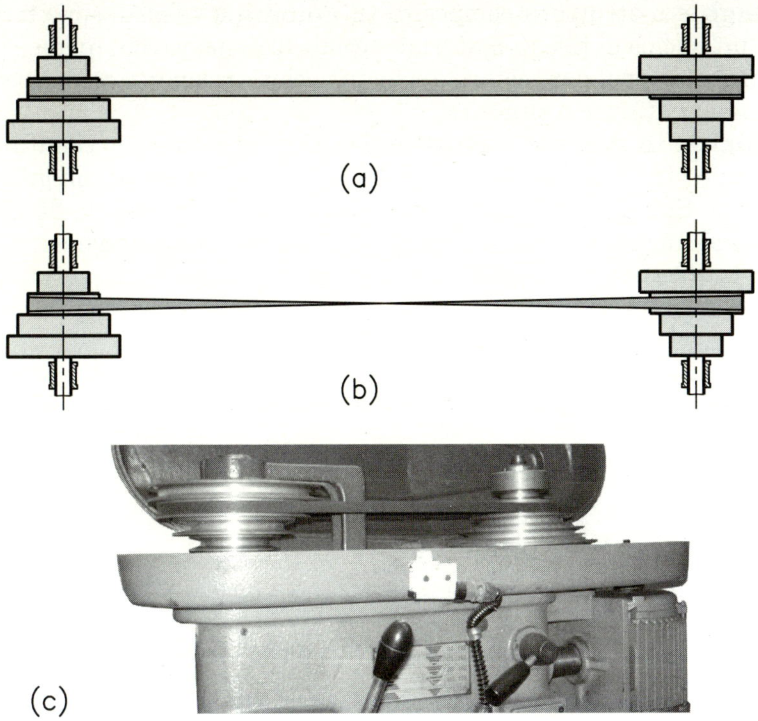

Fig. 4.9

Pulegge a gradini:
a) con flessibile diritto;
b) con flessibile incrociato;
c) applicazione su un trapano radiale.

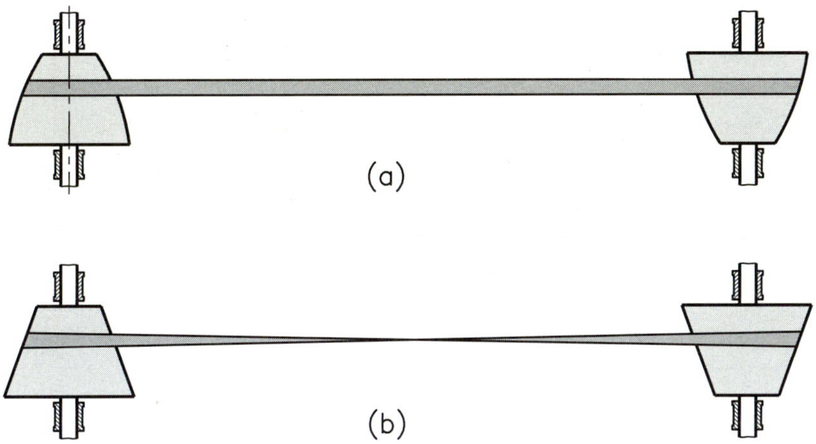

Fig. 4.10

a) Puleggia con profilo parabolico.
b) Puleggia tronco-conica.

B4.3 TRASMISSIONI CON CINGHIE PIATTE

Di seguito si riportano i tipi più comuni di cinghie piatte.

— **Cinghie di cuoio**: sono ormai in progressivo disuso, ricavate dalla pelle dorsale di bue conciata. Esse possono essere a semplice strato, per spessori di 4÷7 mm e larghezze fino a 600 mm; a doppio strato, per spessori di 8÷14 mm e larghezze sempre fino a 600 mm; eccezionalmente sono utilizzate a triplo strato. Per questo tipo di cinghia è bene che il rapporto fra il diametro della puleggia e lo spessore della cinghia sia maggiore di 70÷80, affinché le sollecitazioni di flessione non siano eccessive.

— **Cinghie** a struttura composita **in laminati plastici**: sono costituite da una o più lamine di resine poliamidiche o poliestere, ricoperte in cuoio, oppure in tessuto gommato.

— **Cinghie** a struttura composita **in gomma e tessili**: sono formate da un nucleo di tele di materiale tessile (cotone, rayon, nylon o poliestere) e, in casi particolari, anche in acciaio, ricoperto con mescole di gomma naturale o sintetica.
— **Cinghie in gomma** o **plastici** per alte velocità: sono costituite da un solo strato di materiale tessile, o plastico, rivestito con gomma o resina. Si tratta di cinghie sottili, leggere, estremamente flessibili e poco allungabili. A questa tipologia di cinghie appartengono:
  — le **cinghie Hevaloid**, costituite da un nucleo di cotone ricoperto con gomma naturale e utilizzate per trasmissioni leggere e molto flessibili;
  — le **cinghie Hevaflex**, costituite da un nucleo di nylon, poco estensibile e molto resistente, rivestito con gomma sintetica o neoprene.

Nella *tabella 4.2* (tratta dal *Manuale dell'Ingegnere Meccanico*, Hoepli, 2005) sono riportati i valori dei principali parametri fisico-meccanici e il campo applicativo dei vari tipi di cinghie piatte.

Tabella 4.2 Parametri fisico-meccanici e campo applicativo delle cinghie piatte

Parametri / Materiali	Tensione di rottura σ_R [N/mm²]	Tensione massima ammissibile σ_{am} [N/mm²]	Modulo di elasticità longitudinale E [N/mm²]	Massa volumica ρ [kg/m³]	Spessori medi s [mm]	Velocità massima V [m/s]
Cuoio	25÷40	2,5÷6	150÷250	1000	4÷14	30÷40
Laminati plastici	200÷225	20÷45	400÷600	1100	0,5÷6	40
Gomma e tessili	25÷50	2,5÷10	300÷500	1200	6÷20	40
Gomma, o plastici, per alte velocità	100÷125	10÷25	150÷300	1100	0,5÷2	70

Schema di calcolo della trasmissione con cinghie piane

Il dimensionamento della trasmissione consiste nel determinare il tipo, lo spessore e la larghezza della cinghia, adatta a trasmettere una determinata potenza e i diametri delle pulegge, assegnati:
— la potenza nominale o di targa P_n del motore, il tipo di motore e di macchina operatrice, le condizioni di lavoro;
— la frequenza di rotazione n_1 della puleggia motrice;
— la frequenza di rotazione n_2 della puleggia condotta;
— l'interasse I fra le due pulegge.

Il calcolo si effettua utilizzando i dati sperimentali riportati nei manuali tecnici o nei cataloghi dei costruttori, procedendo nel modo seguente.

a) Scelto il **tipo di cinghia** da adottare e stabilito il valore della velocità periferica v, si possono determinare i **diametri delle pulegge** mediante l'espressione della velocità:

$$v = \frac{\pi d_1 n_1}{60} = \frac{\pi d_2 n_2}{60} \qquad \textbf{[4.39]}$$

assumendo poi i valori unificati (▸ *Tab. 4.3*) corrispondenti ai numeri normali per organi meccanici della serie R20 (UNI 2017), a partire dal valore minimo di 40 mm.

Tabella 4.3 Diametri unificati [mm] delle pulegge per cinghie piatte (UNI 4922)

40	45	50	56	63	70	80	90	100	110	125	140
160	180	200	220	250	280	315	355	400	450	500	560
630	710	800	900	1000	1100	1250	1400	1600	1800	2000	–

I diametri delle pulegge possono essere determinati anche assumendo i valori riportati nelle tabelle della potenza specifica, presentati più avanti.
Scelto il tipo di cinghia da adottare, dalla tabella della potenza specifica si assume il diametro della puleggia motrice, evitando, se possibile, i valori minimi; il valore della puleggia condotta viene calcolato attraverso la relazione del rapporto di trasmissione $i = d_2/d_1$, assumendo poi il valore unificato prossimo a quello calcolato (▸ *Tab. 4.3*). Si tenga presente che i diametri delle pulegge devono essere scelti in modo che il rapporto di trasmissione effettivo ottenuto non differisca troppo dal valore nominale $i = n_1/n_2$. Infine si calcola la velocità periferica della cinghia, il cui valore consente di individuare, dalle apposite tabelle, la potenza specifica della cinghia scelta.

b) Si calcola la **potenza corretta** o di calcolo P_c con la seguente relazione:

$$P_c = P_n F_s F_t \qquad \textbf{[4.40]}$$

in cui P_n è la potenza nominale, F_s è un **coefficiente di servizio** che tiene conto delle condizioni di lavoro, del tipo di motore e del tipo di macchina operatrice (▸ *Tab. 4.4*), F_t è un **coefficiente correttivo** che dipende dalle caratteristiche della trasmissione (▸ *Tab. 4.5*).

c) Si determina la **potenza specifica corretta** P_{sc}, ricavata mediante la **potenza specifica** P_s, trasmissibile da una cinghia per ogni centimetro di larghezza. Nelle *tabelle 4.6*, *4.7* e *4.8* (tratte dal *Manuale di Meccanica*, Hoepli, 2005) sono riportati, per alcuni tipi di cinghie, i valori della potenza specifica P_s, in funzione della velocità periferica, del diametro della puleggia minore e per un angolo di avvolgimento $\alpha_1 = 180°$. Pertanto, tenendo conto dell'effettivo angolo di avvolgimento, è possibile ricavare la potenza specifica corretta trasmissibile P_{sc}:

$$P_{sc} = P_s F_{\alpha 1} \qquad \textbf{[4.41]}$$

in cui $F_{\alpha 1}$ è un coefficiente correttivo, che tiene conto dell'angolo effettivo di avvolgimento α_1 della puleggia più piccola; i suoi valori sono riportati nella *tabella 4.9*.

d) Si calcola la **lunghezza** della cinghia che, nel caso di cinghia diritta, è data dalla [*4.26*]:

$$L_d = 2I + \frac{\pi}{2}(d_1 + d_2) + \frac{(d_2 - d_1)^2}{4I}$$

e) Si determina l'**angolo di avvolgimento** α_1 della ruota motrice mediante la [*4.31*]:

$$\alpha_1 = 180° - 57\frac{d_2 - d_1}{I}$$

f) Infine si calcola la **larghezza** b della cinghia, ottenuta come rapporto fra la potenza corretta P_c e la potenza specifica corretta P_{sc}:

$$b = \frac{P_c}{P_{sc}} = \frac{P_n F_s F_t}{P_s F_\alpha} \qquad \textbf{[4.42]}$$

Tabella 4.4 Fattore di servizio F_s in funzione delle condizioni di lavoro

Macchina operatrice \ *Condizioni di lavoro*	— *Motori elettrici con coppia di spunto normale* — *Motori a combustione interna*			*Motori elettrici con elevata coppia di spunto*		
	Servizio intermittente 3÷5 ore al giorno	*Servizio normale 8÷10 ore al giorno*	*Servizio continuo 16÷24 ore al giorno*	*Servizio intermittente 3÷5 ore al giorno*	*Servizio normale 8÷10 ore al giorno*	*Servizio continuo 16÷24 ore al giorno*
Pompe, agitatori per liquidi, ventilatori, compressori centrifughi, trasportatori a nastro	1	1,1	1,2	1,1	1,2	1,3
Gruppi generatori, macchine per stampa, macchine per lavanderia, macchine utensili, presse	1,1	1,2	1,3	1,2	1,3	1,4
Pompe e compressori a pistoni, macchine tessili, per cantiere, per l'industria petrolifera, per l'industria ceramica, frantoi	1,2	1,3	1,4	1,3	1,4	1,5
Molini a pale e a cilindri, molazze, macchine per l'industria della gomma	1,3	1,4	1,5	1,5	1,6	1,8

Tabella 4.5 Fattore correttivo F_t in funzione delle caratteristiche della trasmissione

Condizioni normali: $F_t = 1$	Trasmissione incrociata o semincrociata: $F_t = 1{,}3 \div 1{,}4$	— Con tendicinghia posto sul ramo condotto: $F_t = 1{,}1$ — Con tendicinghia posto sul ramo conduttore: $F_t = 1{,}2$	— Presenza di olio: $F_t = 1{,}3$ — Presenza di olio e tendicinghia: $F_t = 1{,}4$

Tabella 4.6 Potenza specifica P_s [kW/cm] delle cinghie di cuoio (angolo di avvolgimento $\alpha_1 = 180°$)

Potenza specifica P_s^*

Velocità [m/s]	*Spessore della cinghia [mm]*						
	Semplice		Doppio			Triplo	
	4,3	5	7	8	9	11,8	13,4
5	0,53	0,61	0,76	0,90	1,05	1,20	1,32
10	1,02	1,20	1,44	1,76	2,02	2,38	2,61
15	1,53	1,73	2,11	2,55	2,03	3,40	3,76
20	1,88	2,17	2,64	3,20	3,70	4,25	4,70
25	2,17	2,46	3,02	3,67	4,20	4,84	5,34
30	2,29	2,61	3,20	3,87	4,46	5,16	5,66

Coefficiente K, in funzione del diametro della puleggia minore

Diametro puleggia minore [mm]	<100	101÷200	201÷300	301÷400	401÷750	>750
Fattore correttivo [K]	0,5	0,6	0,7	0,8	0,9	1

La potenza specifica P_s^*, solo per le cinghie piane, dev'essere corretta mediante il fattore K:

$$P_s = K\,P_s^*$$

Tabella 4.7 Potenza specifica P_s [kW/cm] per cinghie a struttura composita, in gomma e tessili (angolo di avvolgimento $\alpha_1 = 180°$) (*continua*)

Tipo di tessuto	*Numero di tele*	*Diametro della puleggia minore [mm]*	*Velocità della cinghia [m/s]*					
			5	10	15	20	25	30
Medio in cotone	4	100	0,26	0,35	0,47	0,64	0,62	0,52
		300	0,52	1,02	1,41	1,70	1,93	2,05
		≥450	0,53	1,05	1,51	1,84	2,09	2,25

Tabella 4.7 **Potenza specifica P_s [kW/cm] per cinghie a struttura composita, in gomma e tessili (angolo di avvolgimento α_1 = 180°) (*segue*)**

Tipo di tessuto	*Numero di tele*	*Diametro della puleggia minore [mm]*	*Velocità della cinghia [m/s]*					
			5	10	15	20	25	30
Medio in cotone	6	200	0,41	0,73	0,98	1,44	1,38	1,03
		400	0,79	1,43	1,97	2,37	2,64	2,81
		≥650	0,80	1,55	2,23	2,75	3,16	3,37
	8	400	0,73	1,29	1,74	2,05	2,09	2,17
		700	1,05	2,02	2,62	3,37	3,84	4,07
		≥900	1,06	2,08	3,01	3,66	4,22	4,49
	10	700	1,08	1,96	2,65	3,19	3,41	3,58
		1000	1,32	2,61	3,65	4,46	5,07	5,40
		≥1200	1,32	2,61	3,78	4,60	5,24	5,63
Pesante in cotone	4	100	0,31	0,55	0,71	0,81	0,78	0,68
		300	0,64	1,23	1,70	2,07	2,37	2,48
		≥350	0,64	1,26	1,83	2,23	2,42	2,71
	6	200	0,55	1,00	1,32	1,55	1,56	1,42
		400	0,96	1,77	2,40	2,93	3,24	3,45
		≥700	0,96	1,90	3,02	3,32	3,80	4,06
	8	350	0,83	1,51	2,05	2,38	2,57	2,45
		600	1,29	2,51	3,48	4,26	4,83	5,13
		≥900	1,29	2,51	3,72	4,45	5,06	5,39
	10	600	1,22	2,19	3,07	3,48	3,68	3,74
		900	1,61	3,13	4,44	5,23	5,91	6,29
		≥1200	1,61	3,16	4,45	5,55	6,31	6,74

Tabella 4.8 **Potenza specifica P_s [kW/cm] per cinghie in gomma o plastici per alte velocità (tipo Hevaflex con angolo di avvolgimento α_1 = 180°)**

Diametro della puleggia minore [mm]	*Velocità della cinghia [m/s]*											
	5	10	15	20	25	30	35	40	45	50	55	60
15	0,21	0,39	0,53	0,66	0,78	–	–	–	–	–	–	–
20	0,29	0,54	0,78	0,99	1,19	1,35	–	–	–	–	–	–
25	0,34	0,66	0,96	1,23	1,48	1,68	1,84	1,96	–	–	–	–
30	0,38	0,74	1,07	1,39	1,69	1,93	2,10	2,23	2,28	2,26	–	–
≥35	0,40	0,78	1,14	1,48	1,79	2,09	2,31	2,49	2,63	2,71	2,70	2,63

Tabella 4.9 **Fattore correttivo $F_{\alpha 1}$**

Angolo di avvolgimento α_1	180°	170°	160°	155°	150°	145°	140°	135°	130°	120°	115°	110°	100°	90°
$F_{\alpha 1}$	1,0	0,98	0,95	0,93	0,92	0,90	0,89	0,87	0,86	0,82	0,80	0,78	0,74	0,69

Le larghezze delle cinghie piatte e delle rispettive pulegge sono unificate; i relativi valori sono riportati nella *tabella 4.10* (UNI 4921), corrispondenti ai numeri di Renard della serie R 40, a partire dal valore minimo di 16 mm.

Tabella 4.10 Larghezze unificate delle cinghie piatte e delle relative pulegge (UNI 4921)

Larghezza della cinghia [mm]	*Larghezza della puleggia [mm]*	*Larghezza della cinghia [mm]*	*Larghezza della puleggia [mm]*
16	20	140	160
20	25	160	180
25	32	180	200
32	40	200	220
40	50	220	250
50	63	250	280
63	70	280	315
70	80	315	355
80	90	355	400
90	100	400	450
100	110	450	500
110	125	500	560
125	140	560	600

Esempio

Si progetti una trasmissione mediante cinghia piatta e pulegge, che colleghi un motore elettrico trifase a un trasportatore a nastro, in servizio normale di 8 ore giornaliere.

Di seguito si riportano i dati di progetto:

— potenza da trasmettere: $P_n = 4$ kW;
— numero di giri del motore: $n_1 = 1470$ giri/min;
— numero di giri del trasportatore: $n_2 = 650$ giri/min;
— interasse: $I = 1500$ mm.

Soluzione

Scegliendo una cinghia a struttura composita di gomma e tessili, con tessuto pesante in cotone a 6 tele, e assumendo una velocità periferica della cinghia di 30 m/s, il valore del diametro della puleggia motrice è:

$$d_1 = \frac{60\,000\,v}{\pi\,n_1} = \frac{60\,000 \times 30}{\pi 1470} \cong 390 \text{ mm}$$

mentre quello della puleggia condotta è:

$$d_2 = \frac{60\,000\,v}{\pi\,n_2} = \frac{60\,000 \times 30}{\pi 650} \cong 882 \text{ mm}$$

Si assumono quindi i valori unificati della ***tabella 4.3***:

$$d_1 = 400 \text{ mm}$$
$$d_2 = 900 \text{ mm}$$

La potenza di calcolo P_c, per la [*4.40*] e le ***tabelle 4.4*** e ***4.5***, vale:

$$P_c = P_n F_s F_t = 4 \times 1{,}1 \times 1 = 4{,}4 \text{ kW}$$

Considerando l'avvolgimento diritto, la lunghezza L_d della cinghia si determina con la [*4.26*]:

$$L_d = 2I + \frac{\pi}{2}(d_1 + d_2) + \frac{(d_2 - d_1)^2}{4I} =$$
$$= 2 \times 1500 + \frac{\pi}{2}(400 + 900) + \frac{(900 - 400)^2}{4 \times 1500} \cong 5083 \text{ mm}$$

mentre il valore dell'angolo di avvolgimento α_1 della ruota motrice, per la [*4.31*], è:

$$\alpha_1 = 180° - 57\frac{d_2 - d_1}{I} = 180° - 57\frac{900 - 400}{1500} \cong 160°$$

Per calcolare la larghezza b della cinghia occorre determinare la potenza specifica corretta P_{sc} che, per la [*4.41*] e le ***tabelle 4.7*** e ***4.9***, vale:

$$P_{sc} = P_s F_{\alpha 1} = 3{,}45 \times 0{,}95 = 3{,}28 \ \frac{\text{kW}}{\text{cm}}$$

per cui il valore della larghezza della cinghia è:

$$b = \frac{P_c}{P_{sc}} = \frac{4{,}4}{3{,}28} \cong 1{,}34 \text{ cm}$$

Si assumerà il valore unificato b = 16 mm, ricavato dalla ***tabella 4.10***.

B4.4 TRASMISSIONI CON CINGHIE TRAPEZOIDALI

Le **trasmissioni con cinghie trapezoidali** possono essere semplici o multiple, a seconda che siano realizzate con una o più cinghie montate su pulegge che possono avere da 1 a 6 gole. Le cinghie trapezoidali sono molto impiegate perché presentano principalmente i seguenti vantaggi:

— maggiore aderenza sulla puleggia (l'attrito fra cinghia e gola della puleggia è 3÷5 volte maggiore rispetto a una cinghia piana);

— elevati rapporti di trasmissione;

— minore angolo di avvolgimento a parità di momento trasmissibile, quindi minore interasse e minore ingombro complessivo della trasmissione;
— minori tensioni nei rami liberi della cinghia, perciò minore tiro e quindi minore sollecitazione sui cuscinetti degli alberi della trasmissione.

Questo tipo di cinghia, dalla caratteristica sezione retta a forma di trapezio isoscele, è costituito da tre parti (▸ *Fig. 4.11*):
— un nucleo centrale a trefoli in poliestere, dotato di elevata resistenza a trazione (2);
— una mescola di elastomeri a strati, in cui è immerso il nucleo (3);
— un rivestimento esterno, costituito da una o più tele impregnate con elastomero, resistente all'usura e che assicura una buona aderenza con la gola della puleggia (1).

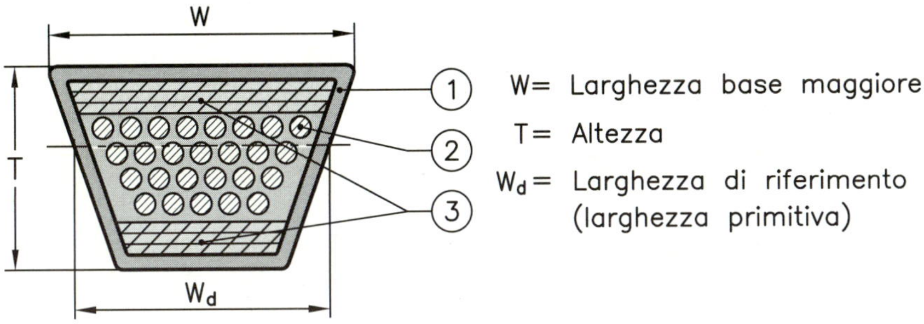

Fig. 4.11
Sezione retta di una cinghia trapezoidale.

Dato il profilo a forma di trapezio, sia della cinghia sia delle gole delle pulegge, il contatto si realizza esclusivamente fra i fianchi di esse, con conseguente effetto di "incuneamento" della cinghia nella gola. Si ha così un incremento dell'aderenza, che consente di accrescere il rapporto fra le forze agenti nei due rami della cinghia, ottenendo quindi valori minori delle forze T e t, a parità di forza periferica trasmessa.

Si dimostra che la forza d'attrito generata fra cinghia e gola della rispettiva puleggia vale:

$$F_a = f'Q$$

in cui Q indica la forza dovuta alla tensione di montaggio che preme la cinghia nella gola della puleggia, mentre f' è un coefficiente d'attrito fittizio, il cui valore è:

$$f' = \frac{f}{\text{sen}\left(\frac{\beta}{2}\right)} \qquad \textbf{[4.43]}$$

dove f è il coefficiente d'attrito radente fra i materiali a contatto (gola della puleggia e cinghia), mentre β rappresenta l'angolo dei fianchi della gola (di solito 34÷38°).

Confrontando l'aderenza della cinghia trapezoidale con quella di una cinghia piana, si può notare che hanno la stessa forma, se si sostituisce il coefficiente d'attrito f con f' sensibilmente più elevato. In pratica si considera f' = 0,50÷0,60, anche se normalmente le cinghie trapezoidali operano in un campo in cui $f' = 1{,}5 \div 2$ e nelle condizioni più sfavorevoli non si hanno valori minori di $f' = 1$. Ciò significa che una cinghia trapezoidale ha un'aderenza che può essere 3÷5 volte superiore rispetto a quella di una cinghia piana.

Per le trasmissioni a cinghie trapezoidali valgono le seguenti definizioni (UNI 5264):

— **larghezza primitiva** (o **di riferimento**) W_d: è la larghezza comune della gola e della cinghia, in corrispondenza di un punto appartenente al fianco della gola, che si muove con la stessa velocità con cui si muovono i punti della cinghia nel tratto rettilineo più teso; essa rappresenta la larghezza dello strato neutro della cinghia (▸ ***Fig. 4.11***);
— **lunghezza primitiva** (o **di riferimento**) L_p: è la lunghezza di una cinghia misurata sotto tensione a livello della larghezza primitiva;
— **diametro primitivo** (o **di riferimento**) d_p: è il diametro di una puleggia, misurato in corrispondenza della larghezza primitiva; si indicano con d_{p1} il diametro della puleggia minore e con d_{p2} quello della puleggia maggiore;
— **velocità periferica** della cinghia v: è la velocità calcolata in funzione del diametro primitivo e del numero di giri della puleggia;
— **rapporto di trasmissione** i: è definito dal rapporto dei diametri primitivi delle pulegge.

Fra le varie tipologie di cinghie trapezoidali, le più diffuse sono:

— le **cinghie a sezione convenzionale** (UNI 5265; DIN 2215):

Z, A, B, C, D, E

— le **cinghie a sezione stretta, tipo SP** (DIN 7753):

SPZ, SPA, SPB, SPC

— le **cinghie a sezione stretta, tipo V** (standard USA: RMA; MPTA):

3V, 5V, 8V

Nell'ambito delle trasmissioni di piccole potenze, soprattutto nell'industria degli elettrodomestici, sono utilizzati i seguenti tipi:

1L, 2L, 3L e 4L

In riferimento alla sezione retta rappresentata nella ***figura 4.11***, nella ***tabella 4.11*** sono riportati i valori unificati delle dimensioni delle cinghie trapezoidali convenzionali e strette SP; mentre i valori della ***tabella 4.12*** sono riferiti alle cinghie strette tipo V e a quelle per piccole potenze.

Per limitare le tensioni di flessione, il diametro delle pulegge non può scendere al di sotto di un certo valore che dipende dall'altezza della cinghia. I diametri di riferimento d_p, in funzione del tipo di cinghia, sono riportati nella ***tabella 4.13*** (tratta dal *Manuale dell'Ingegnere Meccanico*, Hoepli, 2005).

Anche per la lunghezza primitiva delle cinghie trapezoidali sono previsti valori unificati. I principali valori riferiti alla cinghie convenzionali sono riportati nella ***tabella 4.14*** (tratta dal *Manuale dell'Ingegnere Meccanico*, Hoepli, 2005).

Tabella 4.11 **Dimensioni [mm] della sezione retta delle cinghie trapezoidali convenzionali e strette tipo SP**

Sezione	Z	A	B	C	D	E	SPZ	SPA	SPB	SPC
Larghezza primitiva W_d	8,5	11	14	19	27	32	8,5	11	14	19
Larghezza nominale W	10	13	17	22	32	38	9,7	12,7	16,3	22
Altezza nominale T	6	8	11	14	19	25	8	10	13	18

Tabella 4.12 **Dimensioni [mm] della sezione retta delle cinghie trapezoidali per piccole potenze e strette tipo V**

Sezione	1L	2L	3L	4L	3V	5V	8V
Larghezza nominale W	5	6	9,5	12,5	9,5	16	25,5
Altezza nominale T	3	4	5,5	7	8	13,5	23

Tabella 4.13 **Diametri primitivi (o di riferimento) d_p delle pulegge per cinghie trapezoidali convenzionali e strette tipo SP**

Tipo di cinghia	*Diametri primitivi d_p [mm]*
Z	50, 53, 56, 61, **63**, 67, **71**, 75, **80**, 85, 90, **100**, 112, 120, **125**, 135, 140, *150*, **160**, 170, 180, 190, **200**, 215, 224, 230, 250
A	75, 80, 85, **90, 100, 112**, 120, 125, 135, **140**, 150, **160**, 170, **180**, 190, **200**, 215, 224, 230, **250**, 270, 280, 300, **315**, 320, 335, 355, 375, **400**, 450, 485, **500**, 540, 560, **630**, 670, 710
B	125, 135, **140**, 150, **160**, 170, **180**, 190, **200**, 215, 224, 230, **250**, 270, 280, 300, **315**, 320, 335, 355, 375, **400**, 450, 485, **500**, 540, 560, **630**, 670, 710, 750, **800**, 900, **1000**
C	**200**, 215, **224**, 230, **250**, 270, **280**, 300, **315**, 320, 335, 355, 375, **400**, 450, 485, **500**, 540, 560, **630**, 670, 710, 750, **800**, 900, **1000**, 1120, **1250**, 1400, 1500, 1600
D	**355**, 375, **400, 450**, 485, **500**, 540, **560, 630**, 670, 710, 750, **800**, 900, **1000**, 1120, **1250**, 1400, 1500, **1600**, 1800, **2000**
E	**500**, 540, **560, 630**, 670, **710**, 750, 800, 900, **1000**, 1120, **1250**, 1400, 1500, **1600**, 1800, **2000, 2500**
SPZ	**63**, 67, **71**, 75, 80, 85, **90, 100, 112**, 120, **125**, 135, **140**, *150*, **160**, 170, **180**, 190, **200**
SPA	**90, 100, 112**, 120, **125**, 135, **140**, 150, **160**, 170, **180**, 190, **200**, 215, **224**, 230, **250**, 270, **280**, 300, **315**
SPB	**140**, 150, **160**, 170, **180**, 190, **200**, 215, **224**, 230, **250**, 270, **280**, 300, **315**, 320, 335, **355**, 375, **400**
SPC	**224**, 230, **250**, 270, **280**, 300, 315, 320, 335, **355**, 375, **400**, **450**, 485, **500**, 540, **560, 630,** 670, **710**

I valori in neretto sono quelli raccomandati

Tabella 4.14 Principali lunghezze primitive di alcune cinghie trapezoidali

Tipo di cinghia	Z	A	A	B	B	C	C	D	E	SPA	SPB	3V	3V/5V/8V
	380	415	2220	630	2635	920	5245	2565	4680	750	1272	635	2540
	435	490	2270	680	2685	1155	5345	2720	5060	800	1342	675	2690
	485	540	2320	730	2735	1285	5665	2870	5440	850	1422	710	2845
	510	590	2370	780	2790	1360	5815	3125	5765	918	1522	760	2995
	585	645	2420	830	2840	1460	6070	3330	6120	975	1622	800	3175
	635	695	2475	885	2890	1585	6325	3530	6325	1025	1722	850	3335
	660	745	2525	935	2940	1715	6500	3635	6505	1078	1822	900	3555
Lunghezze primitive L_p [mm]	685	770	2575	985	2990	1790	6755	3735	6885	1100	1922	955	—
	740	795	2625	1035	3040	1840	7035	3990	7265	1150	2022	1015	**5V/8V**
	790	845	2675	1085	3090	1970	7265	4090	7645	1225	2142	1080	3810
	840	900	2750	1135	3195	2095	7570	4190	8055	1300	2262	1145	4065
	915	950	2830	1185	3295	2220	7645	4395	8410	1375	2382	1205	4320
	1040	1000	2880	1235	3345	2350	8000	4575	8790	1450	2522	—	4570
	1095	1050	2980	1290	3395	2425	8405	4650	9170	1550	2672	**3V/5V**	4825
	1145	1100	3030	1340	3450	2500	8785	4825	10 035	1600	2822	1270	5080
	1195	1150	3080	1390	3500	2575	9170	5030	10 695	1650	3022	1345	5690
	1245	1205	3185	1440	3600	2630	10 030	5260	11 230	1700	3172	1420	6000
	1320	1255	3285	1490	3700	2705	10 690	5335	12 220	1750	3372	1525	6350
	1425	1305	3335	1545	3805	2755	10 795	5685	13 740	1850	3672	1600	6730
	1475	1355	3385	1595	3905	2855	—	5735	15 265	1918	3772	1700	7100
	1540	1405	3440	1645	4030	2910	—	6015	—	2000	4022	1805	7620
	—	1455	3490	1695	4130	3010	—	6115	—	2138	4272	1905	8000
	—	1510	3590	1745	4235	3110	—	6320	—	2300	4522	2030	8500
	—	1560	3690	1795	4440	3215	—	6500	—	2378	4772	2160	9000
	—	1610	3795	1850	4615	3315	—	6780	—	2500	5022	2285	—
	—	1660	3970	1900	5000	3415	—	7185	—	2650	5322	2415	**8V**
	—	1710	4050	1950	5380	3520	—	7590	—	2750	5622	—	9500
	—	1760	4150	2025	5700	3620	—	8000	—	2850	6022	—	10 160
	—	1810	4275	2075	6105	3670	—	8300	—	2950	6322	—	10 800
	—	1865	4430	2125	6485	3720	—	8785	—	3018	6722	—	11 430
	—	1915	4530	2180	6865	3820	—	9165	—	3168	7122	—	12 060
	—	1965	4605	2230	7250	3950	—	9925	—	3368	7522	—	12 700
	—	2015	5015	2280	7630	4075	—	10 030	—	3568	8000	—	—
	—	2065	5370	2330	8010	4180	—	10 700	—	3768	—	—	—
	—	2115	5510	2380	8770	4280	—	11 225	—	4018	—	—	—
	—	2170	—	2430	9305	4460	—	12 215	—	4268	—		—
	—	—	—	2485	10 015	4560	—	13 735	—	4518	—	—	—
	—	—	—	2535	11 000	4635	—	15 260	—	—	—	—	—
	—	—	—	2585	11 995	5015	—	—	—	—	—	—	—

Schema di calcolo della trasmissione con cinghie trapezoidali
Noti la potenza nominale o di targa P_n del motore, il tipo di motore e di macchina operatrice, le condizioni di lavoro, la frequenza di rotazione n_1 della puleggia motrice, la frequenza di rotazione n_2 della puleggia condotta e l'interasse I fra le pulegge, le fasi di calcolo sono le seguenti.

a) Calcolo della **potenza corretta** P_c:

$$P_c = P_n F_s \qquad [4.44]$$

in cui F_s è un coefficiente di servizio che tiene conto delle condizioni di lavoro e del tipo di motore e di macchina operatrice (▸ ***Tab. 4.4***).

b) Scelta del tipo di **sezione della cinghia**, in funzione della potenza corretta e del numero di giri della puleggia motrice, per mezzo di grafici riportati sui cataloghi come quelli indicati nella ***figura 4.12***.

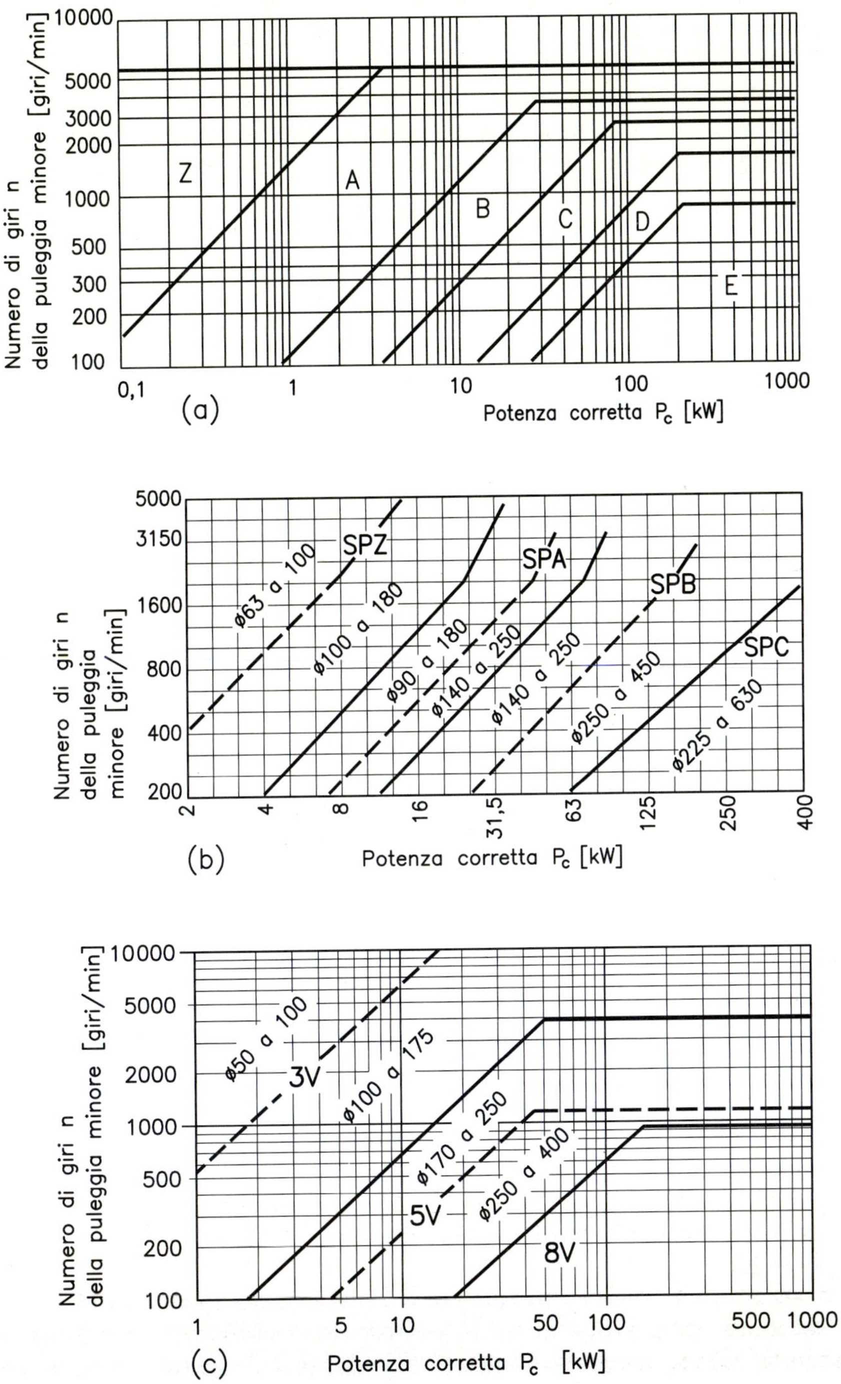

Fig. 4.12
Grafici per la scelta della sezione della cinghia trapezoidale:
a) cinghie convenzionali;
b) cinghie strette tipo SP;
c) cinghie strette tipo V.

c) Fissato il valore della velocità periferica (da 2÷5 m/s a 40 m/s), si ricavano i diametri primitivi, d_{p1} della puleggia più piccola e d_{p2} della puleggia più grande:

$$v = \frac{\pi d_{p1} n_1}{60} = \frac{\pi d_{p2} n_2}{60}$$

avendo supposto come puleggia motrice quella più piccola.
Si assumono poi i valori unificati più prossimi a quelli calcolati (▸ *Tab. 4.13*) e si calcola la velocità periferica v a essi corrispondente, verificando che tale valore rientri nei limiti previsti per il tipo di cinghia scelta.

d) Calcolo del **diametro di riferimento equivalente** d_e, corrispondente al diametro primitivo di due pulegge uguali ($i = 1$) di una trasmissione di uguale interasse ed equivalente, ai fini della sollecitazione flessionale a fatica, alla trasmissione in esame:

$$d_e = d_{p1} F_b \qquad \textbf{[4.45]}$$

in cui F_b è un coefficiente funzione del rapporto di trasmissione i (▸ *Tab. 4.15*).

Tabella 4.15 Coefficiente F_b per il calcolo del diametro equivalente d_e

$i = \frac{d_{p2}}{d_{p1}}$	F_b	$i = \frac{d_{p2}}{d_{p1}}$	F_b
1,000÷1,019	1,00	1,223÷1,274	1,08
1,020÷1,032	1,01	1,275÷1,340	1,09
1,033÷1,055	1,02	1,341÷1,429	1,10
1,056÷1,081	1,03	1,430÷1,562	1,11
1,082÷1,109	1,04	1,263÷1,814	1,12
1,110÷1,142	1,05	1,815÷2,948	1,13
1,143÷1,178	1,06	2,949÷oltre	1,14
1,179÷1,222	1,07	–	–

e) Determinazione della **potenza nominale** P_1 trasmissibile dalla cinghia scelta, i cui valori, per le cinghie convenzionali, sono riportati nella *tabella 4.16*, in funzione del diametro equivalente d_e e della velocità periferica v, per un angolo di avvolgimento di 180°. Se nella tabella non è previsto il diametro equivalente calcolato, si esegue un'interpolazione lineare fra i valori della potenza nominale, corrispondenti alla velocità periferica calcolata e relativi ai diametri equivalenti che comprendono quello calcolato.

La potenza nominale P_1 può essere calcolata anche mediante le seguenti relazioni (UNI 5789), in cui P_1 è espressa in chilowatt, la velocità v è espressa in m/s, mentre il diametro equivalente d_e è espresso in millimetri:

— sezione Z:

$$P_1 = \left[\left(0,34\,v^{-0,09} - \frac{10}{d_e} - 0,64 \times 10^{-4}\, v^2 \right) v \right] 0,7355 \qquad [4.46]$$

— sezione A:

$$P_1 = \left[\left(0,61\,v^{-0,09} - \frac{26,08}{d_e} - 1,04 \times 10^{-4}\, v^2 \right) v \right] 0,7355 \qquad [4.47]$$

— sezione B:

$$P_1 = \left[\left(1,08\,v^{-0,09} - \frac{69,80}{d_e} - 1,78 \times 10^{-4}\, v^2 \right) v \right] 0,7355 \qquad [4.48]$$

— sezione C:

$$P_1 = \left[\left(2,01\,v^{-0,09} - \frac{194,8}{d_e} - 3,18 \times 10^{-4}\, v^2 \right) v \right] 0,7355 \qquad [4.49]$$

— sezione D:

$$P_1 = \left[\left(4,29\,v^{-0,09} - \frac{690}{d_e} - 6,48 \times 10^{-4}\, v^2 \right) v \right] 0,7355 \qquad [4.50]$$

— sezione E:

$$P_1 = \left[\left(6,22\,v^{-0,09} - \frac{1294}{d_e} - 9,59 \times 10^{-4}\, v^2 \right) v \right] 0,7355 \qquad [4.51]$$

Tabella 4.16 Potenza nominale P_1 [kW] trasmissibile da una cinghia trapezoidale convenzionale (con angolo di avvolgimento $\alpha_1 = \alpha_2 = 180°$) (*continua*)

Sezione Z											
Velocità periferica v [m/s]	*Diametro di riferimento equivalente d_e [mm]*										
	50	60	70	80	90	100	110	120	130	140	150
2	0,18	0,23	0,26	0,29	0,31	0,32	0,34	0,35	0,35	0,37	–
4	0,29	0,39	0,46	0,51	0,55	0,59	0,61	0,63	0,65	0,67	–
6	0,38	0,53	0,64	0,71	0,78	0,82	0,87	0,90	0,93	0,95	0,97
8	0,46	0,65	0,79	0,90	0,98	1,04	1,10	1,15	1,18	1,21	1,24
10	0,51	0,76	0,93	1,07	1,17	1,25	1,32	1,38	1,42	1,46	1,49
12	0,55	0,85	1,06	1,21	1,34	1,43	1,52	1,58	1,64	1,68	1,73
14	0,57	0,91	1,16	1,35	1,49	1,60	1,70	1,77	1,84	1,90	1,94
16	0,57	0,96	1,24	1,46	1,62	1,75	1,85	1,94	2,02	2,08	2,14
18	0,54	0,99	1,30	1,54	1,72	1,87	1,99	2,09	2,18	2,25	2,31
20	0,50	1,00	1,34	1,60	1,81	1,97	2,10	2,21	2,31	2,39	2,46

Tabella 4.16 **Potenza nominale P_1 [kW] trasmissibile da una cinghia trapezoidale convenzionale (con angolo di avvolgimento α_1 = 180°) (*segue*)**

Sezione Z

Velocità periferica v [m/s]	*Diametro di riferimento equivalente d_e [mm]*										
	50	60	70	80	90	100	110	120	130	140	150
22	0,43	0,97	1,35	1,64	1,87	2,04	2,19	2,32	2,42	2,51	2,59
24	0,33	0,92	1,34	1,65	1,90	2,10	2,25	2,39	2,50	2,60	2,68
26	0,20	0,84	1,29	1,63	1,90	2,11	2,28	2,43	2,55	2,66	2,75
28	–	0,72	1,21	1,58	1,87	2,10	2,28	2,44	2,57	2,69	2,78
30	–	0,57	1,10	1,49	1,80	2,04	2,25	2,41	2,55	2,68	2,78

Sezione A

Velocità periferica v [m/s]	*Diametro di riferimento equivalente d_e [mm]*														
	60	70	80	90	100	110	120	130	140	150	160	170	180	200	220
2	0,19	0,28	0,35	0,40	0,45	0,49	0,51	0,54	0,56	0,58	0,60	0,61	0,63	–	–
4	0,27	0,46	0,60	0,71	0,79	0,87	0,93	0,98	1,01	1,06	1,09	1,12	1,14	–	–
6	0,31	0,60	0,80	0,96	1,10	1,21	1,29	1,37	1,43	1,49	1,54	1,58	1,62	–	–
8	0,32	0,69	0,98	1,19	1,37	1,51	1,63	1,73	1,82	1,83	1,96	2,02	2,07	–	–
10	0,30	0,76	1,12	1,39	1,61	1,79	1,93	2,06	2,17	2,27	2,35	2,41	2,48	–	–
12	0,25	0,81	1,23	1,56	1,82	2,03	2,21	2,36	2,49	2,60	2,70	2,79	2,86	–	–
14	0,16	0,82	1,31	1,69	1,99	2,24	2,46	2,63	2,78	2,91	3,02	3,13	3,21	–	–
16	–	0,79	1,35	1,79	2,14	2,43	2,66	2,86	3,04	3,18	3,32	3,43	3,54	3,71	–
18	–	0,74	1,37	1,85	2,25	2,57	2,84	3,06	3,26	3,43	3,57	3,70	3,82	4,02	–
20	–	0,63	1,33	1,88	2,32	2,67	2,91	3,22	3,43	3,63	3,79	3,93	4,06	4,28	–
22	–	0,49	1,27	1,86	2,34	2,74	3,06	3,34	3,57	3,78	3,96	4,12	4,26	4,50	–
24	–	0,30	1,15	1,80	2,32	2,75	3,10	3,41	3,67	3,89	4,09	4,26	4,41	4,68	–
26	–	–	0,98	1,68	2,25	2,72	3,10	3,43	3,72	3,96	4,17	4,35	4,52	4,80	5,04
28	–	–	0,76	1,52	2,13	2,63	3,05	3,40	3,71	3,97	4,19	4,40	4,57	4,88	5,13
30	–	–	0,49	1,30	1,96	2,49	2,94	3,32	3,64	3,92	4,16	4,38	4,57	4,90	5,17

Sezione B

Velocità periferica v [m/s]	*Diametro di riferimento equivalente d_e [mm]*													
	120	130	140	150	160	170	180	190	200	210	220	230	240	250
2	0,63	0,70	0,76	0,81	0,85	0,89	0,92	0,95	0,98	1,00	1,02	–	–	–
4	1,09	1,21	1,33	1,43	1,52	1,59	1,65	1,71	1,17	1,82	1,88	1,90	–	–
6	1,46	1,65	1,83	1,97	2,10	2,21	2,32	2,41	2,49	2,56	2,63	2,69	–	–
8	1,78	2,04	2,27	2,46	2,63	2,79	2,92	3,04	3,15	3,25	3,34	3,42	3,49	–
10	2,04	2,38	2,66	2,91	3,12	3,30	3,47	3,63	3,76	3,88	3,99	4,10	4,18	–
12	2,27	2,66	2,99	3,29	3,55	3,77	3,97	4,16	4,32	4,46	4,60	4,71	4,83	–

Tabella 4.16 Potenza nominale P_1 [kW] trasmissibile da una cinghia trapezoidale convenzionale (con angolo di avvolgimento α_1 = 180°) (*segue*)

Velocità periferica v [m/s]	*Sezione B*													
	Diametro di riferimento equivalente d_e [mm]													
	120	130	140	150	160	170	180	190	200	210	220	230	240	250
14	2,42	2,88	3,27	3,62	3,92	4,18	4,42	4,63	4,82	4,99	5,14	5,29	5,41	–
16	2,52	3,04	3,50	3,89	4,23	4,54	4,80	5,05	5,26	5,46	5,63	5,80	5,94	6,08
18	2,56	3,15	3,66	4,10	4,49	4,82	5,13	5,40	5,64	5,86	6,06	6,24	6,41	6,56
20	2,53	3,18	3,75	4,24	4,67	5,05	5,38	5,68	5,95	6,19	6,42	6,62	6,80	6,98
22	2,43	3,15	3,77	4,31	4,78	5,19	5,56	5,89	6,19	6,46	6,70	6,93	7,13	7,32
24	2,24	3,04	3,71	4,30	4,81	5,27	5,66	6,02	6,35	6,64	6,91	7,16	7,38	7,58
26	1,98	2,83	3,57	4,21	4,76	5,25	5,69	6,08	6,43	6,74	7,04	7,30	7,54	7,77
28	1,63	2,54	3,34	4,02	4,62	5,15	5,62	6,04	6,42	6,76	7,07	7,36	7,61	7,86
30	1,18	2,16	3,01	3,74	4,38	4,95	5,46	5,91	6,31	6,68	7,01	7,32	7,60	7,85

Velocità periferica v [m/s]	*Sezione C*												
	Diametro di riferimento equivalente d_e [mm]												
	180	190	200	210	220	230	240	260	280	300	320	340	360
2	1,18	1,26	1,35	1,41	1,47	1,53	1,58	1,68	1,75	–	–	–	–
4	2,02	2,19	2,34	2,48	2,60	1,71	2,82	3,00	3,16	–	–	–	–
6	2,72	2,97	3,20	3,41	3,59	3,76	3,92	4,19	4,43	–	–	–	–
8	3,32	3,66	3,96	4,23	4,48	4,71	4,91	5,28	5,60	5,87	–	–	–
10	3,82	4,24	4,62	4,96	5,27	5,55	5,81	6,27	6,66	7,01	–	–	–
12	4,23	4,73	5,19	5,60	5,96	6,30	6,62	7,17	7,64	8,05	–	–	–
14	4,54	5,12	5,65	6,13	6,56	6,96	7,32	7,97	8,52	9,00	–	–	–
16	4,74	5,41	6,01	6,55	7,05	7,50	7,92	8,66	9,28	9,83	10,31	–	–
18	4,82	5,58	6,26	6,87	7,43	7,94	8,41	9,23	9,94	10,55	11,09	–	–
20	4,79	5,63	6,39	7,06	7,69	8,25	8,77	9,69	10,47	11,16	11,75	–	–
22	4,63	5,55	6,38	7,13	7,81	8,43	9,00	10,01	10,88	11,63	12,28	12,86	–
24	4,32	5,53	6,23	7,05	7,79	8,47	9,09	10,19	11,14	11,96	12,67	13,31	–
26	3,86	4,95	5,94	6,82	7,63	8,36	9,04	10,23	11,25	12,14	12,92	13,60	–
28	3,24	4,42	5,47	6,43	7,30	8,09	8,82	10,11	11,21	12,17	13,00	13,37	14,39
30	2,46	3,72	4,85	5,87	6,80	7,65	8,43	9,81	10,99	12,01	12,91	13,70	14,40

Velocità periferica v [m/s]	*Sezione D*											
	Diametro di riferimento equivalente d_e [mm]											
	290	300	320	340	360	380	400	420	440	460	480	500
2	2,43	2,54	2,75	2,94	3,10	3,25	–	–	–	–	–	–
4	4,11	4,35	4,71	5,14	5,47	5,77	–	–	–	–	–	–
6	5,51	5,86	6,49	7,05	7,55	7,99	8,40	–	–	–	–	–
8	6,69	7,16	8,00	8,75	9,41	10,00	10,54	–	–	–	–	–

Tabella 4.16 **Potenza nominale P_1 [kW] trasmissibile da una cinghia trapezoidale convenzionale (con angolo di avvolgimento α_1 = 180°)** ***(segue)***

Velocità periferica v [m/s]	*Sezione D*											
	Diametro di riferimento equivalente d_e [mm]											
	290	300	320	340	360	380	400	420	440	460	480	500
10	7,67	8,25	9,31	10,25	11,08	11,81	12,48	13,08	–	–	–	–
12	8,45	9,15	10,42	11,54	12,53	13,42	14,22	14,95	–	–	–	–
14	9,02	9,84	11,33	12,63	13,79	14,83	15,76	16,61	–	–	–	–
16	9,38	10,32	12,01	13,50	14,83	16,02	11,09	18,05	18,93	–	–	–
18	9,51	10,56	12,46	14,14	15,63	16,97	18,17	19,26	20,25	–	–	–
20	9,38	10,55	12,66	14,53	16,19	17,67	19,01	20,21	21,31	22,32	–	–
22	8,99	10,27	12,59	14,64	16,47	18,10	19,57	20,90	22,11	23,21	–	–
24	8,30	9,70	12,24	14,47	16,47	18,25	19,85	21,30	22,62	23,82	24,93	–
26	7,31	8,83	11,58	14,00	16,16	18,09	19,82	21,40	22,82	24,12	25,32	–
28	5,99	7,63	10,59	13,20	15,52	17,60	19,47	21,16	22,70	24,10	25,39	26,57
30	4,33	6,08	9,25	12,05	14,54	16,76	18,77	20,58	22,32	23,73	25,11	26,38

Velocità periferica v [m/s]	*Sezione E*											
	Diametro di riferimento equivalente d^e [mm]											
	420	430	440	450	460	480	500	520	540	560	580	600
2	4,05	4,16	4,27	4,36	–	–	–	–	–	–	–	–
4	1,05	7,25	7,46	7,65	7,83	–	–	–	–	–	–	–
6	9,61	9,93	10,23	10,52	10,80	11,31	–	–	–	–	–	–
8	11,86	12,28	12,69	13,02	13,44	14,13	–	–	–	–	–	–
10	13,82	14,35	14,85	15,33	15,79	16,65	17,45	–	–	–	–	–
12	15,48	16,11	16,72	11,30	17,85	18,89	19,84	–	–	–	–	–
14	16,85	17,59	18,29	18,96	19,62	20,81	21,93	–	–	–	–	–
16	11,89	18,73	19,53	20,31	21,04	22,42	23,69	24,86	–	–	–	–
18	18,59	19,53	20,44	21,30	22,13	23,68	25,11	26,43	–	–	–	–
20	18,91	19,96	20,97	21,93	22,85	24,57	26,16	27,63	28,98	–	–	–
22	18,84	20,00	21,11	22,16	23,18	25,07	26,82	28,43	29,92	31,30	–	–
24	18,35	19,62	20,82	21,98	23,08	25,15	27,05	28,81	30,43	31,94	–	–
26	17,40	18,77	20,08	21,33	22,52	24,76	26,83	28,73	30,49	32,13	33,66	–
28	15,98	17,45	18,86	20,20	21,49	23,90	26,12	28,18	30,07	31,83	33,47	–
30	14,03	15,61	17,12	18,56	19,94	22,53	24,90	27,10	29,13	31,02	32,78	34,42

f) Calcolo della **lunghezza primitiva** (o di riferimento) L_p della cinghia che, nel caso di cinghia diritta, è data dalla [*4.26*]:

$$L_d = 2I + \frac{\pi}{2}\left(d_{p1} + d_{p2}\right) + \frac{\left(d_{p2} - d_{p1}\right)^2}{4I}$$

adottando poi un valore unificato (valore commerciale) più prossimo a quello calcolato, ricavabile dalla *tabella 4.14*. Conviene scegliere il valore unificato immediatamente superiore a quello calcolato, il che comporta un aumento dell'interasse, rispetto a quello di progetto I, di una quantità pari alla semidifferenza fra la lunghezza calcolata L_d e quella unificata L_p; quindi l'interasse effettivo sarà:

$$I_e = I + \frac{L_p - L_d}{2}$$

g) Calcolo dell'**angolo di avvolgimento** effettivo α_1 della puleggia più piccola:

$$\alpha_1 = 180° - 57\frac{d_{p2} - d_{p1}}{I}$$

h) Calcolo della **potenza effettiva trasmissibile** P_{1e}, che si può ottenere mediante la seguente relazione (prevista in molti cataloghi e nelle norme UNI):

$$P_{1e} = P_1 \, F_{\alpha 1} \, F_e \qquad [4.52]$$

in cui:
— P_1 è ricavata da tabelle tipo la *tabella 4.16*;
— $F_{\alpha 1}$ è un coefficiente correttivo, dipendente dall'angolo di avvolgimento effettivo α_1 della puleggia piccola, ottenibile dalla *tabella 4.9* (già utilizzata per le cinghie piatte);
— F_e è un coefficiente che tiene conto della lunghezza effettiva della cinghia, ricavabile dal diagramma rappresentato nella *figura 4.13*.

Il valore di P_{1e} può essere ricavato anche mediante la seguente relazione (adottata in alcuni cataloghi e nelle norme americane):

$$P_{1e} = (P_1 + \Delta P_1) \, F_{\alpha 1} \, F_L \qquad [4.53]$$

in cui:
— P_1 e ΔP_1 rappresentano, rispettivamente, la **prestazione base** su due pulegge piccole di uguale diametro primitivo d_1 e la **prestazione base addizionale**, dovuta al minore affaticamento della cinghia sulla puleggia maggiore; i loro valori sono riportati in tabelle tipo le *tabelle 4.17* e *4.18* (tratte dal *Manuale di Meccanica*, Hoepli, 2006);
— $F_{\alpha 1}$ è il coefficiente correttivo, dipendente dall'angolo di avvolgimento effettivo α_1 della puleggia minore (▸ *Tab. 4.9*);
— F_L è un coefficiente correttivo, dipendente dalla lunghezza della cinghia (▸ *Tab. 4.19*).

Fig. 4.13

Coefficiente correttivo F_e.

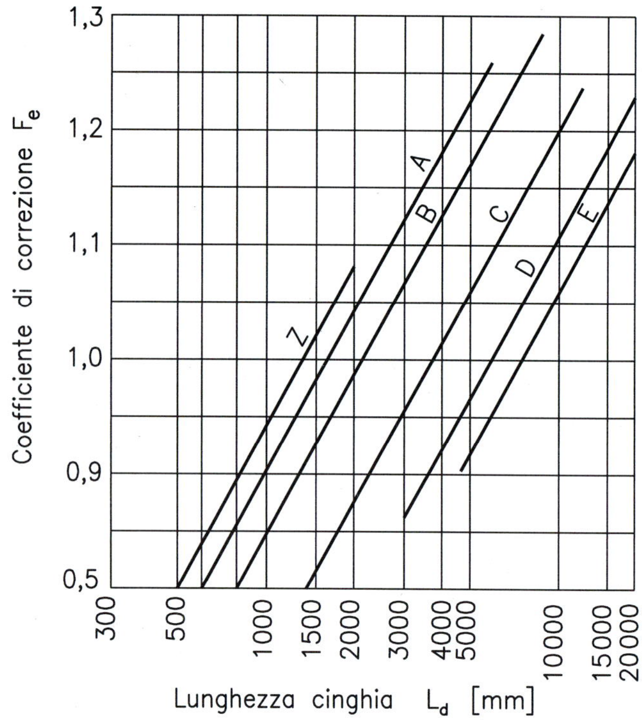

i) Calcolo del **numero di cinghie** Z, opportunamente arrotondato al valore intero superiore:

$$Z = \frac{P_c}{P_{1e}} \qquad [4.54]$$

Tabella 4.17 **Prestazioni di base (potenza nominale P_1 trasmissibile) di alcune cinghie a sezione stretta tipo SP [kW]**

Sezione tipo SPA															
	P_1 per d_1 = ... [mm]										*DP_1 per i da... a...*				
n_1 [giri/min]	90	100	112	125	140	160	180	200	224	250	1,00 1,01	1,06 1,11	1,19 1,26	1,39 1,57	1,95 3,38
100	0,24	0,29	0,36	0,42	0,50	0,61	0,71	0,81	0,93	1,06	0,00	0,01	0,02	0,03	0,04
300	0,60	0,75	0,96	1,11	1,33	1,61	1,88	2,17	2,49	2,85	0,00	0,03	0,07	0,10	0,12
600	1,06	1,34	1,67	2,02	2,42	2,95	3,47	3,99	4,60	5,25	0,00	0,06	0,14	0,19	0,24
1000	1,58	2,02	2,54	3,10	3,73	4,56	5,37	6,17	7,10	8,09	0,00	0,10	0,23	0,32	0,40
1500	2,14	2,77	3,51	4,29	5,18	6,34	7,46	8,54	9,79	11,07	0,00	0,14	0,34	0,49	0,60
2000	2,61	3,41	4,34	5,33	6,44	7,86	9,21	10,48	11,91	13,32	0,00	0,19	0,46	0,65	0,80
2500	3,00	3,95	5,06	6,22	7,50	9,10	10,59	11,94	13,37	14,67	0,00	0,24	0,57	0,81	0,99
3000	3,32	4,40	5,65	6,93	8,33	10,03	11,54	12,82	14,06	14,98	0,00	0,29	0,69	0,97	1,19
3500	3,55	4,74	6,09	7,47	8,92	10,61	12,00	13,06	0,00	0,34	0,80	1,14	1,39	–	–
4000	3,69	4,96	6,39	7,80	9,23	10,79	11,92	0,00	0,39	0,91	1,13	1,59	–	–	–
5000	3,69	5,04	6,47	7,77	8,92	0,00	0,48	1,14	1,62	1,99	–	–	–	–	–

Tabella 4.17 **Prestazioni di base (potenza nominale P_1 trasmissibile) di alcune cinghie a sezione stretta tipo SP [kW]**

Sezione tipo SPB															
P_1 per d_1 = ... [mm]											*DP_1 per i da... a...*				
n_1 *[giri/min]*	140	160	180	200	224	250	280	315	355	400	1,00 1,01	1,06 1,11	1,19 1,26	1,39 1,57	1,95 3,38
100	0,59	0,74	0,90	1,05	1,23	1,42	1,65	1,90	2,19	2,52	0,00	0,02	0,05	0,07	0,08
300	1,50	1,93	2,35	2,77	3,26	3,79	4,40	5,09	5,88	6,75	0,00	0,06	0,14	0,20	0,25
700	3,01	3,93	4,83	5,71	6,76	7,88	9,14	10,58	12,18	13,92	0,00	0,14	0,34	0,48	0,59
1000	3,98	5,23	6,45	7,65	9,05	10,53	12,19	18,41	20,62	22,69	0,00	0,20	0,48	0,68	0,84
1500	5,35	7,08	8,76	10,37	12,23	14,15	16,21	20,58	22,13	–	0,00	0,30	0,72	1,02	1,26
2000	6,41	8,53	10,54	12,42	14,52	16,58	18,63	–	–	–	0,00	0,41	0,96	1,37	1,67
2500	7,16	9,54	11,72	13,69	15,75	17,57	19,09	–	–	–	0,00	0,51	1,20	1,71	2,09
3000	7,55	10,04	12,21	14,03	15,71	16,85	–	–	–	–	0,00	0,61	1,44	2,05	2,51
3500	7,54	9,97	11,92	13,32	–	–	–	–	–	–	0,00	0,71	1,68	2,39	2,93
4000	7,08	9,26	10,73	–	–	–	–	–	–	–	0,00	0,81	1,92	2,73	3,35

Tabella 4.18 **Prestazioni di base delle cinghie a sezione stretta tipo V [kW] (*continua*)**

Sezione 3V																
P_1 per d_1 = ... [mm]												*DP_1 per i da... a...*				
n_1 *[g/1']*	50	56	67	75	80	100	120	125	140	160	180	1,00 1,01	1,06 1,11	1,19 1,26	1,39 1,57	1,95 3,38
100	0,05	0,07	0,11	0,14	0,16	0,22	0,29	0,31	0,36	0,43	0,40	0,00	0,00	0,01	0,01	0,02
300	0,11	0,17	0,28	0,36	0,41	0,60	0,79	0,84	0,98	1,17	1,35	0,00	0,01	0,03	0,04	0,05
600	0,18	0,30	0,50	0,65	0,75	1,11	1,47	1,56	1,83	2,18	2,53	0,00	0,02	0,05	0,07	0,09
1000	0,25	0,43	0,77	1,00	1,15	1,74	2,32	2,46	2,58	3,44	3,99	0,00	0,04	0,09	0,12	0,15
1500	0,30	0,57	1,05	1,40	1,62	2,46	3,29	3,49	4,09	4,88	5,64	0,00	0,06	0,13	0,19	0,23
2000	0,34	0,69	1,31	1,76	2,04	3,12	4,18	4,43	5,19	6,17	7,11	0,00	0,07	0,17	0,25	0,30
2500	0,36	0,78	1,54	2,09	2,42	3,73	4,98	5,29	6,18	7,30	8,36	0,00	0,09	0,22	0,31	0,38
3000	0,36	0,86	1,75	2,39	2,78	4,28	5,71	6,05	7,04	8,26	9,38	0,00	0,11	0,26	0,37	0,46
4000	0,33	0,96	2,09	2,89	3,37	5,51	6,86	7,25	8,32	9,56	10,54	0,00	0,15	0,35	0,50	0,61
5000	0,23	0,99	2,33	3,25	3,81	5,85	7,57	7,94	8,92	–	–	0,00	0,18	0,44	0,62	0,76
6000	0,09	0,95	2,45	3,47	4,06	6,17	7,74	8,04	–	–	–	0,00	0,22	0,52	0,74	0,91
Sezione 5V																
P_1 per d_1 = ... [mm]												*DP_1 per i da... a...*				
n_1 *[g/1']*	170	180	200	215	230	250	280	320	355	400	540	1,00 1,01	1,06 1,11	1,19 1,26	1,39 1,57	1,95 3,38
100	0,89	0,98	1,17	1,30	1,43	1,61	1,88	2,23	2,54	2,93	4,12	0,00	0,02	0,05	0,07	0,08
500	3,73	4,14	4,95	5,56	6,16	6,95	8,14	9,69	11,03	12,73	17,83	0,00	0,10	0,23	0,33	0,40
725	5,14	5,71	6,85	7,70	8,54	9,65	11,28	13,43	15,26	17,56	24,26	0,00	0,14	0,34	0,48	0,59
1000	6,74	7,50	9,01	10,13	11,23	12,68	14,81	17,57	19,89	22,74	30,57	0,00	0,20	0,46	0,66	0,81
1500	9,32	10,39	12,48	14,02	15,51	17,45	20,24	23,70	26,48	29,66	–	0,00	0,29	0,70	0,90	1,21
2000	11,46	12,77	15,70	17,12	18,86	21,07	24,11	27,61	3,10	–	–	0,00	0,39	0,93	1,32	1,62

Tabella 4.18 Prestazioni di base delle cinghie a sezione stretta tipo V [kW] (*segue*)

Sezione 5V

n_1 [g/1']	P_1 per d_1 = ... [mm] 170	180	200	215	230	250	280	320	355	400	540	DP_1 per i da... a... 1,00 1,01	1,06 1,11	1,19 1,26	1,39 1,57	1,95 3,38
2500	13,10	14,57	17,35	19,29	21,10	23,29	27,06	–	–	–	–	0,00	0,49	1,16	1,65	2,02
3000	14,16	15,70	18,51	20,37	22,01	23,83	–	–	–	–	–	0,00	0,59	1,39	1,98	2,42
3500	14,57	16,5	18,63	20,18	–	–	–	–	–	–	–	0,00	0,68	1,62	2,31	2,83
4000	14,23	15,54	–	–	–	–	–	–	–	–	–	0,00	0,78	1,86	2,63	3,23

Sezione 8V

n_1 [g/1']	P_1 per d_1 = ... [mm] 315	355	375	400	450	485	500	540	560	640	DP_1 per i da... a... 1,00 1,01	1,06 1,11	1,19 1,26	1,39 1,57	1,95 3,38
50	2,51	3,02	3,27	3,58	4,20	4,63	4,82	5,31	5,55	6,51	0,00	0,05	0,11	0,16	0,20
150	6,47	7,85	8,54	9,39	11,08	12,25	12,74	14,07	14,72	17,23	0,00	0,14	0,34	0,48	0,59
300	11,57	14,14	15,41	16,99	20,11	22,27	23,19	25,61	26,82	31,56	0,00	0,29	0,68	0,96	1,18
450	16,06	19,72	21,53	23,76	28,16	31,19	32,47	35,84	37,51	44,01	0,00	0,43	1,02	1,44	1,77
600	20,10	24,75	27,03	29,85	35,35	39,11	40,69	44,83	46,86	54,67	0,00	0,57	1,36	1,93	2,36
800	24,82	30,62	33,44	36,90	43,58	48,05	49,92	54,74	57,06	65,73	0,00	0,76	1,81	2,57	3,15
1000	28,79	35,51	38,75	42,67	50,10	54,95	56,93	61,95	64,29	72,56	0,00	0,95	2,26	3,21	3,96
1300	33,25	40,85	44,41	48,62	56,20	60,80	62,58	66,76	68,52	–	0,00	1,24	2,94	4,17	5,12
1600	35,70	43,75	46,91	50,81	57,13	–	–	–	–	–	0,00	1,52	3,62	5,13	6,30
2000	35,38	41,95	44,46	–	–	–	–	–	–	–	0,00	1,91	4,52	6,42	7,87

Tabella 4.19 Coefficiente correttivo F_L

Lunghezza della cinghia [mm]	SPZ	SPA	SPB	SPC	Lunghezza della cinghia [mm]	3V	5V	8V
512÷732	0,83	–	–	–	250÷315	0,85	–	–
733÷1000	0,87	0,83	–	–	316÷400	0,89	–	–
1001÷1120	0,92	0,86	–	–	401÷500	0,94	0,85	–
1121÷1400	0,94	0,89	0,82	–	501÷629	0,98	0,87	–
1600	1,00	0,93	0,86	–	630	1,00	–	–
1601÷2240	1,02	0,96	0,90	0,81	631÷800	1,02	0,91	–
2500	1,07	1,00	0,94	0,86	801÷1000	1,07	0,95	0,87
2800÷3150	1,10	1,03	0,97	0,89	1001÷1249	1,11	0,98	0,88
3550	1,13	1,06	–	0,92	1250	–	1,00	–
3551÷5000	–	1,08	1,00	0,96	1251÷1600	–	1,02	0,92
5600	–	–	1,08	1,00	1601÷2000	–	1,06	0,95
6300÷8000	–	–	1,12	1,04	2001÷2499	–	1,09	0,98
8001÷10 000	–	–	–	1,09	2500	–	–	1,00
10 001÷12 500	–	–	–	1,12	2501÷3150	–	1,13	1,02
					3151÷4000	–	1,16	1,04
					4001÷5000	–	–	1,08

Esempio
Un motore elettrico trifase, avente la potenza di targa $P_n = 12$ kW e la frequenza di rotazione $n_1 = 720$ giri/min, deve azionare un compressore alternativo, la cui frequenza di rotazione è $n_2 = 350$ giri/min.

Supponendo un servizio di circa 10 ore giornaliere, si dimensioni la trasmissione con cinghie trapezoidali, nell'ipotesi che l'interasse sia $I = 700$ mm.

Soluzione
Dalla [*4.44*] si ricava la potenza corretta, con $F_s = 1{,}3$ (▸ ***Tab. 4.4***):

$$P_c = P_n F_s = 12 \times 1{,}3 = 15{,}6 \text{ kW}$$

Adottando cinghie di tipo convenzionale, dal diagramma rappresentato nella ***figura 4.12a*** si sceglie la sezione della cinghia, in funzione del numero di giri al minuto n_1 della puleggia più piccola (che in questo caso è motrice) e della potenza di calcolo P_c; quella più indicata risulta essere la B. Determinata la sezione della cinghia, occorre calcolare i diametri primitivi, o di riferimento, delle pulegge. Fissando il valore $v = 6$ m/s per la velocità periferica della trasmissione, si ricavano:
— il valore del diametro primitivo d^*_{p1}:

$$d^*_{p1} = \frac{60v}{\pi n_1} = \frac{60 \times 6}{\pi 720} = 0{,}159 \text{ m} = 159 \text{ mm}$$

— il valore del diametro primitivo d^*_{p2}:

$$d^*_{p2} = \frac{60v}{\pi n_2} = \frac{60 \times 6}{\pi 350} = 0{,}327 \text{ m} = 327 \text{ mm}$$

si adottano i valori unificati riportati nella ***tabella 4.13***, $d_{p1} = 160$ mm e $d_{p2} = 335$ mm, cui corrisponde la velocità periferica effettiva:

$$v_e = \frac{\pi d_{p1} n_1}{60} = 6{,}03 \frac{\text{m}}{\text{s}}$$

il suo valore si discosta poco da quello prefissato. Anche il rapporto di trasmissione effettivo i_e è diverso da quello di progetto:

$$i = \frac{n_1}{n_2} = \frac{d^*_{p2}}{d^*_{p1}} = \frac{327}{159} = 2{,}05$$

$$i_e = \frac{d_{p2}}{d_{p1}} = \frac{335}{160} = 2{,}09$$

Come si può notare la differenza è minima, circa l'1,9%, quindi accettabile.

Per la [*4.45*], con $F_b = 1{,}13$ (▸ ***Tab. 4.15***), il diametro equivalente è:

$$d_e = d_{p1} F_b = 160 \times 1{,}13 = 180{,}8 \text{ mm}$$

Poiché i valori del diametro equivalente e della velocità periferica si possono considerare $d_e = 180$ mm e $v = 6$ m/s, dalla ***tabella 4.16*** si ricava il valore della potenza nominale trasmissibile da una cinghia di sezione B:

$$P_1 = 2{,}32 \text{ kW}$$

La potenza nominale trasmissibile si può calcolare anche con la [*4.48*]:

$$P_1 = \left[\left(1{,}08v^{-0{,}09} - \frac{69{,}80}{d_e} - 1{,}78 \times 10^{-4} v^2\right)v\right]0{,}7355 =$$

$$= \left[\left(1{,}08 \times 6^{-0{,}09} - \frac{69{,}80}{180{,}8} - 1{,}78 \times 10^{-4} \times 6^2\right)6\right]0{,}7355 = 2{,}32 \text{ kW}$$

Mediante la relazione delle cinghie diritte (▸ ***Form. 4.26***) si calcola la lunghezza primitiva (o di riferimento) L_p della cinghia:

$$L_d = 2I + \frac{\pi}{2}(d_1 + d_2) + \frac{(d_2 - d_1)^2}{4I} =$$

$$= 2 \times 700 + \frac{\pi}{2}(160 + 335) + \frac{(335 - 160)^2}{4 \times 700} \cong 2191 \text{ mm}$$

si adotta il valore unificato più prossimo a quello calcolato (▸ ***Tab. 4.14***), L_p = 2230 mm, con un lieve aumento dell'interasse.

Pertanto l'interasse effettivo della trasmissione vale:

$$I_e = I + \frac{L_p - L_d}{2} = 700 + \frac{2230 - 2191}{2} = 719{,}5 \text{ mm}$$

L'angolo di avvolgimento effettivo α_1 della puleggia più piccola vale:

$$\alpha_1 = 180° - 57\frac{d_2 - d_1}{I} = 180° - 57\frac{335 - 160}{719{,}5} = 166°$$

Dalla ***tabella 4.9***, per interpolazione lineare, si ricava il coefficiente $F_{\alpha 1}$ = 0,968, mentre dalla ***figura 4.13*** si ricava il coefficiente F_e = 0,96; per cui la potenza effettivamente trasmissibile dalla cinghia, per la [*4.52*], vale:

$$P_{1e} = P_1 F_{\alpha 1} F_e = 2{,}32 \times 0{,}968 \times 0{,}96 = 2{,}155 \text{ kW}$$

Attraverso la [*4.54*] si ottiene il numero di cinghie necessarie alla trasmissione:

$$Z = \frac{P_c}{P_{1e}} = \frac{15{,}6}{2{,}155} = 7{,}2$$

Si assumeranno 8 cinghie, oppure 7 cinghie, la cui durata sarà leggermente ridotta. Poiché il numero di cinghie risulta troppo elevato, si potrebbe ripetere il calcolo con cinghie di tipo C: assumendo d_{p1} = 200 mm e d_{p2} = 400 mm, il numero di cinghie diventa Z = 5.

B4.5 TRASMISSIONI CON CINGHIE SCANALATE O POLY-V

Le Poly-V sono cinghie gommate chiuse ad anello che, per il loro ridotto spessore, risultano molto flessibili, quindi possono essere avvolte su pulegge con piccoli diametri; ne consegue una riduzione di ingombri e la possibilità di ottenere elevati rapporti di trasmissione.

La trasmissione di potenza avviene per attrito e l'aderenza è favorita dall'effetto "cuneo" delle nervature longitudinali della cinghia nelle gole della puleggia. La parte a sezione rettangolare della cinghia, resistente alle sollecitazioni di trazione, è costituita da coppie di trefoli in poliestere ad alta resistenza, immerse in gomma sintetica (▸ *Fig. 4.14*).

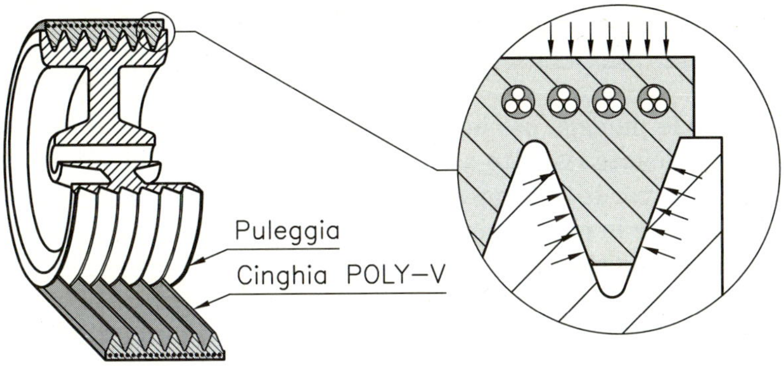

Fig. 4.14
Cinghia Poly-V con la rispettiva puleggia scanalata.

Una **cinghia Poly-V** è in grado di trasmettere potenza anche sul dorso e ammette velocità periferiche elevate (▸ *Fig. 4.15*); inoltre riduce sensibilmente le vibrazioni nel tratto libero della cinghia, per cui risulta essere una trasmissione silenziosa.

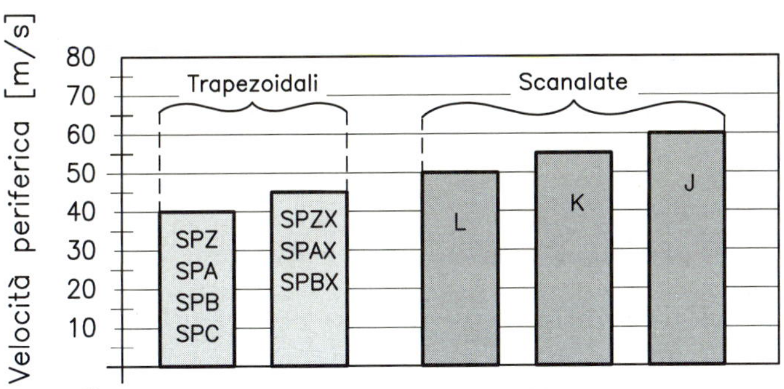

Fig. 4.15
Confronto fra le velocità periferiche delle cinghie trapezoidali e le Poly-V.

Tale tipo di cinghia richiede tensioni di montaggio intermedie fra quelle delle cinghie piatte e delle cinghie trapezoidali, ma richiede una precisione nell'allineamento delle pulegge notevolmente più elevata, soprattutto per brevi interassi.

Vengono prodotte nelle sezioni standard designate J, K, L, M, le cui caratteristiche tecniche sono riportate nella *tabella 4.20*, facendo riferimento alla *figura 4.16* (dati tratti dal *Catalogo SIT SpA*, Milano).

Per le trasmissioni a cinghie scanalate valgono le seguenti definizioni:
— d_p indica il diametro primitivo delle pulegge;
— d_e rappresenta il diametro esterno delle pulegge;
— h è la differenza fra raggio primitivo e raggio esterno delle pulegge.

Fig. 4.16
Sezione retta di una cinghia scanalata.

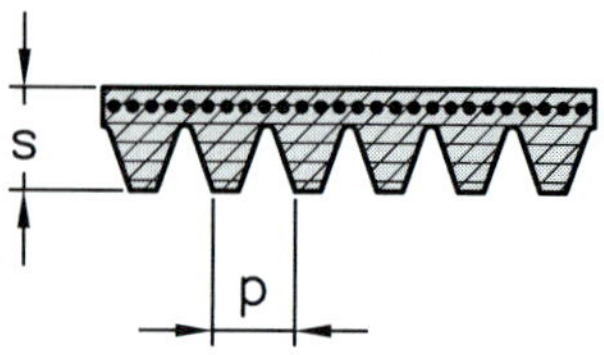

Tabella 4.20 Caratteristiche tecniche delle cinghie Poly-V

Sezione	*Spessore* s *[mm]*	*Passo* p *[mm]*	*Velocità massima* v *[m/s]*	*Diametro di avvolgimento minimo* d *[mm]*
J	3,5	2,34	60	18
K	5	3,56	55	50
L	7	4,70	50	70
M	12	9,40	40	180

Si osservi che le pulegge per le cinghie scanalate hanno il diametro primitivo d_p più elevato rispetto al diametro esterno d_e (▸ *Fig. 4.17*). I materiali utilizzati per le pulegge sono l'acciaio, se i diametri sono minori o uguali a 50 mm, e la ghisa grigia, se i diametri sono superiori a 50 mm.

Le cinghie vengono designate indicando la sigla "CP" che le contraddistingue, la lunghezza in pollici moltiplicata per 10, la lettera che indica il tipo di sezione e il numero di nervature: per esempio, CP 560 L 12.

Fig. 4.17
Caratteristiche geometriche delle pulegge per cinghie scanalate:

$$h = \frac{d_p - d_e}{2}$$

in cui d_p rappresenta il diametro primitivo, mentre d_e indica il diametro esterno.

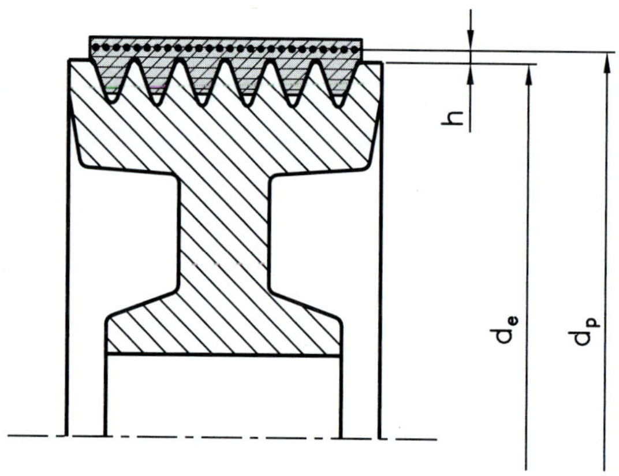

Schema di calcolo della trasmissione con cinghie Poly-V

Noti la potenza nominale o di targa P_n del motore, il tipo di motore e di macchina operatrice, le condizioni di lavoro, la frequenza di rotazione n_1 della puleggia piccola, la frequenza di rotazione n_2 della puleggia grande e il valore indicativo dell'interasse I fra le pulegge, la progettazione della trasmissione si articola nelle seguenti fasi.

a) Calcolo della **potenza corretta** P_c:

$$P_c = P_n\, F_s \qquad \textbf{[4.55]}$$

in cui il fattore di servizio F_s è ricavato dalla *tabella 4.4*.

b) Scelta del tipo di **sezione della cinghia**, in funzione della potenza corretta e del numero di giri della puleggia più veloce, per mezzo di grafici come quello indicato nella *figura 4.18*.

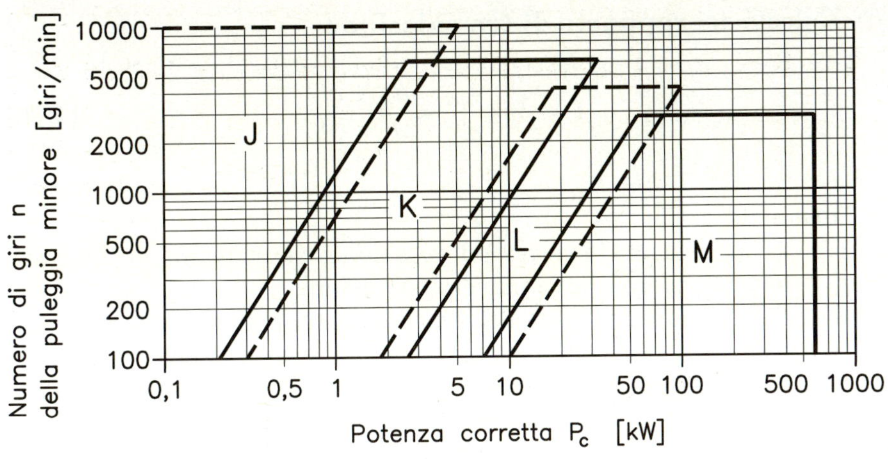

Fig. 4.18
Grafico per la scelta della sezione della cinghia scanalata.

c) Scelta del **diametro esterno della puleggia minore**, i cui valori consigliati, in funzione della velocità di rotazione della puleggia piccola e della potenza di calcolo, sono riportati nella *tabella 4.21* (tratta dal *Catalogo SIT SpA*, Milano). Se i valori del diametro non sono indicati nella tabella, si sceglie il valore immediatamente inferiore, per la velocità di rotazione, e quello immediatamente superiore per la potenza; in ogni caso dev'essere maggiore o uguale al diametro minimo ammissibile indicato nella *tabella 4.20*.

Tabella 4.21 **Diametri esterni della puleggia piccola, in funzione della frequenza di rotazione n_1 [giri/min] e della potenza di calcolo P_c [kW]**

n	*Potenza corretta P_c [kW]*															
[giri/min]	0,25	0,5	1	2	4	7	10	20	30	50	75	100	125	150	175	200
100	45	60	75	95	125	160	180	224	250	315	355	400	450	500	500	500
300	40	50	63	80	106	125	140	180	212	250	280	315	355	355	400	400
500	35	45	60	75	95	112	125	160	180	224	250	280	315	315	355	355
750	35	45	56	67	85	106	118	150	170	200	224	250	280	280	315	315
1000	30	40	50	63	80	95	106	132	150	190	200	224	250	250	280	280
1500	30	35	45	60	71	85	95	125	140	170	180	200	212	224	236	250
2000	30	35	45	56	67	80	90	112	125	150	170	180	200	212	224	224
3000	25	30	40	50	60	71	80	100	112	132	150	160	170	180	190	200
4000	25	30	35	45	56	67	71	90	100	118	132	140	150	160	170	180
5000	20	30	35	40	50	60	67	80	95	106	125	132	140	150	–	–
6000	20	25	30	40	50	56	63	75	85	100	112	125	–	–	–	–
7000	20	25	30	40	45	56	60	75	85	95	106	118	–	–	–	–
8000	20	25	30	35	45	50	56	71	80	90	100	112	–	–	–	–
9000	20	20	30	35	40	50	56	67	75	85	95	–	–	–	–	–
10 000	20	20	30	35	40	45	50	63	75	80	90	–	–	–	–	–

d) Calcolo del **rapporto di trasmissione**:

$$i = \frac{n_1}{n_2} = \frac{d_{p2}}{d_{p1}} = \frac{d_{e2} + 2h}{d_{e1} + 2h} \qquad \textbf{[4.56]}$$

in cui:
- n_1, n_2 indicano la velocità di rotazione, rispettivamente della puleggia minore e della puleggia maggiore;
- d_{p1}, d_{p2} indicano il diametro primitivo, rispettivamente della puleggia minore e della puleggia maggiore, espresso in millimetri;
- d_{e1}, d_{e2} indicano il diametro esterno, rispettivamente della puleggia minore e della puleggia maggiore, espresso in millimetri;
- h è la differenza fra il raggio primitivo e il raggio esterno delle pulegge; il suo valore è riportato nella *tabella 4.22*.

Tabella 4.22 Dimensione *h* dei diversi tipi di cinghie

Profilo della cinghia	J	K	L	M
$h = \frac{d_p - d_e}{2}$ *[mm]*	1,05	1,6	2,3	2,6

e) Calcolo del **diametro esterno della puleggia maggiore**:

$$d_{e2} = i\, d_{p1} - 2h \qquad \textbf{[4.57]}$$

f) Calcolo della **velocità periferica** della cinghia:

$$v = \frac{\pi d_{p1} n_1}{60\,000}$$

verificando che il valore della velocità ottenuto sia inferiore a quello della velocità massima ammissibile, indicato nella *tabella 4.20*.

g) Calcolo della **lunghezza** L' della cinghia, data dalla [*4.26*]:

$$L' = 2I + \frac{\pi}{2}\left(d_{e1} + d_{e2}\right) + \frac{\left(d_{e2} - d_{e1}\right)^2}{4I}$$

assumendo poi il valore standard L più prossimo a quello calcolato, ricavabile dalla *tabella 4.23* (tratta dal *Catalogo SIT SpA*, Milano).

h) Calcolo dell'**interasse** corrispondente alla lunghezza standard L della cinghia, mediante la [*4.27*]:

$$I = \frac{L - \pi\left(r_{e1} + r_{e2}\right) + \left\{\left[L - \pi\left(r_{e1} + r_{e2}\right)\right]^2 - 8\left(r_{e2} - r_{e1}\right)^2\right\}^{\frac{1}{2}}}{4}$$

Tabella 4.23 **Lunghezze *L* dei diversi tipi di cinghie Poly-V chiuse ad anello misurate lungo la base della nervatura**

Sezione J							
[mm]	*Pollici*	*[mm]*	*Pollici*	*[mm]*	*Pollici*	*[mm]*	*Pollici*
203	8	762	30	1270	50	1956	77
229	9	813	32	1280	50,5	1965	77,5
241	9,5	864	34	1301	51,2	1992	78,5
254	10	914	36	1315	51,7	2083	82
305	12	960	38	1321	52	2210	87
330	13	1016	40	1355	53	2337	92
356	14	1080	42,5	1372	54	2489	98
361	15	1092	43	1397	55	–	–
406	16	1105	43,5	1428	56	–	–
432	17	1110	43,7	1473	58	–	–
457	18	1123	44	1549	61	–	–
483	19	1130	45,5	1600	62,5	–	–
508	20	1150	45	1651	65	–	–
559	22	1168	46	1663	65,5	–	–
610	24	1200	47	1752	69	–	–
660	26	1222	48	1854	73	–	–
711	28	1233	48,5	1895	74,6	–	–
723	28,5	1244	49	1910	75	–	–

Sezione K							
[mm]	*Pollici*	*[mm]*	*Pollici*	*[mm]*	*Pollici*	*[mm]*	*Pollici*
582	22,9	926	36,5	1387	54,6	1949	76,6
611	24,1	938	36,9	1425	56,1	1962	77,2
655	25,8	954	37,6	1460	57,5	1980	78
673	26,5	970	38,2	1496	58,9	2050	80,7
682	26,9	995	39,2	1530	60,2	2100	82,7
698	27,5	1015	40	1560	61,4	2145	84,4
710	28	1030	40,6	1580	62,2	2205	86,8
740	29,1	1050	41,3	1601	63	2257	88,9
755	28,7	1080	42,5	1626	64	2330	91,7
775	30,5	1110	43,7	1658	65,3	2385	93,9
790	31,1	1146	45,1	1682	66,2	2440	96,1
805	31,7	1165	45,9	1725	67,9	2480	97,6
818	32,2	1194	47	1760	69,3	2523	99,3
841	33,1	1230	48,4	1795	70,7	2585	101,8
870	34,3	1253	49,3	1830	72	2612	102,8
884	34,8	1295	51	1863	73,3	2680	105,5
903	35,6	1330	52,4	1900	74,8	2835	11,6
915	36	1360	53,5	1930	76	–	–

Sezione L					
[mm]	*Pollici*	*[mm]*	*Pollici*	*[mm]*	*Pollici*
954	37,5	2020	79,5	3289	129,5
991	39	2070	81,5	3327	131
1075	42,5	2096	82,5	3492	137,5
1270	50	2134	84	3696	145,5
1333	52,5	2197	86,5	4051	159,5
1371	54	2235	88	4191	165
1397	55	2324	91,5	4470	176
1422	56	2362	93	4622	182
1480	58,2	2476	97,5	5029	198
1562	61,5	2515	99	5385	212
1613	63,5	2705	106,5	6096	240
1664	65,5	2743	108	–	–
1715	67,5	2845	112	–	–
1764	69,5	2895	114	–	–
1803	71	2921	115	–	–
1841	72,5	2997	118	–	–
1943	76,5	3086	121,5	–	–
1981	78	3124	123	–	–

Sezione M			
[mm]	*Pollici*	*[mm]*	*Pollici*
2286	90	6883	271
2388	94	7646	301
2515	99	8408	331
2693	106	9169	361
2832	11,5	9931	391
2921	115	10 693	421
3010	118,5	12 217	481
3124	123	13 741	541
3327	131	16 266	601
3531	139	–	–
3734	147	–	–
4089	161	–	–
4191	165	–	–
4470	176	–	–
4648	183	–	–
5029	198	–	–
5410	213	–	–
6121	241	–	–

i) Calcolo del **numero di nervature** della cinghia: si ricava la **potenza trasmissibile** P_1 per ogni nervatura da tabelle tipo la *tabella 4.24* (tratta dal *Catalogo SIT SpA*, Milano), riferita alla cinghia di profilo M.

Tabella 4.24 Potenza trasmissibile P_1 per ogni nervatura [kW]

n	*P_1 [kW]*														
	Diametro d_e [mm]														
[giri/min]	180	190	200	212	224	250	280	315	355	400	450	500	560	630	700
100	0,633	0,688	0,743	0,808	0,873	1,014	1,176	1,357	1,570	1,812	2,074	2,334	2,643	3,002	3,358
200	1,189	1,294	1,399	1,525	1,650	1,921	2,230	2,578	2,985	3,449	3,948	4,444	5,033	5,713	6,386
300	1,714	1,868	2,022	2,206	2,389	2,783	3,235	3,743	4,334	5,007	5,731	6,447	7,295	8,269	9,228
400	2,218	2,420	2,621	2,861	3,100	3,615	4,203	4,864	5,632	6,504	7,438	8,357	9,441	10,679	11,886
500	2,706	2,954	3,200	3,495	3,789	4,420	5,140	5,947	6,883	7,941	9,069	10,174	11,468	12,931	14,341
560	2,991	3,266	3,540	3,867	4,192	4,891	5,688	6,579	7,611	8,775	10,011	11,217	12,622	14,199	15,705
600	3,179	3,472	3,763	4,111	4,457	5,201	6,048	6,993	8,087	9,318	10,623	11,892	13,364	15,008	16,566
700	3,638	3,975	4,310	4,709	5,106	5,958	6,926	8,003	9,243	10,632	12,094	13,502	15,116	16,889	18,531
720	3,729	4,074	4,417	4,827	5,234	6,107	7,098	8,201	9,469	10,887	12,377	13,810	15,448	17,239	18,889
800	4,085	4,465	4,841	5,291	5,737	6,692	7,774	8,975	10,350	11,879	13,474	14,993	16,709	18,550	20,203
900	4,520	4,940	5,358	5,855	6,348	7,402	8,592	9,907	11,403	13,054	14,757	16,356	18,127	19,970	21,549
960	4,775	5,219	5,661	6,186	6,706	7,816	9,068	10,446	12,009	13,723	15,476	17,107	18,886	20,694	22,186
1000	4,942	5,402	5,859	6,403	6,941	8,088	9,378	10,797	12,400	14,152	15,934	17,578	19,352	21,121	22,535
1200	5,749	6,285	6,815	7,444	8,065	9,382	10,849	12,441	14,209	16,091	17,936	19,550	21,155	22,520	–
1400	6,505	7,110	7,707	8,412	9,105	10,565	12,172	13,887	15,745	17,649	19,408	20,811	–	–	–
1440	6,650	7,268	7,877	8,596	9,303	10,787	12,418	14,150	16,016	17,910	19,633	20,969	–	–	–
1600	7,208	7,874	8,529	9,300	10,054	11,627	13,332	15,110	16,972	18,774	20,278	–	–	–	–
1800	7,853	8,572	9,276	10,101	10,902	12,556	14,312	16,088	17,856	19,414	–	–	–	–	–
2000	8,436	9,200	9,943	10,809	11,643	13,340	15,095	16,794	18,359	–	–	–	–	–	–
2200	8,955	9,752	10,524	11,416	12,268	13,967	15,662	17,203	–	–	–	–	–	–	–
2400	9,403	10,224	11,013	11,915	12,766	14,424	15,995	17,289	–	–	–	–	–	–	–
2600	9,777	10,610	11,403	12,298	13,130	14,698	16,077	–	–	–	–	–	–	–	–
2800	10,072	10,905	11,688	12,558	13,349	14,775	–	–	–	–	–	–	–	–	–
2880	10,167	10,996	11,770	12,625	13,394	14,748	–	–	–	–	–	–	–	–	–
3000	10,283	11,102	11,860	12,685	13,415	14,643	–	–	–	–	–	–	–	–	–
3200	10,406	11,196	11,913	12,673	13,317	–	–	–	–	–	–	–	–	–	–
3400	10,434	11,181	11,841	12,512	13,046	–	–	–	–	–	–	–	–	–	–
3600	10,364	11,051	11,636	12,195	–	–	–	–	–	–	–	–	–	–	–
3800	10,190	10,800	11,291	–	–	–	–	–	–	–	–	–	–	–	–
4000	9,906	10,423	–	–	–	–	–	–	–	–	–	–	–	–	–

Pertanto la **potenza corretta trasmissibile** P_{1c} per ogni nervatura si calcola attraverso la seguente formula:

$$P_{1c} = (P_1 + F_i)\,F_l F_{\alpha 1} \qquad [4.58]$$

in cui:

— F_i è un coefficiente correttivo che tiene conto del rapporto di trasmissione e si ottiene da tabelle tipo la ***tabella 4.25*** (tratta dal *Catalogo SIT SpA*, Milano), in questo caso riferita sempre alla cinghia di profilo M;

— F_l è un coefficiente correttivo che tiene conto della lunghezza della cinghia e si ottiene da tabelle tipo la ***tabella 4.26*** (tratta dal *Catalogo SIT SpA*, Milano), in questo caso riferita sempre alla cinghia di profilo M;

— $F\alpha_1$ è un coefficiente correttivo che tiene conto dell'angolo di avvolgimento della puleggia piccola (▸ ***Tab. 4.9***).

Per determinare il coefficiente $F_{\alpha 1}$ occorre determinare l'angolo di avvolgimento α_1 della puleggia più piccola, il cui valore si ottiene dalla seguente formula:

$$\alpha_1 = 180° - 57\frac{d_{e2} - d_{e1}}{I} \qquad [4.59]$$

Pertanto il **numero di nervature** N_n è dato dal rapporto:

$$N_n = \frac{P_c}{P_{1c}} \qquad [4.60]$$

Tabella 4.25 Valori del coefficiente correttivo F_i (*continua*)

	Rapporto di trasmissione i							
n [*giri/min*]	da 1,00 a 1,01	da 1,02 a 1,04	da 1,05 a 1,06	da 1,07 a 1,14	da 1,15 a 1,24	da 1,25 a 1,48	da 1,49 a 2,00	oltre 2,00
100	0,00	0,01	0,01	0,02	0,03	0,05	0,06	0,07
200	0,00	0,01	0,02	0,04	0,07	0,09	0,11	0,14
300	0,01	0,02	0,03	0,06	0,10	0,14	0,17	0,20
400	0,01	0,02	0,04	0,08	0,14	0,19	0,23	0,27
500	0,01	0,03	0,05	0,10	0,17	0,24	0,29	0,34
560	0,01	0,03	0,06	0,11	0,19	0,26	0,32	0,38
600	0,01	0,03	0,06	0,12	0,20	0,28	0,34	0,41
700	0,01	0,04	0,08	0,14	0,24	0,33	0,40	0,47
720	0,01	0,04	0,08	0,15	0,24	0,34	0,41	0,49

Tabella 4.25 Valori del coefficiente correttivo F_i (*segue*)

n [giri/min]	*Rapporto di trasmissione i* da 1,00 a 1,01	da 1,02 a 1,04	da 1,05 a 1,06	da 1,07 a 1,14	da 1,15 a 1,24	da 1,25 a 1,48	da 1,49 a 2,00	oltre 2,00
800	0,02	0,04	0,09	0,16	0,27	0,38	0,46	0,54
900	0,02	0,05	0,10	0,18	0,30	0,43	0,52	0,61
960	0,02	0,05	0,10	0,19	0,32	0,45	0,55	0,65
1000	0,02	0,05	0,11	0,20	0,34	0,47	0,57	0,68
1200	0,02	0,06	0,13	0,24	0,41	0,57	0,69	0,81
1400	0,03	0,08	0,15	0,28	0,47	0,66	0,80	0,95
1440	0,03	0,08	0,16	0,29	0,49	0,68	0,83	0,97
1600	0,03	0,09	0,17	0,32	0,54	0,76	0,92	1,08
1800	0,04	0,10	0,19	0,36	0,61	0,85	1,03	1,22
2000	0,04	0,11	0,22	0,41	0,68	0,95	1,15	1,35
2200	0,04	0,12	0,24	0,45	0,74	1,04	1,26	1,49
2400	0,05	0,13	0,26	0,49	0,81	1,13	1,38	1,62
2600	0,05	0,14	0,28	0,53	0,88	1,23	1,49	1,76
2800	0,06	0,15	0,30	0,57	0,95	1,32	1,61	1,89
2880	0,06	0,16	0,31	0,58	0,97	1,36	1,65	1,94
3000	0,06	0,16	0,32	0,61	1,01	1,42	1,72	2,03
3200	0,06	0,17	0,35	0,65	1,08	1,51	1,84	2,16
3400	0,07	0,18	0,37	0,69	1,15	1,61	1,95	2,30
3600	0,07	0,19	0,39	0,73	1,22	1,70	2,07	2,43
3800	0,08	0,21	0,41	0,77	1,28	1,80	2,18	2,57
4000	0,08	0,22	0,43	0,81	1,35	1,89	2,30	2,70

Tabella 4.26 Valori del coefficiente correttivo

Sviluppo primitivo [mm]	F_l
fino a 2750	0,95
da 2750 a 3750	1,00
da 3750 a 5000	1,05
da 5000 a 7000	1,10
da 7000 a 9000	1,15
a partire da 9000	1,20

B4.6 TRASMISSIONI SINCRONE A CINGHIA

La denominazione **cinghie sincrone** corrisponde alla terminologia internazionale ISO; tuttavia, ancora oggi sono note anche come **cinghie dentate**. La trasmissione sincrona a cinghia accoppia i vantaggi degli ingranaggi a quelli delle cinghie. Le installazioni di tale tipo di cinghia sono molto versatili, con potenze trasmesse fino a 450 kW e per velocità variabili da meno di 0,5 m/s a oltre 50 m/s.

Le cinghie sincrone, rispetto alle cinghie piatte e trapezoidali, eliminano l'inconveniente dello slittamento e, inoltre, presentano i seguenti **vantaggi**:

- richiedono un basso valore della tensione di montaggio, perché il moto non viene trasmesso per attrito, ma dai denti della cinghia che ingranano con quelli della puleggia (accoppiamento di forma);
- possono realizzare elevati rapporti di trasmissione;
- possono raggiungere velocità periferiche elevate fino a 80 m/s, in quanto non risentono degli effetti della forza centrifuga;
- presentano un ingombro minimo, essendo consentito l'uso di pulegge di piccolo diametro;
- hanno un elevato rendimento.

Per quanto riguarda la struttura, le cinghie sincrone sono formate da un nucleo di fili metallici, o fibre di vetro, avvolti a elica, che costituiscono l'elemento resistente della cinghia, rivestito in gomma o neoprene; le pulegge, invece, sono realizzate in lega leggera o in acciaio, con la dentatura stampata in resina termoindurente. Osservando la *figura 4.19*, si nota che la cinghia è caratterizzata dalle seguenti dimensioni principali:

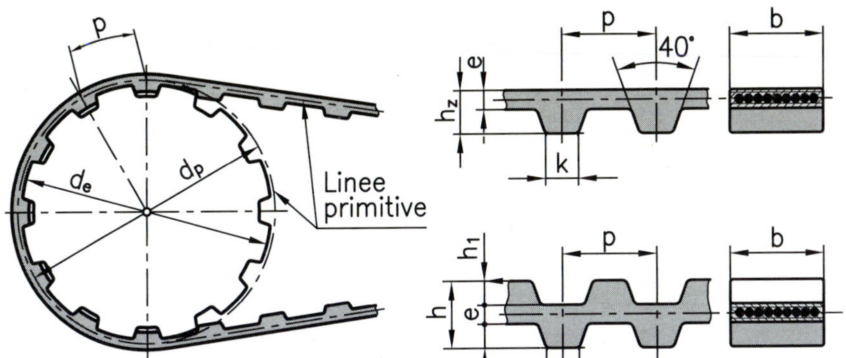

(a)

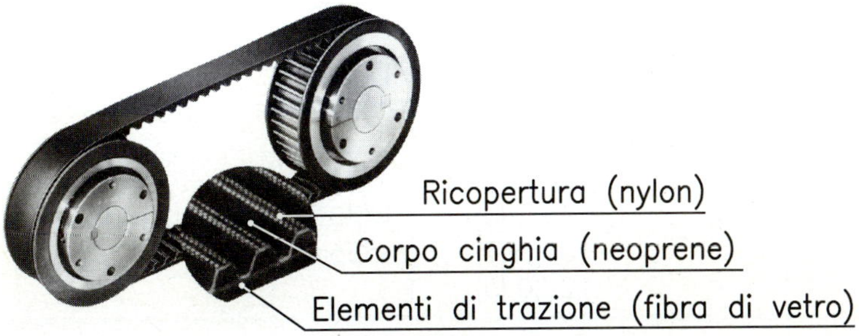

(b)

Fig. 4.19
Trasmissione sincrona a cinghia:
a) caratteristiche geometriche;
b) vista di insieme (da *Catalogo SIT SpA*, Milano).

— la **lunghezza primitiva** L_p, ossia la lunghezza della linea primitiva, corrispondente allo sviluppo longitudinale dei fili costituenti il nucleo della cinghia;
— il **passo** p, che rappresenta la distanza fra gli assi di due denti contigui, misurata in corrispondenza della linea primitiva;
— la **larghezza** b.

Il passo e la circonferenza primitiva, rispettivamente della puleggia e della cinghia, devono coincidere.

Le pulegge, inoltre, hanno il diametro primitivo d_p legato al passo p e al numero di denti z, maggiore rispetto al diametro esterno d_e, affinché il diametro primitivo della cinghia coincida con quello della puleggia.

Le cinghie sincrone, utilizzate nell'industria, sono classificate in funzione del passo, nei seguenti tipi: **XL** (extra leggera); **L** (leggera); **H** (pesante); **XH** (extra pesante); **XXH** (doppio extra pesante).

Esse sono adattabili ai seguenti tipi di trasmissione:
— tipo XL: macchine per ufficio, piccoli cinematismi, apparecchiature di laboratorio;
— tipo L: elettrodomestici, piccole macchine utensili, ventilatori, pompe, applicazioni industriali di piccola potenza;
— tipo H: macchine utensili, macchine tessili, compressori, pompe, presse, applicazioni industriali di media potenza;
— tipo XH: applicazioni industriali di media potenza;
— tipo XXH: applicazioni industriali di grande potenza.

La *tabella 4.27* riporta le principali caratteristiche delle cinghie sincrone; fra parentesi sono riportate le dimensioni in pollici.

Tabella 4.27 Caratteristiche principali delle cinghie sincrone

Tipo	*Passo [mm] (")*	*Larghezza [mm] (")*	*Lunghezze unificate (sviluppo) [mm]*
XL	5,08 (1/5)	6,3 (1/4) 8,0 (5/16) 9,5 (3/8)	153-178-203-229-254-279-305-330-356-381-406-432-457-483-508-553-559-584-610-635-660
L	9,52 (3/8)	12,7 (1/2) 19,0 (3/4) 25,4 (1)	314-381-476-533-571-610-648-686-724-762-819-876-933-991-1067-1143-1219-1295-1372-1524
H	12,7 (1/2)	19,0 (3/4) 25,4 (1) 38,1 (1$^1/_2$) 50,8 (2)	610-686-762-838-919-990-1067-1143-1219-1295-1372-1448-1524-1600-1676-1778-1905-2032-2159-2286-2540-2794-3175-3556-4318
XH	22,22 (7/8)	50,8 (2) 76,2 (3) 101,6 (4)	1289-1422-1600-1778-1956-2134-2489-2844-3200-3556-3912-4445
XXH	31,75 (1 $^1/_4$)	50,8 (2) 76,2 (3) 101,6 (4) 127,0 (5)	1778-2032-2286-2540-3048 3556-4064-4572

Schema di calcolo delle trasmissioni sincrone a cinghia

Il dimensionamento della trasmissione con cinghie sincrone può essere effettuato, come per le altre tipologie di cinghie esaminate precedentemente, se sono noti i dati riguardanti le caratteristiche costruttive e funzionali delle cinghie, ricavabili dai manuali tecnici o dai cataloghi dei costruttori; nel seguito si farà riferimento al *Manuale dell'Ingegnere Meccanico* (Hoepli, 2005) e al *Manuale di Meccanica* (Hoepli, 2006).

Noti la potenza nominale o di targa P_n del motore, il tipo di motore e di macchina operatrice, le condizioni di lavoro, la frequenza di rotazione n_1 della puleggia minore, la frequenza di rotazione n_2 della puleggia maggiore e il valore dell'interasse I fra le pulegge, la progettazione della trasmissione si articola nelle seguenti fasi.

a) Si calcola la **potenza corretta** o di **calcolo** P_c:

$$P_c = P_n \, F_s \, F_t \qquad \textbf{[4.61]}$$

in cui F_s è il coefficiente di servizio (▸ *Tab. 4.4*), mentre F_t è il coefficiente dipendente dalle caratteristiche della trasmissione (▸ *Tab. 4.5*).

b) Si sceglie il **tipo di sezione della cinghia** da adottare, utilizzando il diagramma rappresentato nella *figura 4.20*.

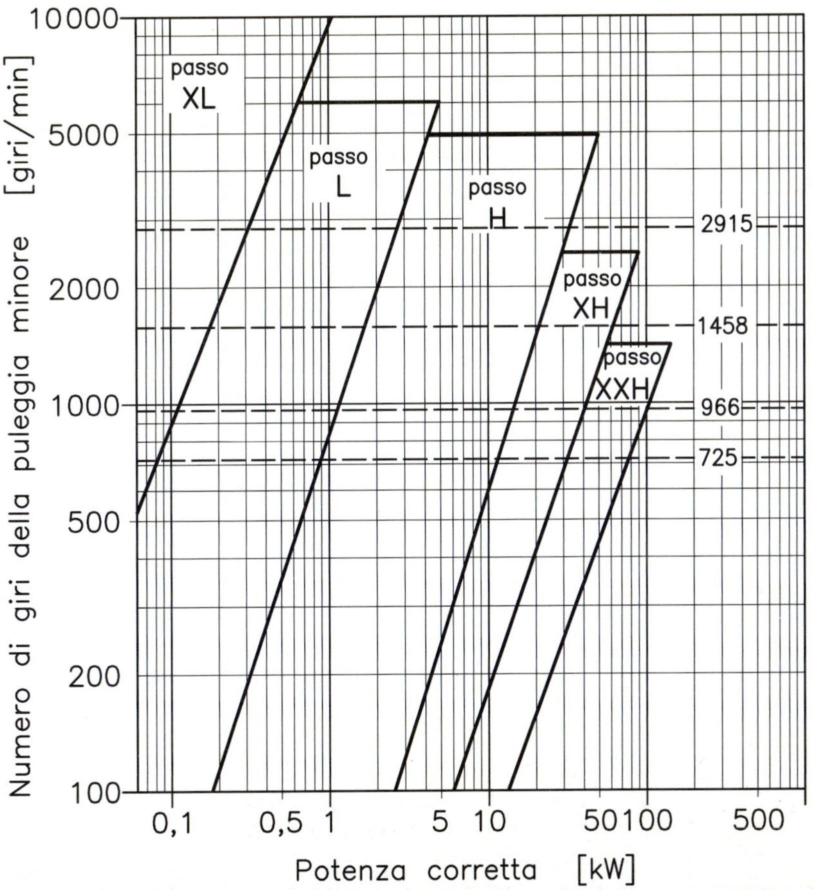

Fig. 4.20
Grafico per la scelta della sezione della cinghia sincrona.

c) Si stabilisce il **numero di denti** z_1 della puleggia minore, tenendo presente la *tabella 4.28*, in cui si consigliano i diametri e il numero di denti minimi, scegliendolo fra quelli della tabella delle prestazioni di base (potenza nominale P_1 trasmissibile da una cinghia di larghezza pari a 25 mm), tipo le *tabelle 4.29* e *4.30* riferite alle cinghie H e XH.

Tabella 4.28 Diametri minimi e numero minimo di denti consigliati per le pulegge delle cinghie sincrone

Tipo di cinghia	*Velocità della puleggia motrice [giri/min]*	*Diametro minimo [mm]*	*Numero minimo di denti*
XL	3000 1500 1000	19,40 17,78 16,17	12 11 10
L	3000 1500 1000	48,51 42,44 36,27	16 14 12
H	3000 1500 1000	80,84 72,77 54,66	20 18 16
XH	1500 1000 750	183,92 169,70 155,62	26 24 22
XXH	1500 1000 750	262,76 242,54 22,32	26 24 22

Tabella 4.29 Prestazioni di base P_1 delle cinghie H [kW/25 mm]

	z_1 / d_1 [mm]						
	14 56,60	18 72,77	22 88,94	26 105,11	30 121,28	36 145,53	48 194,04
n_1	P_1						
100	0,18	0,23	0,39	0,34	0,39	0,47	0,62
400	0,73	0,93	1,14	1,35	1,56	1,87	2,49
700	1,27	1,63	2,00	2,36	2,72	3,25	4,32
1000	1,82	2,33	2,84	3,36	3,86	4,62	6,10
1500	–	3,48	4,24	4,99	5,73	6,82	8,89
2000	–	4,62	5,61	6,58	7,53	8,89	11,37
3000	–	6,82	8,22	9,54	10,78	12,46	14,99
4000	–	–	10,58	12,11	13,44	14,99	16,13
6000	–	–	12,63	14,15	15,28	16,12	13,96

Tabella 4.30 Prestazioni di base P_1 delle cinghie XH [kW/25 mm]

	z_1 d_1 [mm]					
	18 127,34	22 155,64	26 183,94	30 212,23	34 240,53	40 282,48
n_1	P_1					
100	0,56	0,68	0,81	0,93	1,05	1,24
400	2,23	2,72	3,21	3,70	4,18	4,90
700	3,88	4,72	5,55	6,37	7,17	8,34
1000	5,49	6,66	7,79	8,88	9,93	11,41
2000	–	12,32	13,93	15,24	16,18	16,82
3000	–	–	16,78	16,53	15,06	10,23

d) Successivamente, dalla stessa tabella si determina il valore della **potenza nominale trasmissibile** P_1, corrispondente alla frequenza di rotazione n_1 della puleggia più veloce e al numero di denti fissato. Nella tabella delle prestazioni di base è indicato anche il **diametro primitivo** d_{p1} della puleggia, corrispondente al numero di denti fissato. Qualora il valore della frequenza di rotazione n_1 della puleggia fosse molto diverso da quelli previsti nella tabella, la potenza trasmissibile P_1 si determina per interpolazione lineare.

e) Ipotizzando che la puleggia minore sia motrice, dall'espressione del rapporto di trasmissione si può ricavare il **numero di denti** z_2 della puleggia condotta, pertanto nella relazione seguente si ottiene:

$$i = \frac{n_1}{n_2} = \frac{z_2}{z_1} \qquad \textbf{[4.62]}$$

adottando in seguito un valore unificato prossimo a quello calcolato (▸ *Tab. 4.31*); dalla stessa tabella si ricava anche il diametro primitivo d_{p2} della puleggia condotta.

Tabella 4.31 Diametri primitivi e diametri esterni delle pulegge per cinghie sincrone (UNI 8530) *(continua)*

Numero di denti	XL		L		H		XH		XXH	
	Diametro		Diametro		Diametro		Diametro		Diametro	
	Primitivo	Esterno	Primitivo	Esterno	Primitivo	Esterno	Primitivo	Esterno	Primitivo	Esterno
10	16,17	15,66	–	–	–	–	–	–	–	–
11	17,79	17,18	–	–	–	–	–	–	–	–
12	19,40	18,90	36,38	35,62	–	–	–	–	–	–
13	21,02	20,51	39,41	38,65	–	–	–	–	–	–
14	22,64	22,13	42,45	41,68	–	–	–	–	–	–

Tabella 4.31 Diametri primitivi e diametri esterni delle pulegge per cinghie sincrone (UNI 8530) (*segue*)

Numero di denti	*XL*		*L*		*H*		*XH*		*XXH*	
	Diametro		*Diametro*		*Diametro*		*Diametro*		*Diametro*	
	Primitivo	*Esterno*	*Primitivo*	*Esterno*	*Primitivo*	*Esterno*	*Primitivo*	*Esterno*	*Primitivo*	*Esterno*
15	24,26	23,75	45,48	44,72	–	–	–	–	–	–
16	25,87	25,36	48,51	47,75	64,68	63,31	–	–	–	–
17	27,49	26,98	51,54	50,58	68,72	67,35	–	–	–	–
18	29,11	28,96	54,57	53,81	72,77	71,39	127,34	124,55	–	–
19	30,72	30,22	57,61	56,84	76,81	75,44	134,41	131,62	–	–
20	32,34	31,83	60,64	59,88	80,85	79,48	141,49	138,69	–	–
22	35,57	35,07	66,70	65,84	88,94	87,56	148,56	152,84	222,34	229,40
25	40,43	39,92	75,80	75,04	101,06	99,69	176,86	174,04	252,66	249,61
28	45,28	44,77	84,89	84,13	113,19	111,82	198,08	195,29	282,98	279,93
32	51,74	51,24	97,02	96,26	129,36	127,99	226,38	223,59	323,40	320,35
36	58,21	57,70	109,15	108,39	145,53	144,16	254,68	251,89	363,83	360,78
40	64,68	64,17	121,28	120,51	161,70	160,33	282,98	280,19	404,25	401,21
48	77,62	77,11	145,53	144,77	194,04	192,67	339,57	336,78	485,10	482,06
60	97,02	96,51	181,91	181,15	242,55	241,18	424,47	421,67	606,38	603,33
72	116,43	115,92	218,30	217,53	291,06	289,69	509,36	506,57	727,66	724,61
84	–	–	254,68	253,92	339,57	338,20	594,25	591,46	848,93	845,88
96	–	–	291,06	290,30	388,08	386,71	679,15	676,35	970,21	967,16
120	–	–	363,83	363,07	485,10	483,73	848,93	846,14	1212,76	1209,71
158	–	–	–	–	630,64	629,26	–	–	–	–

f) Si determina la **potenza effettiva trasmissibile** P_{1c} moltiplicando la potenza nominale P_1 per il **coefficiente dei denti in presa** K_z (▸ *Tab. 4.32*).

Tabella 4.32 Valori del coefficiente K_z

Numero di denti in presa	6 o più	5	4	3	2
K_z	1,00	0,80	0,60	0,40	0,20

Con il coefficiente K_z si tiene conto del fatto che l'insufficiente resistenza dei denti della cinghia limita la possibilità di trasmissione, quando il numero di denti in presa z_{p1} sulla puleggia minore è inferiore a 6. I valori di K_z dipendono dal **numero di denti in presa** z_{p1}, il quale a sua volta è legato all'**angolo di avvolgimento** α_1 e al numero di denti z_1 della puleggia minore:

$$z_{p1} = z_1 \frac{\alpha_1}{2\pi} \qquad \textbf{[4.63]}$$

Pertanto, calcolato l'angolo α_1 con la [*4.31*]:

$$\alpha_1 = 180° - 57 \frac{d_{p2} - d_{p1}}{I}$$

la potenza effettiva trasmissibile P_{1c} vale:

$$P_{1c} = K_z\, P_1 \qquad [4.64]$$

g) Si determina la **larghezza *b*** della cinghia, mediante il **coefficiente relativo alla larghezza** K_w, dato dal rapporto fra la potenza corretta P_c e la potenza effettiva trasmissibile P_{1c}:

$$K_w = \frac{P_c}{P_{1c}} \qquad [4.65]$$

Dai valori di K_w, riportati nella *tabella 4.33*, si ricava il valore della larghezza della cinghia. Se il valore di K_w calcolato non coincide con nessuno di quelli riportati nella tabella, si sceglie il valore immediatamente superiore a quello calcolato e si adotta la larghezza corrispondente.

h) Si calcola la **lunghezza primitiva** L_p mediante la [*4.26*]:

$$L_p = 2I + \frac{\pi}{2}\left(d_{p1} + d_{p2}\right) + \frac{\left(d_{p2} - d_{p1}\right)^2}{4I}$$

ricordando di adottare il valore unificato prossimo a quello calcolato (▸ *Tab. 4.27*).

Tabella 4.33 Valori del coefficiente K_w e della larghezza *b* della cinghia

Larghezza b [mm]	*K_w*	*Larghezza b [mm]*	*K_w*	*Larghezza b [mm]*	*K_w*
6,3	0,18	19	0,72	76,2	3,41
8	0,23	25,4	1,02	101,6	4,84
9,5	0,30	38,1	1,58	127	6,25
12,7	0,45	50,8	2,17	–	–

B4.7 TRASMISSIONI MEDIANTE FUNI

Tipologie delle funi

Le **trasmissioni mediante funi** possono utilizzare funi vegetali o metalliche. Le funi metalliche trovano larghissimo impiego in tutti gli apparecchi e gli impianti di sollevamento e trasporto (argani, gru, montacarichi, ascensori, funicolari, teleferiche, funivie ecc.).

La norma UNI 1519-74 sulla designazione convenzionale delle funi metalliche illustra le caratteristiche dei vari tipi di **funi spiroidali**, **funi a trefoli** e **funi torticce**, o **gherlini** (▸ *Fig. 4.21*).

Le **funi spiroidali**, formate da fili di acciaio avvolti intorno a un nucleo centrale (anima) di fibre tessili o di acciaio, se vengono impiegate per formare funi composte, assumono la denominazione di **trefoli**; le funi costituite da più funi spiroidali sono dette **funi a trefoli**. Le **funi torticce**, o **gherlini**, sono delle funi a trefoli in cui ogni trefolo è formato a sua volta da una fune a trefoli.

POLIGLOTTA
Fune spiroidale
GB: Spiral rope
F: Câble en spirale
D: Spiralseil

POLIGLOTTA
Fune a trefoli
GB: Stranded rope
F: Câble à torons
D: Litzenseil

Fig. 4.21
Funi:
a) spiroidali;
b) a trefoli;
c) gherlini.

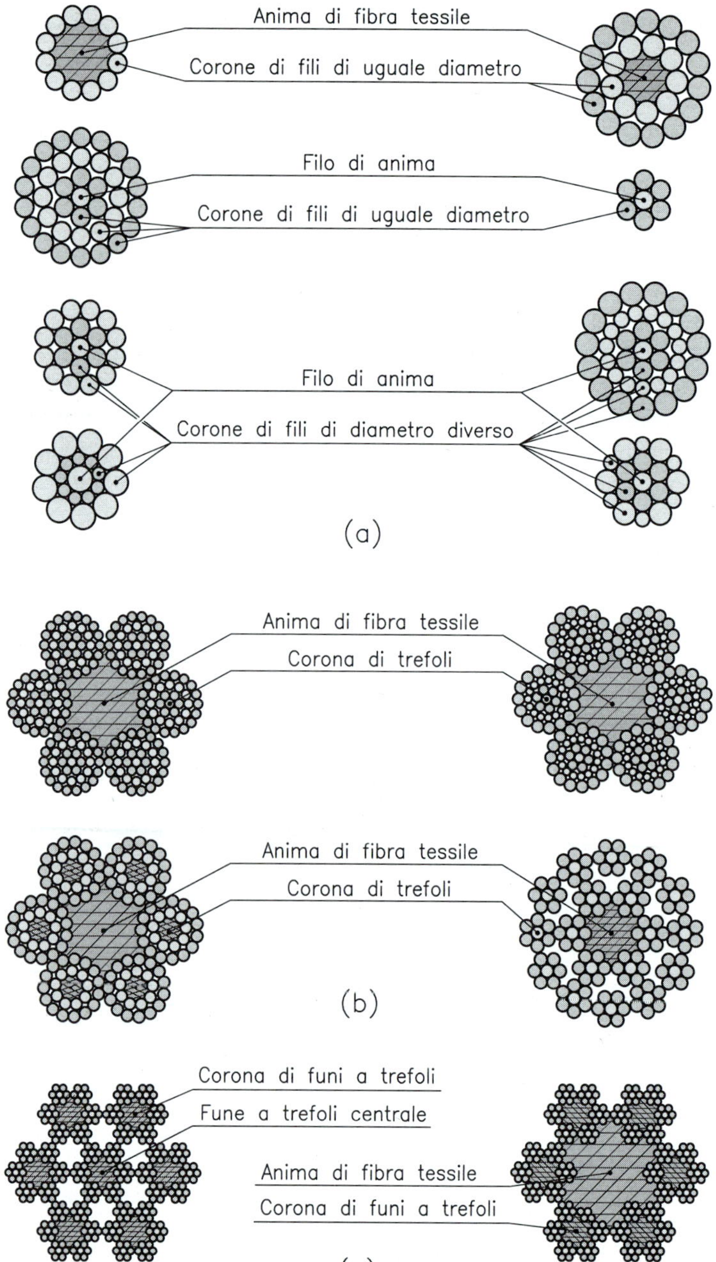

POLIGLOTTA
Gherlino
GB: Hawser
F: Aussière
D: Trosse

Le funi spiroidali sono impiegate nelle applicazioni in cui la sollecitazione principale è quella di trazione (funi portanti per teleferiche e ponti sospesi, funi di guida ecc.), mentre le funi a trefoli, che sopportano le sollecitazioni di flessione (quindi sono adatte per essere avvolte sulle pulegge), sono impiegate nelle gru, negli ascensori, come funi traenti per teleferiche e così via.

A titolo di esempio si riportano di seguito le designazioni di alcuni tipi unificati di funi metalliche.

— 8 NAT (12 + 6 + 1) 1770 Z 52-31: è una fune **spiroidale** di diametro nominale di 8 mm; la superficie dei fili è lucida (NAT), composta da 12 fili sullo strato esterno e 6 fili sullo strato interno, con verso di “trefolatura" (**avvolgimento dei fili**) destrorso (z) sull'anima costituita dal filo centrale; il carico di rottura unitario dei fili è 1770 N/mm^2; il carico di rottura della fune è 52 kN; la massa lineica è 31 kg/hm.

— 12 ZAB 6 (9 + 9 + 1) + NF 1770 Sz 84, 4-54, oppure la designazione abbreviata 12 ZAB 6×19 Seale + NF 1770 Sz 84, 4-54: è una fune a trefoli tipo **Seale**, di diametro 12 mm, composta da 6 trefoli, ciascuno dei quali è costituito da 9 fili esterni, 9 fili interni di minore diametro e 1 filo centrale; i trefoli hanno verso di "cordatura" (**avvolgimento dei trefoli**) sinistrorso (S) sull'anima centrale di fibre tessili naturali; i fili, con zincatura di classe AB (ZAB), hanno verso di trefolatura destrorso (z).

— 20 ZAB 6 (16 + 8/8 + 8 + 1) + WR [6 (6 + 1) + WS (6 + 1)] 1770 SS 252-167, oppure la designazione abbreviata 20 ZAB 6 × 41 Warrington-Seale + WR 1770 SS 252-167: è una fune tipo **Warrington-Seale**, di diametro 20 mm, composta da 6 trefoli, ciascuno dei quali è costituito da 16 fili esterni, 16 fili (alternativamente di differente diametro 8/8) sul penultimo strato, 8 fili sullo strato interno e un filo centrale. I trefoli sono avvolti su un'anima metallica WR (**Wire Rope**), consistente in una fune composta da 6 trefoli, avvolti su un trefolo centrale WS (**Wire Single**); ciascun trefolo dell'anima è composto da 6 fili esterni e un filo centrale.

RICHIAMO

Il ***verso dell'avvolgimento dei fili e dei trefoli*** può essere ***destrorso*** o ***sinistrorso*** (▸ *Fig. 4.22*): z indica il verso destrorso dei fili dei trefoli (con Z si indica il verso riferito ai trefoli delle funi a trefoli); s indica il verso sinistrorso dei fili dei trefoli (con S si indica il verso riferito ai trefoli delle funi a trefoli); Z_1 e S_1 indicano il verso di avvolgimento destrorso e sinistrorso delle funi nei gherlini. ***L'avvolgimento dei fili o dei trefoli*** può essere ***concorde*** oppure ***discorde***; le funi con avvolgimento concorde trovano applicazione nelle trasmissioni, mentre quelle con avvolgimento discorde vengono impiegate nelle macchine di sollevamento.

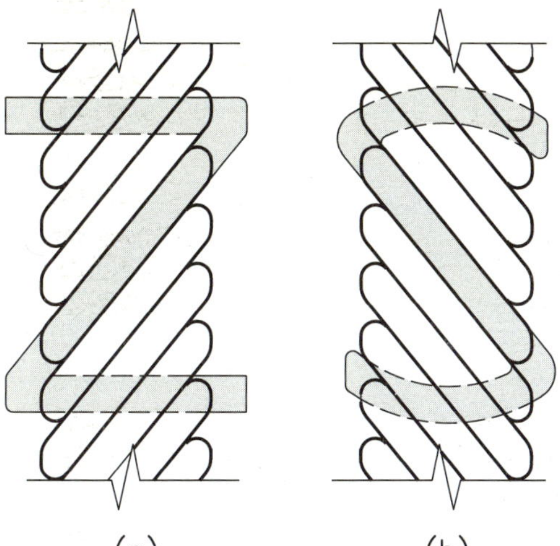

(a) (b)

Fig. 4.22

Senso di avvolgimento delle funi:
a) avvolgimento destrorso Z;
b) avvolgimento sinistrorso S.

— 42 NAT [24 z + 23 T + (12 + 6 + 1)] 1770 S 1560-920: è una fune **spiroidale chiusa**, costituita da 24 fili sagomati a forma di z nello strato esterno, 23 fili trapezi (T) nel penultimo strato e nei successivi strati 12 fili tondi, 6 fili tondi e un filo tondo centrale. Questo tipo di fune viene utilizzata come fine portante negli impianti funiviari, in quanto, essendo la sua superficie liscia rappresenta un'ottima via di corsa per le ruote portanti delle cabine.

Analisi delle trasmissioni con funi

Le funi, a differenza delle cinghie e delle catene, presentano uguale flessibilità in tutte le direzioni; tuttavia la flessibilità è minore, quindi richiedono pulegge di diametro piuttosto elevato. L'impiego delle funi metalliche per la trasmissione del moto è opportuno nel caso di interassi molto elevati (oltre 20 m), specie per assi sghembi. Le velocità massime ammissibili si aggirano intorno ai 30 m/s.

Le funi sono sollecitate a trazione, per effetto del tiro, e a flessione a causa del loro avvolgimento su pulegge e tamburi. Le norme di legge, relative ai diversi impieghi in campo industriale e civile, prescrivono un indice di sicurezza minimo per la sola sollecitazione di trazione e impongono dei limiti ai rapporti D/d, fra il diametro D dell'organo di avvolgimento e il diametro d della fune, e D/δ, fra il diametro D dell'organo di avvolgimento e il diametro δ dei fili, allo scopo di limitare la sollecitazione di flessione.

L'**indice di sicurezza** i_s a trazione è dato dalla seguente relazione:

$$i_s = \frac{R}{T} \qquad \textbf{[4.66]}$$

in cui R indica il **carico di rottura minimo** della fune, fornito dal certificato di collaudo, mentre T rappresenta il **tiro**, o **carico di trazione**, agente sulla fune.

Nelle applicazioni in cui non è richiesto il collaudo, il valore di R è deducibile dalla seguente relazione:

$$R = \frac{K' \, d^2 \, R_0}{1000} \, [\text{kN}] \qquad \textbf{[4.67]}$$

in cui:
- d indica il diametro della fune;
- R_0 rappresenta il carico di rottura unitario del materiale dei singoli fili; per i fili d'acciaio vale 1200÷1800 N/mm²;
- K' è il fattore empirico riportato sulla UNI 7291; nella *tabella 4.34* sono riportati i valori di K' di alcune funi spiroidali e a trefoli.

Si riportano, a titolo di esempio, le prescrizioni relative a:
- mezzi e apparecchi industriali di sollevamento e trasporto (DPR del 27.4.1955):

$$i_s \geq 6; \quad D/d \geq 25; \quad D/\delta \geq 300 \quad \text{(per tamburi e pulegge motrici)}$$
$$D/d \geq 20; \quad D/\delta \geq 250 \quad \text{(per pulegge di rinvio)}$$

- ascensori e montacarichi in servizio privato (DPR del 29.5.1963):

$$i_s \geq 12; \quad D/d \geq 40; \quad D/\delta \geq 500$$

- funicolari terrestri (DM del 13.11.1975):

$$i_s \geq 8; \quad D/d \geq 80; \quad D/\delta \geq 800$$
$$i_s \geq 6; \quad D/d \geq 80; \quad D/\delta \geq 800 \quad \text{(se esiste zavorra)}$$

- sciovie (DM del 31.1.1961):

$$i_s \geq 5; \quad D/d \geq 80; \quad D/\delta \geq 800$$

— funivie bifuni (DM del 15.2.1969):

a) fune portante:

$i_s \geq 3{,}5$; $D/d \geq 65$; $D/\delta \geq 1000$ (per tamburo di fissaggio)

$D/d \geq 90$; $D/\delta \geq 1200$ (per dispositivi di tensione)

b) fune traente:

$i_s \geq 5$; $D/d \geq 80$; $D/\delta \geq 1000$

Tabella 4.34 Valori del coefficiente *K'* per funi spiroidali e a trefoli

		Funi spiroidali			
Tipo di fune	1 × 7(6 + 1)	1 × 19(1 + 6 + 12)	1 × 37(1 + 6 + 12 + 18)	1 × 61(1 + 6 + 12 + 18 + 24)	
K'	0,560	0,537	0,525	0,520	
Funi a trefoli					
Gruppo	*Classe*	*Anima*			
		Tessile	Acciaio		
1	6 × 7	0,332	0,359		
2 e 3	6 × 19 e 6 × 37	0,330	0,356		
4 e 5	8 × 19 e 8 × 37	0,293	0,346		
6	17 × 7	0,328	0,328		
7	34 × 7	0,318	0,318		
8	6 × 24	0,280	0,280		

È evidente che l'indice di sicurezza prescritto non rappresenta l'effettivo grado di sicurezza della fune nei confronti della rottura, in quanto non tiene conto, fra l'altro, della sollecitazione di flessione dovuta all'avvolgimento della fune sulla puleggia o sul tamburo. Prendendo in esame sia la sollecitazione di trazione σ_t sia quella di flessione σ_f, cui è sottoposto il materiale che costituisce i singoli fili della fune, la sollecitazione totale σ_{tot} è data dalla loro somma:

$$\sigma_{tot} = \sigma_f + \sigma_t \quad [4.68]$$

con:

$$\sigma_f = \frac{3}{8} E \frac{\delta}{D} \quad [4.69]$$

e:

$$\sigma_t = \frac{T}{\frac{z \pi \delta^2}{4}} \quad [4.70]$$

in cui z indica il numero di fili, mentre E rappresenta il modulo di elasticità longitudinale dell'acciaio e vale 206 000 N/mm^2.

Il rapporto fra il carico di rottura R_0 del materiale e la sollecitazione totale rappresenta, sia pure con approssimazione, il **coefficiente di sicurezza** η della fune:

$$\eta = \frac{R_0}{\sigma_{tot}} \qquad [4.71]$$

Il valore del coefficiente di sicurezza dipende dal genere di applicazione:
— per trasporto persone: $\eta = 10$;
— per trasporto materiali: $\eta = 6$.

Pertanto, indicando con k_t il **carico ammissibile** della fune, dato dalla seguente relazione:

$$k_t = \frac{R_0}{\eta} \qquad [4.72]$$

deve risultare:

$$\sigma_{tot} \leq k_t \qquad [4.73]$$

Scelta delle funi secondo UNI 4308

Negli apparecchi di sollevamento, il diametro minimo della fune si calcola con la seguente relazione:

$$d = C\sqrt{S} \qquad [4.74]$$

in cui C indica il fattore di selezione della fune, mentre S rappresenta la trazione massima della fune, calcolata tenendo conto del:
— carico di servizio nominale dell'apparecchio;
— peso dell'organo di presa;
— rendimento meccanico dell'avvolgimento delle funi;
— peso della fune, considerato quando il carico è manovrato verticalmente per più di 5 m.

Il fattore C vale:

$$C = \sqrt{\frac{Z_p}{K' R_0}} \qquad [4.75]$$

in cui:
— R_0 è il carico di rottura unitario del materiale dei singoli fili;
— Z_p è il coefficiente pratico minimo di utilizzazione (▸ Tab. 4.35);
— K' rappresenta il fattore empirico dipendente dal carico di rottura della fune (▸ Tab. 4.34).

Il carico di rottura minimo R della fune che si intende utilizzare è dato dalla seguente relazione:

$$R = S\,Z_p \qquad [4.76]$$

Tabella 4.35 Valori di Z_p e di C

Classe del meccanismo	Z_p	$C\left[mm/\sqrt{N}\right]$ [1]
M1	3,15	0,085
M2	3,35	0,087
M3	3,55	0,090
M4	4,0	0,095
M5	4,5	0,100
M6	5,6	0,112
M7	7,1	0,125
M8	7,9	0,140

[1] Valori calcolati per fune con $R_0 = 1750$ N/mm² e con $K' = 0{,}293$

B4.8 TRASMISSIONI MEDIANTE CATENE

Tipologie delle catene

La differenza fondamentale della trasmissione di potenza con catene, rispetto a quella con cinghie (escluso le sincrone) o funi, consiste nel fatto che, nel caso delle catene, la trasmissione è affidata alla forza normale fra i profili coniugati degli organi a contatto (ruota e catena), anziché alla forza tangenziale d'attrito; si realizza pertanto un **accoppiamento di forma**. Ne consegue che non può generarsi scorrimento, qualunque sia l'intensità della forza da trasmettere e qualunque sia la velocità della catena, realizzando quindi rapporti di trasmissione costanti.

POLIGLOTTA
Accoppiamento di forma
GB: Form fit
F: Accouplement à forme
D: Formkupplung

Di seguito sono riportati i principali vantaggi delle trasmissioni a catena:

— la trasmissione del moto avviene senza strisciamenti, perciò sono adatte sia per trasmissioni di precisione sia per trasmettere alte potenze con basse velocità;
— presentano minori carichi sugli alberi (e quindi sui supporti) rispetto alle trasmissioni a cinghia, in quanto non è richiesta una tensione di montaggio iniziale;
— a parità di forza trasmessa, rispetto alle cinghie, l'angolo di avvolgimento della ruota più piccola può essere minore (valore minimo consigliato $\alpha_1 = 120°$) e quindi l'ingombro è minore;
— possono trasmettere potenza fra alberi con interasse molto grande (anche fino a 8 m);
— il rendimento è elevato.

Per contro esistono alcuni svantaggi:
— costo maggiore rispetto alle trasmissioni a cinghia;
— minore velocità massima ammissibile;

POLIGLOTTA
Catena di trazione
GB: Sling chain
F: Chaîne de traction
D: Anschlagkette

POLIGLOTTA
Catena articolata
GB: Sprocket chain
F: Chaîne articulée
D: Gelenkkette

— necessità di una maggiore manutenzione;
— rumorosità;
— necessità di un sistema di lubrificazione.

Le catene, oltre che per la forma costruttiva, possono essere classificate per il rispettivo campo di applicazione; di seguito vengono definiti i vari tipi, classificati in **catene ordinarie**, o **di trazione**, e **catene articolate**.

Le catene ordinarie sono utilizzate soltanto nelle macchine di sollevamento, mentre le catene articolate trovano applicazione sia nei meccanismi di trasmissione della potenza sia nelle macchine di sollevamento.

Le **catene di trazione** sono costituite da **maglie** ad anelli chiusi, in tondino d'acciaio dolce o a elevata resistenza (▸ *Fig. 4.23*).

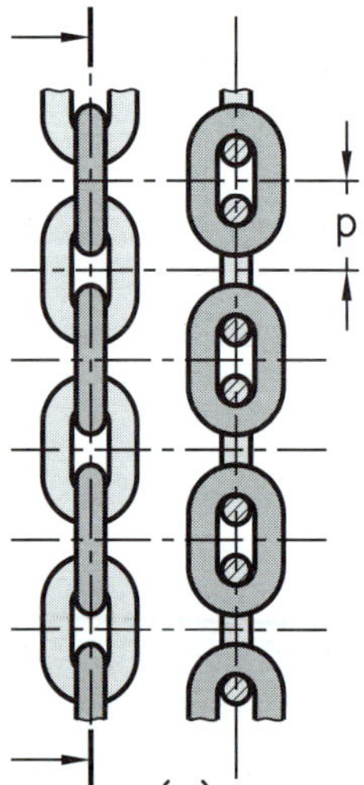

Fig. 4.23
Catena di trazione:
a) schema;
b) applicazione in un sistema di sollevamento con paranco, di produzione Demag.

Poiché possono sostenere velocità fino a 1 m/s, sono utilizzate per applicazioni prevalentemente statiche, come per esempio le catene per ancore marine, le catene di traino, quelle dei paranchi azionati manualmente o le catene delle brache di sollevamento. Un tipo particolare di catene di trazione è rappresentato dalle catene **Fleyer**, costituite da piastre d'acciaio a medio tenore di carbonio, temprate, unite da perni in acciaio di alta qualità, cementato per migliorare la resistenza all'usura delle superfici. Le catene Fleyer non ingranano con ruote dentate, ma si avvolgono su rulli; sono utilizzate in apparecchi di sollevamento e come tiranti per contrappesi nelle macchine utensili.

Le **catene articolate** sono costituite da maglie formate da più pezzi collegati fra loro.

La più antica catena articolata è la **catena scomponibile a maglie**, detta anche **catena Vaucanson**, adatta solo per velocità molto ridotte e per piccole forze; un'analoga catena scomponibile è la **catena Ewart a maglie aperte** o **chiuse**, in ghisa (▸ *Fig. 4.24*). Questo tipo di catena è utilizzato nel campo degli impianti trasportatori, degli elevatori a tazze, nelle macchine edili da cantiere e nelle macchine agricole.

POLIGLOTTA
Maglia
GB: Link
F: Maillon de chaîne
D: Glied

La configurazione a rulli, rappresentata nella *figura 4.25*, è detta **catena articolata a maglie false**; si usa frequentemente negli impianti petroliferi.

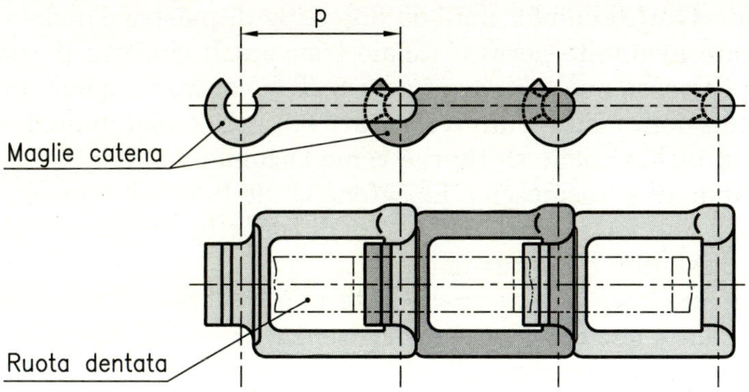

Fig. 4.24
Catena Ewart.

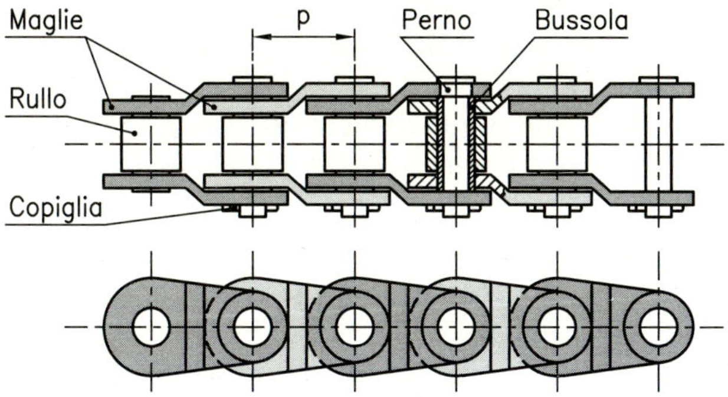

Fig. 4.25
Catena articolata a maglie false.

Anche le catene **Galle** e **Zobel**, rappresentate nella *figura 4.26*, appartengono alla categoria delle catene articolate.

Tutte queste catene, per la loro concezione costruttiva, possono essere utilizzate solo per trasmettere forze rilevanti (con le Zobel si arriva fino a 20÷50 kN) con modeste velocità (mediamente fino a 2÷3 m/s).

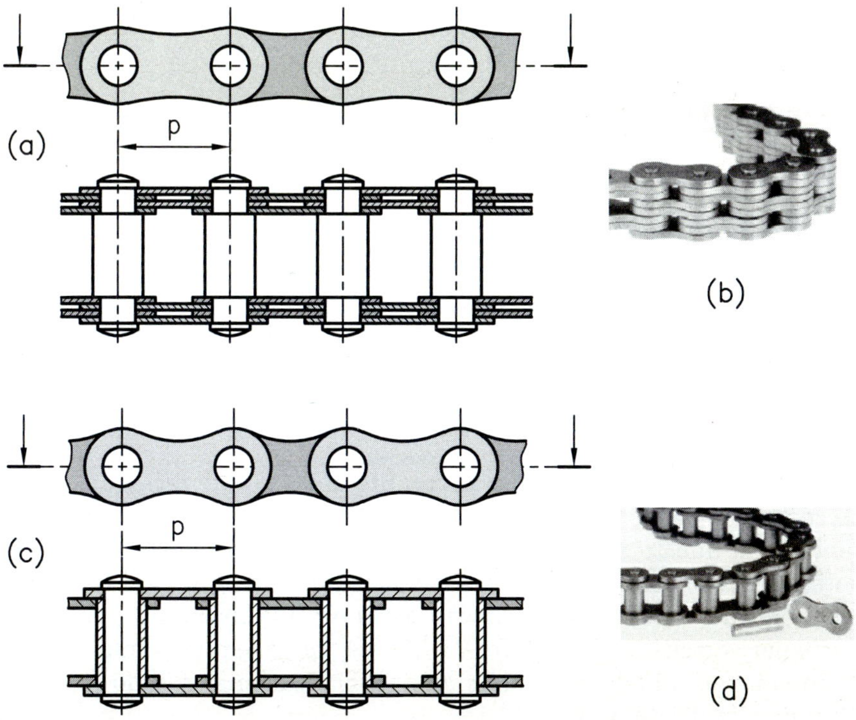

Fig. 4.26
Catene articolate:
a) tipo Galle;
b) esemplare di catena Galle, di produzione Rexnord;
c) tipo Zobel;
d) esemplare di catena Zobel, di produzione Rexnord.

Le **catene Galle** sono formate da due serie di piastre d'acciaio laterali, collegate mediante perni d'acciaio trasversali ribaditi; il numero di piastre per passo può arrivare fino a 8. Tali catene vengono impiegate per trasmissioni molto lente (velocità < 0,5 m/s) o macchine di sollevamento con utilizzazione saltuaria, come l'azionamento di porte di forni o il comando di saracinesche. Le catene Galle hanno l'inconveniente di presentare una forte usura nella zona di contatto fra perni e piastrine, dovuta all'esiguità di tale zona.

Le **catene Zobel**, dette anche **catene a bussole**, rispetto alle Galle sono più adatte alla trasmissione di potenza, in quanto utilizzano le bussole distanziatrici che aumentano la zona di contatto fra perni e piastre, eliminando l'inconveniente dell'usura, presente nelle Galle. La velocità massima consentita è di circa 3 m/s; si hanno però esempi costruttivi con trasmissione racchiusa in carter, e quindi con una buona lubrificazione, per velocità fino a 12 m/s.

Le **catene a rulli**, dal punto di vista degli impieghi industriali, sono le più importanti per la trasmissione del moto (▸ ***Fig. 4.27***).

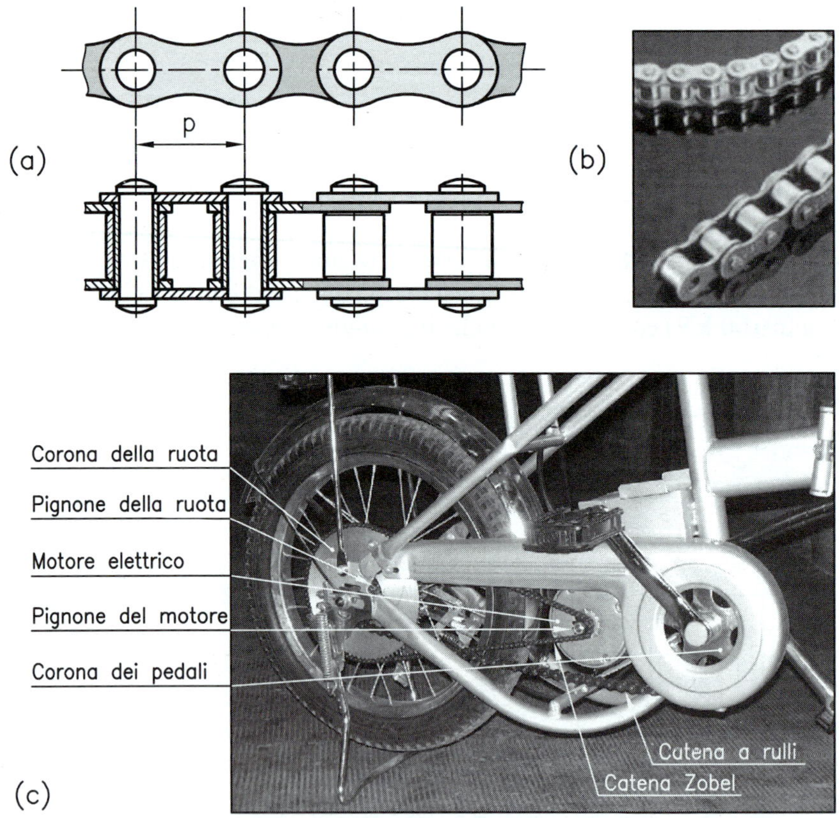

Fig. 4.27
Catene articolate a rulli:
a) schema;
b) esemplare di produzione Rexnord;
c) applicazione alla trasmissione di una bici da città di tipo ibrido (a energia elettrica e muscolare).

In pratica questo tipo di catena è ottenuto dalle catene Zobel, inserendo attorno alle bussole dei cilindri cavi (**rulli**) che possono ruotare liberamente. Con questo accorgimento si proteggono dall'usura i denti delle ruote, perché si sostituisce il contatto di strisciamento fra denti e bussole, con il contatto di rotolamento fra denti e rulli. Le catene a rulli sono adatte per velocità, comprese fra 7 e 12 m/s; ma si hanno esempi costruttivi in cui, con un adeguato sistema di lubrificazione, si sono raggiunti valori della velocità di 30 m/s.

Le **catene a denti invertiti**, dette anche **catene silenziose**, sono costituite da tante piastrine, sagomate con lo stesso profilo del vano dei denti delle ruote e collegate da perni e bussole nel senso della larghezza della catena (▸ *Fig. 4.28*). A contatto con i denti della ruota non sono però le bussole, ma le estremità di due piastrine successive che costituiscono un dente. La velocità delle catene silenziose oscilla, di solito, tra 5 e 10 m/s, ma con un'adeguata lubrificazione può arrivare fino a 30÷35 m/s.

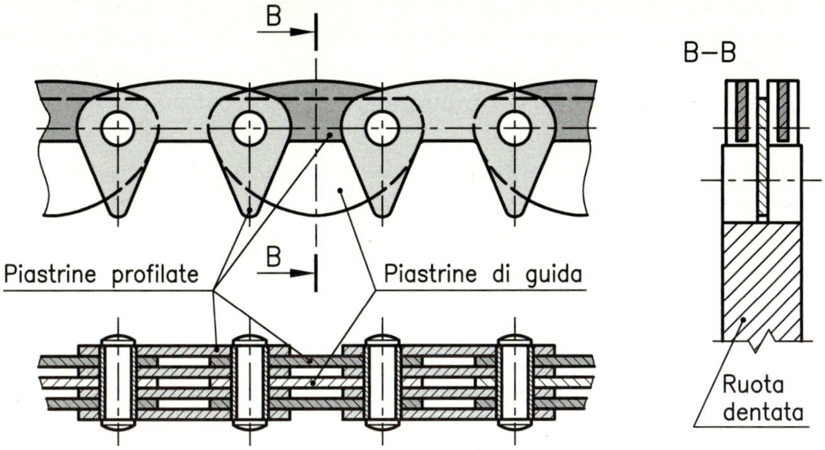

Fig. 4.28
Catena silenziosa.

Analisi delle trasmissioni con catene

Dal punto di vista cinematico, le trasmissioni con catene non differiscono dalle trasmissioni a ingranaggi, quindi il rapporto di trasmissione si può esprimere come segue:

$$i = \frac{n_1}{n_2} = \frac{d_{p2}}{d_{p1}} = \frac{z_2}{z_1} \qquad \textbf{[4.77]}$$

in cui:
— n_1 indica la frequenza di rotazione della ruota motrice;
— n_2 è la frequenza di rotazione della ruota condotta;
— d_{p1} indica il diametro primitivo della ruota motrice;
— d_{p2} è il diametro primitivo della ruota condotta;
— z_1 rappresenta il numero di denti della ruota motrice;
— z_2 indica il numero di denti della ruota condotta.

Le ruote dentate per le trasmissioni a catena, fornite dalle ditte costruttrici, insieme alle catene, sono caratterizzate dal **passo**, dal **numero di denti** e dal **diametro primitivo**, corrispondente al diametro della circonferenza, passante per i centri dei perni della catena avvolta sulla ruota.

Fra il passo p della catena, il diametro primitivo d_p e il numero di denti z della ruota sussiste la seguente relazione:

$$d_p = \frac{p}{\text{sen}\,\dfrac{180}{z}} \qquad \textbf{[4.78]}$$

Date le loro caratteristiche costruttive, le catene sono usate solamente per trasmettere il moto fra assi paralleli, con flessibile diritto. La soluzione più vantaggiosa è quella a tiro orizzontale, con il ramo conduttore (ramo teso) superiormente rispetto a quello condotto (meno teso). In questo modo si favorisce il disimpegno della catena e si limita la possibilità che sorgano vibrazioni.

La disposizione delle trasmissioni a catena è quindi opposta a quella adottata per le trasmissioni a cinghia. Le soluzioni con tiro verticale sono da evitare, perché la catena tenderebbe a uscire dalla ruota dentata più bassa; se tale disposizione non è evitabile, occorre utilizzare un galoppino posto all'esterno del ramo condotto della catena, in prossimità della ruota più piccola.

L'**angolo** minimo **di avvolgimento** consigliato per la ruota più piccola è di 120°.

Per l'**interasse**, di norma, si adottano valori pari a 30÷50 p (in cui p indica il passo della catena), ma non superiori a 2,50 m, per esempio:

- per $p = 12{,}70$, si ottiene $I = 600$ mm;
- per $p = 31{,}75$, si ottiene $I = 1200$ mm;
- per $p = 50{,}80$, si ottiene $I = 1700$ mm.

La **lunghezza della catena** può essere espressa in termini di numero di maglie N, ricavandola dalla [*4.26*] in funzione del numero di denti z_1 e z_2 delle ruote, del loro interasse I e del passo p della maglia:

$$N = \frac{L_d}{p} = \frac{2I}{p} + \frac{z_1 + z_2}{2} + \frac{p}{4I}\left(\frac{z_2 - z_1}{\pi}\right)^2 \quad \textbf{[4.79]}$$

Per quanto riguarda il numero di denti delle ruote, è consigliabile che quello della ruota minore z_1 sia un numero dispari compreso fra 17 e 25; mentre per la ruota maggiore, il numero dei denti z_2 dev'essere compreso fra 25 e 150.

Noto il rapporto di trasmissione i e fissato il numero di denti z_1, il numero di denti della ruota maggiore z_2 si ottiene dalla seguente relazione:

$$z_2 = i\, z_1 \quad \textbf{[4.80]}$$

Osservazioni: impiegando una ruota piccola con un numero dispari di denti e una catena con numero pari di passi, si ha una minore usura sia della catena sia dei denti della ruota.

Il numero minimo di denti della ruota maggiore, $z_2 = 25$, è imposto dal fatto che la somma dei denti di entrambe le ruote dev'essere:

$$z_1 + z_2 \geq 50$$

per esempio, per $i = 1$, entrambe le ruote devono avere 25 denti. Il valore superiore, $z_2 = 150$, stabilito dall'esperienza, rappresenta il numero di denti della più grande ruota realizzabile, in grado di garantire l'ingranamento anche quando la catena si allunga.

Conoscendo la potenza nominale P_n da trasmettere, le caratteristiche della macchina motrice e della macchina operatrice, le condizioni di servizio, le frequenze di rotazione degli alberi e l'interasse, il procedimento di calcolo della trasmissione è il seguente:

— si determina la **potenza di calcolo** P_c:

$$P_c = P_n F_s$$

dove F_s è il coefficiente di servizio che si ricava dalla *tabella 4.4*;

— si stabilisce il **numero di denti** z_1 della ruota minore, considerata motrice, e si calcola il numero di denti z_2 della ruota maggiore (condotta) mediante la [*4.80*], tenendo presente i limiti esposti in precedenza;

— si sceglie il **tipo di catena** con l'ausilio di diagrammi riportati sui cataloghi delle ditte costruttrici o sulle tabelle degli enti di unificazione, individuandone le principali dimensioni;

— si determina la **lunghezza** della catena mediante la [*4.79*].

FORMULARIO ESSENZIALE

Grandezza	Formula	Unità di misura
Rapporto di trasmissione teorico i	$i = \frac{\omega_1}{\omega_2} = \frac{n_1}{n_2} = \frac{d_2}{d_1}$	ω_1, ω_2 = velocità angolare [rad/s] n_1, n_2 = frequenze di rotazione delle pulegge [giri/min] d_1, d_2 = diametri primitivi delle pulegge [mm]
Tensione statica di montaggio T_0	$T_0 = \frac{T+t}{2}$	T = tensione nel ramo conduttore della cinghia [N] t = tensione nel ramo condotto della cinghia [N]
Forza periferica motrice F	$F = T - t$	T = tensione nel ramo conduttore [N] t = tensione nel ramo condotto [N]
Condizione limite di aderenza	$\frac{T}{t} = e^{f\alpha_1}$	T = tensione nel ramo conduttore [N] t = tensione nel ramo condotto [N] α_1 = angolo di avvolgimento sulla ruota minore [rad] f = coefficiente d'attrito
Valori minimi delle tensioni nei due rami liberi della cinghia affinché non si abbia scorrimento fra cinghia e puleggia	$T = F\frac{e^{f\alpha_1}}{e^{f\alpha_1}-1}$ $t = \frac{F}{e^{f\alpha_1}-1}$	T = tensione nel ramo conduttore [N] t = tensione nel ramo condotto [N] F = forza periferica motrice [N] α_1 = angolo di avvolgimento sulla ruota minore [rad]
Tiro S	$S = T + t = F\frac{e^{f\alpha_1}+1}{e^{f\alpha_1}-1}$	T = tensione nel ramo conduttore [N] t = tensione nel ramo condotto [N] F = forza periferica motrice [N] α_1 = angolo di avvolgimento sulla ruota minore [rad]
Lunghezza L_s della cinghia o della fune con disposizione semincrociata	$L_s = \pi\frac{d_1+d_2}{2} + \sqrt{I^2+d_1^2} + \sqrt{I^2+d_2^2}$	I = interasse [mm] d_1, d_2 = diametri primitivi delle pulegge [mm]

Grandezza	Formula	Unità di misura
– Lunghezza L_d della cinghia o della fune con disposizione diritta – Angolo di avvolgimento α_1 della puleggia minore (motrice) – Angolo di avvolgimento α_2 della puleggia maggiore (condotta)	$L_i = 2I + \frac{\pi}{2}(d_1 + d_2) + \frac{(d_2 + d_1)^2}{4I}$ $\alpha_1 = 180° - 57\frac{d_2 - d_1}{I}$ $\alpha_2 = 180° + 57\frac{d_2 - d_1}{I}$	I = interasse [mm] d_1, d_2 = diametri primitivi delle pulegge [mm]
– Lunghezza L_i della cinghia o della fune con disposizione incrociata – Angolo di avvolgimento α_1 della puleggia minore (motrice) – Angolo di avvolgimento α_2 della puleggia maggiore (condotta)	$L_i = 2I + \frac{\pi}{2}(d_1 + d_2) + \frac{(d_2 + d_1)^2}{4I}$ $\alpha_1 = \alpha_2 = \pi + 2\gamma \cong \pi + \frac{d_2 + d_1}{I}$	I = interasse [mm] d_1, d_2 = diametri primitivi delle pulegge [mm]
Relazione fra il passo p della catena, il diametro primitivo d_p e il numero di denti z della ruota	$d_p = \frac{p}{\text{sen}\,\frac{180}{z}}$	z = numero di denti della ruota p = passo della catena
Lunghezza della catena espressa in termini di numero di maglie N	$N = \frac{L_d}{p} = \frac{2I}{p} + \frac{z_1 + z_2}{2} + \frac{p}{4I}\left(\frac{z_2 - z_1}{\pi}\right)^2$	z_1, z_2 = numero di denti delle ruote I = interasse [mm] p = passo della maglia [mm]

L'UNITÀ DIDATTICA IN BREVE

Sulla rete

PROBLEMI DI RIEPILOGO

Sulla rete

AUTOVERIFICA DELL'APPRENDIMENTO

1. Le trasmissioni realizzate mediante pulegge con cinghie piane, trapezoidali, scanalate, oppure con funi, presentano un accoppiamento di ________________________; mentre le cinghie dentate o le catene realizzano un accoppiamento di ______________________________

2. Definire l'accoppiamento di forma e di forza (max 20 parole).

____

____

____

3. Elencare i tipi più comuni di cinghie piane.

____

____

4. Elencare i vantaggi che si possono avere con l'uso di cinghie piane e cinghie trapezoidali (max 30 parole).

____

____

____

____

5. Esprimere analiticamente il rapporto di trasmissione teorico di una trasmissione a cinghie.

   $i =$ ______________________________

6. Definire la tensione statica di montaggio (max 15 parole).

____

____

7. Esprimere la forza periferica da trasmettere sulla puleggia, in funzione delle tensioni sui rami della cinghia.

   $F =$ ______________________________

8. Formulare la condizione limite di aderenza.

   $\frac{T}{t} =$ ____________________________

9. Per aumentare il valore dell'angolo di avvolgimento, si può stabilire il verso di rotazione in modo che il ramo conduttore si trovi al di sotto e quello condotto al di sopra.

   Vero ☐ Falso ☐

10. Indicare i valori minimi delle tensioni nei due rami liberi della cinghia, affinché non si abbia scorrimento fra cinghia e puleggia:

a) $T =$ ______________________

b) $t =$ ______________________

11. Esporre il procedimento di calcolo delle trasmissioni con cinghie piane.

____

____

____

____

____

____

12. Esporre il procedimento di calcolo delle trasmissioni con cinghie trapezoidali.

____

____

____

____

____

____

13. Individuare i vantaggi che si hanno usando cinghie sincrone. (max 15 parole)

____

____

14. Elencare i vari tipi di funi metalliche, indicandone brevemente la formazione (max 20 parole).

____

____

____

15. Esprime la lunghezza della catena di una trasmissione in termini del numero di maglie N.

$N =$ ______________________

VERIFICA DI MODULO

Si intende realizzare una trasmissione fra assi paralleli, sviluppando due soluzioni: una coppia di ruote di frizione cilindriche e una coppia di ruote dentate cilindriche a denti diritti. La potenza trasmessa vale $P = 5$ kW, a una frequenza di rotazione dell'albero motore $n_1 = 750$ giri/min e con un rapporto di trasmissione $i = 1{,}5$. Il materiale impiegato per realizzare le ruote, in entrambi i casi, è acciaio, con coefficiente di attrito $f = 0{,}15$. Si ipotizzi un funzionamento normale.

Rispondere ai seguenti quesiti con i dati assegnati.

1. Eseguire il dimensionamento delle ruote di frizione.

2. Eseguire il dimensionamento delle ruote dentate.

3. Calcolare e confrontare le forze di accoppiamento scambiate fra le ruote, nei due casi.

4. Confrontare le dimensioni delle ruote ricavate nei due casi.

MODULO C Termodinamica

Il **Modulo C** è dedicato alla **Termodinamica**, scienza che studia il calore e il comportamento dei gas; viene dapprima illustrata la Termologia, con i concetti di **calore** e di **temperatura**, i principi della **combustione**, i combustibili e le loro proprietà; successivamente lo studio verte sulle **leggi dei gas** e **dei vapori**, sulle trasformazioni basate sulle variazioni di pressione, sugli scambi di calore e sull'evaporazione dei liquidi; particolare approfondimento è riservato all'illustrazione del **primo e del secondo principio della Termodinamica**.

Obiettivi

- Conoscere i concetti di calore e di temperatura, le leggi della combustione, i combustibili e le loro proprietà.
- Sapere calcolare il calore emesso durante la combustione e il fabbisogno d'aria.
- Conoscere le leggi dei gas ideali.
- Sapere svolgere i calcoli relativi alle trasformazioni dei gas ideali.
- Sapere tracciare e spiegare i diagrammi relativi alle trasformazioni termodinamiche dei gas.

UNITÀ DIDATTICHE

CALORE, TEMPERATURA E COMBUSTIBILI

La presente unità fornisce le conoscenze basilari per affrontare la Termodinamica. Sono sviluppati i concetti di **calore** e **temperatura**, analizzando la natura del calore, le trasformazioni che avvengono nelle macchine, le unità di misura e le loro equivalenze. Successivamente si affrontano lo **studio della combustione**, le modalità con cui si realizza e il modo in cui si ottiene il calore. Infine vengono presentati i **combustibili** e le loro principali proprietà.

Prerequisiti

- Conoscere le principali grandezze fisiche dell'Idraulica, in particolare massa volumica, pressione, portata, lavoro, potenza, e le loro unità di misura.
- Conoscere le definizioni di atomo, molecola, massa atomica e mole.
- Conoscere i principali elementi chimici, in particolare le proprietà dell'ossigeno, del carbonio, dell'idrogeno, dell'azoto e dei loro composti.
- Sapere eseguire una reazione chimica di ossidazione.
- Conoscere quali sono i combustibili fossili e i loro campi d'impiego.
- Sapere identificare le conseguenze sull'ambiente dovute all'uso dei combustibili fossili.

Obiettivi

- Conoscere e distinguere i concetti di calore e temperatura.
- Conoscere le unità di misura di calore e temperatura e sapere eseguire le relative equivalenze.
- Conoscere il concetto di capacità termica e sapere eseguire i calcoli a essa relativi.
- Sapere descrivere le modalità con cui si sviluppano la combustione e le principali reazioni chimiche.
- Conoscere le proprietà dei principali combustibili.
- Sapere calcolare l'energia termica emessa adoperando combustibili diversi, nota la loro composizione chimica.

Contenuti

- La natura del calore.
- La temperatura e il calore.
- La combustione.
- Tipi di combustibile.
- Altre proprietà dei combustibili.

Verifica prerequisiti

1. Trasformare la massa volumica $\rho = 1{,}32$ kg/dm^3 nel peso specifico γ, eseguendo i passaggi matematici e attribuendo l'unità di misura appropriata.

$\gamma =$ ______________________________

2. Calcolare la portata massica Q di un liquido, avente massa volumica $\rho = 0{,}640$ kg/m^3 e portata volumica $V = 10$ l/s.

$Q =$ ______________________________

3. La mole è una grandezza chimica che misura:

a) il volume occupato da $6{,}023 \times 10^{23}$ atomi o molecole

b) la massa occupata da $6{,}023 \times 10^{23}$ atomi o molecole

c) il numero di atomi o molecole presenti in un decimetro cubico di sostanza

d) la quantità di sostanza pari alla sua massa molecolare, espressa in grammi

4. Il gas di cloro può legarsi sia all'ossigeno sia all'idrogeno; nel primo caso si ha un'ossidazione, nel secondo, una riduzione.

Vero ☐ Falso ☐

5. Bilanciare le seguenti reazioni redox:

a) $Cl_2 + Na_2S_2O_3 + NaOH \rightarrow Na_2SO_4 + NaCl + H_2O$

b) $Cu + HNO_3 \rightarrow Cu(NO_3)_2 + NO + H_2O$

6. Un macchinario consuma 360 kWh di energia elettrica in 12 ore di funzionamento; valutare la potenza P dell'impianto:

a) $P =$ 300 kW b) $P =$ 30 kW

c) $P =$ 10 800 kW d) $P =$ 360 kW

7. Spiegare la ragione per cui il petrolio e il carbone sono detti combustibili fossili (max 15 parole).

____

____

8. Scrivere le formule chimiche dei seguenti composti:

a) monossido di carbonio: ____________ b) acido nitrico: ____________

c) anidride solforica: ____________ d) ammoniaca: ____________

9. Perché è importante limitare la quantità di biossido di carbonio emesso nell'atmosfera attraverso i gas di scarico delle macchine termiche? (max 15 parole)

____

____

Problema

Occorre riscaldare 250 barre di alluminio, dalla temperatura ambiente supposta di 15 °C alla temperatura finale di 150 °C. Ogni barra è lunga l = 6 m e ha sezione circolare con diametro d = 2 cm.
La massa volumica dell'alluminio vale ρ = 2,72 kg/dm^3. Per il riscaldamento in forno sono possibili due combustibili in alternativa: un carbone o un gas. La composizione in peso del carbone è: C = 84%; H = 4,4%; O = 7,8%, S = 1,4% e umidità U = 2,5%.
La composizione del gas, il cui potere calorifico inferiore vale P_{CI} = 18 000 kJ/kg è: CO = 28%; H_2 = 3%; CH_4 = 35%; etilene, C_2H_4 = 2,5%; etano, C_2H_6 = 4%; O_2 = 5%; il resto è formato da gas inerti. Per ragioni di semplicità, il rendimento η del processo termico è supposto uguale per entrambi i combustibili, dell'ordine del 70%. Calcolare la quantità di calore Q espressa in chilojoule che dev'essere fornita alle barre; valutare di quanto si allunga la singola barra a caldo e calcolare il potere calorifico inferiore e la massa di carbone necessaria a produrre il calore richiesto. Calcolare, inoltre, la massa di gas necessaria e le rispettive quantità di aria necessarie.
Si ipotizzino dei valori opportuni d'aria in eccesso per entrambi i casi.

Analisi

Il problema consiste inizialmente nel ricavare la massa da riscaldare. Quindi si chiede di calcolare il fabbisogno di calore da parte di tutta la massa per raggiungere la temperatura voluta e il conseguente allungamento della singola barra: occorre disporre dei coefficienti caratteristici del materiale. Nella seconda parte si chiede di confrontare prestazioni e fabbisogni di due combustibili fossili: le grandezze da valutare sono il potere calorifico del carbone e i rispettivi fabbisogni d'aria per la combustione; le quantità d'aria in eccesso vanno valutate singolarmente.

Procedura consigliata

Per risolvere il problema proposto occorre:

- riferirsi ai ***paragrafi C1.1*** e ***C1.2*** per quanto riguarda i concetti di calore e riscaldamento dei corpi, temperatura, capacità termica e dilatazione, utilizzando le formule necessarie e le tabelle da cui assumere i dati mancanti per rispondere alle prime due domande. La terza e quarta domanda sono relative al potere calorifico del tipo di carbone e ai fabbisogni dei due combustibili: essendo nota la composizione del carbone, occorre ricavare analiticamente il suo potere calorifico, salvo confrontarlo con i dati di massima presenti nelle tabelle; le masse di combustibile da impiegare devono essere sufficienti a generare la quantità di calore di cui alla prima domanda; i fabbisogni d'aria comprendono la parte in eccesso;
- riferirsi ai ***paragrafi C1.3*** e ***C1.4*** per acquisire le conoscenze sui combustibili e le loro caratteristiche, per reperire le formule adatte e per consultare gli esempi ivi svolti.

C1.1 LA NATURA DEL CALORE

Il riscaldamento dei corpi

Per comprendere bene il concetto di **calore**, può risultare utile il seguente esperimento: un bollitore, riempito d'acqua fredda, viene posto sulla fiamma di una cucina a gas (▸ *Fig. 1.1*); l'acqua sale di **temperatura** e dopo qualche minuto, raggiunti i 100 °C, inizia a bollire.

POLIGLOTTA
Calore
GB: Heat
F: Chaleur
D: Wärme

Fig. 1.1
Bollitore posto su un fornello con acqua in ebollizione.

Da questo semplice esperimento si possono dedurre le seguenti osservazioni:
— fornendo calore a un corpo, la sua temperatura sale;
— il calore si trasmette spontaneamente dal corpo caldo, il gas in combustione, al corpo freddo, l'acqua;
— se i due corpi fossero alla medesima temperatura, non si avrebbe flusso termico né in un senso né nell'altro;
— i corpi a contatto tendono a raggiungere uno stato di equilibrio termico, cioè a scambiarsi calore così da raggiungere tutti quanti la medesima temperatura finale: questo fenomeno è noto come **livellamento energetico**.

RICHIAMO
La ***temperatura*** misura lo stato di agitazione molecolare di un corpo. Fornendo energia in forma di calore la temperatura sale perché aumenta l'energia cinetica posseduta delle particelle.

POLIGLOTTA
Temperatura
GB: Temperature
F: Temperature
D: Temperatur

L'impiego del calore nelle macchine e negli impianti termici

Le **macchine termiche** trasformano il calore in lavoro meccanico o viceversa. Il funzionamento delle macchine termiche sia motrici sia operatrici, si basa sulla differenza di temperatura fra fluidi o fra il fluido all'interno della macchina e il fluido esterno. La differenza di temperatura è ottenibile mediante reazioni chimiche (combustione) o azioni meccaniche (compressioni, espansioni). Le macchine termiche dispongono di organi mobili, generalmente in forma di palettaggi rotanti o stantuffi con moto alternativo, i quali scambiano energia con il fluido operativo agente all'interno della macchina stessa.

Osservazione: confrontando fra loro la macchina idraulica e la macchina termica, si può dedurre la seguente analogia:

- *la macchina idraulica esegue lavoro se ai suoi capi la portata d'acqua subisce una variazione di prevalenza o di livello;*
- *la macchina termica esegue lavoro se ai suoi capi il fluido subisce una variazione di temperatura.*

Con il termine **impianti termici** si indicano quegli impianti aventi come scopo la generazione di fluidi caldi o freddi, principalmente acqua o aria, per impieghi sia industriali sia civili; in questa categoria rientrano gli impianti di riscaldamento e climatizzazione degli ambienti; i primi utilizzano il calore liberato dalla combustione, i secondi regolano il calore e l'umidità dell'aria presente negli ambienti abitativi. Pure la pentola sul gas può rientrare nella vasta famiglia degli impianti termici, dato che il suo scopo non è di erogare lavoro, bensì di portare l'acqua all'ebollizione.

RICHIAMO
A rigore di logica, anche internamente alla pentola il calore si trasforma in lavoro, dato che, come verrà spiegato nella ***D1***, durante l'evaporazione le molecole rompono i legami che le tengono unite e, cambiando di stato, eseguono un lavoro di espansione.

Il **calore** è dunque una delle tante forme in cui si presenta l'**energia** e ha come unità di misura il joule [J]. Occorre ricordare che pressione e temperatura non sono energie, ma ricoprono un ruolo fondamentale nel calcolo dell'energia termica. In particolare la temperatura può essere considerata come una **misura indiretta del calore**.

C1.2 LA TEMPERATURA E IL CALORE

La misura della temperatura

Fig. 1.2
Termometro a bulbo.

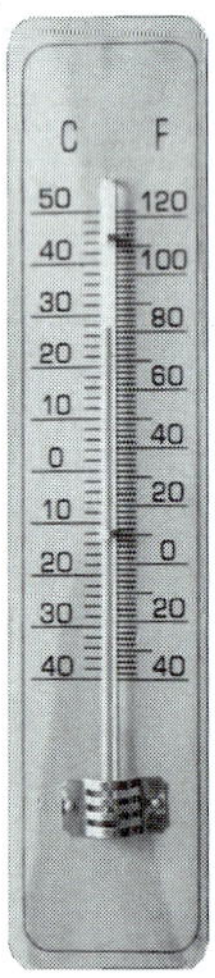

Per tutti è familiare la semplice esperienza che consiste nell'immergere la mano in un catino pieno d'acqua: la sensazione che si percepisce può essere di benessere, se l'acqua è tiepida; di fastidio, se è fredda; di dolore, se è molto calda. Questa costituisce una **misura soggettiva** della temperatura, in quanto la pelle umana è il più elementare esempio di termometro naturale, essendo in grado di percepire il **livello dell'energia termica** posseduta dall'oggetto che viene toccato. La soggettività della misura è basata sulle seguenti considerazioni:

- il senso e l'intensità del caldo e del freddo, come del dolore e del piacere, cambiano da individuo a individuo;
- si possono solo eseguire misure di confronto, indicando cioè se un corpo ha temperatura maggiore, minore o uguale a quella di un altro, mentre non è possibile conoscere il valore della temperatura del corpo.

L'oggettivazione della misura della temperatura viene ottenuta servendosi di strumenti detti **termometri**. I **termometri a bulbo** si basano sul principio della dilatazione termica del mercurio o di speciali liquidi. Nella ***figura 1.2*** è riportato un termometro sanitario a bulbo.

POLIGLOTTA
Termometro
GB: Thermometer
F: Thermomètre
D: Thermometer

Osservazione: in campo industriale sono usati termometri e sensori di temperatura basati su differenti principi fisici quali, per esempio, le lamine bimetalliche che utilizzano la differente dilatazione di due metalli, termoresistenze e termistori che sfruttano la variazione della resistenza elettrica in funzione della temperatura.

Scale termometriche

La **scala Kelvin**, detta anche **scala termodinamica assoluta delle temperature**, ha il suo valore 0 in corrispondenza dello zero assoluto, per cui tutte le temperature assumono esclusivamente valore positivo. La scala di uso corrente è la **scala Celsius**, avente come unità di misura il grado Celsius [°C], uguale all'unità kelvin [K]. La scala Celsius assume valore 0 in corrispondenza del punto di congelamento dell'acqua a pressione atmosferica e assume valore 100 in corrispondenza del punto di evaporazione dell'acqua a pressione atmosferica. La scala Kelvin assume valore 0 in corrispondenza dello zero assoluto. La relazione di conversione fra le due scale è la seguente:

$$t_{[°C]} = T_{[K]} - 273{,}15\ \text{K} \qquad [1.1]$$

RICHIAMO
La lettera maiuscola ***T*** è usata per designare la ***temperatura in gradi kelvin [K]***; la lettera minuscola ***t*** è usata per la ***temperatura in gradi centigradi [°C]***.

La **scala Fahrenheit**, diffusa nei paesi anglosassoni, ha come unità di misura il grado Fahrenheit [°F]. Essa assume valore 32 °F al punto di congelamento dell'acqua a pressione atmosferica e il valore 212 °F al punto di ebollizione dell'acqua a pressione atmosferica: il grado Fahrenheit [°F] risulta più piccolo del grado Celsius; il rapporto fra le due unità è il seguente:

$$1\ °\text{F} = \frac{5}{9}\ °\text{C}$$

e la relazione di conversione fra le due scale è così formulata:

$$t_{[°C]} = \frac{5}{9}\left(t_{[°F]} - 32\right) \qquad [1.2]$$

Dalla scala Fahrenheit deriva la **scala Rankine**, avente funzione di scala assoluta per il sistema di misura anglosassone. Essa assume valore 0 in corrispondenza dello zero assoluto, pertanto, i suoi valori sono sempre positivi. La relazione di conversione fra le due scale è la seguente:

$$t_{[°R]} = t_{[°F]} + 460$$

Esempio
Un turista italiano, durante la sua permanenza negli Usa, viene colpito da una lieve febbre influenzale a 101 °F. Calcolare a quanti gradi centigradi corrisponde.

Soluzione
Applicando la [*1.2*] si ottiene:

$$t_{[°C]} = \frac{5}{9}\left(t_{[°F]} - 32\right) = \frac{5}{9}(101 - 32) = 38{,}3\ °\text{C}$$

Capacità termica

Somministrando una quantità di calore Q in parti uguali a un certo numero di corpi di diverso materiale ma di ugual massa m, si noterà che essi si riscaldano in modo disuguale, cioè gli aumenti di temperatura variano da corpo a corpo. Ciò è dovuto alla differente variazione dei micromovimenti dei vari tipi di molecola, quando sono investite da un flusso termico. Per valutare la tendenza dei materiali a scaldarsi quando viene loro somministrato del calore, si ricorre al concetto di **capacità termica**:

*si definisce **capacità termica** C di un materiale il rapporto fra il calore fornito (sottratto) e la variazione di temperatura avvenuta per il riscaldamento (raffreddamento):*

$$C = \frac{\textit{calore fornito}}{\textit{variazione di temperatura}} = \frac{Q}{\Delta t} \qquad \textbf{[1.3]}$$

Di conseguenza l'unità di misura si ottiene facendo il rapporto fra energia e temperatura:

$$[C] = \frac{[\mathrm{J}]}{[^\circ\mathrm{C}]} \text{ o anche: } [C] = \frac{[\mathrm{J}]}{[\mathrm{K}]}$$

a seconda che ci si riferisca alla scala delle temperature in gradi centigradi o in gradi Kelvin.

RICHIAMO
Per comodità di distinzione dalla capacità termica, la ***capacità termica massica*** è indicata con la lettera *c* minuscola; essa è comunemente nota come ***calore specifico***.

*Si definisce **capacità termica massica** c di un materiale il rapporto fra il calore fornito (sottratto) all'unità di massa della sostanza in esame e la variazione di temperatura avvenuta per riscaldamento (raffreddamento):*

$$c = \frac{\textit{calore fornito}}{\textit{massa} \times \textit{variazione di temperatura}} = \frac{Q}{m\,\Delta t} \qquad \textbf{[1.4]}$$

POLIGLOTTA
Calore specifico
GB: Specific heat
F: Chaleur spécifique
D: Spezifische Wärme

La sua unità di misura è:

$$[c] = \frac{[\mathrm{J}]}{[\mathrm{kg}\,^\circ\mathrm{C}]} \text{ o anchc: } [c] = \frac{[\mathrm{J}]}{[\mathrm{kg\,K}]}$$

La capacità termica massica indica quanta energia termica, espressa in joule, dev'essere trasmessa a un chilogrammo di materiale per ottenere l'innalzamento di un grado di temperatura. È una grandezza di vasto impiego in quanto, essendo riferita all'unità di massa, si presenta come una costante del materiale, adatta per eseguire confronti fra le sostanze: per esempio, raffreddando o riscaldando sostanze aventi elevata capacità termica massica, come il legno o l'acqua, si denotano variazioni più modeste di temperatura rispetto a quelle aventi bassa capacità termica massica, come i metalli in generale.

Esempio 1

In un recipiente con le pareti termicamente isolate vengono mescolate una massa d'acqua m_1 = 500 g, a temperatura t_1 = 18 °C, con un'altra massa d'acqua m_2 = 800 g, a temperatura t_2 = 90 °C. Calcolare la temperatura finale t_3 di tutto il miscuglio.

Soluzione

L'unione delle due masse d'acqua a diversa temperatura comporta una redistribuzione del calore all'interno di tutta la massa complessiva. Il contatto fra molecole a diversa temperatura consente lo sviluppo di flussi di calore, fino a raggiungere l'uniformità della temperatura in tutti i punti della massa.

Mediante la [*1.4*] si esprimono i calori Q_1 e Q_2 scambiati dalle due masse:

$$Q_1 = c_1 m_1 (t_3 - t_1); \qquad Q_2 = c_2 m_2 (t_2 - t_3)$$

Q_2 indica il calore ceduto dalla massa m_2 più calda; Q_1 è il calore acquistato dalla massa m_1 più fredda; uguagliando i due calori si ottiene:

$$c_1 m_1 (t_3 - t_1) = c_2 m_2 (t_2 - t_3)$$

La capacità termica è costante, per cui può essere semplificata. Si svolgono i due prodotti:

$$m_1 t_3 - m_1 t_1 = m_2 t_2 - m_2 t_3$$

Si radunano a primo membro le due grandezze che contengono la temperatura incognita t_3:

$$m_2 t_3 + m_1 t_3 = m_1 t_1 + m_2 t_2$$

Infine si ricava la temperatura t_3:

$$t_3 = \frac{m_1 t_1 + m_2 t_2}{m_2 + m_1} = \frac{500 \times 18 + 800 \times 90}{500 + 800} = 62{,}3 \text{ °C}$$

Nella *tabella 1.1* sono riportati i valori della capacità termica massica per i principali materiali solidi e liquidi: per i solidi sono valori medi, compresi fra 0 °C e 100 °C; per i liquidi sono valori rilevati a 20 °C, dato che la capacità termica varia a seconda della temperatura alla quale si effettua la rilevazione; tuttavia le differenze possono essere considerate trascurabili e l'uso del valore medio di c risulta ampiamente accettabile.

Dall'analisi della tabella si osserva come alcune sostanze, soprattutto quelle liquide, sono caratterizzate da elevati valori di capacità termica, quindi in grado di assorbire notevoli quantità di calore senza subire forti aumenti di temperatura.

Tabella 1.1 **Capacità termica massica di sostanze solide e liquide [kJ/(kg K)], per valori compresi fra 0 °C e 100° C**

Solido	*Capacità termica massica*	*Liquido*	*Capacità termica massica*
Acciaio	0,49÷0,51	Acetone	2,21
Alluminio (leghe)	0,96	Acido nitrico	1,72
Bitume	1,78	Acido solforico	1,42
Bronzo	0,37	Alcool etilico	2,43
Calce	0,88	Alcool metilico	2,51
Calcestruzzo	0,88	Ammoniaca	5,148
Carta	1,34	Benzina	1,738
Ghiaccio a 0 °C	2,038	Catrame	1,56
Lana	1,716	Etere etilico	2,28
Legno	2,1÷2,9	Gasolio	2,05
Mattoni	0,753÷0,920	Glicerina	2,37
Policarbonato	1,17	Olio di lino	1,88
Polietilene	2,1	Olio d'oliva	1,674÷1,893
Rame	0,389	Olio lubrificante	2,09
Resine fenoliche	1,25÷1,47	Petrolio	2,093
Sabbia di quarzo	0,8	Silicone (olio fluido)	1,09
Terra	0,837÷1,674	Trementina	1,80
Vetro	0,83	Tricloroetilene	0,93

Esempio 2

L'olio combustibile, contenuto in un serbatoio della capacità di 33 m^3, dev'essere riscaldato dalla temperatura ambiente di 20 °C alla temperatura di 70 °C.

Calcolare il calore necessario Q, sapendo che la capacità termica massica dell'olio vale c = 1,55 kJ/(kg K) e che la massa volumica dell'olio vale ρ = 0,82 kg/dm^3. Trascurare il calore necessario per riscaldare le pareti del recipiente.

Soluzione

Per prima cosa si calcola la massa m d'olio combustibile contenuta nel serbatoio da 33 000 dm^3:

$$m = \rho V = 0{,}82 \times 33\,000 = 27\,060 \text{ kg}$$

Si applica ora la [*1.4*] per ricavare il calore totale:

$$Q = c\,m\,\Delta t = 1{,}55 \times 27\,060(70-20) = 2\,097\,150 \text{ kJ}$$

Si controlla l'unità di misura mediante un'equazione dimensionale:

$$[Q]=[c][m][t]=\left[\frac{\text{kJ}}{\text{kg °C}}\right][\text{kg}][\text{°C}]=[\text{kJ}]$$

La *tabella 1.2* riporta i valori della capacità termica massica per l'acqua: i valori sono relativi al campo di esistenza dell'acqua alla pressione atmosferica, cioè fra 0 °C e 100 °C. Si può notare che il valore di c oscilla con lieve differenza intorno al valore medio di 4,186 kJ/(kg K) della temperatura alla quale si effettua la rilevazione.

Tabella 1.2 Capacità termica massica dell'acqua [kJ/(kg K)] per valori compresi fra 0 °C e 100 °C

Temperatura t [°C]	Capacità termica c [kJ/(kg K)]	Temperatura t [°C]	Capacità termica c [kJ/(kg K)]	Temperatura t [°C]	Capacità termica c [kJ/(kg K)]
0	4,2194	35	4,1801	70	4,1914
5	4,2039	40	4,1805	75	4,1947
10	4,1939	45	4,1813	80	4,1981
15	4,1876	50	4,1826	85	4,2083
20	4,1839	55	4,1843	90	4,2069
25	4,1813	60	4,1864	95	4,2133
30	4,1805	65	4,1885	100	4,2178

Il valore numerico di 4,186 è anche la costante di conversione dimensionale fra il chilojoule e la chilocaloria. Esprimendo la capacità termica massica dell'acqua distillata in calorie si ha:

$$c=1\frac{\text{kcal}}{\text{kg °C}}$$

La ***caloria normale*** [kcal] *era definita come la quantità di calore necessaria per innalzare la temperatura di 1* kg *d'acqua distillata da 14,5* °C *a 15,5* °C *(▸ Fig. 1.3)*.

RICHIAMO
Si tenga presente che la ***caloria*** è da considerare, a tutti gli effetti, come un'unità di misura obsoleta, in quanto non contemplata dal SI; essa trova comunque utilizzo abituale in diversi campi quali, per esempio, gli impianti di riscaldamento.

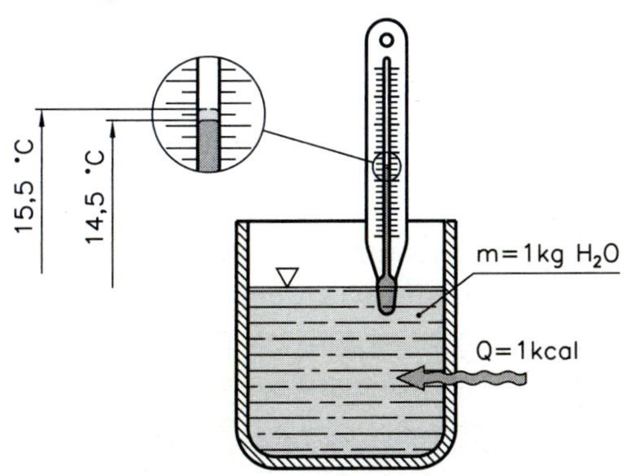

Fig. 1.3
Attribuendo alla massa di 1 kg d'acqua distillata una quantità di calore pari a 1 kcal, la temperatura dell'acqua sale di 1 °C.

Nei sistemi di misura britannico e statunitense USCS, il calore è misurato in Btu (British Thermal Unit); l'equivalenza con il joule è la seguente:

$$1 \text{ Btu} = 1{,}05587 \times 10^3 \text{ J}$$

Esempio 3

Occorre raffreddare un volume di 150 l d'acqua da 35° a 15 °C. Calcolare, in chilocalorie e in chilojoule, la quantità di calore Q che dev'essere sottratta.

Soluzione

Servendosi del concetto di caloria normale e ricordando che 150 l d'acqua corrispondono a 150 kg, si esprime il calore Q in chilocalorie:

$$Q = c\,m\,\Delta t = 1 \times 150 \times 20 = 3000 \text{ kcal}$$

Mediante la costante 4,186 si esegue il conguaglio dimensionale per passare nell' unità appartenente al Sistema Internazionale (SI):

$$Q = 3000 \text{ kcal} \times 4{,}186 \frac{\text{kJ}}{\text{kcal}} = 12\,558 \text{ kJ}$$

Dilatometria

Si prenda come riferimento un corpo solido, di forma cubica, costituito da un materiale omogeneo (▸ *Fig. 1.4*).

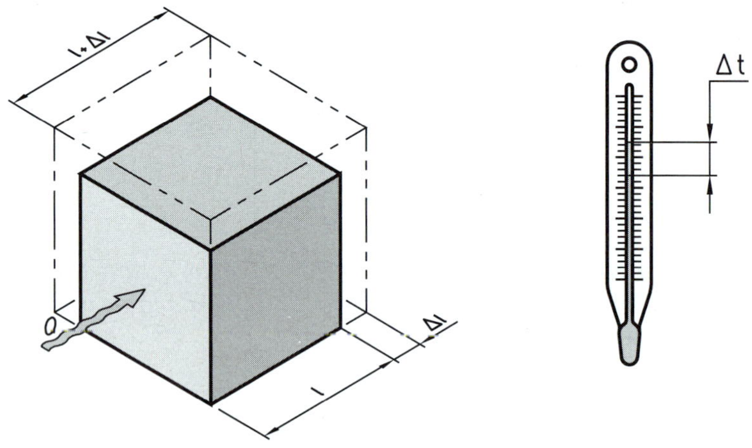

Fig. 1.4
Corpo di forma cubica con lato di lunghezza *l* che viene scaldato uniformemente mediante somministrazione del calore Q.

POLIGLOTTA
Dilatazione
GB: Dilatation
F: Dilatation
D: Ausdehnung

Se tale corpo viene scaldato uniformemente, aumenta l'energia cinetica molecolare e, di conseguenza, aumenta lo spazio occupato da ogni molecola; pertanto ogni lato di lunghezza l subisce una **dilatazione** Δl, direttamente proporzionale all'incremento di temperatura Δt subito dal corpo; la formula che esprime il legame di proporzionalità fra dilatazione e variazione di temperatura è la seguente:

$$\Delta l = \lambda\, l\, \Delta t \qquad \textbf{[1.5]}$$

ove λ è il **coefficiente di dilatazione termica lineare** ed è una costante per ogni singolo materiale; nella *tabella 1.3* sono riportati i valori del coefficiente per alcuni materiali.

Tabella 1.3 Coefficiente di dilatazione termica lineare [°C^{-1}]

Materiale	*Coefficiente λ [1/°C]*	*Materiale*	*Coefficiente λ [1/°C]*
Acciaio	$11{,}5 \times 10^{-6}$	Nichel	13×10^{-6}
Alluminio	24×10^{-6}	Oro	$14{,}2 \times 10^{-6}$
Bronzo, ottone	18×10^{-6}	Paraffina a 20 °C	200×10^{-6}
Cemento in opera	$14 \div 77 \times 10^{-6}$	Polietilene	200×10^{-6}
Ghiaccio a −100 °C	34×10^{-6}	Porcellana a 20÷80 °C	4×10^{-6}
Ghiaccio a 0 °C	53×10^{-6}	Rame	17×10^{-6}
Ghisa	$10{,}5 \times 10^{-6}$	Resine amminoplastiche	50×10^{-6}
Gomme dure	$50 \div 90 \times 10^{-6}$	Piombo	29×10^{-6}
Legno di abete	$4 \div 58 \times 10^{-6}$	Stagno	23×10^{-6}
Magnesio	26×10^{-6}	Vetro industriale	8×10^{-6}
Mattoni	6×10^{-6}	Zinco	29×10^{-6}

Essendo Δl e l delle lunghezze aventi la medesima unità di misura, ne consegue che λ ha come unità di misura l'inverso della temperatura:

$$[\lambda] = \frac{[\text{mm}]}{[\text{mm}][°\text{C}]} = \frac{1}{[°\text{C}]}$$

Esempio
Una sbarra di acciaio, lunga 2 m, subisce un incremento di temperatura di 250 °C. Valutare di quanto si allunga la sbarra a caldo.

Soluzione
Con la [*1.5*] si trova l'allungamento:

$$\Delta l = \lambda \, l \, \Delta t = 11{,}6 \times 10^{-6} \times 2000 \times 250 = 5{,}8 \text{ mm}$$

C1.3 LA COMBUSTIONE

Combustione e generazione di calore

Scopo della **combustione** è la liberazione dell'energia contenuta nel **combustibile** sotto forma di energia termica. Il calore ottenuto dalla combustione viene sfruttato in campo industriale, civile e domestico; è trasformabile in lavoro meccanico e può anche essere usato per generare luce o

POLIGLOTTA
Combustione, combustibile
GB: Combustion, fuel
F: Combustion, combustible
D: Verbrennung, Brennstoff

per liberare quantità più o meno grandi di potere dirompente, come nel caso degli esplosivi (▸ *Fig. 1.5*).

Fig. 1.5
La combustione rappresentata in forma di schema a blocchi.

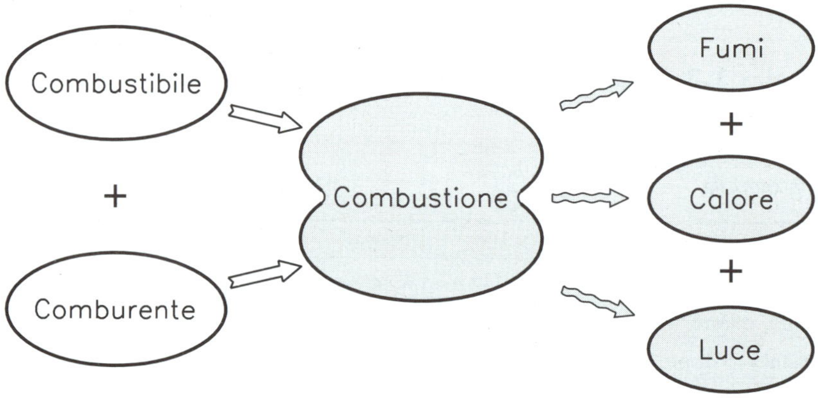

La ***combustione*** *è un insieme di reazioni chimiche di ossidazione fra una sostanza* ***combustibile****, fondamentalmente formata da carbonio e idrogeno, e l'ossigeno contenuto nell'aria, avente funzione di* ***comburente****.*

POLIGLOTTA
Ossigeno, carbonio, idrogeno
GB: Oxygen, carbon, hydrogen
F: Oxygène, carbone, hydrogène
D: Sauerstoff, Kohlenstoff, Wasserstoff

Il **carbonio** e l'**idrogeno** reagiscono con l'**ossigeno**, generando prodotti della combustione, fra cui principalmente **biossido di carbonio** e vapore acqueo, più una quantità di calore Q che viene liberata nell'ambiente:

$$\text{carbonio} + \text{ossigeno} \rightarrow \text{biossido di carbonio} + Q$$
$$\text{idrogeno} + \text{ossigeno} \rightarrow \text{vapore acqueo} + Q$$

RICHIAMO
Il ***biossido di carbonio*** è comunemente noto come ***anidride carbonica***.

Osservazione: in Chimica il termine ***combustione*** *raggruppa una vasta tipologia di reazioni, non necessariamente comprendenti l'ossigeno fra i suoi componenti; una miscela di idrogeno e cloro brucia con fiamma, così come numerosi metalli bruciano in ambiente di solo cloro.*

RICHIAMO
Le ***reazioni chimiche*** che liberano calore sono dette ***esotermiche***, quelle che avvengono assorbendo calore dall'ambiente sono dette ***endotermiche***; nelle reazioni esotermiche di ossidazione, il calore Q viene espresso con segno negativo per rappresentare l'energia termica emessa dal sistema nell'ambiente esterno.

Lo svolgimento della combustione segue strade molto diverse, a seconda che il combustibile e il comburente siano entrambi gassosi, in parte gassosi e in parte liquidi e solidi, tutti liquidi o solidi: nel primo caso si parla di **combustione omogenea**; nel secondo caso, di **combustione eterogenea**; nel terzo caso, di **sistema a fasi solide-liquide**.

Le reazioni di combustione avvengono con presenza di fiamma solo nel caso di **miscele reagenti**, cioè miscugli di combustibile e comburente capaci di reagire con una velocità di reazione sufficientemente elevata. La propagazione della fiamma, o in alternativa l'innesco dell'esplosione, risultano favorite o inibite a seconda della composizione della miscela, della pressione e della temperatura presenti nell'ambiente in cui si svolge l'ossidazione.

POLIGLOTTA
Esplosione
GB: Explosion
F: Explosion
D: Explosion

Si definiscono ***esplosioni*** *le combustioni che avvengono con propagazione assai veloce e con grande aumento di volume.*

Le esplosioni sono suddivise in **deflagrazioni** se in presenza di fiamme e in **detonazioni** se prive.

La cinetica della combustione

Le miscele aria-combustibile realizzano combustioni spesso assai rapide e a temperature molto alte, per cui risulta arduo distinguere le singole fasi con cui i processi chimici si succedono. Numerosi rilievi sperimentali confermano che il passaggio dallo stato iniziale (in cui combustibile e comburente sono posti a contatto) a quello finale (formato dai prodotti della combustione più calore) avviene secondo una sequenza di reazioni chimiche a catena, durante le quali si formano composti intermedi attivi noti come **radicali liberi**; questi composti, alcuni dei quali neanche ben noti a causa della loro breve esistenza, sono caratterizzati da instabilità e forte reattività.

La **velocità delle reazioni** chimiche è influenzata dalle concentrazioni dei componenti, dalla temperatura dell'ambiente e dalla forma della camera di combustione impiegata. Alla conclusione delle reazioni si raggiunge uno stato di equilibrio chimico finale, noto come **combustione completa**. La combustione è considerata a tutti gli effetti un fenomeno irreversibile.

POLIGLOTTA
Velocità di reazione
GB: Reaction velocity
F: Vitesse de la réaction
D: Reaktionsgeschwindigkeit

Per determinare sperimentalmente le condizioni limite di esplosione si utilizza un'apparecchiatura come quella schematizzata nella ***figura 1.6a***, formata da un contenitore riempito con miscele a composizioni differenti di combustibile e comburente e con la possibilità di ottenere un campo di pressioni interne da pochi chilopascal a qualche megapascal. Il contenitore è inserito all'interno di un forno regolabile. Nel caso della miscela stechiometrica idrogeno-ossigeno, si è osservato che una condizione che favorisce l'innesco dell'esplosione si realizza a temperature superiori ai 400 °C e con una pressione assoluta di pochi millimetri di mercurio; a circa un'atmosfera, invece, per ottenere l'esplosione occorre superare i 560 °C. Questo fatto suggerisce l'esistenza di **limiti di esplosione**, messi a grafico su un diagramma temperature-pressioni: le condizioni di esplosione si trovano alla destra della curva limite (▸ ***Fig. 1.6b***).

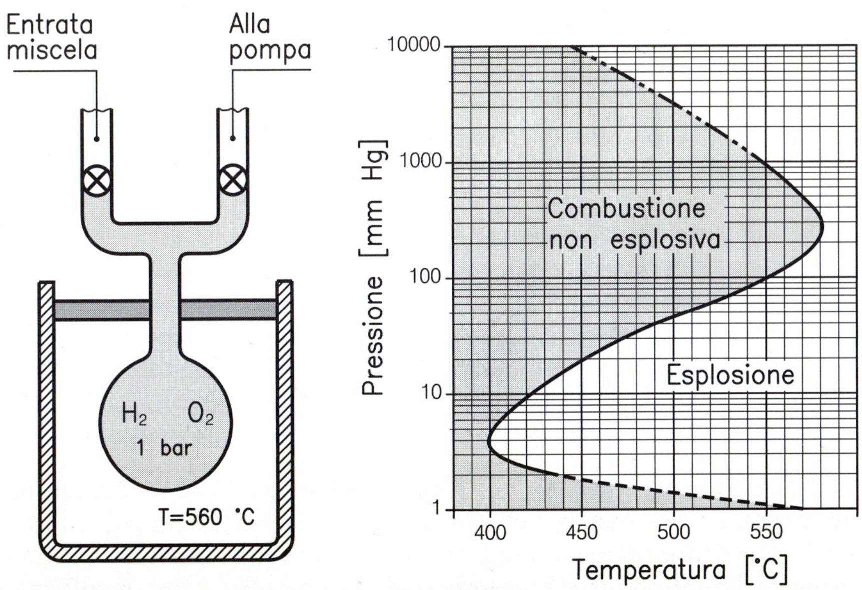

(a) (b)

Fig. 1.6
a) Schema dell'apparecchiatura per determinare i limiti di esplosione; la forma del contenitore in cui avviene la reazione gioca un ruolo di primo piano nel determinare lo svolgimento della combustione.
b) Grafico dei limiti di esplosione per la miscela idrogeno-ossigeno (H_2-O_2): la curva ondulata separa il campo delle esplosioni dal campo della combustione non esplosiva.

POLIGLOTTA

Miscela stechiometrica

GB: Stoichiometric mixture

F: Mélange stoéchiométrique

D: Stöchiometrische Mischung

RICHIAMO

La ***Stechiometria*** è quel ramo della Chimica che studia i rapporti ponderali fra le sostanze di una reazione.

Osservazione: una ***miscela*** *di combustibile e comburente è detta* ***stechiometrica****, se la composizione in massa è tale da originare la combustione completa, ovvero senza eccessi di una sostanza rispetto all'altra; un eccesso di combustibile rispetto al comburente genera sostanze incombuste, un eccesso di comburente dà luogo alla presenza di comburente inutilizzato nei fumi.*

Le modalità della combustione nelle macchine termiche

Nelle macchine **a rinnovamento intermittente di fluido** la massa di combustibile e comburente viene introdotta in camera di combustione in quantità ottimale, quindi viene bruciata e successivamente espulsa per lasciare spazio a una nuova carica fresca; nel caso dei **motori ad accensione comandata** o **a scoppio**, la combustione è innescata mediante una scintilla che scocca all'istante più opportuno fra gli elettrodi di una candela (▸ *Fig. 1.7a*). Si forma così un fronte fiamma che si espande a partire dalle immediate vicinanze della candela, portando la combustione a tutta la carica, in tempi dell'ordine del millesimo di secondo (▸ *Fig. 1.7b*).

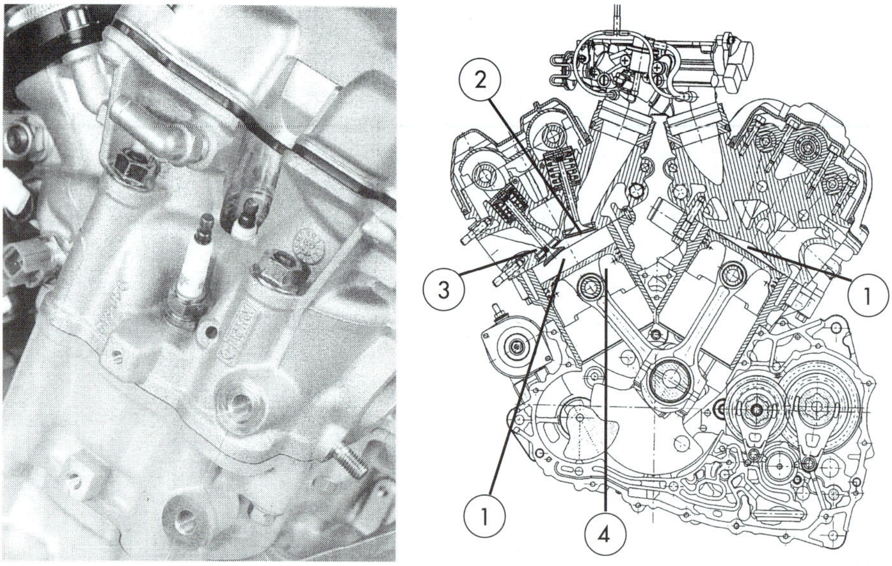

(a) (b)

Fig. 1.7
Due immagini del motore motociclistico Rotax V 990:
a) vista laterale in cui si osservano, in primo piano, le due candele d'accensione per cilindro;
b) sezione, in cui si riconoscono la camera di combustione (1), la valvola di aspirazione chiusa (2) e quella di scarico aperta (3) e lo stantuffo (4), su cui i gas combusti scaricano la loro energia termica.

Un'altra modalità, seguita nei **motori ad accensione spontanea**, consiste nel portare la massa fresca introdotta in camera di combustione a elevati livelli di pressione e temperatura, così da attivare il fenomeno dell'autocombustione. Questa tipologia è adottata nei motori per autotrazione.

Negli **impianti a flusso continuo** il combustibile e il comburente sono introdotti con una portata continua all'interno di un contenitore, detto focolare; un organo, detto bruciatore, provvede a miscelare il combustibile e il comburente e a generare la fiamma (▸ *Fig. 1.8a*). È sufficiente innescare la combustione nell'istante iniziale, dopodiché le reazioni procedono attivamente per tutto il tempo che si ha l'apporto di aria e combustibile. L'introduzione ininterrotta di nuovo materiale mantiene la fiamma costantemente accesa e la camera di combustione sempre in temperatura (▸ *Fig. 1.8b*).

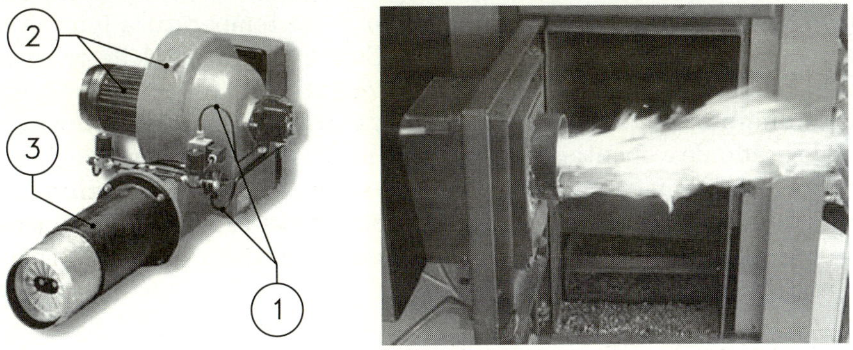

(a) (b)

Fig. 1.8
Bruciatori per impianti a flusso continuo;
a) bruciatori per caldaie, in cui sono evidenziati le condotte del combustibile (1), il gruppo alimentazione aria (2) e la camera di combustione (3);
b) vista della fiamma con sportello della caldaia aperta.

Questa tipologia è adottata negli impianti termoelettrici, nelle caldaie generatrici di vapore o di acqua calda, negli impianti civili di riscaldamento e termosanitari e nelle turbine a gas.

La chimica della combustione

I principali componenti dei combustibili, il carbonio e l'idrogeno, reagiscono con l'ossigeno dell'aria secondo le seguenti equazioni chimiche:

$$\begin{aligned} & C + O_2 \rightarrow CO_2 \\ & 2H_2 + O_2 \Leftrightarrow 2H_2O \end{aligned} \qquad \textbf{[1.6]}$$

le reazioni producono fumi composti da biossido di carbonio, vapore acqueo e calore. Anche altre sostanze presenti nel combustibile, come lo **zolfo**, o formatesi durante la combustione, come il monossido di carbonio, svolgono reazioni di ossidazione con produzione di calore:

POLIGLOTTA
Zolfo
GB: Sulphur
F: Soufre
D: Schwefel

$$\begin{aligned} & S + O_2 \rightarrow SO_2 \\ & CO + \frac{1}{2}O_2 \Leftrightarrow CO_2 \end{aligned} \qquad \textbf{[1.7]}$$

I prodotti della combustione sono costituiti da biossido di zolfo e biossido di carbonio, accompagnati dall'emissione di calore.

Dalla Chimica si è appreso che quando due sostanze reagiscono fra loro, non necessariamente la reazione procede fino al punto in cui una delle sostanze iniziali sia totalmente consumata. Infatti la reazione si estingue senza aver raggiunto il completo esaurimento di nessun componente iniziale: in altri termini, si raggiunge una **condizione di equilibrio** in cui sono presenti sia prodotti della reazione sia quantità più o meno rilevanti dei due reagenti iniziali, eventualmente in presenza anche di composti intermedi, atomi e radicali liberi. Un ruolo di rilievo nel definire le condizioni di equilibrio è svolto dalla pressione e dalla temperatura.

Nel caso delle reazioni di combustione, fortemente esotermiche, si è notato che l'aumento di temperatura rende incompleta l'ossidazione. Per esempio la seconda reazione espressa nella [*1.7*] è spostata decisamente verso destra agli inizi, quando sia la temperatura interna sia la concentrazione di CO_2 sono basse. Con il progredire della reazione, aumentano sia la temperatura sia la quantità di CO_2, accompagnate dalla diminuzione dei reagenti iniziali; a un certo punto si attivano, in modo graduale e spontaneo, le reazioni in senso contrario, vale a dire da destra verso sinistra: questo fenomeno è noto come **dissociazione del biossido di carbonio** e avviene con sottrazione di calore all'ambiente. La condizione di equilibrio si ha quando le reazioni nei due sensi si equivalgono.

RICHIAMO
La ***dissociazione*** del ***biossido di carbonio*** è un fenomeno indesiderato, sia perché causa una perdita di rendimento sia perché provoca la formazione del monossido di carbonio, gas altamente velenoso.

Osservazione: l'ossidazione del monossido di carbonio è una reazione esotermica, cioè con sviluppo di calore; la dissociazione del biossido di carbonio è una reazione endotermica, quindi con assorbimento di calore. Il ***valore assoluto del calore*** *rimane costante:*

RICHIAMO
La costanza del ***valore assoluto del calore*** presente nelle reazioni di dissociazione della CO_2 e di ossidazione del CO è una conferma del principio di conservazione dell'energia, come affermato dalla legge di Lavoisier-Laplace: "La quantità di energia che accompagna l'evolversi di una reazione chimica in un senso è identica a quella della reazione in senso opposto".

$$CO + \frac{1}{2}O_2 \rightarrow CO_2 - 283,4 \frac{kJ}{mol}$$

$$CO_2 \rightarrow CO + \frac{1}{2}O_2 + 283,4 \frac{kJ}{mol}$$

Il comburente aria

Dal punto di vista chimico, l'aria atmosferica secca è formata per il 23% da ossigeno e per il 76% da azoto, se in percentuali in massa; oppure per il 21% da ossigeno e per il 78% da azoto, se in percentuali in volume. Oltre all'ossigeno e all'azoto, si trovano tracce di biossido di carbonio e idrogeno e di gas rari, quali argon, neon ed elio. Queste composizioni, aventi valore di media, definiscono la cosiddetta **aria tipo**.

RICHIAMO
La composizione dell'***aria tipo*** è riferita a una massa d'aria priva di sostanze inquinanti. È noto che la composizione dell'aria varia da luogo a luogo, non solo per la presenza di polveri e di umidità, assai variabile, ma soprattutto a causa di fumi, vapori, polveri e microrganismi emessi dalle attività umane.

Riprendendo le formule [*1.6*] e [*1.7*] di ossidazione di C, H, S e ricordando che il comburente ossigeno è parte dell'aria atmosferica, le reazioni devono essere completate mettendo in conto la presenza dell'**azoto**:

POLIGLOTTA
Azoto
GB: Nitrogen
F: Azote
D: Stickstoff

$$C + O_2 + aN_2 \rightarrow CO_2 + aN_2$$

$$H_2 + \frac{1}{2}O_2 + bN_2 \rightarrow H_2O + bN_2$$

$$S + O_2 + aN_2 \rightarrow SO_2 + aN_2$$

La costante a rappresenta il rapporto in volume fra la quantità di gas inerte di azoto e quella di ossigeno nell'aria tipo: viene comunemente assunta pari a 3,78. La costante b che compare nella reazione di combustione dell'idrogeno vale la metà di a dato che l'ossigeno compare moltiplicato per il coefficiente 0,5. Pertanto le equazioni complete dei fattori moltiplicatori diventano:

$$C + O_2 + 3{,}78 N_2 \rightarrow CO_2 + 3{,}78 N_2$$
$$H_2 + \frac{1}{2} O_2 + 1{,}89 N_2 \rightarrow H_2 O + 1{,}89 N_2 \qquad [1.8]$$
$$S + O_2 + 3{,}78 N_2 \rightarrow SO_2 + 3{,}78 N_2$$

Le reazioni espresse dalla [*1.8*] rappresentano la **combustione teoricamente perfetta** e **completa**.

Una combustione è detta ***teoricamente perfetta*** *se non si ha la presenza di incombusti nei fumi; è detta* ***completa*** *se non vi sono residui combustibili nelle ceneri; in più l'azoto si comporta da inerte, cioè non prende parte alle reazioni di ossidazione.*

Nella realtà la combustione non può essere né perfetta né completa e inoltre l'azoto tende ad attivarsi per dar vita a tutta una famiglia di composti ossidati, rilevabili in quantità fra i prodotti della combustione: tali molecole, a base di azoto e ossigeno, sono comunemente denominate $\mathbf{NO_x}$.

Gli NO_x sono gas fortemente inquinanti: le norme di legge impongono l'adozione di misure di controllo e di dispositivi per l'abbattimento di tali composti negli scarichi in atmosfera, negli impianti termici come pure nei motori per autotrazione.

RICHIAMO
Per molto tempo e solo fino a pochi decenni fa, l'azoto è stato trattato come gas inerte durante le combustioni. L'aumento di acidità nelle piogge ha indotto a riconsiderare il suo ruolo: si è scoperto che proprio gli NO_x generati durante le combustioni, in presenza di umidità negli strati alti dell'atmosfera, reagiscono con l'H_2O vapore, per dare origine ad acidi.

Il controllo dei fumi

Su tutti gli impianti termici è reso obbligatorio il controllo della combustione e dei fumi, per ragioni sia di prevenzione degli sprechi sia di controllo delle emissioni nocive. I controlli sono regolamentati dal DPR 551/1999. Esso prevede tre rilievi principali:
— il controllo dell'efficienza della combustione;
— la misura della CO_2 presente nei fumi;
— la misura della temperatura dei fumi nel camino.

L'**efficienza** E **della combustione** è espressa come rapporto fra il calore Q prodotto dalla combustione di 1 kg di combustibile e il suo potere calorifico inferiore P_{CI}:

$$E = \frac{Q}{P_{CI}}$$

RICHIAMO
Concettualmente l'***efficienza della combustione*** è assimilabile a un ***rendimento***, come già visto nella ***D1*** del ***Volume 1***, in quanto è definita come rapporto fra l'energia ottenuta e l'energia disponibile teoricamente.

La misura del biossido di carbonio nei fumi è un indice di completezza della combustione: nel caso di carenza di aria comburente, si avrebbe la comparsa del monossido di carbonio CO nei fumi, a fronte di una riduzione di CO_2.

La misura della temperatura dei fumi serve per accertarsi che la combustione proceda in modo completo ed efficiente: una temperatura troppo bassa indica una presenza eccessiva di aria nel bruciatore; una temperatura troppo alta è dovuta a una combustione troppo intensa, per cui il calore emesso dalla fiamma non è completamente sfruttato all'interno dell'impianto e viene disperso nel camino.

Il potere calorifico dei combustibili

Le reazioni chimiche [*1.6*] e [*1.7*] di ossidazione del carbonio, dell'idrogeno e dello zolfo comportano, come già evidenziato in precedenza, l'emissione di una certa quantità Q di calore. Si prenda come riferimento una **mole** di prodotti della combustione, vale a dire, una mole di CO_2 liberata dalla combustione del carbonio, una mole di H_2O liberata dalla combustione dell'idrogeno e una mole di SO_2 liberata dalla combustione dello zolfo. Siano ora indicate: con Q_{CO_2} il calore ottenuto a fronte di una mole di CO_2 prodotta; con Q_{H_2O} il calore ottenuto a fronte di una mole di H_2O prodotta; con Q_{SO_2} il calore ottenuto a fronte di una mole di SO_2 prodotta. Misurando sperimentalmente i tre calori si ottiene:

RICHIAMO
Una ***mole*** equivale a una quantità, espressa in chilogrammi di materia, pari alla sua massa molecolare; pertanto una mole di H_2 vale 2 kg, una mole di O_2 vale 32 kg, una mole di C vale 12 kg, una mole di S vale 32 kg. La mole contiene un numero fisso di particelle (atomi, molecole, ioni, elettroni) che prende il nome di ***numero di Avogadro***: $N_a = 6{,}022 \times 10^{23}$.

$$Q_{CO_2} = 395{,}07 \ \frac{\text{kJ}}{\text{kmol}}$$

$$Q_{H_2O} = 242{,}06 \ \frac{\text{kJ}}{\text{kmol}}$$

$$Q_{SO_2} = 290{,}09 \ \frac{\text{kJ}}{\text{kmol}}$$

Riveste un maggior interesse pratico riferire la quantità di calore emesso non già a una mole di fumi, quanto all'unità di massa di combustibile. Tale grandezza è detta **potere calorifico del combustibile** P_C: esso viene espresso in due forme diverse, a seconda delle modalità di misurazione.

POLIGLOTTA
Potere calorifico superiore
GB: Specific heating power
F: Pouvoir calorifique supérieur
D: Oberer Heizwert

Si definisce ***potere calorifico superiore*** P_{CS} *di un combustibile la quantità di calore prodotta dall'unità di massa, o di volume se gassoso, in seguito alla sua combustione completa.*

Il P_{CS} comprende anche il calore di evaporazione contenuto dal vapore acqueo che è presente fra i prodotti della combustione.

POLIGLOTTA
Potere calorifico inferiore
GB: Specific calorific value
F: Pouvoir calorifique inférieur
D: Unterer Heizwert

Si definisce ***potere calorifico inferiore*** P_{CI} *di un combustibile la quantità di calore prodotta dall'unità di massa, o di volume se gassoso, in seguito alla sua combustione completa.*

Il P_{CI} non comprende il calore di evaporazione contenuto dal vapore acqueo che è presente fra i prodotti della combustione.

La differenza fra P_{CS} e P_{CI} può essere intesa come segue: nella valutazione del P_{CI} l'H_2O è presente nei prodotti della combustione in forma di vapore acqueo e viene disperso nell'atmosfera insieme ai fumi; al contrario, nella valutazione del P_{CS}, il vapore acqueo viene raccolto e condensato recuperando il calore di evaporazione da esso posseduto.

Per entrambi l'unità di misura è il kJ/kg, molto usato il multiplo MJ/kg.

La *tabella 1.4* riporta i valori della massa volumica (espressa in kg/m^3), del potere calorifico superiore (espresso in kJ/kg) e del volume d'aria teorico (espresso in m^3/kg) per diversi combustibili solidi, liquidi e gassosi.

RICHIAMO
Il ***potere calorifico inferiore*** per le benzine e i gasoli da autotrazione vale circa 41 500 kJ/kg.

Tabella 1.4 Caratteristiche principali dei combustibili più diffusi

Combustibile	*Massa volumica*	P_{cs}	*Volume d'aria teorica*
Legno essiccato	300÷400	10 400÷14 600	3÷4
Lignite xiloide	600÷750	12 500÷21 000	4÷6
Litantrace	800÷850	32 000÷33 500	8,5÷10
Antracite	800÷850	32 000÷33 500	8,5÷10
Gasolio	810÷850	40 000÷44 000	11÷12
Benzine	730÷780	42 700	10÷12
Alcool etilico	790	26 800	8,3÷9
Gas d'altoforno	1,0÷1,2	3000÷4200	0,6÷0,8
Monossido di carbonio	1,25 a 0 °C	10 050	3,2÷4
Metano	0,72 a 0 °C	50 000	15,7
Acetilene	1,18 a 0 °C	48 100	11
Idrogeno	0,09 a 0 °C	120 000	28

Fra i due poteri calorifici il più usuale è senza dubbio l'inferiore, secondo il quale l'H_2O, sia dovuta all'umidità contenuta nel combustibile e liberata durante la combustione sia generata dall'ossidazione dell'idrogeno, è presente in forma di vapore. Nella maggioranza degli impianti esso viene scaricato al camino senza operare ricondense; ciò è dovuto alla duplice esigenza di non rendere troppo complesso l'impianto e di evitare il rischio di corrosioni, favorite dalla presenza degli ossidi di zolfo che, reagendo con il vapore acqueo, danno origine a composti acidi.

Esempio

Calcolare la massa m di antracite necessaria per portare 200 kg di acqua da 5 °C a 95 °C, sapendo che il rendimento η del processo termico è del 60%. Per l'antracite si assume il potere calorifico inferiore P_{ci} = 33 494 kJ/kg.

Soluzione

Richiamando il concetto di calore specifico espresso dalla [*1.4*], si calcola il calore necessario per riscaldare l'acqua, assumendo il valore 4,186 kJ/(kg K) come calore specifico dell'acqua:

$$Q = m\,c\,\Delta t = 200 \text{ kg} \times 4{,}186 \ \frac{\text{kJ}}{\text{kg K}} \times 90 \text{ K} = 75\,348 \text{ kJ}$$

Tenendo conto del rendimento:

$$Q_{tot} = \frac{Q}{\eta} = \frac{75\,348}{0,6} = 125\,580 \text{ kJ}$$

La massa incognita m di carbone vale:

$$m = \frac{Q_{tot}}{P_{ci}} = \frac{125\,580 \text{ kJ}}{33\,494 \dfrac{\text{kJ}}{\text{kg}}} = 3,75 \text{ kg}$$

La determinazione sperimentale del P_{CS} è ottenuta facendo avvenire la combustione di una quantità ben definita di combustibile in un contenitore detto **bomba calorimetrica**. Essa è formata da un reattore stagno di piccole dimensioni, immerso in un calorimetro ad acqua. In seguito alla combustione, il calore liberato va a riscaldare l'acqua circostante. Dalla lettura dell'innalzamento della temperatura della massa d'acqua circostante, si risale facilmente all'energia termica emessa durante la combustione.

Per la determinazione a calcolo dei poteri calorifici, esistono metodi teorici basati su formule semiempiriche che presuppongono la conoscenza della composizione in percentuale della massa del combustibile nei suoi costituenti fondamentali, quali carbonio, idrogeno, zolfo e ossigeno, e del contenuto di umidità espresso pure in percentuale. Per il calcolo del P_{CI} (espresso in kJ/kg) dei combustibili solidi si utilizza la **formula di Dulong**:

$$P_{CI} = 33\,882\,C + 120\,347\left(\text{H} - \frac{\text{O}}{8}\right) + 10\,465\,\text{S} - 2512\,\text{U} \qquad \textbf{[1.9]}$$

Noto uno dei due poteri calorifici, espresso in MJ/kg, per via sperimentale o teorica, è possibile ricavare l'altro con la seguente formula:

$$P_{CS} = P_{CI} + \frac{2,5(\text{U} + 8,94\,\text{H})}{100} \qquad \textbf{[1.10]}$$

Nella *tabella 1.5* sono riportate le composizioni in termini di carbonio, idrogeno, ossigeno, per alcuni combustibili solidi e liquidi. La presenza di azoto, zolfo e umidità è a livello di tracce, al massimo qualche punto percentuale ciascuno.

Tabella 1.5 Composizioni medie di alcuni combustibili; i valori sono espressi in percentuale di massa

Combustibile	*Composizione %*		
	Carbonio	*Idrogeno*	*Ossigeno*
Legno asciutto	50	6	44
Lignite	60÷75	5	20÷35
Carbone a fiamma lunga	75÷85	4,5÷5,8	10÷15
Carbone a fiamma corta	88÷95	2,5÷4	3÷5,5
Nafta	84÷86	11÷13	0,1÷1,4

La maggior parte dei prodotti derivati dal petrolio si presenta come miscela di idrocarburi liquidi, rappresentabili con una formula del tipo $C_n H_m$; il rapporto m/n per le benzine è compreso fra 1,9÷2,2; per i gasoli è circa 2,1 e per il kerosene per turbine è circa 2,15.

Il fabbisogno d'aria

Sulla rete

C1.4 TIPI DI COMBUSTIBILE

Nei capitoli precedenti sono stati presentati i combustibili alla luce del loro comportamento con l'aria comburente e sotto gli aspetti della Termochimica. Vengono ora illustrate le principali caratteristiche e la composizione dei principali tipi.

*I **combustibili** comprendono un'ampia varietà di sostanze infiammabili, la cui energia chimica può essere convertita in calore mediante ossidazione rapida. Sono prevalentemente formati da carbonio o da molecole di carbonio più idrogeno.*

Combustibili solidi

Trascurando legname, torba e lignite, che rivestono un ruolo marginale in Italia, il combustibile solido per eccellenza è il **carbone**, formato in massima parte da carbonio con tracce di idrogeno e ossigeno. Altri costituenti sono le impurità minerali quali argille e silicati, destinate a finire nelle ceneri, e una dose variabile di umidità. Un'impurità sempre presente è lo zolfo che prende parte attiva alla combustione, ma genera ossidi inquinanti.

I principali carboni fossili sono l'antracite (▸ *Fig. 1.10*) e il litantrace, aventi un P_{CI} di circa 32 MJ/kg.

POLIGLOTTA
Carbone
GB: Coal
F: Charbon
D: Kohle

Fig. 1.10
Forme e dimensioni commerciali del carbone (SIAP SpA, Ancona):
a) ovolo di antracite;
b) antracite in granelle;
c) petcoke;
d) coke metallurgico;
e) lignite in mattonelle "union";
f) litantrace in pezzatura.

RICHIAMO

Nei ***riscaldamenti domestici*** il metano va soppiantando gli oli combustibili e il carbone. Il carbone viene usato nei centri urbani più antichi, in cui la metanizzazione risulta difficoltosa.

RICHIAMO

La ***distillazione*** consiste nel portare una sostanza solida o liquida ad alta temperatura e in assenza d'aria in ambiente chiuso: la sostanza rilascia gas che vengono separati, mentre nel distillatore rimane un residuo solido che, nel caso del carbone, costituisce il coke. La distillazione è detta frazionata quando durante il processo sono separate diverse componenti dette frazioni.

Il **litantrace** è suddiviso in diverse varietà raggruppabili, in linea di massima, nelle due famiglie principali, denominate **a lunga fiamma**, se il carbone contiene molte sostanze volatili, **a corta fiamma** se ha pochi prodotti volatili. L'**antracite** è il carbone più antico, nero e lucente, che brucia con fiamma corta e poco fumo. L'antracite in ovoli è utilizzato specialmente in metallurgia, con funzione di ricarburante e scorificante e in misura sempre minore per il **riscaldamento domestico**.

Il **coke** è una varietà di carbone artificiale ottenuto mediante **distillazione** del carbone naturale (**coke metallurgico**) oppure del petrolio (**petcoke**); nel primo caso è derivato o da litantrace bituminoso, se per impiego siderurgico, o da altre varietà di carbone, se per impiego generico. Il petcoke deriva dal residuo pesante del petrolio, possiede un 10% di materie volatili e ha meno dell'1% di cenere: è principalmente impiegato per la produzione dei cementi. È un combustibile puro e pregiato, ad alto potere calorifico.

Il carbone è commercializzato in forme e dimensioni unificate, denominate ovoli, granelle, pezzature, mattonelle; è consegnato in sacchetti o in big-bags, in cisterne, su palette o sfuso. Viene stoccato all'aperto o in capannone a seconda del tipo. La *figura 1.11* riporta una vista panoramica della centrale elettrica di Avedøre in Danimarca; si notino sulla sinistra il generatore a energia eolica, i serbatoi per l'olio combustibile e il piazzale di stoccaggio del carbone; il carbone giunto via mare è accumulato su una superficie in grado di ospitarne 800 000 t.

Fig. 1.11
Vista della centrale elettrica di Avedøre in Danimarca.

POLIGLOTTA

Cenere

GB: Ash
F: Cendre
D: Asch

Nelle grandi caldaie industriali, per accelerare i tempi di combustione del carbone si ricorre alla sua macinazione mediante molini, così da ottenere una pezzatura assai minuta, nota come **polverino di carbone**; l'alimentazione del focolare può avvenire in diversi modi, per esempio con una corrente d'aria compressa che trascina e diffonde uniformemente il polverino attraverso ugelli oppure mediante una tramoggia che fa scendere una portata costante di carbone su una griglia mobile azionata da catena (▸ *Fig. 1.12*). Un'altra soluzione consiste nel mescolare la polvere di carbone con nafta o catrame, ottenendo una massa liquida e densa: tale miscela, denominata **combustibile colloidale**, viene pompata e spruzzata nell'interno del focolare.

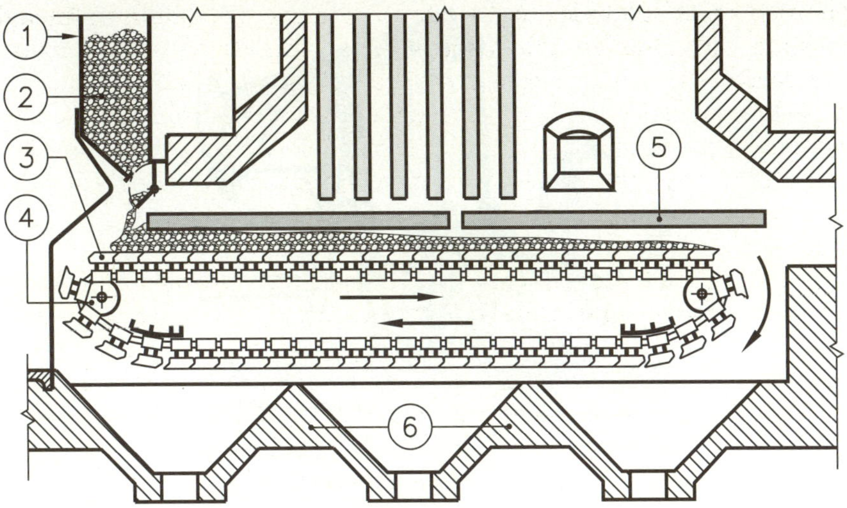

Fig. 1.12
Alimentazione a griglia mobile: la tramoggia (1) deposita per gravità una quantità costante di carbone (2) sulla griglia mobile sottostante (3); la griglia avanza sotto l'azione di catene mosse dalle ruote dentate (4), poste alle due estremità; il carbone introdotto passa sotto un tratto di volta (5) che lo scalda energicamente per favorire la distillazione dei gas e la diffusione della fiamma; le tramogge inferiori (6) servono per lo smaltimento delle ceneri.

Esempio
Un carbone petcoke ha il potere calorifico pari a 14 200 Btu/lb. Trasformarlo in kJ/kg.

Soluzione
Una libbra vale 0,45359 kg; inoltre nel *paragrafo C1.2* si è appreso che:

$$1 \text{ Btu} = 1{,}05587 \times 10^3 \text{ J}$$

pertanto il potere calorifico inferiore di questa varietà di coke vale:

$$P_{CI} = 14\,200 \frac{\text{Btu}}{\text{lb}} = \frac{14\,200 \times 1{,}05587}{0{,}45359 \text{ kg}} = 33\,055 \frac{\text{kJ}}{\text{kg}}$$

Combustibili liquidi

Derivano in massima parte dalla raffinazione del petrolio estratto allo stato greggio dai pozzi petroliferi (▸ *Fig 1.13*); i suoi prodotti si presentano sotto forma di miscela di idrocarburi liquidi, aventi formula chimica $C_n H_m$ ove il rapporto m/n vale all'incirca 2. Oltre agli idrocarburi sono presenti altre sostanze in tracce.

Un prodotto assai importante, ottenuto dalla **distillazione frazionata** del greggio, è la famiglia delle **essenze leggere**, costituenti la fase che distilla per temperature fino a 150÷200 °C e che viene prelevata nella parte alta della torre di raffinazione. Da queste, in seguito a ulteriori lavorazioni chimiche, si ottengono altri prodotti quali le benzine per autotrazione e le benzine solventi. Nell'intervallo 180÷360 °C si distillano i cosiddetti "oli medi", a loro volta ripartiti in **olio lampante** o **kerosene**, ricavato fra 170÷260 °C e in **gasoli** e **nafte**, fra 270÷360 °C. Al di sopra dei 360 °C evaporano gli oli pesanti, ovvero **oli lubrificanti**, **paraffine e vaseline**; il residuo fisso e solido costituisce **coke di petrolio, resine, catrame, asfalti** e **pece** (▸ *Fig. 1.14a*).

POLIGLOTTA
Distillazione frazionata
GB: Fractional distillation
F: Distillation fractionnée
D: Fraktionierte Destillation

POLIGLOTTA
Catrame
GB: Tar
F: Goudron
D: Teer

Fig. 1.13
Cavalletti di pompaggio del petrolio greggio nel giacimento Belayim del Sinai in Egitto.

La raffinazione del petrolio greggio può essere schematizzata in tre fasi:
- la prima fase comprendente due distillazioni frazionate, dette di **topping** e di **vacuum**;
- la seconda fase, di **conversione**;
- la terza fase, di **idrodesolforazione**.

Il **topping** è la prima operazione di distillazione e ha lo scopo di separare le frazioni principali; è seguita da una seconda distillazione sotto vuoto denominata **vacuum**; al termine della prima fase si ottengono soprattutto gasoli e kerosene (▸ *Fig. 1.14b*).

Fig. 1.14
a) Panoramica di una raffineria di petrolio con in secondo piano le torri per la distillazione frazionata.
b) Schema di una torre di distillazione frazionata.

(a)

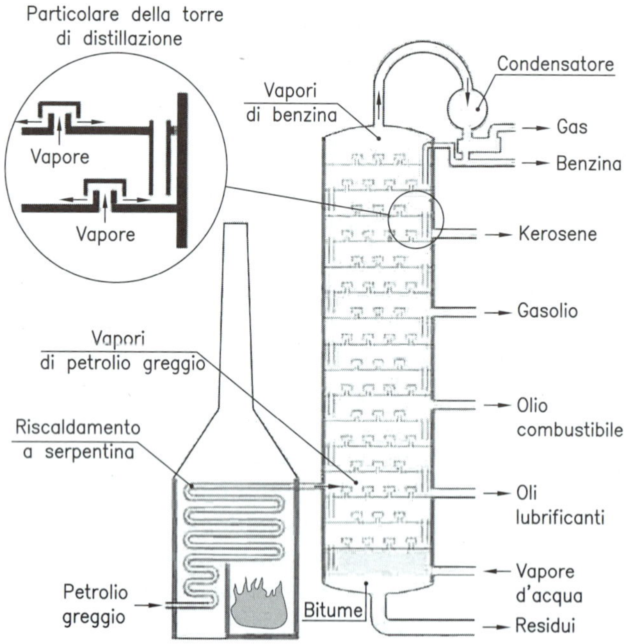

(b)

Il contenuto di benzina nel petrolio greggio si aggira intorno al 25%: per aumentarne la percentuale si ricorre in raffineria a numerosi processi termici e termocatalitici, detti di conversione, fra i quali il cracking, la polimerizzazione, più diversi altri ancora.

Il **cracking**, o piroscissione, consiste nella rottura per mezzo del calore delle macromolecole degli idrocarburi pesanti, onde ricavare molecole più piccole. Le due principali modalità sono il **cracking termico** e il **cracking catalitico**: il primo avviene a temperature di 400÷500 °C ed è applicato ai residui della distillazione del petrolio greggio; il secondo è applicato alle sostanze ottenute dalla distillazione e avviene a temperature inferiori. I prodotti dei cracking sono principalmente le benzine, poi gas, gasoli e nafte.

*Il **catalizzatore** è una sostanza che accelera o ritarda la velocità delle reazioni chimiche o le guida in una particolare direzione, senza risultare esso stesso alterato nella sua identità chimica.*

RICHIAMO
Solo la superficie del ***catalizzatore*** prende parte al processo, pertanto, più finemente diviso è il catalizzatore, più grande risulta il suo effetto.

La **polimerizzazione** è un trattamento degli idrocarburi gassosi insaturi che avviene in ambienti pressurizzati a circa 50 bar, con temperature di 700 °C e in presenza di catalizzatori. Le molecole piccole si sintetizzano in molecole più grandi, ottenendo idrocarburi liquidi quali le benzine.

L'idrodesolforazione è la terza fase della raffinazione: consiste in una serie di trattamenti volti all'eliminazione dello zolfo e dell'azoto presenti nel petrolio greggio. Tale processo avviene alla presenza d'idrogeno in reattori ad alta pressione e temperatura; al termine del trattamento si ottengono come sottoprodotti acido solfidrico (H_2S) e ammoniaca (NH_3).

L'idrogenazione o **hydrorefining** è un ulteriore processo di produzione delle benzine e dei gasoli, che parte da materie grezze come carbone, lignite, catrame e residui di raffinazione. L'idrogenazione avviene rompendo i legami molecolari delle grandi molecole e aggiungendo, allo stesso tempo, idrogeno prodotto separatamente in un ambiente ad alta pressione (700 bar) e alta temperatura (400÷500 °C) e in presenza di catalizzatori.

Benzine e gasoli sono impiegati per l'autotrazione. Essi sono insiemi di idrocarburi liquidi ottenuti tramite i vari procedimenti indicati in precedenza e successivamente miscelati. Prima di essere commercializzati sono arricchiti di additivi per rispettare le specifiche di qualità previste dalle normative. Sommando tutti i tipi di idrocarburi e gli additivi, le attuali benzine comprendono circa 200 componenti.

La destinazione principale del **kerosene** è come carburante per i turboreattori, sia per l'aviazione civile (Jet-A1) sia per quella militare (JP 8). Viene usato in minori quantità come combustibile per stufe domestiche.

Gli **oli combustibili** per l'industria sono suddivisi in tre categorie commerciali, a seconda dell'impiego:

— **Bunker C fuel oil**, usato nell'industria, nelle centrali termoelettriche e per la propulsione navale;
— **Heater oil**, varietà pregiata per il riscaldamento;
— **Heavy fuel**, varietà meno pregiata per forni e caldaie industriali.

*Osservazione: nella terminologia corrente sono chiamati **carburanti** i combustibili per motori ad accensione per scintilla (benzine); **petrolio**,*

POLIGLOTTA
Nafta
GB: Petroleum naphta
F: Mazout
D: Naphta, Heizöl

quelli per riscaldamento e illuminazione (kerosene); ***nafte****, quelli per motori ad accensione per compressione (gasoli) o per impianti industriali (oli combustibili).*

Alcuni combustibili liquidi di origine vegetale stanno gradualmente diffondendosi, sia per l'autotrazione sia per impianti di riscaldamento: sono in particolare l'alcool etilico, o **etanolo**, C_2H_5OH, l'alcool metilico, o **metanolo**, CH_3OH e il biodiesel.

Combustibili gassosi

RICHIAMO
Il ***metano*** è un gas leggero avendo a pressione atmosferica una massa volumica di circa 0,72 kg/m^3, cioè di circa due terzi rispetto a quella dell'aria.

Fra i combustibili gassosi, il più usato è il **gas naturale**: la sua composizione è variabile a seconda dei giacimenti di provenienza, ma è in massima parte costituita da metano. Il **metano** è un gas inodore e incolore, con un buon potere calorifico inferiore. La combustione di 1 Nm^3 equivale alla combustione di circa 0,9 kg di nafta. È apprezzato per la sua purezza, per la combustione poco inquinante e per la facilità di dosatura nel bruciatore: brucia perfettamente con una fiamma ad alta temperatura di colore blu intenso.

Proviene da giacimenti sia italiani sia olandesi, russi e algerini ed è convogliato in tutta la nazione attraverso una fitta rete di metanodotti, in gran parte sotterranei e in tunnel (▸ *Fig. 1.15a*).

(a) (b)

Fig. 1.15
a) Galleria di attraversamento delle Alpi del metanodotto che trasporta il gas naturale dall'Olanda.
b) Tratto di gasdotto in superficie.

Il gas naturale riveste un ruolo fondamentale nell'economia italiana ed europea e ha soppiantato, per importanza, gli altri tipi di gas industriali prodotti in passato in notevole quantità, quali i **gas illuminante**, **gas di gassogeno** o **gas di città**. Il metano è largamente impiegato presso impianti industriali, termoelettrici, per uso domestico come pure per autotrazione.

Sono richieste cautele, controlli e organi di sicurezza per prevenire fughe da condotte e impianti, dato che la miscela di metano e aria è esplosiva. Il suo immagazzinamento risulta scomodo, poiché richiede la costruzione di serbatoi e gasometri di grande dimensione oppure lo stoccaggio e il trasporto in navi metaniere o ancora la compressione in bombole per l'autotrazione (▸ *Fig. 1.16*).

Fig. 1.16
Una delle prime stazioni di distribuzione del metano per autotrazione installata dalla Società Petrolifera Italiana a Fornovo Taro (PR) nel 1936.

Si sta diffondendo anche in Italia la tecnica del pompaggio in enormi cavità sotterranee quali, per esempio, i giacimenti svuotati della pianura padana, in grado di accogliere milioni di metri cubici di gas compresso: questa tecnica è detta **reiniezione**.

Tutti i **biogas** emessi dalle discariche dei rifiuti urbani, in seguito alla degradazione delle sostanze organiche, hanno come principale costituente il metano. Esso dev'essere smaltito in modo opportuno, sia per garantire la sicurezza contro esplosioni e odori molesti, sia per ridurre al minimo le emissioni nocive in atmosfera: per tutte queste ragioni risulta opportuno raccoglierlo, incanalarlo e inviarlo alla combustione per la produzione di energia elettrica. Una fitta rete di tubazioni viene posata orizzontalmente a strati sopra i rifiuti: i tubi in polietilene sono fessurati per captare il biogas prodotto. Il biogas viene aspirato, compresso e inviato all'impianto di produzione di energia elettrica, dopo aver subito un trattamento per l'eliminazione dell'umidità e di alcune sostanze a forte contenuto inquinante.

Vi sono inoltre alcuni tipi di gas combustibile ottenuti come sottoprodotto di processi industriali, come il gas d'altoforno, o per pirolisi del carbone o con altri processi. Sono noti come **gas illuminanti**, **gas d'aria**, **gas d'acqua**. Sono miscele di vari tipi di gas, soprattutto CO, H_2, CH_4, più quantità minori di CO_2, N_2, ma sono caratterizzati da poteri calorifici modesti. Il loro impiego per la produzione di calore è ormai ristretto all'ambito del proprio impianto di produzione.

RICHIAMO
L'***idrogeno*** è il combustibile utilizzato nelle ***celle a combustibile,*** sistemi elettrochimici capaci di convertire l'energia chimica del combustibile direttamente in energia elettrica senza l'intervento intermedio di un ciclo termico.

Un ruolo assai ricco di prospettive future e in fase avanzata di sperimentazione è ricoperto dall'idrogeno. Esso costituisce un vettore energetico utilizzabile già da oggi, sia per la generazione di elettricità e calore sia per il moto dei mezzi di trasporto, producendo emissioni praticamente nulle.

I **gas di petrolio liquefatti**, meglio noti come **GPL**, sono formati da idrocarburi leggeri e volatili, derivanti dai processi di raffinazione, cracking e idrogenazione; sono presenti fra i gas di coke, come pure nelle emanazioni gassose dei pozzi petroliferi. Questi gas vengono liquefatti a temperatura ambiente e a pressione dell'ordine degli 8÷10 bar; immediatamente a monte del bruciatore è posto un corpo valvolare, detto **evaporatore-riduttore**, entro il quale il GPL torna allo stato gassoso per poter formare la fiamma. Sono miscele costituite per il 55% di butilene-propilene, per il 20% di propano-butano (▸ *Fig. 1.17*), per il 15% di etilene, il resto di metano ed etano. Trovano vasto impiego per uso industriale, artigianale, agricolo (produzione di calore), domestico (cucina, riscaldamento) e si stanno diffondendo per l'autotrazione su autovetture dotate di impianto a gas. Sono conosciuti sotto diversi nomi commerciali quali "Liquigas", "Butangas", "Agipgas", "Lampogas" e altri.

Fig. 1.17
Molecole di due fra i principali idrocarburi costituenti il GPL:
a) il propano C_3H_8;
b) il butano C_4H_{10}.

Propano C_3H_8

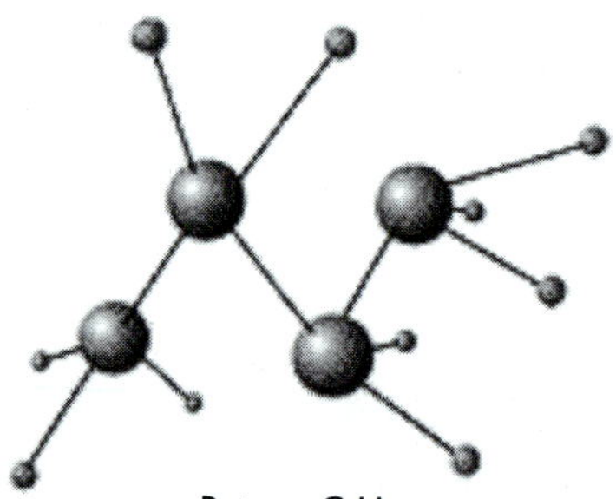
Butano C_4H_{10}

Il GPL possiede un elevato potere calorifico inferiore (50 000 kJ/kg) con una massa volumica di valore contenuto (0,5÷0,6 kg/dm^3 a temperatura ambiente): tutto ciò, insieme all'alto rendimento nella combustione, permette confronti vantaggiosi verso differenti tipi di combustibile; per esempio, dalla combustione di 1 kg di GPL si ottiene tanto calore quanto:
— bruciando 1,3 m^3 di metano;
— bruciando 1,4 l di gasolio;
— bruciando 2 kg di antracite;
— bruciando 6 kg di legna;
— consumando 13 kWh di energia elettrica.

Il GPL è posto in vendita in bombole o erogato presso le stazioni di servizio stradali. In piccoli centri urbani e in comprensori industriali, il GPL viene canalizzato in reti che lo distribuiscono con continuità a case e aziende. Nel caso di consumi elevati, per i quali le **bombole** si rivelano insufficienti, si ricorre a serbatoi di stoccaggio. Nella *figura 1.18* è rappresentato il serbatoio interrato da 1750 l, denominato Ghiro, di produzione Liquigas.

RICHIAMO
Confronto fra due ***bombole*** da 60 l, una per GPL e l'altra per metano: la prima contiene 32,4 kg di gas liquido a 10 bar, la seconda 12,3 kg di gas a 200 bar; la prima ha un contenuto energetico di 1484 MJ, la seconda, di 577 MJ.

Il GPL va assumendo rilievo sempre maggiore fra le fonti di energia, in funzione delle sue prerogative di gas liquido facilmente trasportabile in recipienti a pressione e quindi adatto a essere distribuito anche in zone remote.

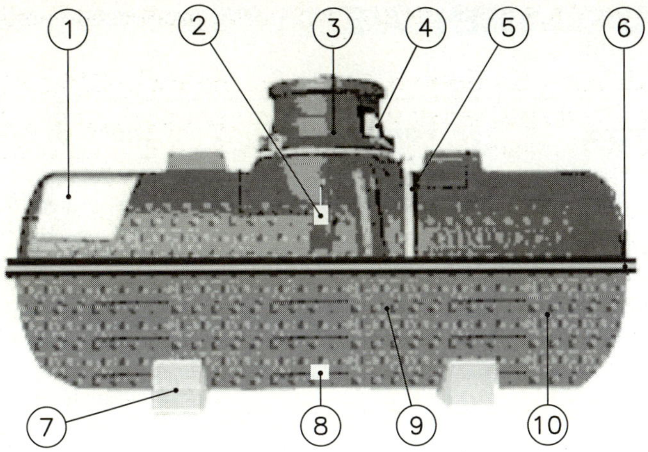

Fig. 1.18

Serbatoio di stoccaggio del GPL, modello Ghiro della Liquigas, in cui si possono osservare: il serbatoio da 1750 l (1); i drenaggi del pozzetto (2); il pozzetto (3); gli organi di controllo (4); il dispersore (5); la tenuta stagna del guscio mediante termosaldatura (6); le selle di sostegno (7); il sensore di umidità (8); i canali con essiccatoi (9) e il guscio in polietilene (10).

C1.5 ALTRE PROPRIETÀ DEI COMBUSTIBILI

Sulla rete

FORMULARIO ESSENZIALE

Grandezza	Formula	Unità di misura
Temperatura [°C] e [K]	$t_{[°C]} = T_{[K]} - 273{,}15\ K$	T = temperatura [K] t = temperatura [°C]
Temperatura [°C] e [°F]	$t_{[°C]} = \frac{5}{9}\left(t_{[°F]} - 32\right)$	$t_{[°F]}$ = temperatura [°F] $t_{[°C]}$ = temperatura [°C]
Capacità termica massica	$c = \frac{Q}{m\,\Delta t}$	c = capacità termica massica [J/(kg K)] Q = calore [J] m = massa [kg] Δt = variazione di temperatura [K]
Dilatazione termica	$\Delta l = \lambda\, l\, \Delta t$	Δl = allungamento [m] λ = coefficiente di dilatazione termica [1/°C] l = lunghezza iniziale [m] Δt = variazione di temperatura [°C]
Formula di Dulong	$P_{CI} = 33\,822\ C + 120\,347\left(H - \frac{O}{8}\right) +$ $+ 10\,465\ S - 2512\ U$	P_{CI} = potere calorifico inferiore [kJ/kg] C = percentuale di carbonio [%] H = percentuale di idrogeno [%] O = percentuale di ossigeno [%] S = percentuale di zolfo [%] U = umidità [%]
Correlazione fra i due poteri calorifici	$P_{CI} = P_{CS} - \frac{2{,}5(U + 8{,}94\ H)}{100}$	P_{CI} = potere calorifico inferiore [kJ/kg] P_{CS} = potere calorifico superiore [kJ/kg] H = percentuale di idrogeno [%] U = umidità [%]
Fabbisogno d'aria per combustibili solidi	$A_{tm} = 0{,}115\ C + 0{,}344\left(H - \frac{O}{8}\right) +$ $+ 0{,}043\ S$	A_{tm} = fabbisogno d'aria [kg/kg] C = percentuale di carbonio [%] H = percentuale di idrogeno [%] O = percentuale di ossigeno [%] S = percentuale di zolfo [%]

Grandezza	Formula	Unità di misura
Fabbisogno d'aria per combustibili gassosi	$A_{tv} = 0,0238(\mathrm{CO}+\mathrm{H_2})+0,0952\ \mathrm{CH_4} +$ $+0,0476\sum_i\left(n_i+\frac{m_i}{4}\right)\mathrm{C}_{ni}\mathrm{H}_{mi} +$ $-0,0476\ \mathrm{O_2}$	A_{tv} = fabbisogno d'aria [kg/kg] CO = percentuale di monossido di carbonio [%] H_2 = percentuale di idrogeno [%] CH_4 = percentuale di metano [%] $C_{ni}H_{mi}$ = percentuale di altri tipi di idrocarburo [%] O_2 = percentuale di ossigeno [%]
Aria in eccesso	$A_e = (1+e)A_{tm}$	A_{tm} = fabbisogno d'aria [kg/kg] e = eccesso d'aria [%] A_e = fabbisogno d'aria totale [kg/kg]

L'UNITÀ DIDATTICA IN BREVE

Sulla rete

PROBLEMI DI RIEPILOGO

Sulla rete

AUTOVERIFICA DELL'APPRENDIMENTO

1. Spiegare in cosa consiste la differenza fra calore e temperatura. (max 20 parole)

____

____

____

2. Nella scala termometrica Kelvin, il valore 0 è definito in corrispondenza dello ______________, per cui la temperatura di ebollizione dell'acqua a pressione atmosferica vale ______________ K.

3. La capacità termica massica di una sostanza è espressa dimensionalmente come rapporto in cui a numeratore compare un calore e a denominatore:

a) un altro calore

b) una massa

c) una temperatura

d) un prodotto massa per temperatura

4. Un materiale A possiede una capacità termica massica maggiore rispetto a quella di un materiale B. Ciò significa che fornendo a entrambi la medesima quantità di calore alla stessa temperatura iniziale, il corpo di materiale A raggiunge una temperatura finale superiore a quella raggiunta dal corpo di materiale B.

Vero ☐ Falso ☐

5. Un corpo di lunghezza l, sottoposto a un aumento di temperatura Δt, subisce un allungamento Δl espresso mediante la seguente formula: ______________________________

6. Dare la definizione di combustione (max 25 parole).

____

____

____

7. Dalla combustione del carbonio con l'ossigeno si ottiene:

a) monossido di carbonio

b) vapore acqueo

c) metano

d) biossido di carbonio

8. Le reazioni chimiche endotermiche avvengono con liberazione del calore; le reazioni esotermiche avvengono con assorbimento di calore dall'ambiente.

Vero □ Falso □

9. Le esplosioni sono forme di combustione che avvengono con ______________________ e con ________________________ di volume ______________________

10. Indicare i tre fattori più importanti che determinano la velocità delle reazioni chimiche di combustione:

a)___________________________

b)___________________________

c)___________________________

11. Elencare le due principali sostanze che compongono l'aria atmosferica:

a)___________________________ b) ___________________________

12. La dissociazione del biossido di carbonio provoca la generazione di monossido di carbonio più ossigeno libero.

Vero □ Falso □

13. Spiegare cosa s'intende per "miscela stechiometrica di combustibile e di comburente" (max 30 parole).

____

____

____

14. In una combustione teoricamente perfetta, l'azoto contenuto nell'aria:

a) non prende parte alle reazioni

b) reagisce con il carbonio formando monossido di carbonio

c) reagisce con l'idrogeno formando vapori di ammoniaca

d) reagisce con l'ossigeno formando una serie di ossidi noti come NO_x

15. I poteri calorifici superiori assumono valori maggiori dei poteri calorifici inferiori, in quanto i primi tengono conto anche del calore di ________________ contenuto nel ________________, che è prodotto dalla combustione.

16. Sviluppare l'equazione dimensionale ed esprimere l'unità di misura nel SI del potere calorifico.

$[P_{cI}]$ = ____

17. L'esecuzione di controlli periodici dei fumi negli impianti di combustione:

a) è obbligatoria per legge
b) è facoltativa
c) è obbligatoria solo in alcune regioni
d) è obbligatoria solo per gli impianti industriali

18. L'eccesso d'aria è definito come rapporto fra la quantità d'aria introdotta in più ______________ e la quantità d'aria______________

19. Il coke è un carbone ottenuto:

a) industrialmente da altri tipi di carbone
b) dal petrolio
c) per distillazione delle ceneri del legno
d) mediante scavo in miniera

20. Elencare alcune forme con cui il carbone viene posto in commercio:

a)______________________
b)______________________
c)______________________

21. Il Bunker C è il nome commerciale:

a) di una varietà di benzina
b) del GPL
c) del petrolio grezzo
d) di un tipo di olio combustibile per l'industria

22. Elencare alcuni prodotti commerciali ottenuti per raffinazione del petrolio greggio:

a) ______________ b) ______________ c) ______________

23. Gran parte del metano consumato in Italia proviene dai seguenti tre paesi esteri: ______________________________; esso viene distribuito alle utenze nazionali attraverso una rete di ______________________________; se impiegato per l'autotrazione, viene immagazzinato in ______________________

24. Il potere calorifico inferiore del GPL vale indicativamente:

a) 50 000 kJ/kg
b) 10 000 kJ/kg
c) 18 000 kJ/kg

25. Dare la definizione della temperatura di ignizione (max 25 parole).

____

____

____

26. La temperatura di infiammabilità e la temperatura di ignizione sono la stessa cosa.

Vero ☐ Falso ☐

27. La temperatura di autoaccensione è quel valore di temperatura ____________________________ alla quale deve trovarsi la miscela combustibile-comburente affinchè la combustione cominci ___________________ senza bisogno di _______________

28. Si definisce volatilità la quantità di combustibile che:

a) evapora internamente a un contenitore stagno

b) evapora all'aria libera

c) si disperde durante il trasporto

d) forma vapori esplosivi

29. Spiegare perché l'uso di un combustibile liquido, avente elevato calore di evaporazione, crea difficoltà nell'avviamento a freddo (max 30 parole).

____

____

____

30. Il termine BTZ designa:

a) la varietà di gasolio, avente presenza di zolfo inferiore al 5%

b) il gas naturale, avente basso tenore di zolfo

c) il butano per bombole

d) la varietà di gasolio, avente presenza di zolfo inferiore all'1%

31. Un combustibile liquido troppo viscoso crea difficoltà di pompaggio dato che nei condotti di alimentazione si ha un'elevata

____

32. Spiegare perché alcuni tipi di combustibile, pur avendo le medesime caratteristiche fisiche e chimiche, vengono posti in commercio con diverse colorature (max 30 parole).

____

____

____

LE TRASFORMAZIONI DEI GAS PERFETTI E IL PRIMO PRINCIPIO DELLA TERMODINAMICA

La presente unità è dedicata alla **Termodinamica**, scienza che studia l'energia termica dei corpi, in particolare degli **aeriformi**. Vengono affrontate le leggi dei gas e i metodi di calcolo relativi alle loro trasformazioni. In questa sede si espone anche il **primo principio della Termodinamica**, esaminando le trasformazioni reciproche fra **calore** e **lavoro** che sono alla base di tutti i fenomeni naturali e industriali in cui si realizzano scambi energetici.

Prerequisiti

- Riconoscere le unità di misura di calore, temperatura, pressione e volume massico.
- Sapere eseguire le equivalenze fra le diverse scale termometriche.
- Sapere eseguire i calcoli riguardanti gli scambi di calore dei corpi.
- Sapere riconoscere i principali tipi di combustibile e le loro proprietà.

Obiettivi

- Riconoscere le trasformazioni termodinamiche svolte da un sistema costituito da un gas ideale.
- Sapere rappresentare graficamente le trasformazioni nel diagramma (p,v).
- Riconoscere l'equazione di stato dei gas perfetti.
- Sapere calcolare i valori relativi a pressione, temperatura, volume e grandezze derivate, conseguenti alle trasformazioni termodinamiche.
- Acquisire il concetto di lavoro termico.
- Sapere applicare il primo principio della Termodinamica alle trasformazioni termodinamiche.
- Acquisire il significato e le implicazioni del primo principio della Termodinamica.

Contenuti

- I sistemi termodinamici.
- La Termodinamica applicata ai gas.
- Le trasformazioni termodinamiche.
- Il primo principio della Termodinamica.
- Applicazioni del primo principio della Termodinamica alle trasformazioni fondamentali.

Verifica prerequisiti

1. Trasformare la temperatura t = 32 °C in gradi Farenheit.

$t_{[°F]}$ = ____________________

2. Il Normalmetrocubo individua un volume di gas che si trova alla pressione di ____________ e alla temperatura di ____________

3. Calcolare la quantità di calore Q che dev'essere sottratta a una massa m = 600 kg d'acqua per raffreddarla di 30 °C.

Q = ____________________

4. Indicare quali fra i seguenti gas è presente nell'aria atmosferica in percentuali rilevanti:

a) monossido di carbonio b) ossigeno

c) azoto d) cloro

5. La reazione del monossido di carbonio con l'ossigeno è una reazione di ossidazione ed è di tipo esotermico.

Vero □ Falso □

6. Calcolare il calore Q che si ottiene bruciando la massa m = 150 kg di gas naturale, assumendo come rendimento di combustione η = 85%.

Q = ____________________

7. Indicare, fra i seguenti quattro valori, quello che più si avvicina al P_{CI} delle benzine:

a) P_{CI} = 43 000 kJ/kg b) P_{CI} = 300 kJ/kg

c) P_{CI} = 10 000 kJ/kg d) P_{CI} = 4200 k/kg

8. Definire il potere calorifico superiore (max 30 parole).

____

____

____

9. Elencare alcuni fra i prodotti più importanti che si ottengono dalla raffinazione del petrolio greggio:

a) ____________ b) ____________

c) ____________ d) ____________

10. La temperatura minima che un combustibile deve raggiungere affinché la combustione, dopo essere stata innescata, si propaghi spontaneamente a tutta la massa è detta ____________________

Problema

Una massa gassosa di neon (Ne) è racchiusa in un contenitore cilindrico avente diametro d = 58 mm; il contenitore è chiuso da uno stantuffo scorrevole a tenuta; lo stantuffo è tenuto fermo a un'altezza h_1 = 71 mm, con un corpo di massa m_1 = 28 kg; il sistema si trova alla temperatura ambiente t_1 = 29 °C (▸ *Fig. 2.1*). Calcolare il valore della pressione misurata dal manometro; valutare il numero di moli di gas racchiuse nel contenitore e calcolare la massa del gas. In seguito si riduce la massa posta sullo stantuffo a m_2 = 23 kg e contemporaneamente si porta la temperatura del gas a t_2 = 21 °C. Valutare se le modifiche apportate alla massa posta sullo stantuffo e alla temperatura del gas tendono a far sollevare o, piuttosto, a far abbassare lo stantuffo. Calcolare i valori assunti da pressione, volume massico e altezza dello stantuffo nella nuova configurazione di equilibrio e, alla luce del primo principio della Termodinamica, spiegare quali sono le grandezze che variano motivando le ragioni.

Fig. 2.1

Stantuffo (1) posizionato in equilibrio a un'altezza h_1 dal fondo del contenitore (2); sulle sue due facce agiscono la pressione sviluppata dal gas e il peso della zavorra.

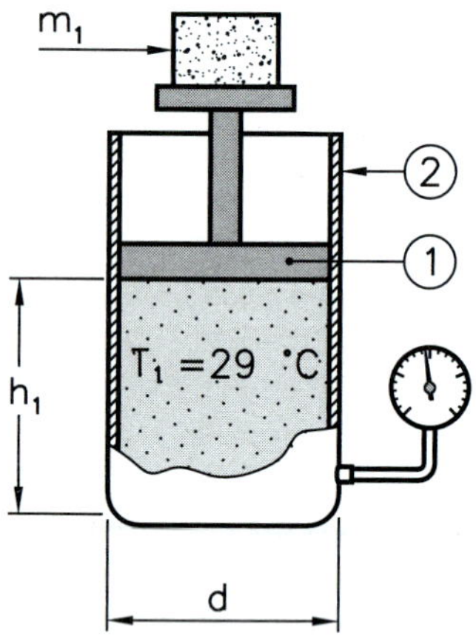

Analisi

Il problema consiste nel ricavare inizialmente il volume del gas tenuto sotto pressione dal peso esercitato dalla zavorra. Occorre quindi individuare una relazione che colleghi il numero di moli con la temperatura, il volume e la pressione. Si noti che i fenomeni in atto sono di tipo isovolumico. Per rispondere ai tre quesiti della seconda parte, si osservi che la riduzione di massa gravante e il contemporaneo raffreddamento del sistema obbligano il gas a variare di volume, facendo muovere lo stantuffo fino a ricostituire lo stato di equilibrio fra forza premente e pressione interna; si chiede di descrivere teoricamente il fenomeno termodinamico in svolgimento, individuando quali grandezze subiscono variazione e in quale senso; la successiva domanda chiede di calcolare i nuovi valori di pressione e volume massico e la nuova altezza raggiunta dallo stantuffo.

Procedura consigliata

Per risolvere il problema occorre:

- riferirsi ai *paragrafi C2.1* e *C2.2*, in cui si evidenziano i concetti di massa, volume e numero di moli contenute nel gas con le relative formule; inoltre, ponendo attenzione agli esempi citati, è possibile ricavare le formule adatte per rispondere alle prime tre domande.

Poiché la seconda parte prevede una trasformazione termodinamica, occorre:

- riferirsi ai *paragrafi C2.3* e *C2.4* per acquisire le conoscenze sulle trasformazioni e sul primo principio della Termodinamica, sapendo riconoscere il tipo di trasformazione in atto e definire le coordinate termodinamiche che caratterizzano il nuovo stato di equilibrio. Applicando il primo principio della Termodinamica si analizza quindi la trasformazione, evidenziando quali grandezze fisiche presenti nella formula hanno subito variazioni; si richiede un'adeguata motivazione alle deduzioni.

C2.1 I SISTEMI TERMODINAMICI

I sistemi e l'ambiente

*La **Termodinamica** è un ramo della Fisica che descrive le trasformazioni subite da un sistema a seguito di uno scambio di energia con altri sistemi o con l'ambiente.*

I principi della Termodinamica hanno valore universale poiché valgono per qualunque corpo, indipendentemente dalla sostanza che lo costituisce, compresi gli esseri viventi. Prima di avviare lo studio delle leggi è indispensabile individuare l'oggetto della trattazione, ovvero delimitare il corpo sottoposto alle trasformazioni, definendo il **sistema termodinamico**:

*per **sistema termodinamico** s'intende una definita quantità di materia geometricamente determinata, contenuta all'interno di una superficie chiusa.*

La Termodinamica è quindi una scienza che studia il comportamento della materia quando è sottoposta a flussi di calore e a variazioni di temperatura, spesso accompagnate dall'erogazione di una certa quantità di lavoro.

Tutto ciò che sta al di fuori del sistema termodinamico, ma che influisce sui suoi comportamenti, viene considerato come **ambiente esterno**, indefinito come dimensioni. La superficie che racchiude la massa in questione può essere reale o immaginaria: per esempio, un recipiente è formato da pareti, quindi è una superficie reale (▸ *Fig. 2.2a*), mentre il contorno di una porzione di corrente fluida è una superficie immaginaria (▸ *Fig. 2.2b*). Le pareti sono di tipo **diabatico**, o **diatermico**, se consentono scambi di calore fra il sistema termodinamico e l'ambiente esterno; nel caso contrario sono dette **adiabatiche**.

POLIGLOTTA

Sistema termodinamico

GB: Thermodynamic system

F: Système thermodynamique

D: Thermodynamisches System

RICHIAMO

In ***Idrodinamica*** l'equivalente del sistema termodinamico è costituito dall'***unità di massa liquida***, intesa come porzione di una corrente in moto permanente, sia in tubo sia in canale; l'energia di cui tale sistema dispone è espressa in J/kg, come prescritto dal teorema di Bernoulli.

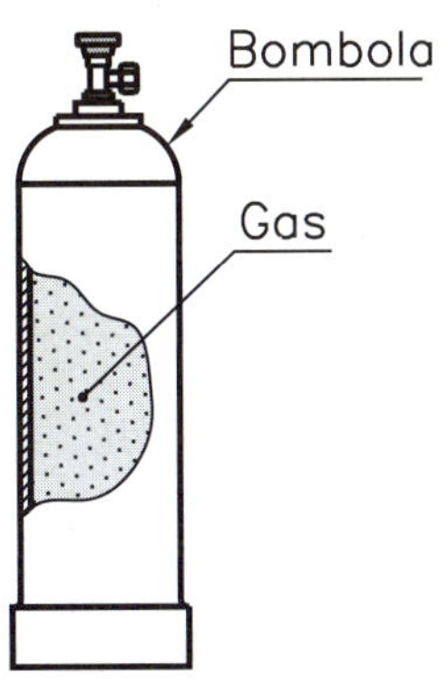

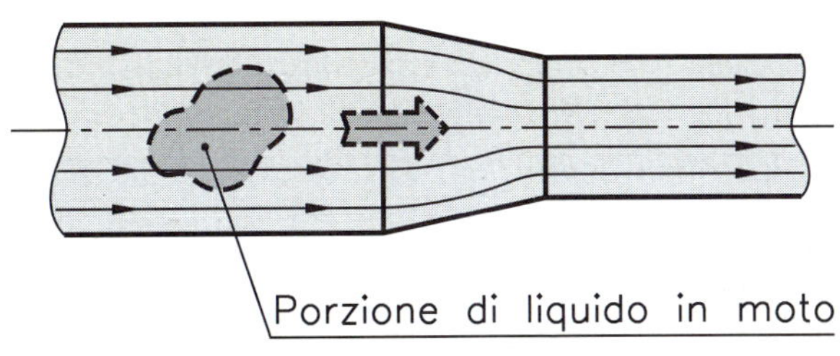

Fig. 2.2
Sistemi termodinamici:
a) massa di gas racchiusa in un serbatoio;
b) porzione di un liquido in movimento entro una condotta.

Molti problemi termodinamici prevedono scambi di energia fra un sistema e l'ambiente esterno o fra un sistema e un altro, sotto forma di flussi termici o di lavoro. La forma più elementare di flusso termico si ha quando due sistemi, o più semplicemente due corpi che si trovano a diversa temperatura, vengono posti a contatto diretto: ne consegue una trasmissione spontanea di calore dal sistema più caldo al sistema più freddo.

Per quanto riguarda gli scambi di energia termica si considerino ora due diversi sistemi interagenti, in equilibrio reciproco. In altri termini, si tratta di due masse diverse come dimensione e come sostanza, che vengono a contatto ma che non evidenziano flussi termici né in un senso né nell'altro: evidentemente si trovano alla stessa temperatura. Da questa deduzione derivano due importanti enunciati: il **principio zero della Termodinamica** e il **postulato di Clausius**.

*Il **principio zero della Termodinamica** afferma che quando due sistemi sono in equilibrio termico con un terzo, sono in equilibrio anche fra loro; la proprietà condivisa è la temperatura.*

*Il **postulato di Clausius** afferma che il calore non può passare da un sistema freddo a un sistema caldo senza spendere una certa quantità di lavoro.*

Per quanto attiene gli scambi di lavoro, essi avvengono principalmente mediante trasformazioni di natura meccanica o elettrica, eseguite dagli organi mobili delle macchine.

La materia dal punto di vista macroscopico e microscopico

Quando ci si appresta ad analizzare un sistema termodinamico, come prima cosa è indispensabile definire sotto quale punto di vista s'intende procedere nello studio del sistema, cioè se sotto l'aspetto **macroscopico** oppure **microscopico**. Si tratta di due differenti modi di procedere.

L'**approccio** di tipo **macroscopico** considera la massa facente parte del sistema, come un corpo unico, non suddiviso, il cui stato è totalmente descrivibile grazie alla conoscenza di un numero ristretto di grandezze: la temperatura, la pressione, il volume e la massa. I valori assunti da temperatura e pressione sono considerati comuni a tutta la massa, o almeno costanti su porzioni rilevanti della medesima. Bastano quindi pochi parametri per definire lo stato termodinamico del sistema nella sua interezza. Con questo modo di procedere non ci si pone il problema di com'è formata la materia, di quali e quante siano le particelle che la compongono o di come si caratterizzano i comportamenti di ogni tipo di particella. Studiare in questo modo la Termodinamica ha piuttosto lo scopo di sviluppare la tecnologia delle macchine e di progettare i loro organi, valutandone le prestazioni e i consumi.

L'**approccio** di tipo **microscopico**, invece, descrive la materia come un insieme di particelle elementari: sono gli atomi, le molecole, gli ioni e altre ancora; esso codifica le leggi che regolano i comportamenti delle particelle e va alla ricerca delle modalità con cui interagiscono fra loro.

L'approccio macroscopico costituisce la Termodinamica classica, l'approccio microscopico costituisce la Termodinamica statistica, così detta in quanto utilizza metodi di calcolo probabilistico, indispensabili per analizzare fenomeni caratterizzati da un elevato grado di casualità e di indeterminatezza.

Lo svolgimento del presente corso di Termodinamica seguirà essenzialmente le linee della Termodinamica classica; non mancheranno tuttavia occasionali riferimenti e considerazioni di tipo microscopico derivate dalla Fisica statistica.

Masse e volumi nei gas

Si definisce innanzitutto il concetto di **massa atomica relativa**, utilizzando l'approccio microscopico, cioè riferendosi alla massa dell'atomo:

*la **massa atomica relativa** μ è il numero che indica quante volte la massa dell'atomo di un elemento è maggiore della dodicesima parte della massa dell'isotopo **carbonio-12** (C-12), nota come **amu**.*

*L'**amu** è la massa scelta come unità di confronto e corrisponde alla dodicesima parte dell'isotopo più abbondante del carbonio; la massa atomica è espressa in* g/mol *o* kg/kmol.

RICHIAMO
Amu = Atomic Mass Unit.

La massa reale di 1 amu espressa in grammi, corrisponde alla massa di un protone che è pari a $1{,}66 \times 10^{-24}$ g. Il fluoro, per esempio, ha massa 19 amu, quindi l'atomo di F ha massa 19 volte maggiore della dodicesima parte dell'atomo di C, la quale vale 1 amu.

Masse atomiche e molecolari dei gas

Una molecola può essere formata da un solo atomo, come nel caso dei metalli; da due atomi uguali, come la maggior parte dei gas quali ossigeno, azoto, idrogeno e cloro, tutti a molecola biatomica; oppure da più atomi diversi, come i composti chimici. Nelle molecole monoatomiche si parla di massa atomica, nelle biatomiche e in quelle poliatomiche si parla di massa molecolare, ottenuta sommando le masse atomiche dei vari atomi che compongono la molecola.

La ***tabella 2.1*** riporta le masse molecolari μ espresse in g/mol per alcuni tipi di gas. Il valore relativo all'aria è la media fra i valori dei gas che ne fanno parte, considerando le composizioni percentuali. I numeri riportati sono stati arrotondati.

Tabella 2.1 Masse atomiche e molecolari di alcuni tipi di gas

Masse molecolari di gas mono e poliatomiche										
Gas	H_2	O_2	N_2	CO_2	SO_2	CH_4	Cl_2	Ar	He	Aria
Massa molecolare μ [g/mol]	2	32	28	44	64,06	16,04	70,90	40	4	29,30

Esempio 1
Valutare la massa molecolare dell'ossido di alluminio, Al_2O_3, sapendo che la massa atomica dell'alluminio vale 27 kg/kmol.

Soluzione

La molecola è costituita da due atomi di alluminio e da tre di ossigeno, la cui massa molecolare compare nella *tabella 2.1*.

Ai due atomi di alluminio corrisponde la seguente massa molecolare:

$$\mu_{Al} = 2 \times 27 = 54 \ \frac{\text{kg}}{\text{kmol}}$$

Ai tre atomi di ossigeno corrisponde la seguente massa molecolare:

$$\mu_{O_3} = \frac{3}{2} 16 = 24 \ \frac{\text{kg}}{\text{kmol}}$$

Sommando i due valori si ottiene la massa molecolare dell'ossido di alluminio, ovvero la quantità di massa, espressa in chilogrammi, di una mole di ossido di alluminio:

$$\mu_{Al_2O_3} = 54 + 24 = 78 \ \frac{\text{kg}}{\text{kmol}}$$

RICHIAMO
Il numero di molecole contenute in 1 cm^3 di gas perfetto, alle condizioni normali, è detto ***numero di Loschmidt*** N_L e vale $2{,}687 \times 10^{19}$ 1/cm^3.

*La **mole** (in passato nota come "**grammomolecola**") è un'unità di misura di massa espressa in grammi; identifica una quantità di materia pari alla massa molecolare dell'elemento; una mole contiene un numero fisso di particelle (atomi o molecole o ioni) noto come **numero di Avogadro*** N_A *che vale* $6{,}022 \times 10^{23}$.

*Osservazione: la mole è dunque la massa che contiene un numero di particelle di una determinata sostanza, pari al **numero di Avogadro*** N_A*; in altri termini, una mole di atomi contiene* $6{,}022 \times 10^{23}$ *atomi, una mole di molecole contiene* $6{,}022 \times 10^{23}$ *molecole, una mole di ioni contiene* $6{,}022 \times 10^{23}$ *ioni.*

RICHIAMO
Il fatto che una mole di Fe abbia ***massa*** maggiore rispetto, per esempio, a una mole di H_2 si spiega facilmente ricordando che il nucleo dell'atomo di Fe è molto più grande dell'atomo di H.

La **massa di una mole** dipende dalla massa atomica o molecolare della sostanza considerata; pertanto una mole di idrogeno ha massa 2 g, una mole di argon ha massa 40 g, una mole di ferro ha massa 55,85 g, ma tutte e tre possiedono $6{,}022 \times 10^{23}$ molecole.

La relazione che lega la massa di un gas con il volume da esso occupato è espressa dal **principio di Avogadro**, il quale afferma che:

volumi uguali di gas diversi posti nelle medesime condizioni di volume e di pressione contengono un numero uguale di molecole.

RICHIAMO
Il ***Normalmetrocubo*** è il volume di un gas che si trova a temperatura di 0 °C e alla pressione atmosferica $p = 1{,}013$ bar: queste due condizioni tipo sono dette ***condizioni normali***.

È possibile confrontare volumi diversi di gas per risalire al numero di moli contenute, purché i volumi si trovino nelle stesse condizioni di pressione e temperatura; per farlo ci si riferisce al concetto di **volume molare**.

*Il **volume molare** è il volume occupato da una mole di un qualsiasi gas a condizioni normali e vale* $V_m = 22{,}414$ dm^3/mol.

Da questa definizione deriva che il volume molare è sempre occupato da un numero di molecole pari al numero di Avogadro.

Il numero di moli n, contenuto in una massa m di gas, è espresso con le seguenti formule, la prima in funzione della massa molecolare μ, la seconda come rapporto fra il volume totale del gas V_o, alle condizioni normali, e il volume molare V_m:

$$n = \frac{m}{\mu} \qquad \textbf{[2.1]}$$

$$n = \frac{V_o}{V_m} \qquad \textbf{[2.2]}$$

Esempio 2
Calcolare il numero di moli n presenti in 704 g di O_2.

Soluzione
Dalla ***tabella 2.1*** si assume la massa molecolare μ dell'ossigeno e mediante la [*2.1*] si trova il numero di moli:

$$n = \frac{m}{\mu} = \frac{704}{32} = 22 \text{ moli}$$

Esempio 3
Calcolare il numero di moli n presenti in 336,21 l di O_2 a condizioni normali.

Soluzione
Mediante la [*2.2*] e assumendo il volume molare V_m = 22,414 dm^3/mol per i gas a condizioni normali, si trova:

$$n = \frac{V_o}{V_m} = \frac{336{,}21}{22{,}414} = 15 \text{ moli}$$

C2.2 LA TERMODINAMICA APPLICATA AI GAS

Le coordinate termodinamiche

Lo stato di un qualunque sistema termodinamico è completamente caratterizzato dalla conoscenza dei valori di tre grandezze fondamentali: pressione p, temperatura t e volume massico v. Queste tre grandezze vengono dette **coordinate termodinamiche** o **variabili di stato** e la relazione che le lega è chiamata equazione di stato.

*L'esistenza di un'**equazione di stato** fa sì che, note due grandezze, la terza risulti univocamente determinata.*

Di solito le due grandezze di partenza per lo studio dei sistemi e delle loro trasformazioni sono la pressione e la temperatura, essendo facili da rilevare mediante l'uso del manometro e del termometro.

Inserendo i dati indicati nell'equazione di stato si ottiene il volume massico e successivamente si ricavano le altre grandezze di interesse quali, in particolare, la massa di gas, il numero di moli, i calori e i lavori scambiati.

POLIGLOTTA
Equilibrio termodinamico
GB: Thermodynamic equilibrium
F: Equilibre thermodynamique
D: Thermodynamisches Gleichgewicht

Un sistema è detto in ***equilibrio termodinamico*** *quando i valori di temperatura e pressione assumono il medesimo valore in ogni punto.*

Un tipico esempio di equilibrio termodinamico è offerto da una pentola chiusa contenente acqua in ebollizione, mentre lo spazio compreso fra il pelo libero e il coperchio è occupato dal vapore acqueo: temperatura e pressione sono costanti in ogni punto della massa, sia liquida sia aeriforme.

Gas ideale e gas reale

Gli aeriformi non possiedono né forma né volume proprio, in quanto le loro molecole tendono a diffondersi e a occupare spontaneamente lo spazio circostante, pertanto possiedono volumi massici superiori a quelli dei liquidi e dei solidi.

Lo studio della Termodinamica dei gas prevede una tipologia di **gas** cosiddetto **ideale**, che si basa su alcune ipotesi teoriche riguardanti le molecole e il loro comportamento.

POLIGLOTTA
Gas ideale
GB: Perfect gas
F: Gaz parfait
D: Ideales Gas

Si definisce ***gas ideale*** *o* ***perfetto*** *un modello di gas che gode delle seguenti proprietà:*

- *le molecole sono considerate di forma sferica, tutte uguali fra di loro come massa e occupanti un volume puntiforme, quindi trascurabile;*
- *i loro movimenti sono casuali e gli urti molecolari perfettamente elastici, per cui non si hanno dissipazioni di energia;*
- *le forze attrattive o repulsive fra le molecole, così come le forze d'attrito fra di loro e con le pareti del contenitore, sono da considerare trascurabili;*
- *segue perfettamente le leggi della Termodinamica; inoltre le costanti caratteristiche non mutano al variare di pressione e temperatura.*

POLIGLOTTA
Gas reale
GB: Real gas
F: Gaz réel
D: Reales Gas

Il **gas reale** presenta caratteristiche diverse: le molecole possiedono un volume proprio e si scambiano reciprocamente forze di coesione e soprattutto d'attrito; durante il movimento casuale delle molecole vi sono fenomeni di urto che comportano dissipazione di energia. Il gas reale segue le leggi della Termodinamica in modo non rigoroso, ma con buona approssimazione, soprattutto se rarefatto. Le sue costanti caratteristiche sono considerate invariabili, anche se cambiano al variare della pressione e della temperatura; lo studio delle loro variazioni esula dallo scopo della presente trattazione. Anche i vapori possono essere trattati come gas, purché si trovino a temperatura elevata e in condizioni di forte rarefazione.

I calori massici

Nella *C1* si è appreso che fornendo all'unità di massa di una sostanza una quantità di calore pari al calore massico (o calore specifico), la temperatura del sistema aumenta di 1 °C. Un paio di semplici esperienze servono a estendere il concetto di calore massico ai gas.

Si consideri inizialmente un contenitore indeformabile pieno di una certa massa m di gas, dotato di termometro e manometro, così da conoscere, in ogni istante, la temperatura t espressa in gradi centigradi e la pressione p espressa in bar, e riscaldato mediante l'apporto di una certa quantità di calore Q espressa in joule, come rappresentato nella *figura 2.3*.

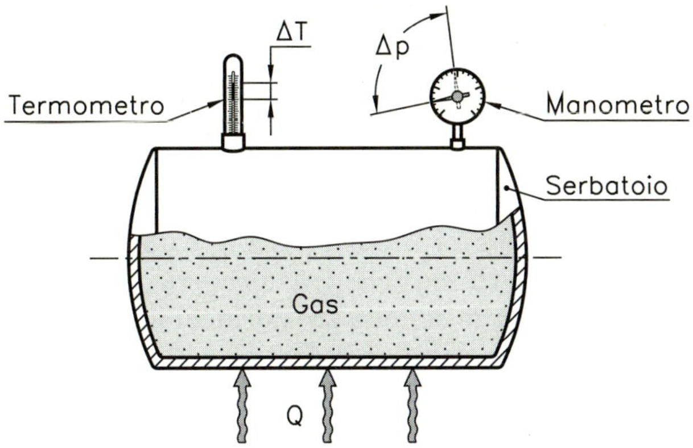

Fig. 2.3
Sistema termodinamico formato da una massa di gas racchiusa in un contenitore a pareti indeformabili: il calore fornito Q fa aumentare sia la temperatura (ΔT) sia la pressione (Δp) del gas.

L'introduzione del calore Q provoca aumenti di temperatura ($\Delta t = t_{fin} - t_{iniz}$) e di pressione ($\Delta p = p_{fin} - p_{iniz}$) nella massa m di gas; il volume resta invariato perché le pareti rigide impediscono al gas di espandersi. È possibile conoscere la temperatura t_{fin} raggiunta dalla massa di gas al termine della somministrazione di calore richiamando il concetto di capacità termica:

$$c = \frac{Q}{m\,\Delta t} \qquad \textbf{[2.3]}$$

Il secondo esperimento viene eseguito utilizzando un contenitore indeformabile, ma dotato di una parete mobile costituita da uno stantuffo a tenuta. Anche questo secondo contenitore cilindrico è riempito con la massa m di gas ed è dotato di termometro e manometro, come rappresentato nella *figura 2.4*.

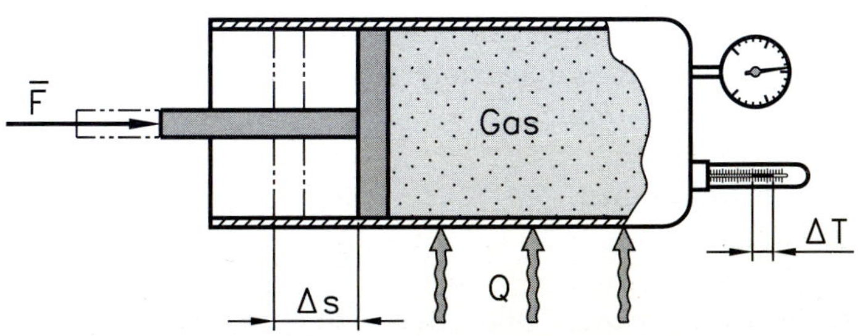

Fig. 2.4
Sistema termodinamico formato da una massa di gas racchiuso in un contenitore a pareti indeformabili con stantuffo mobile a tenuta. Il calore fornito Q fa aumentare la temperatura ΔT e fa spostare lo stantuffo a tenuta (Δs); la pressione rimane costante.

L'introduzione della quantità di calore Q provoca un aumento di temperatura ($\Delta t = t_{fin} - t_{iniz}$) ma non di pressione all'interno del gas, dato che su entrambe le facce dello stantuffo deve agire la medesima pressione affinché persista la condizione di equilibrio del sistema; anche il volume aumenta, poiché lo stantuffo mobile consente al gas di espandersi quanto basta per far scendere la pressione del gas allo stesso valore della pressione esterna. Il concetto di **capacità termica** consente di calcolare la temperatura t_{fin} raggiunta dalla massa di gas alla conclusione della trasformazione termodinamica.

A pari condizioni di partenza e a pari calore introdotto, la temperatura t_{fin} risulta maggiore nel caso della trasformazione a volume costante, minore nel caso della trasformazione a pressione costante.

Mentre nel riscaldamento a volume costante il calore Q rimane intrappolato nel gas a livello molecolare, nel riscaldamento a pressione costante una parte del calore viene spesa per muovere lo stantuffo e ristabilire la condizione di equilibrio. In questo secondo caso il gas compie un **lavoro**: le **forze** di pressione interna fanno compiere uno **spostamento** all'organo meccanico. Ne consegue che il gas impiega una parte dell'energia che gli è stata fornita per compiere un lavoro, per cui la temperatura raggiunta al termine della trasformazione a pressione costante è inferiore a quella raggiunta nella trasformazione a volume costante.

Per lo studio del comportamento dei gas è indispensabile disporre di due valori di capacità termica massica: c_p a pressione costante e c_v a volume costante, con $c_p > c_v$.

Dalla [2.3] si deduce che la capacità termica massica a pressione costante c_p assume valore maggiore della capacità termica massica a volume costante c_v. A pari calore introdotto, nella trasformazione a pressione costante si ha un minore innalzamento della temperatura.

Dai due valori di capacità termica massica derivano due grandezze di rilevante significato nella Termodinamica: la costante R e la costante k.

RICHIAMO

Il valore c_p è anche noto come ***calore specifico a pressione costante***; il valore c_v è noto come ***calore specifico a volume costante***. Entrambi hanno come unità di misura il J/(kg K).

POLIGLOTTA

Calore specifico

GB: Specific heat

F: Chaleur spécifique

D: Spezifische Wärme

*La costante **R** rappresenta la differenza fra le due capacità ed è detta **costante del gas**:*

$$R = c_p - c_v \qquad \textbf{[2.4]}$$

*La costante **k** rappresenta il rapporto fra le due capacità c_p e c_v ed è detta **costante di Poisson**:*

$$k = \frac{c_p}{c_v} \qquad \textbf{[2.5]}$$

Analizzando il rapporto k per i numerosi e diversi tipi di gas, si osserva che tale costante assume sempre valori assai prossimi ad alcuni numeri ricorrenti, dipendenti dalla composizione molecolare:

— $k \approx 1{,}67$ per gas monoatomici;
— $k \approx 1{,}4$ per gas biatomici;
— $k \approx 1{,}3$ per gas poliatomici;
— $k \approx 1{,}4$ per l'aria.

Nella *tabella 2.2* sono riportati i valori di c_p e di c_v per diversi tipi di gas.

Tabella 2.2	**Capacità termiche a pressione costante e a volume costante; costante del gas *R* e rapporto *k* per i più importanti gas**				
Gas e vapori		*Capacità termica massica a pressione costante* c_p	*Capacità termica massica a volume costante* c_v	*Costante* $R = c_p - c_v$	$k = \frac{c}{c_v}$
		[kJ/(kg K)]	[kJ/(kg K)]	[kJ/(kg K)]	
Acetilene	C_2H_2	1,640	1,330	0,310	1,23
Ammoniaca (vapore)	NH_3	2,060	1,560	0,500	1,32
Aria	—	1,003	0,716	0,287	1,40
Argon	Ar	0,520	0,314	0,206	1,66
Azoto	N_2	1,034	0,737	0,297	1,40
Biossido di carbonio	CO_2	0,842	0,653	0,189	1,29
Biossido di zolfo	SO_2	0,64	0,46	0,18	1,39
Cloro	Cl_2	0,50	0,37	0,13	1,35
Cloruro di idrogeno	HCl	0,81	0,57	0,24	1,42
Cloruro di metile	CH_3Cl	0,74	0,57	0,17	1,30
Etano	C_2H_6	1,66	1,36	0,30	1,22
Etilene	C_2H_4	1,548	1,252	0,296	1,24
Elio	He	5,232	3,14	2,08	1,67
Idrogeno	H_2	14,24	10,10	4,14	1,41
Metano	CH_4	2,253	1,735	0,518	1,30
Monossido di carbonio	CO	1,041	0,744	0,297	1,40
Neon	Ne	1,03	0,618	0,412	1,67
Ossigeno	O_2	0,908	0,649	0,26	1,40
Protossido di azoto	NO	0,879	0,67	0,209	1,31
Solfuro di idrogeno	H_2S	0,961	0,717	0,244	1,34
Vapore acqueo a 100 °C	H_2O	2,01	1,52	—	~1,32

Il lavoro di un gas

L'esperimento illustrato nella ***figura 2.4***, relativo alla determinazione della capacità termica massica c_p, consente di formulare un'ulteriore considerazione e cioè che il gas è in grado di spostare lo stantuffo erogando lavoro. D'altra parte, per poter compiere lavoro, la pressione del gas dev'essere sufficientemente elevata per vincere l'opposizione delle forze esterne agenti sullo stantuffo con verso contrario: lo stantuffo si muove solo dopo aver introdotto nel gas una certa dose di calore, in altri termini, quando il gas si è adeguatamente arricchito di energia.

Esempio
Si consideri un cilindro con stantuffo di diametro interno d = 60 mm (▸ *Fig. 2.4*). Il cilindro contiene aria compressa alla pressione p = 4 bar; sullo stantuffo agisce la forza esterna F = 800 N. Sapendo che l'aria compressa, contrastata dalla forza F, sposta lo stantuffo verso l'esterno di un tratto s = 15 cm, calcolare il lavoro complessivo svolto dal sistema, trascurando le reazioni di attrito fra stantuffo e cilindro.

Soluzione
La sezione A dello stantuffo su cui agisce l'aria compressa vale:

$$A = \pi \frac{d^2}{4} = \pi \frac{0{,}06^2}{4} = 2{,}827 \times 10^{-3}\ \mathrm{m}^2$$

La forza F_a, esercitata dalla pressione p dell'aria sull'area A, vale:

$$F_a = pA = 4 \times 10^5 \times 2{,}827 \times 10^{-3} = 1131\ \mathrm{N}$$

Il moto dello stantuffo è reso possibile dal fatto che la forza esercitata dall'aria compressa è superiore al valore della forza esterna F. Il lavoro complessivo è dato dalla differenza dei lavori compiuti dalle due forze fra loro opposte:

$$L = F_a s - F s = (F_a - F)s = (1131 - 800)\ 0{,}15 = 49{,}65\ \mathrm{J} \approx 50\ \mathrm{J}$$

Per meglio comprendere il concetto di lavoro di un gas e per ricavare una relazione matematica che correli il lavoro meccanico con le grandezze termodinamiche, risulta significativo il seguente esperimento.

Un palloncino di superficie A è riempito con 1 kg di gas alla pressione p (▸ *Fig. 2.5a*); il palloncino costituisce un sistema termodinamico in equilibrio con l'ambiente esterno, anch'esso a pressione p.

Se la pressione dell'ambiente esterno si riduce di una quantità molto piccola dp, più precisamente di **valore infinitesimo**, il palloncino aumenta di volume fino a raggiungere un nuovo stato di equilibrio (▸ *Fig. 2.5b*): il gas interno è in grado di espandersi accrescendo il suo volume di una quantità anch'essa infinitesima dv. Ogni elemento della superficie esterna A compie uno spostamento molto piccolo ds, infinitesimo, orientato nella stessa direzione e nello stesso verso della pressione premente dall'interno.

Osservazione: la variazione molto piccola di volume fa sì che la pressione possa essere considerata costante.

RICHIAMO
Nella ***figura 2.5a*** la pressione agisce in modo uniforme su ogni porzione di superficie, dato che anche gli aeriformi rispettano il principio di Pascal.

POLIGLOTTA
Grandezza infinitesima
GB: Infinitesimal quantity
F: Grandeur infinitésimale
D: Unendlich kleine Grösse

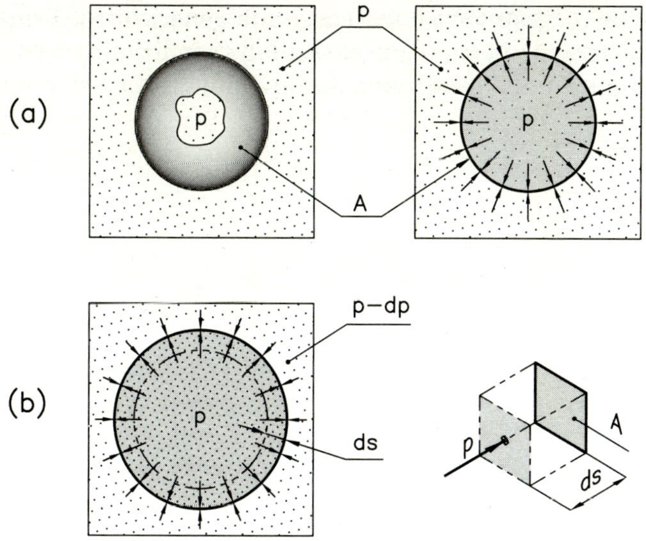

Fig. 2.5
Raffigurazione di un palloncino che contiene 1 kg di gas a pressione p;
a) condizione di equilibrio con $p = p_{est}$;
b) espansione con $p > p_{est}$: sotto l'azione della pressione la superficie A si sposta di un segmento ds.

Si è così realizzato un trasferimento di lavoro dal sistema all'ambiente o, più semplicemente, il gas ha compiuto lavoro espandendosi. Anche il lavoro ricavato risulta di entità infinitesima:

$$dL = F\,ds$$

La forza $\bar{F}$ è pari al prodotto fra la pressione p del gas e la superficie A su cui essa agisce:

$$F = p\,A$$

per cui, sostituendo si ottiene:

$$dL = p\,A\,ds$$

Il prodotto $(A\,ds)$ corrisponde alla variazione infinitesima di volume operato da tutta la massa di 1 kg di gas. Il volume in questione coincide con il volume massico, per cui la sua variazione dv viene sostituita nella precedente equazione ottenendo la formula conclusiva:

$$dL = p\,dv \qquad \textbf{[2.6]}$$

che pone in relazione lavoro, pressione e volume massico.

Osservazione: la [2.6] afferma che se la superficie su cui agisce la pressione p di un gas si espande o si contrae con una variazione di volume massico dv, il gas compie un lavoro dL espresso in J/kg, *avendo preso come riferimento proprio la massa unitaria.*

RICHIAMO
In ***Matematica*** per indicare una ***grandezza infinitesima*** si fa precedere la sigla della grandezza dalla lettera *d*. Pertanto si ha:
ds = spostamento infinitesimo;
dv = variazione infinitesima di volume massico;
dL = lavoro unitario infinitesimo.

Formulazione analitica e rappresentazione grafica del lavoro

Una qualunque **trasformazione termodinamica**, anche infinitesima, è graficamente rappresentabile nel piano cartesiano: sull'asse delle ascisse si riporta il volume massico v e sull'asse delle ordinate la pressione

RICHIAMO
Il diagramma (O,p,v) è anche noto come ***piano di Clapeyron***.

assoluta p. Nella ***figura 2.6a*** è tracciata una generica trasformazione finita sul piano (O,p,v), in cui il gas passa dalla condizione iniziale rappresentata dal punto 1 alla condizione finale rappresentata dal punto 2.

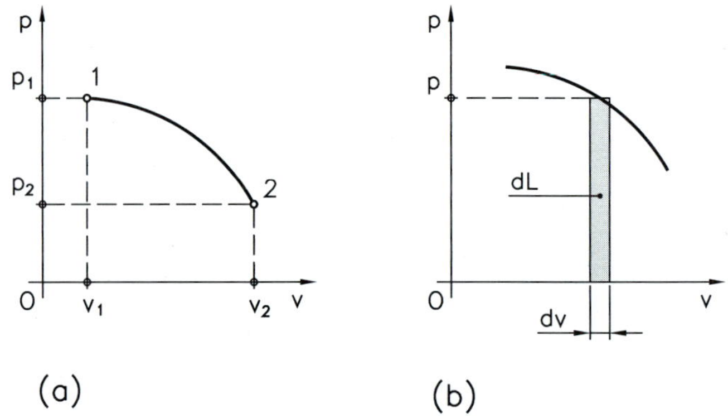

Fig. 2.6
Rappresentazione grafica delle trasformazioni termodinamiche dei gas:
a) trasformazione finita;
b) trasformazione infinitesima.

*Una **trasformazione** è detta **finita** quando fra la condizione iniziale e quella finale le coordinate termodinamiche p,v,T, tutte o in parte, variano in modo sensibile.*

Anche le trasformazioni infinitesime sono rappresentabili nel piano (O,p,v). Nella ***figura 2.6b*** è disegnata la trasformazione infinitesima illustrata in precedenza per definire il lavoro dL; essa assume la forma di rettangolo avente base dv e altezza p. L'area del rettangolo sottile corrisponde al lavoro infinitesimo, dato che:

$$dL = p\,dv$$

L'area sottesa a una trasformazione finita può essere suddivisa in una serie di sottili rettangoli verticali adiacenti, ognuno corrispondente a una trasformazione infinitesima detta anche **trasformazione elementare** (▸ ***Fig. 2.7***); così facendo, la linea 1-2, qualunque sia il suo andamento, è approssimabile con una spezzata.

Fig. 2.7
L'area sottesa alla linea termica 1-2, che corrisponde a una trasformazione finita, è schematizzata come somma di rettangolini di spessore infinitesimo.

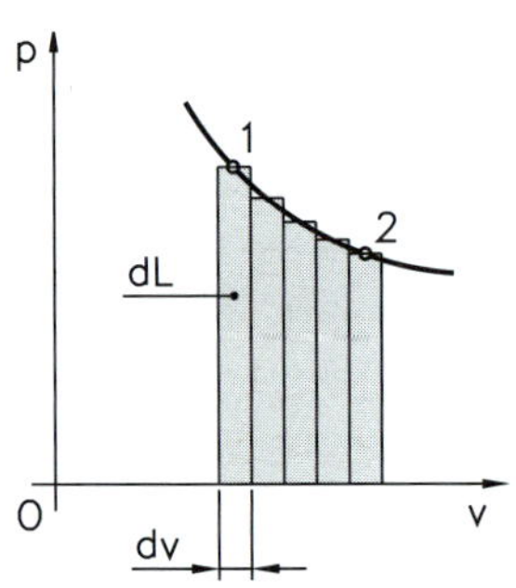

*Nel diagramma (p,v) la linea che collega tutti i punti toccati durante la trasformazione e che ha per estremi i punti iniziale e finale è detta **linea termica**.*

Grazie al numero teoricamente infinito di rettangolini verticali, l'errore che si compie sostituendo al posto dell'area sottesa l'insieme dei rettangolini infinitesimi è del tutto trascurabile. Ognuno di essi è di spessore piccolissimo, avendo per base la grandezza infinitesima dv.

L'area totale sottesa dalla curva è pari alla somma delle aree dei rettangolini di base dv e rappresenta il lavoro svolto dal gas nel corso della trasformazione finita da 1 a 2:

$$L_{1,2} = \sum_i dL_i = \sum_i p_i\,dv$$

passando dalla sommatoria all'integrale si ottiene:

$$L_{1,2} = \int_{v_1}^{v_2} p\,dv \qquad \textbf{[2.7]}$$

RICHIAMO
L'operazione matematica che consente di eseguire la somma di tutte le aree dei rettangolini infinitesimi e che calcola in modo ***esatto*** l'area sottesa dalla linea termica è l'***integrale***.

In conclusione, ogni trasformazione finita può essere intesa come successione di infinite trasformazioni elementari, ciascuna delle quali sottende un'area infinitesima nel piano di Clapeyron.

Lavoro motore e lavoro resistente

Qualunque area racchiusa nel piano di Clapeyron e compresa fra la linea termica, le ordinate dei punti estremi e l'asse delle ascisse rappresenta il lavoro svolto dal gas (▸ *Fig. 2.8*).

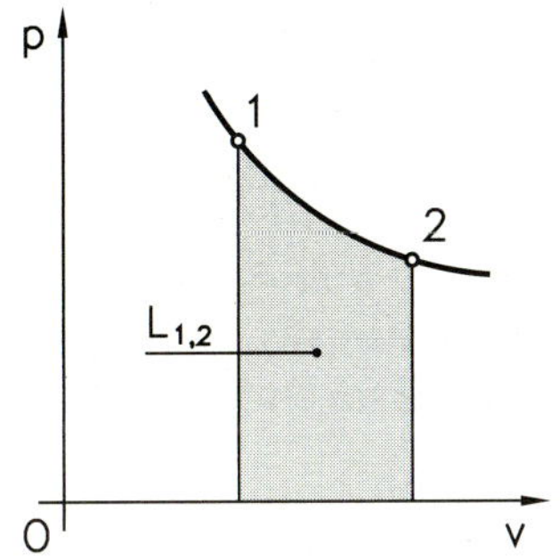

Fig. 2.8
L'area sottostante alla linea termica nel piano (*p*,*v*) rappresenta il lavoro unitario del gas.

Le aree sottese alla linea termica, essendo dei lavori, possono risultare di segno positivo oppure negativo. Il **lavoro** del gas è **positivo** ($L > 0$), se la linea termica viene percorsa nel senso dei volumi crescenti; è **negativo** ($L < 0$), se la linea termica viene percorsa nel senso dei volumi decrescenti. Nel primo caso il gas esegue un'espansione e il lavoro è detto **lavoro motore**; nel secondo caso il gas esegue una compressione e il lavoro è detto **lavoro resistente**. I due casi sono schematizzati nella *figura 2.9*, per una generica trasformazione finita dal punto iniziale 1 al punto finale 2.

RICHIAMO
Il ***lavoro*** è ***positivo*** quando è compiuto ***dal sistema sull'ambiente esterno***; è ***negativo*** quando è compiuto ***dall'ambiente esterno sul sistema***.

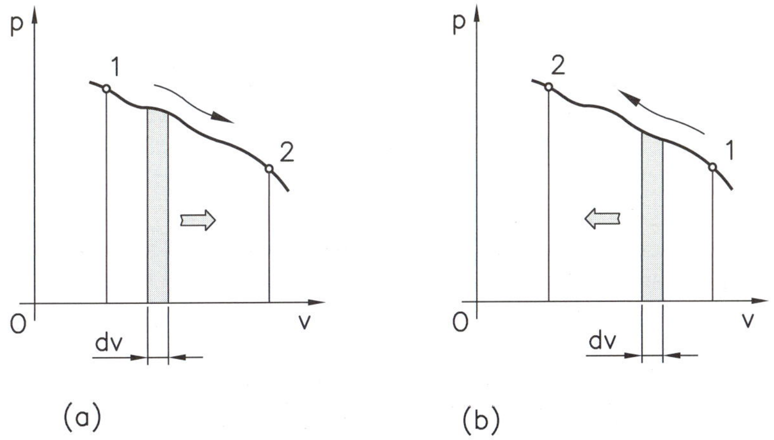

Fig. 2.9
a) Il volume cresce nel corso della trasformazione: $dv > 0$; il lavoro motore è positivo: $L_{1,2} > 0$.
b) Il volume decresce nel corso della trasformazione: $dv < 0$; il lavoro resistente è negativo: $L_{1,2} < 0$.

Osservazione: la distinzione fra ***lavoro motore*** *e* ***lavoro resistente*** *appare evidente osservando il segno assunto dalla grandezza dv che compare nella [2.7]; il simbolo matematico* **d**, *posto innanzi al volume massico v, indica che è in atto una variazione di volume positiva se $dv > 0$, negativa se $dv < 0$; essendo la pressione p sicuramente positiva, il segno assunto dal lavoro infinitesimo dL è determinato da quello di dv.*

POLIGLOTTA
Lavoro motore, lavoro resistente
GB: Motive work, resisting work
F: Travail moteur, travail résistent
D: Betriebsarbeit, Widerstandsarbeit

Il lavoro è dunque positivo in caso di espansione con $dv > 0$ e negativo in caso di compressione con $dv < 0$.

Oltre a scambiare calore, un sistema termodinamico interagisce con l'ambiente esterno trasferendo o assorbendo lavoro: il fluido può compiere un lavoro motore oppure un lavoro resistente. Gli scambi di lavoro e calore spesso avvengono contemporaneamente e sono posti in relazione da leggi ben definite illustrate più avanti. Convenzionalmente si considera positivo il calore somministrato al sistema, negativo il calore sottratto al sistema.

RICHIAMO
Esistono comunque trasformazioni cui corrisponde ***lavoro nullo***, come pure altre prive di scambi di calore.

Osservazione: le macchine a fluido basano il loro funzionamento sugli scambi di calore, di lavoro o di entrambi; fra le macchine idrauliche si ricordino le pompe che trasferiscono lavoro sul liquido e le turbine che invece producono lavoro meccanico utilizzando l'energia posseduta dall'acqua; fra le macchine termiche, i motori endotermici cedono all'esterno il lavoro meccanico prodotto, sottraendo energia ai gas combusti; i frigoriferi scambiano calore a spese di un'energia meccanica esterna.

RICHIAMO
Anche in ***Meccanica dei solidi*** il ***lavoro di una forza*** può essere ***positivo*** o ***negativo***; è il caso di un corpo in movimento su cui viene applicata una forza agente nel verso del moto ($L > 0$) oppure nel verso opposto ($L < 0$).

C2.3 LE TRASFORMAZIONI TERMODINAMICHE

Le trasformazioni fondamentali dei gas ideali

I gas subiscono trasformazioni, sia in natura in modo spontaneo sia nelle macchine a fluido in modo forzato; spesso, inoltre, tali trasformazioni sono costituite da una successione casuale di stati differenti. Particolare importanza è rivestita da alcune trasformazioni dette **fondamentali**, la cui formulazione è espressa mediante semplici relazioni fra pressione assoluta, temperatura e volume massico e che costituiscono la base per descrivere ogni comportamento dei gas.

*Le **trasformazioni fondamentali**, o **semplici**, sono caratterizzate dal fatto che una delle grandezze termodinamiche che definiscono lo stato del sistema – principalmente pressione, temperatura, volume e calore – rimane costante durante lo svolgimento della trasformazione. I gas che le compiono sono gas ideali.*

Trasformazione isotermica

*Una **trasformazione** che avviene a **temperatura costante** è detta **isoterma**.*

POLIGLOTTA
Isoterma
GB: Isotherme
F: Isotherme
D: Isotherme

Nel corso di una trasformazione isoterma la pressione e il volume variano l'uno in proporzione inversa dell'altra. La legge che definisce l'isoterma porta il nome degli scopritori, Boyle e Mariotte.

*La **legge di Boyle-Mariotte** afferma che a temperatura costante la pressione esercitata da un gas ideale varia in ragione inversa al volume uni-*

tario, ovvero, durante la trasformazione il prodotto della pressione per il volume massico rimane costante:

$$pv = \text{cost}, \quad \text{con } T = \text{cost} \qquad \textbf{[2.8]}$$

Il grafico dell'isoterma riportato nel diagramma (p,v), rappresentato nella ***figura 2.10***, si presenta in forma di ramo di iperbole equilatera.

Nella ***figura 2.11*** sono riportate due isoterme, una per T_A = cost, l'altra per T_B = cost. Sulla prima è evidenziata una serie i punti 1, 2, 3,... n. I loro valori di p, v, come quelli di qualunque altro punto giacente sulla curva, soddisfano la [*2.8*], in quanto si trovano tutti alla medesima temperatura T_A:

$$p_1 v_1 = p_2 v_2 = p_3 v_3 = \ldots = p_n v_n = \text{cost}$$

I punti 1, 2, 3,... n, appartenenti all'isoterma per $T = T_A$, identificano tutte configurazioni di equilibrio stabile. Ciò significa che se per esempio il gas viene compresso in un contenitore a pressione p_3 e a volume massico v_3 con la temperatura ambiente T_A, la condizione così raggiunta è di equilibrio e rimane invariata nel tempo.

Se invece s'intende mantenere il gas a volume massico v_3 ma con la temperatura innalzata per esempio a T_B, nella massa si genera un aumento spontaneo di pressione fino a raggiungere il valore p_{3B}. Le due coordinate p_{3B} e v_3 identificano ora un punto giacente sull'isoterma per $T = T_B$, come indicato dalla linea tratteggiata nella ***figura 2.11***. Il punto 3_B identifica il nuovo stato di equilibrio isotermo del gas per $T = T_B$.

RICHIAMO
In Geometria analitica ***l'iperbole equilatera asintotica agli assi coordinati*** è espressa dalla formula xy = cost. Passando al piano di Clapeyron le variabili x, y vengono sostituite dalle grandezze p, v, donde la [***2.8***].

Fig. 2.10
Grafico dell'isoterma sul piano (p,v); la trasformazione ha l'andamento di iperbole equilatera riferita agli assi.

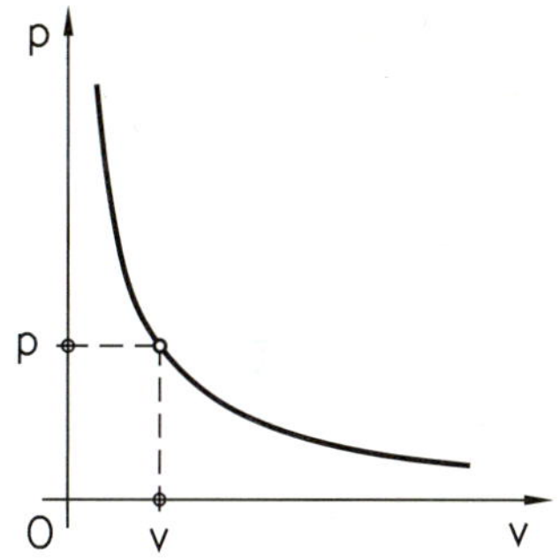

Fig. 2.11
Due isoterme del medesimo gas, rispettivamente a $T = T_A$ e a $T = T_B$.

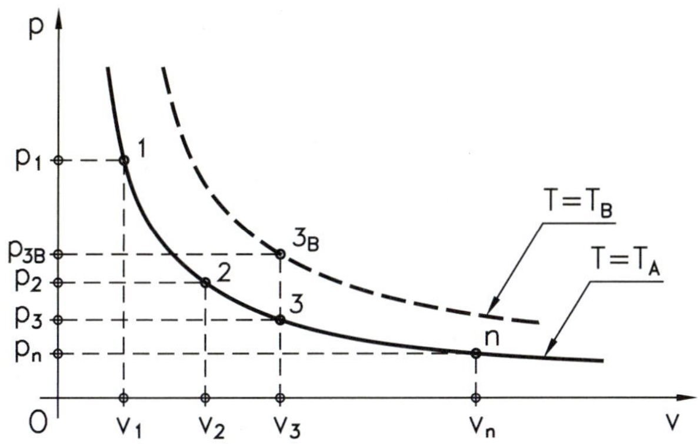

Esempio
Una massa di azoto si trova in condizioni di equilibrio alla temperatura T_1 = 350 K, a p_1 = 0,8 MPa e a v_1 = 0,13 m³/kg. Calcolare i valori assunti dal volume massico nel caso in cui, a pari temperatura, la pressione salga a p_2 = 1,4 MPa e a p_3 = 2 MPa. Tracciare il grafico sul piano (p,v) dell'isoterma T_1 = cost passante per i punti 1, 2 e 3.

Soluzione
In base alla [*2.8*] si ha:

$$p_1 v_1 = p_2 v_2 = p_3 v_3 = \text{cost}$$

Noti i valori alla configurazione 1, è immediato calcolare la costante dell'isoterma per T_1 = cost:

$$p_1 v_1 = 0,8 \times 0,13 = 0,104$$

Si ricavano ora i due volumi massici:

$$v_2 = \frac{\text{cost}}{p_2} = \frac{0,104}{1,4} = 0,074 \ \frac{\text{m}^3}{\text{kg}}$$

$$v_3 = \frac{\text{cost}}{p_3} = \frac{0,104}{2} = 0,052 \ \frac{\text{m}^3}{\text{kg}}$$

Sul grafico (p,v), rappresentato nella ***figura 2.12***, esprimendo la pressione p in megapascal e il volume massico v in m^3/kg, si individuano i tre punti e si disegna il tratto di iperbole passante per i medesimi.

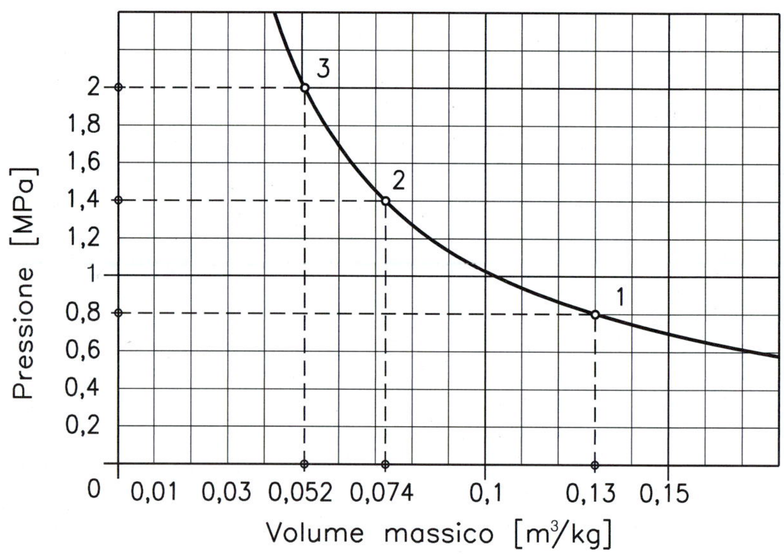

Fig. 2.12
Isoterma a T_1 = cost, passante per tre punti noti.

Trasformazione isocora

RICHIAMO
L'***isocora*** è anche detta ***isovolumica*** o ***isosterica***.

*Una **trasformazione** che avviene a **volume costante** è detta **isocora**.*

Pertanto il volume massico v del gas rimane invariato per tutta la durata della trasformazione:

$$v = \text{cost} \qquad \textbf{[2.9]}$$

POLIGLOTTA
Isovolumica
GB: Isovolumic
F: Isovolumique
D: Isochore

Nel piano (p,v) l'**isovolumica** si presenta come un segmento verticale avente come estremi i punti di inizio e di fine trasformazione (▸ ***Fig. 2.13***), la cui proiezione sull'asse delle ascisse individua il valore del volume massico v = cost.

Oltre che nel piano (p,v) l'isovolumica è rappresentabile nel piano (p,V) qualora al volume unitario v del gas si sostituisca il volume occupato da tutta la massa, indicato comunemente dalla variabile V espressa in metri cubi o decimetri cubi. La formula diventa:

$$V = \text{cost}$$

Un esempio di trasformazione isocora è costituita dall'introduzione (o dalla sottrazione) di calore in (o da) un gas racchiuso in un contenitore avente le pareti indeformabili. In tal caso il calore scambiato ha come effetto la variazione di pressione e temperatura.

Fig. 2.13
Trasformazione isovolumica, con v = cost.

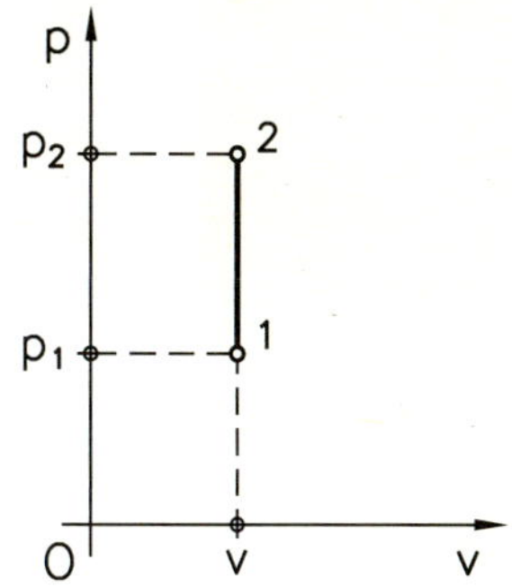

Esempio
Una massa di 16 kg di argon è contenuta in una bombola da 10 l a temperatura T_1 = 398,4 K. La massa di gas viene raffreddata mediante sottrazione di calore Q = 580 kJ. Calcolare il volume massico del gas all'inizio e alla fine della trasformazione. Calcolare, infine, la temperatura raggiunta al termine del raffreddamento.

Soluzione
Nonostante il raffreddamento il gas non può in alcun modo variare di volume, essendo chiuso dentro un contenitore le cui pareti si possono considerare indeformabili. Il raffreddamento avviene con una trasformazione isovolumica, per cui sia il volume V sia il volume massico v rimangono invariati. Noti il volume della bombola V = 10 l e la massa racchiusa m basta applicare la definizione di volume massico per rispondere alla prima domanda:

$$v = \frac{V}{m} = \frac{10}{16} = 0{,}625\ \frac{\text{l}}{\text{kg}} = 0{,}625 \times 10^{-3}\ \frac{\text{m}^3}{\text{kg}}$$

Dalla *tabella 2.2* si rileva la capacità termica massica a volume costante dell'argon: c_v = 0,314 kJ/(kg K). La relazione che lega la variazione di temperatura del gas con il calore scambiato è indicata dalla [*2.3*]:

$$c = \frac{Q}{m\ \Delta t}$$

Per rispondere alla seconda domanda occorre esplicitare la formula ponendo a primo membro la differenza di temperature; si inserisce, in seguito, la capacità termica c_v e, infine, si attribuisce il segno meno al valore numerico del calore, avendo eseguito un raffreddamento:

$$\Delta T = T_2 - T_1 = \frac{Q}{m\,c_v} = \frac{-580}{16 \times 0{,}314} = -115{,}44\ \text{K}$$

nota la temperatura iniziale si ricava quella finale:

$$T_2 = T_1 + \Delta T = 398{,}4 - 115{,}4 = 283\ \text{K}$$

Trasformazione isobara

POLIGLOTTA
Isobara
GB: Isobar
F: Isobare
D: Isobare

Una ***trasformazione*** *che avviene a* ***pressione costante*** *è detta isobara:*

$$p = \text{cost} \qquad \textbf{[2.10]}$$

Nel piano (p,v) l'isobara si presenta come un segmento orizzontale avente come estremi i punti di inizio e di fine trasformazione (▸ *Fig. 2.14*). Un esempio di trasformazione isobara è costituito dall'introduzione, o dalla sottrazione, di calore a un gas racchiuso in un contenitore avente una parete mobile, quale può essere uno stantuffo. Il sistema, oltre a variare di pressione e temperatura, scambia calore e lavoro con l'esterno.

Fig. 2.14
Trasformazione isobara, con $p_1 = p_2 =$ cost.

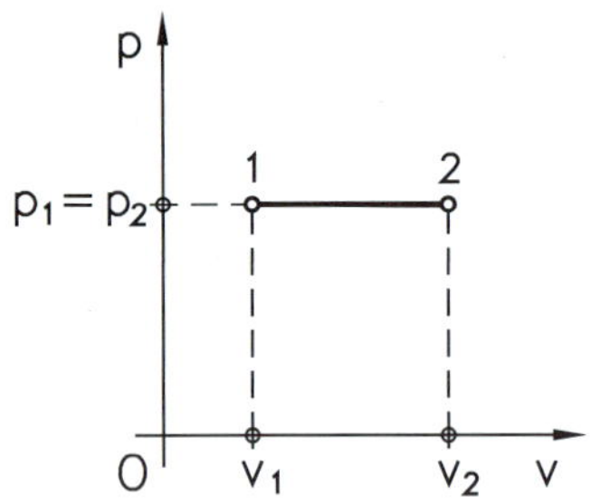

Esempio
La massa di 16 kg di argon viene riscaldata a pressione costante in modo da far salire la temperatura dal valore iniziale T_1 = 283 K al valore finale T_2 = 398,4 K. Calcolare la quantità di calore fornita ed eseguire l'analisi dimensionale.

Soluzione
Dalla ***tabella 2.2*** si rileva la capacità termica massica a pressione costante dell'argon: c_p = 0,314 kJ/(kg K). La relazione che lega la variazione di temperatura del gas a pressione costante con il calore scambiato è ancora espressa dalla [*2.3*]:

$$c = \frac{Q}{m\,\Delta t}$$

mettendo in evidenza il calore Q si ottiene:

$$Q = m\,c_p\,(T_2 - T_1) = 16 \times 0{,}520\,(398{,}4 - 283) = 960{,}1\ \text{kJ}$$

L'analisi dimensionale conferma l'unità di misura attribuita al calore Q poiché:

$$[Q] = [\text{kg}]\left[\frac{\text{kJ}}{\text{kg K}}\right][\text{K}] = [\text{kJ}]$$

Trasformazione adiabatica

POLIGLOTTA
Adiabatica
GB: Adiabatic
F: Adiabatique
D: Adiabatisch

Una ***trasformazione*** *che avviene* ***senza scambiare calore*** *con l'ambiente esterno è detta* ***adiabatica****.*

Nel corso di una trasformazione adiabatica i flussi entranti e uscenti di calore sono nulli, mentre variano pressione, volume e temperatura: il sistema è dunque termicamente isolato. Gli scambi di energia con l'ambiente sono costituiti solo dal lavoro, che può essere positivo se eseguito dal gas, come nel caso di un'espansione, oppure negativo se subito dal gas, come nel caso di una compressione. La formula dell'adiabatica è:

$$p v^k = \text{cost} \qquad [2.11]$$

RICHIAMO
La ***formula dell'adiabatica*** è anche nota come ***formula di Poisson***.

L'esponente k è ottenuto come rapporto fra c_p e c_v ed è una costante per ogni singolo gas. I suoi valori sono indicati nella ***tabella 2.2***. Nel piano (p,v) la sua linea termica è una curva decrescente asintotica agli assi coordinati e simile a quella della famiglia delle iperboli (▸ ***Fig. 2.15***).

RICHIAMO
Essendo l'***adiabatica*** priva di scambi termici con l'esterno, può essere intesa come una ***trasformazione*** nella quale il gas si comporta come se il suo ***calore massico*** fosse ***nullo***.

Nella ***figura 2.16*** sono riportate le linee termiche delle quattro trasformazioni tipiche di uno stesso gas nel piano (p,v), avendo assunto per tutte il medesimo punto iniziale 1.

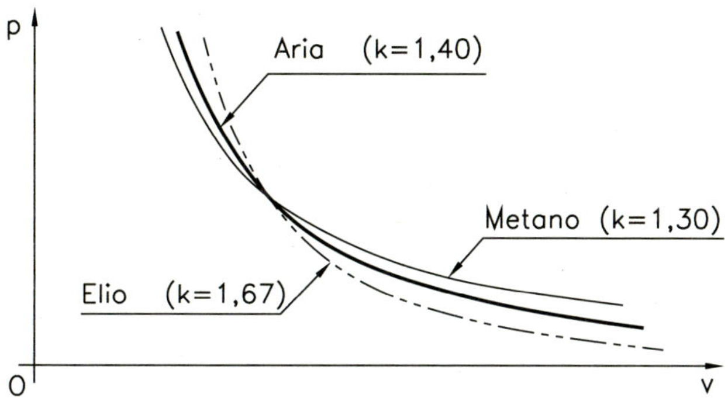

Fig. 2.15
Curve di tre diversi gas che compiono una trasformazione adiabatica.

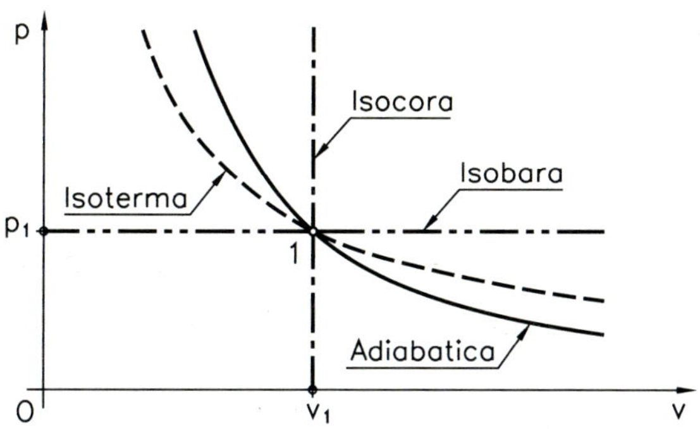

Fig. 2.16
Trasformazioni tipiche a confronto.

Trasformazione politropica

Le quattro trasformazioni tipiche possono essere considerate come casi particolari di una trasformazione più generale denominata **politropica**, la cui espressione è:

$$p v^m = \text{cost} \qquad [2.12]$$

*Una **trasformazione** è detta **politropica** quando avviene mantenendo la **capacità termica costante** per tutta la sua durata:*

$$c = \frac{dQ}{dT}$$

POLIGLOTTA
Politropica
GB: Polytropic
F: Polytropique
D: Polytrope

Occorre rilevare che la capacità termica massica c può assumere valori assai diversi in base alla specifica trasformazione, compresi i valori negativi, a seconda che i segni delle variazioni di calore dQ e di temperatura dT siano concordi o discordi. In linea di principio la capacità termica massica c comprende una vasta gamma di valori possibili, teoricamente variabili da $+\infty$ a $-\infty$. Per ogni valore di c si ha una determinata politropica.

Anche l'esponente m della [2.12] varia a seconda dei casi da $+\infty$ a $-\infty$. Nella **figura 2.17** sono tracciate diverse politropiche con evidenziati i valori assunti dall'esponente m; per alcuni valori di m la politropica coincide con le trasformazioni tipiche.

RICHIAMO
Se la ***capacità termica massica c*** varia nel corso della trasformazione, la trasformazione è qualsiasi.

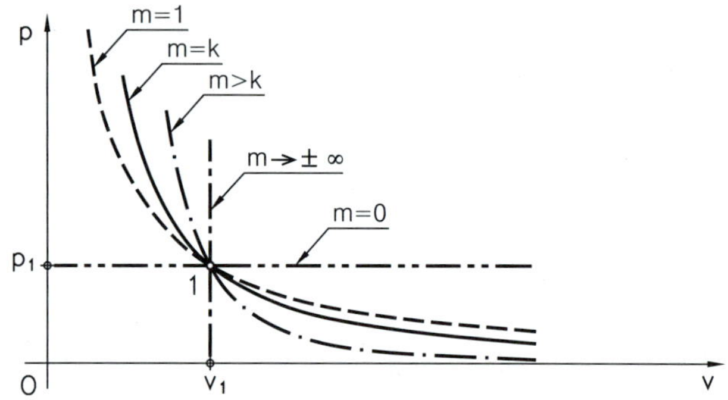

Fig. 2.17
Linee termiche della politropica, al variare dell'esponente *m*: a tutte è stato attribuito il punto in comune 1, per meglio evidenziare le differenze di tracciato.

In particolare:
— per $m = 1$, la [2.12] diventa la formula dell'isoterma;
— per $m = 0$, il fattore $v^m = 1$, per cui la politropica diventa isobara e si riduce a una retta orizzontale;
— per $m = k$, si ottiene l'adiabatica: la [2.12] coincide con la [2.11].

La formula seguente pone in relazione la capacità termica massica c e l'esponente m della politropica:

$$\frac{c - c_p}{c - c_v} = m \qquad \textbf{[2.13]}$$

In modo analogo si evidenziano i valori particolari assunti dalla capacità termica massica c per le trasformazioni fondamentali:
— per $c \to \pm\infty$, la politropica diventa isoterma;
— per $c = c_v$, la politropica diventa isocora;
— per $c = c_p$, la politropica diventa isobara;
— per $c = 0$, la politropica diventa adiabatica.

Molte trasformazioni reali presentano nella pratica esponenti $m > k$; le linee termiche hanno l'andamento circa iperbolico, ma più ripido rispetto all'adiabatica. Infine, per $m \to \infty$ la curva diviene una retta verticale e la politropica si riduce a un'isovolumica.

RICHIAMO
Nei casi in cui la costante reale *m* differisce di poco dalla costante ideale *k*, la politropica è chiamata ***adiabatica reale***.

Osservazione: gran parte delle compressioni e delle espansioni che avvengono nelle macchine a fluido sono di tipo politropico, aventi gli esponenti m assai prossimi, per eccesso o per difetto, al valore di k; risulta quindi conveniente, in prima approssimazione, considerare tali trasformazioni reali come fossero ideali e trattarle come vere e proprie adiabatiche; in effetti i tempi di permanenza dei gas all'interno delle macchine termiche sono di regola assai ridotti, dell'ordine di frazioni di secondo: ne consegue che la quantità di calore scambiata con le pareti e con gli organi mobili risulta decisamente piccola, se confrontata con il bilancio energetico complessivo di ogni chilogrammo di gas trattato; ecco perché, nella maggior parte dei casi, le compressioni e le espansioni reali sono di fatto assimilate alle adiabatiche.

Esempio 1

Un volume d'aria effettua una compressione politropica con esponente m = 1,48. Calcolare la capacità termica massica c che caratterizza questa specifica trasformazione.

Soluzione

Si applica la [*2.13*] scrivendola in forma razionalizzata:

$$c - c_p = m(c - c_v)$$

sostituendo i valori numerici si ottiene:

$$c - 1{,}003 = 1{,}48(c - 0{,}716)$$
$$c - 1{,}003 = 1{,}48\ c - 1{,}05968$$

radunando le grandezze contenenti c a primo membro ed eseguendo le somme si ha:

$$-0{,}48\ c = -0{,}05668$$

infine:

$$c = 0{,}118\ \frac{\text{kJ}}{\text{kg K}}$$

Esempio 2

Una massa d'aria viene compressa da p_1 = 2,5 bar e v_1 = 0,3444 m³/kg a p_2 = 5 bar. Calcolare i valori finali assunti dal volume massico v_2 in seguito a una compressione adiabatica ideale oppure a una compressione adiabatica reale con esponente m = 1,46. Tracciare qualitativamente le due linee termiche sul diagramma (p,v).

Soluzione

Per l'adiabatica ideale si ricava, dalla *tabella 2.2*, l'esponente da attribuire al volume massico k = 1,40. La formula dell'adiabatica asserisce che:

$$p_1 v_1^k = p_2 v_{2'}^k$$

da cui:

$$v_{2'}^k = v_1^k \frac{p_1}{p_2}$$

infine si ricava il volume massico al termine della compressione:

$$v_{2'} = v_1 \left(\frac{p_1}{p_2} \right)^{\frac{1}{k}} = 0,3444 \left(\frac{2,5}{5} \right)^{\frac{1}{1,40}} = 0,3444 \times 0,5^{0,7143} = 0,21 \ \frac{m^3}{kg}$$

Per la politropica con m = 1,46 si ricava la formula della politropica:

$$p_1 v_1^m = p_2 v_2^m$$

da cui si ottiene:

$$v_2 = v_1 \left(\frac{p_1}{p_2} \right)^{\frac{1}{m}} = 0,3444 \left(\frac{2,5}{5} \right)^{\frac{1}{1,46}} = 0,3444 \times 0,5^{0,685} = 0,214 \ \frac{m^3}{kg}$$

Nella ***figura 2.18*** sono riportati i grafici delle due trasformazioni.

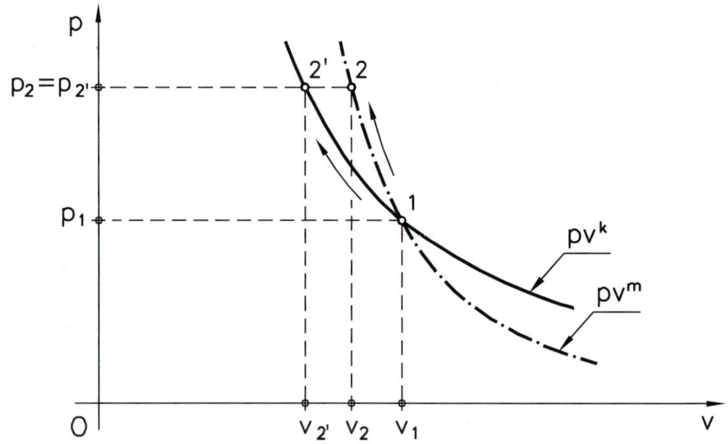

Fig. 2.18
Andamento delle due compressioni, entrambe con punto iniziale 1.
La compressione reale si presenta più ripida di quella ideale e ha volume finale v_2 maggiore.

Prima legge di Gay-Lussac

Riscaldando o raffreddando una massa di gas ideale a pressione costante, il suo volume aumenta o diminuisce linearmente al variare della temperatura t espressa in gradi centigradi secondo la legge:

$$V = V_0 (1 + \alpha t) \qquad \textbf{[2.14]}$$

Nella [*2.14*] si ha che V_0 è il volume della massa di gas a 0 °C; V è il volume alla temperatura t espressa in gradi centigradi; infine α è il **coefficiente termico di dilatazione volumetrica** dei gas. Tale coefficiente assume il valore α = 0,0036609 °C^{-1}, unico per tutti i gas e pressoché costante al variare di pressione e temperatura. È un valore decisamente elevato se confrontato con i coefficienti di dilatazione dei solidi riportati nella ***tabella 1.3***: si ricordi che gli aeriformi non possiedono né forma né volume propri e, se lasciati liberi di espandersi, si diffondono in tutto l'ambiente in modo regolare e uniforme.

Esempio
Una massa di gas occupa alla temperatura di 0 °C il volume di 17 m^3. Calcolare il volume per una temperatura di 85 °C.

Soluzione
Per la [*2.14*] si ha:

$$V = V_0(1+\alpha t) = 1{,}7\left(1+\frac{1}{273}85\right) = 2{,}23\ \text{m}^3$$

Seconda legge di Gay-Lussac

RICHIAMO
La ***seconda legge di Gay-Lussac*** è anche nota come ***legge di Charles***.

Riscaldando o raffreddando una massa di gas ideale a volume costante, la sua pressione aumenta o diminuisce linearmente al variare della temperatura t espressa in gradi centigradi secondo la legge:

$$p = p_0(1+\alpha t) \qquad \textbf{[2.15]}$$

Nella [*2.15*] p_0 indica la pressione della massa di gas a 0 °C; p è la pressione alla temperatura t espressa in gradi centigradi; infine α è il **coefficiente termico di dilatazione volumetrica** dei gas. Anche in questo caso il coefficiente assume il valore $\alpha = 0{,}0036609\ °C^{-1}$ unico per tutti i gas.

RICHIAMO
L'inverso del valore 0,0036609 è pari a 273,16, ovvero il valore espresso in kelvin, corrispondente alla temperatura di 0 °C; pertanto si pone comunemente $\alpha = 1/273\ °C^{-1}$.

Applicando le due formule proprio per il valore $t = -273$ °C, si ottiene l'annullamento delle grandezze contenute nelle parentesi tonde: ne consegue che $v = 0$ e $p = 0$.

Osservazione: il significato pratico di tali risultati non è la distruzione del volume, cosa impossibile per una massa, indipendentemente dalla temperatura a cui si trova, bensì l'annullamento di ogni forma di moto di agitazione molecolare: il gas non è in grado di esercitare la sua pressione. Allo zero assoluto si ha l'esaurirsi dell'energia posseduta dalla materia; il calore e l'energia cinetica molecolare si azzerano. Di fatto le due leggi di Gay-Lussac affermano l'impossibilità di trovare in natura corpi a temperature inferiori allo zero assoluto, nonché l'irraggiungibilità di tale temperatura.

Esempio
Una massa di gas che si trova alla temperatura $t = -7$ °C ha la pressione $p = 75$ kPa. Calcolare la pressione a $p_0 = 0$ °C in seguito a un riscaldamento a volume costante.

Soluzione
Per la seconda legge di Gay-Lussac, espressa dalla [*2.15*], mettendo in evidenza la pressione p_0 si ha:

$$p_0 = \frac{p}{1+\alpha t} = \frac{75}{1+0{,}00366(-7)} = 77\ \text{kPa}$$

L'equazione di stato dei gas perfetti

Si considerino due masse separate del medesimo tipo di gas ideale, entrambe pari a 1 kg. La prima si trova in stato di equilibrio alla pressione p, al volume massico v e alla temperatura t, mentre la seconda si trova in equilibrio alla pressione p', al volume massico v' e alla temperatura t'. Si sottopongono le due masse a un raffreddamento a pressione costante, così da raggiungere in entrambi i casi la temperatura di 0 °C. Applicando la prima legge di Gay-Lussac, espressa dalla [*2.14*], si trovano le seguenti relazioni:

$$v = v_0 (1 + \alpha t); \quad v' = v'_0 \ (1 + \alpha t)$$

Essendo le due masse unitarie, al posto dei volumi V sono stati inseriti i volumi massici v. In particolare, con v_0 si indica il volume massico a 0 °C posseduto dalla prima massa di gas a pressione p, mentre con v'_0 si indica il volume massico a 0 °C posseduto dalla seconda massa di gas a pressione p'. Si può allora applicare la legge di Boyle, espressa dalla [*2.8*], alle due masse che, pur essendo separate, si trovano ora entrambe a 0 °C:

$$p \, v_0 = p' \, v'_0$$

Dalla prima legge di Gay-Lussac si mettono in evidenza i volumi v_0 e v'_0:

$$v_0 = \frac{v}{1 + \alpha t}; \quad v'_0 = \frac{v'}{1 + \alpha t'}$$

e si sostituiscono nella formula dell'isoterma:

$$p \frac{v}{1 + \alpha t} = p' \frac{v'}{1 + \alpha t'}$$

Si introduce il valore numerico al posto del coefficiente α e si evidenzia la temperatura assoluta in entrambi i denominatori:

$$\frac{pv}{1 + \frac{t}{273}} = \frac{p'v'}{1 + \frac{t'}{273}}; \quad \frac{pv}{\frac{273 + t}{273}} = \frac{p'v'}{\frac{273 + t'}{273}}$$

$$\frac{pv}{\frac{T}{273}} = \frac{p'v'}{\frac{T'}{273}}; \quad 273 \frac{pv}{T} = 273 \frac{p'v'}{T'}$$

POLIGLOTTA

Equazione di stato dei gas perfetti

GB: General equation of state

F: Equation générale d'état

D: Thermische Zustandsgleichung

Semplificando le costanti numeriche si ottiene l'**equazione di stato dei gas perfetti**:

$$\frac{pv}{T} = \text{cost}$$

L'equazione di stato dei gas perfetti afferma che per un gas ideale in condizioni di equilibrio, il rapporto fra il prodotto pv e la temperatura T è una costante. Tale costante è detta **costante del gas** *e si suole indicare con* ***R***.

Ogni gas ammette un proprio valore di R, ricavabile come differenza fra le capacità termiche massiche c_p e c_v, come indicato dalla [*2.4*]. Anche l'aria, pur essendo una miscela di gas, ammette un suo valore specifico di R. I valori di R per i principali gas sono tabulati nella ***tabella 2.2***. La formula canonica dell'equazione di stato dei gas perfetti è la seguente:

$$pv = RT \qquad \textbf{[2.16]}$$

L'unità di misura della costante R del gas è ricavata eseguendo un'equazione dimensionale:

$$[R] = \frac{[p][v]}{T} = \frac{\left[\frac{\mathrm{N}}{\mathrm{m}^2}\right]\left[\frac{\mathrm{m}^3}{\mathrm{kg}}\right]}{[\mathrm{K}]} = \frac{\left[\frac{\mathrm{N\,m}}{\mathrm{kg}}\right]}{[\mathrm{K}]} = \left[\frac{\mathrm{J}}{\mathrm{kg\,K}}\right]$$

Osservazione: prima di applicare la [2.16] si devono predisporre le varie grandezze in unità fondamentali:
— la pressione assoluta è espressa in $\mathrm{N/m^2}$*;*
— il volume massico è espresso in $\mathrm{m^3/kg}$*;*
— la temperatura è espressa in kelvin.

POLIGLOTTA
Costante del gas
GB: Special gas constant
F: Constante spéciale du gaz
D: Allgemeine Gaskonstante

RICHIAMO
L'***equazione di stato dei gas perfetti*** è nota anche con altre denominazioni:
- legge fondamentale dei gas;
- equazione di elasticità dei gas;
- equazione caratteristica del gas ideale;
- legge di Clapeyron.

Esempio
Calcolare il volume massico dell'aria mediante l'equazione di stato quando si trova a pressione atmosferica e a temperatura $t = 20$ °C.

Soluzione
Si predispongono pressione e temperatura in unità fondamentali:

$$p = 1{,}013 \text{ bar} = 1{,}013 \times 10^5 \text{ Pa}$$
$$T = 273 + t = 273 + 20 = 293 \text{ K}$$

Ora possono essere introdotte nella [*2.16*]:

$$v = \frac{RT}{p} = \frac{287 \times 293}{1{,}013 \times 10^5} = 0{,}83 \ \frac{\mathrm{m}^3}{\mathrm{kg}}$$

La costante universale dei gas

Si considerino due volumi uguali di gas diversi V e V', alle medesime condizioni di pressione e temperatura. Per la legge di Avogadro essi contengono un uguale numero di molecole. Dividendo i numeri di molecole per il **numero di Avogadro** si ottengono i rispettivi **numeri di moli** n e n'. Dato che i volumi dei due gas sono per ipotesi uguali, lo sono pure i numeri di moli:

$$V = V'; \quad n = n'$$

Si calcolano le masse m e m' dei due gas. Queste non saranno uguali a causa della diversità delle masse molecolari μ e μ':

$$m = n\mu\,; \quad m' = n'\mu'$$

Si passa alle masse volumiche ρ e ρ':

$$\rho = \frac{m}{V} = \frac{n\mu}{V}; \quad \rho' = \frac{m'}{V'} = \frac{n'\mu'}{V'}$$

Si mettono a rapporto le masse volumiche; eseguendo le semplificazioni possibili si ricava una relazione diretta fra masse volumiche e masse molecolari:

$$\frac{\rho}{\rho'} = \frac{\dfrac{n\mu}{V}}{\dfrac{n'\mu'}{V'}} = \frac{\mu}{\mu'}$$

L'equazione dei gas perfetti afferma che:

$$\frac{pv}{T} = R; \quad \frac{p'v'}{T'} = R'$$

ponendole a rapporto e semplificando pressioni e temperature, che per ipotesi erano state assunte uguali, si ha:

$$\frac{\dfrac{p'v'}{T'}}{\dfrac{pv}{T}} = \frac{R'}{R}; \quad \frac{v'}{v} = \frac{R'}{R}$$

Ricordando che la massa volumica è pari all'inverso del volume massico si ottiene:

$$\frac{\dfrac{1}{\rho'}}{\dfrac{1}{\rho}} = \frac{R'}{R}$$

semplificando i denominatori si ha:

$$\frac{\rho}{\rho'} = \frac{R'}{R}$$

razionalizzando si ricava:

$$\rho R = \rho' R'$$

infine si ha:

$$\mu R = \mu' R'$$

Estendendo il ragionamento a un numero n di gas diversi, identificati con i numeri 1, 2, 3, ... n, vale la seguente relazione:

$$\mu_1 R_1 = \mu_2 R_2 = \mu_3 R_3 = \ldots = \mu_n R_n$$

La formula generale valida per ogni gas è:

$$\mu R = \mathcal{R} \qquad \textbf{[2.17]}$$

Il risultato finale può essere generalizzato introducendo una nuova grandezza, la **costante universale dei gas** così definita:

per ogni gas il prodotto fra la massa molecolare μ e la costante del gas R assume sempre lo stesso valore definito ***costante universale dei gas****, indicata con la lettera $\mathcal{R}$.*

POLIGLOTTA
Costante universale dei gas
GB: Universal gas constant, molar gas constant
F: Constante des gaz
D: Universelle Konstante

L'unità di misura di $\mathcal{R}$ è ricavabile con la seguente equazione dimensionale, costruita mettendo a prodotto le unità di misura della massa molecolare μ e della costante del gas R:

$$[\mu R] = \left[\frac{\text{kg}}{\text{kmol}}\right]\left[\frac{\text{J}}{\text{kg K}}\right] = \left[\frac{\text{J}}{\text{kmol K}}\right]$$

Il valore numerico assunto dalla costante universale dei gas nel SI è il seguente:

$$\mathcal{R} = 8314 \frac{\text{J}}{\text{kmol K}}$$

Esempio
Una miscela di gas ha massa molecolare μ = 45,5 kg/kmole. Calcolare la sua costante R.

Soluzione
Applicando la [*2.17*] e sostituendo il valore della costante universale si ottiene:

$$R = \frac{\mathcal{R}}{\mu} = \frac{8310}{45,5} = 182,6 \frac{\text{J}}{\text{kg K}}$$

Applicazioni dell'equazione di stato dei gas perfetti

L'equazione di stato (▸ *Form. 2.16*) è valida per 1 kg di qualunque gas ideale. La formula può essere facilmente estesa a una generica massa m, a condizione di moltiplicare entrambi i membri per la massa in questione:

$$p\,v\,m = m\,R\,T$$

da cui si ricava:

$$p\,V = m\,R\,T \qquad [2.18]$$

la massa può essere espressa come prodotto del numero di moli n per la massa molecolare μ:

$$p\,V = n\,\mu\,R\,T$$

la relazione si semplifica utilizzando la costante universale dei gas:

$$p\,V = n\,\mathcal{R}\,T \qquad [2.19]$$

Per una singola mole di gas, richiamando il concetto di volume molare V_m, si ha:

$$p\,V_m = \mathcal{R}\,T \qquad [2.20]$$

La *tabella 2.3* compendia le varianti assunte dall'equazione di stato dei gas perfetti, i diversi modi di esprimere il volume e i loro campi di validità.

Tabella 2.3 Formulazioni dell'equazione di stato in funzione delle diverse modalità di esprimere i volumi

Formulazione	*Volume*	*Applicazione*
$p\,v = R\,T$	$[v]=[m^3/kg]$	Per 1 kg di gas
$p\,V = m\,R\,T$	$[V]=[m^3]$	Per m kg di gas
$p\,V = n\,\mathcal{R}\,T$	$[V]=[m^3]$	Per n moli di gas
$p\,V_m = \mathcal{R}\,T$	$[V_m]=[m^3/kmol]$	Per 1 mole di gas

Esempio 1
Calcolare la pressione esercitata da 50 g di idrogeno racchiuso in un contenitore di 0,5 m^3 alla temperatura t = 28 °C.

Soluzione
La versione dell'equazione di stato dei gas perfetti più adatta è la [*2.18*]; da essa si ottiene la pressione p:

$$p = \frac{m\,R\,T}{V} = \frac{0{,}050 \times 4140 \times (273 + 28)}{0{,}5} = 124\,614 \text{ Pa}$$

Avendo predisposto le grandezze in unità fondamentali non sussiste nessun problema dimensionale. Si esegue ugualmente l'analisi dimensionale come verifica:

$$[p]=\frac{[\text{kg}]\left[\frac{\text{J}}{\text{kg K}}\right][\text{K}]}{[\text{m}^3]}=\frac{[\text{J}]}{[\text{m}^3]}=\frac{[\text{N m}]}{[\text{m}^3]}=\frac{[\text{N}]}{[\text{m}^2]}=[\text{Pa}]$$

Esempio 2
Calcolare il volume occupato da 1,5 kmoli di un gas ignoto per il quale sono state misurate la pressione al manometro p = 2,3 bar e la temperatura t = – 6 °C.

Soluzione
La versione dell'equazione di stato dei gas perfetti più adatta è la [*2.19*]; dapprima si deve trasformare la pressione relativa p in assoluta, esprimendola in pascal:

$$V=\frac{n\,\mathcal{R}\,T}{p}=\frac{1{,}5\times 8314(273-6)}{3{,}3\times 10^5}=10{,}09\ \text{m}^3$$

Anche in questo caso conviene eseguire l'analisi dimensionale come verifica:

$$[V]=\frac{[\text{kmol}]\left[\frac{\text{J}}{\text{kmol K}}\right][\text{K}]}{\left[\frac{\text{N}}{\text{m}^2}\right]}=\frac{[\text{J m}^2]}{[\text{N}]}=\left[\frac{\text{N m m}^2}{\text{N}}\right]=[\text{m}^3]$$

Esempio 3
Calcolare la massa di azoto che occupa un volume V = 35 l alla pressione di 840 mm Hg e alla temperatura di 60 °C.

Soluzione
Si eseguono i conguagli dimensionali per portare le varie grandezze in unità fondamentali:

$$p=\frac{840\ \text{mm Hg}}{760\ \text{mm Hg}}\times 1{,}013\times 10^5=1{,}12\times 10^5\ \frac{\text{N}}{\text{m}^2}$$

$$V=0{,}035\ \text{m}^3$$

$$R_{N_2}=297\frac{\text{J}}{\text{kg K}}$$

$$T=273+60=333\ \text{K}$$

La versione dell'equazione di stato dei gas perfetti più adatta è espressa dalla [*2.18*]:

$$m = \frac{p\,V}{R\,T} = \frac{1{,}12 \times 10^5 \times 0{,}035}{297 \times 333} = 39{,}64 \text{ g}$$

Esempio 4
Calcolare il volume molare di un generico gas che si trova a pressione p = 5 bar e temperatura t = 300 K.

Soluzione
La versione dell'equazione di stato dei gas perfetti più adatta è la [*2.20*]:

$$V_m = \frac{\mathcal{R}\,T}{p} = \frac{8314 \times 300}{5 \times 10^5} = 5\ \frac{\text{m}^3}{\text{kmol}}$$

La verifica dimensionale conferma la coerenza delle unità di misura adottate:

$$[V_m] = \frac{\left[\frac{\text{J}}{\text{kmol K}}\right][\text{K}]}{\left[\frac{\text{N}}{\text{m}^2}\right]} = \frac{\left[\frac{\text{N m}}{\text{kmol}}\right]}{\left[\frac{\text{N}}{\text{m}^2}\right]} = \left[\frac{\text{m}^3}{\text{kmol}}\right]$$

Esempio 5
Una certa quantità di gas evolve dalla configurazione iniziale 1, con t_1 = 20 °C, p_1 = 0,95 bar e volume V_1 = 25 l, alla configurazione finale 2, con t_2 = 100 °C e p_2 = 1,125 bar. Calcolare il volume V_2 occupato dal gas al termine della trasformazione.

Soluzione
Innanzitutto si esprimono le temperature in kelvin:

$$T_1 = 293 \text{ K};\ T_2 = 373 \text{ K}$$

Si applica la [*2.18*] per i punti 1 e 2, dopodiché si pongono le due relazioni così trovate a rapporto:

$$p_1\,V_1 = m\,R\,T_1$$
$$p_2\,V_2 = m\,R\,T_2$$
$$\frac{p_1\,V_1}{p_2\,V_2} = \frac{T_1}{T_2}$$

da cui si estrae il volume finale cercato V_2:

$$V_2 = \frac{p_1\, T_2\, V_1}{p_2\, T_1} = \frac{0{,}95 \times 373 \times 25}{1{,}125 \times 293} = 26{,}87 \text{ l}$$

Nella relazione finale si sono omessi i fattori di conguaglio dimensionale tra bar e pascal, dato che le due pressioni sono poste a rapporto.

Esempio 6

Una massa d'aria evolve da p_1 = 37 kPa e v_1 = 2,09 m³/kg a p_2 = 61 kPa e v_2 = 1,44 m³/kg. Individuare il tipo di trasformazione avvenuta.

Soluzione

Escludendo le trasformazioni di tipo isobaro e isovolumico, rimane da verificare se si tratta di un'isoterma, un'adiabatica o una politropica. Grazie all'equazione di stato si controlla se le temperature iniziale e finale risultano uguali:

$$T_1 = \frac{p_1 v_1}{R} = \frac{37 \times 10^3 \times 2{,}09}{287} = 270 \text{ K}$$

$$T_2 = \frac{p_2 v_2}{R} = \frac{61 \times 10^3 \times 1{,}44}{287} = 306 \text{ K}$$

Essendo T_1 e T_2 diverse, cade la prima possibilità. Per decidere fra adiabatica ideale e politropica occorre confrontare gli esponenti, ricordando che per l'aria il coefficiente di Poisson vale k = 1,40:

$$p_1 v_1^m = p_2 v_2^m$$

$$\left(\frac{v_1}{v_2}\right)^m = \frac{p_2}{p_1}$$

per individuare l'esponente, risulta conveniente l'impiego dei logaritmi:

$$\ln\left(\frac{v_1}{v_2}\right)^m = \ln\frac{p_2}{p_1}$$

$$m \ln\frac{v_1}{v_2} = \ln\frac{p_2}{p_1}$$

$$m = \frac{\ln\dfrac{p_2}{p_1}}{\ln\dfrac{v_1}{v_2}} = \frac{\ln\dfrac{61}{37}}{\ln\dfrac{2{,}09}{1{,}44}} = \frac{\ln 1{,}6486}{\ln 1{,}4514} = \frac{0{,}5}{0{,}372} = 1{,}342$$

Dal valore dell'esponente si deduce che la trasformazione è una politropica.

Trasformazioni cicliche

*Una **trasformazione ciclica** avviene attraverso una successione di trasformazioni compiute dal gas per raggiungere lo stato fisico finale.*

Quando lo stato fisico finale è diverso da quello iniziale, il gas percorre un **ciclo aperto** (▸ *Fig. 2.19*).

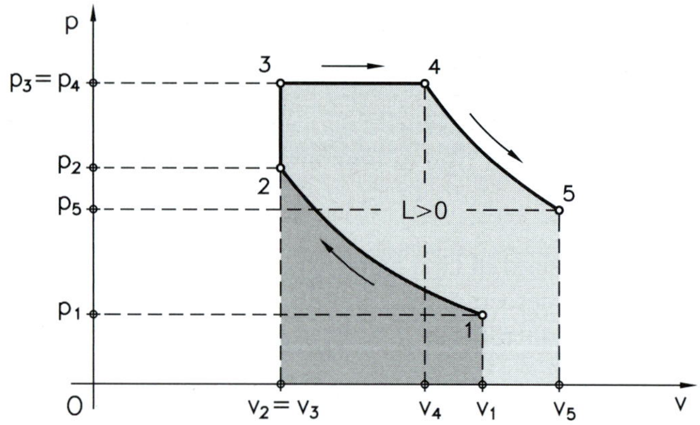

Fig. 2.19
Esempio di un ciclo aperto.

Quando invece lo stato finale coincide con quello iniziale e inoltre il gas percorre le linee termiche in sequenza, mantenendo sempre lo stesso senso di percorrenza, il ciclo è **chiuso**. Nella *figura 2.20* è riportato un generico ciclo chiuso formato da tre trasformazioni percorse in senso antiorario, toccando in successione i punti 1-2-3-1.

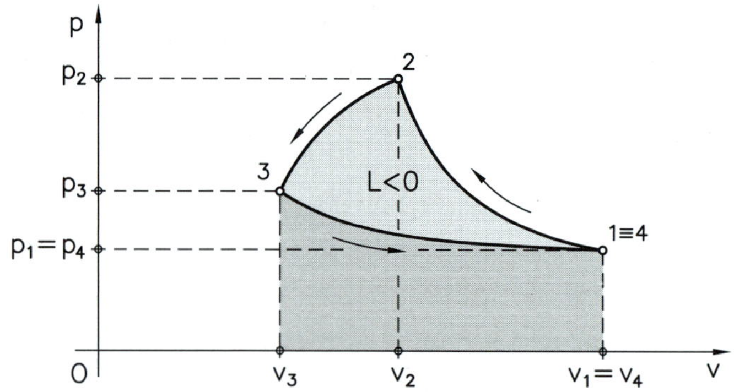

Fig. 2.20
Esempio di un ciclo chiuso in cui il punto finale 4 coincide con il punto iniziale 1.
L'area racchiusa entro il ciclo, evidenziata in grigio chiaro, rappresenta il lavoro assorbito dal gas.

Un ciclo è detto **invertibile** quando tutte le trasformazioni che lo compongono possono essere percorse in entrambi i sensi; è detto **non invertibile** se anche una sola delle trasformazioni che lo compongono non è invertibile.

*Si definisce **lavoro del ciclo** la somma algebrica dei lavori parziali scambiati dal gas lungo le trasformazioni che formano il ciclo. Se la somma è positiva si ha un **lavoro motore**, se invece è negativa si ha un **lavoro resistente**.*

Nel caso del ciclo aperto tracciato nella *figura 2.19*, le aree sottese rappresentano i lavori scambiati durante le singole trasformazioni. L'area

v_1-1-2-v_2 sottesa al tratto 1-2 è negativa, in quanto percorsa con volumi decrescenti. L'area sottesa al tratto 2-3 è nulla, in quanto è un segmento verticale. Le aree v_2-3-4-v_4 e v_4-4-5-v_5, sottese rispetto ai tratti 3-4 e 4-5, sono positive. La somma algebrica comporta l'annullarsi reciproco delle superfici contate due volte, l'una per volumi crescenti, l'altra per volumi decrescenti: è il caso dell'area sottesa alla linea termica 1-2 evidenziata in grigio scuro. In conclusione, il lavoro svolto dal ciclo aperto 1-2-3-4-5 è pari all'area compresa fra i punti v_1-1-2-3-4-5-v_5, evidenziata in grigio chiaro nella ***figura 2.19***. Il lavoro è senz'altro positivo, essendo le aree maggiori percorse in senso orario, nel verso dei volumi crescenti. Ne consegue che, nel caso di un ciclo chiuso, il lavoro è espresso dall'area racchiusa all'interno del contorno del ciclo: nella ***figura 2.20*** il lavoro corrisponde all'area del ciclo delimitato dalle tre linee termiche. Esso risulta negativo dato che il ciclo viene percorso in senso antiorario.

Esempio

Il gas di un sistema termodinamico esegue la trasformazione ciclica 1-2-3-4-1 indicata nella ***figura 2.21***, formata da due isobare e due isovolumiche. Sapendo che p_1 = 2 bar, p_2 = 5 bar, V_1 = 30 l e V_2 = 80 l, calcolare il lavoro eseguito dal sistema durante il ciclo.

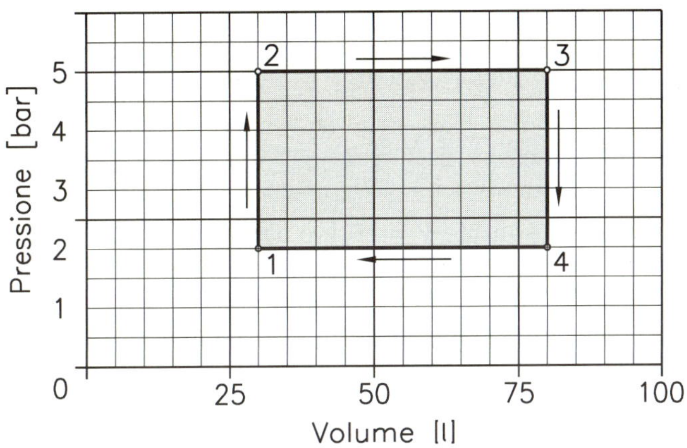

Fig. 2.21
Ciclo con quattro trasformazioni rappresentato nel diagramma (*p*,*v*).

Soluzione

Si osservi che il ciclo è rappresentato nel diagramma (*p*,*V*) in cui l'asse delle ascisse riporta i volumi *V* anziché i volumi massici: pertanto l'area racchiusa dal ciclo indica il lavoro totale anziché unitario.

Per la definizione di lavoro si ha:

$$L = (v_4 - v_1)(p_2 - p_1) = (80 - 30) \times 10^{-3} \times (5 - 2) \times 10^5 =$$

$$= 0{,}05 \text{ m}^3 \times 3 \times 10^5 \frac{\text{N}}{\text{m}^2} = 15\,000 \text{ J}$$

RICHIAMO
Si noti l'uso delle ***unità fondamentali*** per i ***volumi*** e per le ***pressioni***.

RICHIAMO
A differenza delle ***miscele reagenti***, quelle ***non reagenti*** non presentano alcuna attività chimica fra i componenti, per esempio, l'aria è una miscela non reagente, mentre aria più metano è una miscela reagente.

Miscele non reagenti

Le **miscele non reagenti** sono formate da un insieme di più gas, all'interno del medesimo sistema. L'energia cinetica molecolare e la mancanza di forze di coesione fanno sì che tutti i gas si diffondano in egual modo nell'ambiente. L'intimo rimescolamento spontaneo porta, in breve, le diverse molecole a contatto diretto.

Anche per le miscele si confermano le leggi viste in precedenza, a condizione che i gas facenti parte dell'insieme, nessuno escluso, possano essere considerati ideali.

In particolare continua a valere l'equazione di stato dei gas perfetti: ogni singolo componente rispetta la [*2.16*], conservando il proprio valore per la costante R. In pratica si adotta un unico valore di R valido per la miscela nel suo insieme, avente valore di media fra gli R dei singoli gas, nonché di funzione delle percentuali della composizione: esso è detto **costante caratteristica della miscela**. Nel caso dell'aria, la costante caratteristica R vale 287 J/(kg K).

La pressione p è il risultato del contributo delle molecole di ogni singolo gas che, con le loro energie cinetiche, esercitano congiuntamente i loro sforzi contro le pareti. La **legge di Dalton** definisce in che modo la pressione totale si ripartisce fra i vari gas della miscela:

la ***pressione assoluta*** *p, esercitata da una miscela di n gas sulle pareti del contenitore, è pari alla* ***somma delle n pressioni parziali*** *esercitate da ogni singolo gas. La pressione parziale è quella che ogni gas eserciterebbe se occupasse da solo l'intero volume disponibile:*

$$p = p_1 + p_2 + \ldots + p_n$$

Esempio

Un serbatoio, avente volume $V = 10$ l, è occupato da tre gas a temperatura $t = 23$ °C:
— ossigeno, esercitante una pressione parziale $p_1 = 0{,}8$ bar;
— biossido di carbonio, esercitante una pressione parziale $p_2 = 1$ bar;
— idrogeno solforato, esercitante una pressione parziale $p_3 = 0{,}65$ bar.

Calcolare il valore di pressione indicato dal manometro collegato al serbatoio e le masse dei singoli gas, espresse in grammi.

Soluzione

Per la legge di Dalton si ha:

$$p = p_1 + p_2 + p_3 = 0{,}8 + 1 + 0{,}65 = 2{,}45 \text{ bar}$$

Il manometro indica la pressione relativa, cioè quella calcolata secondo la legge di Dalton diminuita del valore della pressione atmosferica; pertanto $p = 1{,}45$ bar.

Per calcolare le tre masse occorre riferirsi all'equazione di stato dei gas perfetti nella formulazione [*2.18*]:

$$m_1 = \frac{p_1 V}{R_1 T} = \frac{0{,}8 \times 10^5 \times 10 \times 10^{-3}}{287 \times 296} = 9{,}42 \times 10^{-3} \text{ kg} = 9{,}42 \text{ g}$$

$$m_2 = \frac{p_2 V}{R_2 T} = \frac{1 \times 10^5 \times 10 \times 10^{-3}}{189 \times 296} = 17,87 \times 10^{-3} \text{ kg} = 17,87 \text{ g}$$

$$m_3 = \frac{p_3 V}{R_3 T} = \frac{0,65 \times 10^5 \times 10 \times 10^{-3}}{244 \times 296} = 9 \times 10^{-3} \text{ kg} = 9 \text{ g}$$

C2.4 IL PRIMO PRINCIPIO DELLA TERMODINAMICA

Considerazioni sugli scambi di energia eseguiti dai gas

Si riprenda in considerazione l'esperimento del cilindro con stantuffo a tenuta, a suo tempo usato per spiegare i concetti di c_p e c_v. Il gas esegue il lavoro L solo in seguito alla fornitura di una certa quantità di calore Q. Con questo esperimento si ha la conferma di quanto già anticipato nella ***D1*** del ***Volume 1***, cioè che **lavoro** e **calore** sono entrambi forme di energia e che possono trasformarsi l'una nell'altra. Il gas appare dunque come un mezzo che esegue trasferimenti e **trasformazioni di energia** da una forma a un'altra.

RICHIAMO

Le ***trasformazioni*** sono ipotizzate ***ideali***, senza attriti né dispersioni.

Si ipotizza di voler ottenere dal sistema su indicato una ben definita quantità di lavoro L, introducendo una quantità di calore Q di entità variabile. Si possono avere tre casi:

— $L = Q$: l'energia termica è stata completamente trasformata dal gas in energia meccanica; sia il manometro sia il termometro mantengono i valori iniziali invariati;

— $Q > L$: a pari entità di lavoro L richiesto, l'esubero di energia termica fa sì che il termometro segnali l'aumento di temperatura; evidentemente una parte di calore resta immagazzinata all'interno del gas e diventa parte del suo patrimonio energetico;

— $Q < L$: il gas esegue il lavoro richiesto ma a prezzo di un suo raffreddamento; le molecole hanno dovuto attingere calore dalle loro riserve energetiche interne per poter svolgere il lavoro richiesto.

In sintesi: il livello energetico proprio del gas diminuisce o aumenta a seconda che la fornitura di calore esterno Q sia minore o maggiore rispetto al lavoro da erogare; inoltre si è notato che, durante le trasformazioni, la temperatura interna del gas subisce alcune variazioni, da cui si è dedotto che lo stesso livello energetico del gas ha subito variazioni.

Se il cilindro con stantuffo è termicamente isolato dall'esterno, cioè ha le pareti adiabatiche ed è stato riempito con gas caldo e compresso (▸ *Fig. 2.22*), l'espansione che si ottiene dopo aver provveduto a sbloccare lo stantuffo si presta a due considerazioni:

— pur essendo il sistema termicamente isolato e non disponendo di apporti di calore dall'esterno, è ugualmente in grado di sviluppare del lavoro $\Delta L = F \times \Delta s$;

— il lavoro svolto dal gas avviene a spese del calore interno; durante l'espansione il termometro segnala che è in atto una riduzione di temperatura Δt, mentre il manometro indica una riduzione di pressione Δp.

Ne consegue che, oltre al calore Q e al lavoro L, occorre prendere in considerazione l'esistenza di una terza grandezza con cui completare il bilancio energetico del sistema: essa rappresenta il patrimonio energetico, distribuito a livello molecolare, della massa presente nel sistema. Le sue mutazioni sono evidenziate dal variare della temperatura. Tale grandezza è detta **energia interna** U. La sua esistenza è oggetto del **primo principio della Termodinamica**.

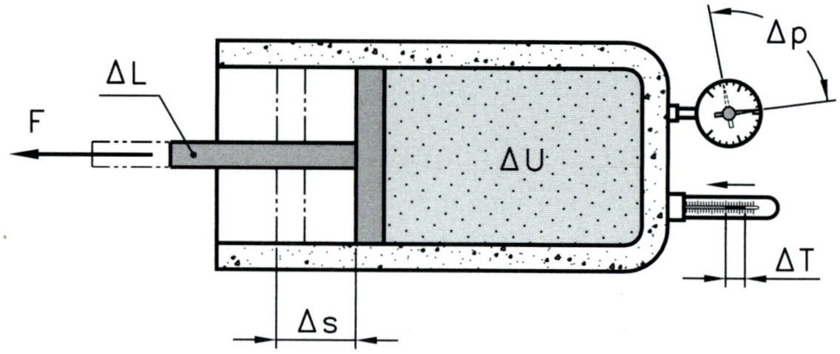

Fig. 2.22
Espansione adiabatica in un cilindro a pareti isolate.

POLIGLOTTA
Primo principio della Termodinamica
GB: First law of thermodynamics
F: Premier principe de la thermodynamique
D: Erster Hauptsatz der Wärmelehre

L'enunciato del primo principio della Termodinamica nella formulazione di Mayer

In un sistema termodinamico che scambia energia con l'esterno, la somma algebrica dei calori, dei lavori e dell'energia interna risulta pari a zero.

Analiticamente si esprime nel seguente modo:

$$\Delta Q = \Delta L + \Delta U \quad \textbf{[2.21]}$$

RICHIAMO
Il ***prefisso* Δ *(delta)*** indica la condizione di ***variabilità della grandezza fisica*** cui è posto davanti.

in cui ΔQ indica il calore scambiato dal gas; ΔL rappresenta il lavoro scambiato fra il gas e l'organo mobile della macchina e, infine, ΔU è la variazione di energia interna del gas.

Osservazione: nella definizione si fa riferimento alla somma algebrica delle grandezze, ovvero accompagnate dal segno positivo o negativo; questo perché nel corso della trasformazione il calore può essere somministrato o sottratto al sistema e pure il lavoro può essere trasferito dal sistema all'ambiente esterno o viceversa. Analogamente l'energia interna può subire un aumento o una riduzione (▸ **Fig. 2.23**).

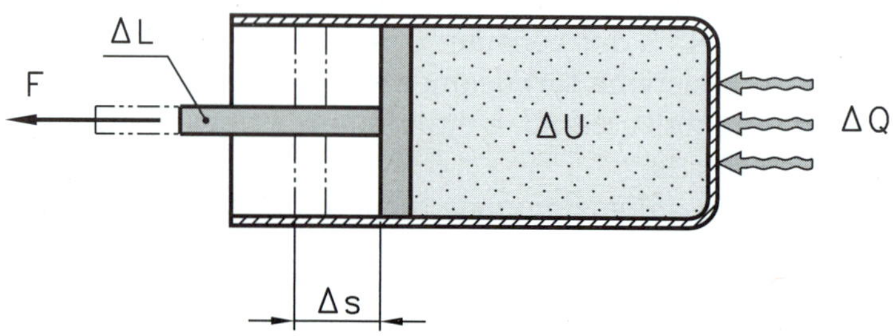

Fig. 2.23
Schema del primo principio della Termodinamica applicato a un cilindro con stantuffo contenente gas.

Il primo principio della Termodinamica è anche noto come **principio di equivalenza**, dato che sancisce la trasformabilità del calore in lavoro e viceversa. La differenza fra calore e lavoro può risultare positiva, negativa o nulla; nei primi due casi si genera una variazione dell'energia interna U del fluido, tale per cui la somma dei tre addendi della [*2.21*] è sempre uguale a zero. Per esempio, a seconda del tipo di trasformazione sviluppata, il calore fornito a un sistema può trasformarsi:
— tutto in energia interna;
— parte in energia interna, parte in lavoro;
— tutto in lavoro.

Queste riflessioni consentono di esprimere una seconda formulazione per il primo principio della Termodinamica:

la quantità di energia contenuta in un sistema isolato è una grandezza che rimane sempre costante, sia in condizioni di equilibrio sia nel corso delle trasformazioni termodinamiche.

Il primo principio della Termodinamica vale per ogni sostanza, non necessariamente aeriforme, ed è applicabile per qualunque sistema e trasformazione, compresi gli organismi viventi. Fu proprio attraverso lo studio della fisiologia del corpo umano che Julius Robert **Mayer** pervenne, verso il 1840, all'enunciazione del principio e dell'espressione analitica [*2.21*]; essendo medico di bordo sulle navi della flotta olandese, poté studiare il fabbisogno alimentare dei marinai, correlandolo con la fatica fisica, i diversi climi e la temperatura corporea. In primo luogo misurò l'**equivalente termico del lavoro**, successivamente fissato con la seguente relazione:

$$1 \text{ kcal} = 427 \text{ kgf m}$$

Nel Sistema Tecnico (ST) il lavoro era espresso in chilogrammi-forza per metro [kgfm]; il passaggio al SI si esegue sostituendo 9,81 N al kgf, ottenendo così il newton per metro [N m], ovvero il joule [J].

RICHIAMO
La scoperta di Robert ***Mayer*** fu a lungo osteggiata dagli scienziati dell'epoca, molti dei quali, per diverso tempo, rimasero convinti che il calore fosse un particolare tipo di fluido. Studi e misure svolte successivamente da Rowland e Joule, riguardo alla trasformazione di calore in lavoro, confermarono l'enunciato di Mayer e contribuirono a definire correttamente il concetto di energia.

POLIGLOTTA
Equivalente termico del lavoro
GB: Thermic equivalent of work
F: Equivalent thermique du travail
D: Kalorisches Arbeitsäquivalent

Esempio
Calcolare la variazione di energia interna di un sistema termodinamico che compie il lavoro L = 70 kJ e assorbe il calore Q = 240 kJ.

Soluzione
Si applica il primo principio della Termodinamica nella formulazione di Mayer, espressa dalla [*2.21*]:

$$\Delta Q = \Delta L + \Delta U$$

Si inseriscono i valori numerici ricordando la convenzione sui segni: i calori assumono il segno positivo se sono forniti al sistema; i lavori assumono il segno positivo se sono erogati dal sistema, pertanto:

$$240 = 70 + \Delta U$$
$$\Delta U = 170 \text{ kJ}$$

C2.5 APPLICAZIONI DEL PRIMO PRINCIPIO DELLA TERMODINAMICA ALLE TRASFORMAZIONI FONDAMENTALI

Trasformazione isovolumica

Durante lo svolgimento di una trasformazione isovolumica (▸ *Fig. 2.13*), con la quale si ottiene, per esempio una variazione di pressione dal valore iniziale p_1 alla pressione finale p_2, il primo principio della Termodinamica nella formulazione di Mayer dà una soluzione semplificata:

$$\Delta Q = \Delta U$$

Il lavoro è evidentemente nullo a causa della costanza del volume. Il calore viene espresso mediante il prodotto del calore massico a volume costante per la differenza di temperatura:

$$\Delta Q = c_v \, \Delta T = c_v(T_2 - T_1)$$

Sostituendo si ottiene una formula utile per il calcolo dell'energia interna:

$$\Delta U = c_v\left(T_{finale} - T_{iniziale}\right) \qquad \textbf{[2.22]}$$

La [*2.22*] ha validità generale; può essere usata nel corso di qualunque trasformazione, non solo isovolumica, per calcolare l'energia interna.

Trasformazione isobara

Il grafico rappresentato nella *figura 2.14* evidenzia un'area sottesa di forma rettangolare. In tal caso il calcolo del lavoro unitario si semplifica riconducendosi al calcolo dell'area di un rettangolo, avente per base la differenza di volumi finale e iniziale e per altezza la pressione:

$$\Delta L = p\left(v_{finale} - v_{iniziale}\right)$$

Applicando il primo principio della Termodinamica, e ricordando che il calore e l'energia interna possono essere espressi rispettivamente in funzione della capacità termica a pressione costante c_p e mediante la [*2.22*], si ottiene:

$$\Delta Q = \Delta L + \Delta U$$

$$c_p\left(T_{fin} - T_{iniz}\right) = p\left(v_{fin} - v_{iniz}\right) + c_v\left(T_{fin} - T_{iniz}\right)$$

Per l'equazione di stato dei gas perfetti, applicata al punto iniziale e al punto finale, si ha:

$$p v_{fin} = R T_{fin}; \quad p v_{iniz} = R T_{iniz}$$

che, sostituite nella formula precedente, danno:

$$c_p\left(T_{fin} - T_{iniz}\right) = R T_{fin} - R T_{iniz} + c_v\left(T_{fin} - T_{iniz}\right)$$

spostando l'ultimo addendo a primo membro e raccogliendo la costante R si ottiene:

$$c_p\left(T_{fin} - T_{iniz}\right) - c_v\left(T_{fin} - T_{iniz}\right) = R\left(T_{fin} - T_{iniz}\right)$$

infine si ricava:

$$c_p - c_v = R$$

anche questa equazione, espressa dalla [*2.4*], ha validità generale.

Esempio 1
Un gas ha la costante caratteristica R = 260 J/(kg K) e la costante k = 1,4. Ricavare i valori di c_p e c_v.

Soluzione
Avendo due equazioni con due incognite, si ricorre a un sistema:

$$\begin{cases} c_p - c_v = R \\ \dfrac{c_p}{c_v} = k \end{cases}$$

sostituendo i valori numerici si ottiene:

$$\begin{cases} c_p - c_v = 260 \\ \dfrac{c_p}{c_v} = 1{,}4 \end{cases} \quad \text{da cui si ricava:} \begin{cases} c_p - c_v = 260 \\ c_p = 1{,}4\ c_v \end{cases}$$

sostituendo la seconda nella prima si ottiene:

$$1{,}4\ c_v - c_v = 260$$

$$(1{,}4 - 1)\ c_v = 260$$

$$c_v = \frac{260}{0{,}4} = 650\ \frac{\text{J}}{\text{kg K}}$$

$$c_p = 1{,}4\ c_v = 1{,}4 \times 650 = 910\ \frac{\text{J}}{\text{kg K}}$$

Esempio 2
Calcolare il lavoro compiuto da un gas che si espande da un volume massico iniziale di 0,08 m³/kg a un volume finale di 0,16 m³/kg, sotto una pressione esterna costante di 2,5 bar. La massa di gas è pari a 12 g.

Soluzione
Si tratta di una trasformazione isobara per la quale l'area sottesa ha la forma di un rettangolo. Mediante la [*2.7*] si trova il lavoro unitario $L_{1,2}$:

$$L_{1,2} = p\left(v_{fin} - v_{iniz}\right) = 2{,}5 \times 10^5\,(0{,}16 - 0{,}08) = 20000\ \frac{\text{J}}{\text{kg}} = 20\ \frac{\text{kJ}}{\text{kg}}$$

Il lavoro di tutta la massa è pari al prodotto del lavoro unitario per la massa:

$$L_{tot} = m\ L_{1,2} = 0{,}012 \times 20 = 0{,}24\ \text{kJ}$$

Trasformazione isoterma

Nel piano (p,v) l'isoterma ha l'andamento di iperbole, come già visto nella ***figura 2.10***. Applicando il primo principio della Termodinamica nella consueta formulazione di Mayer si ha:

$$\Delta Q = \Delta L + \Delta U$$

ma stavolta, per la [*2.22*], non si ha nessuna variazione di energia interna a causa della temperatura sempre costante. La [*2.21*] si semplifica nel modo seguente:

$$\Delta Q = \Delta L$$

Nel caso di un'espansione, tutto il calore fornito al gas si trasforma in lavoro; nel caso di una compressione, tutto il lavoro riversato sul gas si trasforma in calore che viene espulso dal sistema e riversato nell'ambiente.

Per il calcolo del lavoro svolto durante la trasformazione dal punto 1 iniziale al punto 2 finale occorre riferirsi alla [*2.7*], che costituisce la formula generale del lavoro unitario in forma di integrale. Sostituendo nell'integrale la formula di Boyle-Mariotte [*2.8*] e svolgendo i passaggi, peraltro omessi in questa breve trattazione, compare un integrale di tipo fondamentale, che risolto determina la seguente relazione:

$$L = R\,T\,\ln\frac{p_1}{p_2} = R\,T\,\ln\frac{v_2}{v_1} \qquad \textbf{[2.23]}$$

RICHIAMO
La notazione matematica ***ln*** indica il ***logaritmo naturale***, avente base il numero $e = 2{,}71828$.

La formula così trovata permette di calcolare sia il lavoro sia il calore, entrambi espressi in J/kg.

Esempio 1

Un'espansione isotermica d'aria ha inizio alla pressione p_1 = 4 bar e al volume V_1 = 60 l e si conclude a pressione ambiente p_2 = 1 bar. Calcolare il volume finale V_2 e il lavoro erogato dal gas.

Soluzione

Non essendo note né le masse né le temperature, si farà riferimento ai volumi *V* anziché ai volumi massici *v*. Pertanto la [*2.8*] diventa:

$$pV = \text{cost}$$

che, applicata ai punti iniziale e finale, determina la seguente relazione:

$$p_1 V_1 = p_2 V_2$$

da cui si ricava:

$$V_2 = V_1 \frac{p_1}{p_2} = 60 \frac{4}{1} = 240 \text{ l}$$

Anche la [*2.23*] fa riferimento ai volumi, per cui il lavoro calcolato riguarda tutta la massa *m* presente. A tale scopo occorre moltiplicare entrambi i membri della [*2.23*] per *m*:

$$m\,\Delta L = m\,R\,T \ln \frac{p_1}{p_2}$$

ricordando la [*2.16*] si ha:

$$\Delta L_{tot} = p\,V\,\ln \frac{p_1}{p_2} = 4 \times 10^5 \times 60 \times 10^{-3}\,\ln \frac{4}{1} =$$
$$= 24\,000 \times 1{,}3863 = 33\,271 \text{ J}$$

Il risultato positivo conferma che si tratta di un'espansione.

Esempio 2

Durante una compressione isoterma di metano, a partire da p_1= 1 bar e T_1 = 295 K, il gas ha espulso una quantità di calore Q = 318 066 J/kg. Calcolare la pressione finale cui è giunto il gas.

Soluzione

Partendo dalla [*2.23*], che esprime sia il lavoro sia il calore, è possibile ricavare la pressione finale p_2:

$$\Delta Q = R\,T \ln \frac{p_1}{p_2}$$

$$\frac{\Delta Q}{R\,T} = \ln \frac{p_1}{p_2}$$

Ricordando che il logaritmo naturale è un esponente da attribuire alla base e, si ha:

$$e^{\frac{Q}{RT}} = \frac{p_1}{p_2}$$

a parte si calcola:

$$\frac{\Delta Q}{R\,T} = \frac{318\,066}{518 \times 295} = 2{,}0814$$

da cui, infine, si ottiene:

$$p_2 = \frac{p_1}{e^{\frac{\Delta Q}{RT}}} = \frac{1}{e^{-2{,}0814}} = \frac{1}{0{,}1248} \cong 8 \text{ bar}$$

avendo attribuito al calore il segno negativo in quanto energia emessa dal gas verso l'esterno.

Trasformazione adiabatica

La trasformazione adiabatica è tipica dei sistemi termicamente isolati, in quanto durante il suo svolgersi non si verifica nessun flusso termico, né entrante né uscente (▸ ***Fig. 2.15***). L'equazione del primo principio della Termodinamica, espressa dalla [*2.21*], si semplifica nel modo seguente:

$$\Delta L = -\Delta U$$

Il gas svolge lavoro a spese della sua energia interna. Per il calcolo analitico del lavoro si parte dalla [*2.7*], nella quale si sostituisce la [*2.11*]; svolgendo i passaggi richiesti per l'integrazione si ha:

$$\Delta L = \frac{R\,T_1}{k-1}\left[1 - \left(\frac{p_2}{p_1}\right)^{\frac{k-1}{k}}\right] \qquad \textbf{[2.24]}$$

che corrisponde all'area sottesa alla curva rappresentata nella ***figura 2.15***, per il tratto compreso fra i punti iniziale 1 e finale 2. La [*2.24*] permette di calcolare sia il lavoro sia le variazioni di energia interna, entrambi espressi in J/kg.

Esempio 1

Una massa di monossido d'azoto che si trova a pressione p_1 = 7 bar e a temperatura t_1 = 800 °C si espande fino alla pressione atmosferica.

Calcolare i lavori erogati nei casi di espansione isoterma e di espansione adiabatica ideale.

Soluzione
Innanzitutto si calcola il volume massico mediante l'equazione di stato dei gas perfetti:

$$v_1 = \frac{RT_1}{p_1} = \frac{209(800+273)}{7 \times 10^5} = 0,32 \ \frac{\mathrm{m}^3}{\mathrm{kg}}$$

Prendendo come riferimento i due valori estremi, si calcola il volume finale v_2 nel caso dell'isoterma applicando la [*2.8*]:

$$v_2 = v_1 \frac{p_1}{p_2} = 0,32 \frac{7}{1} = 2,24 \ \frac{\mathrm{m}^3}{\mathrm{kg}}$$

Nel caso dell'adiabatica ideale, applicando la [*2.11*], con k = 1,31 si ottiene:

$$v_2 = v_1 \left(\frac{p_1}{p_2}\right)^{\frac{1}{k}} = 0,32 \left(\frac{7}{1}\right)^{\frac{1}{1,31}} = 1,4134 \ \frac{\mathrm{m}^3}{\mathrm{kg}}$$

Si calcolano, infine, i lavori unitari; per l'isoterma la [*2.23*] fornisce:

$$\Delta L = RT \ln \frac{v_2}{v_1} = 209 \times 1073 \ln \frac{2,24}{0,32} = 436\,384 \ \frac{\mathrm{J}}{\mathrm{kg}} \cong 436,4 \ \frac{\mathrm{kJ}}{\mathrm{kg}}$$

per l'adiabatica ideale la [*2.24*] fornisce:

$$L = \frac{RT}{k-1}\left[1-\left(\frac{p_2}{p_1}\right)^{\frac{k-1}{k}}\right] = \frac{209 \times 1073}{0,31}\left[1-\left(\frac{1}{7}\right)^{\frac{1,31-1}{1,31}}\right] =$$

$$= 723\,410\left[1-0,63098\right] = 266\,953 \ \frac{\mathrm{J}}{\mathrm{kg}} \cong 267 \ \frac{\mathrm{kJ}}{\mathrm{kg}}$$

RICHIAMO
Nel caso dell'***adiabatica ideale***, il ***volume massico finale*** risulta notevolmente inferiore rispetto al volume riscontrato al termine dell'***isoterma***.

Esempio 2
Una massa unitaria di etano compie una trasformazione di compressione da uno stato iniziale 1, caratterizzato da v_1 = 0,25 m³/kg e T_1 = 293 K, a uno stato finale 2, caratterizzato da v_2 = 0,085 m³/kg e T_2 = 310 K. La trasformazione è rappresentata da una linea inclinata riportata nel diagramma (p,v), come riportato nella ***figura 2.24***.

Calcolare il calore ΔQ e il lavoro ΔL scambiati con l'esterno.

Soluzione
Si calcolano le pressioni iniziale e finale:

$$p_1 = \frac{RT_1}{v_1} = \frac{300 \times 293}{0,25} = 351\,600 \ \mathrm{Pa} = 351,6 \ \mathrm{kPa} = 0,3516 \ \mathrm{MPa}$$

$$p_2 = \frac{RT_2}{v_2} = \frac{300 \times 310}{0,085} = 1,094 \times 10^6 \ \mathrm{Pa} = 1,094 \ \mathrm{MPa}$$

Il lavoro ΔL è proporzionale all'area sottesa rappresentata nella ***figura 2.24***; essa è pari alla somma di un rettangolo e di un triangolo:

$$\Delta L = p_1(v_2 - v_1) + \frac{1}{2}(p_2 - p_1)(v_2 - v_1) =$$

$$= 351\,600(0{,}085 - 0{,}25) + 0{,}5(1{,}094 - 0{,}3516)\,10^6\,(0{,}085 - 0{,}25) =$$

$$= -58\,000 - 61\,248 = -119\,248\ \frac{\text{J}}{\text{kg}} = -119{,}25\ \frac{\text{kJ}}{\text{kg}}$$

La variazione di energia interna è data dalla [*2.22*]:

$$\Delta U = c_v(T_2 - T_1) = 1{,}36(310 - 293) = 23{,}12\ \frac{\text{kJ}}{\text{kg}}$$

infine si calcola il calore:

$$\Delta Q = \Delta U + \Delta L = 23{,}12 - 119{,}25 = -96{,}13\ \frac{\text{kJ}}{\text{kg}}$$

Sia il calore sia il lavoro risultano negativi. Ciò significa che il lavoro viene erogato dal sistema, come è ovvio trattandosi di una compressione, mentre il calore viene emesso dal gas e liberato esternamente.

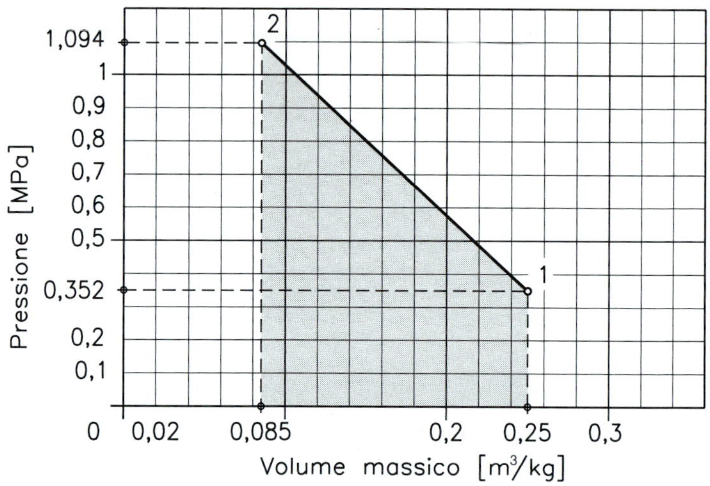

Fig. 2.24
Trasformazione ad andamento lineare.

Osservazione: pur non trattandosi di una trasformazione fondamentale, il primo principio della Termodinamica e le altre formule dei gas perfetti sono utilizzabili correttamente, in quanto la loro validità non dipende dal tipo di trasformazione.

Lavoro, calore e funzioni di stato

Il lavoro eseguito da un gas, nel passaggio dalla configurazione 1 alla configurazione 2, dipende non solo dai due stati iniziale 1 e finale 2, ma anche dal percorso eseguito. Infatti, come si nota dalla ***figura 2.25***, le aree sottese variano a seconda dell'andamento della trasformazione. Il lavoro svolto dal gas nella trasformazione 1-α-2 sottende l'area maggiore; il lavoro svolto dal gas nella trasformazione 1-γ-2 sottende l'area minore; il lavoro svolto dal gas nella trasformazione 1-β-2 sottende un'area intermedia: si ricordi che ogni area sottesa alla linea termica è proporzionale al lavoro erogato.

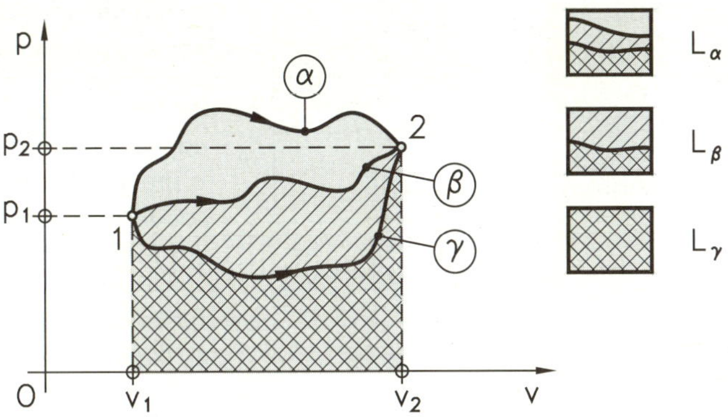

Fig. 2.25
Il lavoro dipende dal cammino.

Anche per i calori erogati o assorbiti dai gas vale lo stesso principio: la quantità di calore, scambiata da un sistema con l'esterno durante una trasformazione, non dipende **solo** dagli stati iniziale e finale, ma anche dal particolare cammino percorso dal gas.

Osservazione: per quanto riguarda il calore scambiato, si consideri l'esperimento che segue. Una massa di pochi grammi di mercurio a pressione atmosferica dev'essere portata dalla temperatura iniziale $t_1 = 10$ °C *alla temperatura finale* $t_2 = 11$ °C*; si vuole sapere quanto calore ha acquistato il liquido dall'esterno. Non è possibile formulare una risposta basandosi solo sui dati di partenza, occorre anche definire il tipo di trasformazione; si può riscaldare la piccola massa di mercurio con una quantità di calore addirittura nulla, se per esempio si agita il contenitore per un tempo sufficiente a generare delle forze d'attrito interno in grado di scaldare di 1* °C.

In Termodinamica questa proprietà si esprime con la seguente affermazione:

*il lavoro e il calore non sono **funzioni di stato**, bensì **funzioni di linea**.*

Al contrario l'energia interna U è funzione di stato e non di linea: dalla [*2.22*]:

$$\Delta U = c_v \left(T_{fin} - T_{iniz} \right)$$

si deduce che la variazione di energia interna dipende solo dai valori di temperatura iniziale e finale, a meno della costante c_v.

In conclusione:

— ΔL non è funzione di stato; è funzione di linea;
— ΔQ non è funzione di stato; è funzione di linea;
— $(\Delta Q - \Delta L) = \Delta U$ è funzione di stato e dipende unicamente dalle temperature iniziale e finale; non dipende dal cammino svolto, cioè non dipende dall'andamento né dalla forma della linea termica.

FORMULARIO ESSENZIALE

Grandezza	Formula	Unità di misura
Numero di moli	$n = \dfrac{m}{\mu}$	n = numero di moli m = massa del gas [kg] μ = massa molecolare [kg/kmol]
Costante di Poisson	$k = \dfrac{c_p}{c_v}$	k = costante c_p = capacità termica massica a pressione costante [J/(kg K)] c_v = capacità termica massica a volume costante [J/(kg K)]
Capacità termica massica	$c = \dfrac{Q}{m\,\Delta t}$	c = capacità termica massica [J/(kg K)] Q = calore [J] m = massa [kg] Δt = variazione di temperatura [K]
Lavoro del gas fra i punti 1 e 2	$L_{1,2} = \int_{v_1}^{v_2} p\,dv$	L = lavoro unitario [J/kg] p = pressione assoluta [Pa] dv = variazione infinitesima del volume massico [m^3/kg]
Trasformazione isoterma	$pv = \text{cost}$ con $T = \text{cost}$	p = pressione assoluta [Pa] v = volume massico [m^3/kg] T = temperatura [K]
Trasformazione isovolumica	$v = \text{cost}$	v = volume massico [m^3/kg]
Trasformazione isobara	$p = \text{cost}$	p = pressione [Pa]
Trasformazione adiabatica	$pv^k = \text{cost}$	p = pressione assoluta [Pa] v = volume massico [m^3/kg] k = costante di Poisson
Trasformazione politropica	$pv^m = \text{cost}$	p = pressione assoluta [Pa] v = volume massico [m^3/kg] m = costante
Prima legge di Gay-Lussac	$V = V_0(1+\alpha t)$	V = volume a t [°C] [m^3] V_0 = volume a 0 °C [m^3] α = coefficiente di dilatazione volumetrica [$°C^{-1}$] t = temperatura [°C]
Seconda legge di Gay-Lussac	$p = p_0(1+\alpha t)$	p = pressione a t °C [Pa] p_0 = pressione a 0 °C [Pa] t = temperatura [°C]

Grandezza	Formula	Unità di misura
Equazioni di stato dei gas perfetti	$pv = RT$ $pV = mRT$ $pV_m = \mathcal{R}T$ $pV = n\mathcal{R}T$	p = pressione assoluta [Pa] v = volume massico [m^3/kg] R = costante del gas [J/(kg K)] T = temperatura [K] V = volume [m^3] m = massa [kg] $\mathcal{R}$ = costante universale dei gas [J/(kmol K)] n = numero di moli
Costante universale dei gas	$\mathcal{R} = \mu R$	$\mathcal{R}$ = costante universale dei gas [J/(kmol K)] μ = massa molecolare [kg/kmol] R = costante del gas [J/(kg K)]
Primo principio della Termodinamica	$\Delta Q = \Delta L + \Delta U$	ΔQ = variazione di calore [J/kg] ΔL = variazione di lavoro [J/kg] ΔU = variazione di energia interna [J/kg]
Energia interna	$\Delta U = c_v \left(T_{fin} - T_{iniz}\right)$	ΔU = variazione di energia interna [J/kg] c_v = capacità termica massica a volume costante [J/(kg K)] T = temperatura [K]
Lavoro nell'isoterma	$\Delta L = R\,T \ln \frac{p_1}{p_2} = R\,T \ln \frac{v_1}{v_2}$	ΔL = variazione di lavoro [J/kg] R = costante del gas [J/(kg K)] T = temperatura [K] p = pressione assoluta [Pa] v = volume massico [m^3/kg]
Lavoro nell'adiabatica	$\Delta L = \frac{R\,T_1}{k-1}\left[1 - \left(\frac{p_2}{p_1}\right)^{\frac{k-1}{k}}\right]$	ΔL = variazione di lavoro [J/kg] R = costante del gas [J/(kg K)] T = temperatura [K] k = costante di Poisson p = pressione assoluta [Pa]

L'UNITÀ DIDATTICA IN BREVE

Sulla rete

PROBLEMI DI RIEPILOGO

Sulla rete

AUTOVERIFICA DELL'APPRENDIMENTO

1. La massa atomica relativa è il numero che indica quante volte la massa dell'atomo in questione è maggiore della:

a) sedicesima parte della massa dell'ossigeno-16;

b) dodicesima parte della massa del carbonio-12;

c) quattordicesima parte della massa del carbonio-14;

d) sedicesima parte della massa del carbonio-16.

2. Definire il sistema termodinamico (max 20 parole).

____

____

____

3. Il volume molare è definito come il volume occupato da ________________ in condizioni ________________

4. Il volume molare vale 22,414 dm^3/mol:

a) solo per i gas

b) solo per i gas e i liquidi

c) per qualunque sostanza

d) solo per i gas biatomici

5. Il prodotto fra il numero di moli n di una sostanza presente in un sistema termodinamico e la sua massa molecolare μ fornisce il peso totale della sostanza.

Vero ☐ Falso ☐

6. Il postulato di ______________ afferma che il calore non può passare da un ______________ a un ______________ senza la spesa di una quantità di ________________________

7. Elencare le tre caratteristiche di cui godono per definizione le molecole di un gas ideale:

a) ______________________________

b) ______________________________

c) ______________________________

8. Indicare le relazioni esatte fra quelle seguenti che correlano le costanti del gas c_p, c_v e R:

a) $k = \frac{c_v}{c_p}$

b) $R = c_p - c_v$

c) $k = \frac{c_p}{c_v}$

d) $R = c_v - c_p$

9. Il lavoro di un gas è definito dall'integrale $L_{1,2} = \int_{v_2}^{v_1} p\,dv$; la sua unità di misura è il J/kg.

Vero ☐ Falso ☐

10. Una trasformazione elementare è un tipo di trasformazione termodinamica di un gas in cui lo stato ______________________ del gas è infinitamente ______________________________ allo stato ______________________________

11. Indicare come variano le tre grandezze elencate di seguito nel corso di una trasformazione isovolumica:

a) volume massico: ______________________________

b) lavoro: ______________________________

c) calore fornito in funzione della variazione di temperatura: ______________________________

12. In una trasformazione isoterma, riducendo la pressione della metà, si ha che il volume massico raddoppia.

Vero ☐ Falso ☐

13. Spiegare perché in una trasformazione isobara, per calcolare il lavoro basta determinare l'area di un particolare rettangolo. (max 30 parole)

____

____

____

14. Il grafico dell'isoterma nel piano (p,v) è una curva avente forma di:

a) arco del cerchio

b) ellisse

c) parabola

d) iperbole equilatera

15. Le due leggi di Gay-Lussac pongono in relazione volume e pressione con la ______________________. In entrambe le formule compare la costante α che è detta ______________________

16. La trasformazione adiabatica ideale avviene:

a) secondo la formula $p\ v^k = \text{cost}$

b) senza scambi di calore con l'esterno

c) secondo la formula $p\ v = \text{cost}$

d) senza scambi di lavoro con l'esterno

17. Sviluppare l'equazione dimensionale ed esprimere l'unità di misura nel SI della costante del gas.

$[R]$ = ____

18. La costante universale dei gas $\mathcal{R}$ è definita come prodotto fra la ______________________________ di un qualunque gas e la sua ____________________________________

19. L'equazione di stato dei gas perfetti:

a) è valida solo per le trasformazioni adiabatiche ideali

b) assume formulazioni differenti a seconda che si tenga conto della massa o del numero di moli

c) pone in relazione pressione, volume massico e temperatura del gas

d) pone in relazione pressione, volume massico e lavoro unitario del gas

20. Elencare le tre grandezze che compaiono nella formulazione secondo Mayer del primo principio della Termodinamica:

a) ____

b) ____

c) ____

21. Applicando il primo principio della Termodinamica a una trasformazione isoterma, si ha che uno dei tre addendi si annulla, in particolare:

a) si annulla ΔU, dato che la temperatura rimane costante

b) si annulla ΔQ, dato che la temperatura rimane costante

c) si annulla ΔL, dato che il lavoro nell'isoterma è nullo

d) si annulla ΔU, dato che non si hanno scambi di calore con l'esterno.

22. L'affermazione secondo cui il lavoro dei gas è una funzione di stato significa che il lavoro dipende non solo dai __________________ ma anche dal particolare ______________________________ impiegato.

23. Definire il lavoro di un ciclo termodinamico (max 20 parole).

____

____

____

24. In un'espansione adiabatica la diminuzione di energia interna è pari al lavoro unitario erogato dal gas.

Vero ☐ Falso ☐

C3

INTRODUZIONE AL SECONDO PRINCIPIO DELLA TERMODINAMICA

La presente unità sviluppa il problema della **reversibilità** e dell'**irreversibilità** nelle trasformazioni, affronta il **ciclo di Carnot** e approfondisce il concetto di **rendimento**; tali premesse consentono di introdurre il **secondo principio della Termodinamica**. Si sviluppano poi i concetti di **entropia** ed **entalpia**, fornendo una breve presentazione del **terzo principio della Termodinamica**. Infine vengono presentati i principali cicli termici adottati sulle macchine termiche a combustione interna.

Prerequisiti

- Conoscere le leggi dei gas, in particolare l'equazione di stato dei gas perfetti.
- Riconoscere le trasformazioni fondamentali e i relativi grafici.
- Sapere calcolare pressioni, volumi e temperature, relativamente alle trasformazioni fondamentali.
- Conoscere l'enunciato del primo principio della Termodinamica.
- Sapere applicare le formule per calcolare i lavori e i calori nelle varie trasformazioni.

Obiettivi

- Riconoscere i concetti di reversibilità e di irreversibilità.
- Sapere spiegare il ciclo di Carnot e saperne eseguire i calcoli relativi.
- Acquisire le conscenze riguardanti il secondo principio della Termodinamica.
- Acquisire i concetti di entalpia ed entropia.
- Sapere applicare le formule relative all'entropia e all'entalpia.

Contenuti

- Il rendimento di un ciclo.
- Il ciclo di Carnot.
- Il secondo principio della Termodinamica.
- L'entropia.
- L'entalpia.
- I principali cicli termici impiegati nelle macchine a combustione interna.
- Il terzo principio della Termodinamica.

Verifica prerequisiti

1. Calcolare il volume massico v di una massa di metano, note la pressione p = 1,8 MPa e la temperatura t = 5 °C.

v = ____________________

2. La formula pv^k esprime la trasformazione di tipo ____________________; la costante k, posta come esponente, si chiama ____________________

3. Calcolare la pressione p_2 di una massa d'aria al termine di una compressione isotermica, avente come condizione iniziale 1 la pressione p_1 = 0,8 bar e la temperatura t_1 = –5 °C e con v_2 = 0,48 m³/kg.

p_2 = ____________________

4. Il grafico dell'isoterma nel piano (p,v) è una curva avente forma di:

a) iperbole equilatera　　b) ellisse

c) parabola　　d) arco di cerchio

5. Il lavoro svolto da un gas è definito lavoro motore quando il gas esegue un'espansione; è definito lavoro resistente quando il gas esegue una compressione.

Vero ☐　　Falso ☐

6. Indicare il valore assunto dalla capacità termica massica c dei gas, per le seguenti trasformazioni fondamentali:

a) isoterma　　b) isocora

c) isobara　　d) adiabatica

7. Enunciare il primo principio della Termodinamica nella formulazione di Mayer (max 15 parole).

____

____

8. Scrivere la prima e la seconda formula di Gay-Lussac:

a) ____________________ b) ____________________

9. Calcolare il lavoro compiuto su una massa unitaria d'aria, per comprimerla adiabaticamente da p_1 = 1 bar e t_1 = 20 °C, alla pressione finale p_2 = 3,7 bar.

L = ____________________

10. Il lavoro svolto da un gas, nel corso di una trasformazione isocora, è nullo.

Vero ☐　　Falso ☐

Problema

Una massa $m = 3{,}5$ kg di elio descrive il ciclo di Lenoir (▸ *Fig. 3.1*) in senso orario, secondo la sequenza 1-2-3-1; la temperatura ambiente è $t_1 = 0$ °C e la pressione iniziale vale $p_1 = 1$ bar. Le tre trasformazioni sono nell'ordine: una compressione isocora fino a $p_2 = 2$ bar, un'espansione adiabatica fino alla pressione ambientale e una compressione isobara fino a ritornare al punto 1. La massa molecolare dell'elio vale $\mu = 4$ kg/ kmol, mentre la capacità termica massica, a volume costante, vale $c_v = 3139{,}5$ J/(kg K). Il ciclo è di tipo reversibile e il gas è ideale. Calcolare i valori mancanti di temperatura e di volume massico nei tre punti del ciclo; calcolare il lavoro L e il calore Q unitari (espressi in kJ/kg) e totali (espressi in chilojoule), svolti durante le tre trasformazioni. Esprimere il rendimento del ciclo e calcolare le variazioni di entropia avvenute durante le tre trasformazioni. Infine tracciare qualitativamente il diagramma del ciclo nel piano entropico.

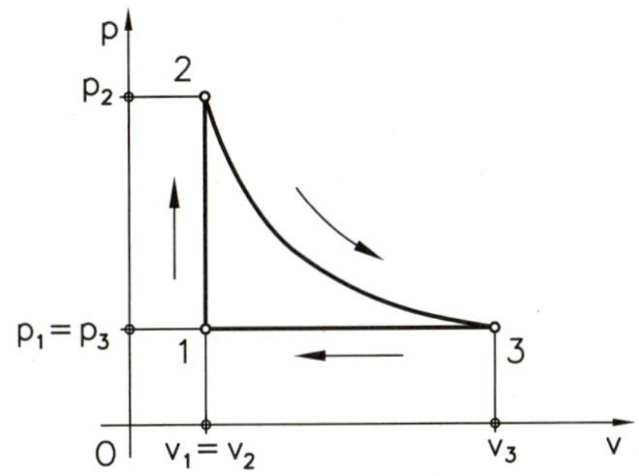

Fig. 3.1
Ciclo di Lenoir.

Analisi

Il problema consiste nel ricavare inizialmente le costanti del gas in base ai dati forniti. In seguito si individuano le leggi dei gas utili, per calcolare le grandezze termodinamiche richieste. La quinta domanda chiede di tracciare il grafico del ciclo sul diagramma (T,S) in modo qualitativo, vale a dire, posizionando i tre punti del ciclo e disegnando le linee che li uniscono, individuandone la forma grafica senza ricorrere a punti intermedi.

Procedura consigliata

Per risolvere il problema occorre:

- richiamare le formule dei gas incontrate nella ***C2***;
- riferirsi ai ***paragrafi C3.1*** e ***C3.3***, nei quali sono presentati i concetti di ciclo reversibile e di rendimento con le formule necessarie per rispondere alle prime tre domande;
- riferirsi al ***paragrafo C3.2***, in cui sono riportati esempi relativi al ciclo di Carnot svolti in modo completo, dai quali dedurre la procedura di soluzione dei problemi relativi ai cicli termici in generale;
- riferirsi al ***paragrafo C3.4*** per acquisire le conoscenze teoriche e le metodologie di calcolo dell'entropia e di tracciamento dei grafici delle trasformazioni sul piano entropico.

C3.1 IL RENDIMENTO DI UN CICLO

Il primo principio della Termodinamica e la reversibilità delle trasformazioni

Dal primo principio della Termodinamica e dal principio di conservazione dell'energia, si è appreso che l'energia non può essere creata né distrutta, ma può solamente subire trasformazioni da una forma all'altra: in altri termini, l'energia totale presente in natura è costante. L'espressione di uso corrente "produzione di energia" risulta del tutto inappropriata: il termine più corretto è "conversione di energia", dato che si tratta di forme di energia già esistenti in natura (per esempio di tipo chimico, nucleare, idrico), convertite in energia elettrica e meccanica per un più diretto utilizzo.

Tuttavia il primo principio della Termodinamica non fornisce indicazioni riguardo alla convenienza o alla redditività delle conversioni energetiche; non permette di valutare perdite e sprechi che avvengono nel corso delle trasformazioni. La causa di queste diseconomie, presenti in tutte le trasformazioni reali, è costituita dai fenomeni di **attrito**, per la cui valutazione occorre riferirsi a ulteriori leggi e principi. Anche nei gas, come in qualsiasi altro tipo di fluido in moto, si manifestano forze d'attrito sia in seguito agli urti fra le molecole sia nei contatti di strisciamento del fluido con le pareti del condotto e con gli organi mobili delle macchine.

RICHIAMO
Lo studio dei ***moti liquidi reali***, alla luce dei fenomeni dissipativi causati dagli ***attriti***, è il tema della ***E5*** del ***Volume 1***.

Si consideri una massa unitaria di un gas qualunque, purché ideale, come riportato nella ***figura 3.2***.

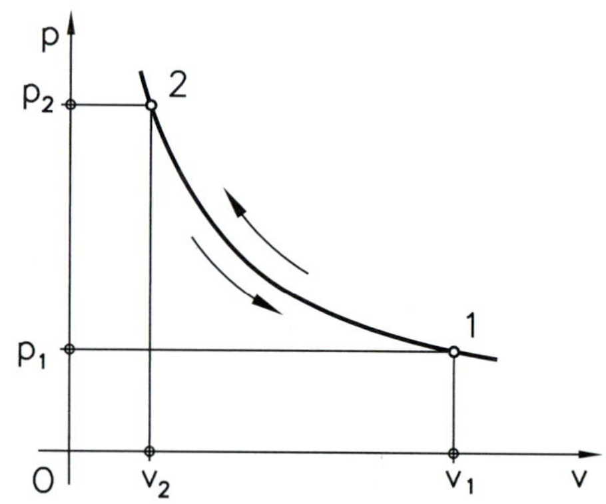

Fig. 3.2
Trasformazione isotermica ideale fra i punti estremi 1 e 2; la compressione si svolge in direzione 1-2, mentre l'espansione si svolge in direzione opposta 2-1.

Il tratto di isoterma compreso fra i punti estremi può essere percorso indifferentemente dal gas in un senso come nell'altro; il bilancio energetico è esattamente lo stesso, a parte i segni algebrici del lavoro e del calore. Nei due casi l'area sottesa non cambia, pertanto il lavoro speso dall'esterno, per comprimere il gas dal punto 1 al punto 2, è uguale al lavoro restituito dal gas durante la sua espansione dal punto 2, al punto 1; lo stesso tipo di ragionamento può essere fatto per il flusso termico scambiato fra sistema e ambiente. Da ciò si deduce che se il gas ideale compisse una trasformazione pure ideale, quindi senza dissipazioni di alcun genere, si innescherebbe un **moto perpetuo**: prima si fornisce lavoro dall'esterno per comprimere il gas, poi quest'ultimo, espandendosi, restituisce interamente all'ambiente il lavoro accumulato in precedenza;

il moto di andirivieni, lungo il tratto di isoterma compresa fra i punti 1 e 2, risulterebbe di tipo perpetuo, non esistendo nessun motivo di rallentamento o perdita. Il tratto di linea termica ideale rappresenta una **trasformazione termodinamica reversibile**, potendo essere percorsa indifferentemente in entrambi i sensi.

*Una **trasformazione termodinamica reversibile** è un processo in base al quale il sistema può tornare allo stato iniziale senza produrre modificazioni di alcun genere nell'ambiente esterno.*

Quanto affermato non contraddice il primo principio della Termodinamica: esso afferma che la somma di lavoro, calore ed energia interna deve in ogni caso essere zero, ma non nega l'eventualità che, nel corso di una trasformazione percorsa prima in un senso poi in quello opposto, i due lavori, quello assorbito e quello erogato, possano anche essere uguali.

Infatti nel caso di un ciclo chiuso, in cui il punto finale coincide con quello iniziale, oppure percorrendo due volte il medesimo tratto di linea termica ideale con un cammino tipo 1-2-1 (▸ Fig. 3.2), il primo principio della Termodinamica, espresso dalla [2.21], asserisce che:

$$\Delta L = \Delta Q$$

Nel caso di una macchina motrice ciclica, il risultato appena trovato non evidenzia se una parte del calore introdotto viene dispersa o scaricata dalla macchina; non valuta neppure qual è la parte di ΔL persa per vincere gli attriti, quindi non facente parte del lavoro utile erogato.

Il primo principio della Termodinamica, tuttavia, informa che è impossibile ottenere da una qualunque trasformazione ciclica una produzione di lavoro ΔL **maggiore della quantità di calore** ΔQ fornita complessivamente al sistema.

*Il **moto perpetuo di prima specie** sarebbe il moto realizzato da una macchina termica, a funzionamento ciclico, che compie un lavoro maggiore dell'energia fornita dall'ambiente esterno. Tale moto è irrealizzabile per il primo principio della Termodinamica.*

POLIGLOTTA

Moto perpetuo di prima specie

GB: Perpetual motion of the first kind
F: Mouvement perpétuel du premier genre
D: Perpetuum mobile erster Art

Si è detto che nel caso di una trasformazione ciclica chiusa di tipo ideale, percorsa in senso orario (▸ Fig. 3.3), la variazione di energia interna è sicuramente zero; per il primo principio della Termodinamica, il lavoro che si ottiene calcolando l'area racchiusa dal ciclo risulta pari alla quantità di calore fornita.

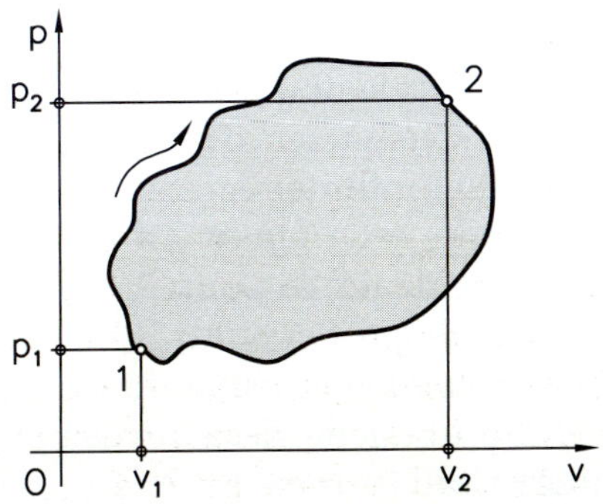

Fig. 3.3
Una generica trasformazione ciclica svolta da un gas ideale; per il primo principio della Termodinamica si ha: $\Delta L = \Delta Q$.

Reversibilità e irreversibilità delle trasformazioni

Con riferimento alla ***figura 3.4***, si compie la compressione isotermica 1-2, impiegando una macchina termica ideale formata da un cilindro in cui scorre, senza attrito ma con tenuta, uno stantuffo comandato dall'esterno. Al termine della compressione il gas contenuto all'interno del cilindro raggiunge la configurazione 2.

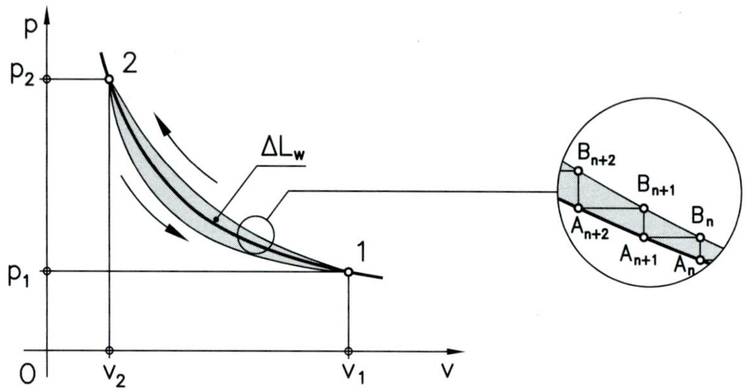

Fig. 3.4
Raffigurazione della curva isoterma ideale con le curve reali di compressione e di espansione; il particolare ingrandito evidenzia l'andamento a scalini della compressione.

Per eseguire la trasformazione occorre fornire dall'esterno una certa quantità di lavoro meccanico mentre il gas, dovendo restare in condizioni di temperatura costante durante tutta la trasformazione, espelle calore riversandolo nell'ambiente. Tutti i punti A_1, A_2, A_3,... A_n che giacciono sulla linea termica 1-2 sono punti di equilibrio, cioè punti che rappresentano configurazioni di pressione, volume e temperature, alle quali il gas rimane in condizioni di quiete. Per eseguire la trasformazione occorre rompere lo stato di equilibrio del gas, obbligandolo a evolvere alla ricerca di una nuova condizione di quiete. All'interno della macchina deve dunque avvenire un'azione di perturbazione, come può essere l'esecuzione di una piccola spinta da parte dello stantuffo, allo scopo di generare un lieve incremento alla pressione interna della massa racchiusa. La massa fluida subisce un piccolo riscaldamento e abbandona la linea termica ideale, percorrendo il tratto di isovolumica rappresentato dal segmento A_nB_n; il gas allora tende spontaneamente a ritrovare l'equilibrio e lo fa cedendo calore per ritornare sulla linea dell'isotermica da cui si è allontanato, percorrendo il segmento B_nA_{n+1}, che è un tratto di isobara. Il punto raggiunto A_{n+1} si trova a un volume massico inferiore, ma a una pressione superiore al precedente punto A_n. Ripetendo più volte l'operazione, il gas è costretto a spostarsi al di fuori della linea ideale, per poi tornare sulla medesima. Toccando in successione i punti A_{n+2}, A_{n+3}, e poi i seguenti, si raggiunge l'estremo 2 di fine compressione.

Il procedimento sperimentale di compressione isoterma, sin qui descritto, necessita di tempi estremamente lunghi, proprio per dare tempo al gas di percorrere gli scalini infinitesimi sovrastanti alla linea termica ideale. Nel tratto ingrandito della ***figura 3.4*** sono indicati i punti B_n, B_{n+1}, B_{n+2}, esterni alla curva ideale, e i punti A_n, A_{n+1}, A_{n+2}, giacenti sulla curva ideale. La pressione del gas nei punti B è superiore alla pressione di equilibrio con l'esterno. Unendo la sequenza dei punti B_n, si ottiene la nuova linea termica di compressione, assai prossima all'isoterma ideale, con la quale si congiunge negli estremi 1 e 2.

Per ottenere la trasformazione contraria, cioè l'espansione da 2 a 1, si fa percorrere al gas una serie di scalini, simile alla precedente ma orientati dalla parte opposta rispetto all'isoterma, così da ottenere una nuova curva affiancata inferiormente alla linea termica ideale. Il fascio delle tre curve è tracciato nella *figura 3.4*. Le due curve reali racchiudono un ciclo, la cui area interna è tanto più piccola quanto più fitti sono gli scalini. L'area interna rappresenta il **lavoro disperso** ΔL_w e misura il **grado d'irreversibilità** della trasformazione. Tale lavoro è a carico delle forze esterne che agiscono sullo stantuffo; pertanto il gas ha bisogno di un apporto o di lavoro o di calore dall'esterno, per completare il percorso 1-2-1 rappresentato nella *figura 3.4*.

*Una **trasformazione termodinamica irreversibile** è un processo in base al quale il sistema non può tornare allo stato iniziale senza produrre modificazioni nell'ambiente esterno. Per completare il cammino di andata e ritorno il gas deve operare scambi di energia con l'esterno.*

POLIGLOTTA
Reversibilità, irreversibilità
GB: Reversibility, irreversibility
F: Réversibilité, irréversibilité
D: Reversibilität, Nichtumkehrbarkeit

Le trasformazioni reali che avvengono nelle macchine termiche hanno le seguenti proprietà:
— si sviluppano con velocità finita; al contrario, per ottenere l'isoterma ideale, è indispensabile procedere con tempi assai lunghi e con una successione di variazioni di pressione e volume infinitesime;
— sono sede di forze di attrito; al contrario la macchina ideale ne è priva;
— sono sede di diffusioni e di scambi di calore causati dalle differenze finite di temperatura fra i vari organi della macchina (soprattutto in quelli a contatto con il gas) e fra la macchina e l'ambiente.

*Una **macchina reversibile** è una macchina ideale in grado di eseguire trasformazioni reversibili, consentendo lo svolgimento della trasformazione termodinamica sia in un senso sia in quello opposto, con bilancio energetico complessivo pari a zero.*

Osservazione: nella macchina reversibile la trasformazione procede con grande lentezza, le differenze di temperatura e pressione fra il sistema e l'ambiente sono infinitesime, per cui le linee termiche rappresentative della compressione e dell'espansione si fondono con l'isoterma ideale.

RICHIAMO
Condizione necessaria e sufficiente affinché il ***processo*** sia ***reversibile*** è che tutti i punti della linea termica siano punti di equilibrio per il gas, poiché solo così può essere percorsa nei due sensi; i ***processi irreversibili***, invece, avvengono in condizioni di non equilibrio.

In conclusione, le condizioni essenziali per una trasformazione reversibile sono le seguenti:
— la differenza di pressione fra il gas che esegue la trasformazione e l'ambiente esterno dev'essere infinitesima;
— la differenza di temperatura fra il gas che esegue la trasformazione e l'ambiente esterno dev'essere infinitesima;
— non vi devono essere dispersioni di energia né perdite dovute alle resistenze passive.

RICHIAMO
Se due sostanze formano una miscela reagente, originando un nuovo composto con produzione di calore (***reazione esotermica***) e senza compiere lavoro, il composto finale possiede un'energia interna inferiore alla somma delle energie appartenenti alle sostanze reagenti considerate singolarmente; per le ***reazioni endotermiche*** vale il contrario.

Dall'esame delle tre condizioni essenziali si deduce che le **trasformazioni reversibili** sono di tipo ideale e hanno come fluido operativo un gas ideale che deve necessariamente essere chimicamente omogeneo.

Le **trasformazioni** in due fasi, una di andata e l'altra di ritorno, di tipo **irreversibile**, avvengono in modo spontaneo in un senso, in modo

RICHIAMO
Una forma di ***processo compensatore*** presente in ogni trasformazione è costituita dalla spesa di una quota di lavoro per vincere le resistenze di attrito, lavoro destinato a disperdersi nell'ambiente senza possibilità di recupero.

forzato nell'altro; per esempio, ponendo a contatto un corpo caldo e uno freddo, si ha la trasmissione di calore spontanea dal primo verso il secondo, in modo da portare all'uguaglianza delle temperature. La trasformazione inversa di ripristino della differenza iniziale di temperatura fra i due corpi esige l'attivazione di un processo esterno, detto **processo compensatore**, con conseguente dispendio di energia da parte dell'ambiente: un esempio di processo compensatore può essere l'impiego di una macchina frigorifera.

Un esempio di macchina che esegue in modo reversibile una compressione, seguita poi da un'espansione, entrambe isotermiche, è rappresentata nella *figura 3.5*.

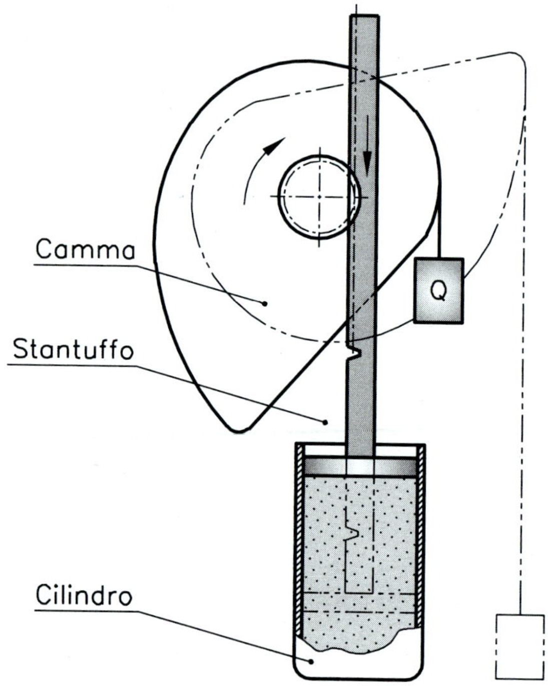

Fig. 3.5
Macchina termica per eseguire misure sperimentali sulla compressione e sull'espansione isoterma di un gas.

Si immagini una massa di gas perfetto chiuso in un contenitore cilindrico, entro cui scorre, senza attriti, uno stantuffo a perfetta tenuta. Il meccanismo di spinta che agisce sullo stantuffo è costituito da un peso Q, sostenuto da un filo avvolto intorno al profilo esterno di una camma; durante la discesa del peso, la camma fa ruotare il proprio albero, su cui è montata una ruota dentata che ingrana con una cremagliera verticale, ricavata sullo stelo dello stantuffo. Il profilo della camma ha un andamento tale da mantenere il sistema in equilibrio stabile, qualunque sia la condizione di pressione e volume del gas; il momento motore generato dal peso Q dev'essere crescente per poter generare una pressione anch'essa crescente e quindi completare la compressione; infatti la distanza fra l'asse del filo e il centro camma, ovvero il braccio della forza peso, aumenta progressivamente con la rotazione. L'aggiunta o la sottrazione di piccole porzioni al peso fanno scendere o salire di un breve tratto lo stantuffo, realizzando la compressione o l'espansione del gas. Dopo ogni aggiunta o sottrazione di zavorra, occorre dare al sistema il tempo necessario per scambiare calore con l'ambiente e realizzare l'isoterma. Il processo è tanto più vicino all'isoterma ideale quanto più piccole sono le variazioni di massa della zavorra.

Osservazione: nella realtà i movimenti dello stantuffo e dei vari meccanismi non sono privi d'attrito, per cui è necessaria una piccola maggiorazione di peso alla zavorra per consentire lo svolgimento della trasformazione; il processo reale è diventato irreversibile; dato che l'attrito è una caratteristica presente in tutti i meccanismi, ne consegue che nessun processo reale è reversibile. Il concetto di reversibilità viene assunto come termine di riferimento e di confronto nell'analisi delle trasformazioni reali.

La conversione di calore in lavoro e viceversa nelle macchine termiche cicliche

Si è visto che l'espansione isotermica di un gas perfetto è un processo nel quale il calore viene completamente trasformato in lavoro: la quantità di calore introdotta nel gas equivale esattamente alla quantità di lavoro erogato. Il gas espande da uno stato iniziale ad alta pressione, fino a uno stato finale a bassa pressione, per cui, al termine della trasformazione il gas si trova in una configurazione termodinamica differente da quella iniziale. Ipotizzando di avere realizzato un'isoterma di espansione perfettamente reversibile, ne consegue che si può ricondurre il gas alle condizioni iniziali, somministrandogli l'esatta quantità di lavoro che esso aveva erogato nel corso dell'espansione. La produzione di lavoro è dunque nulla, poiché la loro somma è zero. Al contrario, se si vuole costruire una macchina che converta il calore in energia meccanica, producendo lavoro in modo continuo, è necessario provvedere periodicamente al ripristino della condizione di partenza, adottando però processi di ritorno allo stato iniziale, che siano diversi dalla trasformazione iniziale, che eroga lavoro. Lo stato del gas dovrà allora seguire un percorso chiuso, detto **ciclo termodinamico**, la cui area interna rappresenta proprio il lavoro unitario. Nella *figura 3.6* è riportato un ciclo generico percorso in senso orario: la striscia grigio scuro verticale di base dv rappresenta il lavoro ($dL = p\,dv$), riferito a un tratto della curva superiore di espansione. Perché ciò avvenga, è necessario che il gas sia rifornito di una quantità di calore dQ proveniente da una fonte esterna.

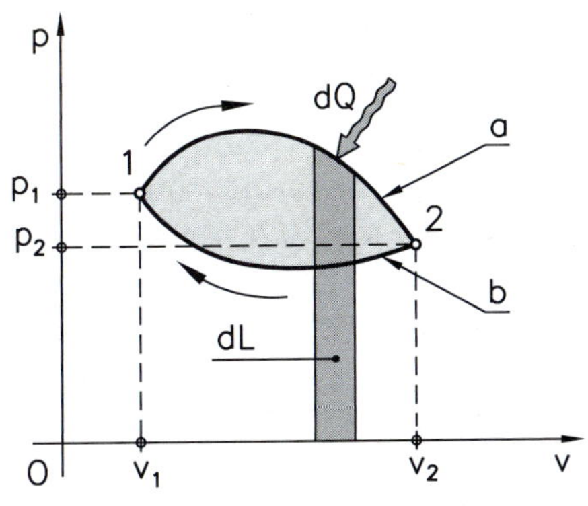

Fig. 3.6
Un generico ciclo chiuso 1-a-2-b-1 per una macchina motrice, in cui si evidenziano l'apporto di calore *dQ* e il lavoro erogato *dL* quando il gas percorre un tratto della curva superiore.

Dal ciclo chiuso 1-a-2-b-1, rappresentato nella *figura 3.6*, si ricava il lavoro unitario erogato dal gas, espresso dalla seguente formula:

$$\Delta L = \oint p\,dv$$

Applicando il primo principio della Termodinamica al ciclo chiuso si ottengono tre integrali circolari:

RICHIAMO
In Matematica il simbolo di integrale tagliato da un cerchio è detto ***integrale circolare o circuitazione***: nel caso del calcolo del lavoro ΔL, tale simbolo indica che viene svolta la somma di tutte le aree elementari comprese all'interno del contorno chiuso.

$$\oint dQ = \oint dU + \oint dL$$

Osservazione: si ricorda che il simbolo di integrale indica l'esecuzione di una somma; nell'equazione compaiono tre integrali, con i quali si sommano rispettivamente tutti i calori scambiati dQ, tutte le variazioni di energia interna dU e tutti i lavori erogati o assorbiti dL, così come si succedono nel corso di un ciclo completo.

Da quanto detto riguardo ai cicli chiusi deriva che:

$$\oint dU = 0$$

per cui il primo principio della Termodinamica si semplifica come segue:

$$\oint dQ = \oint dL$$

I simboli di integrale informano che a primo membro compare la somma algebrica di tutti i calori scambiati, positivi se entranti, negativi se uscenti. Parimenti, a secondo membro compare la somma di tutti i lavori svolti dal gas, erogati e assorbiti. Si può quindi concludere che:

*il lavoro **L** sviluppato da un sistema termodinamico nel corso di un ciclo chiuso è uguale alla differenza fra tutte le quantità di calore $\boldsymbol{Q_1}$ fornite al sistema e tutte quelle a esso sottratte $\boldsymbol{Q_0}$:*

RICHIAMO
I due trattini verticali, che accompagnano il simbolo del calore Q_0 ceduto dal gas, indicano che la grandezza viene assunta in ***valore assoluto***, per cui nella *[3.1]* essa viene sicuramente sottratta al calore entrante Q_1 di segno positivo.

$$L = Q_1 - |Q_0| \qquad \textbf{[3.1]}$$

*Si definisce **rendimento** del ciclo il rapporto fra il lavoro L svolto dal sistema e il calore a esso fornito Q_1:*

$$\eta = \frac{L}{Q_1} = \frac{Q_1 - |Q_0|}{Q_1} = 1 - \frac{|Q_0|}{Q_1} \qquad \textbf{[3.2]}$$

Se il ciclo è percorso in senso orario, come rappresentato nella ***figura 3.6***, il significato della formula è che la macchina termica produce il lavoro L a spese del calore entrante Q_1. Invertendo il senso del percorso, si ha che il lavoro è impiegato dalla macchina per estrarre calore dal sistema e scaricarlo all'esterno.

Sorgenti di calore

Si è detto che nelle macchine termiche motrici il fluido operativo riceve una quantità di energia sotto forma di calore dall'esterno e restituisce un'altra energia sotto forma di lavoro. Nelle macchine termiche operatrici, tipo frigoriferi, il fluido riceve energia sotto forma di lavoro e trasmette altra energia sotto forma di calore da un corpo freddo a un corpo caldo. Gli schemi delle due macchine sono riportati nella **figura 3.7**.

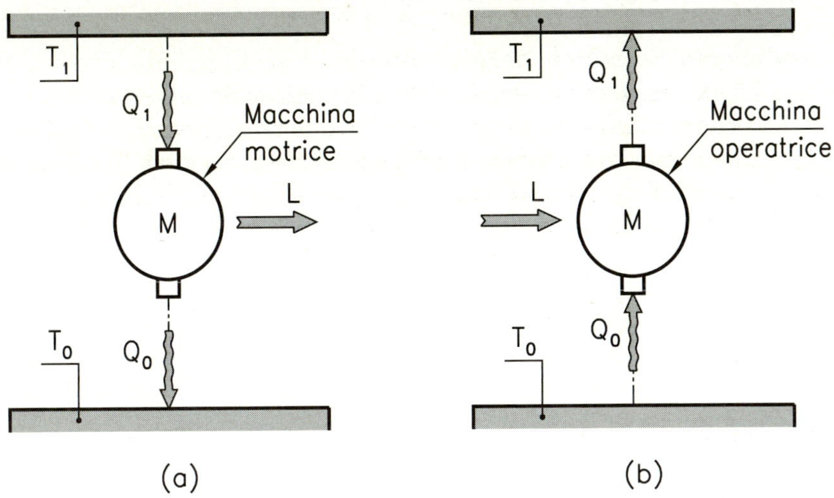

Fig. 3.7
Schemi di due macchine termiche in cui si evidenziano i flussi termici con le sorgenti esterne e i lavori meccanici:
a) macchina motrice;
b) macchina operatrice frigorifera.

Nei due schemi sono disegnati i corpi esterni con cui la macchina scambia il calore, denominati **sorgenti di calore**.

*Si definisce **sorgente calda di calore** il corpo che fornisce il calore entrante al sistema termodinamico costituito dalla macchina termica.*

*Si definisce **sorgente fredda di calore** il corpo che riceve il calore uscente dal sistema termodinamico costituito dalla macchina termica.*

POLIGLOTTA
Sorgente di calore
GB: Heat source, heat reservoir
F: Source de chaleur
D: Wärmequelle

Le sorgenti di calore sono **generatori ideali**, nel senso che pur prelevando o scaricando calore, le loro temperature interne rimangono invariate. È ciò che succede nella realtà quando si preleva una piccola quantità di fluido caldo da un serbatoio di grandi dimensioni: prendere un bicchiere d'acqua calda da un comune scaldabagno domestico non fa certo scendere la sua temperatura interna in modo apprezzabile.

RICHIAMO
Le ***sorgenti di calore*** sono anche denominate ***termostati***.

Esempio
La macchina termica motrice M assorbe il calore Q_1 = 250 kJ/kg dalla sorgente calda e scarica il calore Q_0 = 100 kJ/kg alla sorgente inferiore. Calcolare il lavoro prodotto e il rendimento del ciclo.

Soluzione
Applicando la [*3.1*] si ottiene:

$$L = Q_1 - |Q_0| = 250 - 100 = 150\ \frac{\text{kJ}}{\text{kg}}$$

Applicando la [*3.2*] si ottiene:

$$\eta = \frac{L}{Q_1} = \frac{Q_1 - |Q_0|}{Q_1} = 1 - \frac{150}{250} = 1 - 0{,}6 = 40\%$$

C3.2 IL CICLO DI CARNOT

Conformazione del ciclo di Carnot

POLIGLOTTA
Ciclo termico
GB: Thermic cycle
F: Cycle thermique
D: Thermischer Kreisprozess

Il rendimento di un **ciclo termodinamico** è strettamente legato ai tipi di trasformazione che lo compongono. Lo studioso Sadi **Carnot** presentò nel 1824 l'omonimo ciclo, scegliendo fra le due trasformazioni che meglio si avvicinano sperimentalmente alla condizione di reversibilità, l'adiabatica e l'isoterma. Il **ciclo di Carnot** riveste una speciale importanza in Termodinamica, dato che viene assunto come termine di riferimento per ogni altro ciclo; infatti Sadi Carnot, ideando questo ciclo, si era posto i seguenti due obiettivi:

— note le temperature T_1 e T_0 delle due sorgenti di calore, che fungono rispettivamente da alimentatore e da scarico, individuare il ciclo di trasformazione che consente di raggiungere il massimo rendimento possibile;

— scoprire se il valore del rendimento del ciclo è influenzato dalla natura del gas ideale impiegato.

Il ciclo inventato da Carnot consiste in una sequenza di quattro trasformazioni ideali: una compressione adiabatica; un'espansione isoterma, a temperatura T_1 con introduzione del calore Q_1; un'espansione adiabatica; una compressione isoterma, a temperatura T_0 con espulsione del calore Q_0. Le quattro trasformazioni sono perfettamente reversibili, per cui il ciclo può essere percorso indifferentemente nei due sensi: il ciclo è anche detto **motore di Carnot** o **frigorifero di Carnot**, a seconda del verso considerato. Il ciclo di Carnot, rappresentato nella ***figura 3.8***, svolge le sue quattro trasformazioni in senso orario, quindi in funzione di macchina motrice, in successione fra i punti 1-2-3-4-1.

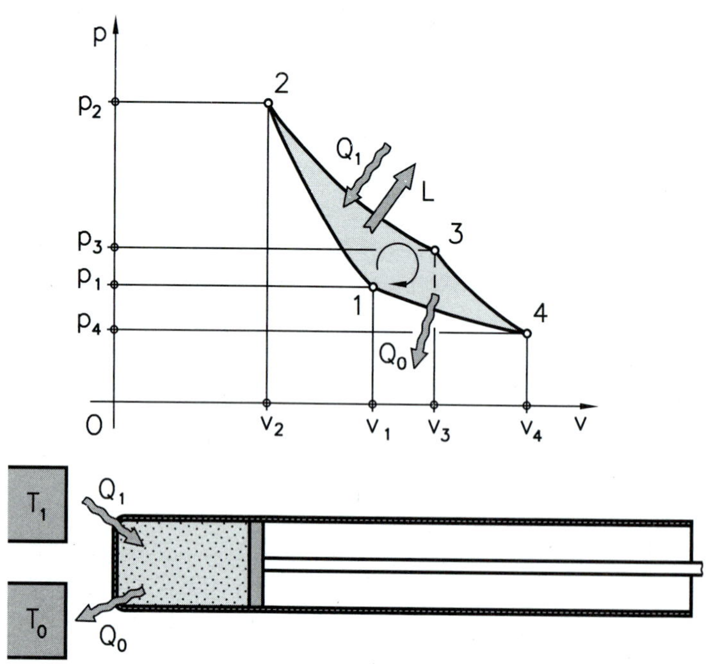

Fig. 3.8
Ciclo di Carnot, in cui sono rappresentate l'adiabatica di compressione (1-2), l'isoterma di espansione(2-3), l'adiabatica di espansione (3-4) e l'isoterma di compressione (4-1).

Nel tratto 1-2 il gas viene compresso adiabaticamente a partire dalla temperatura T_0, fino a raggiungere la temperatura T_1. Successivamente inizia l'espansione isoterma 2-3, durante la quale si ha l'introduzione del calore Q_1 proveniente dal termostato superiore. L'espansione prosegue anche dopo che è cessato l'apporto di calore dall'esterno, grazie all'elevato valore dell'energia interna presente nel gas nel punto 3; l'espansione 3-4 diviene di tipo adiabatico, essendo cessato l'apporto di calore dal termostato; l'espansione adiabatica comporta il raffreddamento del gas fino al punto 4, in cui si raggiunge la temperatura finale T_0. Ha inizio la quarta trasformazione, con la quale si chiude il ciclo, riportando il gas alle condizioni iniziali rappresentate dal punto 1; questa trasformazione è una compressione isoterma, durante la quale viene espulso il calore Q_0 a bassa temperatura, inviato al termostato inferiore a temperatura T_0.

Ciascuna delle quattro trasformazioni sottende un'area nel diagramma (p,v) cui corrisponde un lavoro unitario erogato o assorbito, secondo lo schema illustrato nella ***figura 3.9***:
— nel tratto 1-2 di compressione adiabatica, l'area sottesa è 1-2-A-B; il lavoro $L_{1,2}$ è negativo, quindi proviene dall'esterno;
— nel tratto 2-3 di espansione isoterma, l'area sottesa è 2-3-C-A; il lavoro $L_{2,3}$ è positivo, quindi è erogato dal gas;
— nel tratto 3-4 di espansione adiabatica, l'area sottesa è 3-4-D-C; il lavoro $L_{3,4}$ è positivo, quindi è erogato dal gas;
— nel tratto 4-1 di compressione isoterma, l'area sottesa è 4-1-B-D; il lavoro $L_{4,1}$ è negativo, quindi proviene dall'esterno.

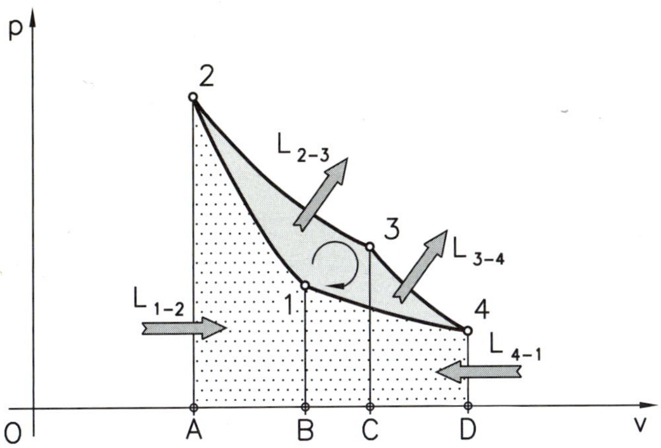

Fig. 3.9
Le aree sottese alle quattro trasformazioni del ciclo di Carnot rappresentano lavori unitari; in questo caso, essendo il ciclo percorso in senso orario, la somma è positiva.

Il rendimento del ciclo di Carnot

La macchina termica di Carnot è puramente ideale e può essere ipotizzata come un cilindro con stantuffo, che contiene un generico gas ideale. Il cilindro viene a contatto alternativamente con due sorgenti di calore, una superiore, che cede al gas il calore Q_1 a temperatura T_1, e una inferiore, che riceve dal gas il calore Q_0 a temperatura T_0 (▸ ***Fig. 3.10***). Nel corso delle due adiabatiche, il cilindro è considerato termicamente isolato in maniera perfetta dall'esterno, per impedire flussi di calore di qualsiasi genere.

Fig. 3.10
Ciclo di Carnot:
a) schema termodinamico;
b) schema operativo.

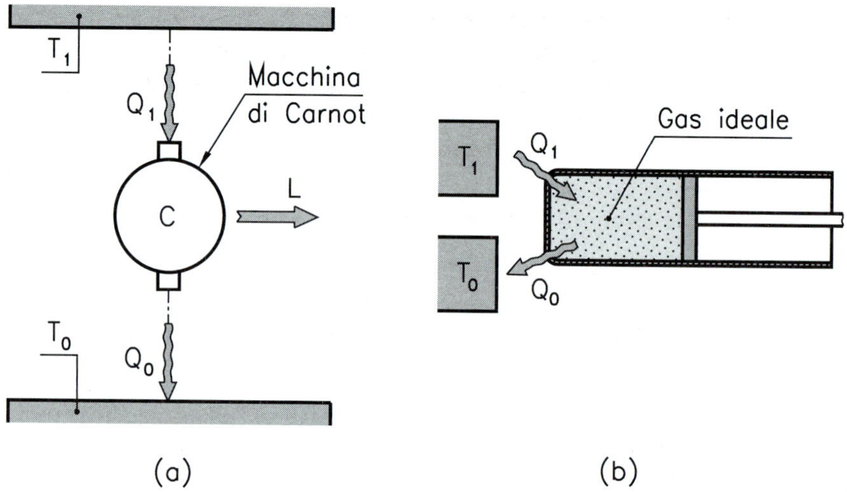

La dimostrazione del ciclo di Carnot, che sarà omessa in questa sede, prevede l'applicazione del primo principio della Termodinamica e delle già note leggi dei gas applicate alle quattro trasformazioni: in conclusione si calcola il **rendimento del ciclo** η_C secondo la [*3.2*], avente valore generale:

$$\eta = \frac{L}{Q_1} = \frac{Q_1 - |Q_0|}{Q_1} = 1 - \frac{|Q_0|}{Q_1}$$

Nel caso particolare del ciclo di Carnot, il rendimento del ciclo assume la seguente formulazione:

$$\eta_C = \frac{L}{Q_1} = 1 - \frac{|Q_0|}{Q_1} = 1 - \frac{T_0}{T_1}$$

Pertanto il rendimento η_C del ciclo di Carnot, che impiega un gas perfetto come fluido operativo, dipende solamente dal rapporto fra le temperature assolute delle due sorgenti di calore: quella superiore e quella inferiore.

L'uguaglianza che compare nella formula del rendimento:

$$1 - \frac{|Q_0|}{Q_1} = 1 - \frac{T_0}{T_1}$$

può essere anche espressa nel seguente modo:

$$\frac{Q_1 - Q_0}{Q_1} = \frac{T_1 - T_0}{T_1}$$

è stato soppresso il simbolo di valore assoluto, dato che il calore Q_0 nel ciclo di Carnot è sicuramente negativo, essendo un calore estratto dal gas.

Osservazione: ricordando che la differenza fra calore entrante e calore uscente equivale al lavoro unitario svolto dal ciclo, si può notare che il rapporto fra lavoro e calore fornito è funzione delle temperature di lavoro e non dipende dal tipo di gas impiegato.

Su questa osservazione si basa la definizione del secondo principio della Termodinamica.

Si riprenda l'uguaglianza che compare nella formula del rendimento η_C del ciclo di Carnot, precedentemente citata:

$$1-\frac{|Q_0|}{Q_1}=1-\frac{T_0}{T_1}$$

Eseguendo le semplificazioni e sopprimendo il simbolo di valore assoluto si ottiene:

$$\frac{Q_0}{Q_1}=\frac{T_0}{T_1} \qquad \textbf{[3.3]}$$

che può anche essere scritta nel modo seguente, con il segno di addizione a simboleggiare una somma algebrica:

$$\frac{Q_1}{T_1}+\frac{Q_0}{T_0}=0$$

Tale equazione indica che la somma dei rapporti Q/T delle due isoterme, avendo attribuito ai calori il rispettivo segno algebrico, vale zero. Impiegando il simbolo di sommatoria l'equazione assume la forma sintetica conclusiva:

$$\sum\frac{Q}{T}=0$$

Sia in questa formula conclusiva sia nella [*3.3*] non compare nessuna grandezza relativa al tipo di gas impiegato: si deduce che il rendimento del ciclo di Carnot non dipende dalla natura del gas. L'unico prerequisito è che il fluido si comporti da gas ideale, cioé che segua rigorosamente le leggi dell'adiabatica e dell'isoterma.

RICHIAMO
Nel ciclo di Carnot il ***fluido operativo*** si presenta come un intermediario che trasferisce l'energia e ne permette la trasformazione da energia termica in meccanica, o viceversa, a seconda del verso di percorrenza.

Esempio
Un ciclo di Carnot è alimentato dal calore Q_1 = 1000 kJ/kg, programmato dal termostato superiore che si trova a temperatura T_1 = 800 K, e scarica il calore Q_0 al termostato inferiore che si trova a temperatura T_0 = 300 K. Calcolare il calore Q_0 allo scarico, il lavoro unitario erogato dal gas e il rendimento η_C.

Soluzione
Mettendo in evidenza il calore Q_0 e applicando la [*3.3*] si ottiene la seguente relazione:

$$Q_0=Q_1\frac{T_0}{T_1}=1000\frac{300}{800}=375\ \frac{\text{kJ}}{\text{kg}}$$

Il lavoro unitario è pari alla differenza fra i calori:

$$L = Q_1 - Q_0 = 1000 - 375 = 625 \ \frac{\text{kJ}}{\text{kg}}$$

Il rendimento è espresso come rapporto fra il lavoro erogato e il calore fornito:

$$\eta_C = \frac{L}{Q_1} = \frac{625}{1000} = 0{,}625 = 62{,}5\%$$

Il ciclo inverso di Carnot

Il **ciclo di Carnot** può essere percorso **in senso inverso**, essendo per ipotesi perfettamente reversibile. Ciò significa che è invertita la successione delle trasformazioni descritta nelle *figure 3.8* e *3.10*. La nuova sequenza è ora 1-4-3-2-1, come riportato nelle *figure 3.11* e *3.12*. Le quantità di calore e di lavoro coinvolte cambiano di segno. Il sistema consuma lavoro anziché produrlo. La quantità di calore Q_0 è assorbita dalla macchina di Carnot che la preleva dalla sorgente inferiore, a più bassa temperatura. La quantità di calore Q_1, diversa da Q_0, è riversata nella sorgente superiore, più calda.

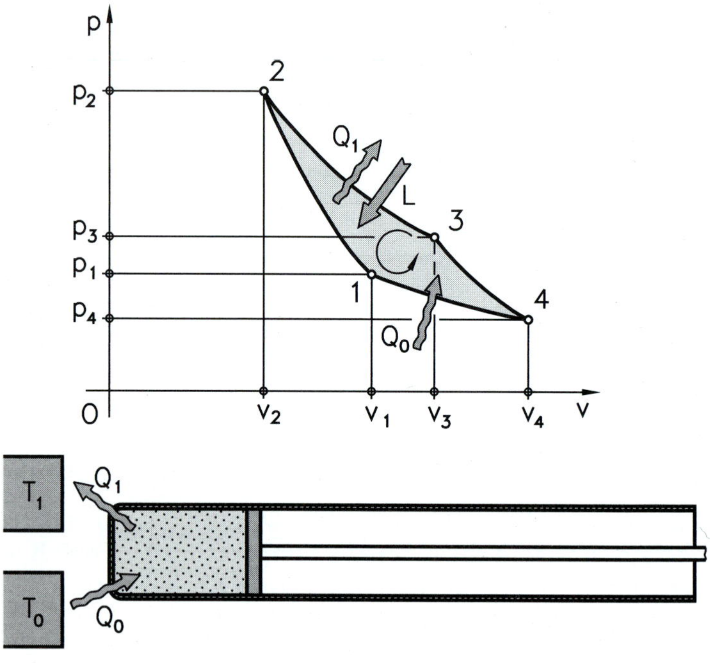

Fig. 3.11
Ciclo inverso di Carnot, in cui sono rappresentate l'isoterma di espansione (1-4), l'adiabatica di compressione (4-3), l'isoterma di compressione (3-2) e l'adiabatica di espansione (2-1).

Funzionando in questo modo, il ciclo di Carnot estrae il calore Q_0 da un corpo a bassa temperatura e lo trasferisce, insieme al lavoro trasformato in calore, a un corpo ad alta temperatura; per il primo principio della Termodinamica tale concetto è espresso nel modo seguente:

$$|Q_1| = Q_0 + |L|$$

In tal caso la macchina termica di Carnot si comporta da macchina frigorifera che estrae calore da un corpo, la cui temperatura T_0 è inferiore a quella dell'ambiente. La quantità di calore Q_1 viene trasferita all'ambiente o a un circuito di raffreddamento aventi temperatura T_1.

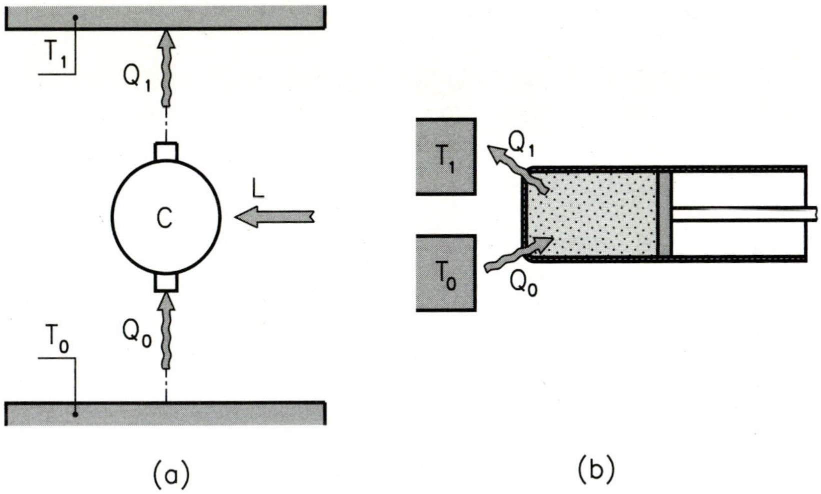

Fig. 3.12
Ciclo inverso di Carnot:
a) schema termodinamico;
b) schema operativo.

Nel campo delle macchine frigorifere il rendimento prende il nome di **efficienza**, o **coefficiente di prestazione**, ed è solitamente indicato con la lettera ε. L'efficienza ha la seguente formula:

$$\varepsilon = \frac{Q}{|L|} = \frac{T_0}{T_1 - T_0} \qquad \textbf{[3.4]}$$

Esempio Sulla rete

Il teorema di Carnot Sulla rete

C3.3 IL SECONDO PRINCIPIO DELLA TERMODINAMICA

L'impossibilità teorica del moto perpetuo di seconda specie

Esistono numerosi enunciati del secondo principio della Termodinamica proposti dai vari autori, ma tutti equivalenti e derivabili l'uno dall'altro.

Se è possibile trasformare completamente una certa quantità di energia meccanica in calore, per esempio mediante attrito, non è possibile ottenere in modo reversibile il processo inverso, cioè la trasformazione completa di una determinata quantità di calore in lavoro. Si pensi a tutto il calore contenuto nell'acqua di mare e all'impossibilità di utilizzarne anche una piccola parte per muovere una nave. Lo studioso Wilhelm Ostwald definì il concetto di **moto perpetuo di seconda specie**: esso è realizzato da un'ipotetica macchina termica che produce

POLIGLOTTA
Moto perpetuo di seconda specie
GB: Perpetual motion of the second kind
F: Mouvement perpétuel du deuxiéme genre
D: Perpetuum mobile zweiter Art

lavoro solo mediante l'assorbimento di calore da un corpo esterno, causandone di conseguenza il progressivo raffreddamento; lo schema è riportato nella *figura 3.15*. Il moto perpetuo di seconda specie non è in contraddizione con il primo principio della Termodinamica, il quale non pone alcuna restrizione riguardo alle trasformazioni dell'energia da una forma a un'altra.

Fig. 3.15
Schema di una macchina termica che realizza il moto perpetuo di seconda specie.

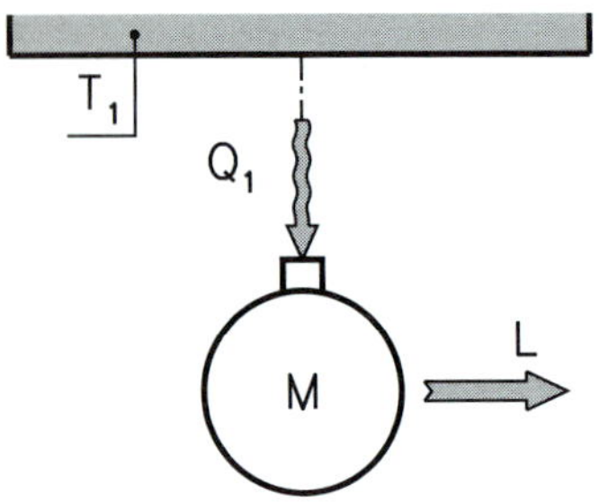

*Il **moto perpetuo di seconda specie** è svolto da una macchina termica che compie un lavoro prelevando energia termica da una sola sorgente esterna, senza altri scambi con l'ambiente esterno.*

Gli enunciati del secondo principio della Termodinamica

Dalle precedenti considerazioni deriva l'**enunciato del secondo principio della Termodinamica** secondo **Max Planck**, il quale afferma che:

è impossibile realizzare un motore funzionante secondo un ciclo termodinamico chiuso che estrae calore da una sorgente esterna e lo trasforma integralmente in lavoro meccanico, senza che si generino ulteriori trasformazioni nei corpi che costituiscono il sistema.

Se così non fosse, si potrebbe immaginare di costruire una macchina termica in grado di raffreddare un corpo che si trova a temperatura ambiente, sottraendogli il calore Q e trasformando il calore sottratto in una **pari quantità** di energia meccanica da dissipare tutta in attrito, così che il calore generato ricompaia a temperatura più alta rispetto a quella del corpo iniziale. In questo modo si otterrebbe il trasferimento di tutto il calore Q prelevato dal corpo più freddo a uno più caldo, senza che avvenga nessun'altra trasformazione e senza utilizzare una fonte di lavoro esterna: ciò è in evidente contraddizione con il postulato di Clausius.

Anche la conclusione logica della dimostrazione del ciclo di Carnot può essere assunta come **enunciato del secondo principio della Termodinamica**:

POLIGLOTTA
Secondo principio della Termodinamica
GB: Second law of thermodynamics
F: Deuxième principe de la thermodynamique
D: Zweiter Hauptsatz der Wärmelehre

il rapporto fra la quantità di calore trasformata in lavoro e la quantità di calore prelevata dalla sorgente superiore non dipende dalla sostanza gassosa, ma dalle temperature delle due sorgenti.

La formula che rappresenta l'enunciato di Carnot è la [*3.3*]:

$$\frac{Q_0}{Q_1} = \frac{T_0}{T_1}$$

Affinché il gas compia un ciclo termodinamico chiuso, è indispensabile che nella macchina termica si realizzino almeno un ingresso e un'uscita di calore. Tutti i cicli devono pertanto prevedere almeno una sorgente di calore superiore e una sorgente di calore inferiore. Come di consueto Q_1 indica il calore fornito al gas dal termostato a temperatura superiore: non tutto il calore viene trasformato in lavoro, una parte, indicata con Q_0, è riversata in un termostato a temperatura inferiore. Il rendimento sarà tanto maggiore quanto minore è il valore di Q_0. Tali considerazioni sono compendiate nell'**enunciato del secondo principio della Termodinamica**, secondo William Thomson **Lord Kelvin**, il quale afferma che:

non è possibile eseguire una trasformazione ciclica chiusa che realizzi come unico risultato, la totale trasformazione in lavoro di tutto il calore proveniente da una sola sorgente di calore, a temperatura costante.

Dovendo disporre di almeno due sorgenti di calore operanti a temperature diverse, si ricorre all'atmosfera e, più in generale, all'ambiente come sorgente inferiore: in essi viene riversato il calore uscente Q_0, a bassa temperatura, sotto forma di fumi e di gas di scarico.

Esempio

Con riferimento alla formula del rendimento del ciclo di Carnot, calcolare quanto vale tale rendimento, ipotizzando tre diversi intervalli di temperatura per i calori entrante e uscente:

— primo intervallo: t_0 = 100 °C; t_1 = 300 °C;
— secondo intervallo: t_0 = 50 °C; t_1 = 1000 °C;
— terzo intervallo: t_0 = 0 °C; t_1 = 3000 °C.

Soluzione

Occorre applicare la formula del rendimento del ciclo di Carnot in funzione delle temperature assolute estreme, sostituendo il rapporto fra le temperature a quello fra i calori in base alla [*3.3*]; eseguendo il conto per ognuno dei tre casi si ottengono i rispettivi rendimenti:

$$\eta_C = \frac{L}{Q_1} = 1 - \frac{|Q_0|}{Q_1} = 1 - \frac{T_0}{T_1} = 1 - \frac{373}{573} = 0{,}349$$

$$\eta_C = 1 - \frac{T_0}{T_1} = 1 - \frac{323}{1273} = 0{,}746$$

$$\eta_C = 1 - \frac{T_0}{T_1} = 1 - \frac{273}{3273} = 0{,}916$$

Dal confronto dei tre risultati, si può affermare che il rendimento del ciclo di Carnot, così come quello di ogni ciclo termodinamico, dipende dalle temperature estreme di funzionamento ed è tanto maggiore quanto più alta è la temperatura superiore e quanto più bassa è quella inferiore.

Impossibilità pratica del rendimento unitario

Dall'analisi della formula del rendimento del ciclo di Carnot:

$$\eta_C = 1 - \frac{T_0}{T_1}$$

si può affermare che è praticamente impossibile realizzare una macchina termica avente rendimento unitario. Dal punto di vista matematico,

il rendimento unitario si ottiene annullando il rapporto fra le temperature; ciò avviene solo per due condizioni limite:
— $T_0 \to 0$: in tal caso il numeratore si annulla e con esso tutto il rapporto, indipendentemente dal valore di T_1;
— $T_1 \to \infty$: il valore infinito posto a denominatore porta all'annullamento del rapporto, indipendentemente dal valore di T_0.

RICHIAMO
I ***rendimenti*** delle ***macchine termiche*** sono decisamente bassi, se confrontati con i rendimenti di altri tipi di macchina quali, per esempio, le macchine elettriche che raggiungono e superano il 90%.

Nelle macchine reali le condizioni limite anzidette sono impraticabili: la prima a causa dell'irraggiungibilità dello zero assoluto da parte di qualsiasi sostanza; la seconda essendo impossibile mantenere temperature infinite all'interno di componenti di macchine.

Corollari del secondo principio della Termodinamica

Un importante **corollario** del **secondo principio della Termodinamica** afferma che:

tutti i cicli perfettamente reversibili raggiungono lo stesso valore di rendimento, se posti a lavorare scambiando calore con le medesime due sorgenti di calore.

Dal secondo principio della Termodinamica deriva un'affermazione di grande rilievo per la Termometria, anch'esso **corollario** del **secondo principio della Termodinamica**:

RICHIAMO
La scala termometrica generalmente adottata è la ***scala assoluta***, avente come origine lo zero assoluto e che assume come unità di misura il grado kelvin [K].

è possibile definire una scala delle temperature che sia indipendente dalla natura della sostanza termometrica adottata.

Le seguenti due affermazioni, già incontrate nel corso della trattazione, trovano la loro giustificazione nel secondo principio della Termodinamica; esse costituiscono i due subcorollari del terzo corollario:
— è impossibile raggiungere temperature negative secondo la scala assoluta;
— è impossibile, per un sistema finito, raggiungere lo zero assoluto.

Significato pratico del secondo principio della Termodinamica

Il ciclo di Carnot e, più in generale, il secondo principio della Termodinamica indicano con chiarezza le linee guida per migliorare i rendimenti delle macchine, riducendo di conseguenza i consumi e l'impatto ambientale:
— raggiungere la massima temperatura interna compatibilmente con le sollecitazioni termoelastiche ammissibili dagli organi delle macchine; il rendimento, infatti, cresce con l'innalzamento della temperatura T_1;
— ridurre le **dispersioni di calore** e gli attriti nei condotti e negli organi mobili per avvicinarsi alle condizioni di reversibilità ritenute ottimali;
— rilasciare i fluidi di scarico alla più bassa temperatura possibile, trasformando in lavoro una sempre più alta percentuale del calore

POLIGLOTTA
Dispersione di calore
GB: Loss of heat
F: Déperdition calorique
D: Verlustwärme

posseduto dal gas; la presenza del calore residuo Q_0 negli scarichi è, a tutti gli effetti, uno spreco di energia. Il secondo principio della Termodinamica insegna che il calore residuo non può essere annullato del tutto; d'altra parte, conferma che l'abbassamento della temperatura T_0 dei fluidi di scarico e il riutilizzo del loro calore Q_0 possono dare concreti miglioramenti al rendimento delle macchine termiche.

Esempio Sulla rete

C3.4 L'ENTROPIA

Introduzione all'entropia

Un'ulteriore espressione del secondo principio della Termodinamica è offerta dal concetto di **entropia**.

POLIGLOTTA
Entropia
GB: Entropy
F: Entropie
D: Entropie

L'ideazione di questa grandezza termodinamica, dovuta a Rudolf Clausius, trae spunto dall'osservazione del primo principio della Termodinamica, grazie al quale si introduce il concetto di energia interna U, espressa dalla [*2.22*]:

$$\Delta U = c_v \left(T_{finale} - T_{iniziale}\right)$$

L'**energia interna** è una **funzione di stato**, cioè una caratteristica fisica la cui variazione, quando il sistema evolve da uno stato a un altro, non dipende dal tipo di trasformazione, ma solo dalle condizioni iniziale e finale.

Essa è stata definita come prodotto fra una grandezza costante, la capacità termica massica c_v, e la variazione di una seconda grandezza, la temperatura assoluta T. La prima è correlata con la massa, la seconda è indipendente dalla massa; la prima appartiene alla categoria delle **grandezze estensive**, la seconda a quella delle **grandezze intensive**, così definite:

RICHIAMO
Esempi di ***grandezze estensive***: energia interna, entropia, entalpia; esempi di ***grandezze intensive***: pressione, temperatura, viscosità.

*le **grandezze estensive** sono le funzioni di stato di un sistema che dipendono dalla massa; le **grandezze intensive** sono le funzioni di stato di un sistema che non dipendono dalla massa.*

Con un ragionamento analogo, è possibile dedurre, dal secondo principio della Termodinamica, una grandezza che deriva l'energia termica Q da altre due grandezze termodinamiche, una intensiva e l'altra estensiva: la prima è la temperatura assoluta T, la seconda è l'**entropia** che compare sotto forma di differenza infinitesima dS fra due stati infinitamente vicini.

Il legame fra **calore**, **temperatura** ed **entropia** è espresso dalla seguente formula:

$$dQ = T\,dS \qquad \textbf{[3.5]}$$

da cui deriva la definizione di entropia in forma differenziale dS:

in una trasformazione infinitesima reversibile, la quantità di calore ***dQ*** *scambiata alla temperatura T da 1* kg *di gas con l'esterno, divisa per la temperatura stessa, è pari alla variazione infinitesima dS dell'entropia:*

$$dS = \frac{dQ}{T} \qquad \textbf{[3.6]}$$

Osservazione: vi è una rilevante differenza fra energia interna ed entropia; la prima è calcolabile matematicamente per ***qualsiasi trasformazione*** *ideale o reale, essendo sufficiente la conoscenza del lavoro e del calore scambiati nel corso del processo; anche la seconda può essere valutata conoscendo unicamente il lavoro e i calori scambiati con l'esterno, ma* ***solo per trasformazioni reversibili*** *fra gli stati iniziale e finale; il calcolo dell'entropia per trasformazioni irreversibili sarà analizzato più avanti.*

In forma finita, per una trasformazione reversibile che evolve dallo stato 1 allo stato 2, la variazione dell'entropia $S_2 - S_1$ è ottenuta sommando tutti i singoli rapporti dQ/T ed è espressa mediante il seguente integrale:

$$S_2 - S_1 = \sum \frac{dQ}{T} = \int_1^2 \frac{dQ}{T}$$

RICHIAMO
Come già per l'energia, non è tanto importante conoscere il valore dell'entropia in una condizione singola di equilibrio, quanto piuttosto la differenza ΔS tra gli stati iniziale e finale della trasformazione; la variazione ΔS è calcolabile con la ***[3.7]***.

in sintesi si ha:

$$\Delta S = \int_1^2 \frac{dQ}{T} \qquad \textbf{[3.7]}$$

L'unità di misura dell'entropia è pari al rapporto fra il calore unitario e la temperatura:

$$[S] = \frac{[Q]}{[T]} = \frac{\left[\dfrac{\text{J}}{\text{kg}}\right]}{[\text{K}]} = \left[\frac{\text{J}}{\text{kg K}}\right]$$

L'entropia gode della **proprietà additiva** che afferma:

dati due sistemi termodinamici A e B *indipendenti, aventi rispettivamente entropia S_A e S_B, l'entropia complessiva vale:*

$$S_{tot} = S_A + S_B$$

L'entropia di un sistema è pari alla somma delle entropie delle sue parti.

L'origine del concetto di entropia

L'idea di entropia prende spunto da una serie di riflessioni su un ciclo chiuso di forma generica, come rappresentato nella ***figura 3.17***, in cui una quantità unitaria di gas viene a contatto con un numero indefinito di sorgenti di calore; alcune di esse emettono calore, mentre altre lo ricevono dal sistema.

Gli unici prerequisiti sono i seguenti:
— il ciclo dev'essere perfettamente reversibile;
— il fluido operativo dev'essere un gas ideale.

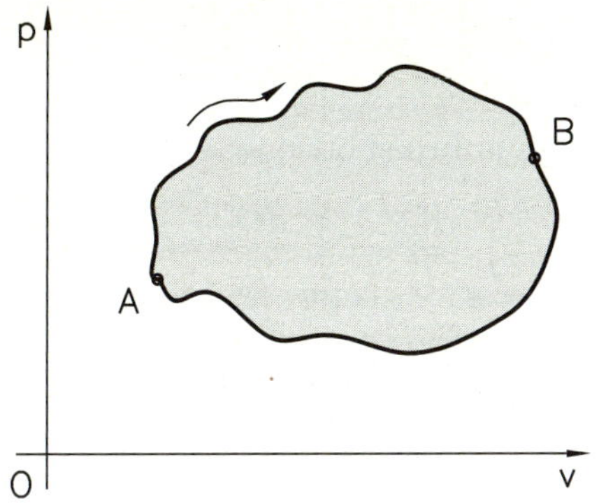

Fig. 3.17
Un generico ciclo chiuso reversibile percorso da 1 kg di gas ideale.

Non vi sono altre limitazioni, per cui, essendo il procedimento riferito a un ciclo generico, la grandezza trovata assume carattere universale. Il senso di percorrenza fra i punti estremi A e B non è un dato vincolante: si sceglie liberamente il senso orario, che corrisponde a un ciclo erogante lavoro motore.

Si immagini di suddividere il ciclo in una serie di cicli di Carnot, tutti adiacenti e di area infinitesima, per ricoprire completamente la sua superficie. I tratti infinitesimi di isoterma tagliano il profilo del ciclo in modo che le aree sporgenti e rientranti si compensino (▸ *Fig. 3.18*). Per ciascun ciclo di Carnot vale la [*3.3*], con l'avvertenza che, essendo di area infinitesima, anche le due quantità di calore scambiate sono piccolissime e, quindi, sono espresse attraverso i differenziali:

$$\frac{dQ_1}{T_1} = \frac{dQ_0}{T_0}$$

Osservazione: le due grandezze differenziali $\mathbf{dQ_1}$ *e* $\mathbf{dQ_0}$ *indicano rispettivamente le quantità elementari di calore scambiate nei tratti infinitesimi di isoterma superiore e inferiore: la prima è un calore introdotto da una sorgente di calore, a temperatura maggiore; la seconda è un calore riversato in una sorgente di calore, a temperatura minore.*

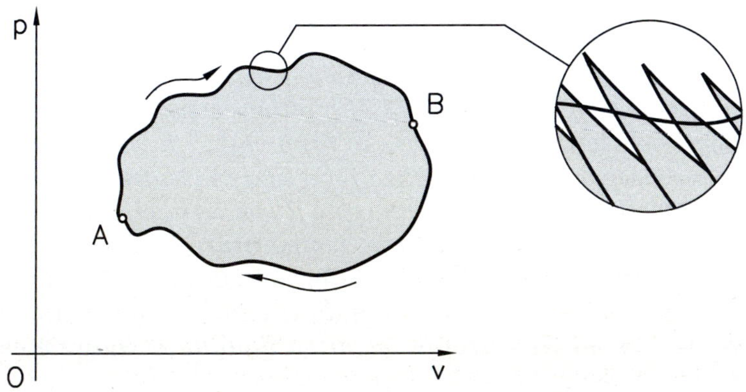

Fig. 3.18
Un generico ciclo reversibile, scomposto in una famiglia di piccoli cicli di Carnot adiacenti; l'errore che si compie, in termini di variazione dell'area, è trascurabile.

Dopo aver scomposto tutta la figura in una fitta serie di minicicli di Carnot, si applica la [3.3] all'intero ciclo: è sufficiente eseguire la somma dei rapporti dQ/T, relativi al tratto superiore di andata da A a B, denominato α, e la somma di quelli relativi al tratto inferiore di ritorno da B ad A, denominato β. Come di consueto, le somme sono espresse mediante due integrali:

RICHIAMO
Dalle somme costituite dai due integrali si comprende come anche l'***entropia*** sia una ***funzione di stato***: il rapporto *dQ/T* rimane costante, indipendentemente dal percorso scelto per andare da A a B e indipendentemente dal verso del flusso termico.

$$\int_{A\alpha B} \frac{dQ_1}{T_1} = \int_{B\beta A} \frac{dQ_0}{T_0}$$

Portando tutto a primo membro si ottiene:

$$\int_{A\alpha B} \frac{dQ_1}{T_1} - \int_{B\beta A} \frac{dQ_0}{T_0} = 0$$

I due integrali possono essere accorpati in un unico integrale, in cui dQ indica il calore assorbito o espulso dal gas, mentre T indica la temperatura a cui avviene lo scambio. Inoltre, osservando i pedici, si può notare come essi descrivano il ciclo intero, dato che il cammino A-B-A equivale a un percorso completo, con partenza e arrivo in A. In questo caso è possibile usare il simbolo di integrale circolare, per cui la somma applicata al ciclo chiuso diventa:

$$\oint \frac{dQ}{T} = 0 \qquad \textbf{[3.8]}$$

RICHIAMO
La ***[3.8]***, valida per qualsiasi ciclo reversibile, è detta ***equazione di Clausius***.

Il significato della [*3.8*] è il seguente:

la somma di tutti i rapporti dQ/T, riferita a qualsiasi processo reversibile fra uno stato assunto come riferimento, indicato con A, e un altro stato B, è indipendente sia dal processo di trasformazione sia dal percorso ed è una proprietà del sistema in ogni suo specifico stato: tale proprietà è definita ***entropia*** *del sistema.*

Dalla [*3.8*] si deduce che la variazione di entropia ΔS di un fluido che percorre un ciclo chiuso e reversibile è nulla, a causa della coincidenza dello stato finale con quello iniziale: di conseguenza l'entropia rimane costante.

Osservazione: analizzando le variazioni di entropia che avvengono nel corso delle singole trasformazioni, per il ciclo di Carnot, formato da quattro trasformazioni ideali, due adiabatiche e due isoterme, si può osservare che le adiabatiche sono trasformazioni di compressione e di espansione che avvengono senza scambio di calore con l'esterno; applicando, allora, a un'adiabatica la [3.7] si ottiene come risultato il valore zero, essendo nullo il numeratore che rappresenta il calore entrante o uscente; ne consegue che l'adiabatica reversibile è isentropica.

Nel caso delle isoterme si hanno due flussi termici, uno entrante e l'altro uscente, che avvengono a due temperature diverse fra loro ma costanti per tutte le durate delle trasformazioni; pertanto si ha una variazione di entropia positiva quando il calore è somministrato al gas, una variazione di entropia negativa quando il calore è espulso dal gas.

L'entropia nelle trasformazioni reali

Occorre estendere il concetto di entropia ai casi di trasformazioni irreversibili, caratterizzate dalla presenza di fenomeni di attrito e di dispersione del calore; i primi sono dovuti all'azione di forze resistenti, il cui lavoro si trasforma in calore all'interno delle molecole del gas; i secondi sono causati dall'imperfetto isolamento termico delle pareti. Ne consegue un apporto di energia che scalda il gas medesimo e si diffonde nell'ambiente esterno, aumentando l'entropia finale. In questo caso il gas riceve due immissioni di calore: quello di origine esterna, proveniente dalla sorgente superiore, e quello di origine interna, scaturito dal moto delle sue stesse molecole. A conclusione della trasformazione, il gas dispone di un livello di entropia maggiore rispetto a quello che avrebbe dovuto avere se la trasformazione si fosse svolta senza attriti, cioè se la trasformazione fosse stata reversibile.

Osservazione: nei processi reversibili l'entropia di un sistema isolato rimane costante, mentre nei processi irreversibili l'entropia del sistema aumenta.

L'entropia di un sistema isolato fornisce un'indicazione sulla probabilità di raggiungimento di uno stato fisico, essendo più probabili gli stati a più alta entropia. Il secondo principio della Termodinamica può anche essere espresso in forma di **principio dell'aumento dell'entropia**, per il quale:

la somma delle entropie di tutti i corpi che prendono parte a un processo subisce sempre un incremento; rimane costante solo nel caso ideale di processi perfettamente reversibili.

Considerando la [*3.5*], formulata per una trasformazione perfettamente reversibile, si ha:

$$T\,dS = dQ$$

RICHIAMO
Nella ***[3.5]***, per ΔQ s'intende la variazione di calore subita dal gas dovuta solo agli scambi con le sorgenti esterne, non essendo presenti forze di attrito.

Mediante l'aggiunta dell'addendo dL_w, avente sempre segno positivo e che rappresenta la presenza del calore dovuto agli attriti, si ottiene l'estensione della [*3.5*] alle trasformazioni reali:

$$T\,dS = dQ + dL_w$$

lasciando a secondo membro il solo termine dovuto agli attriti si ha:

$$T\,dS - dQ = dL_w \qquad \textbf{[3.9]}$$

Essendo dL_w positivo, la [*3.9*] può essere generalizzata ponendola nella seguente forma:

$$T\,dS - dQ \geq 0 \qquad \textbf{[3.10]}$$

Dalla [*3.10*] deriva l'**enunciato del secondo principio della Termodinamica**, secondo **Clausius**, il quale afferma che:

la differenza fra il prodotto T dS e la quantità di calore infinitesima dQ risulta uguale a zero per le trasformazioni ideali reversibili, maggiore di zero per le trasformazioni reali irreversibili.

L'aumento di entropia nei sistemi irreversibili

Si riprenda la [*3.10*]:

$$T\,dS - dQ \geq 0$$

Quando un corpo acquista calore dQ alla temperatura assoluta T, la sua entropia dS aumenta; quando invece perde calore, la sua entropia dS diminuisce. Se un gas percorre interamente un ciclo reversibile chiuso, l'entropia rimane costante, essendo una funzione di punto. È impossibile annullare completamente sia le perdite di calore, attraverso le pareti, sia le perdite di lavoro dovute agli attriti, per cui tutti i cicli realizzati nella pratica sono di fatto irreversibili e la loro entropia subisce sempre un aumento; pertanto si può aggiornare la [*3.6*], conferendole una formulazione generale rappresentativa di tutti i casi ideali e reali:

$$dS \geq \frac{dQ}{T} \qquad \textbf{[3.11]}$$

In conclusione, se in un sistema termicamente isolato si svolgono trasformazioni reversibili, l'entropia totale del sistema resta invariata; se invece avvengono trasformazioni irreversibili, l'entropia totale aumenta, poiché ogni volta che una certa quantità di energia viene convertita da uno stato all'altro, una parte viene dispersa e non è più utilizzabile per produrre lavoro; tuttavia essa rimane nell'ambiente, dato che l'energia non può essere né creata né distrutta. In nessun caso l'entropia del sistema può diminuire, a patto di considerare reversibile un processo irreversibile, il che è inaccettabile. Estendendo queste riflessioni all'insieme di tutti i sistemi immaginabili, si può affermare che l'**entropia dell'universo** tende a un massimo.

RICHIAMO
Per il primo principio della Termodinamica l'***energia dell'universo*** è una quantità ***costante***.

Al termine di una serie di trasformazioni all'interno di un sistema, l'entità della variazione di entropia rappresenta:

— l'incidenza delle perdite sul bilancio energetico della trasformazione;
— la tendenza alla dispersione e all'irrecuperabilità di una parte dell'energia nel corso delle trasformazioni reali;
— la tendenza alla degradazione dell'energia, per esempio quando un corpo possiede calore a bassa temperatura che è inadatto a produrre lavoro.

RICHIAMO
A proposito della terza affermazione, si ricordi che il ***rendimento del ciclo di Carnot*** si riduce notevolmente se la temperatura T_1 di ingresso del calore risulta poco superiore alla temperatura T_0 di uscita.

Esempio
Applicare il concetto di entropia e verificarne l'aumento, nel caso di un sistema di riscaldamento ad acqua calda, in cui il termosifone R riceve dalla caldaia l'acqua calda a temperatura T_1 e scarica acqua fredda di ritorno a temperatura T_0 (▸ ***Fig. 3.19***).

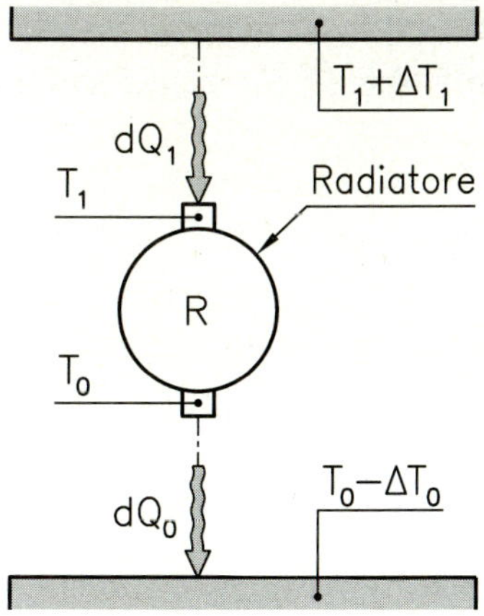

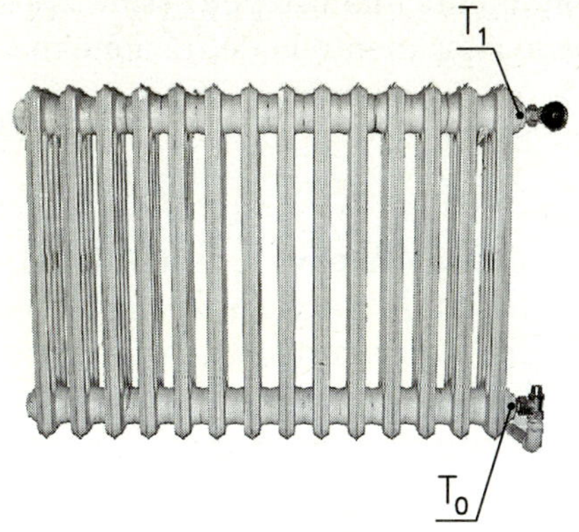

Fig. 3.19
Termosifone collegato in entrata e in uscita con la caldaia, simboleggiata da due sorgenti di calore:
a) rappresentazione schematica;
b) radiatore di un impianto domestico.

Le temperature T_1 e T_0 sono rilevate alle bocchette d'ingresso e di uscita dell'acqua dal radiatore. A causa delle perdite di calore lungo la tubatura, è lecito ipotizzare che l'acqua calda esca dalla caldaia, alla temperatura $(T_1+\Delta T_1)$ più alta rispetto a quella d'ingresso nel termosifone T_1. Similmente, durante il ritorno dell'acqua fredda, si ha un'ulteriore perdita di calore verso l'ambiente, per cui, al rientro in caldaia, l'acqua è scesa dalla temperatura T_0 alla temperatura finale $(T_0- \Delta T_0)$. Lo studio è svolto su una massa infinitesima d'acqua circolante, che fornisce al termosifone il calore entrante dQ_1, poi torna indietro in caldaia riversandovi il calore di ritorno dQ_0. Vi sono tutti i dati per valutare la variazione di entropia nei due tratti di tubatura, quello di andata e quello di ritorno.

Soluzione
Nel tratto compreso fra la caldaia e il termosifone, la differenza fra entropia finale e iniziale è espressa come segue:

$$dS = \frac{dQ_1}{T_1} - \frac{dQ_1}{T_1 + \Delta T_1}$$

Dall'osservazione dei due denominatori, si deduce che la differenza fra entropia finale e iniziale risulta senz'altro positiva.

Nel tratto compreso fra il termosifone e la caldaia si ha:

$$dS = \frac{dQ_0}{T_0 - \Delta T_0} - \frac{dQ_0}{T_0}$$

anche in questo caso la differenza fra entropia finale e iniziale è positiva, a causa della presenza dei calori dispersi dai tubi nell'atmosfera e non più recuperabili.

Rappresentazione grafica del calore

Il diagramma (p,v) ha permesso di rappresentare il lavoro svolto da un gas attraverso la misurazione dell'area sottesa alla trasformazione; un ragionamento analogo può essere applicato all'energia termica, prendendo come riferimento la definizione di entropia dalla [3.6]:

$$dS = \frac{dQ}{T}$$

Essendo il calore pari al prodotto dell'entropia per la temperatura assoluta, è possibile tracciare una coppia di assi cartesiani, aventi in ascisse l'entropia S e in ordinate la temperatura T, come rappresentato nella *figura 3.20*.

Sul ***diagramma (T,S)*** si traccia una linea generica che rappresenta la trasformazione dal punto 1 al punto 2.

Al di sotto della linea termica si disegna una striscia verticale, avente per base la variazione infinitesima di entropia dS e per altezza la temperatura T. Per la [3.6] quest'area elementare descrive graficamente la quantità di calore scambiato dQ. Per una trasformazione finita fra gli estremi 1 e 2, tutta l'area sottostante compresa fra i punti 1-S_1-S_2-2 rappresenta il calore Q scambiato con l'esterno. Modificando l'andamento della linea termica compresa fra gli estremi 1 e 2, cambia anche l'estensione dell'area sottesa e, di conseguenza, il valore assunto da Q: si conferma così la proprietà del **calore** di essere una **funzione di linea** e non di punto.

POLIGLOTTA
Diagramma entropico
GB: Entropy chart
F: Diagramme entropique
D: Wärmebild

RICHIAMO
Il ***piano (T,S)*** è definito ***piano entropico***; fu ideato da Alfred Belpaire, costruttore francese di forni per le locomotive a vapore, che per primo ne propose l'utilizzo.

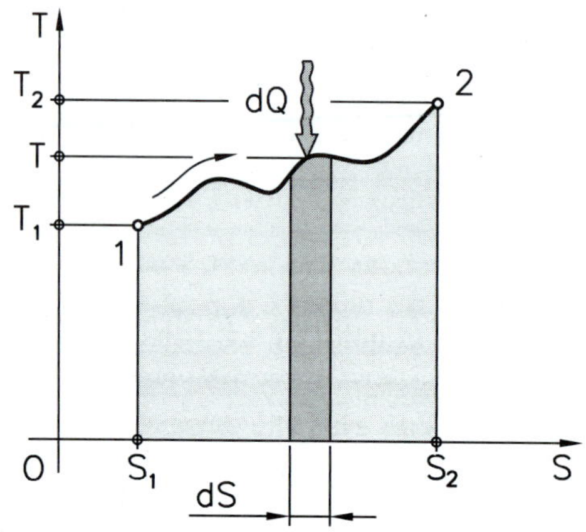

Fig. 3.20
Nei diagrammi entropici le aree sottese ai tratti di linea termica rappresentano l'energia termica scambiata.

Se la trasformazione è percorsa nel senso delle entropie crescenti, la quantità di calore Q assume segno positivo e il flusso termico è orientato in ingresso nel fluido. Se la trasformazione è percorsa nel senso delle entropie decrescenti, la quantità di calore Q assume segno negativo e il flusso termico è orientato in uscita dal fluido.

Nel caso delle trasformazioni fondamentali, le linee termiche sul piano (T,S) hanno i seguenti andamenti:

— adiabatica: essendo anche isentropica, si presenta come un segmento verticale;
— isoterma: si presenta come un segmento orizzontale;
— isobara e isocora: sono curve esponenziali crescenti con la concavità rivolta verso l'alto; l'isocora si presenta più ripida dell'isobara. Nella *figura 3.21* sono rappresentate un'isocora e un'isobara aventi un punto in comune, per il quale sono state costruite le tangenti: le sottotangenti rappresentano le rispettive capacità termiche massiche c_p e c_v.

RICHIAMO
L'***entropia*** e la ***temperatura*** sono ***funzioni di punto***, quindi in grado di rappresentare compiutamente lo stato fisico del fluido.

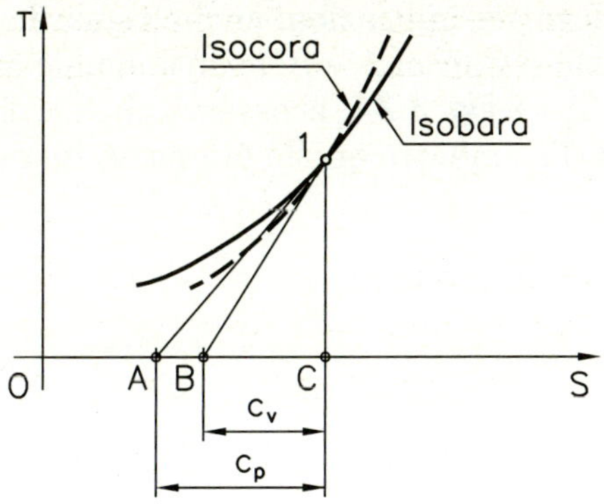

Fig. 3.21
Costruzione delle sottotangenti all'isobara e all'isocora, passanti per il punto 1 in comune.

Nel caso di un ciclo chiuso percorso in senso orario, l'area racchiusa risulta positiva e rappresenta l'energia termica trasformata in lavoro; se, invece, il ciclo è percorso in senso antiorario, l'area racchiusa risulta negativa e rappresenta il lavoro meccanico che si è trasformato in energia termica all'interno del ciclo (▸ *Fig. 3.22*).

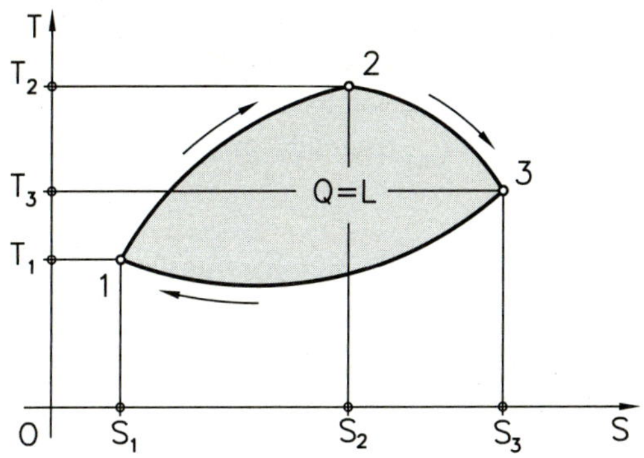

Fig. 3.22
Nel piano (*T,S*) l'area racchiusa dalle curve 1-2, 2-3 e 3-1, percorse in senso orario, rappresenta la quantità di calore trasformata in lavoro.

Il ciclo di Carnot nel piano entropico

Il ciclo di Carnot è formato da due adiabatiche ideali, quindi reversibili, e da due isoterme, anch'esse ideali. Il ciclo tracciato nella *figura 3.8* è ora riportato nel piano entropico. Esso assume la forma di un rettangolo, avente come base la differenza di entropia ΔS che si ha durante le isoterme e come altezza la differenza fra le temperature estreme ΔT (▸ *Fig. 3.23*).

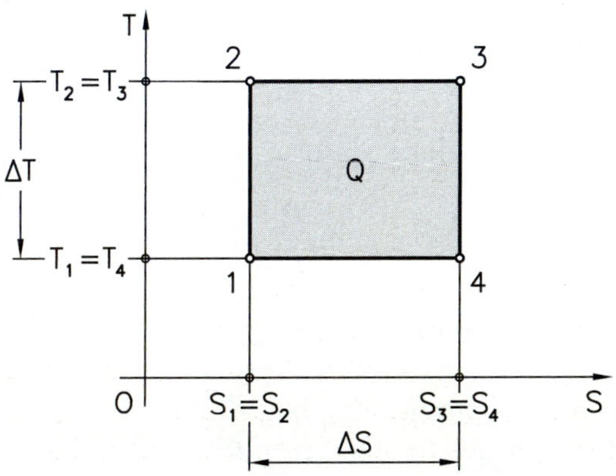

Fig. 3.23
Ciclo di Carnot nel piano entropico (*T,S*).

Il piano entropico fornisce indicazioni anche riguardo al rendimento: se si tracciano due cicli di Carnot A e B, aventi uguale area e uguale temperatura inferiore T_0 (▸ **Fig. 3.24**), si osserva che il ciclo più alto ha temperatura superiore T_{1B}, mentre quello più basso ha temperatura T_{1A}.

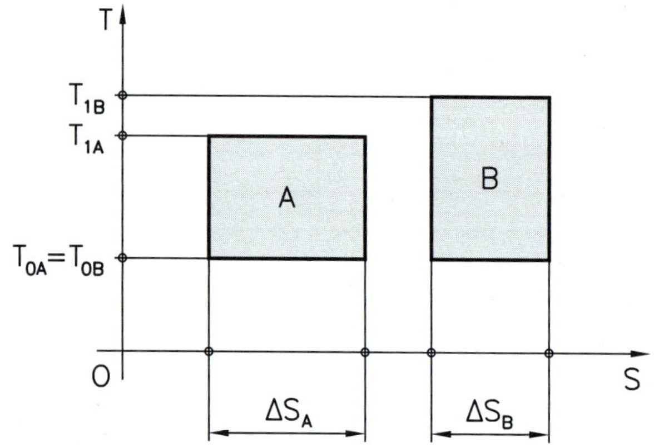

Fig. 3.24
Due cicli di Carnot aventi pari area, pari temperatura inferiore e con rendimento differente.

Richiamando le relazioni [*3.2*] e [*3.3*] del rendimento del ciclo di Carnot, dall'osservazione dei due cicli a confronto si nota che il ciclo più stretto e alto ha un rendimento maggiore, poiché la sua temperatura T_{1B} è superiore all'analoga temperatura T_{1A} del ciclo più basso.

Calcolo pratico dell'entropia nelle trasformazioni fondamentali

Di seguito sono riportate le formule per il calcolo della variazione di entropia ΔS nelle varie trasformazioni fondamentali, in funzione dei parametri termodinamici del punto 0 e del punto 1, rispettivamente, punti di inizio e fine trasformazione. Tali formule sono ottenibili inserendo le leggi dei gas nella [*3.6*], indi risolvendo l'integrale; le loro dimostrazioni sono omesse per brevità.

— Formula di validità generale per una trasformazione in cui variano p, v, T:

$$\Delta S = c_v \ln \frac{T_1}{T_0} + R \ln \frac{v_1}{v_0} \quad \textbf{[3.12]}$$

— Formula per la trasformazione isobara:

$$\Delta S = c_p \ln \frac{T_1}{T_0} \quad \textbf{[3.13]}$$

— Formula per la trasformazione isocora:

$$\Delta S = c_v \ln \frac{T_1}{T_0} \quad \textbf{[3.14]}$$

— Formula per la trasformazione isoterma:

$$\Delta S = R \ln \frac{v_1}{v_0} = R \ln \frac{p_0}{p_1} \quad \textbf{[3.15]}$$

RICHIAMO
Nell'elenco non compare la ***trasformazione adiabatica ideale***, essendo isentropica; pertanto, in presenza di un'adiabatica, si pone automaticamente $\Delta S = 0$.

Esempio 1
1 kg di cloruro di metile viene compresso adiabaticamente da $p_1 = 2$ bar a $p_2 = 4{,}8$ bar. La temperatura iniziale è $T_1 = 298$ K. Verificare, svolgendo i calcoli opportuni, che la variazione di entropia risulti nulla.

Soluzione
Si applica la [*3.12*], verificando che i due addendi assumano valori opposti. Occorre dapprima calcolare i volumi massici v_1 e v_2 e la temperatura finale T_2. In seguito, dalla ***tabella 2.12*** si assumono i dati di R, c_p e c_v, per il gas in questione:

$$v_1 = \frac{RT_1}{p_1} = \frac{170 \times 298}{2 \times 10^5} = 0{,}2533 \, \frac{\text{m}^3}{\text{kg}}$$

Dalla formula dell'adiabatica:

$$p_1 v_1^k = p_2 v_2^k$$

si estrae il volume massico finale:

$$v_2 = v_1 \left(\frac{p_1}{p_2} \right)^{\frac{1}{k}} = 0{,}2533 \left(\frac{2}{4{,}8} \right)^{\frac{1}{1{,}3}} = 0{,}2533 \times 0{,}51 = 0{,}12918 \, \frac{\text{m}^3}{\text{kg}}$$

$$T_2 = \frac{p_2 v_2}{R} = \frac{4{,}8 \times 10^5 \times 0{,}12919}{170} = 364{,}7 \text{ K}$$

Infine si calcola la variazione di entropia:

$$S = c_v \ln \frac{T_2}{T_1} + R \ln \frac{\text{v}_2}{\text{v}_1} = 0{,}57 \ln \frac{364{,}7}{298} +$$

$$+0{,}17 \ln \frac{0{,}12918}{0.2533} = 0{,}1151 - 0{,}1145 \cong 0$$

L'annullamento del risultato nel calcolo di ΔS conferma l'affermazione secondo cui la trasformazione adiabatica ideale è anche isotropica.

Esempio 2
Due masse unitarie di ossigeno si trovano alla condizione iniziale caratterizzata da temperatura $T_{iniz} = 300$ K e pressione $p_{iniz} = 1$ bar. Entrambe vengono riscaldate fino alla temperatura finale $T_{fin} = 800$ K, la prima mediante una trasformazione isobara, la seconda mediante una trasformazione isocora. Tracciare per punti le due linee termiche sul piano entropico.

Soluzione
Si valuta la variazione di entropia per una serie di punti intermedi: si scelgono quattro punti intermedi, denominati da T_1 a T_4 e intervallati di 100 in 100 K.

Per il riscaldamento isobarico si ha:

$$\Delta S = c_p \ln \frac{T_1}{T_{iniz}} = 0{,}908 \ln \frac{400}{300} = 0{,}2612 \ \frac{\text{kJ}}{\text{kg K}}$$

$$\Delta S = c_p \ln \frac{T_2}{T_{iniz}} = 0{,}908 \ln \frac{500}{300} = 0{,}4638 \ \frac{\text{kJ}}{\text{kg K}}$$

$$\Delta S = c_p \ln \frac{T_3}{T_{iniz}} = 0{,}908 \ln \frac{600}{300} = 0{,}6294 \ \frac{\text{kJ}}{\text{kg K}}$$

$$\Delta S = c_p \ln \frac{T_4}{T_{iniz}} = 0{,}908 \ln \frac{700}{300} = 0{,}7693 \ \frac{\text{kJ}}{\text{kg K}}$$

$$\Delta S = c_p \ln \frac{T_{fin}}{T_{iniz}} = 0{,}908 \ln \frac{800}{300} = 0{,}8901 \ \frac{\text{kJ}}{\text{kg K}}$$

Per il riscaldamento isocoro si ha:

$$\Delta S = c_v \ln \frac{T_1}{T_{iniz}} = 0{,}649 \ln \frac{400}{300} = 0{,}1867 \ \frac{\text{kJ}}{\text{kg K}}$$

$$\Delta S = c_v \ln \frac{T_2}{T_{iniz}} = 0{,}649 \ln \frac{500}{300} = 0{,}3315 \ \frac{\text{kJ}}{\text{kg K}}$$

$$\Delta S = c_v \ln \frac{T_3}{T_{iniz}} = 0{,}649 \ln \frac{600}{300} = 0{,}4498 \ \frac{\text{kJ}}{\text{kg K}}$$

$$\Delta S = c_v \ln \frac{T_4}{T_{iniz}} = 0{,}649 \ln \frac{700}{300} = 0{,}550 \ \frac{\text{kJ}}{\text{kg K}}$$

$$\Delta S = c_v \ln \frac{T_{fin}}{T_{iniz}} = 0{,}649 \ln \frac{800}{300} = 0{,}6366 \ \frac{\text{kJ}}{\text{kg K}}$$

I valori numerici così trovati vengono messi sul diagramma entropico in funzione della temperatura. Unendo le sequenze di punti si ottengono le due curve, riportate nella ***figura 3.25***. Si nota come l'isocora abbia l'andamento esponenziale più ripido rispetto all'isobara.

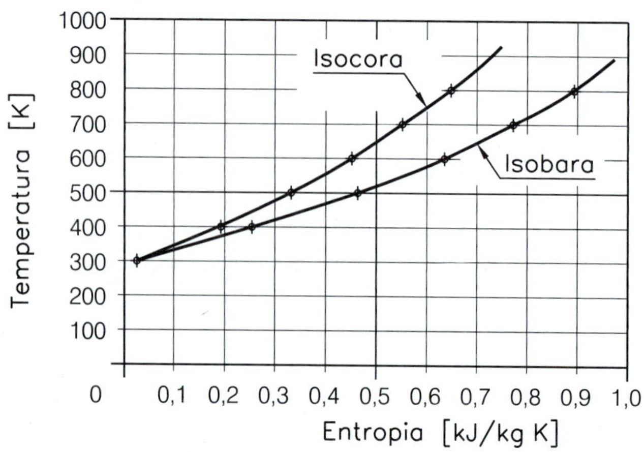

Fig. 3.25
Tracciamento per punti di un'isocora e di un'isobara.

Esempio 3

È data una massa $m = 0,1$ kg di monossido di carbonio CO, che deve essere compressa dalla pressione assoluta iniziale $p_0 = 1$ bar alla pressione finale $p_1 = 4$ bar. La temperatura ambiente è $t_0 = 27$ °C. La compressione può avvenire con tre diverse trasformazioni: isocora, isoterma, politropica, con esponente $m = 1,55$.

Calcolare le seguenti grandezze: volume V_0, occupato dalla massa del gas alle condizioni di inizio trasformazione; temperatura finale t_1; variazione di entropia ΔS, nel caso di ognuna delle tre trasformazioni ipotizzate in alternativa.

Soluzione

Il valore del volume V_1, occupato nella condizione iniziale, è comune per tutte le trasformazioni. Servendosi dell'equazione di stato dei gas perfetti espressa dalla [*2.16*], assumendo dalla ***tabella 2.2*** il valore delle costanti del gas R, c_p e c_v e ponendo in evidenza il volume V_0 si ha:

$$V_0 = \frac{m R T_0}{p_0} = \frac{0,1 \times 297 \times 300}{1 \times 10^5} = 0,0891 \text{ m}^3$$

Si calcola anche il volume massico v_0, necessario per le formule dell'entropia:

$$v_0 = \frac{V_0}{m} = \frac{0,0891}{0,1} = 0,891 \frac{\text{m}^3}{\text{kg}}$$

Si effettuano i calcoli relativi alla trasformazione isocora.

La temperatura finale T_1 vale:

$$T_1 = \frac{p_1 v_1}{R} = \frac{4 \times 10^5 \times 0,891}{297} = 1200 \text{ K}$$

$$t_1 = T_1 - 273 = 927 \text{ °C}$$

Mediante la [*3.14*] si trova la variazione di entropia ΔS:

$$\Delta S = c_v \ln \frac{T_1}{T_0} = 744 \ln \frac{1200}{300} = 1031,4 \frac{\text{J}}{\text{kg}}$$

Si effettuano i calcoli relativi alla trasformazione isoterma.

La temperatura resta invariata, non così il volume massico v_1, che vale:

$$v_1 = \frac{R T_1}{p_1} = \frac{297 \times 300}{4 \times 10^5} = 0,223 \frac{\text{m}^3}{\text{kg}}$$

Inserendo il valore di v_1 nella [*3.15*], si trova la variazione di entropia ΔS:

$$\Delta S = R \ln \frac{v_1}{v_0} = 297 \ln \frac{0,223}{0,891} = -411,4 \ \frac{\text{J}}{\text{kg J}}$$

Si effettuano i calcoli relativi alla trasformazione politropica.

Si calcolano sia il volume massico sia la temperatura finali:

$$v_1 = v_0 \left(\frac{p_0}{p_1} \right)^{\frac{1}{m}} = 0,891 \left(\frac{1}{4} \right)^{\frac{1}{1,55}} = 0,364 \ \frac{\text{m}^3}{\text{kg}}$$

$$T_1 = \frac{p_1 v_1}{R} = \frac{4 \times 10^5 \times 0,364}{297} = 490 \ \text{K}$$

$$t_1 = T_1 - 273 = 217 \ °\text{C}$$

Infine si calcola la variazione di entropia mediante la [*3.12*]:

$$\Delta S = c_v \ln \frac{T_1}{T_0} + R \ln \frac{v_1}{v_0} = 744 \ln \frac{490}{300} +$$

$$+ 297 \ln \frac{0,364}{0,891} = 365,02 - 265,87 = 99,15 \ \frac{\text{J}}{\text{kg K}}$$

I tre calcoli della variazione di entropia hanno dato risultati molto diversi. Nel caso dell'isocora, si nota un forte aumento di entropia, dato che, per ottenere l'innalzamento di pressione senza poter variare il volume, si è dovuto fornire un'elevata quantità di calore, comportando un innalzamento del livello entropico del sistema: anche da questo fatto si deduce come l'isocora sia una trasformazione poco adatta, dal punto di vista energetico, per comprimere i gas. Nel caso dell'isoterma, si è ottenuta una diminuzione di entropia: infatti, per impedire l'aumento di temperatura del gas quando viene compresso, si deve espellere calore abbassando l'entropia. La politropica infine, essendo una trasformazione reale, denuncia un incremento di entropia proveniente dal calore generato per attrito interno, comunque di entità contenuta.

Da Esempio 4 a Esempio 7 Sulla rete

I problemi energetici e ambientali interpretati alla luce del secondo principio della Termodinamica Sulla rete

C3.5 L'ENTALPIA

Si consideri una generica macchina termica M, motrice o operatrice, nella quale il fluido operativo entra allo stato I ed esce allo stato II. I due stati sono definiti dalle pressioni p_0, p_1 e dalle temperature T_0, T_1.

Per rendere evidenti i concetti, si disegna la macchina immaginaria M come rappresentato nella ***figura 3.31***, collegata con due cilindri termicamente isolati, entro i quali scorrono due pistoni a perfetta tenuta, ma privi di attrito. La massa m di gas entra nel motore M e scambia il calore Q, ipotizzato entrante, quindi positivo, e il lavoro L uscente, quindi negativo.

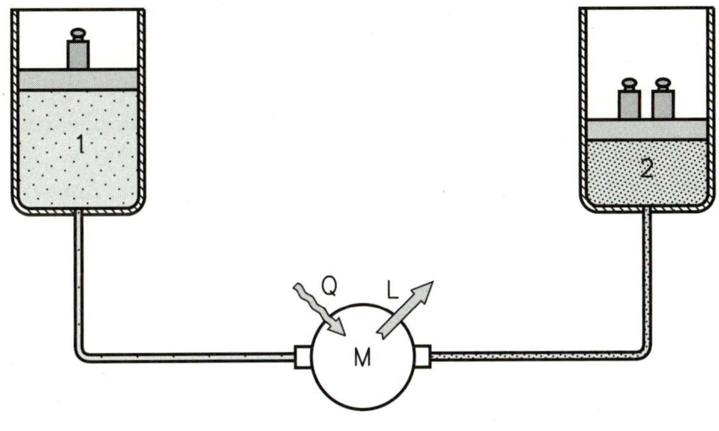

Fig. 3.31
Generico motore M che riceve il gas dal cilindro 1 e lo invia al cilindro 2; all'interno del motore il gas esegue scambi di calore e di lavoro.

Si intende ora applicare il primo principio della Termodinamica al sistema attraversato dalla massa m. Il volume massico e l'energia interna del gas in entrata nel motore sono indicati con v_1 e U_1; in uscita sono indicati con v_2 e U_2. Il prodotto p_1v_1 rappresenta il lavoro di pompaggio eseguito dal pistone 1 per mandare il gas nel motore, mentre il prodotto p_2v_2 rappresenta il lavoro di pompaggio eseguito dal gas per entrare nel secondo cilindro, vincendo la resistenza offerta dal pistone 2. Pertanto, per il primo principio della Termodinamica si ha:

RICHIAMO
I ***segni algebrici*** del ***calore*** o del lavoro cambiano invertendo i loro versi.

$$Q - L = (U_2 + p_2 v_2) - (U_1 + p_1 v_1)$$

Si noti la presenza di due espressioni diverse per indicare il lavoro:
— il lavoro L esprime il lavoro meccanico scambiato all'interno del motore con un organo meccanico mobile; è un lavoro che può essere prelevato o introdotto attraverso un albero motore ed è riferito a un fluido che opera all'interno della macchina in moto permanente;
— il lavoro pv esprime il lavoro delle forze di pressione agenti all'interno del gas; è noto anche come **lavoro di pompaggio**.

*Si definisce **lavoro di pompaggio** di un fluido il prodotto pv fra la pressione posseduta dal fluido e il volume massico occupato alla suddetta pressione.*

Osservazione: il lavoro di pompaggio rappresenta l'energia di pressione posseduta dal fluido; esso rappresenta il lavoro che le forze di pressione hanno dovuto spendere per portare il volume unitario v in un ambiente ove regna la pressione p.

Il termine ($U + pv$) è di uso assai frequente nell'analisi termodinamica delle macchine termiche, per cui gli si attribuisce una notazione apposita:

si definisce ***entalpia*** *di un fluido la grandezza* ***h*** *intesa come somma fra l'energia interna U e il lavoro di pompaggio pv; la sua unità di misura è il* J/kg:

RICHIAMO

L'***entalpia*** è una ***proprietà del sistema***; essa è una ***funzione di punto***, non di linea, poiché è anche la somma di due funzioni di punto.

POLIGLOTTA

Entalpia

GB: Enthalpy, Total Energy

F: Enthalpie

D: Enthalpie, Wärmeinhalt

$$h = U + p\,v \tag{3.16}$$

L'entalpia è dunque un modo per misurare il contenuto energetico globale del sistema, dato che comprende sia l'energia interna, quindi il calore posseduto da 1 kg di sostanza, sia l'energia dovuta alle forze di pressione che costringono il chilogrammo di sostanza a occupare il volume v.

La formula del primo principio della Termodinamica, nota anche come **teorema dell'entalpia**, può essere scritta in modo sintetico, sostituendo le due parentesi tonde con la variazione di entalpia Δh:

$$\Delta Q + \Delta L = \Delta h \tag{3.17}$$

Tale formula non solo è valida per qualunque sostanza, ma è anche utilizzata per analizzare qualunque tipo di motore, compresi quelli il cui funzionamento si basa sull'evaporazione o su reazioni chimiche. Il calore e il lavoro devono essere sommate algebricamente, in funzione del verso entrante o uscente.

Nel caso di un motore adiabatico, la [*3.17*] permette di affermare che:

il lavoro L sviluppato da un fluido operativo in moto permanente, all'interno di una macchina adiabatica, è pari alla variazione di entalpia Δh subita dal fluido stesso.

È possibile ottenere una formula di uso corrente per il calcolo dell'entalpia, riscrivendo la [*3.16*] in forma di differenziale, pertanto si ha:

$$dh = dU + d(pv)$$

Sostituendo il prodotto pv con il prodotto RT, in base alla legge fondamentale dei gas, si ha:

$$dh = c_v\,dT + d(R\,T)$$

poiché R è una costante, può essere estratta dal segno di differenziale:

$$dh = c_v\,dT + R\,dT$$

Si raccoglie il differenziale dT e, ricordando la [*2.4*], si ottiene:

$$dh = (c_v + R)\,dT$$

$$dh = c_p\,dT$$

Si passa dai differenziali a forme finite:

$$\Delta h = c_p \, \Delta T \qquad \textbf{[3.18]}$$

pertanto la [*3.18*] è valida per qualunque trasformazione.

Esempio
Calcolare le variazioni di entalpia per una massa di cloro che, partendo da uno stato iniziale, assorbe il calore Q = 74 kJ/kg, eseguendo una trasformazione isobara oppure una trasformazione isocora.

Soluzione
Per applicare la [*3.18*] è indispensabile conoscere il valore della capacità termica massica del cloro, ricavandolo dalla ***tabella 2.2***. Nel caso della trasformazione isobara, si ha che la variazione di entalpia è pari al calore massico introdotto, per cui:

$$\Delta h = c_p \, \Delta T = Q = 74 \, \frac{\text{kJ}}{\text{kg}}$$

Nel caso della trasformazione isocora, occorre dapprima conoscere la variazione di temperatura fra inizio e fine trasformazione, quindi si avrà:

$$\Delta T = \frac{Q}{c_v} = \frac{74}{0,37} = 200 \text{ K}$$

da cui si ottiene l'incremento di entalpia:

$$\Delta h = c_p \, \Delta T = 0,5 \times 200 = 100 \, \frac{\text{kJ}}{\text{kg}}$$

Nell'isobara l'incremento di entalpia è minore rispetto all'isocora, poichè nel primo caso una buona parte del calore introdotto è destinata a compiere lavoro, quindi non rimane all'interno del gas; nel secondo caso, invece, il calore introdotto rimane incamerato nelle molecole del gas e quindi innalza di molto il livello energetico interno.

C3.6 I PRINCIPALI CICLI TERMICI IMPIEGATI NELLE MACCHINE A COMBUSTIONE INTERNA

Il funzionamento delle macchine a combustione interna

Le **macchine a combustione interna** realizzano la produzione di lavoro meccanico trasformando in calore l'energia chimica posseduta dal combustibile. La combustione può avvenire in un'apposita camera a diretto contatto con l'organo mobile, come nei motori alternativi, o in un combustore posto a monte dell'organo mobile, come nelle turbine.

POLIGLOTTA
Sistema aperto
GB: Open System
F: Système ouvert
D: Offenes System

POLIGLOTTA
Sistema chiuso
GB: Closed System
F: Système fermè
D: Geschlossenes System

In entrambi i casi, cambia la composizione chimica del gas presente internamente al motore: all'ingresso si ha la miscela di aria e combustibile; in uscita si hanno fumi costituiti dai gas combusti. Dato che la miscela di aria e combustibile può cedere la propria energia chimica una volta sola, il fluido viene espulso al termine di ogni ciclo, per poi essere sostituito. Per ottenere l'erogazione continua di lavoro, queste macchine ripetono il ciclo in rapida successione, rinnovando il fluido al termine di ogni ciclo.

I **motori alternativi** sono **sistemi chiusi**: dapprima si introduce al loro interno una determinata massa di gas freschi; poi si avvia la reazione chimica di combustione con la trasformazione del calore sviluppato in lavoro; infine si ha l'espulsione dei gas esausti.

I **motori rotanti** sono **sistemi aperti**: al loro interno si realizza un flusso continuo di gas freschi che, senza interruzione alcuna, eseguono la combustione, trasferiscono la loro energia sull'organo mobile e, infine, vengono espulsi.

I cicli dei motori presentano notevoli punti di somiglianza con il ciclo di Carnot che, essendo ottimale, viene assunto come riferimento nello studio teorico di ogni ciclo. Tutti i motori, sia alternativi sia rotanti, realizzano, come prima trasformazione, una compressione che con buona approssimazione è assimilabile a un'adiabatica. La compressione preventiva dei gas è decisiva per raggiungere rendimenti elevati.

La seconda trasformazione è la combustione che avviene a volume costante o a pressione costante o con soluzione mista, a seconda dei cicli e del tipo di combustibile adoperato. La trasformazione successiva è l'espansione finale, durante la quale si genera il trasferimento di energia dai gas caldi e compressi all'organo mobile del motore, rotante o alternativo, collegato con l'albero motore uscente. L'ultima trasformazione è la sottrazione di calore, ottenuta mediante espulsione dei gas esausti: pertanto tutti i sistemi, aperti o chiusi, realizzano cicli aperti.

*Il **ciclo** si definisce **aperto** quando lo stato fisico raggiunto dal gas alla fine della successione delle trasformazioni è diverso da quello iniziale; il **ciclo** si definisce **chiuso** quando lo stato finale coincide con quello iniziale e, inoltre, il gas percorre le linee termiche in sequenza, mantenendo sempre lo stesso senso di percorrenza.*

Lo studio dei cicli teorici delle macchine termiche presenta alcune caratteristiche contrastanti con le reali modalità di funzionamento: ciò nonostante i **cicli ideali**, o **termico-teorici**, costituiscono il fondamento su cui si basa lo studio di tutti i motori. Le differenze più significative fra i cicli teorici e quanto realizzato in pratica sono le seguenti:

— i cicli teorici sono considerati chiusi, per cui non si prende in considerazione il rinnovamento del fluido alla conclusione del ciclo;
— le trasformazioni sono ideali;
— il fluido che percorre il ciclo è aria che si comporta da gas ideale;
— la variazione di composizione chimica del fluido, dovuta alla combustione, non viene presa in considerazione;
— la generazione del calore, dovuta alla combustione, è considerata istantanea;
— l'introduzione del calore è schematizzata come proveniente da un'unica sorgente esterna;

— lo scarico dei gas combusti nell'atmosfera è schematizzato come trasmissione di calore a un'unica sorgente esterna a temperatura inferiore;
— i tempi impiegati per l'aspirazione, lo scarico dei gas e le loro velocità non rientrano nell'analisi dei cicli.

Ciclo Otto-Beau de Rochas

Il **ciclo Otto-Beau de Rochas** è utilizzato nei **motori alternativi ad accensione comandata**; esso porta i nomi dell'ideatore, Alphonse Beau de Rochas, e del costruttore del primo motore, Nikolaus Otto. Tale ciclo è composto da quattro trasformazioni (▸ *Fig. 3.32*):
— una compressione adiabatica fra i punti 1 e 2;
— l'introduzione del calore Q_1, a volume costante, fra i punti 2 e 3;
— un'espansione adiabatica fra i punti 3 e 4;
— l'espulsione del calore residuo Q_0, a volume costante, fra i punti 4 e 1.

RICHIAMO
I ***motori ad accensione comandata*** sono detti comunemente ***a scoppio***: essi hanno l'accensione innescata mediante scintilla e sono alimentati principalmente a benzina.

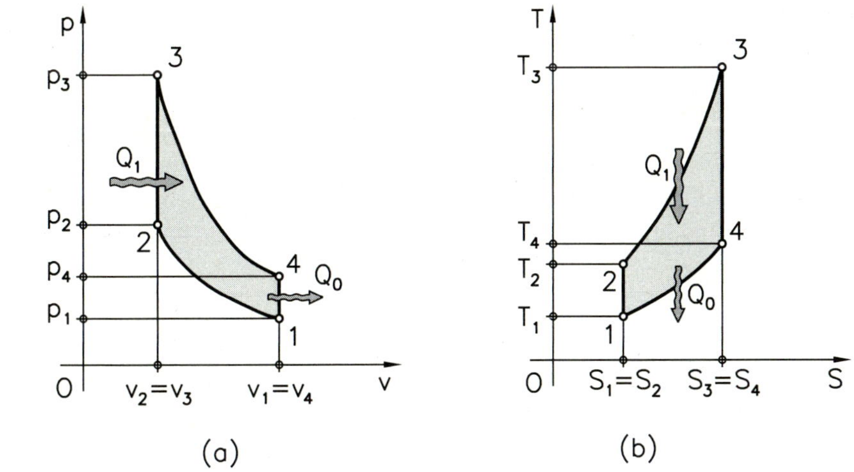

Fig. 3.32
Ciclo Otto-Beau de Rochas:
a) nel piano (*p*,*v*);
b) nel piano (*T*,*S*).

Ciclo Diesel

Il **ciclo Diesel** è impiegato nei grandi **motori alternativi ad accensione spontanea** alimentati a nafta, per applicazioni marine e terrestri; esso porta il nome del suo inventore, Rudolf Diesel. Tale ciclo è composto da quattro trasformazioni (▸ *Fig. 3.33*):

RICHIAMO
Nei ***motori ad accensione spontanea*** la combustione s'innesca da sola, senza bisogno della scintilla, grazie agli elevati valori di pressione e temperatura raggiunti in camera di combustione.

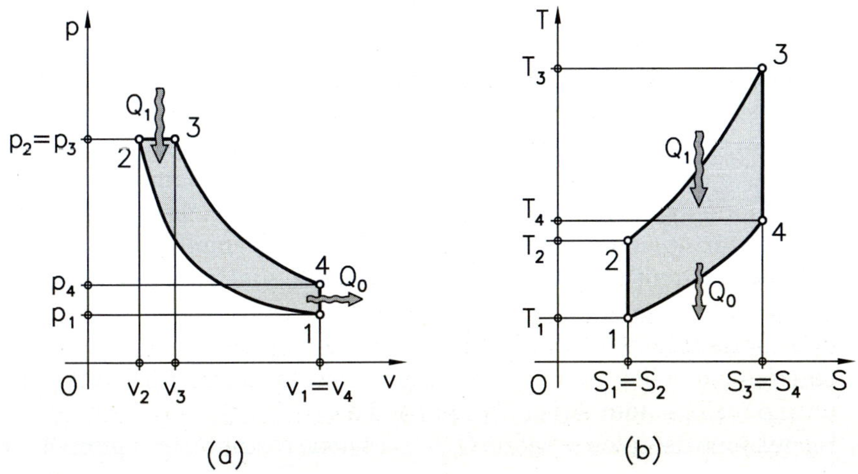

Fig. 3.33
Ciclo Diesel:
a) nel piano (*p*,*v*);
b) nel piano (*T*,*S*).

— una compressione adiabatica fra i punti 1 e 2;
— l'introduzione del calore Q_1, a pressione costante, fra i punti 2 e 3;
— un'espansione adiabatica fra i punti 3 e 4;
— l'espulsione del calore residuo Q_0, a volume costante, fra i punti 4 e 1.

Ciclo Sabathè

RICHIAMO
Il ***ciclo Sabathè*** è anche chiamato ***ciclo Diesel veloce***.

POLIGLOTTA
Combustione comandata
GB: Controlled combustion
F: Combustion commandée
D: Steuerverbrennung

Il **ciclo Sabathè** è impiegato nei **motori alternativi** di piccola e media dimensione **a combustione spontanea**, alimentati a gasolio; esso porta il nome dell'ideatore, Sabathè. È un ciclo intermedio fra il ciclo Otto e il ciclo Diesel, in quanto l'introduzione di calore è sdoppiata in due fasi successive. Tale ciclo è composto da cinque trasformazioni (▸ *Fig. 3.34*):
— una compressione adiabatica fra i punti 1 e 2;
— una prima introduzione di calore, a volume costante $Q_{1'}$, fra i punti 2 e 3;
— una seconda introduzione di calore, a pressione costante $Q_{1''}$, fra i punti 3 e 4;
— un'espansione adiabatica fra i punti 4 e 5;
— l'espulsione del calore residuo Q_0, a volume costante, fra i punti 5 e 1.

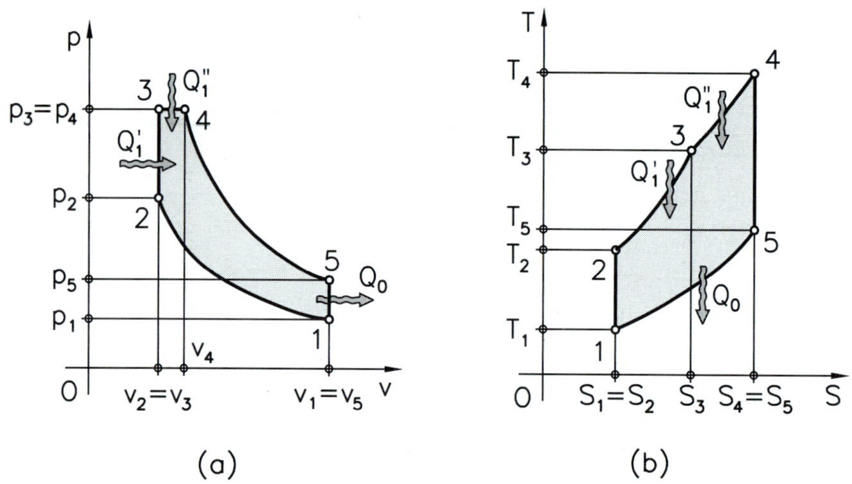

Fig. 3.34
Ciclo Sabathè:
a) sul piano (p,v);
b) sul piano (T,S).

Ciclo Brayton-Joule

POLIGLOTTA
Combustione spontanea
GB: Spontaneous combustion
F: Combustion spontanée
D: Spontane Verbrennung

Il **ciclo Brayton-Joule** è impiegato nelle **turbine alimentate a gas** o a **combustibile liquido**. Anch'esso ha preso i nomi degli inventori, Brayton e Joule. Può essere considerato come evoluzione del ciclo Diesel, mediante prolungamento dell'espansione adiabatica fino alla pressione ambiente, oppure come variante del ciclo di Carnot, in cui alle isoterme sono state sostituite le isobare, molto più facili da eseguire nella realtà. Tale ciclo è composto da quattro trasformazioni (▸ *Fig. 3.35*):
— una compressione adiabatica fra i punti 1 e 2;
— l'introduzione del calore Q_1, a pressione costante, fra i punti 2 e 3;
— un'espansione adiabatica fra i punti 3 e 4;
— l'espulsione del calore residuo Q_0, a pressione costante, fra i punti 4 e 1.

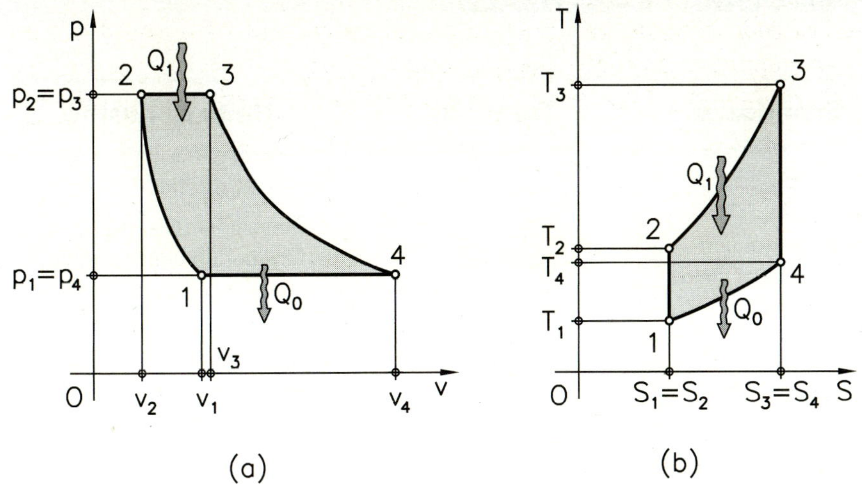

Fig. 3.35
Ciclo Brayton-Joule:
a) nel piano (*p*,*v*);
b) nel piano (*T*,*S*).

C3.7 IL TERZO PRINCIPIO DELLA TERMODINAMICA

Sulla rete

FORMULARIO ESSENZIALE

Grandezza	Formula	Unità di misura
Secondo principio della Termodinamica applicato al ciclo di Carnot	$\frac{Q_0}{Q_1} = \frac{T_0}{T_1}$	T = temperatura [K] Q = calore unitario [J/kg]
Efficienza della macchina frigorifera di Carnot	$\varepsilon = \frac{Q}{\lvert L \rvert} = \frac{T_0}{T_1 - T_0}$	ε = efficienza T = temperatura [K] L = lavoro unitario [J/kg] Q = calore unitario [J/kg]
Entropia	$dS = \frac{dQ}{T}$	dS = entropia [J/(kg K)] dQ = calore [J/kg] T = temperatura [K]
Entropia di un ciclo chiuso	$\oint \frac{dQ}{T} = 0$	dQ = calore [J/kg] T = temperatura [K]
Secondo principio della Termodinamica	$T\,dS - dQ \geq 0$	dS = entropia [J/(kg K)] dQ = calore [J/kg] T = temperatura [K]
Entropia di una trasformazione generica	$dS \geq \frac{dQ}{T}$	dS = entropia [J/(kg K)] dQ = calore [J/kg] T = temperatura [K]
Variazione di entropia per una trasformazione generica	$\Delta S = c_v \ln \frac{T_1}{T_0} + R \ln \frac{v_1}{v_0}$	ΔS = entropia [J/(kg K)] T = temperatura [K] c_v = capacità termica massica [J/(kg K)] v = volume massico [m^3/kg] R = costante elastica del gas [J/(kg K)]
Variazione di entropia per una trasformazione isobara	$\Delta S = c_p \ln \frac{T_1}{T_0}$	ΔS = entropia [J/(kg K)] T = temperatura [K] c_p = capacità termica massica [J/(kg K)]
Variazione di entropia per una trasformazione isocora	$\Delta S = c_v \ln \frac{T_1}{T_0}$	ΔS = entropia [J/(kg K)] T = temperatura [K] c_v = capacità termica massica [J/(kg K)]
Variazione di entropia per una trasformazione isobara	$\Delta S = R \ln \frac{v_1}{v_0} = R \ln \frac{p_0}{p_1}$	ΔS = entropia [J/(kg K)] T = temperatura [K] R = costante elastica del gas [J/(kg K)] v = volume massico [m^3/kg] p = pressione [Pa]

Grandezza	Formula	Unità di misura
Entalpia	$h = U + pv$	h = entalpia [J/kg] U = energia interna [J/kg] v = volume massico [m^3/kg] p = pressione [Pa]
Entalpia	$\Delta h = c_p \, \Delta T$	Δh = entalpia [J/kg] T = temperatura [K] c_p = capacità termica massica [J/(kg K)]
Terzo principio della Termodinamica	$\lim_{T \to 0} = \frac{dQ}{T} = 0$	dQ = calore [J/kg] T = temperatura [K]

L'UNITÀ DIDATTICA IN BREVE

Sulla rete

PROBLEMI DI RIEPILOGO

Sulla rete

AUTOVERIFICA DELL'APPRENDIMENTO

1. Spiegare perché è da considerare irreversibile la fuga di un gas nell'atmosfera, quando viene aperto il rubinetto della bombola in cui esso è contenuto sotto pressione (max 20 parole).

____

____

____

2. Una macchina termica esegue il moto perpetuo di prima specie se il lavoro erogato è:

a) inferiore all'energia fornita b) maggiore dell'energia fornita

c) pari all'area racchiusa nel ciclo d) uguale all'energia fornita

3. In una trasformazione irreversibile, il gas, per completare il cammino di andata e ritorno, non opera scambi di energia con l'esterno.

Vero ☐ Falso ☐

4. Elencare le tre condizioni essenziali per ottenere una trasformazione termodinamica reversibile:

a) ______________ b) ______________ c) ______________

5. Le trasformazioni reali dei gas avvengono con le seguenti modalità:

a) si sviluppano con velocità finita

b) sono sede di forze d'attrito

c) sono di tipo adiabatico

d) al loro interno si generano scambi di calore con l'esterno

6. Le sorgenti di calore sono anche note con il nome di pressostati.

Vero ☐ Falso ☐

7. Il ciclo di Carnot viene a contatto con due organi esterni detti ____________________, con cui scambia rispettivamente il calore ____________________ e il calore ____________________

8. Elencare le quattro trasformazioni che compongono il ciclo di Carnot:

a) ______________ b) ______________

c) ______________ d) ______________

9. Il ciclo di Carnot è importante poiché è l'unico in grado di raggiungere il rendimento 1.

Vero ☐ Falso ☐

10. Enunciare il teorema di Carnot (max 25 parole).

____

____

____

11. Identificare quali, fra le seguenti formule, esprimono il rendimento del ciclo di Carnot, ricordando che il pedice 1 indica una grandezza entrante o superiore, mentre il pedice 0 indica una grandezza uscente o inferiore:

a) $1-\frac{T_1}{T_0}$ b) $1-\frac{T_0}{T_1}$

c) $1-\frac{Q_0}{Q_1}$ d) $\frac{T_0}{T_1}-1$

12. Dalla dimostrazione del rendimento del ciclo di Carnot, deriva il seguente enunciato del ______________ della ____________, il afferma che il rapporto fra la quantità di calore ____________ e la quantità di calore ____________ non dipende dalla sostanza gassosa ma dalle temperature delle due sorgenti.

13. L'enunciato del secondo principio della Termodinamica, secondo Lord Kelvin, afferma che non è possibile eseguire una trasformazione ciclica chiusa che realizzi, come unico risultato, la totale trasformazione in lavoro di tutto:

a) il calore riversato in una sorgente esterna

b) il calore entrante meno quello uscente

c) il calore che si ottiene con la combustione

d) il calore proveniente da una sola sorgente

14. L'enunciato del secondo principio della Termodinamica, secondo Max Planck, asserisce che non è possibile realizzare una macchina termica operante attraverso un ciclo chiuso, la quale estrae calore da una sorgente esterna ed esegue la sua completa trasformazione in lavoro, senza causare ulteriori trasformazioni all'interno del sistema.

Vero ☐ Falso ☐

15. In un ciclo termico si potrebbe ottenere il rendimento unitario in due condizioni limite: se la temperatura superiore T_1 raggiungesse il valore ____________ oppure se la temperatura inferiore T_0 raggiungesse il valore ____________

16. Elencare tre esempi di grandezze intensive:

a) ____________ b) ____________ c) ____________

17. Sviluppare l'equazione dimensionale ed esprimere l'unità di misura dell'entropia nel SI:

$[\Delta S]$ = ________________________________

18. Indicare la formula corretta dell'entropia:

a) $dT = Q\,dS$ b) $dS = T\,dQ$

c) $dQ = T\,dS$ d) $dL = T\,dS$

19. La proprietà additiva, applicata all'entropia, afferma che dati due sistemi termodinamici indipendenti A e B, aventi rispettivamente entropia S_A e S_B, l'entropia complessiva vale __________________

20. Eseguendo una trasformazione adiabatica ideale, la variazione di entropia vale:

a) 1 b) 0 c) un numero compreso fra 0 e 1

21. Enunciare il secondo principio della Termodinamica, secondo Clausius, la cui formulazione si basa sul concetto di entropia (max 25 parole).

____

____

____

22. Indicare quali delle seguenti grandezze sono rappresentate da una variazione positiva di entropia:

a) tendenza all'ordine b) energia dispersa nell'ambiente

c) tendenza al caos d) energia disponibile per eseguire ulteriori trasformazioni

23. Spiegare perché un segmento verticale, sul diagramma entropico, rappresenta una trasformazione adiabatica ideale (max 20 parole).

____

____

____

24. Sul diagramma entropico, il ciclo di Carnot assume la forma di un ____________________, mentre l'area racchiusa rappresenta ____

25. Un ciclo di Carnot e un ciclo Joule, perfettamente reversibile, operanti fra i medesimi intervalli di temperatura, hanno il medesimo rendimento del sistema.

Vero ☐ Falso ☐

26. Definire l'entalpia (max 20 parole).

____

____

____

27. Indicare quali, fra le seguenti trasformazioni, avvengono nel ciclo Otto:

a) isoterma b) adiabatica

c) isobara d) isocora

28. Il ciclo Sabathè differisce dal ciclo Diesel per il fatto che l'introduzione di calore avviene con due trasformazioni, una isocora e una isoterma.

Vero □ Falso □

29. Enunciare il terzo principio della Termodinamica (max 20 parole).

____

____

____

30. Sviluppare l'equazione dimensionale ed esprimere l'unità di misura dell'entalpia nel SI.

$[h]$ = ______________________

VERIFICA DI MODULO

Un motore d'aviazione, a turbina a gas, esegue il ciclo ideale chiuso di Joule-Brayton fra i punti 1-2-3-4-1. Il ciclo ha le seguenti caratteristiche: pressione di aspirazione dell'aria p_1 = 1 bar; temperatura dell'aria in aspirazione t_1 = 20 °C; rapporto di compressione fra la pressione in uscita dal compressore e la pressione in ingresso β = 10; temperatura al termine dell'introduzione del calore T_3 = 1460 K; portata di aria e combustibile G_a = 30 kg/s.
Considerare il ciclo percorso dall'aria avente le caratteristiche di gas ideale.

Con i dati assegnati si risponda ai seguenti quesiti.

1. Tracciare qualitativamente il ciclo nei piani (T,S) e (h,S).

2. Ricavare i valori mancanti di temperatura e volume massico dei punti 1-2-3-4 del ciclo ideale.

____

____

3. Calcolare il calore introdotto Q_1 e il calore emesso Q_2.

____

____

4. Calcolare i lavori termico-teorici di compressione $L_{c,is}$ e di espansione $L_{e,is}$, espressi in kJ/kg.

____

____

____

5. Calcolare le potenze termico-teoriche di compressione $P_{c,is}$ e di espansione $P_{e,is}$.

____

____

6. Calcolare il rendimento ideale del ciclo.

____

____

7. Specificare il tipo di combustibile impiegato e le sue principali caratteristiche.

____

____

MODULO D

Termodinamica applicata agli impianti termici

Il **Modulo D** illustra, nella prima parte, le applicazioni delle **leggi della Termodinamica** ai **vapori**; la trattazione approfondisce i fenomeni dell'**evaporazione**, della **condensazione** e le trasformazioni energetiche svolte dal **vapore acqueo**. Successivamente viene presentata la **Termocinetica**, relativamente alla trasmissione del calore e alle leggi del moto dei fluidi aeriformi nei condotti; infine, sono descritte le principali tipologie degli **impianti termici**.

Obiettivi

- Conoscere le leggi dei vapori.
- Sapere tracciare e spiegare i diagrammi relativi alle trasformazioni termodinamiche del vapore acqueo.
- Sapere svolgere i calcoli relativi alle trasformazioni dei vapori.
- Conoscere le leggi della trasmissione del calore e del moto dei fluidi aeriformi nei condotti.
- Sapere eseguire i calcoli relativi alla trasmissione del calore e al moto nei condotti.
- Sapere descrivere struttura e funzionamento degli impianti termici.

UNITÀ DIDATTICHE

IL VAPORE ACQUEO

La presente unità è dedicata al **vapore acqueo**, alla sua generazione e al suo impiego mediante cicli termici specifici. Sono presentate le leggi relative alle trasformazioni dal vapore, derivanti dalle **proprietà dei gas ideali** e dai **due principi della Termodinamica**. Sono illustrati, inoltre, i diagrammi che descrivono le proprietà e il comportamento del vapore acqueo, con particolare riferimento al **diagramma di Mollier**, attraverso la cui analisi si perviene alla valutazione delle prestazioni dei cicli delle **macchine termiche** a combustione esterna.

Prerequisiti

- Conoscere le leggi e le trasformazioni fondamentali dei gas.
- Conoscere gli enunciati del primo e del secondo principio della Termodinamica.
- Sapere calcolare pressione, volume, temperatura, lavoro e calore per i gas ideali.
- Sapere calcolare le variazioni di entalpia e di entropia nelle trasformazioni fondamentali.

Obiettivi

- Conoscere le modalità di generazione dei vapori, a partire dallo stato liquido.
- Conoscere le trasformazioni svolte dal vapore acqueo.
- Sapere distinguere le diverse tipologie del vapore acqueo.
- Sapere riportare i grafici delle trasformazioni sui diagrammi caratteristici.
- Sapere calcolare le variazioni delle grandezze fisiche nel corso delle trasformazioni svolte dal vapore.

Contenuti

- Evaporazione e condensazione.
- La trasformazione del liquido in vapore.
- Il vapore surriscaldato.
- Temperatura ed entalpia nelle trasformazioni da liquido a vapore surriscaldato.
- I diagrammi di stato del vapore.
- Il lavoro erogato dal vapore.

Verifica prerequisiti

1. Calcolare la pressione p di una massa di azoto, noti il suo volume massico $v = 1{,}12\ m^3/kg$ e la temperatura $t = -5\ °C$.

$p =$ ____________________

2. La formula $1 - \frac{T_0}{T_1}$ esprime il ____________ del ciclo ____________

3. Calcolare la variazione di entropia ΔS, per una trasformazione isobara di una massa unitaria d'aria, fra la pressione iniziale $p_1 = 0{,}92$ bar e le temperature iniziale $t_1 = 5\ °C$ e finale $t_2 = 20\ °C$.

$\Delta S =$ ____________________

4. Il grafico dell'adiabatica ideale nel piano (T,S) è una linea avente forma di:

a) iperbole equilatera

b) retta orizzontale

c) retta verticale

d) arco di cerchio

5. La variazione di entropia ΔS riferita a un ciclo chiuso, formato da trasformazioni reali, è sicuramente maggiore di zero.

Vero ☐ Falso ☐

6. Spiegare in cosa consiste l'irreversibilità nelle trasformazioni termodinamiche (max 30 parole).

____

____

____

7. Indicare quali, fra le seguenti formule dell'entalpia, sono corrette:

a) $h = c_p\ \Delta t$ b) $h = R\ \Delta t$

c) $h = p + RT$ d) $h = u + pv$

8. L'introduzione di calore, nel ciclo Diesel ideale, avviene secondo una trasformazione ____________________

9. Indicare la successione delle quattro trasformazioni che avvengono nel ciclo Otto:

a) ____________ b) ____________

c) ____________ d) ____________

10. Alla luce del secondo principio della Termodinamica, per innalzare il rendimento è importante rilasciare i fluidi di scarico alla più

____

Problema

Un ciclo di Carnot a vapore acqueo ABCDA (▸ *Fig. 1.1*), percorso in senso orario, ha le seguenti caratteristiche: la temperatura di introduzione del calore è $t_1 = 700$ °C; la pressione a fine compressione è $p_B = 30$ bar; la temperatura di espulsione del calore è $t_0 = 210$ °C; la pressione di inizio dell'espansione adiabatica è $p_C = 1{,}8$ bar. Tracciare il ciclo nei piani (T,S) e (h,S); ricavare i valori di entalpia, di entropia e di volume massico per i punti che delimitano il ciclo e calcolare i calori unitari entrante Q_1 e uscente Q_0, espressi in kJ/kg. Calcolare, infine, il rendimento del ciclo.

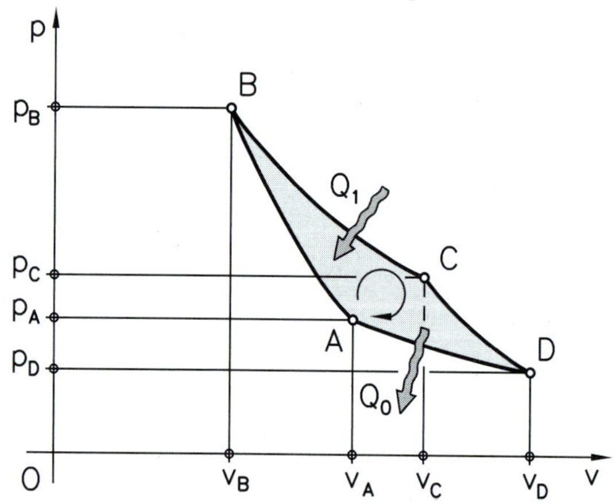

Fig. 1.1
Ciclo di Carnot.

Analisi

Il problema consiste nel tracciare e analizzare un ciclo di Carnot svolto dal vapore acqueo. Come prima cosa, risulta conveniente tracciare il ciclo nei piani *TS* e *hS*, allo scopo di evidenziare i punti ABCD: il principale scopo del problema è di rilevare i dati necessari mediante consultazione del diagramma di Mollier. Occorre poi selezionare le formule più adatte, per eseguire i calcoli dei calori, delle variazioni di entropia e del rendimento.

Procedura consigliata

Per rislovere il problema proposto occorre:

- richiamare dalla ***C3*** le formule dei gas, la teoria e gli esempi svolti, relativi al ciclo di Carnot;
- riferirsi ai ***paragrafi D1.1***, ***D1.2*** e ***D1.4***, nei quali viene presentato il vapore saturo, dal momento che si tratta di un ciclo svolto dal vapore acqueo;
- riferirsi al ***paragrafo D1.5***, in cui sono illustrati i diagrammi del vapore, in particolare il diagramma di Mollier, la cui consultazione conduce alla soluzione del problema;
- riferirsi ai ***paragrafi C3.5*** e ***C3.6***, per acquisire le capacità di calcolo delle grandezze termodinamiche riferite al vapore acqueo.

D1.1 EVAPORAZIONE E CONDENSAZIONE

Gas e vapori

*I **vapori** sono aeriformi che si trovano in configurazioni termodinamiche non lontane dal punto di liquefazione.*

POLIGLOTTA
Vapore
GB: Steam
F: Vapeur
D: Dampf

Tale affermazione tiene conto del fatto che la configurazione termodinamica di un gas è definita in modo completo attraverso la conoscenza dei seguenti parametri fisici fondamentali: pressione p, temperatura t e volume massico v_r.

Osservazione: tutti i gas possono essere liquefatti, per cui non vi è sostanziale differenza fra gas e vapori; a temperature sufficientemente elevate e a basse pressioni, entrambi si comportano da gas ideali con ottima approssimazione.

Il vapore più importante in natura, come nel campo industriale, è il **vapore acqueo**. Tuttavia esistono diverse sostanze che ricoprono notevole importanza merceologica, sia allo stato liquido sia allo stato di vapore: ammoniaca, anilina, vari tipi di alcoli, eteri, idrocarburi, cloruri. Diverse sostanze gassose, inoltre, sono presenti sul mercato anche in fase liquida, come l'aria, il biossido di carbonio, l'ossigeno, l'azoto e i GPL; per tali sostanze è fondamentale conoscere il loro comportamento nel momento del passaggio di stato.

POLIGLOTTA
Vapore acqueo
GB: Water steam
F: Vapeur d'eau
D: Wasserdampf

In questa sede lo studio verte esclusivamente sul vapore acqueo, tenendo comunque presente che tutti i vapori seguono gli stessi procedimenti di generazione, a partire dallo stato liquido, e rispettano le stesse regole fisiche generali.

Il passaggio di stato da liquido a vapore

La generazione del vapore, a partire dallo stato liquido, può avvenire secondo due diverse modalità: **evaporazione** ed **ebollizione**.

POLIGLOTTA
Vaporizzazione
GB: Vaporisation
F: Vaporisation
D: Verdampfung

*Si definisce **evaporazione** il lento fenomeno di passaggio di stato da liquido ad aeriforme, riguardante solo la superficie libera del liquido; è una trasformazione che avviene solitamente a bassa temperatura.*

Anche durante il processo inverso all'evaporazione, detto di **condensazione**, il liquido si separa dalla fase aeriforme, lungo una superficie di contorno chiaramente definibile. Da notare che quando una molecola attraversa il contorno, in un verso o nell'altro, alcune sue caratteristiche, principalmente la massa volumica e l'energia interna, cambiano in modo discontinuo.

RICHIAMO
Anche nei ***processi di solidificazione*** e ***liquefazione*** è presente una superficie netta di separazione fra fase solida e fase liquida.

*Si definisce **ebollizione** il passaggio di stato da liquido ad aeriforme, riguardante tutta la massa liquida, in modo tumultuoso. Per ogni valore di pressione essa s'innesca al raggiungimento di una particolare temperatura, detta **temperatura di ebollizione** o **di saturazione**.*

POLIGLOTTA
Ebollizione
GB: Boiling
F: Ebullition
D: Sieden

La temperatura di ebollizione e di condensazione

Si consideri una massa d'acqua in quiete a contatto con l'atmosfera, quale può essere uno specchio d'acqua naturale o l'acqua posta in un recipiente aperto. L'evaporazione consiste nel passaggio delle molecole d'acqua allo stato di vapore, in modo graduale e invisibile a occhio nudo. Tale fenomeno si manifesta fin dalle più basse temperature, anche prossime a 0 °C; è per questo motivo che anche in inverno una pozzanghera d'acqua si asciuga in tempi più o meno lunghi, a seconda della temperatura e dell'umidità atmosferica.

Riscaldando l'acqua contenuta in una pentola aperta, l'evaporazione s'intensifica man mano che la temperatura cresce, finché il liquido raggiunge una condizione limite, detta **di saturazione**, mentre la temperatura è definita **di ebollizione**: alla pressione atmosferica essa vale 100 °C. Da tale momento l'evaporazione evolve in ebollizione, la massa entra in uno stato di agitazione e la trasformazione avviene in tempi molto più brevi, con la formazione di bolle di vapore dall'interno della massa liquida.

RICHIAMO
L'***impianto di raffreddamento*** dei motori per autoveicoli è comunemente noto come ***sistema a radiatore***.

La temperatura di ebollizione dell'acqua dipende quindi dalla pressione, cui è sottoposta la massa liquida; per esempio, il circuito del **sistema di raffreddamento** ad acqua dei motori endotermici alternativi è sigillato e pressurizzato, in modo da impedire l'ebollizione fino a circa 120 °C: la pressione assoluta interna di taratura è di circa 2 bar.

Nella ***tabella 1.1*** sono riportati i valori di temperatura di ebollizione riferiti all'acqua, in funzione della pressione assoluta nel circuito pressurizzato che costituisce un impianto. Inoltre la tabella riporta, per ciascun valore della pressione, il volume massico, l'entalpia e l'entropia del liquido e del vapore.

Tabella 1.1 Pressioni, temperature, volumi massici, entalpia ed entropia dell'acqua e del vapore (*continua*)

Pressione [bar]	Temperatura [°C]	*Volume massico [m³/kg]*		*Entalpia [kJ/kg]*		*Entropia [kJ/(kg K)]*	
		Liquido saturo	*Vapore saturo*	*Liquido saturo*	*Vapore saturo*	*Vapore saturo*	*Vapore saturo*
0,02	17,5	1×10^{-3}	67,0	73,5	2534	0,261	8,72
0,03	24	1×10^{-3}	45,7	101,0	2546	0,354	8,58
0,04	29	1×10^{-3}	34,8	121,5	2554	0,422	8,47
0,05	33	1×10^{-3}	28,2	137,8	2562	0,476	8,4
0,075	40	1×10^{-3}	19,2	168,8	2575	0,576	8,25
0,1	46	$1{,}01 \times 10^{-3}$	14,7	191,8	2585	0,649	8,15
0,2	60	$1{,}02 \times 10^{-3}$	7,65	251,4	2610	0,832	7,91
0,3	69	$1{,}02 \times 10^{-3}$	5,23	289,2	2625	0,944	7,77
0,4	76	$1{,}03 \times 10^{-3}$	3,99	317,6	2637	1,03	7,67
0,5	81	$1{,}03 \times 10^{-3}$	3,24	340,5	2646	1,09	7,59
0,75	92	$1{,}04 \times 10^{-3}$	2,22	384,4	2663	1,21	7,46
1	99	$1{,}04 \times 10^{-3}$	1,69	417	2676	1,30	7,36
1,25	106	$1{,}05 \times 10^{-3}$	1,37	444	2685	1,37	7,28

Tabella 1.1 **Pressioni, temperature, volumi massici, entalpia ed entropia dell'acqua e del vapore (*segue*)**

Pressione [bar]	*Temperatura [°C]*	*Volume massico [m³/kg]*		*Entalpia [kJ/kg]*		*Entropia [kJ/(kg K)]*	
		Liquido saturo	*Vapore saturo*	*Liquido saturo*	*Vapore saturo*	*Vapore saturo*	*Vapore saturo*
1,75	116	$1{,}06 \times 10^{-3}$	1,00	487	2701	1,48	7,17
2	120	$1{,}06 \times 10^{-3}$	0,89	505	2707	1,53	7,13
2,5	127	$1{,}07 \times 10^{-3}$	0,72	535	2716	1,61	7,05
3	134	$1{,}07 \times 10^{-3}$	0,61	561	2725	1,67	6,99
3,5	139	$1{,}08 \times 10^{-3}$	0,52	584	2732	1,73	6,94
4	144	$1{,}08 \times 10^{-3}$	0,46	605	2739	1,78	6,90
4,5	148	$1{,}09 \times 10^{-3}$	0,41	623	2744	1,82	6,86
5	152	$1{,}09 \times 10^{-3}$	0,37	640	2749	1,86	6,82
6	159	$1{,}10 \times 10^{-3}$	0,32	671	2756	1,93	6,76
7	165	$1{,}10 \times 10^{-3}$	0,27	697	2764	1,99	6,71
8	170	$1{,}11 \times 10^{-3}$	0,24	721	2769	2,05	6,66
9	175	$1{,}12 \times 10^{-3}$	0,21	742	2774	2,09	6,62
10	180	$1{,}13 \times 10^{-3}$	0,19	762	2778	2,14	6,59
11	184	$1{,}13 \times 10^{-3}$	0,18	781	2781	2,18	6,55
12	188	$1{,}14 \times 10^{-3}$	0,16	799	2784	2,22	6,52
13	192	$1{,}14 \times 10^{-3}$	0,15	814	2787	2,25	6,50
14	195	$1{,}15 \times 10^{-3}$	0,14	830	2790	2,28	6,47
15	198	$1{,}15 \times 10^{-3}$	0,13	845	2792	2,31	6,44
17,5	206	$1{,}17 \times 10^{-3}$	0,11	879	2796	2,39	6,39
20	212	$1{,}17 \times 10^{-3}$	0,10	909	2800	2,44	6,34
25	224	$1{,}20 \times 10^{-3}$	80×10^{-3}	962	2803	2,50	6,30
30	234	$1{,}21 \times 10^{-3}$	67×10^{-3}	1008	2804	2,65	6,19
35	243	$1{,}23 \times 10^{-3}$	57×10^{-3}	1050	2803	2,73	6,13
40	250	$1{,}25 \times 10^{-3}$	50×10^{-3}	1087	2801	2,80	6,07
50	264	$1{,}29 \times 10^{-3}$	39×10^{-3}	1154	2794	2,92	5,97
60	276	$1{,}32 \times 10^{-3}$	32×10^{-3}	1213	2784	3,03	5,89
70	286	$1{,}35 \times 10^{-3}$	27×10^{-3}	1267	2772	3,12	5,81
80	295	$1{,}38 \times 10^{-3}$	24×10^{-3}	1317	2758	3,21	5,74
90	303	$1{,}42 \times 10^{-3}$	20×10^{-3}	1363	2742	3,29	5,68
100	311	$1{,}45 \times 10^{-3}$	18×10^{-3}	1408	2725	3,36	5,61
110	318	$1{,}49 \times 10^{-3}$	16×10^{-3}	1450	2706	3,43	5,55
120	325	$1{,}53 \times 10^{-3}$	14×10^{-3}	1491	2685	3,50	5,49
130	331	$1{,}58 \times 10^{-3}$	13×10^{-3}	1532	2662	3,56	5,43
140	337	$1{,}61 \times 10^{-3}$	11×10^{-3}	1571	2637	3,62	5,37
150	342	$1{,}66 \times 10^{-3}$	10×10^{-3}	1610	2610	3,8	5,31
160	347	$1{,}71 \times 10^{-3}$	93×10^{-4}	1650	2580	3,75	5,25
170	352	$1{,}77 \times 10^{-3}$	84×10^{-4}	1690	2547	3,81	5,18
180	357	$1{,}84 \times 10^{-3}$	75×10^{-4}	1732	2509	3,87	5,10
190	362	$1{,}92 \times 10^{-3}$	67×10^{-4}	1777	2464	3,94	5,02
200	366	$2{,}04 \times 10^{-3}$	58×10^{-4}	1826	2409	4,01	4,93
210	370	$2{,}21 \times 10^{-3}$	50×10^{-4}	1884	2334	4,11	4,80
221	374	$3{,}16 \times 10^{-3}$	32×10^{-4}	2100	2099	4,43	4,43

RICHIAMO
La notazione matematica ***Log*** indica il ***logaritmo decimale***, avente come base il numero ***10***.

RICHIAMO
La ***formula di Duprè*** fu sviluppata per operare nell'ambito del ST con la pressione in atmosfera tecnica assoluta [ata]; l'equivalenza con l'atmosfera e con il bar è la seguente:

1 atm = 1,013 bar = 1,033 ata

Poiché: 1 ata = 0,981 bar, si può impiegare la formula con approssimazione accettabile, attribuendo la pressione in bar.

Esistono diverse formule empiriche che pongono in relazione la pressione con la temperatura di ebollizione quale, per esempio, la **formula di Duprè** per l'acqua:

$$\text{Log}\, p = a - \frac{b}{T} \qquad \textbf{[1.1]}$$

In essa il logaritmo decimale della pressione assoluta p, espressa in bar, è funzione di due costanti, a e b (i cui valori sono riportate nella *tabella 1.2*), e della temperatura assoluta T di evaporazione.

Tabella 1.2 Costanti *a* e *b* per la formula di Duprè

Temperatura	*a*	*b*
20÷100 °C	5,978	2224
100÷200 °C	5,649	2101
200÷350 °C	5,451	2011

Un'altra relazione empirica che lega la temperatura di ebollizione (espressa in gradi centigradi) e la pressione (espressa in bar) è la seguente:

$$p = \left(\frac{t}{100}\right)^4 \qquad \textbf{[1.2]}$$

Esempio
Calcolare la pressione cui corrisponde la temperatura di ebollizione dell'acqua di 140 °C.

Soluzione
Si applica la formula di Duprè espressa dalla [*1.1*]:

$$\text{Log}\, p = a - \frac{b}{T} = 5{,}649 - \frac{2101}{140+273} = 5{,}649 - 5{,}0872 = 0{,}5618$$

Ricordando che il logaritmo decimale è l'esponente da attribuire della base 10, si ha:

$$10^{0{,}5618} = 3{,}6459$$

Pertanto la pressione trovata vale:

$$p \approx 3{,}64 \text{ bar}$$

Applicando invece la [*1.2*] si ottiene:

$$p = \left(\frac{t}{100}\right) = \left(\frac{140}{100}\right)^4 = 3{,}84 \text{ bar}$$

che conferma il valore trovato precedentemente.

D1.2 LA TRASFORMAZIONE DEL LIQUIDO IN VAPORE

Il passaggio di stato

Per descrivere dettagliatamente le varie tappe che conducono alla generazione del vapore a partire da un volume di 1kg di liquido, risulta utile riferirsi al caso pratico di un recipiente chiuso nel lato superiore. L'organo di chiusura è uno stantuffo mobile di superficie S, a perfetta tenuta, e caricato da una massa m, che genera una pressione costante sul volume liquido imprigionato (▸ *Fig. 1.2a*).

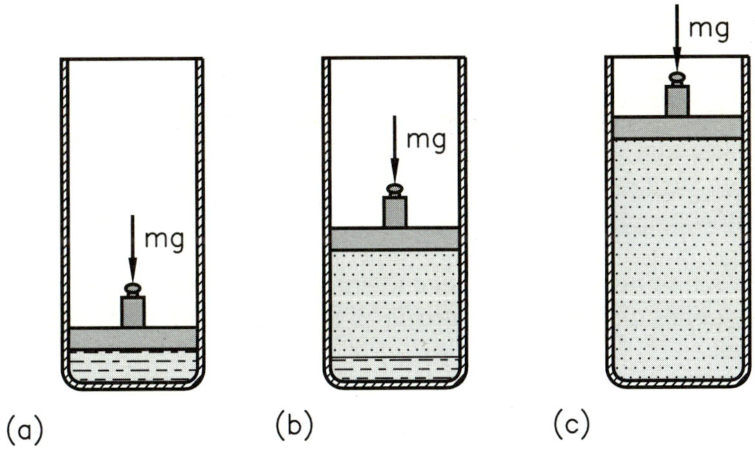

Fig. 1.2
Evaporazione a pressione costante:
a) massa allo stato liquido;
b) massa parzialmente trasformata in vapore;
c) massa totalmente trasformata in vapore.

La **temperatura** iniziale del **liquido** viene assunta pari a 0 °C. La pressione costante esercitata dal peso ($P = mg$) va sommata alla pressione atmosferica p_a, così da ottenere la pressione assoluta p gravante sul liquido:

$$p = \frac{mg}{S} + p_a$$

RICHIAMO
La ***temperatura di una massa liquida*** non risulta influenzata, se non in modo assolutamente marginale, dall'entità della forza premente esterna.

Somministrando calore al sistema, si ottiene l'innalzamento della temperatura della massa, accompagnato inizialmente da una lieve contrazione del volume, seguita da un progressivo incremento di volume del liquido a causa della **dilatazione termica**.

Continuando a fornire calore, l'innalzamento di temperatura procede fino a raggiungere una condizione limite, rappresentata dalla **temperatura di ebollizione**, alla quale si verifica la formazione delle bolle iniziali di vapore. Lo stantuffo mobile si solleva gradualmente, per far spazio al vapore che si forma a spese del liquido sul fondo (▸ *Fig. 1.2b*). L'ebollizione può dirsi conclusa quando anche l'ultima goccia di liquido ha cambiato stato e nel contenitore non vi è più alcuna traccia di esso (▸ *Fig. 1.2c*). Il calore massico, fornito fino a questo momento alla massa unitaria di liquido, è ripartito in due quote: il **calore di riscaldamento** q (espresso in kJ/kg), che ha innalzato la temperatura del liquido sino alla soglia dell'ebollizione, e il **calore di vaporizzazione** r (pure espresso in kJ/kg), che ha costituito l'energia necessaria per completare il passaggio di stato.

RICHIAMO
A ***pressione atmosferica***, l'***acqua*** raggiunge il massimo della ***densità*** alla temperatura di 4 °C, poiché l'acqua è composta anche da molecole del tipo H_4O_2 e H_6O_3, aventi diversa densità e presenti in proporzioni differenti a seconda della temperatura.

Nel corso dell'evaporazione, il volume occupato dalla massa è andato crescendo in misura assai rilevante, man mano che dal liquido si sviluppava il vapore.

Si assume, per semplicità, il volume massico v_l dell'acqua che corrisponde a 0,001 m^3/kg, valore grosso modo costante a qualunque pressione. Dalla *tabella 1.1* si nota che, a pressione atmosferica, il volume massico del vapore è aumentato di quasi 1700 volte. Fra le condizioni estreme di massa totalmente liquida e massa totalmente vaporizzata, è possibile ottenere infinite condizioni intermedie di equilibrio: nell'ambiente è presente una miscela liquido-vapore, nella quale le due fasi coesistono a diretto contatto.

POLIGLOTTA
Vapore saturo umido
GB: Wet steam
F: Vapeur saturée humide
D: Nassdampf

POLIGLOTTA
Vapore saturo secco
GB: Dry saturated steam
F: Vapeur saturée sèche
D: Trockendampf

Vapore saturo umido e vapore saturo secco

*Si definisce **vapore saturo umido** il vapore che si trova in presenza del suo liquido, in condizioni di equilibrio termodinamico: ciò significa che il liquido e il vapore sono alle medesime condizioni di pressione e di temperatura.*

*Si definisce **vapore saturo secco** il vapore che si trova nella condizione limite quando anche l'ultima goccia di liquido si è appena trasformata in vapore.*

*Si definisce **liquido saturo** il liquido che si trova nella condizione limite quando sta per iniziare l'ebollizione, con la formazione delle prime bolle di vapore.*

Un tipico esempio di liquido saturo è costituito dall'acqua quando si trova a pressione atmosferica e a una temperatura assai prossima ai 100 °C, pertanto, in condizioni di incipiente ebollizione. Nel caso della pressione atmosferica, il liquido è saturo quando raggiunge la temperatura di 100 °C.

Osservazione: il vapore saturo umido e il surriscaldato possono anche essere definiti come segue:

*il **vapore** è detto **saturo umido** quando, per ottenere la condensazione, è sufficiente una riduzione infinitesima di temperatura; il vapore è detto **surriscaldato** quando, per ottenere la condensazione, occorre eseguire una riduzione finita di temperatura.*

Pertanto i gas possono essere considerati come vapori fortemente surriscaldati.

Il titolo del vapore

All'interno del contenitore che ospita vapore allo stato saturo umido, dev'essere presente anche la fase liquida. La massa fluida si presenta in forma di miscela, la cui composizione è variabile fra due valori estremi: 100% liquido e 0% vapore; 0% liquido e 100% vapore. Nel primo caso si è in presenza di solo liquido saturo, nel secondo di vapore saturo secco.

Con riferimento a 1 kg *di miscela, si definisce* ***titolo del vapore x*** *il rapporto fra la massa di vapore saturo umido m_v e la somma delle masse di vapore saturo m_v e di liquido m_l:*

$$x = \frac{m_v}{m_v + m_l} \quad \textbf{[1.3]}$$

POLIGLOTTA

Titolo del vapore

GB: Water vapor ratio, dryness fraction

F: Titre du mélange

D: Dampfnässe

Il titolo del vapore è una grandezza adimensionata, espressa in forma di percentuale. Il titolo $x = 0$ è tipico del liquido saturo; nel caso di un titolo intermedio, per esempio $x = 15\%$, il chilogrammo di miscela è formato da 0,150 kg di vapore saturo umido e da 0,850 kg di liquido: al liquido saturo è stato somministrato il 15% del calore di vaporizzazione r. Il titolo $x = 50\%$ definisce una vaporizzazione avvenuta a metà: il chilogrammo di miscela è formato per metà da vapore e per l'altra metà da liquido. Il titolo $x = 100\%$, o più semplicemente $x = 1$, indica che la vaporizzazione si è conclusa e che nell'ambiente si trova soltanto il vapore saturo secco.

Con riferimento al concetto di titolo del vapore, è possibile definire il volume massico, l'entalpia e l'entropia di una miscela di liquido e vapore, qualunque sia la composizione.

Nelle formule seguenti si adotta il pedice s per le grandezze relative al vapore saturo secco e il pedice l per quelle riferite al liquido.

Il volume massico della miscela vale:

$$v = x v_s + (1 - x) v_l \quad \textbf{[1.4]}$$

La [*1.4*] spesso è sostituita dalla versione semplificata, priva del secondo addendo riferito al volume massico della fase liquida, trascurabile rispetto al volume massico della fase aeriforme:

$$v \cong x v_s \quad \textbf{[1.5]}$$

L'entalpia della miscela vale:

$$h = x h_s + (1 - x) h_l \quad \textbf{[1.6]}$$

L'entropia della miscela vale:

$$S = x S_s + (1 - x) S_l \quad \textbf{[1.7]}$$

Esempio 1

Una miscela di vapore acqueo saturo, umido al 60%, si trova a pressione $p = 8$ bar. Calcolare i valori della temperatura di ebollizione, dei volumi massici, delle entalpie e delle entropie.

Soluzione

Dalla ***tabella 1.1*** si ricavano i seguenti valori: $t = 170$ °C; $v_l = 0{,}00111$ m³/kg; $v_s = 0{,}24$ m³/kg; $h_l = 721$ J/kg; $h_s = 2769$ J/kg; $S_l = 2{,}05$ J/(kg K); $S_s = 6{,}66$ J/(kg K).

Inserendo tali valori nelle relazioni [*1.4*], [*1.6*] e [*1.7*] si calcolano il volume massico, l'entalpia e l'entropia della miscela:

$$v = x v_s + (1-x) v_l = 0{,}60 \times 0{,}24 + (1-0{,}60)\, 1{,}11 \times 10^{-3} =$$

$$= 0{,}144 + 0{,}444 \times 10^{-3} = 0{,}1444\ \frac{\text{m}^3}{\text{kg}}$$

Il contributo offerto dalla fase liquida nella determinazione del volume massico di tutta la miscela risulta assolutamente marginale. Ora si calcola l'entalpia della miscela:

$$h = x h_s + (1-x) h_l = 0{,}6 \times 2769 + (1-0{,}60)\, 721 =$$

$$= 1661 + 288 = 1949\ \frac{\text{kJ}}{\text{kg}}$$

Infine si calcola l'entropia della miscela:

$$S = x S_s + (1-x) S_l = 0{,}60 \times 6{,}66 + (1-0{,}60)\, 2{,}05 =$$

$$= 3{,}996 + 0{,}082 = 4{,}816\ \frac{\text{kJ}}{\text{kg K}}$$

Esempio 2

Calcolare la pressione p e il titolo x di una miscela di vapore acqueo saturo umido, noti i volumi massici del liquido v_l = 0,00107 m³/kg e del vapore saturo secco v_s = 0,61 m³/kg. La massa totale del liquido e del vapore vale m = 100 kg e il volume del serbatoio vale V = 38,215 m³.

Soluzione

Si calcola innanzitutto il volume massico v della miscela di vapore saturo umido, servendosi della definizione di volume massico:

$$v = \frac{V}{m} = \frac{38{,}215}{100} = 0{,}38215\ \frac{\text{m}^3}{\text{kg}}$$

Conoscendo il valore del volume saturo secco, dalla ***tabella 1.1*** si ricava il valore della pressione p = 3 bar. Richiamando la [*1.4*]:

$$v = x v_s + (1-x) v_l$$

si svolgono i prodotti:

$$v = v_l - x v_l + x v_s$$

e si risolve rispetto a x:

$$v - v_l = x (v_s - v_l)$$

$$x = \frac{v - v_l}{v_s - v_l} = \frac{0{,}38215 - 0{,}00107}{0{,}61 - 0{,}00107} = 0{,}626 = 62{,}6\%$$

Utilizzando la formula semplificata [*1.5*] si ottiene:

$$x = \frac{V}{v_s} = 0{,}6265$$

Calore di vaporizzazione e calore di condensazione

Nel corso dell'ebollizione, la trasformazione del liquido in vapore avviene in modo graduale, man mano che il **calore di vaporizzazione** *r* viene trasmesso alla massa. Durante il passaggio di stato, il valore del titolo evolve dal valore 0 iniziale al valore 1 finale. Per tutta la durata della vaporizzazione, sia la pressione sia la temperatura della miscela rimangono invariate, finché il titolo non ha raggiunto il valore 1.

Un comportamento del tutto analogo si ha durante la **condensazione**, fenomeno inverso dell'ebollizione; sottraendo una piccola quantità di calore a un vapore saturo secco, si ha la comparsa di una nebbia, sintomo che la condensazione ha inizio mediante la formazione delle prime goccioline di liquido; il titolo si porta su percentuali di poco inferiori al valore 1.

Continuando a sottrarre calore, si ha l'addensamento delle nebbie con la formazione di gocce sulle pareti e di un bagno liquido nella zona inferiore del contenitore; il titolo scende su valori sempre più bassi, fino a raggiungere il valore 0, cui corrisponde la condensazione completa della massa di vapore: la trasformazione si è svolta a pressione e temperatura costanti e il calore totale sottratto è pari esattamente al calore *r* di vaporizzazione.

POLIGLOTTA
Condensazione
GB: Condensation, condensing
F: Condensation
D: Kondensation

Le trasformazioni di evaporazione e di condensazione sono ***isotermobariche****, poiché si svolgono interamente a pressione e temperatura costanti.*

RICHIAMO
I primi ricercatori che indagarono sui ***passaggi di stato*** rimasero perplessi nel notare che, pur continuando a fornire calore alla massa liquida satura, né la temperatura né la pressione variavano: a tale scopo al ***calore di vaporizzazione*** *r* fu attribuito il termine di ***calore latente***, cioè nascosto, privo di variazioni anche minime rilevabili sul manometro e sul termometro.

La somministrazione al liquido saturo del calore di vaporizzazione *r* costituisce un accrescimento dell'energia posseduta dalle molecole liquide. Esse, trovandosi in condizione limite, utilizzano tale apporto di energia per avviare la trasformazione isotermobarica di evaporazione. Conducendo un'analisi a livello molecolare, si nota che il passaggio di stato da liquido a vapore si svolge in due momenti successivi; pertanto anche il calore unitario *r* viene convenzionalmente ripartito in due quote distinte:

- **energia di rottura delle forze di coesione**, cioè dei legami molecolari, di tipo newtoniano, dovuti alla mutua attrazione fra le masse;
- **energia di espansione**: le molecole che abbandonano il bagno devono vincere le resistenze esterne, ovvero compiere un lavoro contro la pressione esterna che agisce sulla superficie di separazione e impedisce all'aumento di volume da parte delle molecole rese libere.

POLIGLOTTA
Calore latente
GB: Latent heat
F: Chaleur latente, chaleur cachée
D: Verdunstungskälte

Osservazione: nella **figura 1.2** *l'energia di espansione è rappresentata dal lavoro svolto dalle molecole ormai libere, per sollevare lo stantuffo premente e creare lo spazio da occupare ora che si trovano allo stato di aeriforme.*

Il valore del calore di vaporizzazione *r* è definito per ogni valore di pressione e relativa temperatura di ebollizione; dalla consultazione della **tabella 1.1**, risulta immediato ricavare il valore di *r*, note la temperatura o la relativa pressione: basta eseguire la differenza fra il valore dell'entalpia del vapore saturo e il valore dell'entalpia del liquido saturo. Alle più alte temperature di ebollizione, il valore di *r* tende a ridursi fino ad annullarsi nell'intorno dei 374 °C: è evidente che in questi casi il liquido dispone di un'energia interna assai elevata, per cui basta un piccolo apporto di calore per avviare il passaggio di stato.

D1.3 IL VAPORE SURRISCALDATO

POLIGLOTTA
Vapore surriscaldato
GB: Superheated steam
F: Vapeur surchauffée
D: Überhitzer Dampf

Somministrando calore alla massa formata da vapore saturo secco, la temperatura ricomincia a salire e il **vapore** diventa **surriscaldato**:

*il **vapore surriscaldato** è il vapore non saturo che si trova a una temperatura superiore a quella di ebollizione, corrispondente alla pressione dell'ambiente che lo ospita.*

Osservazione: nella definizione di vapore surriscaldato, è specificato che si tratta di vapore non saturo, per escludere la presenza contemporanea di liquido; all'aumentare del surriscaldamento, il vapore perviene in configurazioni termodinamiche aventi una sempre più forte somiglianza con il gas ideale, quindi lontano dalle condizioni di passaggio di stato.

Il calore unitario di surriscaldamento q_{surr} rispetta la formula del calore a pressione costante, poiché l'operazione in genere è di tipo isobarico, per cui si ha:

$$q_{surr} = c_p \left(t_{fin} - t_{evap}\right) \qquad \textbf{[1.8]}$$

Nella [*1.8*] compare la capacità termica massica c_p, mentre fra parentesi vi è la differenza fra le temperature di fine e inizio surriscaldamento, pari alla temperatura di evaporazione e, quindi, alla temperatura del vapore saturo secco. Il valore di c_p non può essere considerato costante, in quanto fortemente influenzato dalla pressione e dalla temperatura. Si calcola, pertanto, un valore medio di c_p per l'intervallo compreso fra le temperature estreme da inserire nella [*1.8*]. Nella ***tabella 1.3*** sono riportati i valori di c_p ricavati sperimentalmente da Knoblauch e Jakob, in funzione di pressione e temperatura.

Tabella 1.3 Andamento della capacità termica massica c_p del vapore acqueo [kJ/(kg K)] a pressione costante, in funzione della pressione assoluta e della temperatura

	Capacità termica massica c_p del vapore acqueo [kJ/(kg K)] a pressione costante										
Pressione assoluta [bar]	*1*	*2*	*4*	*6*	*8*	*10*	*12*	*14*	*16*	*18*	*20*
t = 150 °C	1,934	2,001	2,156	–	–	–	–	–	–	–	–
t = 200 °C	1,934	1,988	2,101	2,219	2,344	2,499	2,658	–	–	–	–
t = 250 °C	1,938	1,984	2,072	2,151	2,227	2,311	2,386	2,461	2,549	2,658	–
t = 300 °C	1,942	1,988	2,059	2,114	2,164	2,219	2,265	2,302	2,348	2,394	2,449
t = 350 °C	1,959	1,997	2,059	2,106	2,143	2,185	2,214	2,244	2,273	2,302	2,332
t = 400 °C	1,980	2,013	2,068	2,110	2,143	2,177	2,202	2,222	2,248	2,269	2,290

D1.4 TEMPERATURA ED ENTALPIA NELLE TRASFORMAZIONI DA LIQUIDO A VAPORE SURRISCALDATO

Estensione del concetto di entalpia ai vapori

L'**entalpia di un fluido**, definita attraverso la [*3.16*] della **C3** come somma dell'energia interna U con il lavoro di pompaggio (pv), equivale all'energia totale posseduta dalla massa unitaria. Il suo valore tiene ovviamente conto della configurazione termodinamica: è basso nel caso del liquido freddo; maggiore per il vapore saturo; elevato per il vapore surriscaldato.

Il calore sensibile

Nel caso particolare dell'**acqua**, viene convenzionalmente attribuito all'**entalpia** il valore 0, quando l'acqua si trova alla temperatura di 0 °C e a pressione atmosferica.

L'acqua, a una qualunque temperatura t superiore a 0 °C, dispone di un'entalpia h pari al calore di riscaldamento q, necessario per portare la sua temperatura da 0 °C a t. Nel caso particolare in cui l'acqua si trovi alla temperatura di saturazione t_{sat}, il calore di riscaldamento, da 0 °C a t_{sat}, assume un'altra denominazione:

il ***calore sensibile*** $\boldsymbol{q_s}$ *è quel particolare valore del calore di riscaldamento che fa salire la temperatura di 1* kg *d'acqua a pressione costante da 0* °C *fino alla temperatura di saturazione.*

RICHIAMO
Anche comprimendo l'***acqua*** a 0 °C, a pressioni molto superiori alla pressione atmosferica, si è misurato che l'***entalpia*** rimane praticamente invariata, pressoché uguale a zero.

POLIGLOTTA
Calore sensibile
GB: Sensible heat
F: Chaleur sensible
D: Fühlbare Wärme

Le formule dell'entalpia

L'entalpia del liquido saturo, quindi, coincide con il calore sensibile:

$$h = q_s \qquad \textbf{[1.9]}$$

Nel caso del vapore saturo umido, avente titolo x, l'entalpia vale:

$$h = q_s + r\,x \qquad \textbf{[1.10]}$$

Nel caso del vapore saturo secco, l'entalpia comprende il calore latente al 100%:

$$h = q_s + r \qquad \textbf{[1.11]}$$

Nel caso di un vapore surriscaldato fino alla temperatura finale t_{fin}, l'entalpia comprende il calore di surriscaldamento definito secondo la [*1.8*]:

$$h = q_s + r + q_{surr} \qquad \textbf{[1.12]}$$

La sequenza completa delle trasformazioni termodinamiche, che portano il liquido freddo alla condizione di vapore surriscaldato, può essere riportata in grafici di immediata lettura: i due diagrammi principali indicano l'andamento del volume massico e dell'entalpia, in funzione della temperatura. Il grafico (v,t) rappresentato nella ***figura 1.3a***, avente valore puramente qualitativo, ha l'andamento di una linea spezzata: il punto 1 rappresenta la massa unitaria di liquido, a bassa temperatura, introdotto nell'ambiente pressurizzato alla pressione p; mediante somministrazione del calore di riscaldamento q, esso giunge in condizione di liquido saturo (punto 2) con una dilatazione di piccolissima entità. Fornendo il calore di vaporizzazione r, si ha l'ebollizione isotermobarica, rappresentata dal segmento verticale 2-3: nel punto 3 il vapore è saturo secco, con un volume massico v_3 maggiore di v_2; proseguendo nella somministrazione di calore, il vapore si surriscalda e si espande, a pressione costante, fino al punto 4.

Anche il grafico (h,t), indicato nella ***figura 1.3b***, si presenta in forma di linea spezzata; in esso sono stati mantenuti gli stessi significati attribuiti nel primo grafico ai punti 1÷4; si noti come l'entalpia risulta sempre crescente, anche nel corso della trasformazione isotermobarica, in ottemperanza alla [*1.10*]. In particolare, la quota misurata sull'asse delle ordinate fra i punti 2 e 0 è pari al calore sensibile q_s, mentre la quota misurata fra i punti 2 e 1 è pari al calore di riscaldamento q.

La quota compresa fra i punti 3 e 2 rappresenta il calore di vaporizzazione r, in corrispondenza della temperatura di ebollizione: tale differenza di entalpia $(h_3 – h_2)$ è detta **entalpia di vaporizzazione**.

Fig. 1.3
Trasformazione del liquido in vapore: a) nel diagramma (v,t), l'asse delle ordinate è interrotto a causa dell'elevato incremento del volume; b) nel diagramma (h,t), il calore latente isotermobarico comporta un aumento di entalpia.

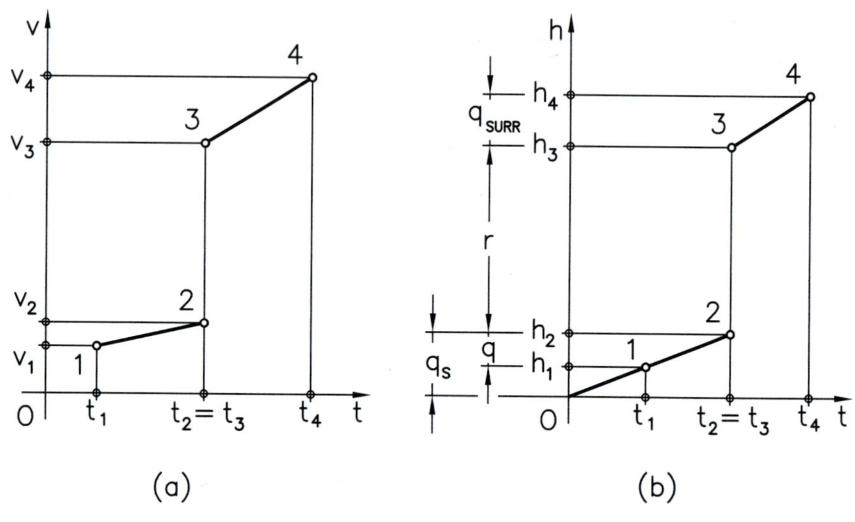

Esempio

Calcolare l'energia termica necessaria per vaporizzare, e poi surriscaldare alla temperatura di 350 °C, la massa di 1 kg d'acqua, che si trova alla temperatura iniziale di t_1 = 15 °C e alla pressione p_1 = 4 bar, specificando i valori dei calori di riscaldamento, di vaporizzazione e di surriscaldamento.

Soluzione

La quantità di calore che dev'essere fornita all'acqua fredda a temperatura t_1, per portarla dapprima alla soglia di vaporizzazione e, in seguito vaporizzarla completamente, per poi surriscaldarla, è calcolabile come variazione di entalpia, mediante le relazioni [*1.9*], [*1.10*], [*1.11*] e [*1.12*]; nella [*1.9*] si deve inserire il calore di riscaldamento, non già il calore sensibile, dato che l'acqua viene introdotta in caldaia a 15 °C, non a 0 °C: il calore di riscaldamento q serve, pertanto, per portare l'acqua dalla temperatura iniziale $t_1 = 15$ °C alla temperatura di vaporizzazione $t_2 = 144$ °C, desunta dalla ***tabella 1.1***:

$$q = c(t_2 - t_1) = 4,186(144 - 15) = 540 \ \frac{\text{kJ}}{\text{kg}}$$

Per l'acqua, è stato assunto il valore medio della capacità termica massica, pari a $c = 4{,}186$ kJ/(kg K).

Sempre dalla ***tabella 1.1***, si ricava il calore latente di vaporizzazione r, come differenza fra l'entalpia del vapore saturo secco e quella del liquido saturo:

$$r = 2739 - 605 = 2134 \ \frac{\text{kJ}}{\text{kg}}$$

RICHIAMO
Il valore $c = 4{,}186$ kJ/kg coincide con 1 kcal/(kg K), ricordando che nel ST la ***caloria media*** indica la quantità di calore da attribuire a 1 kg d'acqua per innalzarla di +1 °C.

Per il calcolo del calore di surriscaldamento, occorre disporre del valore medio della capacità termica massica c_p fra le temperature di inizio e fine surriscaldamento; dalla ***tabella 1.3*** si assumono i valori estremi di c_p e si esegue la media aritmetica:

$$c_p = \frac{2,156 + 2,059}{2} = 2,107 \ \frac{\text{kJ}}{\text{kg K}}$$

Il calore di surriscaldamento q_{surr} è dato dalla [*1.8*]:

$$q_{surr} = c_p\left(T_{fin} - T_{evap}\right) = 2,107(350 - 144) = 434 \ \frac{\text{kJ}}{\text{kg}}$$

Infine si calcola l'energia termica totale Q come somma delle variazioni entalpiche riferite alle singole trasformazioni parziali, in base alla [*1.12*]:

$$Q = q + r + q_{surr} = 540 + 2134 + 434 = 3108 \ \frac{\text{kJ}}{\text{kg}}$$

D1.5 I DIAGRAMMI DI STATO DEL VAPORE

I vapori non seguono le leggi dei gas ideali. In particolare:
— la costante k non può essere definita con un valore unico, poiché le capacità termiche c_p e c_v variano sensibilmente con la pressione e la temperatura: nel caso di espansioni adiabatiche, è possibile tuttavia definire un valore di comodo per k, valido solo per quella specifica trasformazione;
— l'equazione di stato dei gas perfetti ($pv = RT$) non può essere applicata, in quanto non esiste una costante R per i vapori; solo al tendere a zero della pressione il rapporto pv/T diventa costante.

Per lo studio delle transizioni liquido-vapore e delle trasformazioni svolte dai vapori saturi e surriscaldati, sono stati elaborati grafici e diagrammi in forma di mappa, dalla cui consultazione si estraggono i dati che definiscono le prestazioni.

Il diagramma pressione-volume massico per il vapore acqueo

POLIGLOTTA

Linee di saturazione

GB: Saturation lines, boundary curves

F: Courbes de saturation

D: Sättigungskurven

Sulle ordinate del piano di Clapeyron (p,v) si riportano i valori delle pressioni di saturazione, corrispondenti alle rispettive temperature di ebollizione, mentre sulle ascisse si riportano i relativi volumi massici per il liquido saturo e per il vapore saturo secco. I punti individuati da ogni coppia di valori creano due curve di saturazione, denominate **curva limite del liquido saturo**, o **linea di saturazione inferiore**, e **curva limite del vapore saturo secco, o linea di saturazione superiore** (▸ *Fig. 1.4*).

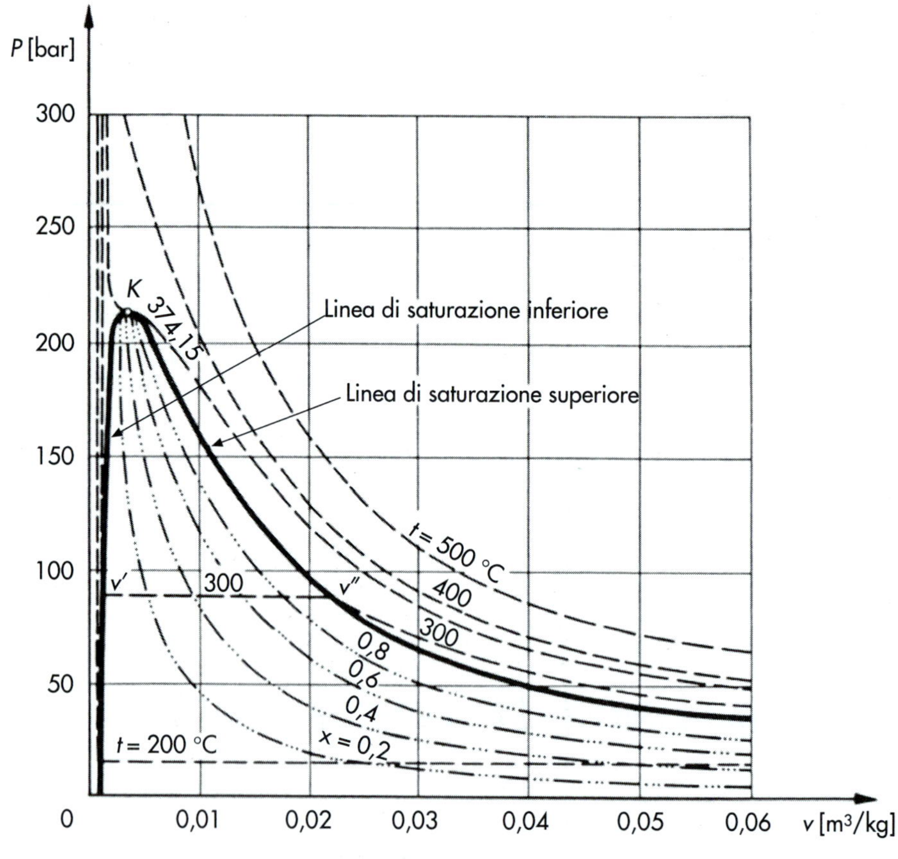

Fig. 1.4
Diagramma (p,v) di Andrews per il vapore acqueo, in cui sono evidenziate le curve limite e le zone di esistenza dell'acqua e dei vapori.

La curva di sinistra, avente $x = 0$, è assai ripida, dato che il volume massico dell'acqua varia di poco al variare di pressione e temperatura: è parallela all'asse delle ordinate fino a una pressione di circa 100 bar. La curva di destra, avente $x = 1$, decresce all'aumentare dei volumi massici, con andamento grosso modo iperbolico nel tratto inferiore. Il diagramma pressione-volume massico è noto come **diagramma di Andrews**.

Esaminando il grafico nel verso delle pressioni crescenti, si nota che la differenza fra i volumi massici dell'acqua e del vapore saturo secco tende a ridursi. Essa si annulla proprio nel punto di convergenza delle due curve limite, detto **punto critico K**, al quale corrispondono la pressione critica $p_K = 221{,}29$ bar, la temperatura critica $t_K = 374{,}1$ °C e il volume massico critico $v_K = 3{,}09 \times 10^{-3}$ m³/kg.

POLIGLOTTA
Punto critico
GB: Critical point
F: Point critique
D: Umwandlungspunkt

*Il **punto critico** definisce uno stato fisico particolare per il quale il liquido saturo si trasforma in vapore, senza ulteriori somministrazioni di calore.*

Per qualunque sostanza nel suo punto critico il calore di vaporizzazione r vale zero. Per temperature superiori a quella critica t_K, per quanto si aumenti la pressione non è possibile ottenere la condensazione del vapore. Riscaldando un liquido pressurizzato su livelli superiori a p_K, si osserva un continuo incremento del volume massico, in seguito, il liquido si trasforma in vapore in modo graduale, senza l'improvviso aumento di volume e senza mostrare una superficie di separazione fra le due fasi.

Osservazioni: al di sopra del punto critico, il gas o vapore è da considerare a tutti gli effetti come un aeriforme permanente, cioè non riducibile allo stato liquido.

Nella ***figura 1.5*** sono riportati alcuni grafici denominati **curve vapore-pressione**, che rappresentano le condizioni possibili di vaporizzazione definite mediante la coppia di valori (T,p). Per ogni sostanza citata, ciascun punto della propria curva individua una possibile condizione di saturazione comune sia al liquido sia al vapore saturo secco: ciò significa che è possibile scegliere di operare la vaporizzazione su un'ampia serie di configurazioni termodinamiche, individuate dalla sequenza dei punti giacenti sulla medesima linea.

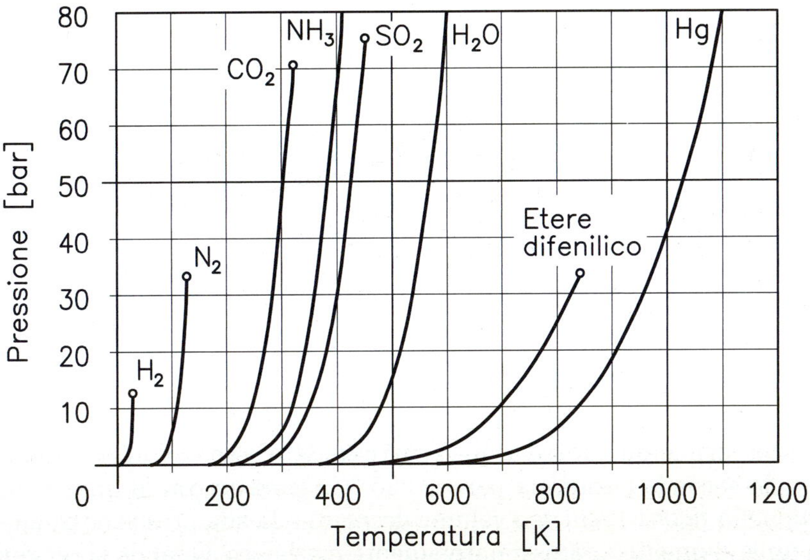

Fig. 1.5
Curve vapore-pressione sul diagramma (T,p) per diverse sostanze a confronto: con un cerchietto sono evidenziati i punti critici.

Nella *tabella 1.4* sono riportati i valori della pressione critica p_K, della temperatura critica t_K e del volume massico critico v_K per diverse sostanze.

Tabella 1.4 Punti critici per diverse sostanze

Sostanza	*Simbolo*	*Pressione critica [bar]*	*Temperatura critica [°C]*	*Volume massico critico [m³/kg]*
Acetilene	C_2H_2	62,9	35,7	$4,26 \times 10^{-3}$
Acqua	H_2O	221,3	374,1	$3,09 \times 10^{-3}$
Alcool etilico	C_2H_6O	63,9	242,8	$3,54 \times 10^{-3}$
Ammoniaca	NH_3	113	132,4	$4,17 \times 10^{-3}$
Argon	Ar	48,7	–122,4	$1,87 \times 10^{-3}$
Aria		-37,8	–140,7	$3,15 \times 10^{-3}$
Azoto	N_2	34,9	–147,1	$3,17 \times 10^{-3}$
Benzene	C_6H_6	48,7	288,6	$3,23 \times 10^{-3}$
Biossido di carbonio	CO_2	74,4	31	$2,13 \times 10^{-3}$
Biossido di zolfo	SO_2	78,2	157,3	$1,89 \times 10^{-3}$
Cloruro di metile	CH_3Cl	66,8	143,1	$2,66 \times 10^{-3}$
Elio	He	2,3	-267,9	$14,74 \times 10^{-3}$
Etano	C_2H_6	49,6	35	$4,72 \times 10^{-3}$
Etere	$C_4H_{10}O$	36,8	193,9	$3,74 \times 10^{-3}$
Etilene	C_2H_4	51,3	9,5	$4,63 \times 10^{-3}$
Idrogeno	H_2	12,9	-239,9	$31,76 \times 10^{-3}$
Mercurio	Hg	1057	1460	$196,6 \times 10^{-6}$
Metano	CH_4	47,0	-82,5	$6,08 \times 10^{-3}$
Monossido di carbonio	CO	34,9	–140,2	$3,17 \times 10^{-3}$
Monossido di azoto	N_2O	72,6	36,5	$2,16 \times 10^{-3}$
Ossigeno	O_2	50,4	–118,8	$2,29 \times 10^{-3}$

I vapori si comportano sostanzialmente come gas perfetti, solo se in condizioni lontane dalle zone di transizione in liquido, ovvero dalla curva limite superiore. Ciò significa che devono trovarsi molto bassi come pressione e assai rarefatti come volume massico. Dato che le pressioni critiche di gran parte delle sostanze sono maggiori della pressione atmosferica, si può dire che i vapori seguono, con buona approssimazione, le leggi dei gas perfetti, quando la loro pressione è all'incirca quella atmosferica.

Le isoterme sul diagramma di Andrews

Se si comprime un vapore acqueo surriscaldato secondo un'isoterma, per esempio secondo l'isoterma per t = 300 °C riportata con la linea tratteggiata nella *figura 1.4*, il suo volume decresce e la sua pressione aumenta, con un andamento approssimativamente iperbolico. Quando si raggiunge la pressione di saturazione, ovvero quando la curva circa iperbolica incide con la curva limite superiore, il vapore è in grado di iniziare la condensazione: il volume si riduce senza ulteriori aumenti di pressione, finché tutto il vapore non si è liquefatto. Il vapore è passato dal titolo iniziale $x = 1$ al titolo finale $x = 0$, seguendo una linea di trasformazione isotermobarica, che nel piano di Clapeyron assume la forma di segmento orizzontale, avente un estremo sulla curva limite superiore e l'altro sulla curva limite inferiore. Un'ulteriore riduzione di volume causerebbe un fortissimo incremento di pressione, a causa della grande resistenza alla compressione opposta dalle sostanze liquide; pertanto, a sinistra della curva limite inferiore nella zona del liquido, tutte le isoterme si impennano e si accavallano, assumendo la forma di un fascio ristretto di rette verticali parallelo all'asse delle ordinate.

Sempre nella *figura 1.4*, nello spazio compreso internamente alle due curve limite, è riportata una famiglia di linee circa parallele alla curva limite superiore, dette **curve isotitolo**: ognuna di esse unisce tutti i punti che si trovano al medesimo titolo x del vapore; il fascio delle curve isotitolo converge nel punto critico K.

Nella *figura 1.6* sono riportati due esempi di compressioni isoterme: una alla temperatura T_1, con gli estremi dell'isotermobarica in 1'' e 1'; l'altra alla temperatura T_2, con gli estremi dell'isotermobarica in 2'' e 2'.

RICHIAMO
I due ***volumi massici del liquido*** v_l sono coincidenti, mentre il ***volume massico del vapore saturo secco*** a pressione inferiore v_{s1} risulta più grande del volume v_{s2}.

*Osservazione: le **curve limite** possono essere definite anche come luoghi geometrici degli estremi del segmento dell'isotermobarica, al variare della temperatura di vaporizzazione.*

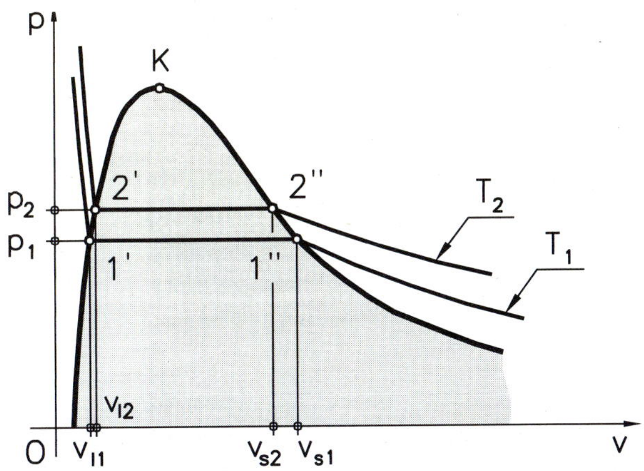

Fig. 1.6
Due compressioni isoterme sul piano (p,v): i segmenti orizzontali rappresentano le condensazioni.

La lunghezza del segmento isotermobarico diminuisce con l'aumentare della pressione di vaporizzazione, fino ad annullarsi nel punto critico K. Si individua l'isoterma passante per il punto K, denominata **isoterma critica**; essa ha la concavità rivolta verso l'alto nel campo del vapore surriscaldato; in seguito si appiattisce, presentando un punto di flesso con tangente orizzontale che coincide con il punto critico; superato a sinistra il punto K, l'isoterma s'impenna bruscamente: con la curva limite inferiore, delimita la zona di esistenza del liquido. Le isoterme caratterizzate da temperature superiori alla temperatura critica hanno la tangente al **punto di flesso** sempre più inclinata, finché sparisce al crescere delle temperature. Nella *figura 1.7* sono riportare cinque isoterme: due inferiori alla

RICHIAMO
In Matematica si chiama ***punto di flesso*** il punto in cui una curva cambia la propria concavità.

temperatura critica, l'isoterma critica e due superiori. Quelle più esterne si avvicinano gradualmente alla forma iperbolica, tipica dei gas perfetti.

Fig. 1.7
Cinque diverse isoterme nel piano (p,v).

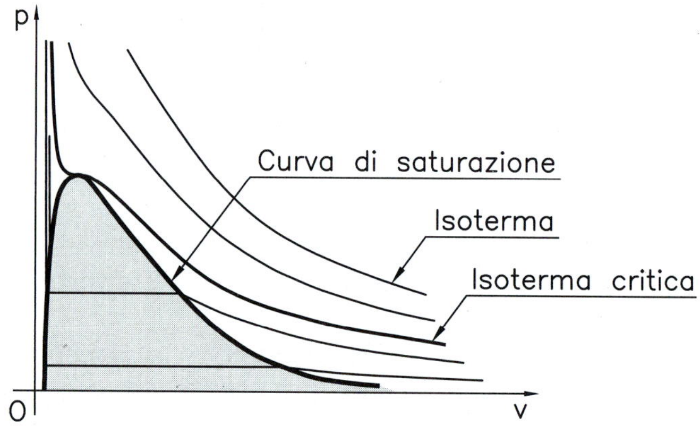

Osservazione: in passato si riteneva che esistessero gas che non potessero essere liquefatti in alcun modo; si è poi scoperto che tutti i gas possono essere liquefatti, grazie alle tecniche delle interrefrigerazioni che portano il gas al di sotto della sua temperatura critica.

Rappresentazione tridimensionale dello stato termodinamico dei vapori

Sulla rete

Il diagramma temperatura-entropia per il vapore acqueo

RICHIAMO
Nei ***diagrammi** (T,S)* le quantità di calore scambiato sono uguali alle aree sottese alle rispettive linee solo per le trasformazioni reversibili.

RICHIAMO
Il ***diagramma** (t,S) **per il vapore acqueo*** è anche noto come ***diagramma di Gibbs***, dal nome del chimico americano Josiah Willard Gibbs.

RICHIAMO
Le **linee isentalpiche** uniscono tutti i punti di uguale entalpia.

Il diagramma entropico trova vasto impiego nello studio dei bilanci energetici delle trasformazioni dei vapori, dato che le aree sottese alle linee rappresentano calori unitari. Nella ***figura 1.10*** è riportato il diagramma (t,S) per l'acqua: esso ha la forma di una campana con le due curve di saturazione simmetriche; sull'asse delle ordinate è stata posta la scala delle temperature in gradi Celsius [°C], per comodità di lettura.

Il punto critico K si situa sul vertice della campana. Il campo a sinistra della curva limite inferiore indica la zona del liquido, mentre il campo a destra della curva limite superiore indica la zona del vapore surriscaldato.

All'interno delle curve di saturazione le isotermobariche si presentano come linee rette orizzontali, comprese fra le due curve di saturazione; vi sono inoltre riportate:
— le curve isotitolo convergenti nel punto K;
— le linee isocore che hanno un andamento circa rettilineo e crescente, con lieve pendenza rispetto all'asse delle ascisse;
— le **linee isentalpiche** con un andamento curvilineo decrescente.

Al di fuori delle curve di saturazione nella zona dei vapori surriscaldati, le isocore e le isobare assumono andamento crescente, con forte pendenza.

Nella *figura 1.10* le isocore sono rappresentate con la linea tratteggiata per distinguerle dalle isobare.

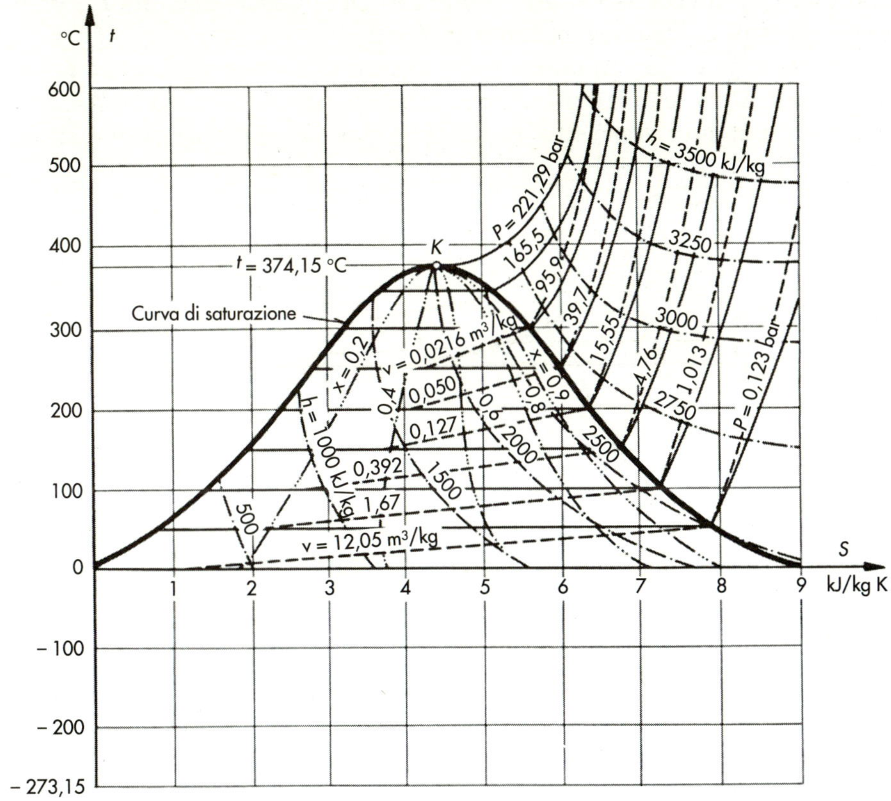

Fig. 1.10
Diagramma (t,S) per l'acqua.

Le isobare sul diagramma di Gibbs

Nella parte destra del diagramma, a notevole distanza dalle curve limite, il vapore tende a comportarsi da gas ideale; in questa zona le isobare sono curve che crescono molto rapidamente, in modo esponenziale. In prossimità della curva limite superiore, le isobare sono sempre meno inclinate e si appiattiscono notevolmente nelle vicinanze del punto critico. L'isobara critica, indicata nella *figura 1.10* con la pressione di 221,29 bar, ha un punto di flesso con tangente orizzontale nel punto critico.

Osservazione: analizzando i gas ideali, si osservò che le trasformazioni adiabatiche rappresentate nel piano (T,S), mediante rette verticali, hanno la capacità termica massica c nulla, mentre le trasformazioni isoterme, rappresentate con rette orizzontali, hanno la capacità termica massica tendente all'infinito; di conseguenza, nel diagramma di Gibbs, la variazione di pendenza delle isobare conferma come la capacità termica massica c_p*, a pressione costante, aumenti in prossimità della curva limite superiore soprattutto alle alte pressioni; inoltre l'isobara critica ha la capacità termica che tende all'infinito nel punto di tangenza K.*

Nella *figura 1.11* sono riportati due esempi di isobare: una alla pressione inferiore p_1, cui corrisponde la temperatura di vaporizzazione T_1, avente gli estremi dell'isotermobarica in 1'' e 1'; l'altra alla pressione superiore p_2, cui corrisponde la temperatura di vaporizzazione T_2, avente gli estremi dell'isotermobarica in 2'' e 2'.

All'interno della zona del vapore saturo umido, le isoterme e le isobare coincidono, mentre all'esterno si dividono e le isobare riprendono il loro andamento crescente. Nella zona del liquido e per pressioni inferiori a p_K, le linee isobare scendono, distaccandosi leggermente dalla curva di saturazione.

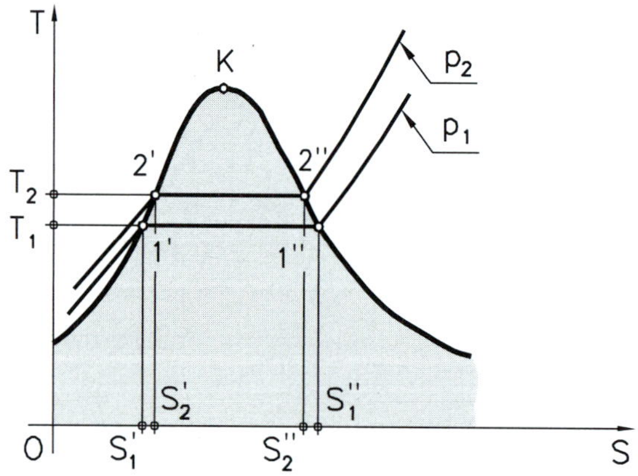

Fig. 1.11
Due trasformazioni isobare sul piano (T,S); i segmenti orizzontali indicano le isotermobariche.

Le isobare superiori a p_K non intersecano le curve di saturazione; nel tratto in cui entrano nella zona del liquido, si confondono con la curva del liquido saturo.

Come si può notare osservando nella *figura 1.12*, l'isobara da 400 bar si sviluppa a stretto contatto con la curva limite inferiore.

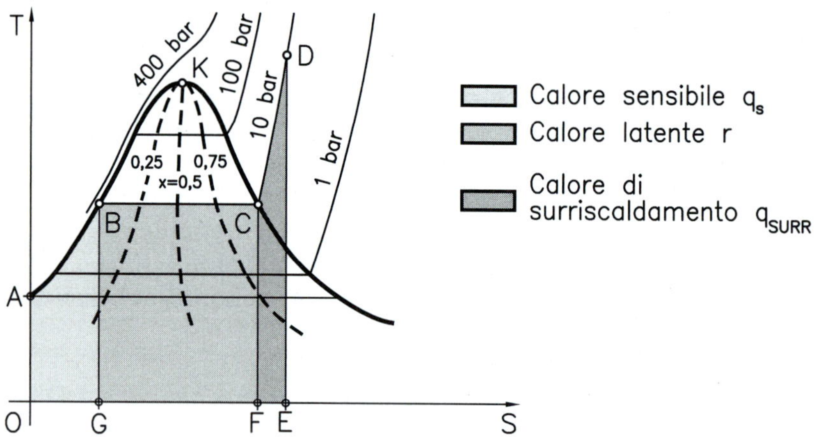

Fig. 1.12
Diagramma (T,S) con evidenziate quattro isobare; l'area sottesa all'isobara da $p = 10$ bar è pari al calore totale necessario per surriscaldare l'acqua da $t = 0$ °C a t_D.

Le aree nel diagramma (T,S)

Affinché le aree rappresentino le quantità di calore scambiato, è indispensabile che la scala delle temperature in ordinate abbia origine dallo zero assoluto. Con riferimento alla *figura 1.12*, si notino le seguenti superfici:

— la superficie OABCDE, sottesa all'isobara da 10 bar, rappresenta l'entalpia posseduta dal vapore surriscaldato che si trova nel punto D;

— la superficie ABGO rappresenta l'entalpia posseduta dal liquido saturo che si trova nel punto B, cioè il calore sensibile q_s;
— il rettangolo GBCF rappresenta l'aumento di entalpia che occorre per vaporizzare completamente il liquido saturo, cioè il calore latente r;
— il segmento BC misura la variazione di entropia ΔS, conseguente alla vaporizzazione completa del liquido saturo; pertanto è pari al rapporto fra il calore latente r e la temperatura assoluta T dell'isotermobarica:

$$\Delta S = \frac{\Delta Q}{T} = \frac{r}{T} \qquad [1.13]$$

— il trapezio mistilineo CDEF rappresenta il calore di surriscaldamento q_{surr}.

RICHIAMO
Innalzando la pressione di vaporizzazione, per esempio a 100 bar, si nota che la base BC del rettangolo sotteso GBCF si accorcia, confermando la regola secondo cui il ***calore latente tende a zero*** avvicinandosi al punto critico.

Osservazione: nel caso di una trasformazione con vaporizzazione al titolo x, il rettangolo compreso internamente alle curve limite non raggiunge la curva del vapore saturo secco, ma si ferma nel punto di contatto con la curva isotitolo di valore x; in tal caso la variazione di entropia vale:

$$\Delta S = \frac{\Delta Q}{T} = \frac{r}{T} x \qquad [1.14]$$

Diagramma (*T,S*) per l'elio

Sulla rete

Esempio
Una massa di vapore saturo umido evolve dalla condizione 1 alla condizione 2. Sono noti i seguenti dati: temperatura t = 60 °C costante; entropia S_1 = 7,48 kJ/(kg K); entropia S_2 = 6,23 kJ/(kg K); titolo x_1 = 0,94; titolo x_2 = 0,765. Calcolare il calore di vaporizzazione r per via analitica, servendosi del concetto di entropia, e verificare il risultato ottenuto confrontandolo con i dati rappresentati nella ***tabella 1.1***.

Soluzione
La definizione di entropia, espressa dalla [*3.6*] della **C3**, afferma che:

$$dS = \frac{dQ}{T}$$

Essendo universalmente valida, la formula risulta applicabile anche lungo una trasformazione isotermobarica. Pertanto, passando alle grandezze finite e osservando che il calore ΔQ è pari alla frazione di calore latente scambiata, per la [*1.14*] si ottiene:

$$\Delta S = \frac{\Delta Q}{T} = \frac{r\left(x_{fin} - x_{iniz}\right)}{T}$$

risolvendo rispetto a r si ottiene:

$$r = T\frac{\Delta S}{x_2 - x_1} = (t + 273)\frac{S_2 - S_1}{x_2 - x_1} = 333\frac{6{,}23 - 7{,}48}{0{,}765 - 0{,}94} =$$
$$= 333\frac{-1{,}25}{-0{,}175} = 2378{,}5\ \frac{\text{kJ}}{\text{kg}}$$

Nella *tabella 1.1* si verifica che per l'isotermobarica da t = 60 °C il calore di vaporizzazione r vale 2358,6 kJ/kg, valore assai prossimo a quanto trovato analiticamente.

Il diagramma entalpia-entropia per il vapore acqueo

Il **diagramma entalpia-entropia (*h*,*S*)** risulta il più conveniente per determinare il lavoro erogato dagli impianti a vapore. Esso presenta l'entropia S sulle ascisse e l'entalpia h sulle ordinate. L'origine degli assi è posta a T = 0 K e S = 0 kJ/(kg K). La curva limite inferiore è crescente a partire dall'origine e si raccorda nel punto critico K con la curva limite superiore. Quest'ultima è ancora crescente, fino a raggiungere il suo punto di massimo, per poi decrescere dolcemente. Ne consegue che il punto critico non si trova sul vertice dell'insieme formato dalle due curve limite, ma è spostato sulla sinistra (▶ *Fig. 1.14*).

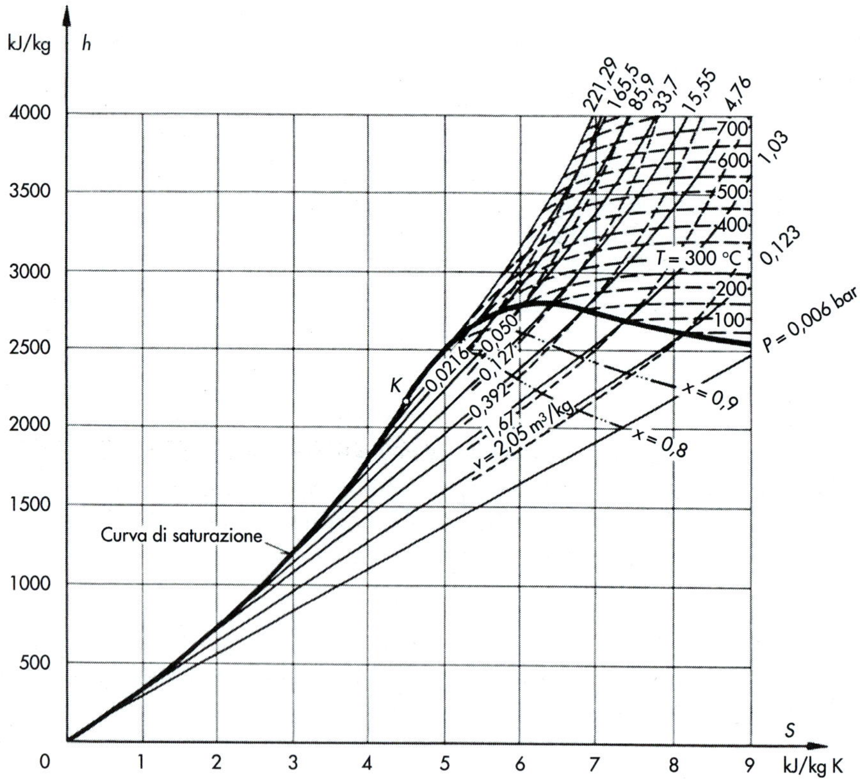

Fig. 1.14
Diagramma entalpia-entropia (*h*,*S*) di Mollier per il vapore acqueo.

Lo spazio a sinistra della curva limite inferiore è occupato dal liquido. Lo spazio delimitato al di sotto della curva limite è relativo al vapore saturo umido. Al suo interno, le isotermobariche si presentano come un fascio di rette crescenti a ventaglio, lievemente divergenti dall'origine verso la zona alta a destra e ognuna a pendenza costante; sono intersecate dalle curve isotitolo, a loro volta convergenti nel punto K; in prossimità dell'origine, le isotermobariche sono tangenti alla curva del liquido saturo e si confondono con la medesima.

Applicando la definizione di entropia, rappresentata dalla [*3.6*] della **C3**, lungo un'isotermobarica si ha che:

$$T\,dS = dQ = dh$$

Inoltre l'inclinazione di una qualunque linea nel diagramma (h,S) è pari al rapporto fra la sua quota verticale Δh e quella orizzontale ΔS intersecate sugli assi, ovvero, passando alle grandezze differenziali, al rapporto dh/dS (▸ **Fig. 1.15**). Quest'ultimo, per la definizione di entropia, è proprio uguale alla temperatura assoluta T. Pertanto si può affermare che:

*l'**inclinazione delle isotermobariche** è pari al valore della loro temperatura T.*

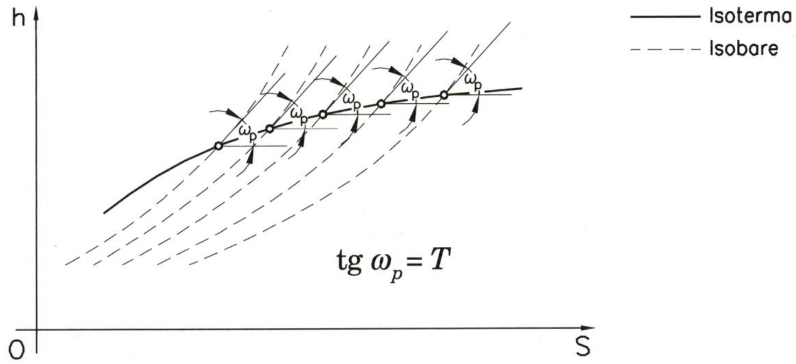

Fig. 1.15
Sviluppo delle curve isobare nel diagramma (h,S); nei punti di contatto con un'isoterma sono quotati gli angoli di tangenza ω_p.

Inclinazione delle isobare nel diagramma (*T,S*)

Sulla rete

Uso pratico del diagramma di Mollier

Il **diagramma di Mollier** consente di valutare, con rapidità e precisione, tutti i parametri tipici del vapore in ogni sua configurazione, quali: pressione, temperatura, titolo, volume massico, entalpia ed entropia. È sufficiente conoscere due soli dati, per individuare univocamente il punto sulla mappa che rappresenta la configurazione cercata; esso può cadere nel campo dei vapori saturi umidi oppure dei vapori surriscaldati o, ancora, su una curva limite. Una volta evidenziato il punto, si assumono tutti gli altri parametri termodinamici.

Osservazione: nell'attività di progettazione degli impianti termici a vapore, solo la porzione superiore del diagramma di Mollier che si trova a destra del punto K *ha interesse pratico; questa parte viene comunemente riprodotta su mappe in scala maggiorata.*

Esempio 1

Calcolare il valore medio della capacità termica massica a pressione costante c_p, per un vapore acqueo che viene surriscaldato a t_{surr} = 420 °C e a p = 40 bar, partendo dalla condizione di vapore saturo secco.

Soluzione

Dalla consultazione del diagramma di Mollier, si leggono i valori di entalpia iniziale h_1 e finale h_2:

$$h_1 = 2801 \frac{\text{kJ}}{\text{kg}}; \quad h_2 = 3260 \frac{\text{kJ}}{\text{kg}}$$

Dalla *tabella 1.1* si ricava la temperatura di vaporizzazione:

$$t_1 = 250{,}4 \text{ °C}$$

Richiamando la [*3.18*] della **C3** ed evidenziando la capacità termica massica si ha:

$$c_p = \frac{h_2 - h_1}{t_2 - t_1} = \frac{3260 - 2801}{420 - 250{,}4} = 2{,}71 \frac{\text{kJ}}{\text{kg K}}$$

Esempio 2

Un vapore acqueo saturo umido ha titolo $x = 0{,}85$ e si trova alla pressione $p = 2$ bar. Calcolare i suoi valori di temperatura, entalpia, entropia e il calore di vaporizzazione Q, necessario per portare il vapore dalla condizione attuale a quella di vapore saturo secco.

Soluzione

Dalla consultazione del diagramma di Mollier si leggono i valori di entalpia h_1 e di entropia S_1 del vapore saturo:

$$h_1 = 2378 \frac{\text{kJ}}{\text{kg}}$$

$$S_1 = 6{,}3 \frac{\text{kJ}}{\text{kg K}}$$

Dalla *tabella 1.1* si rileva la temperatura $t = 120$ °C, verificabile sul diagramma di Mollier, e il calore di vaporizzazione r, pari alla differenza fra le entalpie del vapore saturo secco e del liquido saturo:

$$r = h_s - h_l = 2707 - 505 = 2202 \frac{\text{kJ}}{\text{kg}}$$

Essendo la miscela già vaporizzata all'85%, occorre solo il 15% di r per completare la vaporizzazione:

$$Q = r(1 - x) = 2202 \times 0{,}15 = 330{,}3 \frac{\text{kJ}}{\text{kg}}$$

Allo stesso risultato si può pervenire eseguendo la differenza fra l'entalpia del vapore saturo secco, letta nella *tabella 1.1*, e l'entalpia del vapore umido, letta sul diagramma di Mollier:

$$Q = h_s - h_v = 2707 - 2378 = 329 \frac{\text{kJ}}{\text{kg}}$$

valore assai prossimo a quello calcolato precedentemente.

D1.6 IL LAVORO EROGATO DAL VAPORE

La trasformazione dell'entalpia in lavoro meccanico

Le macchine motrici che si adottano negli impianti a vapore sono turbomacchine rotanti: il vapore surriscaldato, proveniente dalla caldaia, investe i palettaggi della turbina, ponendola in rotazione e trasferendo alla macchina la propria energia termica rappresentata dall'entalpia. L'espansione che avviene nelle turbomacchine è adiabatica. È semplice tracciare le espansioni adiabatiche ideali nei diagrammi (T,S) e (h,S), poiché l'adiabatica ideale è anche isentropica, quindi rappresentabile come un segmento verticale: l'estremo superiore che possiede alti valori di temperatura, pressione ed entalpia, è il punto di inizio espansione; l'estremo inferiore, a bassa energia, è il punto di fine espansione e identifica il vapore ormai esausto, scaricato dalla macchina. Rilevando sul diagramma di Mollier la distanza verticale fra gli estremi, ovvero misurando la quota del segmento che rappresenta l'espansione adiabatica ideale, si ricava il lavoro ideale svolto dal vapore, denominato L_{tt}, **lavoro termico-teorico**, oppure L_{id}, **lavoro ideale**.

*Il **lavoro termico-teorico** L_{tt} è pari al salto di entalpia fra il punto di inizio e il punto di fine espansione del vapore; il **salto di entalpia** si ricava eseguendo la differenza fra i valori di entalpia iniziale e finale, letti sul diagramma di Mollier:*

$$L_{tt} = h_{iniz} - h_{fin} \qquad \textbf{[1.16]}$$

Il lavoro termico-teorico ha la stessa unità di misura dell'entropia, il kJ/kg; esso rappresenta l'energia che il singolo chilogrammo di vapore è in grado di trasmettere alla macchina.

Portata e potenza

Conoscendo il valore della portata massica di vapore G che entra nella turbomacchine, si risale alla **potenza termico-teorica** P_{tt}, nota anche come **potenza ideale** P_{id}, così espressa:

*si definisce **potenza termico-teorica** P_{tt} il prodotto fra la portata massica G del vapore e il lavoro termico-teorico L_{tt} da esso svolto:*

$$P_{tt} = G\, L_{tt} \qquad \textbf{[1.17]}$$

Sviluppando l'equazione dimensionale della potenza si ha:

$$[P_{tt}] = [G]\,[L_{tt}] = \left[\frac{\text{kg}}{\text{s}}\right]\left[\frac{\text{kJ}}{\text{kg}}\right] = \left[\frac{\text{kJ}}{\text{s}}\right] = [\text{kW}]$$

Esempio 1

Un vapore surriscaldato, che si trova alla pressione $p_1 = 20$ bar e alla temperatura $t_1 = 500$ °C, espande in modo adiabatico ideale fino a incontrare la curva limite superiore. Calcolare il lavoro termico-teorico e i valori di pressione, volume massico e temperatura del punto finale 2.

Soluzione

Dal diagramma di Mollier, si legge il valore di entalpia del vapore surriscaldato:

$$h_1 = 3460 \ \frac{\text{kJ}}{\text{kg}}$$

Si traccia una linea verticale che rappresenta l'espansione adiabatica isentropica dal punto iniziale 1, fino a incontrare la curva del vapore saturo secco nel punto 2, dove si legge il valore di entalpia h_2:

$$h_2 = 2670 \ \frac{\text{kJ}}{\text{kg}}$$

Per la [*1.16*], la loro differenza è pari al lavoro termico-teorico:

$$L_{tt} = h_1 - h_2 = 3460 - 2670 = 790 \ \frac{\text{kJ}}{\text{kg}}$$

Dal diagramma di Mollier si leggono gli ulteriori dati richiesti:

$$t_2 = 95 \ °C$$

$$p_2 = 0{,}8 \ \text{bar}$$

$$v_2 = 2{,}2 \ \frac{\text{m}^3}{\text{kg}}$$

Esempio 2

Di un ciclo Joule a vapore saturo 1-2-3-4, percorso in senso orario, sono noti i seguenti dati: i punti 1 e 4 si trovano alla pressione $p_1 = 0{,}5$ bar; nel punto 1 il vapore ha titolo $x_1 = 0{,}75$; il calore introdotto è $Q_1 = 170{,}2$ kJ/kg; i punti 2 e 3 si trovano alla pressione $p_2 = 20$ bar; la compressione e l'espansione avvengono in modo adiabatico ideale. Calcolare i valori di temperatura, volume massico, titolo, entalpia ed entropia per i punti che costituiscono il ciclo. Calcolare, inoltre, il calore Q_0 espulso dal ciclo nel corso della compressione a pressione inferiore e tracciare il ciclo sul diagramma (*h,S*).

Soluzione

Sul diagramma di Mollier si identifica il punto 1 e si leggono tutti i suoi parametri termodinamici:

$$h_1 = 2070 \ \frac{\text{kJ}}{\text{kg}}; \ \ S_1 = 5{,}97 \ \frac{\text{kJ}}{\text{kg K}}; \ \ v_1 = 2{,}5 \ \frac{\text{m}^3}{\text{kg}}$$

Controllando anche sulla ***tabella 1.1***, si ottiene:

$$t_1 = 81 \ °\text{C}$$

Determinato il punto 1, si innalza un segmento verticale che incontra l'isobara $p = 20$ bar nel punto 2; i suoi valori sono:

$$h_2 = 2615 \ \frac{\text{kJ}}{\text{kg}}; \ \ S_2 = 5{,}97 \ \frac{\text{kJ}}{\text{kg K}}; \ \ v_2 = 0{,}09 \ \frac{\text{m}^3}{\text{kg}}$$

Controllando anche sulla ***tabella 1.1***, si ottiene:

$$t_2 = 212\ °C \qquad x_2 = 0,9$$

Nel tratto 2-3 di isobara avviene la somministrazione del calore Q_1 alla miscela: in tal modo il titolo si accresce da x_2 a x_3. Il calore Q_1 è quindi una frazione del calore di vaporizzazione che, per l'isotermobarica da 20 bar, vale $r = 1891$ kJ/kg. Questo concetto è espresso dalla seguente relazione, ottenuta direttamente dalla [*1.14*], in cui si è sostituito il calore Q_1 al posto del prodotto ($T\,\Delta S$):

$$Q_1 = r\left(x_3 - x_2\right)$$

mettendo in evidenza l'incognita x_3 si ha:

$$x_3 = x_2 + \frac{Q_1}{r} = 0,9 + \frac{170,2}{1891} = 0,99$$

Il punto 3 è quindi individuato come intersezione fra l'isotermobarica da 20 bar e la curva isotitolo da $x = 0,99$. Si leggono i seguenti dati:

$$h_3 = 2790\ \frac{\text{kJ}}{\text{kg}};\quad S_3 = 6,32\ \frac{\text{kJ}}{\text{kg K}};\quad v_3 = 0,1\ \frac{\text{m}^3}{\text{kg}}$$

Il tratto 3-4 è un'espansione adiabatica ideale, quindi isentropica: è rappresentata tracciando il segmento verticale fra i punti 3 e 4 che unisce le isotermobariche da 20 bar e da 0,5 bar. Il punto 4, così individuato sul diagramma di Mollier, presenta le seguenti caratteristiche:

$$h_4 = 2200\ \frac{\text{kJ}}{\text{kg}};\quad S_4 = 6,32\ \frac{\text{kg}}{\text{K}} = S_3;\quad v_4 = 2,6\ \frac{\text{m}^3}{\text{kg}};\quad x_4 = 0,8\ \frac{\text{m}^3}{\text{kg}}$$

Per il calcolo del calore espulso Q_0 nel corso dell'isobara di compressione 4-1, vale la formula che deriva dalla [*1.14*], già utilizzata per determinare il titolo x_3:

$$Q_0 = r\left(x_1 - x_4\right) = 2305,5\left(0,75 - 0,8\right) = -115,3\ \frac{\text{kJ}}{\text{kg}}$$

Il valore del calore di condensazione $r = 2305,5$ kJ/kg è desunto dalla ***tabella 1.1***. Il risultato è negativo, in quanto esprime un flusso di calore emesso dal vapore verso l'ambiente, cui consegue una parziale condensazione.

Nella ***figura 1.16*** è riportato il ciclo Joule sul diagramma di Mollier.

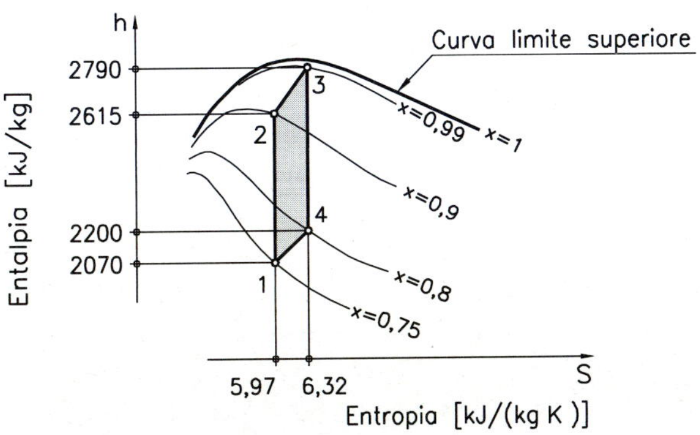

Fig. 1.16
Ciclo Joule a vapore saturo 1-2-3-4 su diagramma (*h*,*S*); sono riportate la curva limite superiore *x* = 1 e le quattro curve isotitolo che intersecano i vertici del ciclo.

FORMULARIO ESSENZIALE

Grandezza	Formula	Unità di misura
Formula di Duprè	$\text{Log}\, p = a - \dfrac{b}{T}$	T = temperatura [K] p = pressione assoluta [bar] a, b = costanti
Pressione di ebollizione in funzione della temperatura	$p = \left(\dfrac{t}{100}\right)^4$	t = temperatura [°C] p = pressione assoluta [bar]
Titolo del vapore	$x = \dfrac{m_v}{m_v + m_l}$	x = titolo del vapore m_v = massa del vapore [kg] m_l = massa del liquido [kg]
Volume massico del vapore saturo umido	$v = x v_s + (1 - x) v_l$	v = volume massico del vapore saturo umido [m^3/kg] x = titolo del vapore v_s = volume massico del vapore saturo secco [m^3/kg] v_l = volume massico del liquido saturo [m^3/kg]
Volume massico del vapore saturo umido	$v \cong x v_s$	v = volume massico del vapore saturo umido [m^3/kg] x = titolo del vapore v_s = volume massico del vapore saturo secco [m^3/kg]
Entalpia di un vapore saturo umido	$h = x h_s + (1 - x) h_l$	h = entalpia del vapore saturo [kJ/kg] x = titolo del vapore h_s = entalpia del vapore saturo secco [kJ/kg] h_l = entalpia del liquido saturo [kJ/kg]
Entropia di un vapore saturo umido	$S = x S_s + (1 - x) S_l$	S = entropia del vapore saturo umido [kJ/(kg K)] x = titolo del vapore S_s = entalpia del vapore saturo secco [kJ/(kg K)] S_l = entropia del liquido saturo [kJ/(kg K)]

Grandezza	Formula	Unità di misura
Calore di surriscaldamento per una trasformazione isobara	$q_{surr} = c_p\left(t_{fin} - t_{evap}\right)$	q_{surr} = calore di surriscaldamento del vapore [kJ/kg] t = temperatura [°C] c_p = valore medio della capacità termica massica [kJ/(kg K)]
Entalpia di riscaldamento del liquido	$h = q_s$	h = entalpia [kJ/kg] q_s = calore di riscaldamento del liquido [kJ/kg]
Entalpia di riscaldamento e di vaporizzazione a titolo x	$h = q_s + r\,x$	h = entalpia [kJ/kg] q_s = calore di riscaldamento del liquido [kJ/kg] r = calore di vaporizzazione [kJ/kg] x = titolo del vapore
Entalpia di riscaldamento e di completa vaporizzazione	$h = q_s + r$	h = entalpia [kJ/kg] q_s = calore di riscaldamento del liquido [kJ/kg] r = calore di vaporizzazione [kJ/kg]
Entalpia di riscaldamento, di completa vaporizzazione e di surriscaldamento	$h = q_s + r + q_{surr}$	h = entalpia del vapore saturo [kJ/kg] q_s = calore di riscaldamento del liquido [kJ/kg] r = calore di vaporizzazione [kJ/kg] q_{surr} = calore di surriscaldamento del vapore [kJ/kg]
Entropia di un vapore saturo umido in funzione del calore latente	$\Delta S = \dfrac{\Delta Q}{T} = \dfrac{r}{T}x$	S = entropia del vapore saturo umido [kJ/(kg K)] x = titolo del vapore r = calore di vaporizzazione [kJ/kg] T = temperatura [K]
Lavoro termico-teorico	$L_{tt} = h_{iniz} - h_{fin}$	L = lavoro unitario [kJ/kg] h = entalpia del vapore [kJ/kg]
Potenza termico-teorica	$P_{tt} = G\,L_{tt}$	P = potenza [kW] G = portata in massa [kg/s] L = lavoro unitario [kJ/kg]

L'UNITÀ DIDATTICA IN BREVE

Sulla rete

PROBLEMI DI RIEPILOGO

Sulla rete

AUTOVERIFICA DELL'APPRENDIMENTO

1. Definire il vapore (max 10 parole).

____

____

2. Un aeriforme può essere liquefatto:

a) solo se è un vapore
b) solo se è un gas ideale
c) solo se si tratta di vapore acqueo
d) tutti gli aeriformi sono condensabili

3. L'evaporazione è il lento fenomeno di passaggio di stato da liquido ad aeriforme, che avviene solo sulla superficie libera del liquido.

Vero ☐ Falso ☐

4. Elencare le tre tipologie di vapore evidenziate nei diagrammi termodinamici:

a) ____________________
b) ____________________
c) ____________________

5. L'ebollizione di un liquido gode delle seguenti proprietà:

a) si sviluppa a pressione costante
b) è una trasformazione irreversibile
c) è di tipo adiabatico
d) richiede un apporto di calore dall'esterno

6. Il calore di vaporizzazione è anche noto con il nome di calore latente.

Vero ☐ Falso ☐

7. Durante la condensazione di un vapore, la temperatura e la pressione ____________________, inoltre la miscela cede all'esterno una quantità di calore pari al ____________________

8. Elencare quattro tipi di grafico con i quali si descrivono il comportamento e le trasformazioni termodinamiche del vapore acqueo:

a) ____________________
b) ____________________
c) ____________________
d) ____________________

9. A pari temperatura e pressione, il calore di vaporizzazione di un liquido risulta maggiore rispetto al calore di condensazione del suo vapore.

Vero ☐ Falso ☐

10. Definire il punto critico (max 25 parole).

____

____

____

11. Indicare le due frazioni in cui si ripartisce il calore di vaporizzazione r:

a) ______________________

b) ______________________

12. Dalla lettura del diagramma di Andrews, si osserva che la curva limite inferiore ha andamento ______________, quella superiore ha andamento ________________, mentre la linea che rappresenta la vaporizzazione si presenta ______________

13. Una massa di vapore acqueo è pressurizzata a 230 bar; la sua condensazione risulta:

a) possibile, se si raffredda fortemente il vapore

b) possibile, se si incrementa ancora di più la pressione

c) impossibile, perché il vapore è al di sotto della pressione critica

d) impossibile, perché il vapore è al di sopra della pressione critica

14. Il vapore saturo umido può essere anche inteso come un vapore saturo secco con titolo 1.

Vero ☐ Falso ☐

15. Il punto triplo di una sostanza rappresenta la condizione limite in cui sia __________ sia ____________ possono ______________

16. Sviluppare l'equazione dimensionale ed esprimere l'unità di misura del titolo x del vapore.

$[x]$ = ____________________________

17. I punti della curva limite superiore rappresentano il seguente tipo di fluido:

a) vapore saturo secco

b) vapore surriscaldato

c) vapore saturo umido

d) liquido saturo

18. Giustificare teoricamente perché si ha un aumento di entropia nel caso della vaporizzazione dei liquidi e una sua diminuzione nel caso della condensazione (max 20 parole).

____

____

____

19. Eseguendo un surriscaldamento isobaro del vapore saturo secco, la variazione di entropia vale:

a) 1　　b) 0　　c) un numero maggiore di 0

20. Il punto critico e il punto triplo sono la medesima cosa.

Vero ☐　　Falso ☐

21. Nel diagramma di Gibbs, un segmento verticale rappresenta una trasformazione ________________, mentre una trasformazione isotermobarica si presenta ______________________________

22. Indicare quali delle seguenti grandezze compaiono sugli assi coordinati del diagramma di Mollier:

a) temperatura, entropia　　b) pressione, temperatura

c) temperatura, volume massico　　d) entalpia, entropia

23. Giustificare teoricamente perché si ha un aumento di entalpia nel caso della vaporizzazione dei liquidi, anche se la pressione e la temperatura rimangono invariate (max 25 parole).

____

____

____

24. Nel diagramma di Mollier, un segmento verticale rappresenta una trasformazione:

a) adiabatica reale　　b) isotermobarica

c) adiabatica ideale　　d) isocora

25. Per calcolare la potenza ideale, conseguente all'espansione del vapore, si ricavano dal diagramma di Mollier i valori iniziale e finale di ________________, che corrisponde al ________________, e li si moltiplica per ______________________________

TERMOCINETICA E IMPIANTI TERMICI

Lo scopo di questa unità è di apprendere le modalità di applicazione delle **regole della Termodinamica** alle macchine e agli **impianti termici**. Dapprima sono presentate le leggi relative al **moto dei fluidi nei condotti** e alla **trasmissione del calore**. Vengono poi descritti gli organi principali che compongono gli impianti termici, con particolare riferimento ai **generatori di vapore**. Infine sono illustrati i cicli termici degli impianti a vapore e le principali caratteristiche delle turbine a vapore ad azione e a reazione.

Prerequisiti

- Conoscere le leggi e le trasformazioni fondamentali dei gas e dei vapori.
- Conoscere gli enunciati del primo e del secondo principio della Termodinamica.
- Sapere calcolare le variazioni delle grandezze fisiche che caratterizzano le trasformazioni dei gas ideali e dei vapori.

Obiettivi

- Conoscere le leggi del moto degli aeriformi nei condotti.
- Conoscere le modalità di trasmissione del calore.
- Sapere descrivere, dal punto di vista funzionale, gli scambiatori di calore e gli impianti a vapore.
- Sapere eseguire calcoli di massima riguardanti le prestazioni degli impianti a vapore, mediante consultazione del diagramma di Mollier.
- Conoscere la geometria e i fondamenti della Fluidodinamica delle turbine a vapore ad azione e a reazione.

Contenuti

- Le leggi del moto dei gas e dei vapori.
- La trasmissione del calore.
- Gli scambiatori di calore.
- I generatori di calore e di vapore.
- Principi di Termotecnica.
- I cicli termodinamici a vapore.
- Le turbine a vapore.
- La misurazione delle grandezze fluidodinamiche.

Verifica prerequisiti

1. Calcolare la temperatura t di 1 kg di idrogeno, noti il volume massico $v = 0{,}8\ m^3/kg$ e la pressione $p = 17{,}8$ bar.

t = ______________________________

2. Il grafico del ciclo di Carnot nel diagramma (T,S) ha la forma di ____________________; l'area racchiusa rappresenta ____________________

3. Enunciare il secondo principio della Termodinamica nella formulazione di Lord Kelvin (max 15 parole).

____

____

4. Calcolare la pressione p_2 di una massa d'aria, al termine di una compressione isotermica, avente come condizione iniziale 1 la pressione $p_1 = 1{,}1$ bar e la temperatura $t_1 = -5$ °C e con $v_2 = 0{,}35\ m^3/kg$.

p_2= ______________________________

5. La formula pv = cost esprime la trasformazione di tipo:

a) adiabatico b) isobaro

c) isotermo d) isocoro

6. Il lavoro svolto da un gas è detto "lavoro motore" quando il gas esegue un'espansione; è detto "lavoro resistente" quando il gas esegue una compressione.

Vero ☐ Falso ☐

7. Indicare il valore assunto dalla capacità termica massica c dei gas per le seguenti trasformazioni fondamentali:

a) isoterma: ______________ b) isocora: ______________

c) isobara: ______________ d) adiabatica: ______________

8. Scrivere, in ordine di successione, le formulazioni dell'entalpia per ottenere vapore surriscaldato, partendo dall'acqua fredda:

a) ______________ b) ______________

c) ______________ d) ______________

9. Calcolare l'entalpia di una massa unitaria d'acqua che si trova a $p = 1$ bar e $t = 58$ °C.

h = ______________________________

10. Nel diagramma (T,S) le curve limiti del vapore acqueo hanno la forma di campana.

Vero ☐ Falso ☐

Problema

Un ciclo di Rankine a vapore acqueo, e a semplice surriscaldamento 1-1*-2-3-4-5-1, ha le seguenti caratteristiche: pressione di condensazione p_1 = 0,2 bar; pressione di esercizio p_{1*} = 30 bar; temperatura di surriscaldamento t_4 = 550 °C; potenza effettiva P_{eff} = 17 280 kW; rendimento indicato η_i = 0,8; rendimento volumetrico η_v = 0,98; rendimenti meccanico e organico η_m η_o = 0,97. Calcolare:

- i valori di entalpia e di entropia per i punti che costituiscono il ciclo;
- i calori latenti di evaporazione e di condensazione, espressi in kJ/kg, e il titolo posseduto dal vapore uscente dalla turbina;
- la variazione di entropia durante la fase di condensazione;
- il lavoro termico-teorico in turbina;
- la portata totale di vapore G_v, prodotta dalla caldaia;
- il rendimento termico-teorico η_{tt} e il nuovo valore assunto dal rendimento termico-teorico $\eta_{tt'}$ ipotizzando l'ingresso dell'acqua nella caldaia a t = 190 °C, in seguito a interventi di rigenerazione e al passaggio in economizzatore.

Tracciare, infine, il grafico qualitativo del ciclo nei piani (T,S) e (h,S).

Analisi

Innanzitutto occorre schematizzare il ciclo, attribuendo l'esatto significato ai punti caratteristici e identificando le trasformazioni. Per i primi due quesiti del problema occorre determinare i valori dei parametri fisici fondamentali, assunti dal vapore nei punti più significativi del ciclo, a partire dal punto 1. Dalla loro conoscenza si perviene al calcolo dei lavori e dei rendimenti, come richiesto dalla terza e dalla quarta domanda. La quinta domanda viene risolta selezionando la formula più opportuna riguardante la portata in funzione di altre grandezze note. La sesta domanda chiede di tracciare il grafico del ciclo sui diagrammi (T,S) e (h,S), riportando i valori assunti dal vapore nei diversi punti del ciclo.

Procedura consigliata

Per risolvere il problema occorre:

- richiamare le formule e i concetti relativi alla Fisica dei vapori, già incontrati nella ***D1***;
- riferirsi al ***paragrafo D2.2*** relativo al concetto di portata;
- riferirsi ai ***paragrafi D2.3*** e ***D2.4*** per acquisire informazioni sulla struttura dei generatori di vapore e sui loro organi principali;
- riferirsi al ***paragrafo D2.5*** relativo ai cicli del vapore, allo sviluppo delle metodologie di calcolo delle principali grandezze termodinamiche e alle metodologie di tracciamento dei grafici delle trasformazioni sui piani entropici.

Per la risoluzione del problema, infine, possono essere utili i vari esempi relativi al ciclo Rankine e al ciclo Hirn presentati nel testo.

D2.1 LE LEGGI DEL MOTO DEI GAS E DEI VAPORI

I moti degli aeriformi

POLIGLOTTA
Termocinetica
GB: Thermocynetics
F: Thermocinétique
D: Thermokinetik

*La **Termocinetica** è la scienza che studia il moto degli aeriformi nei condotti.*

Le leggi del moto fluido dei gas e dei vapori derivano direttamente da quelle dei moti liquidi in pressione nei condotti. A differenza dei liquidi che sono incomprimibili, gli **aeriformi** sono **comprimibili**: se sottoposti a variazione di pressione, il loro volume massico varia sensibilmente. Di conseguenza è assai probabile che durante il moto degli aeriformi vi siano delle variazioni, anche di notevole entità, sia del volume massico sia della temperatura.

Lo studio del moto degli aeriformi in pressione viene riferito a un tratto di condotto denominato tubo di flusso. Lo schema riportato nella *figura 2.1* rappresenta un generico **tubo di flusso** delimitato da due sezioni di riferimento, ortogonali all'asse, una iniziale (1-1) e una finale (2-2). In entrambe sono state riportate le grandezze fondamentali: le altezze geometriche z, misurate rispetto a una linea di riferimento; le pressioni p; le velocità c; i volumi massici v e le temperature T.

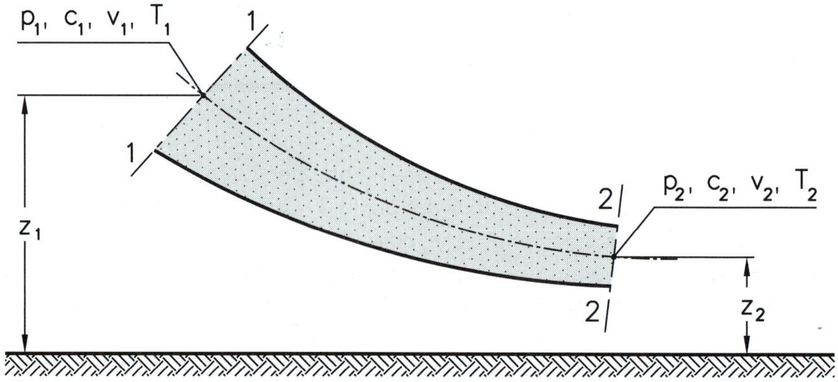

Fig. 2.1
Tubo di flusso compreso fra le sezioni 1-1 e 2-2.

Osservazione: il tubo di flusso può essere formato da un tratto di condotta, ma può anche essere riferito a un concetto di tipo generale quale, per esempio, una piccola porzione appartenente a un flusso di grandi dimensioni; in tal caso le pareti del tubo di flusso sono ideali e vengono definite dalle traiettorie passanti per le due circonferenze di estremità, così che nessuna particella in moto le possa attraversare.

*Si definisce **moto vario** il moto in cui le grandezze fondamentali, tutte o in parte, variano da sezione a sezione e, inoltre, all'interno di ogni singola sezione variano nel tempo.*

È il tipico moto che si ottiene quando in un tubo scorre un aeriforme mosso da una pressione, a monte, che varia nel corso del tempo: per esempio, a una diminuzione di pressione premente, i volumi massici lungo le sezioni aumentano, mentre le velocità e le temperature diminuiscono. Tale moto si ha in una condotta durante le fasi di avviamento e di arresto del fluido.

*Si definisce **moto permanente** il moto in cui, in una generica sezione, tutte le grandezze fondamentali si mantengono costanti nel tempo, pur variando nello spazio, cioè da sezione a sezione.*

Il moto permanente riveste importanza fondamentale perché è il **moto del fluido** in condizioni di regime, quando tutti i fenomeni transitori sono conclusi. È l'ipotesi in cui ci si pone per condurre lo studio delle turbomacchine e degli ugelli.

*Si definisce **moto uniforme** il moto in cui tutte le grandezze rimangono costanti nel tempo e nello spazio.*

Il moto uniforme raramente si realizza in tutta la massa fluida: un caso particolare, in cui si può riscontrare un moto uniforme, è rappresentato dalle condotte a diametro costante, alimentate da un serbatoio a monte a pressione costante e a transitori di avviamento conclusi.

Nello studio dei moti s'introducono alcune ipotesi semplificative: oltre a considerare soprattutto i moti permanenti, si assumono tutti i filetti fluidi paralleli, imponendo l'uniformità dei valori delle grandezze fisiche in tutti i punti di ogni sezione; per esempio, per quanto riguarda la velocità, notoriamente variabile da punto a punto lungo il raggio del tubo a causa degli attriti delle pareti e della viscosità, si assume il valore medio come valore unico valido per tutti i punti della sezione.

RICHIAMO
Il ***moto permanente*** rappresenta una condizione reale di movimento; essa resta valida anche se si considerano la viscosità e le dispersioni di calore da parte del fluido.

POLIGLOTTA
Moto dei fluidi
GB: Flow of fluids
F: Mouvement des fluides
D: Flussigkeitsbewegung

Portata

Nel caso dei **moti liquidi**, le **portate** sia in volume sia in massa sono costanti lungo tutto il condotto, poiché i liquidi sono incomprimibili e privi di variazioni di massa volumica apprezzabili. Per gli **aeriformi**, invece, solo la **portata in massa** è **costante** fra ingresso e uscita dal condotto, mentre la **portata volumica** può **variare** in seguito ai cambiamenti della massa volumica, causate da modifiche della pressione e della temperatura interna fra una sezione e l'altra. Con riferimento alle sezioni (1-1) e (2-2), indicate nella ***figura 2.1***, ipotizzando che il moto sia permanente e che le pareti siano indeformabili, la portata in volume si esprime come segue:

nelle due sezioni, le portate in volume G_{v1} e G_{v2}, espresse in m³/s, *sono indicate come prodotto della sezione* A *per la **velocità media c del fluido** in transito nella medesima sezione:*

$$G_{v1} = A_1\, c_1; \quad G_{v2} = A_2\, c_2$$

Le due portate in volume, di regola, sono diverse; risultano uguali solo nel caso molto particolare in cui la massa volumica rimane invariata.

Indicando con G la portata massica, espressa in kg/s, si può formulare l'equazione di continuità:

$$G = \frac{A_1\, c_1}{v_1} = \frac{A_2\, c_2}{v_2} \qquad [2.1]$$

RICHIAMO
In Termocinetica si è soliti designare la ***velocità del fluido*** con la lettera *c* anziché con la *v*, allo scopo di evitare possibili confusioni con il volume massico.

RICHIAMO
Qualunque sia la sezione del tubo di flusso presa in esame, la ***portata in massa*** deve assolutamente risultare ***costante***, poiché vale sempre il principio di conservazione della massa, secondo cui la massa entrante è uguale alla massa uscente.

*L'**equazione di continuità** afferma che nel moto permanente la massa m_1 che attraversa la sezione 1 nell'unità di tempo è uguale alla massa m_2 che attraversa la sezione 2 del medesimo condotto nel medesimo tempo:*

$$\frac{m_1}{t} = \frac{m_2}{t} = \ldots = \frac{m}{t}$$

Il rapporto m/t fra la massa m, che transita in una determinata sezione, e il tempo t, durante il quale avviene il passaggio, rappresenta la portata massica G.

Esempio 1

In un tubo di flusso orizzontale, avente la sezione 1 di ingresso con area A_1 = 100 cm^2 e la sezione 2 di uscita con area A_2 = 70 cm^2, è percorso da un flusso d'aria compressa, a pressione iniziale p_1 = 1,2 bar e pressione finale p_2 = 1,1 bar; la temperatura è costante in tutto il tubo e vale t = 1 °C. Sapendo che la velocità c_1 = 8 m/s, calcolare la velocità nella sezione finale.

Soluzione

Occorre conoscere i volumi massici v_1 e v_2 da inserire nella [*2.1*]. A tale scopo si applica l'equazione di stato dei gas perfetti [*2.16*] della **C2** nelle due sezioni:

$$v_1 = \frac{RT}{p_1} = \frac{287 \times 274}{1{,}2 \times 10^5} = 0{,}6553\ \frac{\text{m}^3}{\text{kg}}$$

$$v_2 = \frac{RT}{p_2} = \frac{287 \times 274}{1{,}1 \times 10^5} = 0{,}7149\ \frac{\text{m}^3}{\text{kg}}$$

Si applica la [*2.1*]:

$$\frac{A_1 c_1}{v_1} = \frac{A_2 c_2}{v_2}$$

Mettendo in evidenza la velocità c_2 si ha:

$$c_2 = c_1 \frac{A_1}{A_2} \frac{v_2}{v_1} = 8 \frac{100}{70} \frac{0{,}7149}{0{,}6553} = 12{,}47\ \frac{\text{m}}{\text{s}}$$

Esempio 2

Calcolare la portata massica di un vapore acqueo surriscaldato a t = 370 °C e alla pressione p = 80 bar, che fluisce in un tubo di diametro d = 50 cm, a velocità c = 8 m/s.

Soluzione

Sul diagramma di Mollier si identifica il vapore surriscaldato, individuandone il punto rappresentativo nell'intersezione fra l'isoterma t = 370 °C e l'isobara p = 80 bar. Nel punto si legge il valore del volume massico v = 0,031 m^3/kg.

La sezione del tubo vale:

$$A = \pi \frac{d^2}{4} = \pi \frac{0,5^2}{4} = 0,1963 \text{ m}^3$$

La portata massica G è calcolata mediante la [*2.1*]:

$$G = \frac{Ac}{v} = \frac{0,1963 \times 8}{0,031} = 50,66 \frac{\text{kg}}{\text{s}}$$

Si effettua la verifica dimensionale della portata G:

$$[G] = \frac{[A][c]}{[v]} = \frac{\left[\text{m}^2\right]\left[\frac{\text{m}}{\text{s}}\right]}{\left[\frac{\text{m}^3}{\text{kg}}\right]} = \left[\frac{\text{kg}}{\text{s}}\right]$$

Il moto permanente all'interno di un generico sistema aperto

Le turbomacchine sono motori rotanti che si basano sul principio dei **sistemi aperti**; esse vengono schematizzate al pari di una condotta, in cui si realizza un flusso continuo di gas o di vapori che entrano da un collettore di aspirazione, eseguono le trasformazioni all'interno della macchina e, infine, escono da un collettore di scarico. Le trasformazioni che avvengono all'interno del corpo della macchina consentono al fluido in moto permanente di scambiare energia con l'organo mobile della macchina.

Lo schema generico della turbomacchina, valido anche per un qualsiasi tubo di flusso, è riportato nella ***figura 2.2***; in essa sono evidenziate le sezioni di ingresso 1 e di uscita 2 della massa m in moto permanente e gli scambi di lavoro meccanico l e di calore Q.

RICHIAMO
Nelle ***turbine a gas*** il ***flusso dei gas*** freschi esegue la combustione, investe il palettaggio cedendogli la sua energia, e, infine, viene espulso. Nelle ***turbine a vapore*** il ***flusso del vapore*** ad alta entalpia esegue l'espansione, investe il palettaggio cedendogli la sua energia e, infine, viene scaricato, condensato e rimesso in circolo.

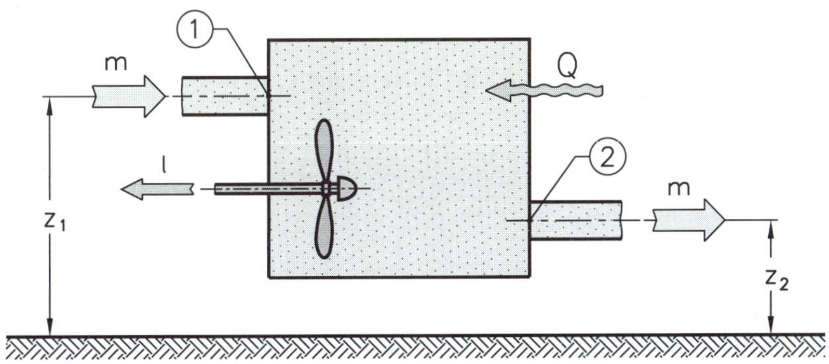

Fig. 2.2
Turbomacchina schematizzata come sistema aperto, in cui si evidenziano gli scambi di calore Q e di lavoro meccanico l.

Il lavoro l scambiato all'interno della macchina è detto **lavoro puramente meccanico** e si distingue dal lavoro unitario L sviluppato dal gas, espresso attraverso la [*2.7*] della **C2** come integrale di ($p\, dv$).

*Il **lavoro puramente meccanico l** indica il lavoro unitario scambiato esclusivamente attraverso un organo mobile, simboleggiato dall'elica* *montata su un albero di trasmissione che fuoriesce dal corpo della macchina.*

A differenza del lavoro unitario L, il lavoro puramente meccanico l non tiene conto del lavoro conseguente alle variazioni delle pressioni. Esso rappresenta il lavoro proveniente da una macchina motrice esterna e riversato sull'unità di massa di fluido in moto all'interno della macchina o, al contrario, il lavoro erogato dall'unità di massa di fluido e trasmesso all'esterno.

Estensione del teorema di Bernoulli ai moti degli aeriformi

RICHIAMO
Il teorema di Bernoulli afferma che, in un liquido ideale in moto permanente, la somma delle tre altezze geometrica, piezometrica e cinetica, si mantiene costante lungo ogni traiettoria.

Con riferimento alla ***figura 2.2***, si valuti l'energia posseduta dal fluido in moto permanente in ingresso nella sezione 1 e in uscita nella sezione 2. L'energia totale posseduta dall'aeriforme è pari alla somma dell'energia di natura idrodinamica, espressa dal **teorema di Bernoulli**, più l'energia termica posseduta dal fluido, espressa dall'energia interna U.

Per la [*3.10*] (▸ ***E5, Vol. 1***), nella sezione d'ingresso 1, il trinomio di Bernoulli vale:

$$g\,z_1 + \frac{p_1}{\rho_1} + \frac{c_1^2}{2} = \text{cost}$$

Applicando nuovamente la [*3.10*] nella sezione di uscita 2 si ha:

$$g\,z_2 + \frac{p_2}{\rho_2} + \frac{c_2^2}{2} = \text{cost}$$

L'energia totale, espressa in J/kg, posseduta da 1 kg di aeriforme in transito nella sezione d'ingresso 1, vale:

$$g\,z_1 + \frac{p_1}{\rho_1} + \frac{c_1^2}{2} + U_1 = \text{cost}$$

L'energia totale posseduta da 1 kg di aeriforme, in transito nella sezione di uscita 2, vale:

$$g\,z_2 + \frac{p_2}{\rho_2} + \frac{c_2^2}{2} + U_2 = \text{cost}$$

Le due energie non sono uguali fra loro perché, considerando la ***figura 2.2*** come un tratto di tubo di flusso, è lecito ipotizzare la dispersione di una certa quantità di calore attraverso le pareti del tubo. Analogamente, considerando il tubo di flusso come fosse una macchina termica, il suo interno può essere sede di scambi di calore e di lavoro meccanico con l'esterno. Il bilancio generale deve necessariamente tener conto di tutte le trasformazioni possibili:

*l'**energia totale** posseduta da 1* kg *di aeriforme, in moto nella sezione di ingresso di una macchina termica rappresentata come tubo di flusso,* *è pari all'energia totale posseduta nella sezione di uscita, cui si sommano algebricamente l'**energia termica** Q e il **lavoro puramente meccanico** l scambiati dalla macchina con l'esterno:*

$$g z_1 + \frac{p_1}{\rho_1} + \frac{c_1^2}{2} + U_1 = g z_2 + \frac{p_2}{\rho_2} + \frac{c_2^2}{2} + U_2 + Q + l$$

Il rapporto fra pressione p e massa volumica ρ può essere espresso come prodotto fra pressione p e volume massico v. Pertanto il bilancio diventa:

$$g z_1 + p_1 v_1 + \frac{c_1^2}{2} + U_1 = g z_2 + p_2 v_2 + \frac{c_2^2}{2} + U_2 + Q + l$$

Ricordando la definizione di entalpia ($h = U + pv$), espressa dalla [*3.16*] della **C3**, si ha:

$$g z_1 + h_1 + \frac{c_1^2}{2} = g z_2 + h_2 + \frac{c_2^2}{2} + Q + l$$

Si eseguono le seguenti sostituzioni:

— variazione di entalpia:

$$\Delta h = (h_2 - h_1)$$

— variazione di energia potenziale:

$$\Delta E_p = g(z_2 - z_1)$$

— variazione di energia cinetica:

$$\Delta E_c = \frac{c_2^2 - c_1^2}{2}$$

RICHIAMO
Le ***tre variazioni*** sono sempre espresse in forma di sottrazione: valore finale meno valore iniziale.

Ponendo al primo membro il calore scambiato Q più il lavoro meccanico l e trasferendo a secondo membro le variazioni di entalpia, di energia cinetica e di energia potenziale, si ottiene il bilancio energetico della corrente:

$$l + Q = \Delta h + \Delta E_c + \Delta E_p$$

Nelle macchine termiche e nei condotti per aeriformi, la differenza di energia potenziale è sempre trascurabile, per cui la formula si semplifica, assumendo la forma definitiva di seguito riportata:

$$l + Q = \Delta h + \Delta E_c \qquad \textbf{[2.2]}$$

RICHIAMO
La convenzione di segno per il calore e per il lavoro nella ***[2.2]*** stabilisce di usare il ***segno positivo*** se le energie Q,l sono fornite ***dal sistema al fluido***; il ***segno negativo*** se le energie Q,l sono cedute ***dal fluido al sistema***.

La [*2.2*], ponendo in relazione il lavoro e il calore con le variazioni di entalpia e di energie cinetica e potenziale, estende il primo principio della Termodinamica al caso dei moti permanenti. Infatti la formulazione di Mayer, espressa dalla formula [*2.21*] della **C2**:

$$\Delta Q = \Delta L + \Delta U$$

RICHIAMO
L'***equazione dell'energia per il moto permanente*** è anche nota come ***formulazione euleriana del primo principio della Termodinamica***.

è applicabile solamente ai sistemi chiusi. Pertanto la [*2.2*] è definita come l'**equazione dell'energia per il moto permanente**, per la quale:

la somma del lavoro meccanico e del calore scambiato è uguale alla somma della variazione dell'entalpia con le variazioni delle energie cinetica e potenziale.

Esempio

In una macchina termica ad asse orizzontale, schematizzata in forma di tubo di flusso (▸ ***Fig. 2.3***), attraverso il collettore di aspirazione (1), viene introdotto del gas a bassa velocità, avente entalpia h_1 = 20 kJ/kg. All'interno della macchina un organo mobile trasferisce al gas un lavoro meccanico l = 300 kJ/kg; attraverso le pareti il gas cede all'esterno il calore Q = 70 kJ/kg. L'entalpia del gas in uscita vale h_2 = 30 kJ/kg. Calcolare la velocità del gas nella sezione di uscita (2).

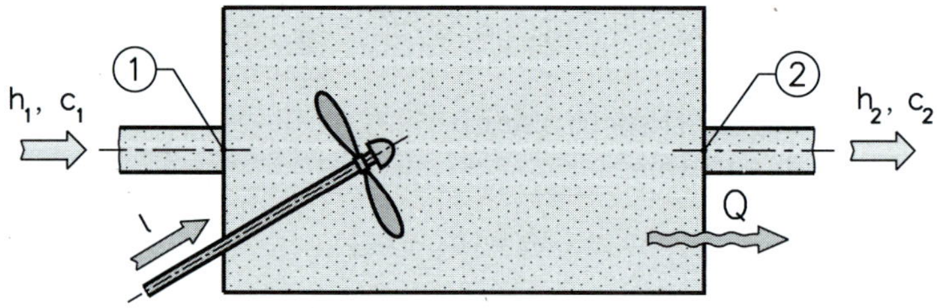

Fig. 2.3
Schema di una macchina termica che opera scambiando lavoro e calore con un flusso di gas in moto permanente.

Soluzione

Si applica la [*2.2*], assumendo come incognita l'energia cinetica. La variazione di energia potenziale è nulla, essendo la macchina ad asse orizzontale, per cui si ha:

$$l + Q = \Delta h + \Delta E_c$$

Sostituendo i valori numerici secondo la convenzione dei segni, che prevede a primo membro il segno negativo per il calore ceduto, si ottiene:

$$300 - 70 = (30 - 20) + \Delta E_c$$

da cui si ottiene:

$$\Delta E_c = 220\ \frac{\text{m}^2}{\text{s}^2}$$

Si applica la definizione di energia cinetica allo scopo di calcolare la velocità di uscita c_2, considerando inoltre trascurabile la velocità d'entrata c_1:

$$\frac{c_2^2 - c_1^2}{2} = 220\ \frac{\text{m}^2}{\text{s}^2}$$

da cui si ottiene:

$$c_2 = \sqrt{440} = 21\ \frac{\text{m}}{\text{s}}$$

In conclusione, si nota che gran parte del lavoro introdotto si è trasformato in energia cinetica.

D2.2 LA TRASMISSIONE DEL CALORE

Il flusso termico

In questa sede si analizza in dettaglio come avviene la **trasmissione del calore** fra due corpi, tenendo conto dei materiali di cui sono formati, della differenza di temperatura e del tempo durante il quale avviene lo scambio.

Il calore si trasmette attraverso tutti i corpi solidi, liquidi e gassosi. La trasmissione del calore avviene con tre diverse modalità: conduzione, convezione e irraggiamento. Spesso il riscaldamento o il raffreddamento di un corpo avviene in seguito a tutte e tre le modalità agenti in contemporanea.

Per svolgere la trattazione analitica della trasmissione del calore fra due parti o due punti di un sistema a diverse temperature, occorre introdurre una grandezza fisica denominata **flusso termico**:

*si definisce **flusso termico** Φ il rapporto fra l'energia termica ΔE trasmessa da un punto a un altro, riferita al tempo Δt:*

$$\Phi = \frac{\Delta E}{\Delta t}$$

Il flusso termico si presenta come rapporto fra energia e tempo, per cui dimensionalmente è una potenza termica.

POLIGLOTTA
Trasmissione del calore
GB: Heat transfer
F: Transmission de chaleur
D: Wärmeübertragung

RICHIAMO
Le formule che descrivono la ***trasmissione del calore*** si riferiscono alla propagazione spontanea del calore dai corpi caldi a quelli freddi; le temperature dei corpi sono assunte costanti nel tempo.

POLIGLOTTA
Flusso termico
GB: Thermic flux
F: Flux thermique
D: Wärmestrom

Conduzione

*Si definisce **conduzione** la modalità di trasferimento di calore che avviene mediante contatto diretto fra le particelle interne di un corpo.*

La conduzione avviene senza movimenti relativi delle particelle che compongono i corpi, cioè senza spostamenti di massa. È caratteristica dei corpi solidi ma può avvenire anche nei fluidi, purché in quiete. Un semplice esperimento sulla conduzione è il seguente: s'immerge un cucchiaio freddo in una pentola piena d'acqua calda, senza rimescolare, e si attende qualche istante: il cucchiaio si riscalda gradualmente fino a raggiungere la temperatura della massa liquida.

La conduzione avviene esclusivamente per contatto diretto fra i corpi, per cui non si può realizzare nel vuoto.

Si consideri un corpo di spessore costante s, per esempio una parete, le cui superfici esterne sono una più calda, a temperatura t_1, l'altra più fredda, a temperatura t_2. Tutto il corpo è sottoposto a un flusso termico di conduzione, diretto dalla superficie calda verso quella fredda (▸ *Fig. 2.4*). La formula che definisce la conduzione afferma che il flusso termico, all'interno del corpo di superficie A, è proporzionale a un coefficiente λ specifico del materiale e alla differenza fra la temperatura della superficie più calda e la temperatura della superficie più fredda ($\Delta t = t_1 - t_2$):

$$\Phi = \frac{\lambda}{s} A \, \Delta t \qquad [2.3]$$

POLIGLOTTA
Conduzione
GB: Conduction
F: Conduction
D: Wärmeleitung

RICHIAMO
La *[2.3]* è nota come ***formula di Fourier***.

Il coefficiente λ del materiale è detto **coefficiente di conduttività termica** ed è espresso in W/(m °C); esso è variabile in funzione della temperatura, **crescente per alcuni materiali, decrescente per altri.**

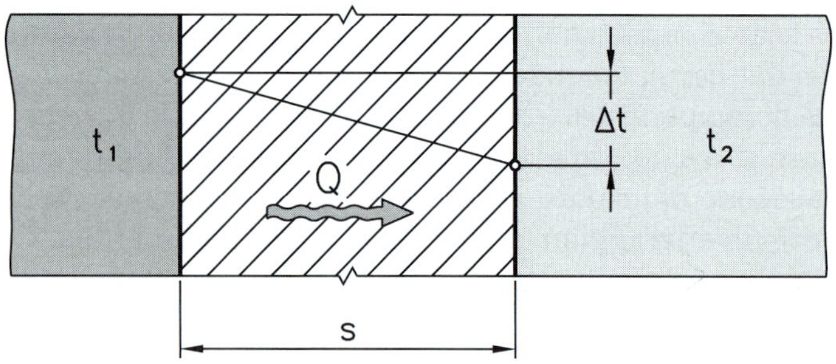

Fig. 2.4
Trasmissione di calore per conduzione attraverso una parete piena, di spessore *s* e a facce piane parallele con uguali aree *A*; l'andamento della temperatura all'interno della parete è di tipo lineare.

Nella *tabella 2.1* sono riportati alcuni valori medi del coefficiente di conduttività termica per diversi materiali. I metalli sono ottimi conduttori di calore, avendo coefficienti di conduttività elevati. Molti materiali da costruzione hanno coefficienti λ prossimi all'unità. Esistono, infine, materiali che sono cattivi conduttori – quali, in generale, tutti i gas e i liquidi in quiete – e alcuni materiali solidi speciali, detti **coibenti**, per i quali il coefficiente λ si posiziona a livello di pochi centesimi di W/(m °C). La discontinuità nella disposizione del materiale è la causa che limita maggiormente la trasmissione del calore per conduzione in un solido, per cui i materiali coibenti hanno in genere una struttura interna porosa.

POLIGLOTTA
Materiale coibente
GB: Insulating material
F: Matériel calorifuge
D: Wärmedämmstoff

Tabella 2.1 Coefficiente λ di conduzione termica [W/ (m °C)]

Materiale	*Coefficiente λ*	*Materiale*	*Coefficiente λ*	*Materiale*	*Coefficiente λ*
Acciaio	29-105	Ghisa	50	Poliuretano espanso	0,019-0,04
Acqua a 20 °C	0,63	Gomma	0,13-0,23	Polistirolo espanso	0,04
Alluminio	210	Lana di vetro	0,034	Rame	300-400
Aria a 20 °C	0,024	Legno	0,10-0,27	Refrattari silicei	0,8-1,5
Calcestruzzo	0,8-1,5	Muratura in mattoni	0,35-0,9	Resine polviniliche	0,03
Cartone a strato ondulato	0,064	Oli lubrificanti	0,12-0,17	Stagno	64
Ceramica	1	Oro	299	Vetro	0,05-0,90

Esempio
Una parete in muratura di una stanza è alta 3 m, lunga 6 m e spessa 20 cm; la temperatura della sua superficie interna è t_i = 20 °C, mentre quella della superficie esterna è t_e = –5 °C. Calcolare il flusso termico uscente e la quantità di calore Q, espressa in chilojoule, emessa in due ore.

Soluzione

Dalla *tabella 2.1* si sceglie il coefficiente di conduzione termica, λ = 0,6 W/(m °C), pari al valore medio fra i due valori citati nella tabella. La superficie della parete vale A = 18 m^2, mentre la differenza di temperatura fra ambiente interno e ambiente esterno è Δt = 25 °C. Con questi dati si applica la [*2.3*]:

$$\Phi = \frac{\lambda}{s} A \, \Delta t = \frac{0,6}{0,2} 18 \times 25 = 1350 \text{ W}$$

L'energia termica Q dispersa attraverso la parete è calcolabile come prodotto della potenza, ovvero del flusso termico, per il tempo, espresso in secondi:

$$Q = \Phi t = \frac{1350 \times 2 \times 3600}{1000} = 9720 \text{ kJ}$$

Convezione

Si definisce ***convezione*** *la modalità di trasferimento di calore che avviene mediante il movimento delle particelle liquide o gassose.*

POLIGLOTTA
Convezione
GB: Convection
F: Convection
D: Wärmekonvektion

La convezione avviene grazie allo spostamento continuo delle particelle che compongono i corpi fluidi; le particelle più calde, aventi densità inferiori, tendono a muoversi verso l'alto, liberando spazio per altre particelle fredde; per contro queste ultime, meno dense e più pesanti, tendono a scendere in basso. Nella **convezione naturale** i moti convettivi avvengono in modo spontaneo: è ciò che accade nel sistema di riscaldamento a termosifone dei vani abitativi; l'aria presente fra le piastre dei radiatori si scalda per conduzione, si espande e sale verso l'alto, diffondendo il calore nella camera; il suo posto è preso da strati d'aria più fredda, che lambiscono le pareti e discendono sul pavimento. La **convezione forzata** è un fenomeno analogo alla convezione naturale, con l'aggiunta di pompe o ventilatori per favorire la circolazione del fluido.

Neanche la convezione, similmente alla conduzione, può essere realizzata nel vuoto.

La formula che definisce la convezione afferma che il flusso termico, qui inteso come calore trasmesso nell'unità di tempo, è proporzionale a un coefficiente α specifico del materiale, all'estensione A della superficie su cui avviene il contatto con il fluido e alla differenza Δt fra la temperatura della superficie t_1 e la temperatura media del fluido t_2:

$$\Phi = \alpha \, A \, \Delta t \qquad \textbf{[2.4]}$$

Il coefficiente α che compare nella [*2.4*] è detto **coefficiente di convezione** ed è espresso in W/(m^2 °C). La determinazione del valore del coefficiente di convezione costituisce un problema complesso, in quanto influenzato da molti fattori sia fisici (capacità termica massica, viscosità e coefficiente di conduzione del fluido) sia costruttivi (velocità, dimensioni e materiale della parete, qualità della lavorazione superficiale).

RICHIAMO
Per la ***definizione numerica*** dei ***coefficienti di convezione*** si rimanda a testi specialistici; in questa sede vengono forniti solo alcuni valori di massima.

Nella *figura 2.5* è riportato il caso di un fluido avente una tempera-

RICHIAMO

In Idrodinamica lo ***strato limite*** è vicino alla parete; la sua velocità tende a zero nella zona di contatto diretto con la parete.

tura media t_1 che scorre a contatto con una parete di temperatura t_2. La temperatura del fluido scende bruscamente in prossimità della parete, dove le molecole formano lo **strato limite**. Lo spessore dello strato limite dipende principalmente dalla rugosità della parete e dalla viscosità del fluido.

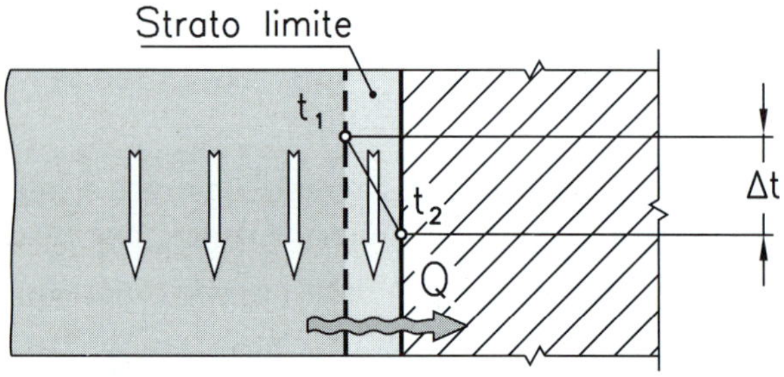

Fig. 2.5
Trasmissione di calore per convezione fra un fluido caldo in moto e una parete fredda; nello strato limite la temperatura del fluido scende dal valore medio t_1 al valore t_2 della parete.

Osservazione: nel caso dei tubi ebollitori in caldaia, la parete esterna dei tubi trasmette calore all'interno per conduzione e, a sua volta, il calore passa per convezione all'acqua che scorre internamente; in prossimità delle pareti si formano le prime bolle di vapore che risalgono nella sommità del fascio tubiero.

Trasmissione di calore fra due fluidi in moto separati da una parete

Un'applicazione dello scambio termico congiunto per conduzione e convezione avviene nel caso in cui due fluidi in moto si trasmettono calore attraverso una parete, per esempio negli scambiatori a fascio tubiero: lo scambio avviene fra una prima corrente fluida, che scorre all'interno di un tubo, e una seconda corrente esterna. Il calore viene dapprima ceduto per convezione dal fluido caldo alla superficie della parete con cui è a contatto; in seguito, all'interno della parete, il calore si propaga per conduzione verso la superficie a temperatura inferiore e, da questa, di nuovo per convezione al fluido freddo. Lo schema dell'andamento delle temperature nei tre materiali è riportato nella ***figura 2.6***.

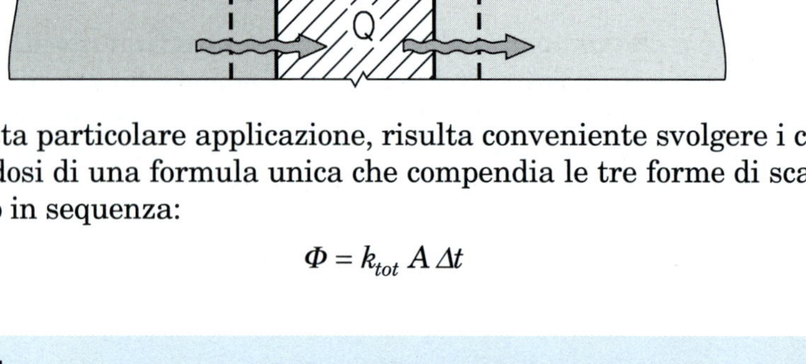

Fig. 2.6
Trasmissione di calore fra un fluido caldo a temperatura t_1 e uno freddo a temperatura t_2; i due fluidi sono separati da una parete di spessore *s*.

In questa particolare applicazione, risulta conveniente svolgere i calcoli servendosi di una formula unica che compendia le tre forme di scambio termico in sequenza:

$$\Phi = k_{tot}\, A\, \Delta t \qquad \textbf{[2.5]}$$

Oltre alla superficie di scambio A e alla differenza di temperatura ($\Delta t = t_1 - t_2$), compare nella [2.5] una costante k_{tot}, detta **coefficiente di trasmissione totale**, così formulata:

$$k_{tot} = \frac{1}{\dfrac{1}{\alpha_1} + \dfrac{s}{\lambda} + \dfrac{1}{\alpha_2}} \qquad \textbf{[2.6]}$$

Il primo e il terzo dei tre addendi a denominatore rappresentano le due fasi di scambio per convezione, essendo α_1 e α_2 i coefficienti di convezione dei due fluidi, mentre λ indica il coefficiente di conduzione del materiale della parete; infine s rappresenta lo spessore della parete espresso in metri.

Di seguito si riportano alcuni valori indicativi assunti dal coefficiente di convezione:

— $\alpha = 30 \div 50$ W/(m² °C), per fumi caldi in convezione naturale;
— $\alpha = 30 \div 300$ W/(m² °C), per l'aria in convezione forzata;
— $\alpha = 3000 \div 8000$ W/(m² °C), per l'acqua in moto forzato all'interno di tubi.

Nei condensatori a superficie per vapore acqueo, con l'acqua fredda come fluido refrigerante, il coefficiente di trasmissione totale vale 1000÷2000 W/(m² °C).

Esempio

Uno scambiatore è formato da tubi in acciaio di spessore $s = 4$ mm; il fluido esterno è composto da fumi caldi a temperatura $t = 500$ °C, mentre il fluido interno ai tubi è acqua pressurizzata alla temperatura $t = 150$ °C. La superficie totale di scambio vale $A = 50$ m². Calcolare il flusso termico totale.

Soluzione

Per i coefficienti di conduzione e convezione si assumono i seguenti valori medi: $\lambda = 60$ W/(m °C) per l'acciaio; $\alpha_1 = 40$ W/(m² °C), per i fumi; $\alpha_2 = 5500$ W/(m² °C) per l'acqua. In base alla [2.6] il coefficiente k_{tot} vale:

$$k_{tot} = \frac{1}{\dfrac{1}{\alpha_1} + \dfrac{s}{\lambda} + \dfrac{1}{\alpha_2}} = \frac{1}{\dfrac{1}{40} + \dfrac{4 \times 10^{-3}}{60} + \dfrac{1}{5500}} = \frac{1}{25{,}25 \times 10^{-3}} = 39{,}6\ \frac{\text{W}}{\text{m °C}}$$

Infine, per la [2.5] si trova il flusso termico dello scambiatore:

$$\Phi = k_{tot}\, A\, \Delta t = 39{,}6 \times 50(500 - 150) = 693000 \text{ W} = 693 \text{ kW}$$

Irraggiamento

I corpi trasmettono calore, oltre che per contatto, anche mediante emissione di radiazioni nello spazio circostante; tale fenomeno è definito **irraggiamento**:

*l'**irraggiamento termico** consiste in uno **spettro** di onde elettromagnetiche prodotte dal calore sensibile del corpo emittente e riconvertito in calore sensibile da parte del corpo assorbente.*

POLIGLOTTA
Irraggiamento
GB: Radiation
F: Irradiation
D: Irradiation

RICHIAMO
In Fisica, con il termine ***spettro*** s'intende la scomposizione di un insieme di oscillazioni con frequenze diverse nelle singole oscillazioni elementari.

L'irraggiamento può avvenire nel vuoto, in quanto non è richiesta la presenza di materia per il trasporto del flusso termico. Un esempio d'irraggiamento si ha quando, avvicinandosi a un forno con le fiamme o le braci in vista, si percepisce un brusco aumento di temperatura sulla pelle del viso e delle mani.

Osservazioni: la trasmissione del calore solare sulla Terra avviene per irraggiamento, mentre la distribuzione del calore sul pianeta avviene per convezione dell'aria e delle masse oceaniche; sulla Luna, priva di atmosfera, si ha una forte escursione termica fra giorno e notte, dell'ordine del centinaio di gradi.

Le pareti interne di una stufa o di un forno a combustibile ricevono calore dalla fiamma per irraggiamento e dai fumi caldi per convezione.

Alle più alte temperature, le radiazioni diventano visibili: in questo caso l'energia ricevuta aumenta notevolmente. Occorre ricordare che l'irraggiamento da parte di un corpo è un fenomeno rilevante anche quando le radiazioni rientrano nella banda d'invisibilità, quando cioè il corpo è a bassa temperatura.

POLIGLOTTA
Superficie lucida, superficie opaca
GB: Shiny surface, dull surface
F: Surface polie, surface opaque
D: Schliffläche, Mattfläche

Le superfici dei solidi e dei liquidi, in parte, riflettono e, in parte, trasmettono le radiazioni. Una **superficie lucida** riflette la radiazione incidente, per cui l'angolo di riflessione è uguale all'angolo d'incidenza; una **superficie opaca** riflette solo in modo diffuso e assorbe una quantità più o meno grande del calore irraggiato.

Una parte della quota della radiazione non riflessa dalla superficie viene assorbita all'interno del corpo, mentre il resto è trasmesso verso l'esterno, attraverso il materiale costituente il corpo. Nei corpi non omogenei, a volte, si realizzano fenomeni di riflessione interna fra le superfici di separazione delle particelle facenti parte dell'aggregato.

Il bilancio del flusso termico, per una radiazione unitaria che investe un generico corpo, è espresso dalla seguente formula:

$$R + A + Z = 1$$

in cui la **potenza riflettente** R rappresenta la quota che viene riflessa, la **potenza assorbente** A rappresenta la quota che viene assorbita e, infine, la **potenza trasmessa** (quindi non trattenuta) Z rappresenta la quota che attraversa il corpo.

Nel vuoto, e in alcuni gas quali ossigeno e azoto, l'energia è irraggiata attraversa il corpo senza essere assorbita: in questo caso il corpo è detto **trasparente**. In altri tipi di gas, quali il biossido di carbonio e il vapore acqueo, l'energia raggiante in parte è riflessa, in parte assorbita e in parte attraversa il corpo. Nei solidi e nei liquidi l'energia raggiante in parte è riflessa, in parte assorbita; questi corpi sono in grado di accumulare il calore irradiato e sono detti **opachi**.

RICHIAMO
Le distinzioni citate furono originariamente formulate in riferimento alla ***radiazione visibile***; il loro significato fisico è comunque estendibile anche alle ***frequenze invisibili***.

Un corpo è detto:
— **bianco**, quando riflette tutta la radiazione incidente;
— **colorato**, quando presenta una riflessione selettiva, cioè si ha una preferenza per alcune lunghezze d'onda;
— **grigio**, quando riflette, per tutte le lunghezze d'onda, la stessa quota di radiazione;
— **nero**, quando assorbe tutti i raggi e non riflette nessuna frequenza.

La legge dell'irraggiamento, formulata da Josef Stefan e Ludwig Boltzmann, è indicata nel modo seguente:

$$\Phi = \varepsilon \sigma A T^4 \qquad \textbf{[2.7]}$$

in cui compaiono:
— il fattore di emissione ε, adimensionale;
— la costante di Stefan e Boltzmann, che vale $\sigma = 5{,}67 \times 10^{-8}$ W/(m^2 K^4);
— la superficie del corpo A, espressa in metri quadrati;
— la temperatura assoluta del corpo T, espressa in kelvin.

Osservazione: il corpo nero assorbe completamente l'energia raggiante, pertanto il suo coefficiente di emissione vale $\varepsilon = 1$ W/(m^2 K^4). *L'acqua ha un coefficiente di emissione molto alto:* $\varepsilon = 0{,}95$ W/(m^2 K^4); *quello dell'acciaio, invece, vale:* $\varepsilon = 0{,}2 \div 0{,}4$ W/(m^2 K^4).

D2.3 GLI SCAMBIATORI DI CALORE

*Gli **scambiatori di calore** sono macchine percorse da due fluidi a differente temperatura, al cui interno avviene il passaggio di energia termica dal fluido più caldo al fluido più freddo.*

POLIGLOTTA
Scambiatore di calore
GB: Heat exchanger
F: Changeur de chaleur
D: Wärmeaustauscher

Negli scambiatori i due fluidi non devono entrare in contatto diretto, tanto meno mescolarsi fra loro: il passaggio del calore avviene attraverso superfici metalliche formate da piastre o tubature.

Il **condensatore** è uno scambiatore in grado di sottrarre il calore latente al vapore introdotto, trasformandolo in liquido; la nebbia di condensa che si forma internamente dà origine a gocce che colano lungo le superfici di scambio e cadono per gravità; il condensato viene prelevato dal fondo mediante pompe di estrazione che, oltre a svuotare lo scambiatore, creano un vuoto che funge da richiamo per il vapore entrante.

RICHIAMO
Esistono ***condensatori*** in cui il passaggio di stato avviene in seguito al rimescolamento del vapore con il proprio liquido: essi sono detti a ***miscelazione***.

L'**evaporatore** è uno scambiatore in cui avviene il processo inverso: il liquido introdotto riceve l'apporto di calore da un fluido esterno ad alta entalpia, per esempio la massa fluente dei fumi caldi prodotti della combustione oppure per irraggiamento dalle fiamme della combustione. Il liquido passa allo stato di vapore, in seguito all'assorbimento del calore di riscaldamento e del calore di vaporizzazione.

Il **surriscaldatore** è un tipo di scambiatore al cui interno vi è introdotto un flusso continuo di gas o vapore saturo secco, allo scopo di innalzarne la temperatura, mantenendo il più possibile invariata la sua pressione. Il surriscaldatore (▸ *Fig. 2.7*) è formato da un tubo a serpentina a lati paralleli. I pacchi di surriscaldatori sono inseriti all'interno del condotto in cui scorre il fluido caldo, in posizione affiancata e orientati in modo da essere investiti nel modo più efficace.

Il **rigeneratore** è un tipo di scambiatore al cui interno sono introdotti i due fluidi alternativamente. Il materiale interno subisce un aumento di temperatura durante il transito del fluido caldo; nel corso del successivo passaggio cede il calore immagazzinato al fluido freddo.

Fig. 2.7
Tratto di surriscaldatore a serpentina di produzione MP Inox Srl (Marano Vicentino, VI).

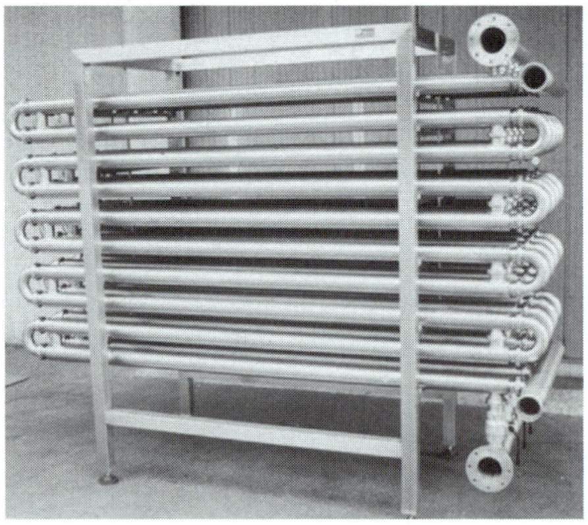

Scambiatore a fascio tubiero rettilineo

Questo tipo di scambiatore consiste in un corpo formato da tubi paralleli (▸ *Fig. 2.8a*) percorsi da un primo fluido, detto anche **fluido interno**, ai cui estremi sono poste due camere con funzione di collettori di ingresso nello scambiatore e di uscita. Il fascio tubiero è racchiuso ermeticamente entro un contenitore esterno cilindrico, detto **mantello**. Su di esso sono montati altri due collettori per l'ingresso e l'uscita del secondo fluido, destinato a scorrere all'esterno dei tubi (▸ *Fig. 2.8b*). Per ottenere un efficace scambio di calore, occorre che lungo tutto il suo percorso il fluido esterno avvolga completamente il fascio tubiero, senza interrompere il contatto: la presenza di setti interni obbliga il fluido a compiere un percorso a zig-zag, con traiettorie che variano in continuazione, così da investire ripetutamente il fascio tubiero lambendone le pareti e favorendo lo scambio termico.

Fig. 2.8
Scambiatore a fascio tubiero:
a) schema interno con evidenziati i percorsi dei due fluidi;
b) vista del fascio tubiero interno, di produzione Bertocchi Impianti Srl (Gandino, BG).

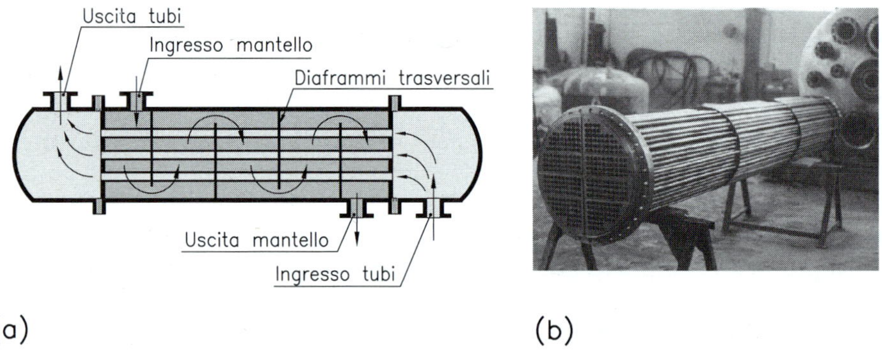

Scambiatore a fascio tubiero a U

RICHIAMO
Uno ***scambiatore*** è detto ***a un passo***, quando l'attraversamento del fascio tubiero da parte del fluido avviene in un solo passaggio; è detto ***a due o quattro passi***, quando avvengono due o quattro passaggi.

Gli **scambiatori con fascio a U** sono formati da un insieme di tubi piegati all'indietro di 180°, vincolati a un supporto a disco forato, detto **piastra di testa**, mediante mandrinatura, e al mantello mediante bulloni (▸ *Fig. 2.9a*). Sulla faccia opposta della piastra di testa vi è un corpo, detto **testata**, suddiviso in due camere separate, che servono a incanalare nella prima camera il fluido entrante nei tubi a U e a raccoglierlo nella seconda camera all'uscita dai tubi, per poi scaricarlo all'esterno (▸ *Fig. 2.9b*).

(a)

(b)

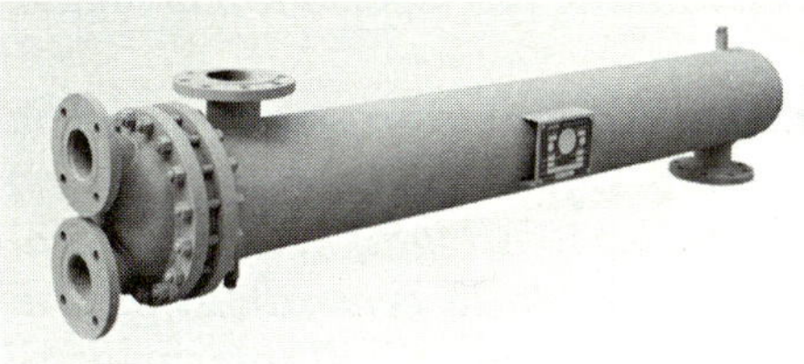

(c)

Fig. 2.9
Scambiatore a U:
a) schema del fascio tubiero interno, visto dal lato della piegatura a 180°, di produzione Eurotubi Europa Srl (Nova Milanese, MI);
b) piastra di testa, di produzione Conflow SpA (Agrate Brianza, MI);
c) vista dall'esterno di uno scambiatore, di produzione Jucker SpA (Galliate Lombardo, VA).

Gli **scambiatori a fascio rettilineo** offrono il vantaggio di minori perdite di carico da parte del fluido che scorre dentro i tubi. La soluzione più usata prevede sensi opposti di scorrimento per i due fluidi, come si può notare osservando la posizione dei bocchettoni rappresentati nella ***figura 2.9c***.

Scambiatore a piastra

Questo tipo di scambiatore è formato da un pacco di diverse decine di piastre di scambio rettangolari, parallele, sottili, in acciaio inox, racchiuse fra due piastre di estremità molto più spesse aventi funzione di supporto (▸ ***Fig. 2.10a***). Lo spazio compreso fra due piastre affacciate costituisce il vano di passaggio del fluido. Ciascun vano è costantemente attraversato da uno solo dei due fluidi. Tratti di tubi paralleli, montati con perfetta tenuta entro fori ricavati nelle piastre, convogliano i due fluidi in ingresso e in uscita dai rispettivi vani di passaggio.

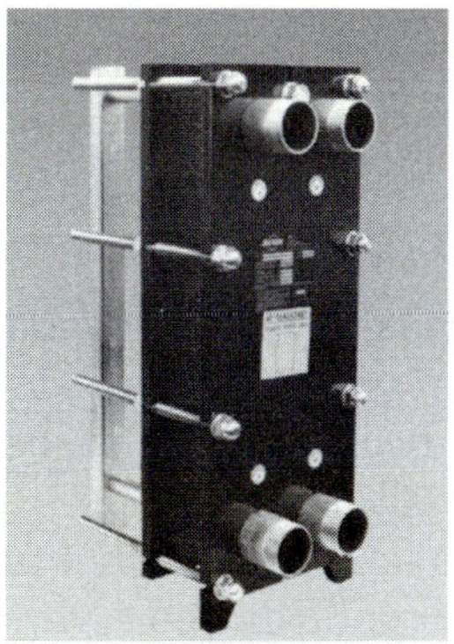

(a)

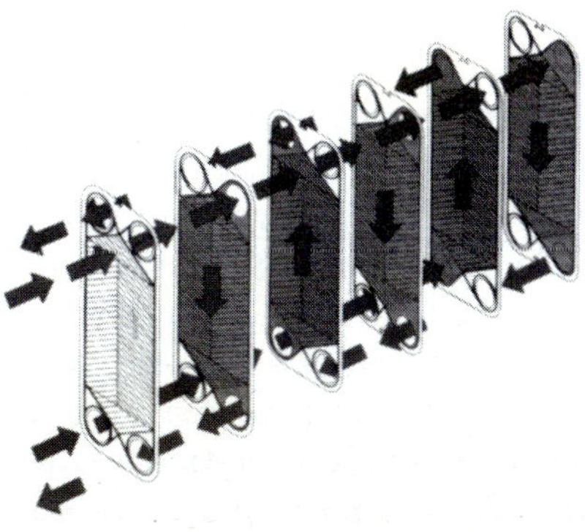

(b)

Fig. 2.10
Scambiatore a piastre di produzione Jucker SpA (Galliate Lombardo, VA):
a) si evidenziano in primo piano i tubi di ingresso e uscita dei due fluidi;
b) schema dei moti interni dei due fluidi nei vani compresi fra le piastre.

RICHIAMO
Lo ***scambiatore*** è detto a ***temperature interferenti***, quando la temperatura di uscita del fluido riscaldato è superiore a quella di uscita del fluido riscaldante.

Gli attraversamenti e le direzioni del moto sono alternate, così che il fluido in transito in un generico vano scambi calore con l'altro fluido che scorre, controcorrente, al di là di entrambe le piastre affacciate (▸ *Fig. 2.10b*). La definizione del numero di piastre di scambio e l'ampiezza del canale di passaggio sono indicati in funzione delle portate e delle temperature dei due fluidi. Questi scambiatori offrono i seguenti vantaggi:

— è possibile raggiungere, con ottima precisione, le temperature di uscita desiderate, definendo in fase di progetto il numero e la superficie delle piastre di scambio;
— lo scambiatore funziona sia per i liquidi sia per i vapori;
— vi si può realizzare lo scambio fra fluidi con **temperature interferenti**;
— il pacco delle piastre è facilmente smontabile per ispezione e lavaggio.

Osservazione: un'applicazione attuale dello scambiatore a piastre si ha negli impianti di teleriscaldamento; nella **figura 2.11** *è riportato uno scambiatore a piastre per un condominio da 40 alloggi; nello scambiatore l'acqua calda pressurizzata, proveniente dalla centrale di produzione, cede calore all'acqua che circola nei termosifoni all'interno degli appartamenti.*

Fig. 2.11
Scambiatore a piastre per teleriscaldamento condominiale: si possono osservare le tubature dei fluidi, sul lato sinistro, e il pacco di piastre sul lato destro.

Fig. 2.12
Scambiatore a correnti incrociate di produzione Sesino Spa (Gessate, MI); la portata d'aria atmosferica viene potenziata mediante un elettroventilatore.

Scambiatore a correnti incrociate

Questo tipo di scambiatore si presta per la trasmissione del calore fra un liquido e un gas, in special modo aria. In esso due fluidi scorrono con traiettorie perpendicolari: il liquido scorre entro tubi in acciaio o in alluminio, mentre l'aeriforme investe i tubi perpendicolarmente, lambendoli lungo tutto il loro sviluppo. Per favorire la trasmissione del calore, i tubi presentano alettature o piastre che aumentano la superficie di scambio. Nella **figura 2.12** è riportato uno scambiatore aria-olio di tipo reversibile, potendo funzionare per il raffreddamento oppure per il riscaldamento del liquido.

Una tipica applicazione dello scambiatore a correnti incrociate è costituito dal **radiatore** per il raffreddamento dell'acqua dei motori degli autoveicoli. L'acqua calda, uscente dal motore, entra nella parte alta del radiatore e si suddivide in correnti discendenti, lungo tubi verticali di forma schiacciata (▸ *Fig. 2.13*). Sui fianchi rettilinei dei tubi è riportata, mediante brasatura, una fitta alettatura, formata da lamierino ondulato e corrugato per favorire lo scambio termico. Il flusso continuo d'aria atmosferica sui lamierini sottrae calore all'acqua di raffreddamento, che scende verso la parte inferiore del radiatore, esce lungo un manicotto e viene pompata nel motore da una pompa di ricircolo.

POLIGLOTTA
Radiatore
GB: Radiator
F: Radiateur
D: Kühler

RICHIAMO
L'insieme dei tubi del radiatore e dell'alettatura è denominata ***pacco radiante***.

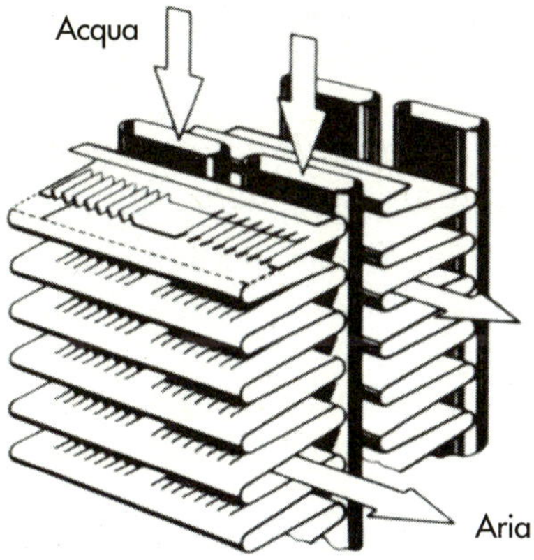

Fig. 2.13
Tratto del pacco radiante di un radiatore per autovettura; si possono osservare le direzioni dei moti dell'acqua e dell'aria, fra loro perpendicolari.

Calcolo di massima di uno scambiatore

Sulla rete

D2.4 I GENERATORI DI CALORE E DI VAPORE

*Si definiscono **impianti termici** i sistemi destinati alla climatizzazione degli ambienti.*

Essi comprendono i sistemi di:
— produzione del calore (le caldaie);
— distribuzione del calore (le tubazioni);
— utilizzazione del calore (i radiatori e i termoconvettori);
— controllo e regolazione (le centraline climatiche e i cronotermostati).

*Si definiscono **generatori di calore** gli impianti termici che apportano un aumento di temperatura al fluido termovettore che transita al loro interno. Nei **generatori di vapore** si realizza anche l'evaporazione del fluido trattato.*

Struttura e classificazione delle caldaie

Un impianto termico è composto dalle seguenti parti principali: la **caldaia**, a sua volta suddivisa in focolaio, bruciatori, camera di combustione e comprendente il complesso delle tubature dell'acqua e del vapore

POLIGLOTTA
Caldaia
GB: Boiler
F: Chaudière
D: Kessel

e gli organi di scambio termico; i condotti dei fumi e la ciminiera; gli impianti di trattamento dei fumi; gli impianti di pretrattamento delle acque; gli impianti di preparazione del combustibile; i sistemi di avviamento, controllo e regolazione, sicurezza.

La letteratura tecnica adotta numerose modalità di classificazione dei generatori di vapore, i quali si diversificano a seconda della caratteristica presa come riferimento: la fonte di calore impiegata; le tipologie costruttive; la circolazione dell'acqua; il contenuto d'acqua; la pressione in camera; la trasmissione del calore; il tipo di fluido prodotto.

Classificazione in base alla fonte di calore

L'**energia termica** necessaria per le trasformazioni è ottenuta dal calore liberato dalla combustione oppure dal passaggio di corrente elettrica in apposite resistenze; vi sono soluzioni in cui il calore è prelevato da un secondo fluido ad alta entalpia. Il combustibile può essere solido (carbone, lignite), liquido (olio combustibile, sottoprodotti industriali) o gassoso (gas naturale o altri tipi di gas di produzione industriale). Si sta sempre più diffondendo l'uso di **combustibili** cosiddetti **poveri** quali, per esempio, gli **RSU**, gli scarti della lavorazione di legno, vinacce, sansa, pula.

RICHIAMO
I ***combustibili derivati dai rifiuti solidi urbani*** sono definiti con gli acronimi ***RSU*** oppure ***RDF (Refuse-derived fuel)***.

Un esempio di generatore di vapore basato sul principio dello scambiatore di calore è riportato nella ***figura 2.14***: esso produce 330 kg/h di vapore saturo, alla pressione di 4,5 bar. Nel corpo cilindrico è posto lo scambiatore a U, al cui interno scorre un fluido ad alta entalpia, completamente immerso nell'acqua da evaporare. L'acqua di alimento, introdotta dal basso tramite bocchettone, assorbe calore dal fascio tubiero interno e si trasforma in vapore che viene prelevato nella parte superiore del generatore.

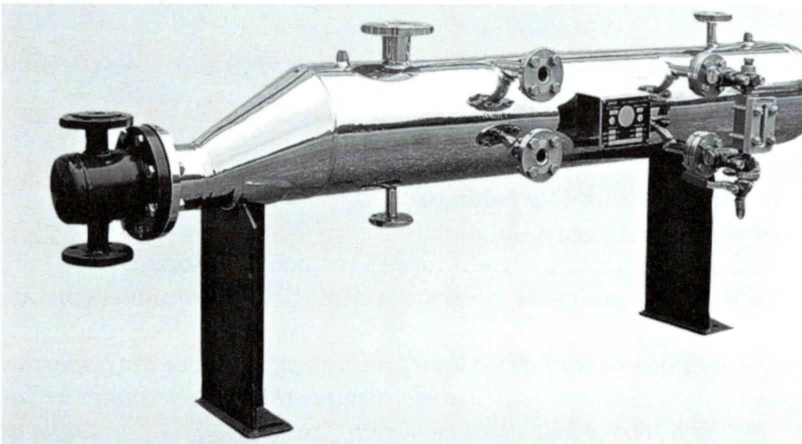

Fig. 2.14
Generatore di vapore a scambio termico, modello PGV6-434/X4/6, di produzione Jucker SpA (Galliate Lombardo, VA). Dalle due flangie verticali poste sul lato sinistro entra ed esce vapore saturo a 7 bar, circolante nei tubi a U; le due flangie verticali superiori servono per il montaggio della valvola di sicurezza e per l'allacciamento, mediante valvola a sfera, alla rete delle utenze.

Classificazione in base alla tipologia di costruzione

Le caldaie sono ripartite in due categorie: a **tubi di fumo** e a **tubi d'acqua**, a seconda che nel fascio tubiero passino i prodotti della combustione o il liquido da evaporare.

Nelle caldaie della prima categoria la fiamma generata dal bruciatore e i fumi caldi che ne derivano si sviluppano in orizzontale, lungo un grosso condotto detto **tubo focolare** o **forno**. Successivamente eseguono una o due inversioni del moto, ripartendosi lungo tubi paralleli di diametro molto inferiore rispetto al tubo focolare, per poi uscire dal camino. Nello schema tradizionale, la caldaia a tubi di fumo è racchiusa in una struttura in muratura, rivestita di **materiale refrattario**; fra il corpo caldaia e il rivestimento vi è un'intercapedine, destinata all'attraversamento dai fumi prima della loro uscita in camino: questa soluzione è nota come **caldaia Cornovaglia**. Le moderne caldaie sono state alleggerite della struttura in muratura; inoltre il miglioramento delle caratteristiche isolanti dei refrattari e dei coibenti ha comportato una forte riduzione di spessore; queste caldaie sono dette **caldaie marine** o **compatte**. Rispetto alla caldaia Cornovaglia, esse hanno minori ingombri e sono trasportabili.

POLIGLOTTA
Materiale refrattario
GB: Refractory material
F: Matériel réfractaire
D: Feuerfeste Bausteine

La fiamma generata dal bruciatore si protende, in direzione orizzontale, lungo il focolare; esso ha forma di corpo cilindrico, ubicato nella zona inferiore della caldaia, completamente avvolto dall'acqua. Il flusso dei prodotti della combustione opera una prima conversione a 180°, in una camera detta **di inversione**, posta al termine del focolare, distribuendosi in un fascio di tubi di diametro minore. Spesso i fumi compiono una seconda inversione in un successivo fascio di tubi prima di avviarsi nel camino, come riportato nella ***figura 2.15***: la sezione parziale evidenzia il bruciatore e il focolare, circondato da due gruppi di tubi di fumo; focolare e tubi devono rimanere costantemente immersi sotto il pelo libero, per evitare surriscaldamenti che possono portare a gravi rotture in breve tempo.

RICHIAMO
Una ***caldaia*** è detta a ***due*** oppure a ***tre giri di fumo***, a seconda che i fumi eseguano una o due inversioni del moto in caldaia.

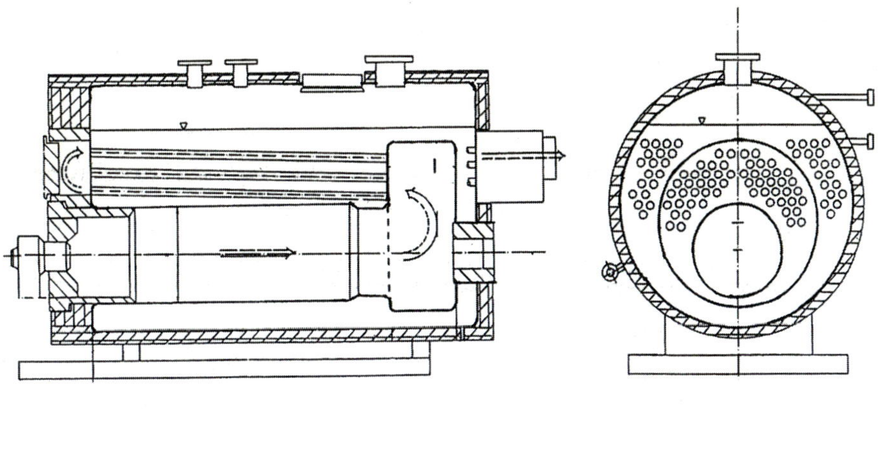

Fig. 2.15
Vista in sezione di una caldaia a giri di fumo: si evidenziano il tubo del focolare montato in posizione eccentrica verso il basso, i tubi del primo giro, posti intorno al focolare, e i tubi del secondo giro, più esterni.

Fig. 2.16
Vista esterna di una caldaia a giri di fumo dal lato del bruciatore di produzione Nuova Standard Kessel (Grassobbio, BG).

Nella ***figura 2.16*** è riportata la vista esterna di una caldaia a tubi di fumo, di produzione Nuova Standard Kessel.

La caldaia a tubi di fumo delle locomotive ferroviarie ha i tubi longitudinali, che si dipartono dalla parete posteriore del forno e sboccano in una camera, sulla cui sommità è posto il fumaiolo. Nella ***figura 2.17a*** si osservano due caldaie ferroviarie in lavorazione, una vista dal lato della camera a fumo, l'altra dal lato dello sportello di caricamento del carbone nel forno; nella ***figura 2.17b*** si osserva una caldaia durante la fase della chiodatura esterna del **fasciame**.

RICHIAMO
La struttura cilindrica che contiene la massa dell'acqua è detta ***fasciame***.

Fig. 2.17
Caldaie ferroviarie fotografate nel corso dei lavori di revisione periodica nelle Officine Interlok di Berlino:
a) nella caldaia di sinistra compaiono in primo piano le sezioni di uscita dei fumi dai tubi; in quella di destra si vede il lato del forno;
b) lavorazione di chiodatura esterna.

(a)

(b)

Osservazione: per migliorare lo scambio termico e favorire i moti convettivi dell'acqua, il tubo focolare dev'essere posto più in basso rispetto all'asse del contenitore cilindrico esterno; il vapore si genera a contatto con le superfici esterne dei tubi, affiora in superficie e riempie il vano compreso fra il pelo libero e la volta superiore.

Classificazione delle caldaie a tubi d'acqua in base alla circolazione del liquido

RICHIAMO
Le ***caldaie a circolazione naturale*** e ***assistita*** hanno la ***cifra di circolazione*** pari a ***7÷8***: ciò significa che 1 kg d'acqua deve compiere 7 o 8 percorsi completi prima di essere completamente evaporato.

Le **caldaie a tubi d'acqua** sono a loro volta suddivise in tre gruppi principali, a seconda dello schema di circolazione dell'acqua: **circolazione naturale**, **assistita** e **forzata**. La **circolazione naturale** si basa sul principio del termosifone, come riportato nello schema della ***figura 2.18a***: all'interno dei tubi (1) posti in caldaia, l'acqua calda sale spontaneamente fino a un collettore di grossa dimensione (2), posto sulla sommità e detto, a seconda della forma, **corpo cilindrico** o **sferico**; in esso avviene la separazione del vapore dal liquido. L'acqua che non è evaporata scende lungo condotte (3) esterne alla caldaia, dette **tubi di caduta**. La **pompa di alimento** (4) rifornisce d'acqua il corpo cilindrico, mantenendo costante il livello.

Fig. 2.18
Schemi di circolazione:
a) naturale;
b) assistita;
c) forzata.

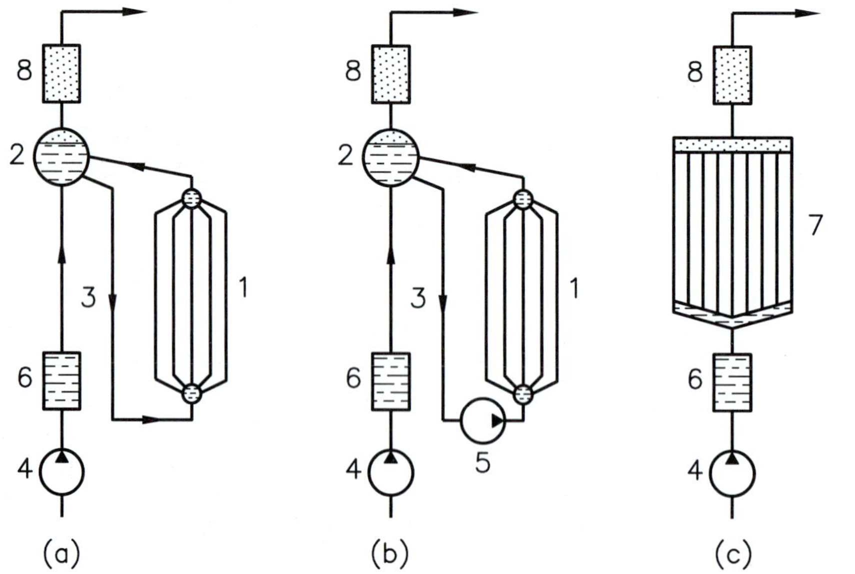

La **circolazione assistita** prevede una **pompa di ricircolo** (5) posta alla base del tubo di caduta, avente lo scopo di mantenere sempre attiva la circolazione anche quando la richiesta di portata si riduce (▸ *Fig. 2.18b*): le fermate improvvise del moto ascendente nei tubi d'acqua possono causare ristagni e surriscaldamenti locali, con rischio di crepe e scoppi.

Prendendo come riferimento un singolo chilogrammo d'acqua, nel momento in cui viene introdotto in caldaia, si può rilevare come esso debba compiere diversi giri completi prima di essere totalmente evaporato: questo fenomeno è rappresentato da una grandezza denominata **cifra di circolazione**:

*si definisce **cifra di circolazione** il rapporto fra la portata d'acqua circolante e la portata del vapore generato.*

Nella **circolazione forzata** non sono più presenti né il corpo cilindrico superiore né i tubi di caduta: il circuito è aperto e il vapore formatosi durante il moto ascendente è raccolto in fasci tubieri posti nella sommità, detti **tubi del cielo**; la cifra di circolazione vale uno. Questa soluzione è preferita negli impianti di grande potenza e pressione. Lo schema rappresentato nella *figura 2.18c* sintetizza il fascio tubiero in un'unica tubatura, ripartita in tre tratti: un primo tratto (6) di riscaldamento dell'acqua; un secondo (7), in cui si sviluppa progressivamente l'evaporazione; infine un terzo (8), in cui il vapore, da saturo secco, evolve in surriscaldato.

Uno **schema di caldaia a tubi d'acqua** molto diffuso è riportato nella *figura 2.19*: esso è detto **a D**, poiché i tubi che collegano il corpo cilindrico inferiore con quello superiore si sviluppano attraverso percorsi sia verticali sia paralleli ai profili delle pareti.

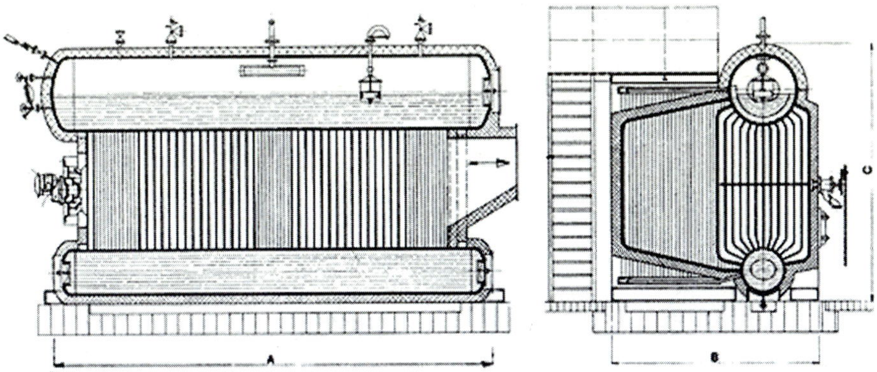

Fig. 2.19
Caldaia a D a tubi d'acqua con due collettori cilindrici, di produzione Nuova Standardkessel Italiana Srl (Grassobbio, BG).

La *figura 2.20* riporta un impianto completo di produzione del vapore; in essa sono evidenziati la caldaia, il corpo cilindrico inferiore, il corpo superiore e i percorsi dei fumi e dell'aria comburente. L'aria comburente viene preriscaldata, a spese dei fumi caldi, prima di essere insufflata in due canalizzazioni di alimentazione, una entrante alla base del forno e l'altra collocata poco al di sotto dei bruciatori. L'acqua viene preriscaldata in uno scambiatore che sottrae calore dai fumi, **detto economizzatore**.

Fig. 2.20
Caldaia a D a tubi d'acqua tipo Towerpack, con due collettori cilindrici, di produzione Babcock & Wilcox (Ohio, USA).

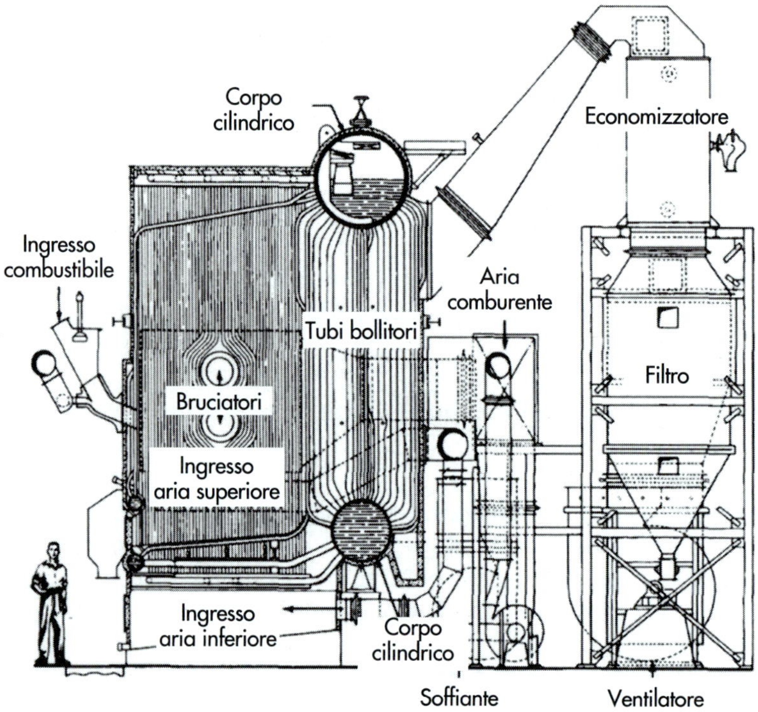

Nella *figura 2.21* si osserva l'interno di una caldaia a D a tubi d'acqua, con vista in trasparenza dello sviluppo del fascio tubiero.

Fig. 2.21
Vista di una caldaia parzialmente sezionata, di produzione Nuova Standard Kessel Italiana Srl, in cui si possono osservare i due corpi cilindrici e il fitto fascio tubiero interno.

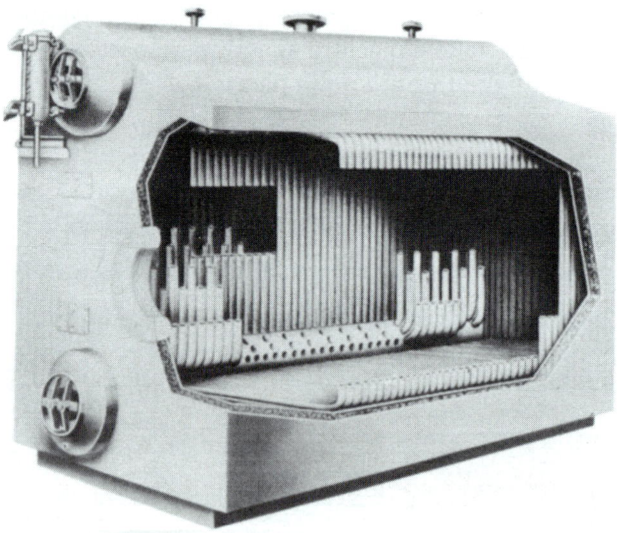

Un caso a parte è costituito dai **generatori a vaporizzazione istantanea**, basati sul principio della **lama d'acqua**: un sottile strato d'acqua, detto **lama**, è in grado di vaporizzare in tempi brevi, essendo interposto in uno spazio ristretto compreso fra il focolare e il fasciame, costruiti concentrici.

Nella *figura 2.22* si osservano due caldaie a D durante il trasporto su rotaia: dalla fotografia si notano i due corpi cilindrici e il bruciatore.

Fig. 2.22
Trasporto di due caldaie a D, di produzione McCarl (Pennsylvania, USA).

Classificazione in base al contenuto d'acqua

I **generatori di vapore** possono essere a **piccolo**, **medio** o **grande contenuto d'acqua**:

*il **contenuto d'acqua** della caldaia è definito come rapporto fra la massa d'acqua ospitata e la superficie riscaldata; esso è espresso in* kg/m^2.

POLIGLOTTA
Generatore di vapore
GB: Steam generator
F: Générateur de vapeur
D: Dampferzeuger

Le caldaie Cornovaglia e, in generale, le caldaie a grandi corpi sono a grande volume d'acqua (100÷200 kg/m^2). Le caldaie a tubi di fumo sono a medio volume (50÷100 kg/m^2). Le caldaie a tubi d'acqua a convezione sono a piccolo volume (15÷50 kg/m^2); le grandi caldaie a tubi d'acqua a irraggiamento, per centrali termoelettriche operanti a grandi pressioni, anche superiori ai 100 bar, sono a piccolo contenuto d'acqua.

Osservazione: nelle centrali termoelettriche la quantità di acqua operante all'interno dell'impianto raggiunge una grande massa, considerando lo sviluppo dei tubi in caldaia e in condensatore.

Classificazione in base alla pressione

L'analisi della **pressione** è riferita o al **liquido** o alla **fiamma** e ai suoi **fumi**.

La pressione cui è sottoposto il fluido termovettore nel generatore varia, a seconda del modello, dalla pressione atmosferica fino a valori ipercritici.

La camera di combustione può essere sia in depressione sia in pressione, a seconda della forma e dell'ubicazione dei ventilatori (aspiranti e/o prementi). Nella zona superiore delle caldaie per grandi potenze è spesso presente un restringimento, detto **naso**, avente lo scopo di accelerare i fumi nel loro moto ascendente, in base alla teoria del tubo di Venturi (▸ ***Fig. 2.23***).

Osservazione: le caldaie a tubi d'acqua consentono di raggiungere pressioni maggiori rispetto alle caldaie a tubi di fumo.

Fig. 2.23
Due caldaie, di produzione Babcock & Wilcox, di grande potenza in sezione per centrale termoelettrica; il combustibile è costituito da rifiuti solidi urbani.

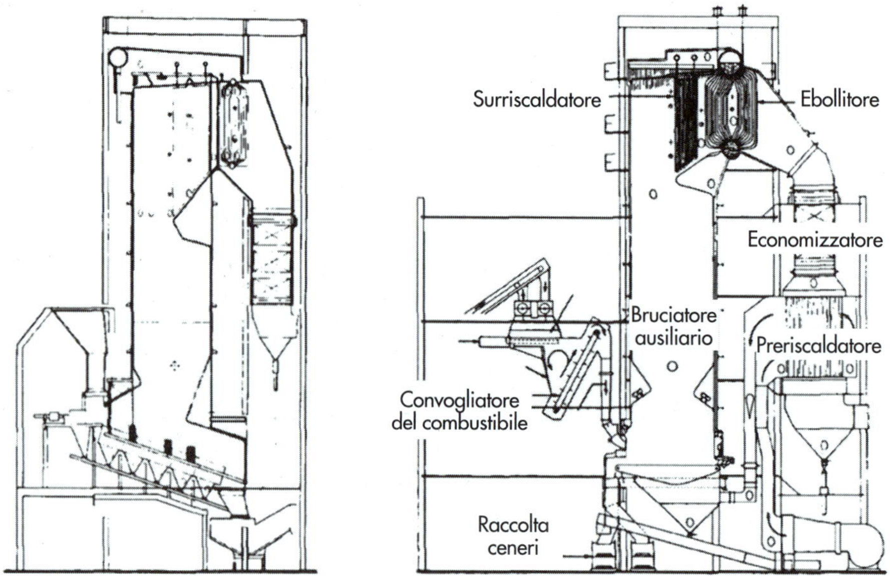

Classificazione in base alla trasmissione del calore

Il **calore** viene trasmesso dalla fiamma e dai prodotti della combustione, sia **per convezione** sia **per irraggiamento**. Nelle caldaie a tubi di fumo e a tubi d'acqua, di piccola e media potenza, prevale la conduzione. L'irraggiamento predomina nelle grandi caldaie per centrali termoelettriche: esse hanno la forma di parallelepipedo, con i tubi orientati in senso ascendente, a formare la schermatura delle pareti sui quattro lati (▸ *Fig. 2.24*). In molti impianti i tubi che si appoggiano alle pareti hanno andamento elicoidale nella zona inferiore della caldaia.

Fig. 2.24
Generatore di vapore a recupero, di produzione Babcock & Wilcox, alimentato dai gas di scarico di un gruppo di turbine da 220 MW; la portata del gas è G_g = 630 kg/s a t = 650 °C; la produzione di vapore è G_v = 88,2 kg/s a 540 °C.

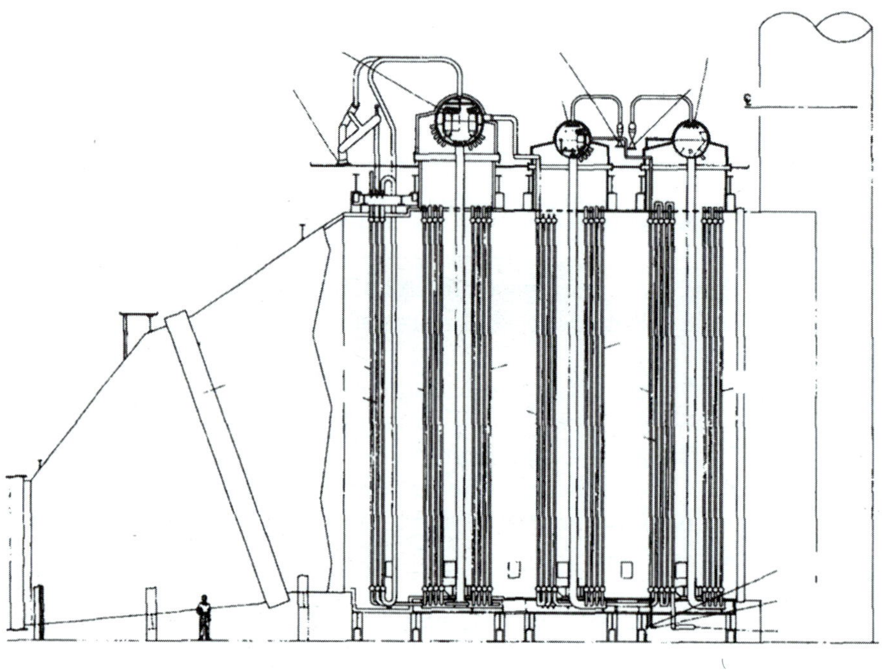

I **generatori a recupero** sfruttano il calore dei gas di scarico di motori endotermici o il calore prodotto dai processi industriali. Nella *figura 2.24* è riportato un generatore di vapore, di produzione Babcock & Wilcox, che sfrutta la portata dei gas caldi proveniente dalla condotta posta sul lato sinistro. I gas investono sette gruppi scambiatori di calore a sviluppo verticale; nei tre corpi cilindrici superiori si raccoglie, da sinistra a destra, vapore ad alta, media e bassa pressione.

RICHIAMO
I ***generatori di vapore a recupero*** sono detti ***GVR*** o ***HRSG (Heat Recovery Steam Generator)***.

Le **caldaie a condensazione** sono così chiamate in quanto i fumi, prima di uscire in atmosfera lungo il camino, passano in un scambiatore che preleva il calore contenuto nel vapore acqueo, presente fra i prodotti della combustione, e lo cede all'acqua fredda in ingresso. Il condensato viene convogliato all'esterno per lo scarico. Questo sistema consente di ottenere un cospicuo risparmio energetico: basti pensare che in una caldaia tradizionale i fumi escono a temperature dell'ordine di 100÷110 °C, mentre in quelle a condensazione i fumi non superano i 50 °C.

RICHIAMO
Le ***caldaie a condensazione*** rientrano nelle categorie ecologiche previste dalle leggi europee UNI EN 297 ed EN 483 e dalla Direttiva Europea Rendimenti 42/1992.

Nella *figura 2.25* è rappresentato il modulo termico premiscelato a condensazione, modello ECON 100: esso dispone di doppio focolare e doppio scambiatore; nella parte inferiore si possono osservare le pompe di ricircolo, mentre nella parte superiore vi sono i bruciatori e gli scambiatori.

Fig. 2.25
Caldaia ECON 100 di produzione Ferroli SpA (VR). Sono interessanti alcuni dati tecnici riportati di seguito: pressione di esercizio, $p = 4$ bar; potenza termica utile nell'intervallo di temperature 60÷80 °C, $P = 13{,}6 \div 90{,}4$ kW; rendimento termico utile a carico ridotto 36÷30 °C, $\eta = 109\%$.

Il **focolare** è la zona della caldaia in cui avviene l'incontro e la combustione fra il combustibile e l'aria comburente. Il combustibile viene introdotto a getto continuo e portato alla fiamma nella camera di combustione mediante bruciatore o iniettori orizzontali, detti lance. Il combustibile gassoso viene dapprima decompresso, poi iniettato (▸ *Fig. 2.26*).

POLIGLOTTA
Focolare
GB: Furnace
F: Foyer
D: Feuerung

Fig. 2.26
Valvole di riduzione della pressione del gas naturale prima dell'invio ai bruciatori.

Il combustibile liquido viene preriscaldato per renderlo fluido e favorire la formazione di gocce fini. Il combustibile solido viene bruciato – depositandolo su una griglia fissa o mobile o iniettandolo finemente polverizzato – o introdotto in forma granulare e mantenuto in sospensione insieme a materiale sabbioso inerte, grazie a una portata continua d'aria soffiata dal basso: quest'ultimo sistema è definito **a focolare a letto fluido**.

POLIGLOTTA
Generatore a letto fluido
GB: Fluidized-bed combustion boiler
F: Chaudière à lit fluide
D: Fliessbettkessel

Nella *figura 2.27* è rappresentato lo schema in pianta della generazione della fiamma, all'interno di una grande caldaia a sezione quadrata.

Fig. 2.27
Formazione della fiamma con effetto vortice; i quattro bruciatori sono posti di spigolo con opportuni angoli d'inclinazione. Si possono osservare i fasci tubieri ascendenti lungo le pareti.

Nella *figura 2.28* sono tracciate due elaborazioni eseguite su computer, volte a simulare lo sviluppo della combustione e il comportamento delle fiamme emesse dai bruciatori, in diverse condizioni di funzionamento. Queste indagini teoriche a calcolo, sviluppate su **programmi CFD**, consentono di definire le condizioni ottimali di generazione della fiamma, di scambio termico, di riduzione delle emissioni e di evacuazione dei fumi.

RICHIAMO
La sigla ***CFD*** designa i ***programmi di calcolo*** relativi alle ***combustioni*** e alla ***Fluidodinamica,*** noti come ***Computational Fluid Dynamics***.

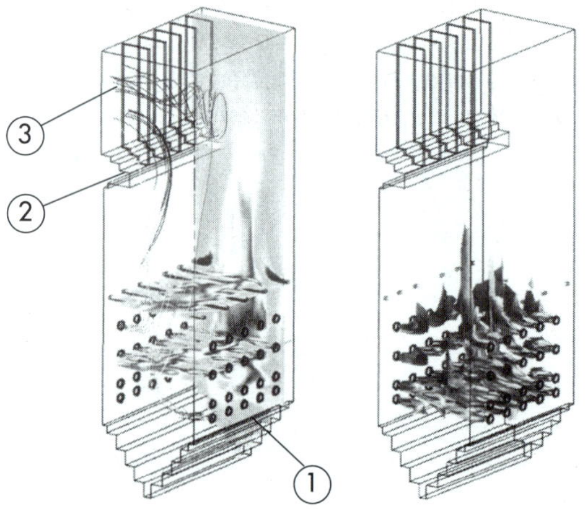

Fig. 2.28
Elaborazione, mediante simulazione matematica, della combustione all'interno della caldaia, in due condizioni di lavoro; nello schema si riconoscono i bruciatori (1), il naso superiore (2) e i surriscaldatori (3) nella zona di inversione del flusso dei fumi.

Classificazione in base al fluido prodotto

Con riferimento al **fluido prodotto**, le caldaie sono suddivise in **generatori di vapore, ad acqua calda, ad acqua surriscaldata** e **a olio diatermico**.

Nei **generatori di vapore** allo stato saturo oppure surriscaldato vi è un'ampia gamma di pressioni, anche superiori al limite critico di circa 221 bar (**caldaie ipercritiche**).

I **generatori ad acqua calda** sono utilizzati per produrre acqua a temperatura inferiore ai 100 °C; essi trovano ampio impiego negli impianti di riscaldamento delle abitazioni e per la produzione d'acqua calda sanitaria. Questo tipo di caldaia, grazie alla presenza di un corpo ebollitore a serpentine interne, favorisce l'erogazione d'acqua costantemente calda, sia nel caso di prelievi intermittenti sia per improvvise richieste di forti portate sia in servizio continuo; durante le pause fra una richiesta e la successiva, l'ebollitore funge da corpo accumulatore.

Osservazione: le caldaie a gas per impianti di riscaldamento autonomo sono impiegate nelle piccole unità abitative; sono di tipo ***pensile****, se appese al muro,* ***a basamento*** *se dotate di struttura ad armadio a sviluppo verticale poggiante sul pavimento.*

I **generatori ad acqua surriscaldata** sono utilizzati per produrre acqua a pressione superiore alla pressione atmosferica, con temperatura superiore ai 100 °C. Le soluzioni più diffuse prevedono pressioni comprese fra i 5 e i 15 bar, con temperature fino a 185 °C.

Nella *figura 2.29a* è tracciato lo schema dei componenti idraulici interni e di collegamento con l'esterno, per la caldaia a basamento, di tipo a condensazione, Hercules Condensing. La valvola (2) regola la pressione del gas inviato al bruciatore (8), montato sul modulo a condensazione (10); i fumi escono dalla cappa (11), mentre l'acqua di condensa si raccoglie nel sifone (1); sono previsti in fumisteria due pozzetti per ospitare i sensori per l'analisi dei fumi (13) e dell'aria (12); il tubo (37) conduce l'aria comburente al ventilatore (5) e all'ugello di miscelazione (6).

Osservazione: la prova fumi nelle caldaie per uso civile è resa obbligatoria, sia nelle sostituzioni sia nei nuovi impianti, dal DPR 551/1999, art. 11; ogni generatore dev'essere corredato come documentazione dalla ***dichiarazione di conformità****, rilasciata dall'impresa che ha eseguito l'installazione, e dal* ***libretto di impianto****, su cui sono annotati gli interventi di manutenzione e tutti i controlli periodici. Per portate termiche superiori a 34,8* kW *è anche richiesta l'elaborazione del progetto dell'impianto (DM del 13.12.1993).*

L'acqua calda che esce dal tubo superiore è posta in movimento dalla pompa (17), regolata dal pressostato (41); la valvola a tre vie (18) invia l'acqua calda nel collettore idraulico (20) e da qui verso le utenze esterne (M1). Il rientro avviene direttamente nel collettore idraulico, attraverso l'attacco (R1) e la valvola unidirezionale (28): da qui può entrare in caldaia oppure essere rimessa in circolo tramite la pompa (21). È previsto

RICHIAMO
L'insieme dei tubi di scarico fumi e di adduzione dell'aria comburente in caldaia è definito ***fumisteria***.

un vaso di espansione (19) in derivazione dal collettore idraulico. La valvola a tre vie (18) provvede anche a inviare acqua calda nella serpentina (36) interna al boiler in acciaio inox (34), allo scopo di scaldare l'acqua per un uso sanitario, il cui rifornimento avviene tramite il tubo (F). I collegamenti con un eventuale pannello solare sono riportati nella *figura 2.29b*.

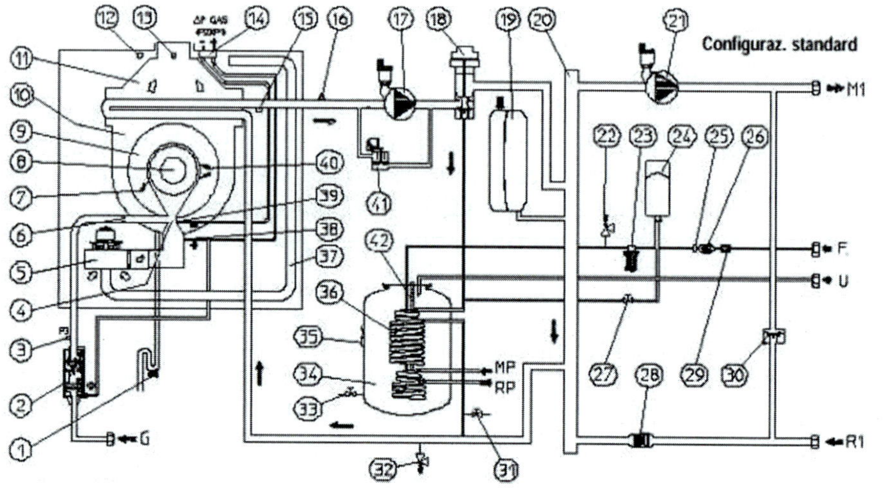

(a)

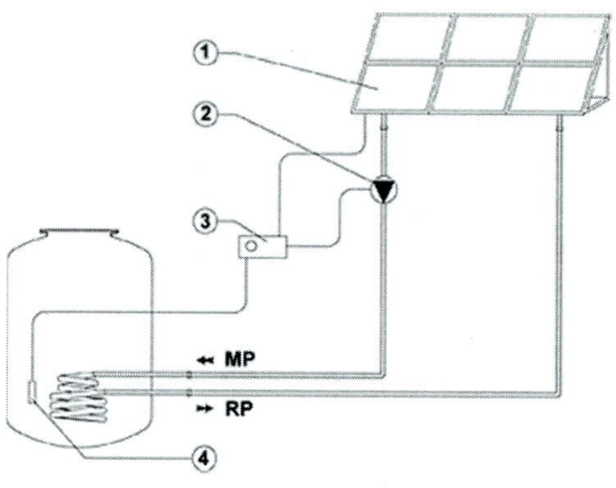

(b)

Fig. 2.29
Schema della caldaia Hercules Condensing, di produzione Immergas Spa (Brescello, Reggio Emilia):
a) vie interne;
b) connessione al pannello solare.
Si evidenziano i principali dati tecnici: potenza termica, $P = 31{,}4$ kW; pressione massima di esercizio, $p = 3$ bar; prevalenza massima, $H = 3{,}82$ m; temperatura dell'acqua massima di esercizio, $t = 90$ °C; volume bollitore, $V = 120$ l; alimentazione elettrica o a gas naturale.

All'interno dei **generatori a olio diatermico** scorre un fluido non acquoso, di origine minerale o organica, caratterizzato da un'elevata temperatura di ebollizione. Queste caldaie possono funzionare con temperature comprese fra i 170 e i 340 °C, pur restando a pressione atmosferica. Il fascio tubiero ha l'andamento a spirale a più principi, per garantire in ogni tratto la perfetta circolazione del fluido ed evitare ristagni o surriscaldamenti locali, che possono provocare il cracking dell'olio. Il fluido diatermico può essere impiegato come fluido operativo per trasferire il calore agli utilizzatori oppure per la produzione indiretta di vapore, attraverso uno scambiatore/evaporatore di calore, come indicato nella *figura 2.30*.

Nella *figura 2.31* si può osservare la fotografia di una caldaia a olio diatermico di produzione Ferroli SpA.

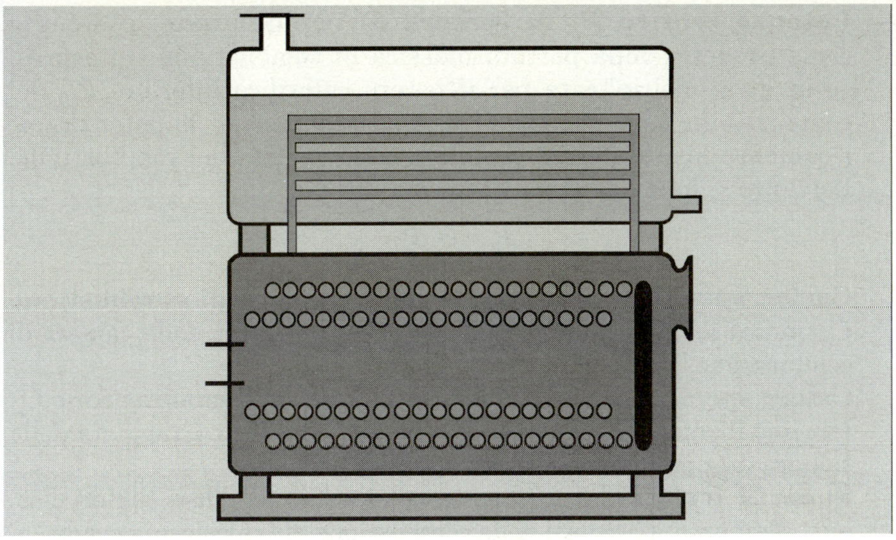

Fig. 2.30

Schema in sezione di una caldaia a olio diatermico, di produzione Nuova Standardkessel Italiana Srl; lo scambiatore/evaporatore è posto al di sopra del corpo caldaia.

Fig. 2.31

Caldaia a fluido diatermico, tipo Elicoil FO+EVA, di produzione Férroli SpA (VR); si può osservare il corpo cilindrico superiore in cui l'olio caldo, proveniente dalla caldaia sottostante, cede la sua energia termica all'acqua. Si evidenziano i principali dati tecnici (valori massimi e minimi della gamma prodotto): portata di vapore, $Q = 341 \div 5000$ kg/h; potenza termica, $P = 233 \div 3488$ kW; alimentazione delle pompe, $Q = 682 \div 8000$ l/h; contenuto olio, $174 \div 3360$ dm^3.

Grandezze caratteristiche dei generatori di vapore

— **Producibilità del generatore**: esprime la portata massica G_v di fluido generata, definita come massa prodotta nell'unità di tempo, espressa cioè in kg/s o in t/h.

— **Potenza del generatore**: la potenza P, espressa in chilowatt, è pari alla portata massica di fluido prodotto G_v (espressa in kg/s), moltiplicata per la differenza Δh (espressa in kJ/kg) fra l'entalpia dell'acqua calda, o del vapore uscente dal generatore, e l'entalpia dell'acqua in ingresso nel generatore. Pertanto si ha:

$$P = G_v \, \Delta h$$

RICHIAMO

La ***potenza del generatore*** è anche nota come ***potenzialità termica***; spesso viene espressa, per consuetudine, anche in kcal/h.

— **Potenza teorica P_c in camera di combustione**: è definita come prodotto della portata massica di combustibile G_c, espresso in kg/s, moltiplicata per il potere calorifico inferiore P_{CI} del combustibile, espresso in kJ/kg; essa rappresenta la potenza teoricamente liberata dalla combustione completa del combustibile. Pertanto si ha:

$$P_c = G_c\, P_{CI}$$

— **Carico specifico volumetrico della camera di combustione C_v**: indica il rapporto fra la potenza P_c e il volume della camera di combustione, espresso in kW/m^3.

— **Calore specifico superficiale della camera di combustione C_s**: esprime il rapporto fra la potenza P_c e la superficie irraggiata della camera di combustione, espresso in kW/m^2.

— **Superficie riscaldata S**: indica la superficie dei fasci tubieri d'acqua, lambita dai prodotti della combustione, da calcolare secondo opportune norme.

— **Potenza specifica del generatore P_s**: definisce il rapporto fra la potenza del generatore e la superficie riscaldata, espresso in kW/m^2.

— **Rendimento termico η_t**: esprime il rapporto fa la potenza P del generatore e la potenza P_c in camera di combustione:

$$\eta_t = \frac{P}{P_c}$$

— **Rendimento termico utile η_u**: è il rapporto fra la potenza P del generatore, alla quale sono state sottratte le potenze impegnate dagli organi ausiliari, e la potenza P_c in camera di combustione:

$$\eta_u = \frac{P - P_{aux}}{P_c}$$

Calcolato il 100% del P_{CI} e sommato il calore latente di condensazione del vapore pari a circa il 10÷11%, risulta che l'energia teorica resa disponibile dal combustibile è pari a 110÷111%. Per una caldaia tradizionale, il rendimento è pari al P_{CI}, a meno delle perdite dovute al calore disperso nei fumi e attraverso il mantello, pari a circa il 10%: pertanto esso vale circa 90%. Per una caldaia a condensazione, il rendimento è pari al P_{CI}, cui si devono sottrarre le perdite ma anche aggiungere il calore latente recuperato. Le perdite valgono l'1% attraverso il mantello e il 4% di calore latente non recuperato; pertanto, per una caldaia a condensazione, il rendimento oscilla intorno al 106÷107%, avendo preso come riferimento generatori da 25÷30 kW.

D2.5 PRINCIPI DI TERMOTECNICA

Sulla rete

D2.6 I CICLI TERMODINAMICI A VAPORE

Ciclo termico teorico di Rankine

RICHIAMO
Il ***ciclo di Rankine*** deve il suo nome a ***William Rankine***, fisico scozzese dell'Ottocento.

Il ciclo termodinamico, impiegato negli impianti esotermici con turbina a vapore, è il **ciclo di Rankine**, costituito nei suoi fondamenti dalle trasformazioni che seguono.

— Una compressione dell'acqua prima dell'ingresso in caldaia, eseguita tramite un gruppo di pompe, dette pompe di alimento (▸ *Fig. 2.39*).

Fig. 2.39
Gruppo pompe di alimento della centrale termoelettrica di Bochum, in Germania.

— Una prima introduzione di calore a pressione costante, per riscaldare l'acqua portandola alla condizione termodinamica di liquido saturo, pronto, cioè, a dare inizio all'ebollizione a partire dal titolo $x = 0$.

— L'introduzione del calore di evaporazione isotermobarico, ovvero del calore latente, così da portare il liquido saturo con titolo $x = 0$, allo stato di vapore saturo secco con titolo $x = 1$, mediante una trasformazione isotermobarica; i due apporti di calore all'acqua avvengono durante il flusso ascendente, lungo i fasci tubieri che rivestono le pareti in caldaia. Nella *figura 2.40* è riportata la vista di una caldaia dall'interno. Si noti il grande sviluppo tubiero che riveste le pareti.

POLIGLOTTA
Ciclo di Rankine
GB: Rankine cycle
F: Cycle de Rankine
D: Rankinescher Kreis

Fig. 2.40
Vista dell'interno della caldaia della centrale termoelettrica di Zeltweg, in Austria (VERBUND AG, Vienna).

— Un'espansione adiabatica in turbina, nel corso della quale il vapore cede la sua energia alla turbina, ripartendola fra i suoi palettaggi; al termine dell'espansione, il vapore si ritrova con un contenuto entalpico ridotto, avendone ceduto gran parte alla macchina; sul diagramma di Mollier, questa trasformazione è rappresentata con un segmento verticale che s'interrompe nei pressi della curva limite superiore; la vista d'insieme, fornita dalla ***figura 2.41***, mostra le turbine all'interno di una centrale da 300 MW di potenza.

Fig. 2.41
Vista della sala turbine della centrale Reuter West di Berlino, in cui si evidenziano le tubature di adduzione del vapore: sulla sinistra, in alta pressione; sulla destra, in bassa pressione.

— Una condensazione isotermobarica con espulsione di calore all'esterno; all'interno del condensatore il vapore è forzato a transitare entro pacchi radianti, raffreddati ad aria, oppure a stretto contatto con superfici tubiere, entro le quali scorre acqua fredda prelevata da fonti naturali esterne. Il condensato precipita sul fondo in un collettore di raccolta, detto **pozzo caldo**, e viene drenato via da un gruppo di pompe, dette **di estrazione**. Nello schema rappresentato nella ***figura 2.42*** si osserva il sistema di raffreddamento e condensazione di una centrale termonucleare. L'acqua del fiume viene pompata nei due condensatori posti inferiormente alle turbine e, da qui, a una valvola a tre vie che la ributta in fiume oppure, se troppo calda, la invia alla torre di condensazione. Nella zona inferiore della torre, l'aria fredda atmosferica attraversa i pacchi radianti raffreddando l'acqua, poi sale verso l'alto, essendo calda e meno densa. La torre ha la forma di tubo di Venturi, per creare una depressione nelle zone alte che serve da richiamo per l'aria. Anche il reattore nucleare impiega acqua del fiume per i suoi scambiatori di raffreddamento del nocciolo.

Fig. 2.42
Schema del sistema di raffreddamento e condensazione della centrale termonucleare di Philippsburg nel Baden-Württemberg.

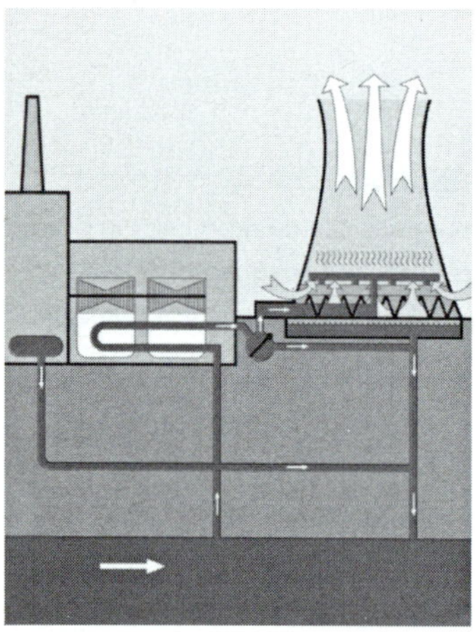

I diagrammi del ciclo base di Rankine, privo di surriscaldamenti, sono riportati nella ***figura 2.43a***, sul piano (p,v), nella ***figura 2.43b***, sul piano (T,S), e nella ***figura 2.43c***, sul piano (h,S); in quest'ultima immagine sono evidenziati la pressione di evaporazione p_1 e quella di condensazione p_0, il lavoro termico-teorico L in turbina, conseguente all'espansione adiabatica ideale 3÷4, e l'espansione adiabatica reale 3÷5, cui corrisponde un lavoro reale pari alla distanza 3÷5 misurata in verticale. Da notare che i punti 4 e 5 giacciono sulla medesima linea isobara.

Osservazione: esaminando la **figura 2.43c** *si nota che, se l'espansione in turbina è di tipo adiabatico reale, il punto finale si trova spostato sulla destra rispetto al caso isentropico (ideale); ciò si spiega ricordando che le trasformazioni reali comportano un aumento di entropia, quindi si ha uno "shift" dei punti della linea nel senso delle entropie crescenti.*

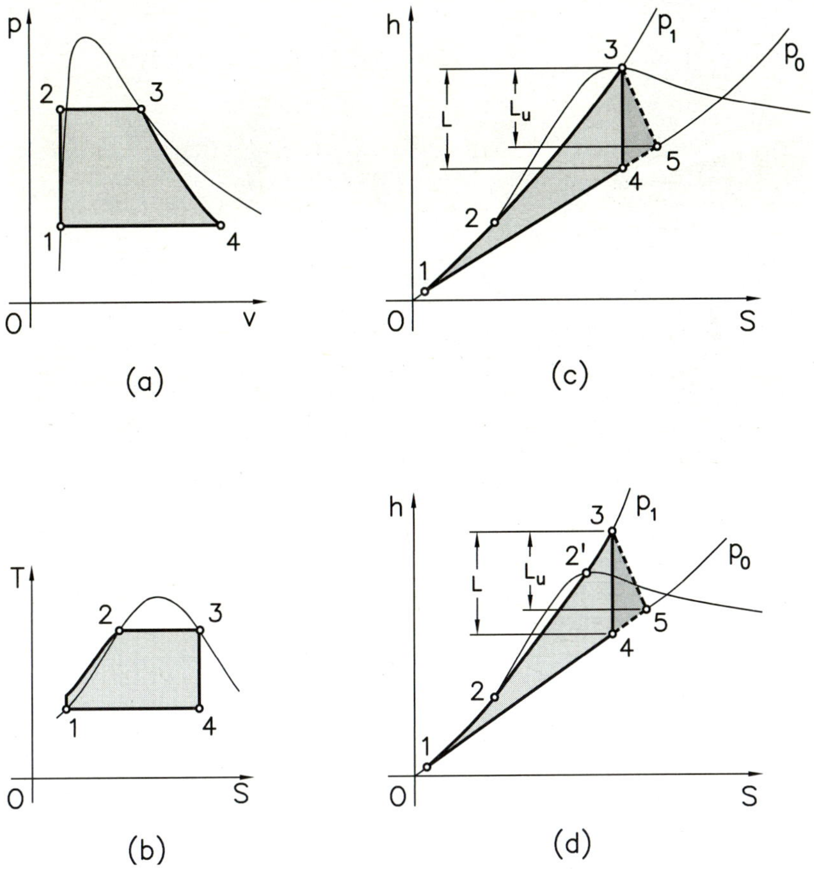

Fig. 2.43
Ciclo ideale di Rankine a vapore saturo:
a) sul piano (*p*,*v*);
b) sul piano (*T*,*S*);
c) sul piano (*h*,*S*);
d) ciclo ideale di Rankine con un surriscaldamento 2'-3.

Il surriscaldamento

La pratica del **surriscaldamento** a pressione costante conferisce un ulteriore apporto di calore al vapore saturo secco, innalzando fortemente il contenuto entalpico del fluido operativo. Il surriscaldamento avviene prelevando il vapore saturo secco dal corpo cilindrico superiore e inviandolo in fasci tubieri a serpentina, ubicati sulla sommità della caldaia, detti surriscaldatori; in questa zona della caldaia, in cui le fiamme sono spente, i prodotti della combustione investono in pieno i fasci tubieri **surriscaldatori**, nel tratto in cui compiono l'inversione del moto per discendere lungo la condotta laterale. Spesso sono presenti collettori cilindrici nei quali converge il vapore all'uscita dai surriscaldatori (▸ ***Fig. 2.44***).

Fig. 2.44
Sostituzione di un collettore del vapore surriscaldato (Power Gen UK, Nottingham, Inghilterra).

La spiegazione teorica della convenienza alla pratica del surriscaldamento deriva dall'osservazione della [*3.2*] (▸ **C3**), che esprime il rendimento di un ciclo termodinamico, applicata al ciclo di Carnot:

$$\eta_C = \frac{L}{Q_1} = 1 - \frac{|Q_0|}{Q_1} = 1 - \frac{T_0}{T_1}$$

L'innalzamento della temperatura superiore T_1 del ciclo di Carnot comporta un miglioramento del rendimento ideale, in quanto nella formula il rapporto fra le temperature, preceduto dal segno meno, diminuisce di valore. Il ciclo di Carnot viene preso come riferimento per valutare la bontà di tutti i cicli termodinamici, per cui ogni intervento che incrementa il rendimento del ciclo di Carnot risulta benefico anche per altri cicli.

L'adozione del surriscaldamento è una pratica utilizzata sulle locomotive a vapore fin dagli inizi del secolo scorso ed è correntemente impiegata in tutti gli impianti di una certa dimensione, specie negli impianti termoelettrici. Il livello massimo di temperatura raggiungibile dal vapore surriscaldato si attesta sui 550 °C, valore assunto come limite di sicurezza per i fasci tubieri del surriscaldatore, comunque sufficiente a portarli al colore rosso. Nella ***figura 2.45*** è rappresentato lo schema semplificato di funzionamento di una centrale a carbone: da sinistra a destra si riconoscono le attrezzature per macinazione e iniezione del polverino, la caldaia, le turbine con il generatore elettrico, la torre di condensazione; inferiormente alle turbine BP vi sono due condensatori, i serbatoi di accumulo e il sistema di pompaggio dell'acqua in caldaia.

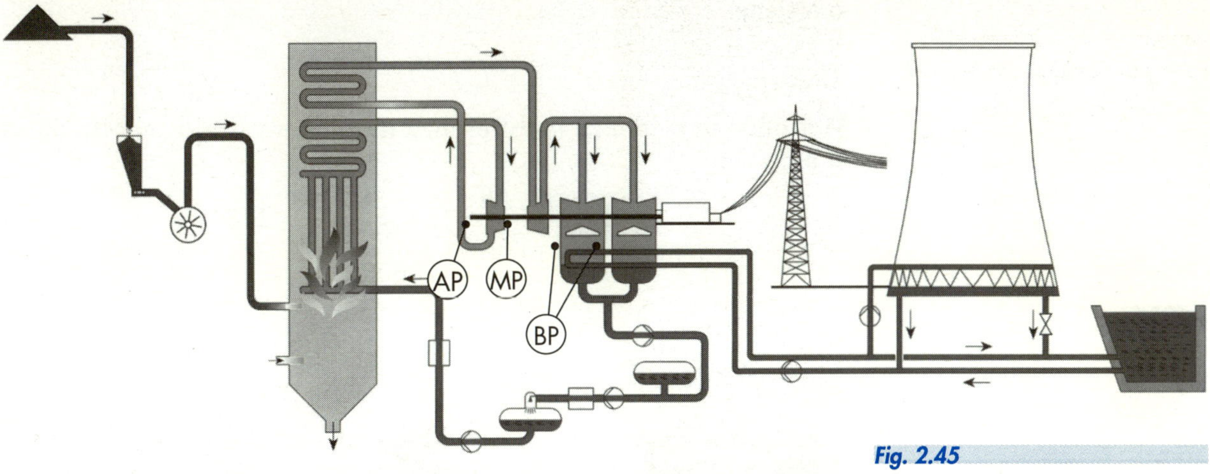

Fig. 2.45
Schema essenzializzato di funzionamento di un impianto a vapore surriscaldato della centrale termoelettrica VEW Westfalen (Hamm, Germania).

Economizzatore

Si tratta di uno scambiatore di calore che preriscalda l'acqua di alimento, prima dell'ingresso in caldaia, sfruttando il calore dai fumi in uscita. Nelle grandi unità l'**economizzatore** è posto a valle dei surriscaldatori, nel tratto di discesa dopo l'inversione del moto dei fumi. La temperatura dei fumi, misurata all'ingresso dell'economizzatore, vale indicativamente 350÷400 °C: ipotizzando un salto di temperatura nei fumi di circa 100 °C, ne deriva un notevole risparmio energetico che influisce in modo significativo nel bilancio di tutto l'impianto. L'impiego dell'economizzatore unitamente ad altri interventi descritti in seguito, fa sì che la temperatura finale dell'acqua in ingresso caldaia raggiunga, per esempio, i 200÷250 °C.

POLIGLOTTA
Economizzatore
GB: Economizer
F: Economizateur
D: Ekonomiser

Esempio
Nell'economizzatore di una centrale termoelettrica transitano una portata massica d'acqua da preriscaldare G_a = 34 kg/s e una portata massica di fumi caldi G_f = 330 000 kg/h; la capacità termica massica dei fumi è pari a c_p = 1,1 kJ/(kg K); l'incremento di temperatura conseguito da parte dell'acqua di alimento è Δt = 80 °C. Calcolare la riduzione di temperatura Δt_f subita dai fumi in condizioni di scambio termico ideale.

Soluzione
Mediante la [*3.18*] della **C3** si può calcolare l'incremento di entalpia Δh_a acquisito dal singolo chilogrammo d'acqua in fase di preriscaldamento, a spese del calore posseduto dai prodotti della combustione:

$$\Delta h = c\,\Delta T = 4,186 \times 80 = 334,88\ \frac{\text{kJ}}{\text{kg}}$$

Uguagliando il flusso termico uscente dai fumi al flusso termico entrante nell'acqua, si ottiene un'equazione con una sola incognita, la differenza di temperatura Δt_f subita dai fumi. Il flusso termico dell'acqua è pari al prodotto fra la portata d'acqua G_a e il suo salto di entalpia Δh. Pertanto, applicando la [*2.8*] con a primo membro il flusso termico dei fumi, si ottiene:

$$G_f\, c_p\, \Delta t_f = G_a\, \Delta h$$

Mettendo in evidenza la differenza di temperatura Δt_f subita dai fumi si ha:

$$\Delta t_f = \frac{G_a\, \Delta h}{G_f\, c_p} = \frac{34 \times 334{,}88}{\dfrac{330\,000}{3600}\, 1{,}1} = 113\ °\text{C}$$

Preriscaldatore d'aria

Nonostante il rilevante raffreddamento subito dai fumi all'interno dall'economizzatore, è possibile recuperare un'ulteriore quantità di calore a vantaggio dell'aria comburente.

POLIGLOTTA
Preriscaldatore d'aria
GB: Air heater
F: Réchauffeur préliminaire d'air
D: Luftvorwärmer

Questo dispositivo, detto **preriscaldatore**, può essere formato da tubi percorsi dall'aria e lambiti esternamente dai fumi caldi, oppure da un tamburo rotante a bassa velocità, costituito da lamierini radiali (**preriscaldatore Ljungström**); durante il primo mezzo giro, i lamierini sono investiti e riscaldati dal flusso discendente dei fumi; durante il restante mezzo giro, essi sono lambiti dall'aria comburente che si riscalda con moto ascendente.

Dopo essere stata riscaldata nel preriscaldatore, l'aria comburente viene soffiata con ventilatori nella caldaia, reimmettendo in circolo una notevole quantità di calore che altrimenti verrebbe dispersa con i fumi in camino.

Osservazione: il raggiungimento di basse temperature finali nei fumi favorisce la condensa dei vapori; pertanto le pareti interne delle condotte di scarico dei fumi e del camino devono essere protette contro la corrosione adottando materiali opportuni, dato che il vapore contenuto nei fumi condensa a contatto con le parti fredde, soprattutto nel periodo invernale.

Interventi per migliorare il rendimento del ciclo di Rankine

Il ciclo di Rankine, di base, è suscettibile di una serie di operazioni volte a innalzare il rendimento; in aggiunta alla pratica del surriscaldamento e all'impiego dell'economizzatore e del preriscaldatore, si possono eseguire ulteriori interventi di seguito riportati.

— **Incremento della pressione di vaporizzazione**: si deduce dalla forma a campana della curva limite del vapore, rappresentata nel diagramma (T,S); al crescere della pressione di alimentazione in caldaia, si riduce il calore latente di vaporizzazione, quindi, il fabbisogno di calore prodotto dalla combustione; in prossimità del punto critico il calore latente tende a zero.

Osservazione: esistono impianti funzionanti a pressione superiore, alla pressione critica $p_{cr} = 221$ bar, *detti ipercritici, nei quali l'acqua passa allo stato di vapore in modo continuo.*

— **Diminuzione della pressione di condensazione**: per ottenere in turbina lo sfruttamento completo dell'energia posseduta dal vapore, occorre far espandere il fluido su un numero elevato di corone palettate, rotanti in sequenza. Il vapore esausto che abbandona la turbina e entra in condensatore deve trovarsi alla più bassa entalpia ammissibile, possibilmente a una temperatura di qualche decina di gradi centigradi e a una pressione assoluta di pochi centesimi di bar. Sul diagramma di Mollier, il punto corrispondente all'ingresso in condensatore non deve cadere troppo al di sotto della curva limite: il titolo deve risultare elevato, dell'ordine di $x = 0{,}95 \div 0{,}98$. In caso contrario si avrebbe la formazione di nebbie e goccioline di condensa, in grado di deteriorare in breve tempo le superfici palari delle ultime corone di BP, soprattutto sui bordi esterni. Ulteriori abbassamenti di pressione rendono problematica la condensazione e obbligano a costruire condensatori di dimensioni molto grandi, economicamente poco convenienti.

Osservazione: all'atto dell'ingresso in condensatore, l'entropia del vapore esausto è ancora rilevante, dato che essa comprende il calore latente r, corretto del titolo x, in base alla [3.6]:

$$dS = \frac{dQ}{T} = \frac{r\,x}{T}$$

Esempio
Un vapore entra in condensatore alla pressione assoluta $p = 5/100$ bar e con il titolo $x = 96\%$. Calcolare la riduzione di entropia che esso subisce, in seguito alla sua condensazione completa.

Soluzione
Dalla *tabella 1.1*, per una pressione di 0,05 bar, si ricava il calore latente come differenza fra le entalpie del vapore saturo secco e del liquido saturo:

$$r = h_v - h_l = 2562 - 137{,}8 = 2424{,}2\ \frac{\text{kJ}}{\text{kg}}$$

Dalla stessa fonte si rileva, inoltre, la temperatura dell'isotermobarica di condensazione:

$$t = 33\ °\text{C} = 306\ \text{K}$$

Si calcola, infine, la variazione di entropia in condensazione:

$$\Delta S = \frac{r\,x}{T} = \frac{2424{,}2 \times 0{,}96}{306} = 7{,}605\ \frac{\text{kJ}}{\text{kg K}}$$

— **Aumento della temperatura finale di surriscaldamento**: l'incremento della temperatura massima del fluido operativo migliora il rendimento, come confermato dall'analisi del ciclo di Carnot, preso come riferimento. La temperatura massima raggiunta dal vapore si aggira intorno ai 550 °C; temperature superiori causerebbero nel materiale dei tubi il superamento dei valori ammissibili per le sollecitazioni termoelastiche. Sono in fase di sperimentazione avanzata le caldaie con temperatura di surriscaldamento superiore a 600 °C.

— **Surriscaldamenti ripetuti (ciclo Hirn)**: osservando la **figura 2.45** si nota che il vapore surriscaldato espande nella turbina ad alta pressione (AP), erogando una prima quota di lavoro; il vapore uscente, disponendo ancora di una cospicua quota di entalpia, ritorna in caldaia, ove subisce un secondo surriscaldamento che ne innalza temperatura ed entalpia; è quindi in grado di eseguire una seconda espansione nei corpi turbina a media e a bassa pressione (MP+BP).

Osservazione: raramente si eseguono più di due surriscaldamenti, poiché risulterebbe più difficoltosa la condensazione; infatti, si avrebbe un ciclo profondamente esteso verso il campo destro dei diagrammi (T,S) e (h,S), laddove i volumi massici del vapore esausto sono maggiormente elevati; ciò comporta la costruzione di condensatori ingombranti con ampie superfici interne di scambio; inoltre la temperatura di condensazione isotermobarica risulta bassa, obbligando a reperire nell'ambiente corsi d'acqua naturali che rimangono sufficientemente freddi anche in estate, pena la sospensione del servizio durante i periodi più caldi.

Nella **figura 2.46** è riportato sul diagramma (T,S) il ciclo Hirn a due surriscaldamenti, relativo alla centrale Energie Ouest Suisse di Chavalon, in Svizzera; lo schema a blocchi del medesimo impianto è rappresentato nella **figura 2.47**.

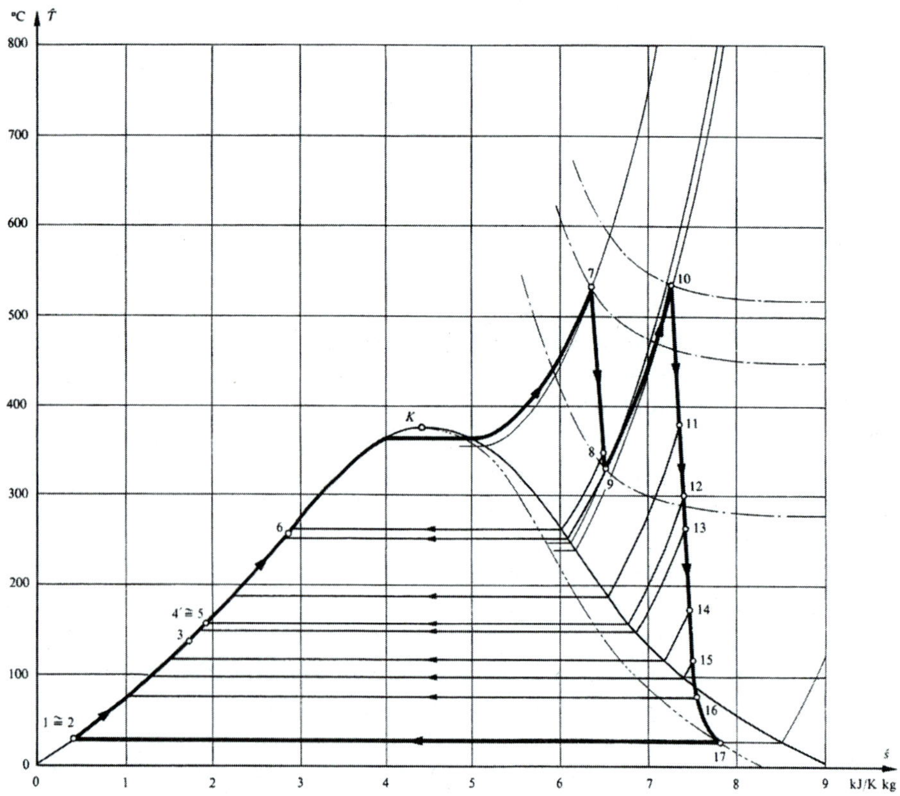

Fig. 2.46
Tracciamento di un ciclo Hirn a due surriscaldamenti sul diagramma (T,S); il grafico presenta le espansioni in turbina di tipo adiabatico reale, quindi ad andamento curvo rivolto verso destra, nel senso delle entropie crescenti.

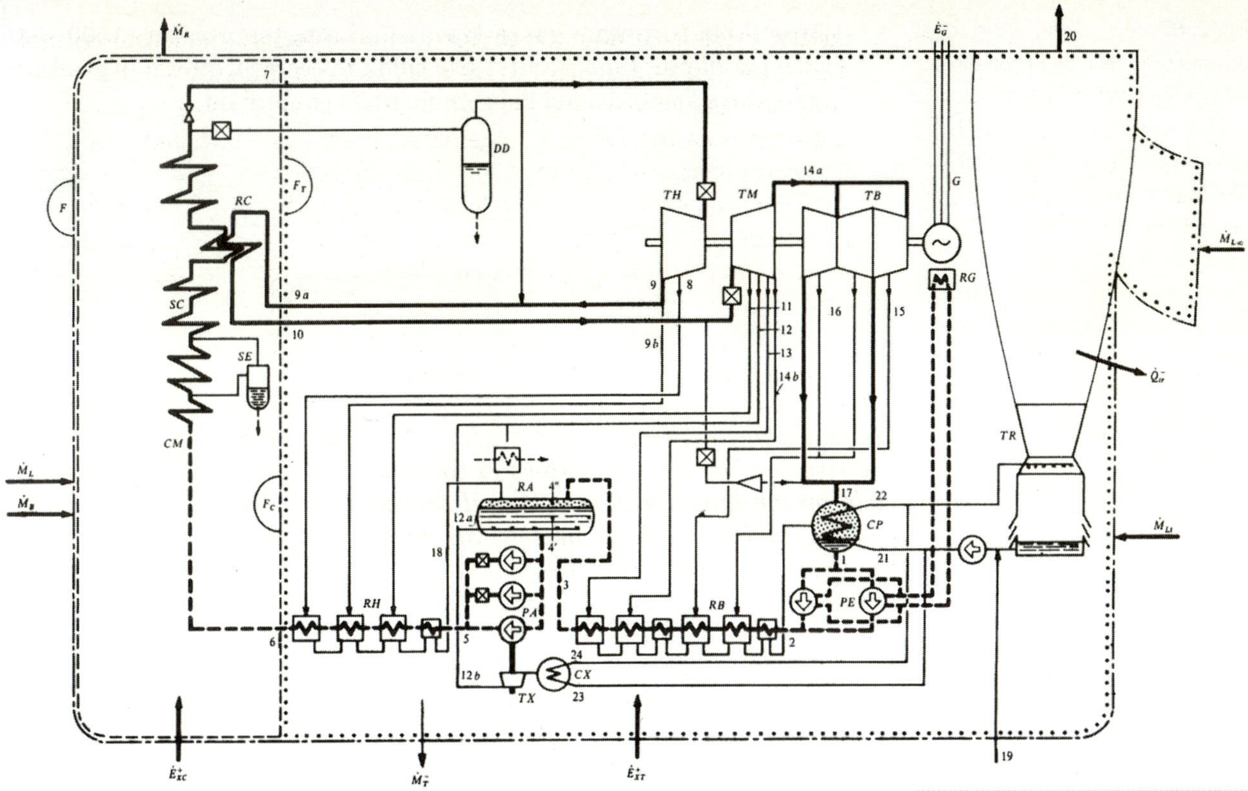

Fig. 2.47
Schema della centrale termoelettrica ALPIQ EOS di Chavalon, in Svizzera, in cui si evidenziano: la caldaia (CM); il surriscaldatore (SC); il risurriscaldatore (RC); il separatore d'acqua (DD); la turbina AP (TM sinistra); la turbina MP (TM destra); le tre turbine BP (TB); il raffreddamento dell'alternatore (RG); il condensatore principale (CP); le pompe d'estrazione (PE); i rigeneratori (RB); l'accumulatore (RA); le pompe d'alimento (PA); la turbina ausiliaria (TX); il condensatore ausiliario (CX); la torre di condensazione (TR) con la sua pompa di ricircolo; gli spillamenti in turbina AP (8-9); gli spillamenti in turbina MP (11-12-13-14b); gli spillamenti in turbina BP (15-16).

Osservazione: i surriscaldatori sono posti nella sommità della caldaia, ove le fiamme sono spente, per cui la trasmissione del calore avviene per convezione; non sono posizionati nelle zone più basse della caldaia, ove le fiamme sono vive, poiché il forte irraggiamento provocherebbe la rottura per surriscaldamento del materiale ferroso; la cosa non succede ai tubi bollitori attraversati dalla corrente d'acqua che esercita un energico raffreddamento delle pareti nel corso del suo moto ascendente.

— **Cicli sovrapposti o binari**: l'impianto comprende due fluidi diversi e separati che eseguono ciascuno il proprio ciclo termodinamico; il primo fluido, operante a temperature maggiori, cede il proprio calore latente di condensazione tramite scambiatore al secondo fluido, che lo utilizza come calore di evaporazione. Si impiegano il vapore acqueo, per il ciclo inferiore, e il mercurio oppure miscele a base di sodio e potassio, per il ciclo superiore. La composizione dei due cicli sovrapposti si avvicina a un ciclo di Carnot, dato che nel diagramma (T,S) l'insieme dei cicli sovrapposti assume una forma circa rettangolare. La pratica dei cicli binari ha un'applicazione limitata, a causa delle notevoli complicazioni costruttive e della pericolosità inerente ai vapori dei fluidi operativi non acquosi.

— **Cicli combinati**: l'impianto comprende diverse tipologie di macchine termiche che operano in interazione fra loro. Un esempio è il generatore di vapore a recupero (GVR), riportato nella ***figura 2.24***. Un'altra soluzione consiste nello scaricare i fumi di scarico provenienti da una turbina a gas nel generatore di vapore (▸ ***Fig. 2.48***):

RICHIAMO

Nei ***cicli binari***, entrambi i fluidi eseguono il ciclo Rankine oppure il ciclo Joule, sovrapposto al ciclo Rankine.

Fig. 2.48
Schema della centrale termoelettrica tedesca RWE WERNE, in cui si evidenziano: la turbina a gas (1); i silenziatori (2); la caldaia (3); il silo del carbone (4); il mulino di macinazione del carbone (5); il preriscaldatore (6); l'aspirazione d'aria fresca (7); l'accumulatore di acqua pressurizzata (8); la pompa di alimento (9); l'uscita del vapore surriscaldato (10) e del vapore risurriscaldato (11); la turbina a vapore (12); il condensatore (13); il trasformatore (14); la torre di condensazione (15); le pompe di estrazione (16).

i fumi della turbina a gas si trovano ad alta temperatura (500÷600 °C) e, per di più, sono ricchi d'aria calda in eccesso, quindi in grado di completare l'ossidazione del combustibile in focolaio.

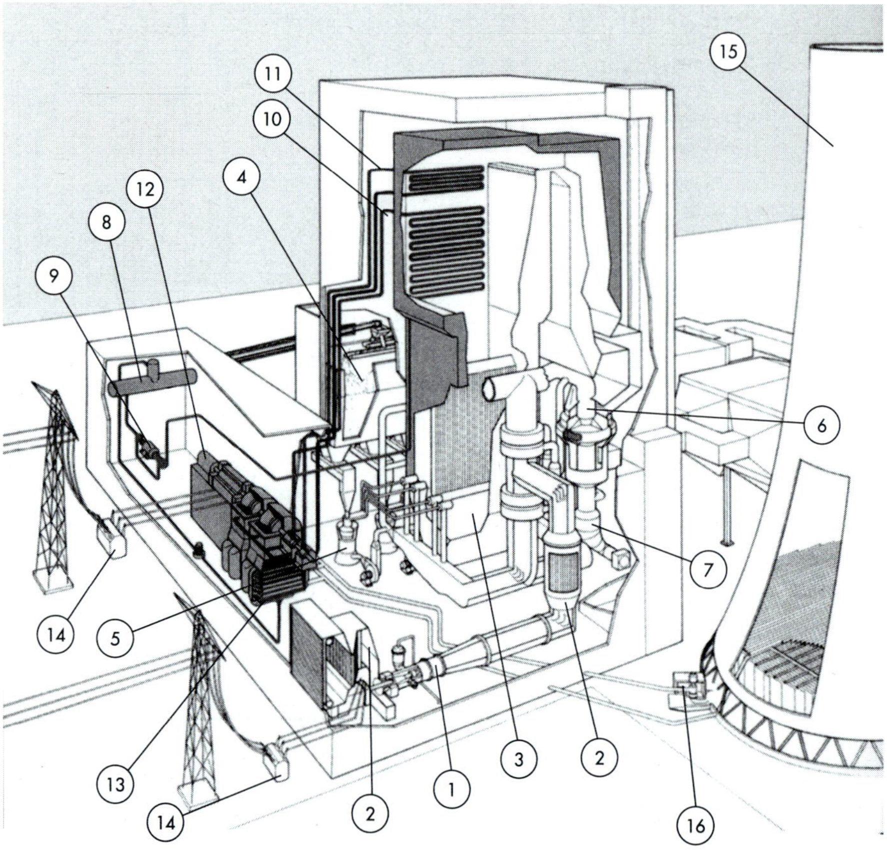

Ulteriori interventi per migliorare il rendimento del ciclo Rankine

Sulla rete

Impianti a recupero

Sulla rete

D2.7 LE TURBINE A VAPORE

Sulla rete

D2.8 LA MISURAZIONE DELLE GRANDEZZE FLUIDODINAMICHE

In questo paragrafo sono presentati alcuni tipi di strumenti per misurare le grandezze relative a fluidi, liquidi e aeriformi; occorre tenere presente che il settore della strumentazione in campo tecnico è in continua evoluzione, sia come miglioramento delle prestazioni, sia come sviluppo di prodotti innovativi; per la conoscenza dettagliata di ogni strumento e del suo campo di applicazione si consiglia di prendere sempre contatto con il fornitore.

Venturimetro

Il tubo di Venturi con accoppiato un manometro differenziale costituisce uno strumento di misura di portata denominato **venturimetro** (▸ *Fig. 2.62*), montato lungo la condotta tramite flangie. La determinazione della portata è funzione della geometria del tubo e della pressione differenziale: a tale scopo esistono apposite formule e grafici redatti dal costruttore.

POLIGLOTTA
Venturimetro
GB: Venturi meter
F: Venturimètre
D: Venturimesser

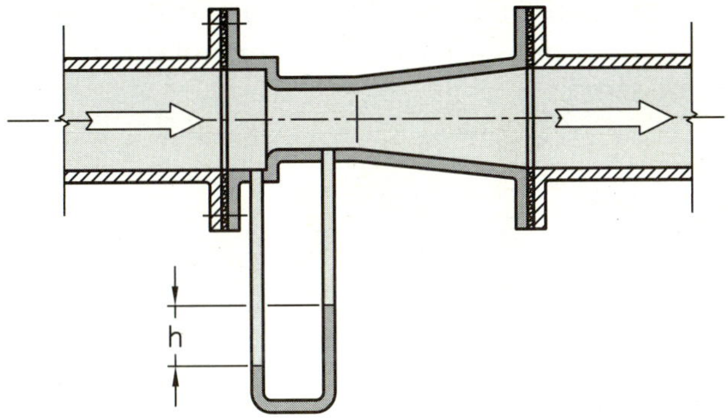

Fig. 2.62
Sezione di un venturimetro applicato su una tubatura.

Misuratori di portata volumetrici

Questa tipologia di misuratori ha lo scopo di misurare il volume di un fluido spostato, indipendentemente dalla velocità. Essi sono formati da uno o più organi mobili posti in rotazione dal flusso e collegati meccanicamente a un gruppo di tamburi numerati: la lettura periodica delle cifre permette di rilevare i consumi di fluido. Essi sono noti come **contatori** volumetrici e trovano grande diffusione negli impianti domestici di erogazione del gas e dell'acqua potabile e nei distributori di benzina.

Sonde elettroniche

Lo sviluppo dell'elettronica ha permesso di realizzare strumenti di piccole dimensioni, elevata precisione e ottima affidabilità, genericamente detti **sonde**. Esiste un'ampia gamma di trasduttori di velocità, pressione, temperatura, umidità, nonché di mappatura delle superfici sommerse, di livello nei serbatoi, di composizione chimica.

POLIGLOTTA
Sonda
GB: Probe
F: Sonde
D: Fühler

I loro principi fisici di funzionamento si basano sulle leggi dell'induzione magnetica, della capacità variabile dei condensatori, della piezoelettricità, dell'optoelettronica, degli ultrasuoni e del laser. Per esempio, nel settore dell'industria alimentare e farmaceutica sono molto usati i misuratori magnetici di portata poiché consentono di abolire la presenza di sensori all'interno delle condotte, evitando il contatto tra l'elemento sensibile e il fluido.

Strumenti di grande diffusione negli impianti sono i **trasduttori di pressione**; il loro funzionamento si basa sull'effetto esercitato dalla pressione del fluido su un'area definita in modo da ottenere una forza che viene misurata e successivamente convertita in un segnale elettrico.

RICHIAMO

Lo ***strain gauge***, o ***estensimetro***, è un trasduttore di sforzo che trasforma un segnale di deformazione in una tensione.

I manometri elettronici sono dotati di trasduttori costituiti da **piezoresistenze** o da **strain gauges** collegati a ponte.

La *figura 2.63* raffigura un **pressostato elettronico**: si notano il display digitale su cui si legge la pressione in bar, i pulsanti per accedere ai menu di programmazione, i led avvisatori; la parte inferiore del corpo termina con un perno filettato per il montaggio su condotte o serbatoi; nella parte superiore si trova l'attacco per le connessioni elettriche di uscita.

Nel campo delle misure di **temperatura** vi sono numerose soluzioni per rilevare la temperatura di un fluido e convertirla in un segnale elettrico. Le realizzazioni più diffuse sono le **termocoppie**, le **termoresistenze** e i **termistori**.

Fig. 2.63
Pressostato elettronico modello UDS 7 di produzione Barksdale (Precision Fluid Controls Srl, Milano).

FORMULARIO ESSENZIALE

Grandezza	Formula	Unità di misura
Portata in massa	$G = \dfrac{Ac}{v}$	G = portata massica [kg/s] A = sezione di passaggio [m^2] c = velocità [m/s] v = volume massico [m^3/kg]
Equazione dell'energia per il moto permanente	$l + Q = \Delta h + \Delta E_c$	Q = calore [kJ/kg] l = lavoro meccanico [kJ/kg] Δh = variazione di entalpia [kJ/kg] ΔE_c = variazione di energia cinetica [kJ/kg]
Conduzione	$\Phi = \dfrac{\lambda}{s} A \, \Delta t$	Φ = flusso termico [kW] λ = coefficiente di conduttività [W/(m K)] s = spessore di parete [m] A = superficie di scambio [m^2] Δt = differenza di temperatura [°C]
Convezione	$\Phi = \alpha \, A \, \Delta t$	Φ = flusso termico [kW] A = superficie di scambio [m^2] Δt = differenza di temperatura [°C] α = coefficiente di conduttività [W/(m K)]
Irraggiamento	$\Phi = \varepsilon \sigma A T^4$	Φ = flusso termico [kW] ε = fattore di emissione σ = costante di Stefan-Boltzmann [W/(m^2 K^2)] A = superficie di scambio [m^2] T = temperatura [K]
Potenza del generatore	$P = G_v \, \Delta h$	P = potenza del generatore [kW] G_v = portata del vapore [kg/s] Δh = variazione di entalpia del vapore [kJ/kg]

Grandezza	Formula	Unità di misura
Potenza teorica in camera di combustione	$P_c = G_c\, P_{CI}$	P_c = potenza teorica [kW] G_c = portata del combustibile [kg/s] P_{CI} = potere calorifico inferiore del combustibile [kJ/kg]
Rendimento termico	$\eta_t = \dfrac{P}{P_c}$	η_t = rendimento termico P = potenza del generatore [kW] P_c = potenza teorica [kW]
Rendimento termico utile	$\eta_u = \dfrac{P - P_{aux}}{P_c}$	η_u = rendimento termico utile P = potenza del generatore [kW] P_c = potenza teorica [kW] P_{aux} = potenza degli organi ausiliari [kW]
Velocità del vapore in seguito alla sua espansione in ugello	$c'_1 = \sqrt{2\,\Delta h}$	c'_1 = velocità del vapore [m/s] Δh = variazione di entalpia del vapore [kJ/kg]
Potenza indicata o interna	$P_i = G_{ve}\left(h_1 - h_2\right)$	P_i = potenza interna [kW] h = entalpia [kJ/kg] G_{ve} = portata di vapore effettiva [kg/s]
Rendimento ideale o termico-teorico	$\eta_{tt} = \dfrac{\left(h_i - h_1\right)}{\left(h_i - h_{liq}\right)}$	η_{tt} = rendimento termico-teorico h_{liq} = entalpia del liquido [kJ/kg] h_i = entalpia del vapore in ingresso in macchina [kJ/kg] h_1 = entalpia del vapore dopo l'espansione [kJ/kg]
Rendimento complessivo	$\eta = \eta_v\, \eta_i\, \eta_m = \dfrac{P_{eff}}{P_{tt}}$	η = rendimento complessivo η_v = rendimento volumetrico η_i = rendimento interno η_m = rendimento meccanico P_{eff} = potenza effettiva [kW] P_{tt} = potenza ideale [kW]
Rendimento di impianto	$\eta_I = \dfrac{P_{eff}}{G_c\, P_{CI}}$	P_{eff} = potenza effettiva [kW] η_I = rendimento di impianto G_c = portata del combustibile [kg/s] P_{CI} = potere calorifico inferiore [kJ/kg]

Grandezza	Formula	Unità di misura
Consumo orario di vapore	$G_v = \dfrac{P_{eff}}{\eta(h_i - h_1)}$	P_{eff} = potenza effettiva [kW] G_v = portata di vapore [kg/s] h_i = entalpia del vapore in ingresso in macchina [kJ/kg] h_1 = entalpia del vapore dopo l'espansione [kJ/kg] η = rendimento complessivo
Consumo specifico di vapore	$g_v = \dfrac{1}{\eta(h_i - h_1)}$	g_v = consumo specifico di vapore [kg/kWh] η = rendimento complessivo h_i = entalpia del vapore in ingresso in macchina [kJ/kg] h_1 = entalpia del vapore dopo l'espansione [kJ/kg]
Consumo orario di combustibile	$G_c = \dfrac{P_{eff}}{\eta_I P_{CI}}$	G_c = portata di combustibile [kg/s] P_{eff} = potenza effettiva [kW] P_{CI} = potere calorifico inferiore [kJ/kg] η_I = rendimento di impianto
Consumo specifico di combustibile	$g_c = \dfrac{1}{\eta_I P_{CI}}$	g_c = consumo specifico di combustibile [kg/s] P_{CI} = potere calorifico inferiore [kJ/kg] η_I = rendimento di impianto

L'UNITÀ DIDATTICA IN BREVE

Sulla rete

PROBLEMI DI RIEPILOGO

Sulla rete

AUTOVERIFICA DELL'APPRENDIMENTO

1. Definire la Termocinetica (max 10 parole).

____

____

2. Un moto, avente tutti i parametri caratteristici costanti nel tempo e nello spazio, è detto:

a) moto rettilineo uniforme   b) moto uniforme

c) moto permanente   d) moto armonico

3. Il tubo di flusso può essere inteso sia come un tratto di una condotta sia come una porzione di un flusso di grande dimensione: in questo secondo caso, la superficie laterale forma un contorno che non dev'essere attraversato dal fluido in moto.

Vero □   Falso □

4. Elencare le quattro grandezze che compaiono nell'equazione dell'energia per il moto permanente:

a)______________________________

b)______________________________

c) ______________________________

d) ______________________________

5. La formulazione dell'equazione dell'energia per il moto permanente è ricavata partendo dal ______________________________, cui sono aggiunte le seguenti grandezze: ______________________________

6. Individuare quali, fra le seguenti unità di misura, possono essere correttamente attribuite al flusso termico:

a) J   b) kW

c) kJ/s   d) Tesla

7. La trasmissione di calore per conduzione avviene con trasporto di massa.

Vero □   Falso □

8. I materiali coibenti sono ______________________________ conduttori di calore e hanno i rispettivi coefficienti di ______________________ che assumono valori ____________________________

9. Nella formula del flusso termico applicato alla trasmissione di calore per conduzione compaiono le seguenti quattro grandezze fisiche:

a) ______________________

b) ______________________

c) ______________________

d) ______________________

10. La trasmissione di calore per conduzione e quella per convenzione non possono essere realizzate nel vuoto.

Vero ☐ Falso ☐

11. Definire l'irraggiamento termico (max 25 parole).

____

____

____

12. Indicare quali, fra le seguenti apparecchiature, rientrano nella categoria degli scambiatori di calore:

a) condensatore b) rigeneratore c) alternatore

d) ventilatore e) evaporatore

13. Lo scambiatore a U è così chiamato perché al suo interno sono presenti pareti rettangolari piegate verso l'alto a forma di lettera U.

Vero ☐ Falso ☐

14. Definire lo scambiatore di calore (max 20 parole).

____

____

____

15. Lo scambiatore a piastre è formato da una serie di piastre di scambio rettangolari che creano fra ognuna e la successiva ________________, così che il fluido che transita in un vano scambia calore con il fluido ______________________

16. L'equazione con la quale si calcola lo scambio termico in uno scambiatore fra due portate di fluido differenti si basa sul seguente principio fisico:

a) conservazione della potenza termica

b) conservazione della massa

c) conservazione delle temperature

d) conservazione dell'energia riferita al tempo impiegato per la trasmissione del calore

17. Indicare alcune delle caratteristiche in base alle quali si classificano le caldaie:

a) ______________________

b) ______________________

c) ______________________

d) ______________________

18. La caldaia Cornovaglia e la caldaia marina appartengono alla categoria delle caldaie a tubi d'acqua.

Vero ☐ Falso ☐

19. Nella camera di inversione i prodotti della combustione passano dal ______________ a ______________, compiendo una ______________________

20. Indicare le tre principali modalità con cui avviene la circolazione dell'acqua nelle caldaie a tubi d'acqua:

a) ____________ b) ____________ c) ____________

21. I generatori di vapore a recupero sfruttano il calore dei gas di scarico di motori endotermici o il calore prodotto dai processi industriali.

Vero ☐ Falso ☐

22. Spiegare il funzionamento della caldaia a condensazione. (max 25 parole)

____

____

____

23. L'olio diatermico è un ______________________, la cui principale caratteristica è ______________________

24. In base alla legge ogni generatore dev'essere corredato dei seguenti documenti:

a) ____________ b) ____________

25. Elencare in ordine le trasformazioni che avvengono nel ciclo Hirn a doppio surriscaldamento:

a) ____________ b) ____________ c) ____________

d) ______________ e) ______________ f) ______________

g) ______________ h) ______________

26. Spiegare la funzione dell'economizzatore e del preriscaldatore. (max 25 parole)

____

____

____

27. Sviluppare l'equazione dimensionale ed esprimere l'unità di misura del consumo specifico g_v del vapore:

$[g_v] =$ ______________________

28. Descrivere le modalità di svolgimento della rigenerazione. (max 30 parole)

____

____

____

29. Indicare le due forme principali adottate per gli ugelli:

a) ______________ b) ______________

30. In una turbina ad azione a due corone a gradini di velocità, la pressione ______________________ mentre l'energia cinetica del vapore si ripartisce ______________________

31. Si definisce grado di reazione χ il rapporto fra il salto di entalpia su statore e il salto totale sullo stadio.

Vero ☐ Falso ☐

32. Il consumo specifico di combustibile è definito dalla seguente formula:

a) $G_c = \dfrac{P_{eff}}{\eta_I \, P_{CI}}$ b) $g_c = \dfrac{1}{\eta_I \, P_{CI}}$

c) $g_c = \dfrac{P_{eff}}{\eta_I \, P_{CI}}$ d) $g_c = \dfrac{1}{\eta \, P_{eff}}$

VERIFICA DI MODULO

Un ciclo di Hirn a recupero parziale e a doppio surriscaldamento a vapore acqueo 1-1*-2-3-4-5-6-7-1 ha le seguenti caratteristiche:

- pressione di condensazione p_1 = 0,04 bar;
- pressione di esercizio p_{1*} = 170 bar;
- pressione in uscita dal corpo in alta pressione della turbina dell'espansione adiabatica p_5 = 5 bar;
- temperatura di surriscaldamento t_4 = 590 °C;
- temperatura di risurriscaldamento t_6 = 560 °C;
- salto di temperatura dell'acqua di raffreddamento in condensatore h_t = 15 °C;
- potenza effettiva P_{eff} = 38 MW;
- rendimento indicato h_I = 0,8;
- rendimenti meccanico e volumetrico h_m h_v = 0,97.

Viene prelevata, in uscita dal corpo in alta pressione della turbina, una quota G_2 della portata totale di vapore G_{tot} e viene deviata a un secondo utilizzatore per impieghi industriali; a utilizzo ultimato, la portata deviata G_2 = 20 160 kg/h rientra in caldaia, senza transitare dal condensatore.

Rispondere ai seguenti quesiti con i dati assegnati.

1. Ricavare i valori di entalpia e di entropia per gli otto punti che caratterizzano il ciclo.

2. Ricavare i valori dei calori latenti di evaporazione e di condensazione, espressi in kJ/kg, e il titolo posseduto dal vapore uscente dal corpo in bassa pressione della turbina.

3. Calcolare il rendimento termico-teorico h_{tt} del ciclo.

4. Calcolare la portata totale di vapore G_{tot} prodotta dalla caldaia.

5. Tracciare il ciclo nei piani (T,S) e (h,S) e il suo schema a blocchi, attribuendo l'esatta denominazione ai principali organi che compongono l'impianto.

____

____

____

6. Spiegare in cosa consiste la pratica della rigenerazione e i vantaggi che si ottengono.

____

____

____

DIAGRAMMA DI MOLLIER

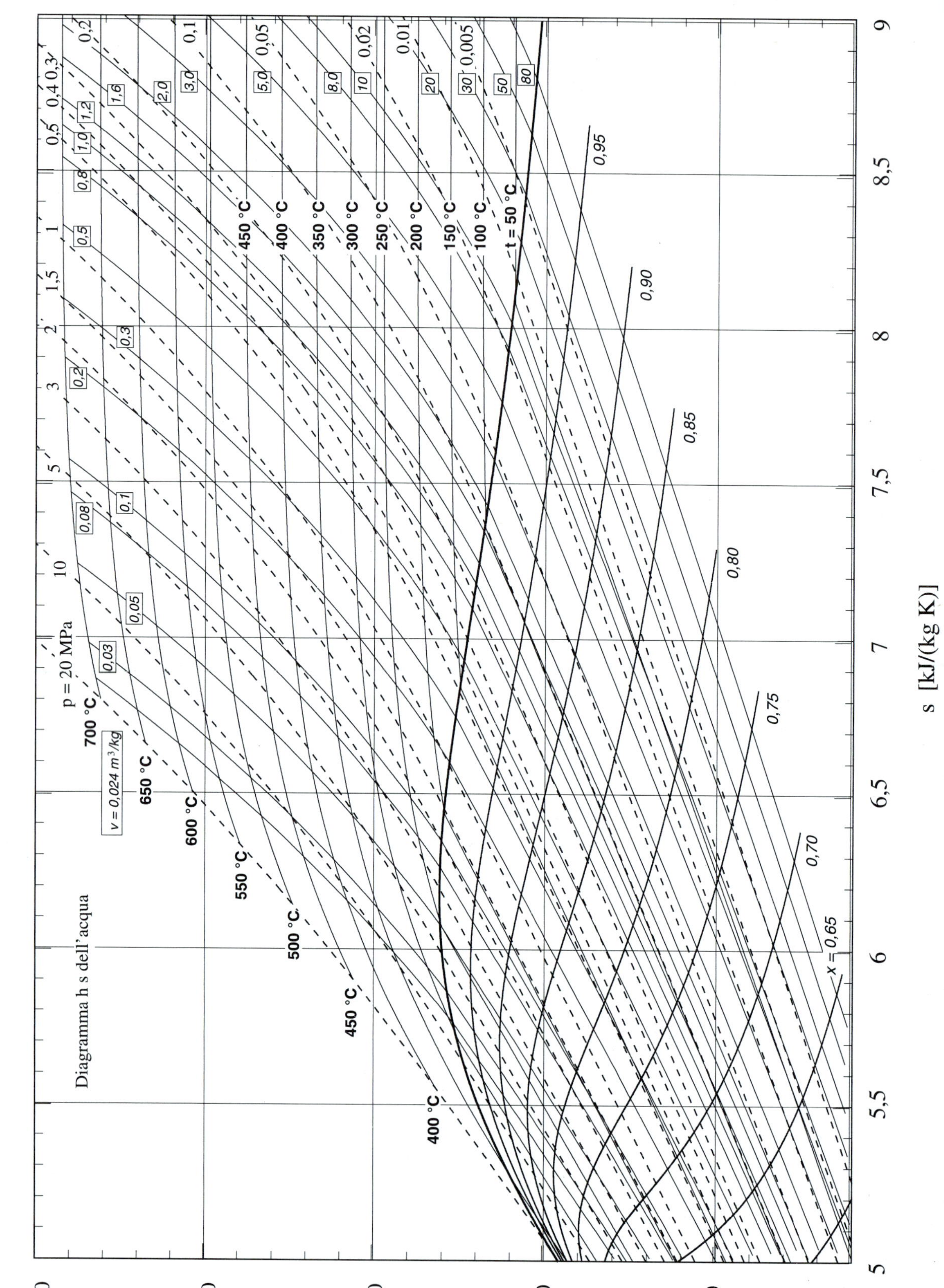